TRAITÉ

DE

GÉOMÉTRIE.

TRAITÉ

DE

GÉOMÉTRIE,

PAR

EUGÈNE ROUCHÉ,

PROFESSEUR AU CONSERVATOIRE DES ARTS ET MÉTIERS,
EXAMINATEUR DE SORTIE A L'ÉCOLE POLYTECHNIQUE,

ET

CH. DE COMBEROUSSE,

PROFESSEUR AU CONSERVATOIRE DES ARTS ET MÉTIERS,
ET A L'ÉCOLE CENTRALE.

CONFORME AUX PROGRAMMES OFFICIELS,
RENFERMANT UN TRÈS GRAND NOMBRE D'EXERCICES ET PLUSIEURS APPENDICES CONSACRÉS
A L'EXPOSITION DES PRINCIPALES MÉTHODES DE LA GÉOMÉTRIE MODERNE.

SIXIÈME ÉDITION, REVUE ET AUGMENTÉE.

PREMIÈRE PARTIE.

GÉOMÉTRIE PLANE.

PARIS,

GAUTHIER-VILLARS ET FILS, IMPRIMEURS-LIBRAIRES
DE L'ÉCOLE POLYTECHNIQUE, DU BUREAU DES LONGITUDES,
Quai des Grands-Augustins, 55.

1891

TABLE ANALYTIQUE DES MATIÈRES.

GÉOMÉTRIE PLANE.

LIVRE PREMIER.

LA LIGNE DROITE.

§ I. — Des angles.

§ II. — Des triangles.

§ III. — Des perpendiculaires et des obliques.

§ IV. — Des parallèles.

§ V. — Somme des angles d'un polygone.

§ VI. — Du parallélogramme.

LIVRE II.

LA CIRCONFÉRENCE DE CERCLE.

§ I. — Des arcs et des cordes.

§ II. Tangente au cercle. — Positions mutuelles de deux circonférences.

§ III. — Mesure des angles.

§ IV. — Construction des angles et des triangles.

§ V. — Tracé des parallèles et des perpendiculaires.

§ VI. — Problèmes sur les tangentes.

APPENDICE DU DEUXIÈME LIVRE.

LIVRE III.

LES FIGURES SEMBLABLES.

§ I. — Lignes proportionnelles.

Pages.

§ VI. — Polygones réguliers.

§ VII. — Problèmes sur les polygones réguliers.

§ VIII. — Mesure de la circonférence.

APPENDICE DU TROISIÈME LIVRE.

LIVRE IV.

LES AIRES.

§ I. — Mesure des aires des polygones.

§ II. — Comparaison des aires.

§ III. — Aires du polygone régulier et du cercle.

§ IV. — Problèmes sur les aires.

APPENDICE DU QUATRIÈME LIVRE.

QUESTIONS PROPOSÉES SUR LA GÉOMÉTRIE PLANE.

NOTES.

NOTE I.

Mesure des grandeurs.

NOTE II.

Sur l'impossibilité de la quadrature du cercle.

NOTE III.

Sur la géométrie récente du triangle.

PRÉFACE.

« Nous voyons par expérience qu'entre esprits égaux et toutes choses pareilles, celui qui a de la Géométrie l'emporte, et acquiert une vigueur toute nouvelle. » PASCAL.

Les idées d'étendue, de situation et de forme sont aussi anciennes que l'homme. On attribue aux Égyptiens et aux Chaldéens le premier essai de coordination de ces idées. Hérodote explique comme il suit la naissance de la Géométrie en Égypte.

« Les prêtres me dirent encore que Sésostris fit le partage des terres, assignant à chaque Égyptien une portion égale et quarrée, qu'on tirait au sort, à la charge néanmoins de lui payer tous les ans une certaine redevance qui composait le revenu royal. Si une crue du Nil enlevait à quelqu'un une portion de son lot, il allait trouver Sésostris pour lui exposer l'accident, et le Roi envoyait sur les lieux des Arpenteurs pour mesurer de combien l'héritage était diminué, afin de ne faire payer la redevance convenue qu'à proportion du fonds qui restait. Voilà, je crois, l'origine de la Géométrie qui a passé de ce pays à la Grèce (1). »

Il est possible que Sésostris ait appliqué, le premier, l'Arpentage des terres à la juste répartition des impôts; mais cela même prouve que les principes de la Géométrie étaient connus sans doute longtemps avant lui.

Quoi qu'il en soit, cette Science fut introduite chez les Grecs par le Phénicien Thalès (639-548 av. J.-C.). Instruit en Égypte,

(1) HERODOTE, Livre II, § CIX.

il apprit, dit-on, à ses maîtres à mesurer la hauteur des pyramides de Memphis par l'étendue de leurs ombres, et revint fonder à Milet l'École ionienne, pépinière de philosophes et de savants. On lui attribue l'emploi de la circonférence de cercle pour la mesure des angles, et c'est à lui qu'on fait remonter la théorie des Triangles semblables. Il répandit d'ailleurs le premier en Grèce les connaissances astronomiques qu'il avait sans doute puisées en Égypte.

Thalès eut pour disciple Pythagore de Samos (580 av. J.-C.), qui, après avoir voyagé en Égypte et dans les Indes, vint fonder en Italie l'École célèbre qui porte son nom.

Pythagore restera immortel, surtout par la proposition du carré de l'hypoténuse. Il en tira la conséquence relative à l'incommensurabilité de la diagonale et du côté du carré, et lui ou ses élèves en déduisirent plusieurs propriétés générales des lignes incommensurables entre elles. Parmi les résultats qui semblent dus à Pythagore, on peut encore citer la propriété du cercle ou de la sphère d'être maximum parmi les figures de même périmètre ou de même aire, et la première théorie des corps réguliers qui devaient jouer un si grand rôle dans les rêveries cosmogoniques de l'antiquité et du moyen âge.

Remarquons que, dans la longue suite des philosophes grecs, qui s'étend depuis Thalès et Pythagore jusqu'à la fin de l'École d'Alexandrie (638 ap. J.-C.), presque tous ont cultivé à la fois l'Astronomie et la Géométrie qu'ils regardaient comme la Science primordiale, fondement de toutes les autres. C'est à eux qu'on doit ainsi la création à peu près entière de ce que nous appelons actuellement la *Géométrie élémentaire.* A cette époque, on ne séparait pas la Science de la Philosophie et, après un trop long intervalle, on revient aujourd'hui de plus en plus à cette alliance nécessaire.

L'essor de la Géométrie en Grèce date surtout de Platon (430-347 avant J.-C.). Ce grand homme alla d'abord s'instruire près des prêtres égyptiens; puis, en Italie, auprès des Pythagoriciens. De retour à Athènes, il introduisit dans la Science la méthode analytique, la théorie des sections coniques et la doctrine si féconde des lieux géométriques. C'était créer une Géométrie nouvelle, à laquelle on donna à cette époque le nom de *Géométrie transcendante.* Telle fut, en Mathématiques, l'œuvre magnifique de l'illustre Philosophe, chef du Lycée, qui inscrivit sur la porte de son École : « Que nul n'entre ici, s'il n'est géomètre. »

La doctrine des lieux géométriques fut appliquée dès ce temps, avec une très grande ingéniosité, aux problèmes fameux de la duplication du cube, des deux moyennes proportionnelles et de la trisection de l'angle. La difficulté de ces questions tenait à ce qu'on ne voulait les résoudre qu'à l'aide de la règle et du compas. On fut obligé d'y renoncer et de se servir d'autres lignes que la ligne droite et le cercle.

Les successeurs de Platon et de ses disciples étudièrent avec ardeur les sections coniques, dont Platon avait trouvé plusieurs propriétés. Ces célèbres courbes, qui devaient, deux mille ans plus tard, tenir tant de place dans la Philosophie naturelle, lors des superbes découvertes astronomiques de Képler et de Newton, furent donc complètement connues des Grecs.

De même que Platon avait rencontré les coniques, courbes du deuxième degré, en examinant les sections d'un cône par un plan, Perseus forma ses lignes *spiriques,* courbes du quatrième degré, en coupant un tore par un plan. Nous devons regretter la perte des écrits de Perseus à ce sujet, traité par lui géométriquement et qui exige encore aujourd'hui, au point de vue analytique, un calcul assez complexe. Nous ne mentionnons ici les spiriques que pour montrer que les anciens ont pénétré, beaucoup plus avant qu'on ne pourrait le croire au premier abord, dans l'étude de la Géométrie.

En rassemblant les découvertes de ses devanciers et les siennes propres, Euclide (285 av. J.-C.) prépara celles de ses successeurs. Ce géomètre, qui établit le lien entre l'École Platonicienne et l'École d'Alexandrie, est surtout connu par ses *Éléments* où l'on voit apparaître, pour la première fois, la méthode de réduction à l'absurde. Toutefois, il avait écrit d'autres Ouvrages qui ne nous sont point parvenus et dont le plus profond était sans doute ce fameux *Traité des Porismes,* dont la divination, après avoir exercé vainement la sagacité des meilleurs esprits des siècles derniers, a été si heureusement accomplie par M. Chasles, d'après un passage obscur et quelques lemmes de Pappus.

Jamais aucun livre de science n'a eu une aussi longue influence que les *Éléments d'Euclide.* Ils ont été traduits et commentés dans toutes les langues, enseignés exclusivement pendant des siècles dans toutes les Écoles de Mathématiques : on les suit encore en Angleterre. Ils sont divisés en treize Livres, dont les six premiers et les trois derniers appartiennent à la Géométrie; les quatre autres se rapportent au calcul des grandeurs. On ne trouve pas dans les *Éléments* la mesure de la circonférence de cercle : cette découverte capitale était réservée à Archimède.

Les anciens géomètres cherchaient à mettre une extrême rigueur dans leurs démonstrations. Par cela même, celles d'Euclide sont quelquefois longues, indirectes et compliquées pour les commençants. Aussi, Ptolémée Philadelphe, roi d'Égypte, dont il fut le maître, lui demanda-t-il un jour d'aplanir un peu en sa faveur les difficultés de la route. « Seigneur, lui répondit Euclide, il n'y a pas en Géométrie de chemin particulier pour les rois. »

Immédiatement après Euclide, Archimède et Apollonius marquèrent l'apogée de la Géométrie chez les anciens. Toutes les branches des Mathématiques conservent les traces ineffaçables de leurs sublimes conceptions.

Les travaux d'Archimède (287-212 av. J.-C.), le plus grand mathématicien de l'antiquité, se rapportent spécialement à la Géométrie de la mesure.

En trouvant le rapport de la circonférence au diamètre et en effectuant de deux manières différentes la quadrature de la parabole, le géomètre de Syracuse donna les premiers exemples d'un problème résolu *par approximation* et de l'évaluation rigoureuse d'une aire à contour curviligne.

Le Traité des spirales, la proportion de la sphère et du cylindre circonscrit, la cubature des sphéroïdes (ellipsoïdes de révolution) et des conoïdes (paraboloïdes et hyperboloïdes de révolution), sans oublier dans un autre domaine le principe du levier, la notion du centre de gravité et l'équilibre des corps flottants ou plongés dans les liquides, sont autant d'inventions ou de découvertes capitales de ce génie créateur, auquel la Statique doit autant que la Géométrie.

La marche suivie par Archimède, pour démontrer des vérités mathématiques si nouvelles, constitue la *Méthode d'exhaustion* dans laquelle la *Méthode des limites* se trouve en germe.

Veut-il, par exemple, chercher l'aire enfermée par une courbe, il regarde cette courbe comme la *limite* dont s'approchent de plus en plus des polygones inscrits et circonscrits, quand on multiplie par bissection le nombre de leurs côtés, de manière que la différence tombe au-dessous de toute quantité donnée. Il *épuise*, pour ainsi dire, cette différence, d'où est venu le nom de la méthode. Une fois le résultat obtenu par voie de rapprochements successifs et par induction finale, Archimède revient à la méthode par l'absurde, pour l'établir en toute rigueur.

Le tombeau de ce prodigieux génie, oublié par les descendants de ceux qu'il avait si merveilleusement défendus contre les Romains, fut retrouvé deux cents ans après sa mort, caché sous les ronces, dans une campagne voisine de Syracuse : il portait gravés, selon le vœu du géomètre, le dessin de la sphère inscrite au cylindre et six vers grecs qui rappelaient sa découverte. Ces vestiges permirent à Cicéron, alors questeur en Sicile, de le retrouver après bien des recherches, et de ramener *une seconde fois*, comme il le dit, *Archimède à la lumière*.

Les écrits d'Apollonius (247 av. J.-C.) sont surtout relatifs à la Géométrie de la forme. Le principal semble le grand *Traité des Coniques*, qui valut à son auteur le surnom de *Géomètre par excellence*, et où l'on trouve les propriétés des asymptotes, des foyers, des diamètres conjugués, des normales, un théorème sur la polaire, la première idée des développées, et de belles questions de maximum et de minimum qui renferment tout ce que les méthodes analytiques actuelles nous enseignent sur ce sujet.

On attribue encore à Apollonius la célèbre théorie des épicycles, qui servaient à expliquer les mouvements apparents des planètes.

Le grand *Traité des Coniques* était divisé en huit Livres. Les quatre premiers sont arrivés jusqu'à nous en grec, c'est-à-dire dans le texte original; nous ne connaissons les trois suivants que par une traduction arabe qui date du milieu du treizième siècle et qui fut elle-même mise en latin vers 1650; le huitième Livre est perdu. Le célèbre astronome Halley, par un effort de divination, a *restitué* ce huitième Livre d'après le plan d'Apollonius, et a publié à Oxford, en 1710, une magnifique édition du

Traité ainsi complété. C'est dans le septième Livre qu'Apollonius démontre les théorèmes importants qui portent son nom et qui lient les diamètres conjugués aux axes dans l'ellipse et dans l'hyperbole.

Ajoutons que ce fut lui qui, le premier, considéra les coniques sur un cône oblique à base circulaire, le plan sécant étant perpendiculaire au plan déterminé par l'axe et la hauteur du cône. On ne les avait étudiées jusque-là que sur le cône de révolution, et encore, en supposant le plan sécant perpendiculaire à l'une des génératrices du cône : on était ainsi obligé de prendre trois cônes d'angle différent pour obtenir les trois sections coniques, qui ne reçurent les noms sous lesquels nous les désignons aujourd'hui que dans l'Ouvrage de l'émule d'Archimède.

Les successeurs de ces deux hommes de génie dirigèrent leurs méditations vers l'Astronomie et vers les parties de la Géométrie qui se rattachent à cette Science. Nous nous contenterons de mentionner les principaux.

Hipparque (150 av. J.-C.), le plus grand astronome de l'antiquité, fut le véritable fondateur de l'Astronomie mathématique, l'inventeur de la Trigonométrie rectiligne et sphérique. C'est à lui qu'on doit très probablement faire remonter la découverte de la projection stéréographique, ainsi que celle des propriétés des transversales dans les triangles rectilignes ou sphériques, qu'on attribue parfois à Ptolémée, bien qu'on les trouve déjà dans Ménélaüs.

Le Traité des *Sphériques* de Théodose (100 av. J.-C.), où ce géomètre étudie diverses propriétés des grands cercles tracés sur la sphère, a eu beaucoup de réputation et peut être regardé comme une sorte d'introduction à la Trigonométrie sphérique.

Ménélaüs (80 ap. J.-C.), géomètre et astronome, publia aussi un Ouvrage portant le même titre que celui de Théodose, mais allant plus loin puisqu'il traite spécialement des propriétés des triangles sphériques.

La plus importante proposition des *Sphériques* de Ménélaüs est celle qui concerne les six segments déterminés sur les trois côtés d'un triangle sphérique par un arc de grand cercle quelconque. Ménélaüs emploie comme lemme, pour sa démonstration, le théorème analogue de Géométrie plane dont Carnot a fait, de nos jours, le fondement de sa théorie des transversales.

Ptolémée (125 ap. J.-C.), astronome et géomètre du plus grand savoir, nous a laissé, dans son *Almageste*, le seul Traité de Trigonométrie rectiligne et sphérique que nous aient légué les Grecs, puisque les écrits d'Hipparque sur ce sujet ont été perdus. Il établit sa Trigonométrie sphérique sur le théorème des six segments, qu'il donne comme Ménélaüs. On trouve, entre autres, dans l'*Almageste*, la belle propriété du quadrilatère inscrit dans le cercle, par laquelle le produit des diagonales est égal à la somme des produits des côtés opposés.

Citons encore, de Ptolémée, son *Optique* et un Traité *des trois dimensions des corps*, où, le premier sans doute, il parle des trois axes rectangulaires auxquels la Géométrie analytique rapporte aujourd'hui le plus souvent la position d'un point quelconque dans l'espace.

Nous devons nommer avec honneur Pappus (385 ap. J.-C.), le plus célèbre commentateur des Ouvrages de l'École grecque qui s'était développée à Alexandrie, esprit original et profond dont Descartes faisait grand cas.

Ses précieuses *Collections mathématiques* représentent à peu près l'état de la Science à cette époque. Elles étaient divisées en huit Livres : les deux premiers ne sont pas parvenus jusqu'à nous; les autres renferment surtout des questions de Géométrie, mais l'Astronomie et la Mécanique n'y sont pas oubliées. On y trouve la fameuse règle connue sous le nom de *Théorème de Guldin*, qui fait intervenir le centre de gravité d'une ligne ou d'une surface dans la mesure de l'aire ou du volume de révolution correspondant. Cette proposition, retrouvée par Guldin au commencement du XVIIe siècle, semble appartenir à Pappus. La préface du septième Livre renferme une définition précise de l'*analyse* et de la *synthèse*, et le géomètre alexandrin donne ensuite des exemples de ces deux méthodes appliquées tour à tour à une même question. On voit, par les problèmes qu'il résout, que les anciens s'étaient livrés d'une manière assez approfondie à l'étude des surfaces courbes et des lignes à double courbure tracées sur ces surfaces. Enfin, on rencontre dans les *Collections* la propriété fondamentale du rapport anharmonique, le germe de la théorie de l'involution, un cas particulier de la belle propriété de l'hexagone inscrit dans une conique et la notion de la directrice dans ces courbes, qui avait échappé à Apollonius.

La Géométrie dite moderne a donc ses racines dans l'antiquité, et ses progrès eussent été bien plus rapides sans l'arrêt imposé aux sciences par les bouleversements et les transformations qui suivirent la décadence et la chute de l'empire romain.

L'École d'Alexandrie, après Pappus, fut encore prolongée par Serenus; par Dioclès, inventeur de la cissoïde; par Proclus, philosophe célèbre, qui cultiva les Mathématiques et dont nous avons un commentaire curieux sur le premier Livre d'Euclide. Mais elle avait déjà perdu tout son éclat lors de la conquête arabe (638 ap. J.-C.). Au VIIIe siècle, et surtout au IXe, l'école de Bagdad compta quelques commentateurs habiles des Ouvrages grecs échappés aux désastres successifs de la bibliothèque d'Alexandrie; mais, en Europe, mille ans s'écoulèrent dans une profonde stagnation, et ce n'est que vers le milieu du XVIe siècle que la Géométrie, suivant le mouvement général des Lettres, des Sciences et des Arts, se ranima.

Pour être juste envers les Arabes, il faut cependant reconnaître que la Trigonométrie leur doit la forme simple et commode sous laquelle nous l'appliquons. Par la substitution des sinus aux cordes des arcs doubles qu'on employait auparavant, ils abrégèrent notablement les calculs.

Dès le commencement de la Renaissance, le fil fut enfin renoué, la tradition reconstituée, et l'ancienne Géométrie cultivée en Europe avec succès. La plupart des Ouvrages laissés par les géomètres grecs furent traduits en latin ou en italien. L'étude des langues anciennes, alors fort répandue, multipliait les moyens d'instruction.

Notre compatriote Viète (1540-1603), en inventant l'Algèbre dont il fut le véritable créateur, compléta la Méthode analytique de Platon qu'il introduisit ainsi dans la science des nombres. Il eut encore la gloire d'appliquer le même algorithme à la Géométrie. Par sa construction graphique des équations du deuxième et du troisième degré, il fit un premier pas dans la voie féconde, qui devait, en unissant intimement l'Algèbre et la Géométrie, conduire aux grandes découvertes de Descartes et mettre en notre possession la clé universelle des Mathématiques.

Très versé aussi dans la Géométrie des anciens, Viète restitua le traité perdu d'Apollonius, *De Tactionibus* (des contacts), sous le titre d'*Apollonius Gallus*. C'est là qu'il résolut, le premier, le problème du cercle tangent à trois cercles donnés, problème difficile alors, mais dont les méthodes modernes ont offert des solutions plus élégantes et plus simples. Il perfectionna en outre, de la manière la plus utile, la Trigonométrie sphérique, en résolvant notamment quelques cas nouveaux des triangles sphériques qui n'avaient point reçu d'application en Astronomie, par exemple celui où l'on doit trouver un angle connaissant les trois côtés.

On remarque, dans la Trigonométrie de Viète, une idée neuve et très heureuse sur la *transformation* des triangles sphériques. Le triangle *réciproque* considéré par Viète conduisit, sans nul doute, le célèbre Snellius à la découverte du triangle *polaire* ou *supplémentaire*, première apparition dans la Science (1627) de la loi générale de *dualité de l'étendue* que M. Chasles devait, plus de deux siècles après, mettre en pleine lumière.

C'est au grand Kepler (1571-1631) qu'on doit l'introduction de l'idée de *l'infini* en Géométrie. Il put, par son aide, généraliser les recherches d'Archimède sur la cubature des sphéroïdes et des conoïdes, en faisant tourner la conique autour d'une droite située dans son plan. Il faut encore ajouter à l'actif en Géométrie du fondateur de l'Astronomie moderne la doctrine des polygones étoilés (retrouvée de nos jours par Poinsot), et sa belle méthode des projections pour déterminer, par une construction graphique et près de deux cents ans avant l'invention de Monge, les circonstances des éclipses de Soleil pour les habitants des différentes régions terrestres.

Quelques années après Kepler, Cavalleri (1598-1647) donna sa *Géométrie des indivisibles*, où il montrait, comme l'illustre astronome, à évaluer les grandeurs géométriques par leurs éléments. La méthode de Cavalleri, qui a suppléé pendant cinquante ans au Calcul intégral, n'est, comme il l'a fait voir lui-même, qu'une transformation heureuse de la méthode d'exhaustion, si habilement appliquée par Archimède.

Grégoire de Saint-Vincent (1584-1667), à son tour, mais d'une manière qui lui était propre, appliqua, comme Cavalleri et Roberval, la méthode d'exhaustion d'Archimède aux quadratures curvilignes. Il a mérité par là d'être regardé, lui aussi,

pour les commençants. Aussi, Ptolémée Philadelphe, roi d'Égypte, dont il fut le maître, lui demanda-t-il un jour d'aplanir un peu en sa faveur les difficultés de la route. « Seigneur, lui répondit Euclide, il n'y a pas en Géométrie de chemin particulier pour les rois. »

Immédiatement après Euclide, Archimède et Apollonius marquèrent l'apogée de la Géométrie chez les anciens. Toutes les branches des Mathématiques conservent les traces ineffaçables de leurs sublimes conceptions.

Les travaux d'Archimède (287-212 av. J.-C.), le plus grand mathématicien de l'antiquité, se rapportent spécialement à la Géométrie de la mesure.

En trouvant le rapport de la circonférence au diamètre et en effectuant de deux manières différentes la quadrature de la parabole, le géomètre de Syracuse donna les premiers exemples d'un problème résolu *par approximation* et de l'évaluation rigoureuse d'une aire à contour curviligne.

Le Traité des spirales, la proportion de la sphère et du cylindre circonscrit, la cubature des sphéroïdes (ellipsoïdes de révolution) et des conoïdes (paraboloïdes et hyperboloïdes de révolution), sans oublier dans le même domaine le principe du levier, la notion du centre de gravité et l'équilibre des corps flottants ou plongés dans les liquides, sont autant d'inventions ou de découvertes capitales de ce génie créateur, auquel la Statistique doit autant que la Géométrie.

La marche suivie par Archimède, pour démontrer des vérités mathématiques si nouvelles, constitue la *Méthode d'exhaustion* dans laquelle la *Méthode des limites* se trouve en germe.

Veut-il, par exemple, chercher l'aire enfermée par une courbe, il regarde cette courbe comme la *limite* dont s'approchent de plus en plus des polygones inscrits et circonscrits, quand on multiplie par bissection le nombre de leurs côtés, de manière que la différence tombe au-dessous de toute quantité donnée. Il *épuise,* pour ainsi dire, cette différence, d'où est venu le nom de la méthode. Une fois le résultat obtenu par voie de rapprochements successifs et par induction finale, Archimède revient à la méthode par l'absurde, pour l'établir en toute rigueur.

On sait que les merveilleuses inventions du grand Géomètre ne purent empêcher Syracuse de tomber par surprise aux mains de Marcellus, et que, malgré les ordres de ce général, Archimède périt victime de l'ignorance et de la brutalité d'un soldat. Le tombeau de ce prodigieux génie, oublié par les descendants de ceux qu'il avait défendus contre les Romains, fut retrouvé deux cents ans après sa mort, caché sous les ronces, dans une campagne voisine de Syracuse : il portait gravés, selon le vœu du géomètre, le dessin de la sphère inscrite au cylindre et six vers grecs qui rappelaient sa découverte. Ces vestiges permirent à Cicéron, alors questeur en Cicile, de le retrouver après bien des recherches, et de ramener *une seconde fois,* comme il le dit, *Archimède à la lumière.*

Né à Perge, en Pamphylie, Apollonius était de 41 ans plus jeune qu'Archimède; il vient à Alexandrie sous le règne de Ptolémée Philopator. Ses écrits sont surtout relatifs à la Géométrie de la forme. Le principal est le grand *Traité des Coniques,* qui valut à son auteur, de la part de ses contemporains, le surnom de *Géomètre pai excellence.* On y trouve les propriété des asymptotes, des foyers, des diamètres conjugués, des normales, de la polaire et du système de deux coniques; citons encore la première idée des développées, et de belles questions de maximum et de minimum qui ren-

démonstrations qui convenaient à la fois aux trois espèces de coniques, malgré la différence de forme de ces lignes. Il découvrit la propriété involutive du quadrilatère inscrit dans une conique, la propriété fondamentale des triangles homologiques, et écrivit avec le même talent et le même esprit de généralisation sur la Coupe des pierres, la Gnomonique et la Perspective.

Placés au point de vue de la Géométrie proprement dite, nous devons seulement mentionner la création de la *Géométrie analytique* par Descartes (1637). L'avènement de cette nouvelle doctrine, si séduisante par son caractère d'universalité, si facilement féconde, et dont on ne trouve aucun germe dans les écrits des anciens, fut une véritable révolution. Le grand philosophe, par cette admirable conception de l'*Application de l'Algèbre à la théorie des courbes,* put franchir des obstacles qui avaient arrêté les plus profonds géomètres, et changea la face des sciences mathématiques. On le suivit avec enthousiasme, et un coup funeste fut porté à la Géométrie pure.

Cependant, quelques esprits éminents s'opposèrent à cette décadence, et soutinrent dignement l'honneur des méthodes anciennes. Nous citerons surtout Huygens (1629-1695) et de la Hire (1640-1718).

Huygens, que Newton proclamait *le plus excellent imitateur des anciens,* et que Leibnitz plaçait au premier rang parmi les hommes de son siècle, créa la théorie des développées et découvrit les lois de la force centrifuge. Son célèbre Traité, *De horologio oscillatorio,* est l'indispensable introduction des *Principes* de Newton, et se place tout à côté dans l'histoire des grandes conceptions de l'esprit humain. Il faut en dire autant du *Traité de la Lumière* de l'illustre Hollandais, à qui l'on doit la théorie des ondes.

Le principal ouvrage publié par de la Hire est un grand

Traité des sections coniques divisé en neuf livres, et qui eut une grande réputation dans l'Europe savante. Dans ce Traité, il s'élève des propriétés du cercle, base du cône, aux propriétés analogues des sections de la surface par un plan tout à fait quelconque, et l'on peut, à juste titre, regarder cet habile géomètre comme un continuateur de Pascal et de Desargues. Son Mémoire sur les épicycloïdes, sa théorie des roulettes et son Traité de Gnomonique méritent d'être rappelés. C'est à lui qu'on doit la théorie du pôle et de la polaire, dont Apollonius n'avait connu qu'un théorème, et la transformation homologique, qui, employée ensuite par Newton, a été retrouvée de nos jours d'une autre manière et développée avec un rare talent par Poncelet dans son beau *Traité des propriétés projectives des figures* (*), où l'on trouve les applications les plus intéressantes et les plus variées de cette théorie.

En résumé, trois sortes de Géométrie s'offraient à cette époque aux méditations des savants : la Géométrie des anciens, la Géométrie analytique de Descartes, et une troisième espèce de Géométrie, celle de Desargues et de Pascal, qui devait prendre une si grande extension au XIXe siècle et dont on rencontre déjà quelques principes dans les *Porismes* d'Euclide et les *Collections* de Pappus. « Cette troisième branche de la » Géométrie, qui constitue aujourd'hui ce que nous appelons » la *Géométrie récente*, est exempte de calculs algébriques, » quoiqu'elle fasse un aussi heureux usage des relations » métriques des figures que de leurs relations de situation ; » mais elle ne considère que des rapports de distances recti- » lignes d'un certain genre, qui n'exigent ni les symboles ni » les opérations de l'Algèbre. Cette Géométrie est la conti- » nuation de l'*Analyse géométrique* des anciens, sur laquelle

(*) Deuxième édition, 1865; 2 vol. in-4°, avec planches, chez Gauthier-Villars.

» elle offre d'immenses avantages par la généralité, l'unifor-
» mité et l'abstraction de ses méthodes, et par l'usage si utile
» de la contemplation des figures à trois dimensions dans les
» simples questions de Géométrie plane (*). »

La découverte du Calcul infinitésimal à la fin du XVIIe siècle arrêta à son tour les progrès de la Géométrie. Cette sublime invention, qui suffirait seule pour immortaliser les noms de Newton et de Leibnitz, s'appliqua avec une si grande facilité à la Géométrie des mesures et à l'étude des phénomènes naturels, qu'elle devint presque exclusivement l'objet des travaux des plus illustres géomètres. Toutefois la chaîne ne fut pas entièrement rompue. Newton lui-même, donnant l'exemple, prouva, dans ses admirables *Principes de la Philosophie naturelle,* que la Géométrie pure se prête aux recherches de l'ordre le plus élevé. Cotes (1682-1716) et Maclaurin (1698-1746) étudièrent les propriétés générales des courbes géométriques. L'astronome Halley (1656-1742), par ses belles traductions d'Apollonius et de Ménélaüs; Simson (1687-1768), par ses écrits sur les coniques, sa restitution de la *section déterminée* d'Apollonius et sa remarquable tentative de divination des Porismes; Stewart (1717-1785), par ses *Théorèmes généraux,* tâchèrent de ranimer le goût des méthodes anciennes. Mais, en dépit de ces louables efforts, et malgré quelques questions traitées par Euler (1707-1783), Lambert (1728-1777) et d'autres célèbres analystes, aucune doctrine nouvelle ne surgit jusqu'au XIXe siècle, et cette période se distingue surtout par les belles applications que l'on fit de la Géométrie à l'étude des phénomènes naturels.

Au commencement du XIXe siècle, la création de la Géométrie descriptive marqua une ère nouvelle dans l'histoire de la

(*) CHASLES, *Aperçu historique,...* Bruxelles, 1837.

Géométrie. Considérée comme simple doctrine géométrique, indépendamment de son utilité pratique, la Géométrie de Monge fut d'un immense secours dans l'étude des propriétés de l'étendue. En familiarisant l'esprit avec la forme des corps, elle développa notre puissance de conception, éclaira la Géométrie analytique dont elle apprit à interpréter les résultats avec une grande facilité, et permit de raisonner, dans les cas les plus compliqués, sans le secours de ces figures qui, en absorbant l'attention, entravent la pensée. Elle montra l'alliance intime des figures planes et des figures de l'espace, et la science s'enrichit dès lors de ces méthodes élégantes et tant cultivées depuis qui permettent de déduire des propriétés des figures à trois dimensions les théorèmes de la Géométrie plane.

C'est encore à Monge et à son école qu'on doit l'introduction dans la Science d'un mode de démonstration qui, bien que manquant au fond de cette rigueur si justement recherchée des géomètres anciens, a cependant conduit à de magnifiques résultats. Nous voulons parler du *principe des relations contingentes* ou *de continuité* : « Certaines parties d'une figure, » considérées dans un état général de construction, peuvent » être indifféremment réelles ou imaginaires. Or il arrive » souvent que ces parties servent utilement, dans le cas de » la réalité, à la démonstration d'un théorème, et que cette » démonstration n'a plus lieu quand ces mêmes parties de- » viennent imaginaires. Alors on dit qu'en vertu du *principe de* » *continuité* le théorème démontré dans le premier cas s'étend » au second, et on l'énonce d'une manière générale. Quelque- » fois le contraire a lieu, et c'est quand certaines parties d'une » figure sont imaginaires que l'on y trouve les éléments d'une » démonstration facile, dont on applique ensuite les consé- » quences, en vertu du *principe de continuité,* au cas où ces » mêmes parties sont réelles et où la démonstration n'existe

» plus (*). » Tel a été le point de départ de l'introduction des imaginaires en Géométrie; mais nous devons ajouter que cette introduction si importante n'a été accomplie, d'une manière véritablement irréprochable, qu'un peu plus tard par M. Chasles, dont les démonstrations se distinguent par ce caractère spécial, que les objets susceptibles de devenir imaginaires n'y entrent pas sous forme explicite, mais y sont représentés par des éléments réels, de même que les racines d'une équation n'entrent pas elles-mêmes dans les calculs de la Géométrie analytique, mais y sont représentées collectivement par les coefficients de cette équation.

L'apparition de la *Géométrie* de Monge recula les bornes de la Géométrie pure, un peu délaissée depuis un siècle, et l'on chercha dès lors à obtenir par cette voie seule les nombreux résultats dont l'analyse de Descartes avait enrichi la Science. Parmi les ouvrages entrepris dans ce but et qu'on peut regarder comme l'heureuse continuation de ceux de Desargues et de Pascal, il faut citer au premier rang la *Géométrie de position* et l'*Essai sur les transversales* de Carnot, les *Développements de Géométrie* de Charles Dupin, et le grand *Traité des Propriétés projectives des figures* dans lequel Poncelet, par l'habile emploi du principe de continuité et la belle création des théories des polaires réciproques et des figures homologiques, a démontré toutes les propriétés connues des lignes et des surfaces du second ordre, et a doté en outre la Science d'une foule de résultats nouveaux. Il convient de signaler encore les savants écrits de Hachette, Brianchon, Gergonne, Dandelin, Quetelet, les travaux de Gaultier, de Steiner et de Gudermann sur la Géométrie de la sphère qu'avaient déjà cultivée Lexell, Fuss, Lhuillier de Genève et

(*) CHASLES. Préface de la *Géométrie supérieure*, 1846.

Magnus de Berlin; la belle *Théorie de la rotation des corps* de Poinsot; les études de ce géomètre, de Cauchy et de M. Bertrand sur les polyèdres; enfin les belles recherches de Géométrie infinitésimale de M. O. Bonnet.

Les travaux de M. Chasles sont le dernier terme des progrès continus réalisés par la Géométrie depuis soixante ans. Il suffit de citer l'*Aperçu historique*, la *Géométrie supérieure*, le *Traité des Porismes;* les recherches sur l'*attraction des ellipsoïdes*, sur les *cônes du second ordre*, sur les *surfaces réglées;* le Mémoire sur la *dualité* et l'*homographie*, ces deux lois si générales de l'étendue figurée; la nouvelle méthode de détermination des *caractéristiques des systèmes de coniques*, et tant d'autres productions de ce maître éminent.

La Géométrie marche donc à grands pas dans une voie féconde. Grâce aux belles conquêtes de notre siècle, elle a regagné sur l'Analyse le terrain perdu.

Après cette rapide excursion dans le domaine de l'histoire, nous devons dire un mot du Traité que nous présentons au lecteur.

Il y a deux manières d'écrire un livre destiné aux études : on peut se restreindre aux *Programmes officiels* et n'en pas franchir le cadre; on peut aussi, en suivant strictement ces Programmes dans ce qu'ils ont d'obligatoire, aller au delà et essayer de les compléter. Pour appliquer une science, il ne suffit pas d'en connaître quelques parties; il faut être familiarisé avec toutes ses méthodes, en saisir l'ensemble. Les magnifiques découvertes de la Géométrie moderne n'ont pas pénétré dans l'enseignement; délaissées par les Programmes, elles n'occupent pas dans la série des études mathématiques la place qui leur est due; on en parle à peine et accessoirement en Géométrie analytique, où elles semblent bien à tort être une nouvelle conquête de l'admirable instrument créé par Descartes. Nous sommes loin de reprocher aux Programmes leur silence à cet égard; ils sont tellement chargés, qu'on serait mal venu à réclamer une addition. Mais ne peut-on *apprendre* un programme d'examen et essayer en même temps de *comprendre* la portée de la science que l'on étudie, en prenant une connaissance rapide, une vue générale de ses principales méthodes? Telle est la pensée qui nous a guidés dans la composition de cet Ouvrage; c'est aussi celle qui apparaît dans le choix des caractères employées.

Borné aux parties imprimées en caractères ordinaires, l'Ouvrage est entièrement conforme aux Programmes officiels et à leur esprit. Les numéros imprimés en petits caractères contiennent d'utiles développements du texte destinés aux candidats aux Écoles spéciales. Enfin les Appendices sont consacrés à l'exposition des nouvelles méthodes. L'élève studieux les lira à son aise sans se préoccuper de la nécessité de retenir immédiatement tous les détails; il y puisera une profonde admiration pour la science dont les limites lui apparaîtront si lointaines, un goût des spéculations mathématiques qui donnera à son esprit plus de rectitude et de fermeté; et, à mesure que son savoir gagnera en étendue, par une réaction inévitable, les matières exigées, éclairées par ses nouvelles connaissances, perdront pour lui leur difficulté première.

La Table analytique des Matières indique suffisamment les améliorations nombreuses apportées à cette sixième édition. Nous mentionnerons cependant, en particulier, les développements plus étendus consacrés à l'exposé des différentes méthodes de résolution des problèmes; les premières notions sur l'involution données dès la Géométrie plane; l'étude des faisceaux de cercles; l'examen détaillé de quelques problèmes remarquables, devenus classiques. On nous permettra de dire, à cet égard, que nous croyons avoir amélioré l'élégante solution du problème du cercle tangent à trois cercles donnés, due à Gergonne, en la rendant complètement générale et en la débarrassant de toute ambiguïté.

Nous devons ajouter que, depuis quelques années, un grand nombre de géomètres se sont occupés des propriétés du triangle, et qu'un nouveau Chapitre très intéressant a été ajouté par eux à la Science. Nous ne pouvions laisser ces recherches de côté, et nous commencions à les coordonner pour notre nouvelle Édition, lorsque M. J. Neuberg, professeur à l'Université de Liège, et l'un de ceux qui, avec MM. E. Lemoine et H. Brocard, ont le plus contribué à ces découvertes, a bien voulu nous communiquer un travail complet sur ce sujet et en extraire, en notre faveur, la Note III placée à la fin de cette première Partie de notre Traité. Cette Note lui appartient intégralement, et nous nous sommes bornés à y ajouter quelques indications bibliographiques très succinctes. Nous sommes heureux de témoigner ici notre gratitude à M. J. Neuberg pour son obligeante confraternité scientifique, sans oublier nos éditeurs et amis qui n'ont pas hésité à faire exécuter, pour cette Note complémentaire, des figures très compliquées.

Nous ne pouvons mieux faire, en terminant, que de continuer à remercier nos collègues et nos lecteurs. C'est grâce à eux que nous pouvons poursuivre notre tâche, en maintenant toujours ce Traité à la hauteur des progrès réalisés.

TRAITÉ

DE

GÉOMÉTRIE.

INTRODUCTION.

1. La considération des corps matériels nous suggère l'idée d'*étendue* ou de *volume*. Le volume d'un corps est essentiellement limité; sa limite, qui le sépare de l'espace environnant, prend le nom de *surface*. Les diverses faces d'un corps sont autant de surfaces dont les limites ou les intersections mutuelles s'appellent *lignes*. Enfin, on donne le nom de *points* aux limites ou extrémités d'une ligne, aux intersections mutuelles des lignes.

Ces idées de *surface*, de *ligne* et de *point*, étant une fois acquises par la considération des corps, la surface, la ligne et le point peuvent ensuite être conçus indépendamment du corps, des surfaces et des lignes, dont ils constituent les limites. C'est ainsi qu'on arrive à regarder inversement une ligne comme le lieu des positions successives d'un point mobile, et une surface comme le lieu des positions successives d'une ligne qui se meut suivant une loi déterminée.

On donne le nom de *figure* à un ensemble quelconque de surfaces, de lignes ou de points.

La Géométrie a pour objet l'étude des propriétés des figures, et en particulier, comme son nom l'indique, la mesure de l'étendue.

2. La plus simple de toutes les lignes est la *ligne droite*,

dont la notion est familière à tout le monde, et dont un fil tendu offre l'image.

Cette ligne est caractérisée par la propriété suivante : *Deux points déterminent une droite;* en d'autres termes, par deux points on peut toujours faire passer une droite, et l'on n'en peut faire passer qu'une. D'où il suit que *deux droites qui ont deux points communs coïncident, non-seulement entre ces deux points, mais encore dans toute leur étendue;* et, par conséquent, que *deux droites distinctes ne peuvent avoir qu'un point commun.*

3. En Géométrie, on indique un point par une lettre, une droite par deux lettres affectées à deux de ses points. Ainsi, l'on dit le point A, la droite AB (*fig.* 1).

Fig. 1.

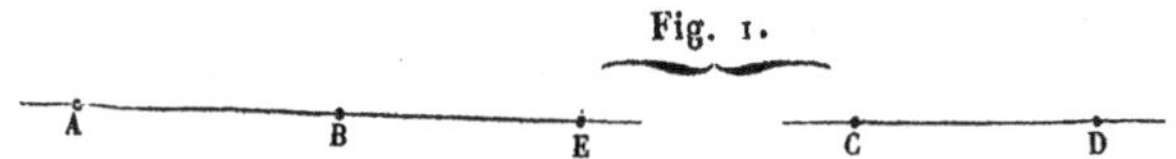

Deux portions AB et CD, prises respectivement sur deux droites *indéfinies*, ont la même *longueur* lorsqu'elles sont superposables. La droite CD étant transportée de manière que le point C tombe en A, si l'on peut amener le point D sur le point B en faisant tourner la droite CD autour du point A, la portion CD aura une longueur égale à celle de la portion AB.

Pour *ajouter* deux portions de droites AB et CD, on porte l'une d'elles, CD, en BE, à la suite de l'autre prolongée : la *somme* est la longueur de la droite AE comprise entre les points extrêmes; elle est indépendante de l'ordre des parties.

Une droite AE est dite *plus grande* qu'une autre CD, lorsque sa longueur est la somme des longueurs de cette autre et d'une troisième.

On remarquera que nous n'avons pas défini le mot *longueur;* c'est que l'idée de longueur est une de ces notions premières qu'on ne sait ramener à aucune autre. Aussi bien, hâtons-nous de le dire, il n'est pas nécessaire de savoir définir une grandeur pour pouvoir la mesurer (¹), c'est-à-dire la com-

(¹) *Voir*, à la fin du Volume, la Note I *Sur la mesure des grandeurs.*

parer à une autre grandeur de même espèce prise pour unité; il suffit de posséder la notion des grandeurs de cette espèce et d'avoir défini leur égalité et leur addition. C'est ainsi qu'après avoir défini, comme nous venons de le faire, l'égalité et l'addition des lignes droites, on conçoit nettement ce que c'est qu'une portion de droite double, triple, ..., d'une autre, et en général ayant avec cette autre un rapport quelconque.

On nomme *distance de deux points* A et B la longueur de la droite qui joint ces deux points. Nous n'*admettons* pas que la distance ainsi définie représente le plus court chemin du point A au point B; c'est là, non un axiome, mais un théorème, qui sera démontré ultérieurement.

4. On nomme *ligne brisée* une ligne formée de plusieurs portions de droites distinctes; telle est la ligne ABCD (*fig.* 2).

Fig. 2.

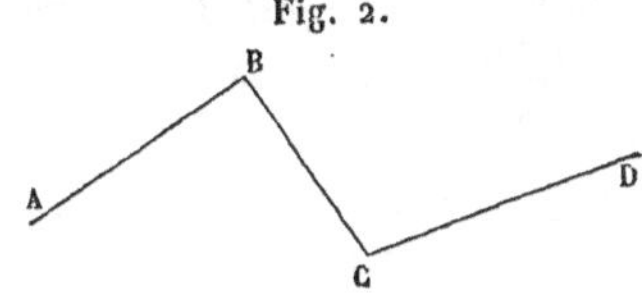

On confond sous la dénomination commune de *lignes courbes* toutes les lignes autres que la ligne droite ou les lignes brisées.

5. La plus simple de toutes les surfaces est le *plan*, dont une glace polie peut donner l'idée. La définition géométrique du plan consiste en ce que toute droite qui joint deux points de cette surface y est contenue tout entière. C'est ainsi, par exemple, que, pour vérifier si une table est plane, on s'assure qu'on peut y appliquer *dans tous les sens* une règle bien dressée, sans qu'il reste aucun vide entre la table et la règle.

Une surface formée de plusieurs portions de plans distinctes est dite *brisée;* et l'on confond sous la dénomination commune de *surfaces courbes* toutes les surfaces autres que le plan et les surfaces brisées.

On divise la Géométrie en deux parties : la *Géométrie plane*, relative aux figures situées dans un plan unique, et la *Géométrie dans l'espace*, relative aux figures dont les éléments peuvent être disposés d'une manière quelconque dans l'espace.

6. Nous terminerons cette Introduction par quelques remarques importantes.

Toute proposition consiste dans une *hypothèse* et une *conclusion* qui en découle, soit immédiatement, soit en vertu d'un raisonnement qu'on appelle *démonstration*.

On nomme *réciproque* d'une proposition une seconde proposition dont l'hypothèse et la conclusion sont respectivement la conclusion et l'hypothèse de la première. La *proposition contraire* d'une proposition est une autre proposition dont l'hypothèse et la conclusion sont respectivement la négation de l'hypothèse et de la conclusion primitives. Ainsi, la proposition « *Si* A *égale* B, C *égale* D » a pour réciproque : « *Si* C *égale* D, A *égale* B », et pour contraire : « *Si* A *n'est pas égal à* B, C *n'est pas égal à* D ».

La vérité de la réciproque d'une proposition entraîne celle de la proposition contraire. Ainsi, soit la proposition : « *Si* A *égale* B, C *égale* D »; de la réciproque : « *Si* C *égale* D, A *égale* B », il résulte que « *si* A *n'est pas égal à* B, C *n'est pas égal à* D »; car si C était égal à D, A serait égal à B.

De même, la vérité de la proposition contraire d'une proposition entraîne la vérité de la réciproque.

7. En général, *lorsque dans une proposition ou dans une série de propositions on a fait toutes les hypothèses possibles sur un sujet déterminé et que ces hypothèses ont conduit à des conclusions respectives essentiellement distinctes et dont chacune exclut toutes les autres, on peut affirmer que les réciproques des propositions établies sont toutes vraies.* Nous ferons dans la suite un fréquent usage de ce principe.

GÉOMÉTRIE PLANE.

LIVRE PREMIER.

LA LIGNE DROITE.

§ I. — DES ANGLES.

DÉFINITIONS.

8. La considération de deux droites AB et AC qui se rencontrent (*fig.* 3) conduit à une idée nouvelle, qui est celle d'*inclinaison* mutuelle ou d'*angle*, et qui, comme l'idée de longueur, ne saurait être définie, c'est-à-dire ramenée à une idée plus simple; ce qu'on définit, c'est l'*égalité* et l'*addition* des angles.

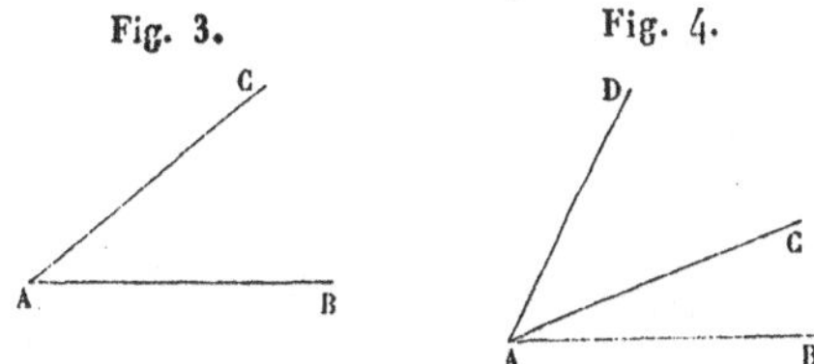

Les deux droites AB et AC sont les *côtés* de l'angle, et leur point d'intersection A est son *sommet*. On désigne un angle isolé par la lettre du sommet. Lorsque plusieurs angles ont même sommet, on indique celui des angles qu'on considère au moyen de trois lettres, savoir : deux lettres placées sur les côtés et la lettre du sommet qu'on énonce au milieu. Ainsi, dans la *fig.* 3, on dit simplement l'angle A; dans la *fig.* 4, on distingue les trois angles BAC, CAD, BAD.

Deux angles, tels que BAC et CAD, qui ont le même sommet A, un côté commun AC, et les deux autres côtés AB et AD situés de part et d'autre du côté commun, sont appelés *adjacents.*

9. On dit que deux angles sont *égaux* lorsqu'on peut les porter l'un sur l'autre, de manière qu'ils coïncident. Ainsi, lorsqu'on aura placé le côté A′ B′ sur AB, de façon que le sommet A′ soit en A et que le côté A′ C′ tombe comme AC au-dessus de AB (*fig.* 5), il faudra, pour que les angles A et A′ soient égaux, que le côté A′ C′ s'applique sur AC.

Fig. 5.

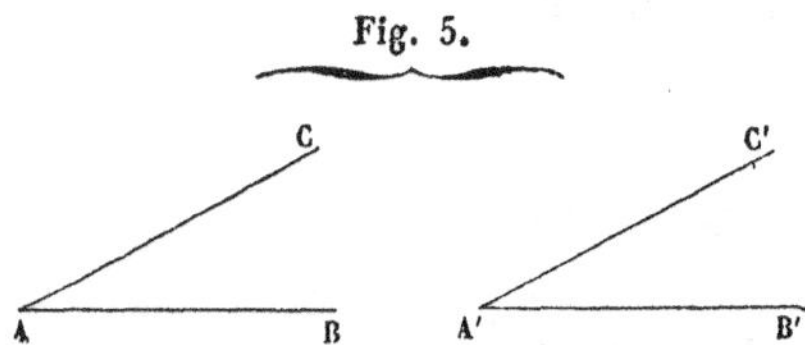

Pour ajouter deux angles BAC, FEG, on transporte l'un d'eux à la suite de l'autre (*fig.* 6), de manière à former les deux angles adjacents BAC, CAD; l'angle BAD des deux côtés non communs AB et AD est la *somme* des deux angles proposés; cette somme est indépendante de l'ordre des parties.

Fig. 6.

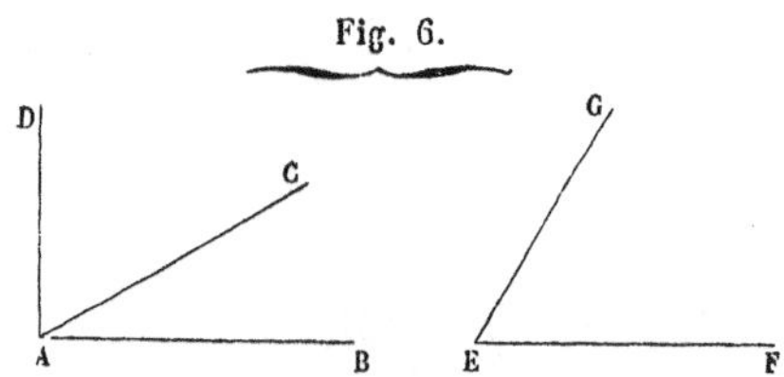

10. D'après ces définitions, la grandeur d'un angle est indépendante de la longueur de ses côtés.

Si l'on suppose que l'un des côtés AC, d'abord appliqué sur l'autre AB, tourne autour du point A, comme une branche de compas autour de sa charnière, le côté mobile AC fait avec le côté fixe AB un angle qui croît d'une *manière continue.*

11. On dit qu'une droite AO est *perpendiculaire* sur une droite BC (*fig.* 7), lorsque les deux angles adjacents AOB, AOC,

qu'elle forme avec celle-ci, sont *égaux*. Si la droite AO est telle (*fig.* 8), que les angles adjacents AOB, AOC, soient *inégaux*, on dit que cette droite est *oblique* sur BC.

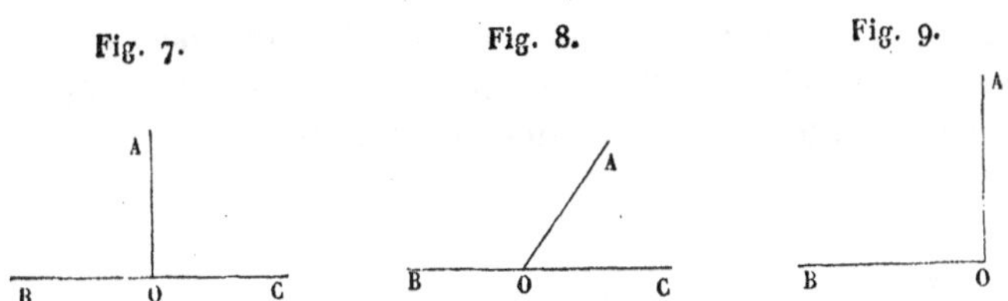

Le point O est le *pied* de la perpendiculaire ou de l'oblique AO.

On appelle *angle droit* tout angle AOB (*fig.* 9) dont un côté est perpendiculaire sur l'autre.

12. Deux angles sont dits *opposés par le sommet* lorsque les côtés de l'un sont les prolongements des côtés de l'autre. D'après cela, deux droites indéfinies BB′ et CC′ (*fig.* 10) forment, en se coupant au point A, quatre angles BAC, et B′AC′, CAB′ et BAC′, qui sont deux à deux opposés par le sommet.

Fig. 10.

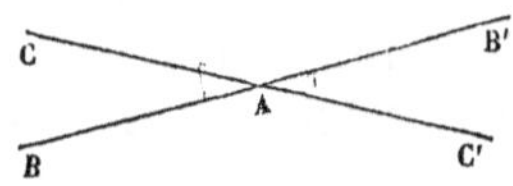

THÉORÈME.

13. *Par un point* A, *pris sur une droite* DC, *on peut toujours élever une perpendiculaire* AB *sur cette droite, et l'on ne peut en élever qu'une* (*fig.* 11).

En effet, supposons qu'une droite AE, d'abord appliquée sur AC, tourne autour du point A dans le sens de la flèche. L'angle EAC, nul au début, croîtra constamment, tandis que l'angle adjacent EAD diminuera sans cesse et finira par s'annuler, lorsque la droite AE viendra s'appliquer sur AD. Donc l'angle EAC, d'abord inférieur à l'angle EAD, différera de moins en moins de cet angle, lui deviendra égal, puis le surpassera de plus en plus. D'après cela, parmi les positions successives de la droite AE, il y en aura une, et une seule AB, pour laquelle les angles adjacents BAC et BAD seront égaux, c'est-à-dire pour laquelle cette droite sera perpendiculaire sur DC.

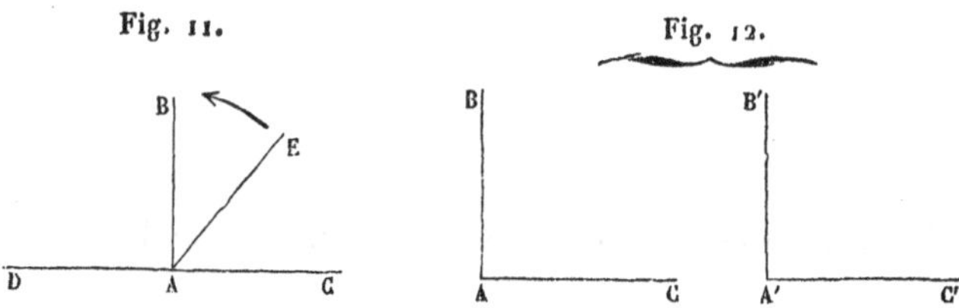

Corollaire.

14. *Tous les angles droits sont égaux.*

Soient (*fig.* 12) les deux angles BAC, B'A'C', qui ont été formés, le premier en élevant la perpendiculaire AB sur AC, le second en élevant la perpendiculaire A'B' sur A'C'; ces deux angles sont droits, et il faut démontrer qu'ils sont égaux. Transportons à cet effet la deuxième figure sur la première, de façon que le point A' tombe en A et que le côté A'C' s'applique sur AC; le côté A'B' deviendra alors perpendiculaire sur AC au point A : il s'appliquera donc sur AB, puisque par le point A on ne peut élever sur AC qu'une seule perpendiculaire. Donc les deux angles BAC, B'A'C' coïncideront, c'est-à-dire (9) seront égaux.

Scolie.

15. L'angle droit est donc un type invariable auquel on peut rapporter les autres angles.

On dit qu'un angle est *aigu* ou *obtus* suivant qu'il est *plus petit* ou *plus grand* que l'angle droit. Ainsi, dans la *fig.* 11, l'angle EAC est aigu et l'angle EAD est obtus.

Deux angles sont dits *complémentaires* lorsque leur somme est égale à un angle droit. Ainsi, dans la *fig.* 11, chacun des angles BAE, EAC est le *complément* de l'autre. Deux angles qui ont des compléments égaux sont égaux.

Deux angles sont dits *supplémentaires* lorsque leur somme est égale à deux angles droits. Deux angles qui ont des suppléments égaux sont égaux.

THÉORÈME.

16. *Deux angles adjacents* ACD, BCD *sont supplémentaires si leurs côtés extérieurs* AC *et* CB *sont en ligne droite* (*fig.* 13).

Fig. 13.

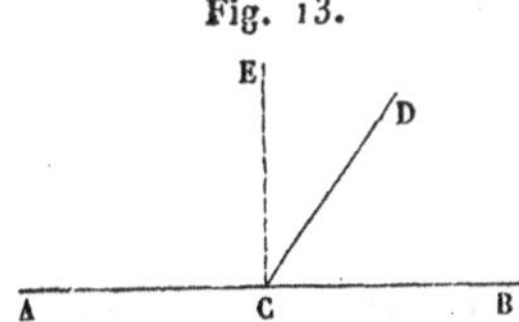

En effet, si CD est perpendiculaire sur AB, le théorème est évident, puisque les angles adjacents ACD, BCD sont droits tous les deux.

Si CD est oblique sur AB, les deux angles ACD, BCD sont inégaux; soit ACD le plus grand. La perpendiculaire CE, élevée au point C sur AB, tombera dans l'intérieur de cet angle et le décomposera en deux autres ACE et ECD. On aura donc

$$ACD + BCD = ACE + ECD + BCD.$$

Or l'angle ACE est droit, et la somme ECD + BCD est égale à l'angle droit BCE. Donc enfin

$$ACD + BCD = 2 \text{ angles droits.}$$

17. Il résulte de ce théorème que, pour avoir le supplément BCD d'un angle ACD, il suffit de prolonger l'un des côtés AC au delà du sommet.

18. Réciproquement, *si deux angles adjacents* ACD, BCD *sont supplémentaires, leurs côtés extérieurs* AC *et* BC *sont en ligne droite.*

Car le prolongement de AC doit former avec CD (17) un

angle égal au supplément de ACD, c'est-à-dire, à cause de l'hypothèse, un angle égal à BCD; le prolongement de AC ne diffère donc pas de BC.

Corollaires.

19. *La somme de tous les angles consécutifs* ABD, DBE, EBF, FBC, *que l'on peut former autour du point* B *d'une droite* AC, *d'un même côté de cette droite, est égale à deux angles droits* (*fig.* 14); car leur somme est évidemment la même que celle des deux angles adjacents ABF, FBC.

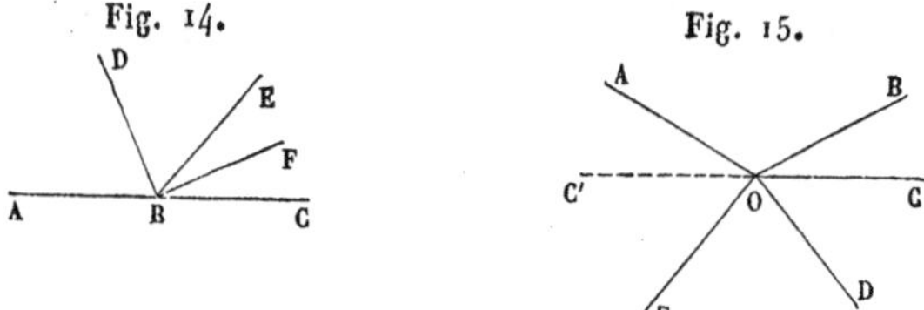

20. *La somme de tous les angles consécutifs* AOB, BOC, COD, DOE, EOA, *que l'on peut former autour d'un même point* O, *est égale à quatre angles droits* (*fig.* 15); car en prolongeant OC, par exemple, suivant OC', on voit que cette somme équivaut à celle des angles C'OA, AOB, BOC, situés d'un côté de CC', plus celle des angles COD, DOE, EOC', situés de l'autre côté; et l'on vient de prouver que chacune de ces deux sommes partielles est égale à deux angles droits.

THÉORÈME.

21. *Lorsque deux lignes droites* AB, DE *se coupent, les angles opposés par le sommet sont égaux* (*fig.* 16).

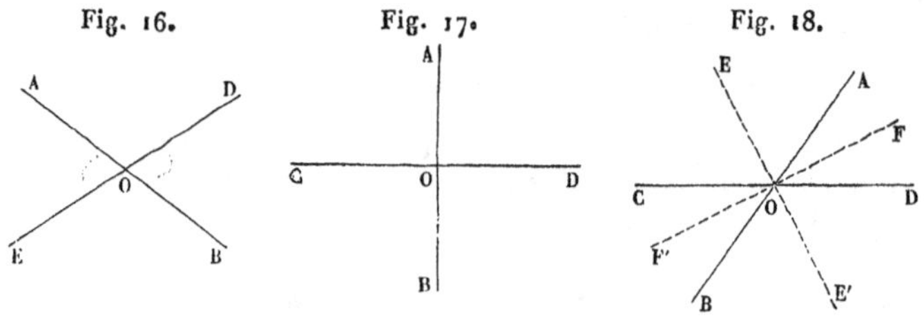

Soient, par exemple, les deux angles opposés AOE, DOB.

Le premier AOE a pour supplément l'angle AOD formé par le côté AO et le prolongement OD du côté OE. Le second BOD a aussi pour supplément l'angle AOD, qui peut être considéré comme formé par le côté OD et le prolongement OA du côté BO. Les deux angles AOE, DOB, ayant même supplément AOD, sont égaux entre eux.

Corollaires.

22. *Lorsque l'un des quatre angles formés par la rencontre de deux droites indéfinies* AB *et* CD *est droit, les trois autres sont aussi droits* (*fig.* 17); car, de ce que l'angle AOC, par exemple, est droit, il résulte que son opposé DOB doit l'être, ainsi que chacun de ses suppléments AOD et COB.

On voit par là que :

Lorsqu'une droite AO *est perpendiculaire sur une autre droite* CD, *son prolongement* OB *est aussi perpendiculaire sur la même droite ;*

Si une droite AB *est perpendiculaire sur une autre* CD, *la seconde est à son tour perpendiculaire sur la première.*

23. On nomme *bissectrice* d'un angle la droite qui menée par le sommet divise cet angle en deux parties égales.

Par un raisonnement identique à celui du n° 13, on voit que tout angle AOD (*fig.* 18) a une bissectrice OF, mais une seule.

Les bissectrices OE, OF *de deux angles adjacents et supplémentaires* AOC, AOD *sont perpendiculaires l'une à l'autre ;* car la somme des deux angles AOC, AOD étant égale à deux angles droits, celle des angles AOE, AOF, qui sont respectivement moitié des premiers, est égale à un angle droit.

Les bissectrices OF *et* OF′ *de deux angles opposés par le sommet* AOD *et* BOC *sont dans le prolongement l'une de l'autre* (*fig.* 18); car chacune d'elles doit être perpendiculaire au point O sur la bissectrice OE de l'angle AOC qui est adjacent et supplémentaire par rapport à chacun des angles considérés AOD et BOC.

Il résulte de là que *les bissectrices des quatre angles déterminés par la rencontre de deux droites* AB *et* CD *forment deux droites indéfinies* EE′ *et* FF′, *à angle droit l'une sur l'autre.*

THÉORÈME.

24. *Par un point* O *pris hors d'une droite* AB, *on peut toujours abaisser une perpendiculaire sur cette droite, et l'on ne peut en abaisser qu'une* (*fig.* 19).

Fig. 19.

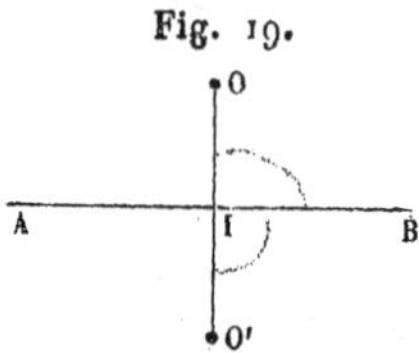

Désignons par O' le point sur lequel vient s'appliquer le point O, lorsqu'on plie la figure autour de la droite AB, de manière à en rabattre la partie supérieure sur la partie inférieure. Joignons aux points O et O' un point quelconque I de la droite AB. Les angles adjacents OIB, O'IB seront égaux; car, si l'on pliait de nouveau la figure autour de AB, O venant sur O' et I restant fixe, le premier angle recouvrirait exactement le second. D'après cela, pour que la droite OI soit perpendiculaire sur AB, c'est-à-dire pour que l'angle OIB soit droit, il faut et il suffit que la somme des deux angles adjacents égaux OIB, O'IB soit égale à deux angles droits; et, par suite, que leurs côtés extérieurs IO, IO' soient en ligne droite. Donc enfin, comme entre O et O' il existe toujours une droite, et une seule, on voit que du point O on peut toujours mener une perpendiculaire sur AB, mais une seule.

Scolie.

25. Deux points O et O' sont dits *symétriques* par rapport à une droite AB, lorsque cette droite est perpendiculaire sur le milieu de OO'; d'après la démonstration ci-dessus, on amène les deux points l'un sur l'autre en pliant le plan de la figure autour de la droite AB.

Deux figures sont dites *symétriques* par rapport à une droite lorsque leurs points sont deux à deux symétriques par rapport à cette droite.

§ II. — DES TRIANGLES.

DÉFINITIONS.

26. On donne le nom de *polygone* à une portion de plan ABCDEF terminée de toutes parts par des lignes droites (*fig.* 20). Les portions de droites AB, BC, CD, DE, EF, FA sont les *côtés* du polygone; l'ensemble de ces côtés forme le contour et leur somme reçoit le nom de *périmètre* du polygone. Le plan est ainsi divisé en deux régions, l'une enfermée par le contour et qu'on nomme *région intérieure*, l'autre illimitée et qu'on nomme *extérieure*. Le polygone a pour *sommets* les points A, B, C, D, E, F communs à deux côtés consécutifs quelconques, et pour *angles* les angles ABC, BCD, CDE, DEF, ..., formés intérieurement par deux côtés consécutifs quelconques. Enfin, toute droite qui, comme AC ou BE, joint deux sommets non consécutifs du polygone est une *diagonale*.

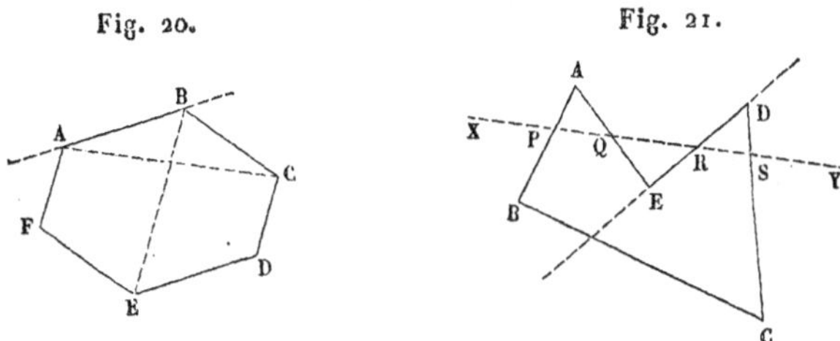

Fig. 20. Fig. 21.

Le contour du polygone est une ligne brisée fermée et telle que deux côtés quelconques non consécutifs ne se coupent pas; ainsi la ligne brisée ABEDCA, dont les côtés non consécutifs BE et CA se coupent, ne forme pas le contour d'un polygone.

Une ligne brisée est dite *convexe* lorsqu'elle tombe tout entière d'un même côté de chacune des droites qui la composent, prolongées indéfiniment. Un polygone est dit convexe lorsque son contour est convexe; tel est, par exemple, le polygone ABCDEF (*fig.* 20). Le polygone ABCDE, au contraire (*fig.* 21), n'est pas convexe; car le côté DE, prolongé indéfiniment, laisse le polygone en partie au-dessus et en partie au-dessous de lui.

Une droite quelconque, tracée dans le plan d'une ligne brisée convexe, ne peut la rencontrer en plus de deux points; car si une droite XY (*fig.* 21) rencontrait la ligne brisée AEDC en trois points Q, R, S, les points Q et S se trouvant de part et d'autre du côté DE, la ligne AEDC ne serait pas tout entière d'un même côté par rapport à DE prolongé, c'est-à-dire qu'elle ne serait pas convexe.

27. Le plus simple de tous les polygones est le *triangle*, qui n'a que trois côtés. Après lui viennent : le *quadrilatère*, qui a quatre côtés; le *pentagone*, qui a cinq côtés; l'*hexagone*, qui a six côtés,...; l'*octogone*, qui a huit côtés,...; le *décagone*, qui a dix côtés,...; le *pentédécagone*, qui a quinze côtés. La *fig.* 54 représente un hexagone.

Parmi les triangles, on distingue le triangle *isocèle*, le triangle *équilatéral* et le triangle *rectangle*.

Fig. 22. Fig. 23. Fig. 24.

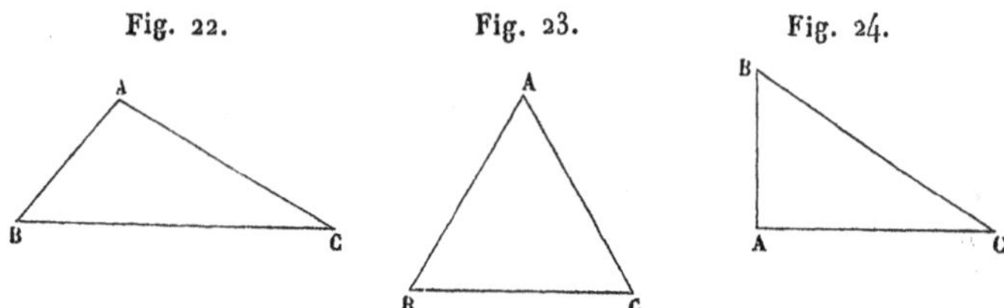

Un triangle est *isocèle* quand il a deux côtés égaux : tel est le triangle ABC (*fig.* 23), dans lequel AB est égal à AC. Le troisième côté BC prend spécialement le nom de *base* du triangle isocèle, et le sommet opposé A le nom de *sommet* du triangle isocèle.

Un triangle est *équilatéral* lorsqu'il a ses trois côtés égaux entre eux.

Enfin un triangle est dit *rectangle* lorsqu'il a un angle droit.

Le côté BC (*fig.* 24), opposé à l'angle droit A, reçoit le nom d'*hypoténuse*.

On dit que deux triangles sont égaux lorsqu'on peut les appliquer l'un sur l'autre de manière qu'ils coïncident.

THÉORÈME.

28. *Dans un triangle isocèle, les angles opposés aux côtés égaux sont égaux.*

Soit ABC un triangle isocèle; par hypothèse le côté AB est égal au côté AC, et il faut démontrer que l'angle B est égal à l'angle C (*fig.* 25).

Considérons un second triangle A'B'C', *reproduction exacte* du premier, et transportons-le sur ABC *en le renversant* de manière que A' tombe en A et C' en B, ce qui est possible puisque le côté A'C', reproduction de AC, doit, en vertu de l'hypothèse, être égal à AB. Les angles A et A' étant les mêmes, le côté A'B' prendra la direction AC, et comme A'B', reproduction de AB, est égal à AC, le point B' tombera en C; donc les deux triangles coïncideront; par suite, l'angle C' coïncidant avec l'angle B et n'étant que la reproduction de l'angle C, on a B = C.

Fig. 25.

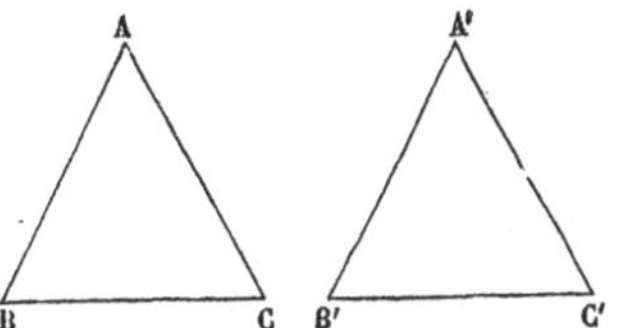

29. Réciproquement, *si deux angles d'un triangle sont égaux, les côtés opposés sont égaux et le triangle est isocèle.*

Soit ABC un triangle dont les angles B et C sont égaux; il faut démontrer que AB = AC.

Considérons un second triangle A'B'C', *reproduction exacte du premier*, et transportons-le sur ABC, *en le renversant*, de manière que B' tombe en C et C' en B. Le côté C'B' coïncidera avec son égal BC. L'angle C' étant égal à l'angle C et par suite à l'angle B, si l'on fait tomber les deux triangles d'un même côté par rapport à BC, le côté C′A′ prendra la direction BA, et le point A′ tombera quelque part sur la droite indéfinie BA De même, l'angle B′ étant égal à l'angle B, et par suite à l'angle C, le côté B′A′ prendra la direction CA, et le point A′ tombera quelque part sur la droite indéfinie CA. Le point A′, devant se trouver à la fois sur les deux droites BA et CA, tombera donc sur leur intersection A, et les deux triangles ABC, A′B′C′, coïncideront. Puisque le côté A′B′, qui est égal à AB, vient recouvrir exactement le côté AC, on en conclut que AB et AC sont égaux.

Scolie.

30. Les démonstrations qui précèdent mettent en évidence la propriété propre au triangle isocèle d'être *superposable à lui-même par retournement*. Cette propriété est la clef des autres propriétés du triangle isocèle.

Ainsi (*fig.* 26), dans ce retournement du triangle isocèle

Fig. 26.

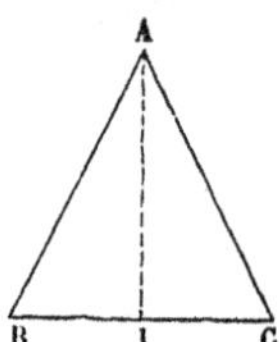

BAC, B venant en C et C en B, le milieu I de BC retombe sur lui-même aussi bien que le sommet A. Par suite, l'angle AIC vient recouvrir son adjacent et supplémentaire AIB, et l'angle CAI son adjacent BAI. Donc, *dans tout triangle isocèle* BAC, *la droite qui joint le sommet* A *au milieu* I *de la base* BC *est perpendiculaire sur cette base et divise l'angle au sommet en deux parties égales.*

La droite AI satisfait donc aux quatre conditions suivantes : elle passe par le sommet A, par le milieu I de la base BC, elle est perpendiculaire sur cette base, elle est bissectrice de l'angle au sommet.

Or, deux de ces quatre conditions suffisent pour déterminer la droite AI; car on sait que par deux points on ne peut mener qu'une droite, qu'un angle n'admet qu'une bissectrice, et que par un point on ne peut mener qu'une perpendiculaire à une droite. Donc toute ligne droite, assujettie à deux des quatre conditions indiquées, remplira nécessairement les deux autres.

31. *Tout triangle dont les trois angles sont égaux est équilatéral, et, réciproquement, tout triangle équilatéral a ses trois angles égaux.*

THÉORÈME.

32. *Deux triangles sont égaux :*

1° *Lorsqu'ils ont un côté égal adjacent à deux angles égaux chacun à chacun;*

2° *Lorsqu'ils ont un angle égal compris entre deux côtés égaux chacun à chacun ;*

3° *Lorsqu'ils ont les trois côtés égaux chacun à chacun.*

En effet :

1° Soient (*fig.* 27) les deux triangles ABC, A′B′C′, tels qu'on ait

$$BC = B'C', \quad B = B', \quad C = C'.$$

Transportons le triangle A′B′C′ sur le triangle ABC, de manière que le côté B′C′ coïncide avec son égal BC, B′ étant en B et C′ en C. Puisque l'angle B′ est égal à l'angle B et que les deux triangles sont supposés tomber d'un même côté de BC, le côté B′A′ prendra la direction BA, et le point A′ tombera quelque part sur la droite indéfinie BA. De même, puisque l'angle C′ est égal à l'angle C, le côté C′A′ prendra la direction CA, et le point A′ tombera quelque part sur la droite indéfinie CA. Donc le point A′, devant se trouver à la fois sur les deux droites BA et CA, tombera nécessairement sur leur point d'intersection A. Par suite, les deux triangles coïncideront.

2° Soient (*fig.* 27) les deux triangles ABC, A′B′C′, tels qu'on ait

$$A = A', \quad AB = A'B', \quad AC = A'C'.$$

Transportons le triangle A′B′C′ sur le triangle ABC, de manière que l'angle A coïncide avec son égal A', le côté A'B' tombant sur le côté AB et le côté A'C' sur le côté AC. Ces côtés ayant alors même direction, même longueur et une extrémité commune, leurs autres extrémités se confondront,

Fig. 27.

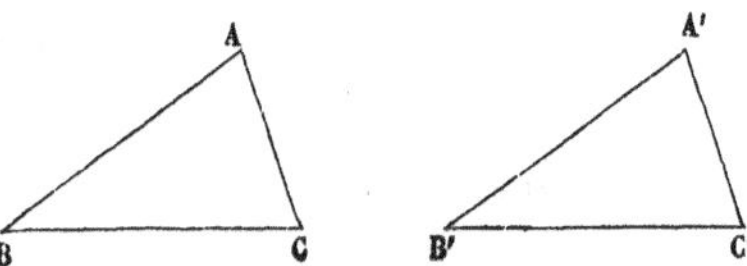

c'est-à-dire que le point B' tombera sur le point B et le point C' sur le point C. Par suite, les deux triangles coïncideront.

3° Soient (*fig.* 28) les deux triangles ABC, A'B'C', tels qu'on ait

$$AB = A'B', \quad BC = B'C', \quad AC = A'C'.$$

Portons le triangle A'B'C' à côté de ABC, en le retournant

Fig. 28.

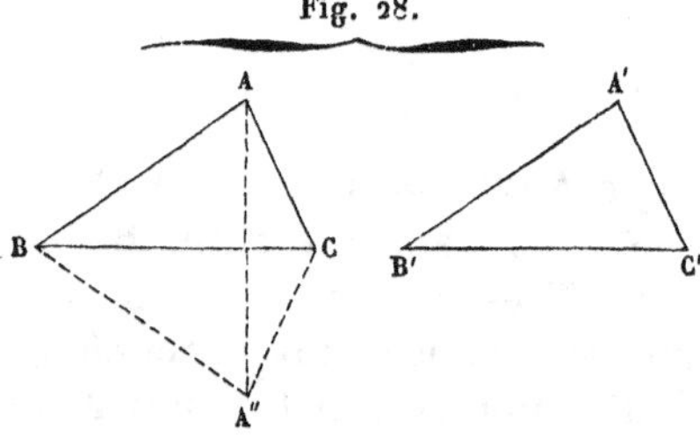

de manière que B' tombe en B, C' en C et A' en A'', au-dessous de BC (en supposant que A soit au-dessus de cette droite). Puisque BA'' = B'A' = BA, le triangle ABA'' est isocèle et la bissectrice de l'angle ABA'' est (30) perpendiculaire sur le milieu de AA''; mais, le triangle ACA'' étant aussi isocèle à cause de A''C = A'C' = AC, la perpendiculaire sur le milieu de AA'' passe par C (30); donc la bissectrice de l'angle ABA'' n'est autre que BC, et l'angle ABC est égal à A''BC, c'est-à-dire à l'angle A'B'C'; donc les triangles ABC, A'B'C' sont égaux comme ayant un angle égal compris entre deux côtés égaux chacun à chacun.

SCOLIE.

33. Deux triangles égaux, ABC, A'B'C', satisfont à six conditions, savoir :

$$AB = A'B', \quad AC = A'C', \quad BC = B'C',$$
$$C = C', \quad B = B', \quad A = A'.$$

Chaque cas d'égalité renferme trois de ces conditions groupées de telle sorte que, lorsqu'elles sont satisfaites, les six soient remplies. Par suite, quand on aura reconnu dans une certaine figure l'égalité de deux triangles par l'application de l'un des trois cas énoncés, on devra en conclure immédiatement l'égalité des trois éléments non employés, et l'on aura acquis ainsi de nouvelles données qui permettront d'aller plus avant dans la recherche que l'on poursuit. Tel est l'usage de la théorie de l'égalité des triangles.

Il est essentiel de remarquer que, dans deux triangles égaux, les côtés égaux sont toujours opposés aux angles égaux.

THÉORÈME.

34. *Si un triangle a deux côtés inégaux, l'angle opposé au plus grand de ces deux côtés est plus grand que l'angle opposé à l'autre.*

Soit (*fig.* 29) le triangle ABC, dans lequel on a AC > AB ; il

Fig. 29.

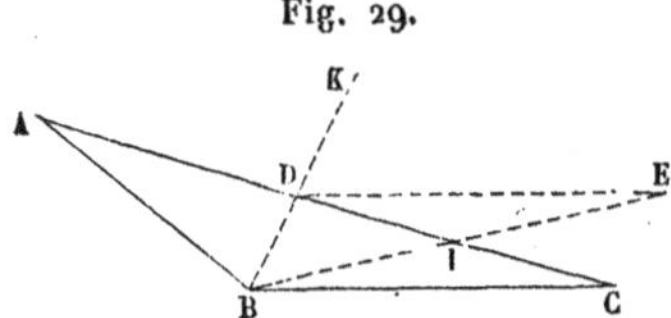

faut démontrer que l'angle ABC est plus grand que l'angle ACB.

Prenons AD = AB et menons la droite BDK; le triangle ABD étant isocèle, l'angle ABD est égal à l'angle ADB ou à son opposé par le sommet KDC; l'angle KDC est donc moindre que ABC.

Joignons le point B au milieu I de DC, prolongeons BI d'une longueur IE égale à BI et tirons la droite DE; les triangles DIE, BIC ont un angle égal DIE = BIC compris entre deux côtés égaux DI = IC, EI = IB; ils sont donc égaux et l'angle EDI est égal à ICB; mais, d'après la construction, le point E est situé dans l'angle KDC; donc l'angle KDC est plus grand que EDI ou que son égal ACB.

Donc enfin, l'angle KDC étant supérieur à ACB et inférieur à ABC, il faut que l'angle ACB soit moindre que l'angle ABC.

35. Réciproquement, *si un triangle a deux angles inégaux, le côté opposé au plus grand de ces deux angles est plus grand que le côté opposé à l'autre.*

Ainsi, si l'angle ABC est plus grand que l'angle ACB, on doit avoir AC > AB.

En effet, si l'on avait AC = AB, on aurait (28)

$$\text{angle ABC} = \text{angle ACB}$$

et, si l'on avait AC < AB, on aurait (34)

$$\text{angle ABC} < \text{angle ACB}.$$

THÉORÈME.

36. *Dans un triangle, un côté quelconque est plus petit que la somme des deux autres.*

Il suffit de démontrer que le plus grand côté BC est moindre que la somme BA + AC des deux autres (*fig.* 30).

Fig. 30.

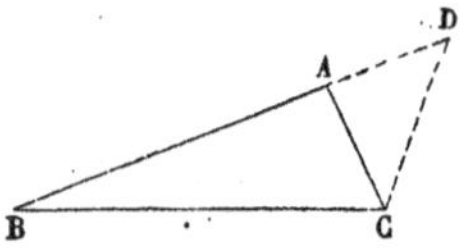

Prolongeons BA d'une longueur AD = AC, et menons CD. Le triangle ACD étant isocèle, l'angle D est égal à l'angle ACD et, par suite, moindre que l'angle BCD; donc (35) dans le triangle BCD, le côté BC est moindre que BD, c'est-à-dire que

$$\text{BA} + \text{AD} \quad \text{ou} \quad \text{BA} + \text{AC}.$$

Corollaires.

37. *Dans tout triangle* ABC, *un côté quelconque* BC *est plus* *grand que la différence des deux autres* AC *et* AB. En effet, soit AB le plus grand des deux côtés AC et AB, on aura, d'après le numéro précédent,

$$BC + AC > AB;$$

d'où, en retranchant AC de part et d'autre,

$$BC > AB - AC.$$

Trois droites de longueurs arbitraires ne peuvent pas toujours former les trois côtés d'un triangle. Il faut que la plus grande d'entre elles soit inférieure à la somme des deux autres. Par exemple, il n'existe pas de triangle dont les côtés aient des longueurs respectivement égales à 7 mètres, 5 mètres, 1 mètre.

THÉORÈME.

38. *La ligne droite est plus courte que toute ligne brisée ayant les mêmes extrémités.*

Soit AB une ligne droite et ACDEFB une ligne brisée ayant les mêmes extrémités (*fig.* 31).

Fig. 31

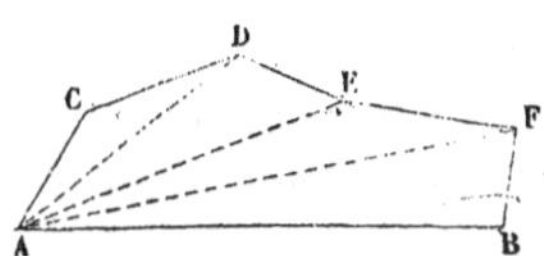

En joignant le point A aux sommets D, E, F de la ligne brisée, on a successivement

$$AB < AF + FB,$$
$$AF < AE + EF,$$
$$AE < AD + DE,$$
$$AD < AC + CD;$$

d'où, en ajoutant et supprimant les quantités AF, AE, AD communes aux deux membres de l'inégalité,

$$AB < AC + CD + DE + EF + FB.$$

Corollaire.

39. *Toute ligne polygonale convexe* ABCD *est moindre que toute ligne polygonale enveloppante* AMND, *terminée aux mêmes extrémités* (*fig.* 32).

En laissant de côté la partie commune AD, prouvons que le

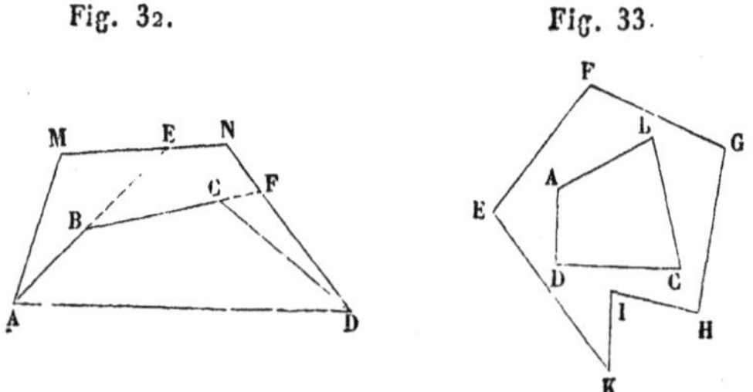

contour ABCD est inférieur au contour AMND. Prolongeons les côtés AB et BC jusqu'à ce qu'ils coupent en E et en F le contour polygonal AMND. Nous pourrons écrire les inégalités suivantes :

$$AB + BE < AM + ME,$$
$$BC + CF < BE + EN + NF,$$
$$CD < CF + FD.$$

Si nous ajoutons ces inégalités membre à membre, il viendra, en opérant les réductions et additions,

$$AB + BC + CD < AM + MN + ND.$$

On prouverait de la même manière que *toute ligne polygonale convexe* ABCD *est moindre que toute ligne polygonale* EFGHIK *qui l'enveloppe de toutes parts* (*fig.* 33).

THÉORÈME.

40. *Si deux côtés d'un triangle sont égaux à deux côtés d'un autre triangle chacun à chacun, et si l'angle compris entre les premiers est plus grand que l'angle compris entre les seconds, le troisième côté du premier triangle est plus grand que le troisième côté du second* (*fig.* 34).

Soient les deux triangles ABC, A'B'C' dans lesquels on suppose AB = A'B', AC = A'C', angle BAC > angle B'A'C'; il

Fig. 34.

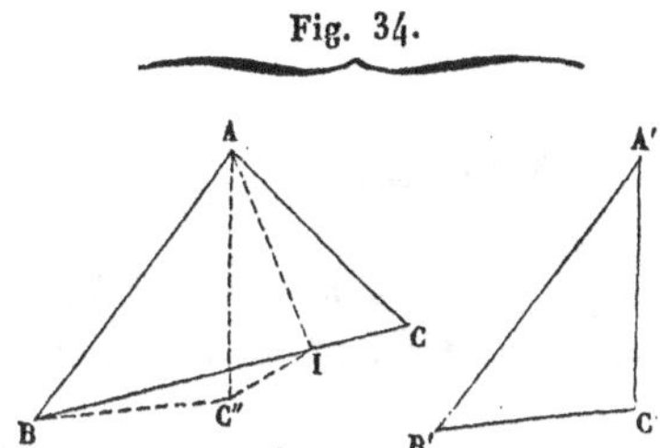

faut démontrer que le côté BC est plus grand que B'C'.

Transportons le triangle A'B'C' en ABC'', de façon que A'B' coïncide avec AB; l'angle BAC'', égal à B'A'C', étant moindre que BAC, le côté AC'' tombera dans l'intérieur de l'angle BAC. Soit I le point où la bissectrice de l'angle C''AC rencontre BC; les deux triangles CAI, C''AI ayant un angle égal CAI = C''AI compris entre un côté commun AI et deux côtés égaux AC'' = AC seront égaux et l'on aura IC'' = IC; mais, dans le triangle BC''I, on a

$$BC'' < BI + IC'';$$

donc

$$BC'' < BI + IC \quad \text{ou} \quad B'C' < BC.$$

41. Réciproquement, *si deux triangles ont deux côtés égaux chacun à chacun, et si le troisième côté du premier est plus grand que le troisième côté du second, l'angle opposé du premier triangle est plus grand que l'angle opposé du second.*

Ainsi, en supposant

$$AB = A'B', \quad AC = A'C', \quad BC > B'C',$$

on a

$$\text{angle } BAC > \text{angle } B'A'C'.$$

En effet :

1° Si l'on avait angle BAC = angle B'A'C', les triangles seraient égaux (n° 32) et l'on aurait BC = B'C'.

2° Si l'on avait angle BAC < angle B'A'C', on aurait (n° 40) BC < B'C'.

§ III. — DES PERPENDICULAIRES ET DES OBLIQUES.

THÉORÈME.

42. *Si d'un point* O *pris hors d'une droite* AB *on mène à cette droite la perpendiculaire* OI *et plusieurs obliques* OC, OD, OE,...:

1° *Deux obliques* OC *et* OE *dont les pieds* C *et* E *sont également distants du pied* I *de la perpendiculaire sont égales;*

2° *La perpendiculaire* OI *est plus courte que toute oblique* OC, *et de deux obliques* OC *et* OD *ou* OE *et* OD, *celle dont le pied s'écarte le plus du pied* I *de la perpendiculaire est la plus longue.*

En effet :

1° Les deux triangles OIC, OIE (*fig.* 35), sont égaux comme

Fig. 35.

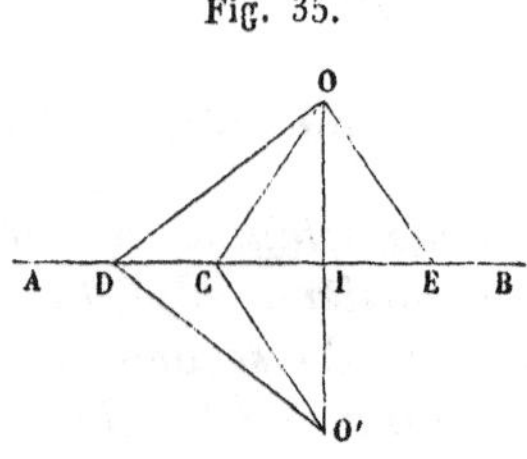

ayant un angle égal compris entre deux côtés égaux, savoir : l'angle droit OIC égal à l'angle droit OIE, le côté OI commun, et le côté IC égal à IE par hypothèse; donc

$$OC = OE.$$

2° Prolongeons la perpendiculaire OI d'une quantité $IO' = OI$, et menons les droites O'C, O'D.

Les droites OC et O'C sont égales (1°) comme obliques s'écartant également du pied de la perpendiculaire CI menée de C sur OO'; on a de même $OD = O'D$. Or le triangle ODO' donne (39)

$$OO' < OC + O'C < OD + O'D,$$

d'où, en prenant les moitiés,

$$OI < OC < OD.$$

Si l'on considérait deux obliques OD et OE situées de côtés différents par rapport à la perpendiculaire OI, on commencerait par prendre sur IA une longueur IC égale à IE; les obliques OC et OE seraient alors égales comme s'écartant également du pied de la perpendiculaire. Or, si IE est moindre que ID, IC le sera aussi; et, d'après l'alinéa précédent, l'oblique OC sera moindre que l'oblique OD. On aura donc encore

$$OE < OD.$$

Corollaires.

43. *La perpendiculaire* OI *abaissée d'un point* O *sur une droite* AB *est la ligne droite la plus courte que l'on puisse mener de ce point à la droite :* sa longueur est ce qu'on appelle la *distance* du point O à la droite AB.

44. La perpendiculaire OI étant plus courte que toute oblique OC, il suit du n° 34 que l'angle OCI est moindre que l'angle droit OIC. Donc, *lorsque deux droites* AB *et* OC *se coupent, la perpendiculaire* OI, *abaissée d'un point de l'une sur l'autre, est située dans l'intérieur de l'angle aigu* OCB *formé par ces deux droites.*

On peut conclure de là que, dans tout triangle rectangle, les deux angles autres que l'angle droit sont aigus.

Scolies.

45. L'exactitude des réciproques des propositions qui précèdent résulte immédiatement du principe général énoncé au n° 7.

1° *Si une droite est la plus courte qu'on puisse mener d'un point à une autre droite, ces deux droites sont perpendiculaires entre elles.*

2° *Si deux obliques à une même droite partent d'un même point et sont égales entre elles, elles s'écartent également du pied de la perpendiculaire abaissée du point sur la droite.*

3° *Si deux obliques à une même droite partent d'un même point et sont inégales, la plus grande s'éloigne le plus du pied de la perpendiculaire abaissée du point sur la droite.*

46. D'un même point on ne peut mener à une droite que *deux* obliques égales, et ces obliques sont situées de part et d'autre de la perpendiculaire abaissée du point sur la droite.

THÉORÈME.

47. *Tout point* M *de la perpendiculaire* CD *élevée sur le milieu d'une droite* AB *est également distant des extrémités* A *et* B *de cette droite* (*fig.* 36).

Fig. 36.

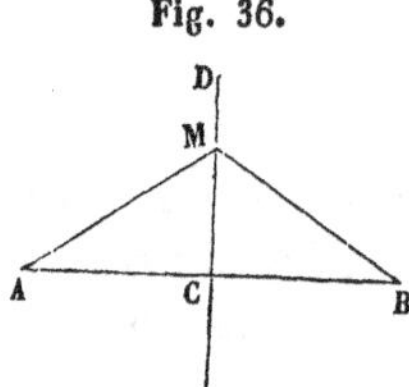

En effet, C étant le milieu de AB, on a CA = CB; donc MA et MB sont des obliques qui s'écartent également du pied de la perpendiculaire CD. On a donc MA = MB.

48. Réciproquement, *tout point* M *équidistant des extrémités* A *et* B *d'une droite* AB *appartient à la perpendiculaire* CD *menée à cette droite par son milieu* C.

En effet, le triangle MAB étant isocèle par hypothèse, la droite MC, qui joint le sommet au milieu C de la base, est perpendiculaire sur cette base.

Corollaires.

49. Il résulte de ce qui précède que tous les points de la perpendiculaire menée à une droite par son milieu sont équidistants des extrémités de cette droite, et que les points de cette perpendiculaire sont les seuls points du plan qui jouissent de cette propriété.

En Géométrie plane, on donne le nom de *lieu géométrique* à la figure formée par l'ensemble des points du plan qui jouissent d'une propriété commune. On peut donc exprimer la double proposition qui précède en disant :

La perpendiculaire élevée sur le milieu d'une droite est le LIEU GÉOMÉTRIQUE *des points équidistants des extrémités de cette droite.*

Deux points suffisent pour déterminer une droite. Donc, dès qu'une droite a deux points équidistants des extrémités d'une seconde droite, on peut affirmer que la première droite est perpendiculaire sur le milieu de la seconde.

THÉORÈME.

50. *Deux triangles rectangles sont égaux :*

1° *Lorsqu'ils ont l'hypoténuse égale et un angle aigu égal;*

2° *Lorsqu'ils ont l'hypoténuse égale et un côté de l'angle droit égal.*

Fig. 37.

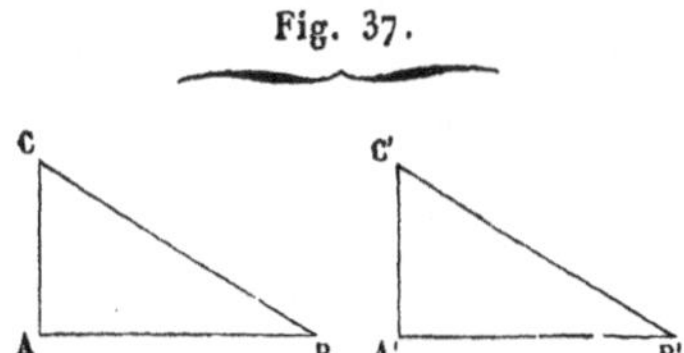

En effet :

1° Soient (*fig.* 37) les deux triangles ABC, A'B'C', rectangles n A et en A', et dans lesquels on a

$$BC = B'C' \quad \text{et} \quad B = B'.$$

Portons le triangle A'B'C' sur le triangle ABC, de manière que B'C' coïncide avec BC, B' étant en B et C' en C. Si l'on fait tomber les deux triangles du même côté de BC, l'angle B' étant égal à l'angle B, le côté B'A' prendra la direction BA ; dès lors, le côté C'A', qui est perpendiculaire sur B'A', devra prendre la direction de CA, qui est la seule perpendiculaire qu'on puisse abaisser du point C sur BA. Le point A' devant tomber à la fois sur BA et sur CA viendra donc en A, et les deux triangles coïncideront.

2° Soient (*fig.* 37) les deux triangles ABC, A'B'C', rectangles en A et en A', et dans lesquels on a

$$BC = B'C' \quad \text{et} \quad AC = A'C'.$$

Portons le triangle A'B'C' sur le triangle ABC, de manière que A'C' coïncide avec AC, A' étant en A et C' en C. Si l'on fait tomber les deux triangles du même côté de AC, le côté A'B' prendra la direction de AB, à cause de l'égalité des angles droits A et A'. De plus, C'B' deviendra une oblique égale à CB, issue du même point C, et située du même côté de la perpendiculaire CA. Donc CB et C'B' s'écarteront également du pied de cette perpendiculaire (45); en d'autres termes, le point B' tombera en B, et les deux triangles coïncideront.

THÉORÈME.

51. *Tout point* M *pris sur la bissectrice* AD *d'un angle* BAC *est également distant des deux côtés de cet angle* (*fig.* 38).

Fig. 38.

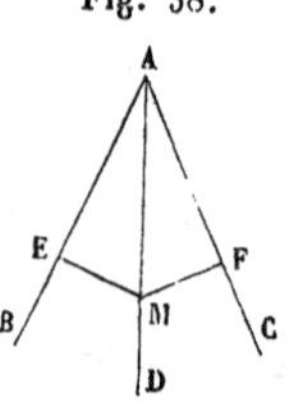

La distance du point M au côté AB est la longueur de la perpendiculaire ME abaissée du point M sur AB; de même, la perpendiculaire MF, abaissée du point M sur AC, mesure la distance du point M au côté AC. Il s'agit de démontrer l'égalité de ME et de MF. Or cette égalité résulte de celle des deux triangles MAE, MAF, qui, rectangles en E et en F, ont l'hypoténuse AM commune et un angle aigu égal, savoir MAE = MAF, puisque la droite AD est la bissectrice de l'angle BAC.

52. Réciproquement, *tout point* M *pris à l'intérieur d'un angle* BAC, *à égale distance* ME = MF *de ses deux côtés* AB *et* AC, *appartient à la bissectrice de cet angle.*

En effet, en menant la droite MA, on obtient deux triangles rectangles, MAE, MAF, qui sont égaux comme ayant l'hypoténuse MA commune et un côté de l'angle droit égal : ME = MF. Donc l'angle MAE opposé au côté ME est égal à l'angle MAF opposé au côté MF, et la droite AM est la bissectrice de l'angle BAC.

Corollaire.

53. *La bissectrice d'un angle est le lieu géométrique des points qui, situés dans l'intérieur de cet angle, sont équidistants de ses côtés.*

Par suite, *le lieu des points d'un plan équidistants de deux droites concourantes de ce plan est le système des deux bissectrices des angles de ces droites* (23).

Scolie.

54. Pour établir un lieu géométrique, il faut toujours prouver une double proposition composée, soit d'une certaine proposition directe et de sa réciproque, soit de cette même proposition directe et de la proposition contraire.

Ainsi l'on démontrera : que tout point d'une certaine figure jouit d'une certaine propriété (proposition directe), et que tout point jouissant de cette propriété appartient à cette figure (proposition réciproque);

Ou bien : que tout point d'une certaine figure jouit d'une certaine propriété (proposition directe), et que tout point pris hors de cette figure ne jouit pas de cette propriété (proposition contraire).

Il est ordinairement plus simple d'adopter le premier mode, c'est-à-dire de démontrer la proposition directe et sa réciproque; cela tient à ce que la proposition contraire exige toujours une figure différente de celle qui est relative à la proposition directe, tandis que la réciproque n'exige pas en général une figure nouvelle.

§ IV. — DES PARALLÈLES.

DÉFINITIONS.

55. Lorsqu'une sécante EF rencontre deux droites quelconques AB et CD, elle forme avec ces deux droites huit angles, dont quatre autour du point G et quatre autour du point H (*fig.* 39).

Les quatre angles 1, 4, 5, 8, compris entre les deux droites AB et CD, sont appelés angles *internes*. Les quatre autres, 2, 3, 6, 7, sont appelés angles *externes*.

Deux angles qui sont internes, non adjacents et situés de part et d'autre de la sécante, sont dits *alternes-internes* : tels sont les angles 1 et 5, 4 et 8.

Deux angles qui sont externes, non adjacents et situés de part et d'autre de la sécante, sont dits *alternes-externes* : tels sont les angles 2 et 6, 3 et 7.

Deux angles situés d'un même côté de la sécante, l'un interne, l'autre externe, et non adjacents, sont dits *correspondants;* tels sont les angles 1 et 7, 4 et 6, 2 et 8, 3 et 5.

Enfin, les angles 1 et 8, 4 et 5, sont dits *intérieurs d'un même côté*, et les angles 2 et 7, 3 et 6, *extérieurs d'un même côté*.

56. Deux droites sont dites *parallèles* lorsque, étant situées dans un même plan, elles ne peuvent se rencontrer, si loin qu'on les prolonge.

THÉORÈME.

57. *Deux droites* AC *et* BD *perpendiculaires sur une troisième droite* EF *sont parallèles* (*fig.* 40).

Fig. 39. Fig. 40.

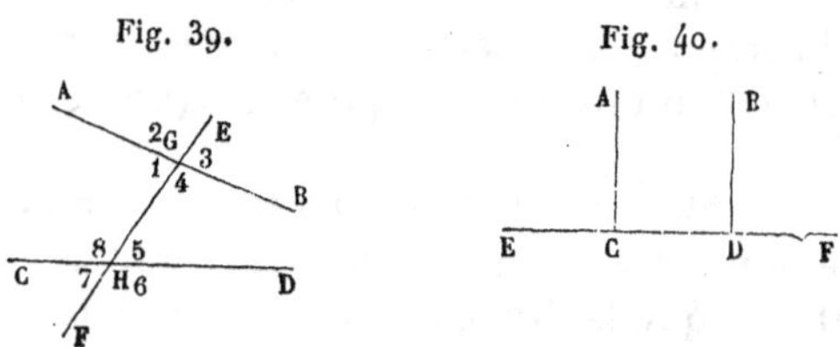

Car, si elles se rencontraient, on pourrait de leur point d'intersection abaisser deux perpendiculaires sur EF.

COROLLAIRE.

58. *Par un point* A, *situé hors d'une ligne droite* BC, *on peut mener une parallèle à cette droite* (*fig.* 41).

Fig. 41.

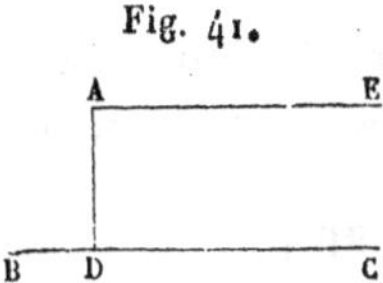

Abaissons du point A la perpendiculaire AD sur BC, et menons à AD la perpendiculaire AE. Les deux droites AE et BC, étant toutes deux perpendiculaires sur AD, sont parallèles.

SCOLIE.

59. ON ADMET que, *par un point pris hors d'une ligne droite, on ne peut mener qu'une parallèle à cette droite.* De là résultent les deux propositions suivantes :

60. *Si une droite* A *en rencontre une autre* B, *elle rencontre toute parallèle* C *à cette autre;* car si A était parallèle à C, du point de rencontre des droites A et B, on pourrait mener deux parallèles à C.

61. *Deux droites* A *et* B, *parallèles à une troisième* C, *sont parallèles entre elles;* car, si A et B se rencontraient, de leur point de concours on pourrait mener deux parallèles à C.

THÉORÈME.

62. *Lorsque deux droites* AB *et* CD *sont parallèles, toute droite* EF, *perpendiculaire sur l'une* AB, *est perpendiculaire sur l'autre* CD (*fig.* 42).

Fig. 42.

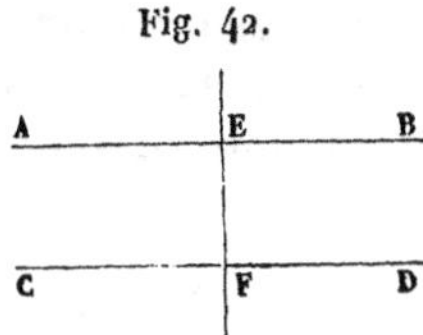

D'abord la droite EF rencontre CD (60). Concevons par leur

point d'intersection F la perpendiculaire à EF. Cette perpendiculaire, devant être parallèle à AB (57), coïncidera avec CD, puisque par le point F on ne peut mener qu'une parallèle à AB. Donc CD est perpendiculaire sur EF et, inversement, EF est perpendiculaire sur CD.

On énonce souvent ce théorème d'une manière plus rapide, en disant : *Deux parallèles ont leurs perpendiculaires communes.*

THÉORÈME.

63. *Lorsque deux droites parallèles* AB, CD, *sont rencontrées par une sécante* EF, *les quatre angles aigus formés autour des points d'intersection* G *et* H *sont égaux entre eux, ainsi que les quatre angles obtus formés autour des mêmes points* (*fig.* 43).

Fig. 43.

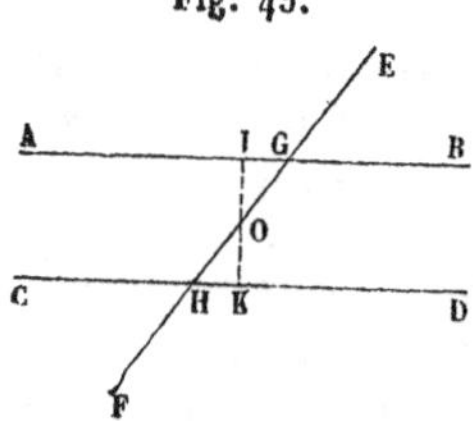

En effet, par le point O, milieu de GH, menons sur les parallèles AB et CD la perpendiculaire commune IK ; OI tombera dans l'angle aigu OGA, et OK dans l'angle aigu OHD (44). Or, les triangles rectangles OGI, OHK, ont leurs hypoténuses OG et OH égales, puisque le point O est le milieu de GH, et les angles aigus IOG, HOK, égaux comme opposés par le sommet : ils sont donc égaux et, par suite, l'angle OGI est égal à l'angle OHK. Chacun de ces deux angles étant d'ailleurs égal à son opposé par le sommet, on voit que les quatre angles aigus OGI, EGB, OHK, CHF, sont égaux entre eux.

De même, les quatre angles obtus AGE, OGB, DHF, OHC, sont aussi égaux entre eux, comme suppléments des angles aigus.

64. Réciproquement, *deux droites* AB *et* CD *étant coupées par une sécante* EF, *si les quatre angles aigus ou les quatre angles*

obtus formés autour des points d'intersection G *et* H *sont égaux entre eux, les deux droites* AB *et* CD *sont parallèles.*

Supposons (*fig.* 44) que l'angle HGA soit égal à l'angle GHD, et concevons par le point H la parallèle à AB. Cette parallèle doit, d'après la proposition directe, faire avec GH un angle égal à l'angle HGA, et, par suite, à l'angle GHD; donc cette parallèle coïncide avec HD, et la droite CD est parallèle à AB.

Corollaires.

65. *Deux parallèles* AB *et* CD (*fig.* 44) *étant coupées par une sécante* EF, il résulte de ce qui précède :

Fig. 44.

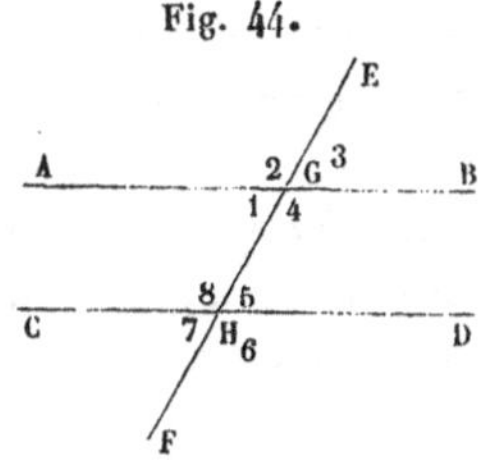

1° Que *les angles alternes-internes* 1 et 5, ou 4 et 8, *sont égaux entre eux ;*

2° Que *les angles alternes-externes* 3 et 7, ou 2 et 6, *sont égaux entre eux ;*

3° Que *les angles correspondants* 1 et 7, ou 2 et 8, ou 3 et 5, ou 4 et 6, *sont égaux entre eux ;*

4° Que *les angles intérieurs d'un même côté* 1 et 8, ou 3 et 5, *sont supplémentaires ;*

5° Que *les angles extérieurs d'un même côté* 2 et 7, ou 3 et 6, *sont supplémentaires.*

Et, réciproquement, *deux droites coupées par une sécante sont parallèles :*

Si les angles alternes-internes sont égaux,

Ou *si les angles alternes-externes sont égaux,*

Ou *si les angles correspondants sont égaux,*

Ou *si les angles intérieurs d'un même côté sont supplémentaires,*

Ou *si les angles extérieurs d'un même côté sont supplémentaires.*

SCOLIE.

66. La proposition directe et la proposition réciproque étant démontrées, les propositions contraires sont vraies par cela même. Ainsi :

Deux droites étant coupées par une sécante, si les angles formés ne satisfont pas aux relations que nous venons d'énoncer, les deux droites ne sont pas parallèles. En particulier :

Lorsque deux droites font avec une transversale deux angles intérieurs d'un même côté dont la somme diffère de deux angles droits, ces droites se rencontrent du côté de la sécante où cette somme est inférieure à deux angles droits.

C'est l'axiome XI de la Géométrie d'Euclide; on préfère aujourd'hui prendre pour axiome la proposition énoncée au n° 59.

67. Voici deux autres remarques souvent utiles :

1° *Deux droites (fig. 45), l'une* AB *perpendiculaire, et l'autre* CD *oblique sur une troisième droite* AC, *doivent se rencontrer;* car la somme des deux angles intérieurs BAC, BCA, est moindre que deux angles droits.

Fig. 45.

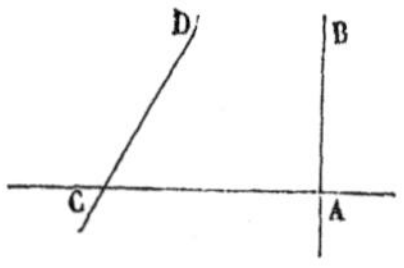

Fig. 46.

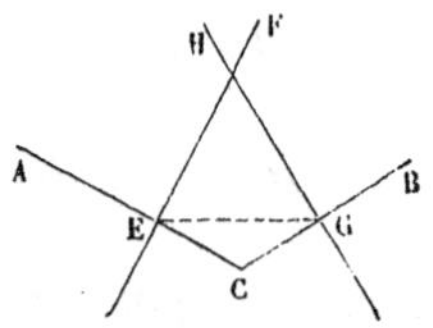

2° *Deux droites* EF, GH (*fig.* 46), *respectivement perpendiculaires à deux droites* CA *et* CB *qui se coupent, doivent se rencontrer;* car, en menant la droite EG, on voit que chacun des angles intérieurs FEG, HGE, est moindre qu'un angle droit : la somme de ces angles est donc inférieure à deux angles droits.

THÉORÈME.

68. *Deux parallèles* AC, BD, *comprises entre deux autres parallèles* AB, CD, *sont égales* (*fig.* 47).

En effet, menons AD. Les deux triangles ABD, ACD seront égaux comme ayant un côte commun AD adjacent à deux angles égaux chacun à chacun, savoir : l'angle BAD égal à l'angle ADC comme alternes-internes par rapport aux parallèles AB, CD, coupées par la sécante AD; et l'angle ADB égal à l'angle DAC comme alternes-internes par rapport aux parallèles AC, BD, coupées par la même sécante. Donc le côté BD opposé à l'angle BAD est égal au côté AC opposé à l'angle ADC.

Fig. 47. Fig. 48.

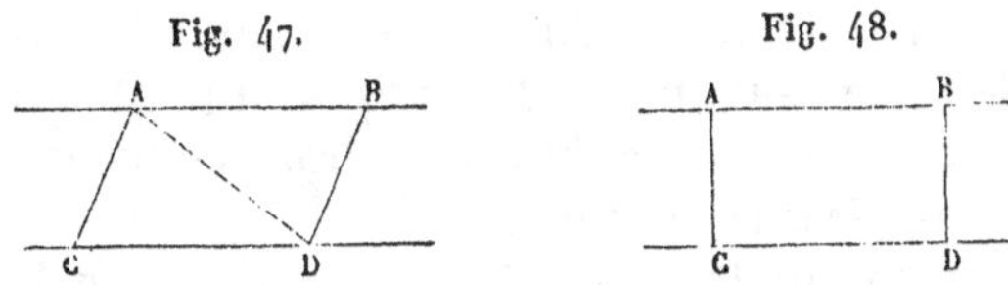

Corollaire.

69. Si les deux lignes AC et BD (*fig.* 48) étaient perpendiculaires sur AB et, par suite, sur CD (62), elles mesureraient les distances des points A et B de la droite AB à la droite CD. Ces deux distances étant égales comme parallèles comprises entre parallèles, et les deux points A et B étant pris d'une manière quelconque sur AB, on voit que *deux parallèles sont partout également distantes.*

THÉORÈME.

70. *Deux angles qui ont leurs côtés parallèles chacun à chacun sont égaux ou supplémentaires* (*fig.* 49).

Fig. 49.

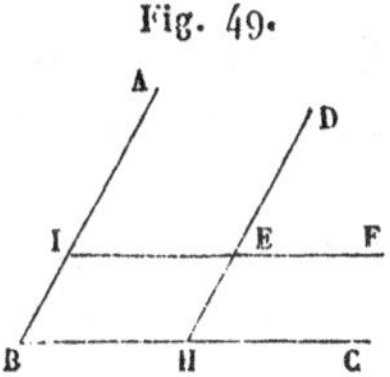

1° Supposons que les côtés parallèles soient deux à deux dirigés dans le même sens. Soient, par exemple, les angles ABC, DEF; BA et ED sont parallèles et dirigés l'un et l'autre de bas en haut; BC et EF sont parallèles et dirigés l'un et l'autre de gauche à droite : les deux angles considérés sont égaux.

En effet, prolongeons le côté DE jusqu'au point H, où il coupe le côté BC. Les angles ABC, DHC, sont égaux comme correspondants par rapport aux parallèles BA, HD, coupées par BC; de même, les angles DEF, DHC, sont égaux comme correspondants par rapport aux parallèles EF, HC, coupées par DH. Donc, l'angle ABC est égal à l'angle DEF.

2° Supposons que les côtés parallèles soient dirigés deux à deux en sens contraires. Soient, par exemple, les angles ABC, GEH; BA et EH sont parallèles et dirigés, le premier de bas en haut, le deuxième de haut en bas; BC et EG sont parallèles et dirigés, l'un de gauche à droite, l'autre de droite à gauche: les deux angles considérés sont égaux.

En effet, en prolongeant les côtés de l'angle GEH au delà du sommet E, on forme un angle DEF égal d'une part à GEH comme opposé par le sommet, et d'autre part égal à ABC comme ayant ses côtés respectivement parallèles à ceux de ce dernier angle et dirigés dans le même sens.

3° Supposons enfin que deux côtés soient parallèles et de même sens, et les deux autres parallèles et de sens contraires. Soient, par exemple, les angles ABC, DEG; BA et ED sont parallèles et dirigés l'un et l'autre de bas en haut; BC et EG sont parallèles et dirigés, le premier, de gauche à droite, le deuxième, de droite à gauche : les deux angles considérés sont supplémentaires.

En effet, en prolongeant GE au delà du sommet E, on forme un angle DEF qui est, d'une part, le supplément de DEG, et qui est, d'autre part, égal à ABC comme ayant ses côtés respectivement parallèles à ceux de ce dernier angle et dirigés dans le même sens.

En résumé, *deux angles qui ont leurs côtés parallèles sont égaux si les côtés parallèles sont dirigés deux à deux dans le même sens, ou encore si les côtés parallèles sont dirigés deux à deux en sens contraires; ils sont supplémentaires si deux côtés parallèles sont de même sens et les deux autres de sens contraires.*

COROLLAIRE.

71. *Deux angles qui ont leurs côtés perpendiculaires chacun à chacun sont égaux ou supplémentaires.*

1° Considérons deux angles aigus ABC, DEF (*fig.* 50); le côté DE est perpendiculaire sur BA, et le côté EF est perpendiculaire sur BC : les deux angles considérés sont égaux.

En effet, si l'on fait tourner l'angle DEF tout d'une pièce d'un angle droit autour de son sommet E, le nouvel angle D'EF',

Fig. 50.

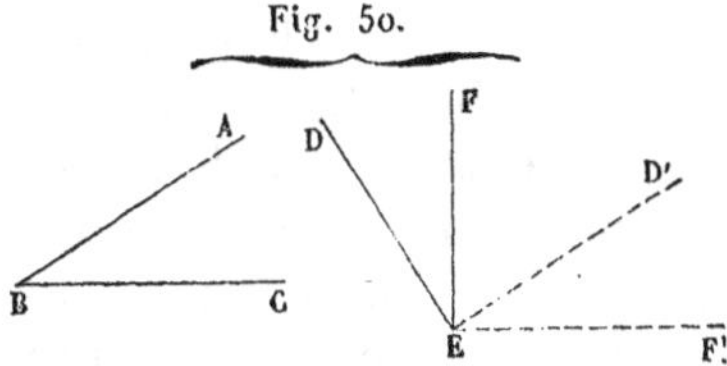

reproduction de DEF, aura ses côtés respectivement parallèles à ceux de ABC : ED' et BA seront parallèles comme perpendiculaires à DE; EF' et BC seront parallèles comme perpendiculaires à EF. D'ailleurs, les angles ABC, D'EF', qui ont leurs côtés parallèles, étant tous les deux aigus, ne peuvent être supplémentaires : ils sont donc égaux; par suite, les angles ABC, DEF, le sont aussi.

2° Si les deux angles comparés étaient obtus, on démontrerait de la même manière leur égalité.

3° Considérons enfin deux angles d'espèce différente, c'est-à-dire l'un ABC aigu, l'autre DEF obtus (*fig.* 51). En prolon-

Fig. 51.

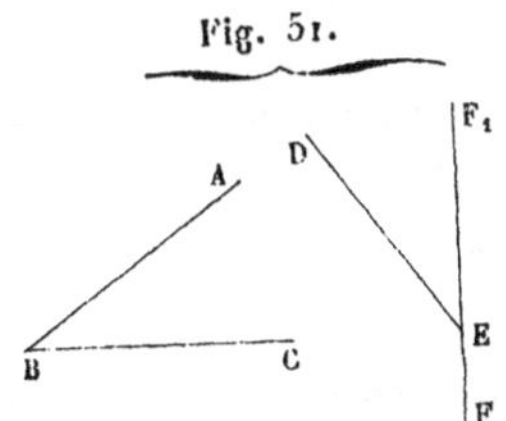

geant EF au delà du sommet E, on forme un angle DEF_1, qui est le supplément de DEF : cet angle DEF_1 est donc aigu comme l'angle ABC; d'ailleurs, il a ses côtés respectivement perpendiculaires à ceux de ABC. Les angles ABC et DEF_1 sont donc égaux et, par suite, les angles proposés ABC et DEF sont supplémentaires.

§ V. — SOMME DES ANGLES D'UN POLYGONE.

THÉORÈME.

72. *La somme des angles d'un triangle quelconque* ABC *est égale à deux angles droits* (*fig.* 52).

En effet, prolongeons BC et menons CE parallèle à BA. Cette droite CE tombera dans l'angle ACE, car, si elle tombait dans l'angle BCA, elle rencontrerait sa parallèle BA. On a donc autour du point C et d'un même côté de BD trois angles consécutifs BCA, ACE, ECD dont la somme est égale à deux angles droits, et il suffit de prouver que ces angles sont respectivement égaux à ceux du triangle. Or l'angle BCA n'est autre que l'angle C du triangle; les angles BAC, ACE sont égaux comme alternes-internes, par rapport aux parallèles AB, CE, coupées par AC; enfin les angles ABC, ECD, sont égaux comme correspondants, par rapport aux parallèles BA et CE coupées par BD.

Scolie.

73. On voit par cette démonstration que l'angle ACD est la somme des deux angles B et A; ainsi, *tout angle extérieur d'un triangle*, c'est-à-dire tout angle formé par un côté et le prolongement d'un autre côté, *est égal à la somme des deux angles intérieurs qui ne lui sont pas adjacents.*

Corollaires.

74. *Un triangle ne saurait avoir qu'un seul angle droit et,* à fortiori, *qu'un seul angle obtus.*

75. *Dans un triangle rectangle, les deux angles aigus sont complémentaires.*

76. *Un angle quelconque d'un triangle est le supplément de la somme des deux autres.* D'où il suit que si deux triangles ABC, A′B′C′, ont deux angles égaux chacun à chacun, $A = A'$ et $B = B'$, le troisième angle C du premier triangle est égal au troisième angle C′ de l'autre. Il en résulte que deux triangles sont égaux lorsqu'ils ont un côté égal et deux angles égaux chacun à chacun, que ces angles soient ou non adjacents au côté égal.

77. *Deux triangles* ABC, A'B'C', *qui ont leurs côtés parallèles ou perpendiculaires chacun à chacun, ont leurs angles égaux chacun à chacun.*

En effet, deux angles qui ont leurs côtés parallèles ou perpendiculaires étant égaux ou supplémentaires, on a

$$A = A' \quad \text{ou} \quad A + A' = 2^d,$$
$$B = B' \quad \text{ou} \quad B + B' = 2^d,$$
$$C = C' \quad \text{ou} \quad C + C' = 2^d.$$

On ne peut donc faire que les trois hypothèses suivantes :

1° $A + A' = 2^d$, $B + B' = 2^d$, $C + C' = 2^d$,

2° $A = A'$, $B + B' = 2^d$, $C + C' = 2^d$,

3° $A = A'$, $B = B'$, et, par suite (76), $C = C'$.

Or, dans le premier cas, la somme des angles des deux triangles vaudrait 6 angles droits; dans le second cas, cette somme surpasserait 4 angles droits de la quantité $A + A' = 2A$. La troisième combinaison est donc seule possible.

THÉORÈME.

78. *La somme des angles intérieurs d'un polygone convexe* ABCDEF *est égale à autant de fois deux angles droits qu'il a de côtés moins deux* (*fig.* 53).

Fig. 52.

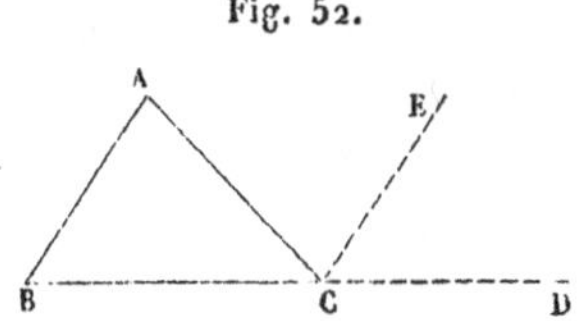

Fig. 53.

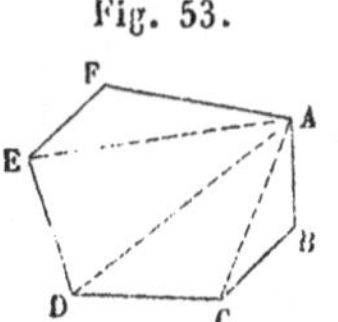

En joignant l'un des sommets A à tous les sommets non adjacents, on décompose le polygone en autant de triangles qu'il a de côtés moins deux; car chaque triangle contient un seul côté du polygone, excepté les deux triangles extrêmes, qui renferment chacun deux côtés de ce polygone. La somme des angles du polygone est égale à celle des angles de tous ces triangles; elle vaut donc autant de fois deux angles droits qu'il y a de triangles, c'est-à-dire autant de fois deux angles droits que le polygone a de côtés moins deux.

SCOLIE.

79. Si l'on désigne par n le nombre des côtés du polygone, la somme de ses angles aura pour expression, en prenant l'angle droit pour unité,

$$2(n-2) \quad \text{ou} \quad 2n-4.$$

Si l'on fait dans la formule $n=4$, on trouve 4 pour la somme cherchée. *La somme des angles d'un quadrilatère convexe est donc égale à quatre angles droits;* d'où il suit que *si un quadrilatère a tous ses angles égaux, chacun de ces angles est droit.*

COROLLAIRE.

80. *La somme des angles qu'on forme à l'extérieur d'un polygone convexe, en prolongeant successivement ses côtés dans le même sens, est égale à quatre angles droits* (*fig.* 54).

Fig. 54.

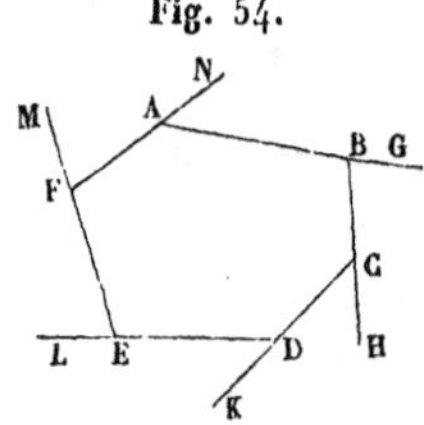

En effet, la somme d'un angle extérieur quelconque NAG et de l'angle intérieur adjacent FAB est égale à deux angles droits; donc, la somme des angles, tant intérieurs qu'extérieurs du polygone, est égale à autant de fois deux angles droits qu'il a de sommets ou de côtés. Cette somme surpasse donc de quatre angles droits (79) la somme des angles intérieurs : en d'autres termes, la somme des angles extérieurs est égale à quatre angles droits.

81. Il convient de remarquer qu'un polygone convexe ne saurait avoir d'après cela plus de trois angles intérieurs aigus; sans quoi il aurait plus de trois angles extérieurs obtus, et la somme de ses angles extérieurs surpasserait quatre angles droits.

§ VI. — DU PARALLÉLOGRAMME.

DÉFINITIONS.

82. Parmi les quadrilatères convexes, on distingue :

1° Le *parallélogramme* (*fig.* 55), qui a ses côtés opposés parallèles deux à deux;

2° Le *rectangle* (*fig.* 56), qui a tous ses angles égaux entre eux : il résulte du n°79 que les quatre angles d'un rectangle sont droits;

3° Le *losange* (*fig.* 57), qui a tous ses côtés égaux entre eux : nous démontrerons dans ce paragraphe que le rectangle et le losange sont des parallélogrammes;

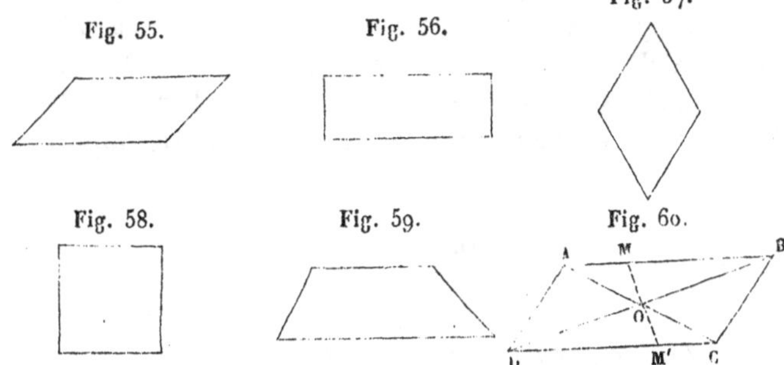

Fig. 55. Fig. 56. Fig. 57. Fig. 58. Fig. 59. Fig. 60.

4° Le *carré* (*fig.* 58), qui a ses côtés égaux et ses angles égaux : le carré est à la fois un losange et un rectangle;

5° Le *trapèze* (*fig.* 59), dont deux côtés opposés seulement sont parallèles. Le trapèze est *rectangle* lorsqu'un de ses côtés non parallèles est perpendiculaire sur les deux côtés parallèles; il est *isocèle* lorsque ses deux côtés non parallèles sont égaux.

THÉORÈME.

83. *Dans tout parallélogramme :*

1° *Les côtés opposés sont égaux deux à deux;*

2° *Les angles opposés sont égaux deux à deux;*

3° *Les diagonales se coupent mutuellement en deux parties égales.*

Soit le parallélogramme ABCD (*fig.* 60).

1° Deux côtés opposés quelconques AB et CD, par exemple, sont égaux entre eux; car ce sont, par hypothèse, deux droites parallèles comprises entre deux autres droites parallèles AD et BC (68).

2° Deux angles opposés quelconques, DAB et BCD, par exemple, sont égaux entre eux; car ils sont formés par des côtés parallèles deux à deux et de sens contraires (70). AB et CD sont en effet parallèles et de sens contraires, et il en est de même de AD et de CB.

3° Chacune des diagonales AC et BD est coupée par l'autre, au point O, en deux parties égales. En effet, les deux triangles AOB, BOC, ont un côté égal adjacent à deux angles égaux, savoir : le côté AB égal au côté DC, comme côtés opposés du parallélogramme; l'angle OAB égal à l'angle OCD, comme alternes-internes par rapport aux parallèles AB et CD coupées par AC; et l'angle OBA égal à l'angle ODC, comme alternes-internes par rapport aux mêmes parallèles coupées par BD. Les triangles AOB, DOC sont donc égaux. Par suite, le côté OB, opposé à l'angle OAB, est égal au côté OD opposé à l'angle OCD, et le côté OA opposé à l'angle OBA est égal au côté OC opposé à l'angle ODC.

THÉORÈME.

84. *Un quadrilatère convexe est un parallélogramme :*

1° *Si ses côtés opposés sont égaux deux à deux;*

2° *Si ses angles opposés sont égaux deux à deux;*

3° *Si deux côtés opposés sont à la fois égaux et parallèles;*

4° *Si ses diagonales se coupent mutuellement en deux parties égales.*

Soit le quadrilatère ABCD (*fig.* 61).

1° Menons la diagonale AC. Les deux triangles ABC, ADC, sont égaux comme ayant les trois côtés égaux, savoir : AC commun, AB et CD égaux entre eux par hypothèse, ainsi que AD et BC. Par suite, l'angle BAC opposé à BC est égal à l'angle ACD opposé à AD; et comme ces angles occupent, par rapport aux deux droites AB et CD et à la sécante AC, la position d'alternes-internes, les deux côtés AB et CD sont parallèles (65). De même, l'égalité des angles BCA et CAD entraîne le parallélisme des deux autres côtés AD et BC. Donc, le quadrilatère

ABCD ayant ses côtés opposés parallèles deux à deux est un arallelogramme.

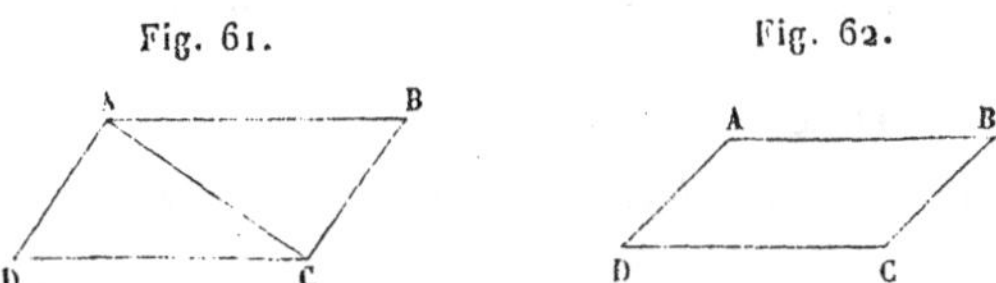

Fig. 61. Fig. 62.

2° Les angles opposés A et C étant égaux entre eux, ainsi que les angles B et D (*fig.* 62), on voit que deux angles consécutifs quelconques, B et C par exemple, ont une somme égale à la moitié de la somme des angles du quadrilatère, c'est-à-dire à deux droits. Ces deux angles B et C étant supplémentaires, et, de plus, intérieurs d'un même côté par rapport aux deux droites AB et CD coupées par BC, ces mêmes droites sont parallèles (65). On démontrerait de même que, les angles A et B étant supplémentaires, les deux autres côtés opposés, AD et BC, sont parallèles. Le quadrilatère ABCD est donc un parallélogramme.

3° Soient AB et CD les deux côtés opposés que l'on suppose égaux et parallèles (*fig.* 61). En menant la diagonale AC, on forme deux triangles ABC, ADC, qui ont un angle égal compris entre deux côtés égaux, savoir : l'angle BAC égal à l'angle ACD, comme alternes-internes par rapport aux parallèles AB et CD coupées par AC; le côté AB égal au côté CD par hypothèse, et le côté AC commun. De l'égalité des triangles ABC, ADC, résulte celle des angles ACB et CAD; et comme ces angles sont alternes-internes par rapport aux deux droites AD et BC coupées par AC, ces mêmes droites sont parallèles. Le quadrilatère ABCD ayant ses côtés opposés parallèles deux à deux est un parallélogramme.

4° Puisqu'on suppose OA = OC et OB = OD (*fig.* 60), les angles AOB et COD étant d'ailleurs opposés par le sommet, les deux triangles AOB, COD, sont égaux. Donc, l'angle OAB est égal à l'angle OCD. D'ailleurs, ces angles étant alternes-internes par rapport aux droites AB et CD coupées par AC, les côtés opposés AB et CD sont parallèles. De l'égalité des triangles AOD, BOC, on déduirait pareillement l'égalité des an gles OAD, OCB, et, par suite, le parallélisme des deux autres côtés opposés AD et BC. Le quadrilatère ABCD, ayant ses côtés opposés parallèles deux à deux, est donc un parallélogramme.

THÉORÈME.

85. *Tout rectangle est un parallélogramme dont les diagonales sont égales* (*fig.* 63).

Fig. 63.

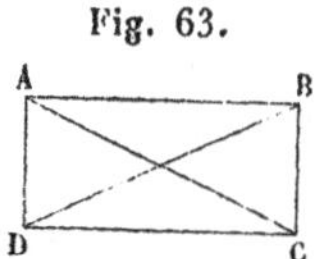

D'abord, tout rectangle est un parallélogramme, puisque ses angles opposés sont égaux (84, 2°). En second lieu, les deux triangles DAB, CBA, par exemple, sont égaux comme ayant un angle égal compris entre deux côtés égaux, savoir : l'angle droit DAB égal à l'angle droit CBA, le côté AB commun, et le côté AD égal au côté BC, comme côtés opposés d'un parallélogramme; donc, les diagonales AC et BD, hypoténuses des triangles rectangles égaux DAB, CBA, sont égales.

86. Réciproquement, *tout parallélogramme dont les diagonales sont égales est un rectangle* (*fig.* 63). Car les triangles DAB, CBA, sont alors égaux comme ayant leurs trois côtés égaux : donc, l'angle DAB est égal à l'angle CBA, et comme chacun d'eux est égal à son opposé (83), on voit que le parallélogramme considéré a tous ses angles égaux et, par suite, est un rectangle.

THÉORÈME.

87. *Tout losange est un parallélogramme dont les diagonales sont : 1° perpendiculaires l'une sur l'autre; 2° bissectrices des angles opposés* (*fig.* 64).

D'abord, tout losange est un parallélogramme, puisque ses côtés opposés sont égaux (84, 1°).

En second lieu, les triangles ABC et ADC étant isocèles, puisque les quatre côtés d'un losange sont égaux, la diagonale BD, qui passe par le milieu O de la diagonale AC, est à la fois perpendiculaire sur AC et bissectrice des angles B et D.

Pour une raison analogue, la diagonale AC est bissectrice des angles A et C.

Fig. 64.

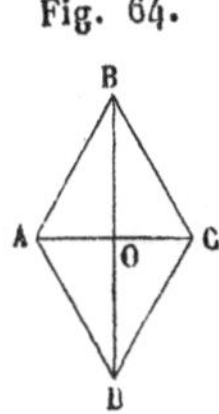

88. Réciproquement, *tout parallélogramme est un losange : 1° si ses diagonales sont perpendiculaires l'une sur l'autre; 2° si l'une d'elles est bissectrice des angles dont elle unit les sommets.*

Car, puisque les diagonales d'un parallélogramme se coupent mutuellement en parties égales, dans l'un comme dans l'autre cas, les quatre triangles AOB, BOC, COD, AOD sont égaux, et par suite les côtés AB, BC, CD, DA le sont aussi.

Scolies.

89. *Tout carré est un parallélogramme dont les diagonales sont égales, perpendiculaires entre elles et bissectrices des angles opposés; réciproquement, tout parallélogramme est un carré lorsque ses diagonales sont : 1° égales et perpendiculaires entre elles; 2° égales, l'une d'elles étant en outre la bissectrice des angles dont elle unit les sommets.*

La démonstration de cette double proposition n'offre aucune difficulté.

90. On nomme *centre* d'un parallélogramme le point d'intersection de ses diagonales. Voici la raison de cette dénomination :

Deux points M et M' (*fig.* 60) sont dits *symétriques par rapport à un point* O, lorsque ce dernier point est le milieu de la droite qui joint les deux premiers. Deux figures sont dites *symétriques par rapport à un point* O, lorsqu'elles se correspondent point par point, de manière que deux points correspondants quelconques soient symétriques par rapport à ce point O. Enfin, on dit qu'une figure admet un *centre* O, lorsque les points de cette figure sont deux à deux symétriques par rapport à ce point O.

Or, il est aisé de voir que les points du contour d'un parallélogramme sont deux à deux symétriques par rapport au point d'intersection des diagonales; car, si l'on mène par ce point O une droite quelconque MOM', l'égalité des triangles MOA, M'OC (32, 2°) donne MO = M'O.

LIVRE II.

LA CIRCONFÉRENCE DE CERCLE.

§ I. — DES ARCS ET DES CORDES.

DÉFINITIONS.

91. La *circonférence* est une ligne courbe ABCD (*fig.* 65), dont tous les points sont également distants d'un point intérieur O qu'on nomme *centre.*

Le *cercle* est l'espace limité par la circonférence.

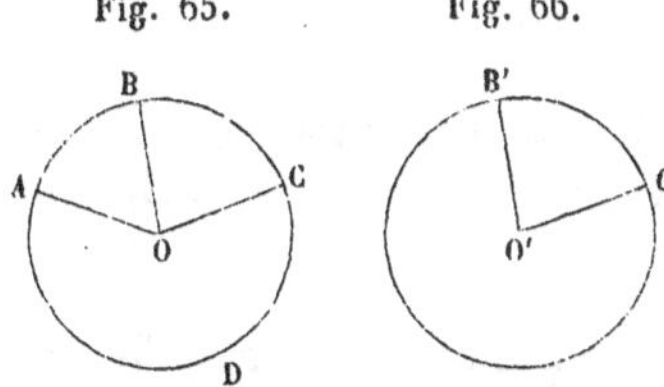

Fig. 65. Fig. 66.

92. On appelle *rayon* toute droite menée du centre à la circonférence. *Tous les rayons* OA, OB, OC,... *d'un cercle sont égaux*, d'après la définition même de la circonférence.

Deux cercles de même rayon sont égaux; car si l'on place le centre O' du second (*fig.* 66) sur le centre O du premier (*fig.* 65), l'égalité des rayons entraînera la coïncidence des deux circonférences.

93. On nomme *arc* une portion quelconque AB de circonférence.

Deux arcs de même rayon, BC *et* B'C' (*fig.* 65 et 66), *sont dits égaux lorsqu'on peut les placer l'un sur l'autre de manière qu'ils coïncident.*

Pour ajouter deux arcs de même rayon, AB *et* B'C', on porte le second en BC à la suite du premier, sur le cercle O auquel ce premier arc appartient, de manière qu'ils aient une extrémité B commune; l'arc ABC, compris entre les extrémités non communes A et C, est dit *la somme* des deux arcs proposés.

94. Un point est *intérieur* ou *extérieur* à un cercle suivant que sa distance au centre est *plus petite* ou *plus grande* que le rayon.

95. *Une droite quelconque* EF *ne peut rencontrer une circonférence* O *en plus de deux points* C *et* D (*fig.* 67).

Fig. 67.

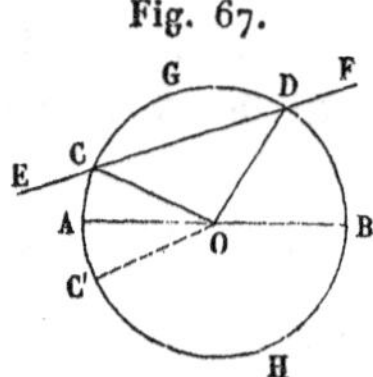

En effet, du centre O à la droite EF, on ne peut mener au plus (46) que deux droites OC et OD égales au rayon.

On donne le nom de *sécante* à toute droite EF qui coupe la circonférence en deux points C et D. On appelle *corde* la partie CD intérieure au cercle, et l'on réserve le nom de *diamètre* aux cordes qui passent par le centre.

Tous les diamètres d'un cercle sont égaux, car un diamètre quelconque AB est la somme de deux rayons OA et OB.

96. *Le diamètre est la plus grande corde du cercle.*

Car une corde quelconque CD est moindre que la somme OC + OD des deux rayons qui aboutissent à ses extrémités : elle est donc moindre qu'un diamètre.

97. *Tout diamètre* AB *divise la circonférence et le cercle en deux parties égales* (*fig.* 67).

En effet, si l'on plie la figure autour d'un diamètre AB, un rayon quelconque OC de la partie supérieure prendra la direction du rayon OC' qui fait de l'autre côté de AB un angle C'OA égal à l'angle COA; et, à cause de l'égalité des rayons, le point C de l'arc supérieur AGB tombera en C' sur l'arc inférieur AHB. Ces deux arcs AGB, AHB, se recouvrant exactement, sont donc égaux, ainsi que les espaces compris entre chacun d'eux et le diamètre AB.

98. Une corde quelconque CD, autre qu'un diamètre, divise d'après cela la circonférence en deux arcs *inégaux*, l'un CGD moindre que la demi-circonférence, l'autre CHD plus grand. On dit que la corde CD *sous-tend* ces deux arcs. Toutefois, quand nous parlerons de *l'arc sous-tendu par une corde* CD, il faudra toujours entendre, à moins d'avertissement contraire, qu'il s'agit du plus petit des deux arcs correspondant à cette corde.

THÉORÈME.

99. *Dans un même cercle ou dans des cercles égaux :*

1° *Deux arcs égaux sont sous-tendus par des cordes égales;*

2° *De deux arcs inégaux, le plus grand est sous-tendu par la plus grande corde* (*fig.* 68).

Fig. 68.

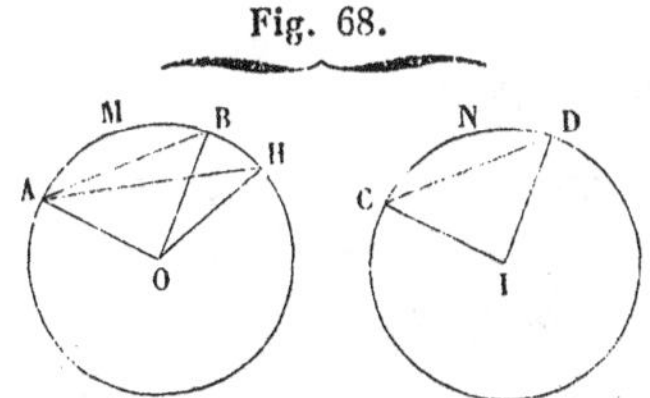

Soient O et I deux cercles égaux :

1° Si l'arc AMB est égal à l'arc CND, les cordes AB et CD seront égales. En effet, portons le cercle I sur le cercle O de manière que le rayon IC coïncide avec son égal OA, I étant en O et C en A. Les circonférences coïncideront, l'arc CND tombera sur son égal AMB, et le point D viendra en B. La corde CD s'appliquera donc sur la corde AB, et, par suite, lui sera égale.

2° Si l'arc AMH est plus grand que l'arc CND, la corde AH sera plus grande que la corde CD. En effet, prenons à partir du point A, sur l'arc AMH, un arc AMB égal à l'arc CND; les cordes AB, CD, seront égales (1°), et il restera à démontrer que la corde AB est moindre que la corde AH. Or, l'arc AMB étant moindre que l'arc AMH, le point B tombe entre les points A et H, et l'angle AOB est inférieur à l'angle AOH. Par suite, les deux triangles AOB, AOH, ont un angle inégal compris entre deux côtés égaux chacun à chacun, savoir OA commun et OB = OH comme rayons d'un même cercle. Donc (40) le côté AB opposé à l'angle AOB est moindre que le côté AH opposé à l'angle AOH.

100. Du théorème qu'on vient de démontrer et du principe général du nº 7 il suit que :

RÉCIPROQUEMENT, *dans un même cercle ou dans des cercles égaux, à des cordes égales répondent des arcs égaux, et à une plus grande corde répond un plus grand arc.*

SCOLIE.

101. Nous n'avons considéré dans ce qui précède que des arcs moindres qu'une demi-circonférence (98). Si l'on considérait des arcs plus grands qu'une demi-circonférence, pour la seconde partie du théorème les conclusions seraient inverses : l'arc augmentant, la corde diminuerait au lieu de croître.

THÉORÈME.

102. *Le diamètre* AB, *perpendiculaire sur une corde* CD, *divise cette corde et les deux arcs* CBD, CAD, *qu'elle sous-tend, chacun en deux parties égales* (*fig.* 69).

Fig. 69.

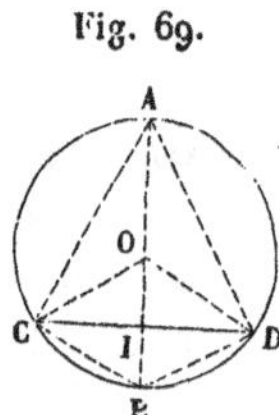

En effet, soient O le centre de la circonférence et I le point de rencontre du diamètre AB et de la corde CD. Les rayons OC, OD, étant, par rapport à la perpendiculaire OI, deux obliques égales, s'écartent également du pied de cette perpendiculaire. On a donc CI = ID. En d'autres termes, la corde CD est divisée au point I en deux parties égales. Dès lors, AB étant perpendiculaire sur le milieu de CD, tout point de AB, et en particulier le point B, est équidistant des points C et D. Les cordes BC et BD sont donc égales, et, par suite, les arcs BC et BD sont aussi égaux. En d'autres termes, l'arc CBD est divisé au point B en deux parties égales. On démontrerait de même que l'arc CAD est aussi divisé en deux parties égales au point A

Corollaires.

103. La droite AB satisfait, d'après cela, aux *cinq* conditions suivantes : elle passe par le centre O, par le milieu I de la corde CD, et par les milieux A et B de chacun des arcs que cette corde sous-tend; elle est enfin perpendiculaire sur la corde CD. Or, deux de ces cinq conditions suffisent pour déterminer la droite AB; car on sait que, par deux points, on ne peut mener qu'une droite, et que par un point on ne peut mener qu'une perpendiculaire sur une droite. Donc, toute ligne droite assujettie à deux des cinq conditions énoncées remplira nécessairement les trois autres. De là une série de propositions que le lecteur énoncera sans difficulté, et parmi lesquelles nous ne citerons que les suivantes :

La perpendiculaire élevée sur le milieu d'une corde passe par le centre et par le milieu de chacun des arcs que cette corde sous-tend.

Le lieu géométrique des milieux d'un système de cordes parallèles est le diamètre perpendiculaire à la direction commune de ces cordes.

THÉORÈME.

104. *Dans un même cercle ou dans des cercles égaux :*

1° *Deux cordes égales sont également éloignées du centre;*

2° *De deux cordes inégales, la plus petite est la plus éloignée du centre* (*fig.* 70).

1° Soient les deux cordes égales AB, CD, et soient OE, OF, les perpendiculaires menées du centre O sur chacune d'elles. Les longueurs de ces perpendiculaires mesurent les distances du centre à ces deux cordes, et il s'agit de démontrer que ces distances sont égales. Or les triangles rectangles EOB,

COF, sont égaux comme ayant l'hypoténuse égale et un côté égal, savoir : OB = OC comme rayons d'un même cercle, et EB = CF comme moitiés de cordes égales, puisque les pieds E et F des perpendiculaires OE et OF sont (102) les milieux des cordes AB et CD. Donc OE, troisième côté du triangle OEB, est égal à OF, troisième côté du triangle OCF.

Fig. 70.

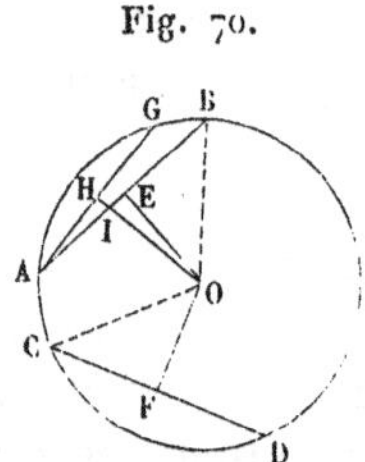

2° Soient les deux cordes inégales AG et CD. On suppose AG moindre que CD, et il faut démontrer que la perpendiculaire OH, menée du centre sur la première corde, est plus grande que la perpendiculaire OF. Par le point A menons une corde AB égale à CD. La distance OE du centre à cette corde sera égale à OF, et il reste à démontrer que OE est moindre que OH. Or, la corde AG étant moindre que la corde AB, l'arc AG est inférieur à l'arc AB, et, par suite, le centre O du cercle et le milieu H de la corde AG sont situés de part et d'autre de la droite AB. Donc AB rencontre OH en un point I situé entre O et H, et l'on a $OI < OH$. Mais, puisque OE est perpendiculaire sur AB, OI est oblique, et l'on a

$$OE < OI;$$

donc, *à fortiori*,

$$OE < OH.$$

105. Du théorème qu'on vient de démontrer et du principe général du n° 7 il résulte que :

Réciproquement, *dans un même cercle ou dans des cercles égaux, deux cordes également éloignées du centre sont égales; et, de deux cordes inégalement éloignées du centre, la plus éloignée est la plus petite.*

§ II. — TANGENTE AU CERCLE. — POSITIONS MUTUELLES DE DEUX CIRCONFÉRENCES.

DÉFINITION.

106. On nomme *tangente* au cercle toute droite CD (*fig.* 71) qui n'a qu'un point commun avec la circonférence. Ce point commun A est appelé *point de contact.*

THÉORÈME.

107. *Toute perpendiculaire* CD, *à l'extrémité d'un rayon* OA, *est tangente à la circonférence* (*fig.* 71).

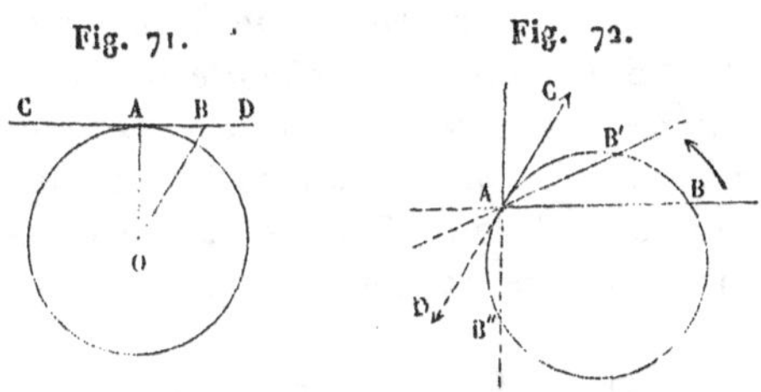

En effet, en joignant au centre O un point quelconque B de CD, autre que le point A, on obtient une droite OB oblique sur CD, puisque OA est la perpendiculaire à CD qui passe par le point O. Cette droite OB est donc plus grande que le rayon OA (42), et, par suite, le point B est extérieur au cercle (94). La droite CD ayant tous ses points hors du cercle, sauf le point A, qui est commun aux deux lignes, est donc une tangente à la circonférence.

108. Réciproquement, *toute tangente* CD *à la circonférence est perpendiculaire à l'extrémité du rayon* OA *qui aboutit au point de contact* A (*fig.* 71).

En effet, tout point B de la tangente CD, autre que le point A, étant extérieur au cercle, sa distance BO au centre est plus grande que le rayon (94). Donc le rayon OA est la plus courte de toutes les droites qu'on peut mener du centre à la tangente CD. En d'autres termes, OA est perpendiculaire sur

CD (45), et inversement, la tangente CD est perpendiculaire au point A sur le rayon OA.

COROLLAIRES.

109. *Par un point* A *d'une circonférence* O, *on peut toujours mener une tangente à cette courbe, et l'on ne peut en mener qu'une.*

110. *Toute tangente est parallèle aux cordes que le diamètre mené au point de contact divise en deux parties égales* (103).

SCOLIES.

111. On peut considérer la tangente AC en un point A d'une circonférence (*fig.* 72) *comme la position limite que prend une sécante* AB *lorsque cette sécante tourne autour du point* A *de manière que le second point d'intersection* B *vienne se confondre avec le premier.* Car, lorsque les deux points d'intersection B et A sont ainsi réunis en un seul, la droite AC n'a plus qu'un point commun avec la circonférence.

Cette nouvelle définition de la tangente est applicable à toutes les courbes. D'ailleurs, nous verrons plus tard qu'outre sa généralité cette définition a sur celle du n° 106 l'avantage de mettre en lumière l'intime corrélation de certains théorèmes qui sembleraient sans cela tout à fait distincts.

On dit qu'une courbe ou qu'un arc de courbe est *convexe* lorsque cette courbe ou cet arc tombe entièrement d'un même côté de chacune de ses tangentes. Le raisonnement du n° 107 prouve que la circonférence est convexe.

Nous avons vu au n° 95 qu'une droite quelconque ne peut rencontrer une circonférence en plus de deux points. Tout arc de courbe convexe jouit de la même propriété; car, si une droite coupait cet arc en trois points, le premier et le dernier point seraient situés de part et d'autre de la tangente au point intermédiaire.

112. On appelle *normale* en un point d'une courbe la perpendiculaire élevée par ce point à la tangente correspondante.

La normale en un point d'une circonférence est donc dirigée suivant le rayon qui passe par ce point, c'est-à-dire que toutes les normales à la circonférence passent par son centre.

Il en résulte que *par un point pris sur la circonférence on peut toujours lui mener une normale, mais une seule; tandis que par un point* O, *extérieur ou intérieur à cette courbe* (*fig.* 73), *on peut en mener deux :* la normale OA et la normale OB.

Toute droite qui n'est pas normale à la circonférence lui est *oblique*.

THÉORÈME.

113. *Toute oblique* OE, *issue d'un point* O *qui n'appartient pas à la circonférence* C, *a sa longueur comprise entre celles des deux normales* OA *et* OB *qui passent par ce point* (*fig.* 73).

Fig. 73.

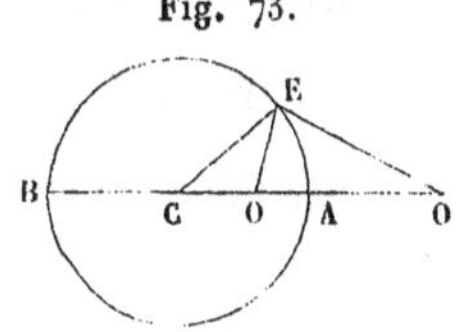

Que le point O soit extérieur ou intérieur, OA est égal à la différence des côtés OC et CE du triangle OCE; donc la normale OA est plus petite que l'oblique OE, troisième côté du triangle.

De même, OB est égal à la somme des côtés OC et CE du même triangle; donc la normale OB est plus grande que l'oblique OE, troisième côté de ce triangle.

SCOLIE.

114. On appelle *distance* d'un point O à une circonférence la longueur de la plus petite OA des deux normales que l'on peut mener de ce point à la circonférence.

THÉORÈME.

115. *Deux parallèles interceptent sur la circonférence des arcs égaux.*

Il faut distinguer trois cas :

1° Supposons (*fig.* 74) que les parallèles AB, CD, soient sécantes, et abaissons du centre O sur ces droites la perpendiculaire commune OM qui coupe la circonférence en M. Le

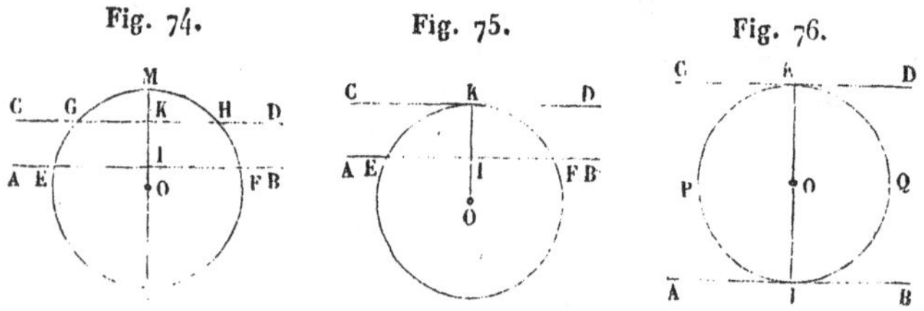

point M est (102) à la fois le milieu de l'arc EMF que sous-tend la corde EF, et le milieu de l'arc GMH que sous-tend la corde GH ; on a donc

$$\text{arc}\,\mathbf{EM} = \text{arc}\,\mathbf{FM}, \quad \text{arc}\,\mathbf{GM} = \text{arc}\,\mathbf{HM};$$

d'où, en soustrayant membre à membre,

$$\text{arc}\,\mathbf{EM} - \text{arc}\,\mathbf{GM} = \text{arc}\,\mathbf{FM} - \text{arc}\,\mathbf{HM},$$

c'est-à-dire

$$\text{arc}\,\mathbf{EG} = \text{arc}\,\mathbf{FH}.$$

2° Supposons (*fig.* 75) que les parallèles AB et CD soient l'une sécante et l'autre tangente. Alors le rayon OK, qui aboutit au point de contact, est (107, 110) une perpendiculaire commune à la tangente CD et à la corde EF qui lui est parallèle; il divise donc l'arc EKF, sous-tendu par cette corde, en deux parties égales, et l'on a

$$\text{arc}\,\mathbf{EK} = \text{arc}\,\mathbf{FK}.$$

3° Supposons enfin (*fig.* 76) que les deux parallèles AB et CD soient tangentes, l'une en I et l'autre en K. Les deux rayons OI et OK, respectivement perpendiculaires à AB et à CD, seront dans le prolongement l'un de l'autre, puisque des droites parallèles ont leurs perpendiculaires communes. Les deux arcs KPI, KQI, sont donc égaux l'un et l'autre à une demi-circonférence.

THÉORÈME.

116. *Par trois points* A, B, C, *non situés en ligne droite, on peut toujours faire passer une circonférence, et l'on ne peut en faire passer qu'une* (*fig.* 77).

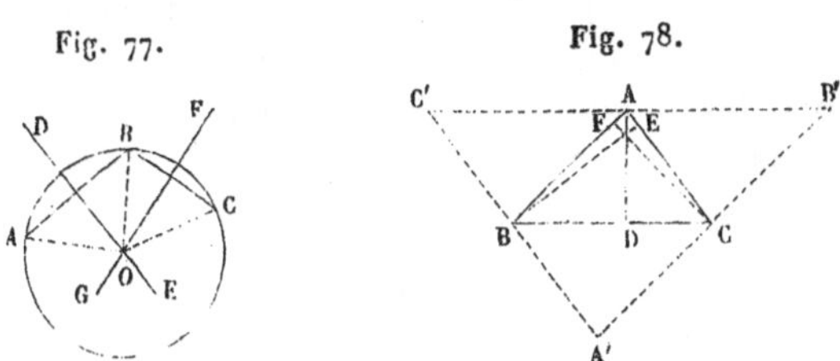

Fig. 77. Fig. 78.

Il s'agit de prouver qu'il existe un point, et un seul, situé à la même distance des trois points donnés A, B, C.

Or, tout point équidistant de A, B, C, doit se trouver sur la perpendiculaire DE élevée sur le milieu de AB, parce qu'elle est le lieu des points équidistants de A et de B; il doit aussi appartenir à la perpendiculaire FG élevée sur le milieu de BC, parce qu'elle est le lieu des points équidistants de B et de C. Comme deux droites DE, FG, ne peuvent avoir qu'un point commun, on voit d'abord qu'il ne saurait jamais exister qu'un seul point équidistant des points A, B, C. En second lieu, un tel point existe toujours si, conformément à notre hypothèse, les points A, B, C, ne sont pas en ligne droite; car, les deux droites AB et BC se coupant, les droites DE et FG, qui leur sont respectivement perpendiculaires, doivent se rencontrer en un certain point O (67).

Le cercle décrit de ce point O comme centre, avec l'une des trois droites égales OA, OB, OC, pour rayon, passe par les points A, B, C, et est le seul qui puisse y passer.

On énonce souvent ce théorème d'une manière plus rapide en disant : *Trois points, non en ligne droite, déterminent une circonférence.*

COROLLAIRES.

117. La démonstration précédente prouve que *les perpendiculaires élevées sur les milieux des côtés d'un triangle* ABC

passent par un même point. On en conclut immédiatement que *les trois hauteurs d'un triangle* ABC (*fig.* 78), c'est-à-dire les perpendiculaires AD, BE, CF, abaissées des sommets sur les côtés opposés, *passent par un même point.* Il suffit pour cela de montrer que ces trois hauteurs sont perpendiculaires sur les milieux des côtés du triangle A′B′C′ formé en menant par les sommets du triangle primitif ABC des parallèles aux côtés opposés. Or, AD perpendiculaire à BC l'est aussi à sa parallèle B′C′ et, de plus, les longueurs AB′ et AC′ sont égales entre elles, puisqu'elles sont respectivement égales à BC comme parallèles comprises entre parallèles.

118. Deux circonférences ne peuvent avoir trois points communs sans coïncider; d'où il suit que *deux circonférences distinctes ne peuvent avoir plus de deux points communs.*

Lorsque deux circonférences ont deux points communs, on dit qu'elles se coupent ou qu'elles sont *sécantes.*

Lorsque deux circonférences n'ont qu'un point commun, on dit qu'elles sont *tangentes;* le point commun est appelé *point de contact.*

THÉORÈME.

119. *Lorsque deux circonférences se coupent, la droite* OO′ *qui joint leurs centres est perpendiculaire sur la corde commune* AB *et divise cette corde en deux parties égales* (*fig.* 79).

Fig. 79. Fig. 80.

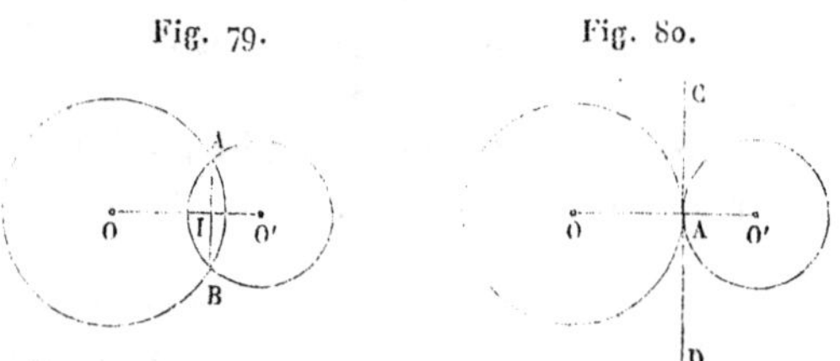

En effet, la perpendiculaire élevée sur la corde commune AB par son milieu I doit passer par le centre de chacune des deux circonférences O et O′ (103).

Corollaire.

120. Supposons que, la circonférence O restant fixe, ainsi que le point A, la circonférence O′ tourne autour du point A, de manière que le second point d'intersection B se rapproche de plus en plus du premier et vienne à la limite se confondre avec lui, comme dans la *fig.* 80. Les deux circonférences n'ayant plus alors qu'un point commun A seront tangentes en ce point. D'ailleurs, la droite OO′ passant toujours entre A et B, ces deux points ne peuvent se réunir que sur la ligne des centres OO′. Enfin, en vertu de ce mouvement (**111**), la corde commune devient à la limite tangente en A à chacune des deux circonférences. Donc :

Lorsque deux circonférences O *et* O′ *sont tangentes, leur point de contact* A *est situé sur la droite des centres, et la perpendiculaire* CD *élevée en ce point sur cette droite est une tangente commune aux deux circonférences.*

On appelle *angle de deux courbes* qui ont un point commun l'angle formé par les tangentes à ces deux courbes en ce point. Si cet angle n'est pas nul, on dit que les deux courbes se coupent. S'il est nul, c'est-à-dire si les deux courbes ont la même tangente au point commun, on dit que ces courbes sont tangentes. On appelle *orthogonales* deux courbes qui se coupent à angle droit.

SCOLIE.

121. Deux circonférences distinctes peuvent avoir deux points communs, c'est-à-dire se couper (*fig.* 83); ou avoir un seul point commun, c'est-à-dire être tangentes, soit extérieurement (*fig.* 82), soit intérieurement (*fig.* 84); ou enfin n'avoir aucun point commun, c'est-à-dire être extérieures (*fig.* 81) ou intérieures (*fig.* 85) l'une à l'autre. Leurs positions relatives sont donc au nombre de cinq.

THÉORÈME.

122. 1° *Si deux circonférences* O *et* O′ *sont extérieures, la distance des centres est plus grande que la somme des rayons;*

2° *Si elles sont tangentes extérieurement, la distance des centres est égale à la somme des rayons;*

3° *Si elles se coupent, la distance des centres est à la fois moindre que la somme et plus grande que la différence des rayons;*

4° *Si elles sont tangentes intérieurement, la distance des centres est égale à la différence des rayons;*

5° *Si elles sont intérieures, la distance des centres est moindre que la différence des rayons.*

En effet :

1° A et A′ (*fig.* 81) étant les points où la ligne des centres coupe les deux circonférences, on a

$$OO' = OA + AA' + O'A' \quad \text{ou} \quad OO' > OA + O'A'.$$

2° Le point de contact A (*fig.* 82) est situé entre les deux centres et sur la droite OO′ qui les joint. On a donc

$$OO' = OA + O'A.$$

3° Les deux points communs (*fig.* 83) étant situés hors de

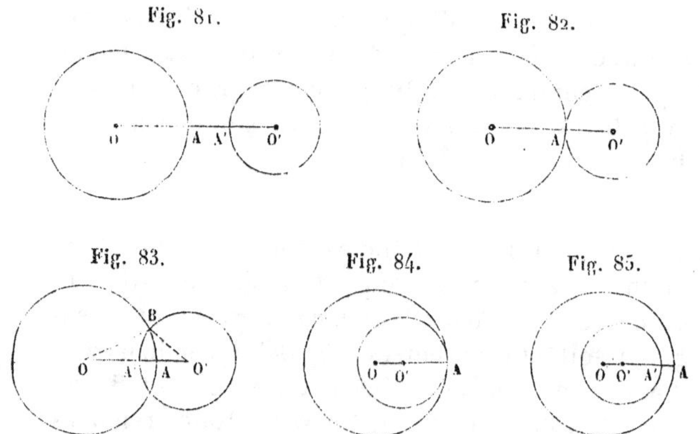

Fig. 81. Fig. 82. Fig. 83. Fig. 84. Fig. 85.

la ligne des centres (**119**), en joignant l'un d'eux B aux deux centres, on forme un triangle dans lequel on a (**36**, **37**)

$$OO' < OB + O'B \quad \text{et} \quad OO' > OB - O'B.$$

4° Le point de contact A (*fig.* 84) est situé au delà des deux centres sur la droite qui les joint. On a donc

$$OA = OO' + O'A, \quad \text{d'où} \quad OO' = OA - O'A.$$

5° A et A′ (*fig.* 85) étant les points où la droite OO′ coupe les deux circonférences, on a

$$OA = OO' + O'A' + A'A, \quad \text{d'où} \quad OA > OO' + O'A',$$

c'est-à-dire

$$OO' < OA - O'A'.$$

COROLLAIRE.

123. A chacune des cinq hypothèses faites répond une conclusion distincte. Donc, en vertu du principe général du n° 7, les réciproques des propositions précédentes sont toutes vraies. Voici leurs énoncés :

1° *Si la distance des centres est plus grande que la somme des rayons, les deux circonférences données sont extérieures l'une à l'autre.*

2° *Si la distance des centres est égale à la somme des rayons, les deux circonférences sont tangentes extérieurement.*

3° *Si la distance des centres est à la fois moindre que la somme et plus grande que la différence des rayons, les deux circonférences se coupent.*

4° *Si la distance des centres est égale à la différence des rayons, les deux circonférences sont tangentes intérieurement.*

5° *Si la distance des centres est moindre que la différence des rayons, les deux circonférences sont intérieures l'une à l'autre.*

Ainsi, connaissant les trois nombres D, R, r, qui mesurent respectivement la distance des centres et les rayons de deux circonférences, on peut, sans tracer ces circonférences et par une simple opération numérique, savoir quelle est leur position relative. Par exemple, si l'on a $D = 15^m$, $R = 21^m$, $r = 6^m$, on peut affirmer que les deux circonférences sont tangentes intérieurement; car on a $15 = 21 - 6$, ou $D = R - r$.

§ III. — MESURE DES ANGLES.

DÉFINITIONS.

124. On nomme *angle au centre* tout angle qui a son sommet au centre d'un cercle, et *angle inscrit* tout angle formé par deux cordes qui se coupent sur la circonférence d'un cercle.

THÉORÈME.

125. *Dans le même cercle ou dans des cercles égaux :*

1° *Deux angles au centre égaux interceptent des arcs égaux ;*

2° *Si un angle au centre est la somme de deux autres angles au centre, l'arc intercepté par cet angle est la somme des arcs interceptés par les deux autres* (*fig.* 86).

Fig. 86.

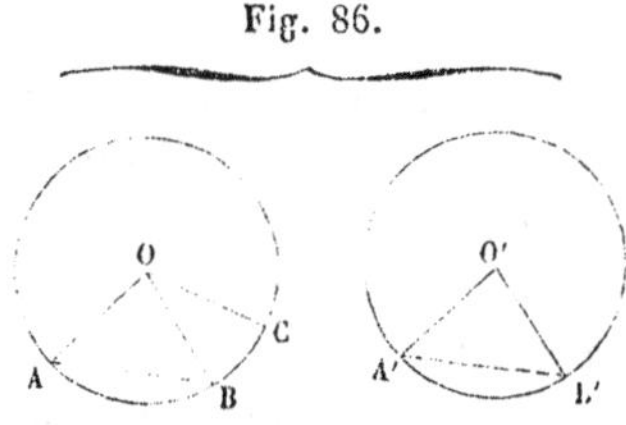

1° Soient AOB, A′O′B′, deux angles au centre égaux entre eux; les deux arcs correspondants AB et A′B′ seront égaux. En effet, en menant les cordes AB, A′B′, on forme deux triangles AOB, A′O′B′, qui sont égaux comme ayant un angle égal compris entre deux côtés égaux, savoir : l'angle AOB égal à l'angle A′O′B′ par hypothèse, et les côtés OA = O′A′, OB = O′B′, comme rayons de cercles égaux. Donc la corde AB est égale à la corde A′B′, et, par suite (100), les arcs AB et A′B′ que ces cordes sous-tendent sont égaux entre eux.

2° Soient A′O′B′ et BOC deux angles au centre; transportons le premier en AOB à la suite du second, de manière à former (9) un angle AOC qui soit la somme des deux angles proposés. L'arc ABC sera évidemment la somme des deux arcs AB et BC, et comme les arcs AB et A′B′ sont égaux, puisqu'ils correspondent à des angles au centre égaux, l'arc ABC sera la somme des arcs A′B′ et BC.

COROLLAIRE.

126. Il résulte de là (note 1) que, *dans le même cercle ou dans des cercles égaux, le rapport de deux angles au centre est égal au rapport des arcs qu'ils interceptent;* en d'autres termes, *l'angle au centre d'un cercle est proportionnel à l'arc correspondant.*

THÉORÈME.

127. *Tout angle a la même mesure que l'arc qu'il intercepte sur une circonférence décrite de son sommet comme centre, avec un rayon quelconque, pourvu que l'on prenne pour unité d'angle l'angle au centre qui intercepte sur cette circonférence l'arc choisi pour unité d'arc.*

En effet, soient (*fig.* 87) AOB l'angle à mesurer et AB l'arc qu'il intercepte sur la circonférence de rayon arbitraire OA; AC étant l'unité d'arc, l'angle correspondant AOC sera, par hypothèse, l'unité d'angle. On a (126)

$$\frac{\text{AOB}}{\text{AOC}} = \frac{\text{arc AB}}{\text{arc AC}}.$$

Or le premier rapport est égal au nombre qui mesure l'angle AOB, et le second est égal au nombre qui mesure l'arc AB. Donc, dans le système d'unités adopté, le nombre qui mesure l'angle AOB est le même que celui qui mesure l'arc AB.

Fig. 87.

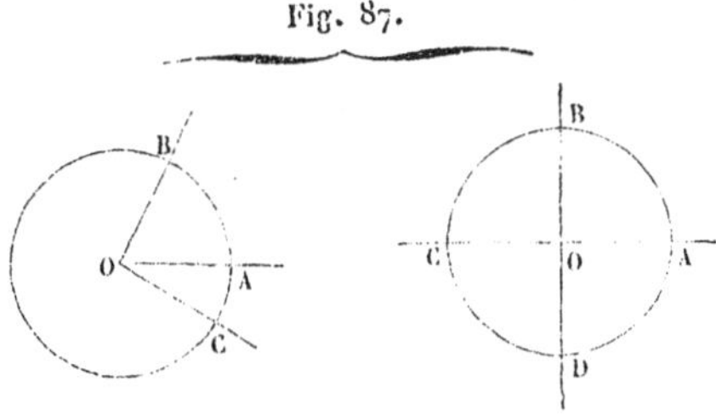

Comme ce théorème est d'un usage très-fréquent, on préfère l'énoncer d'une manière plus rapide, quoique incorrecte. D'abord on sous-entend la condition relative à la correspondance des unités; puis on dit *a pour mesure*, au lieu de *a la même mesure que;* et l'on arrive ainsi à cet énoncé usuel: *tout angle au centre a pour mesure l'arc compris entre ses côtés.*

Scolie.

128. Lorsqu'on prend l'angle droit pour unité, l'arc unité est le quart de la circonférence ou *le quadrant;* car, si l'angle au centre AOB est droit (*fig.* 87), les quatre angles AOB, BOC, COD, DOA, formés par les deux diamètres BOD, AOC, sont droits, et par suite égaux; les quatre arcs AB, BC, CD, DA, sont donc égaux entre eux, et chacun d'eux est le quart de la circonférence.

THÉORÈME.

129. *Tout angle inscrit dans un cercle a pour mesure la moitié de l'arc compris entre ses côtés.*

Soit BAC un angle inscrit dans un cercle O. Pour démontrer que cet angle a pour mesure la moitié de l'arc BC compris entre ses côtés, il convient de distinguer trois cas:

1° Le centre O tombe sur l'un des côtés AC de l'angle BAC (*fig.* 88). Menons le rayon BO; le triangle BOA étant isocèle, les angles A et B sont égaux, et comme (73) leur somme équivaut à l'angle extérieur BOC, l'angle A est égal à la moitié de BOC; mais ce dernier angle, ayant son sommet au centre du cercle, a pour mesure l'arc BC. Donc l'angle proposé BAC a pour mesure la moitié de l'arc BC.

Fig. 88. Fig. 89. Fig. 90.

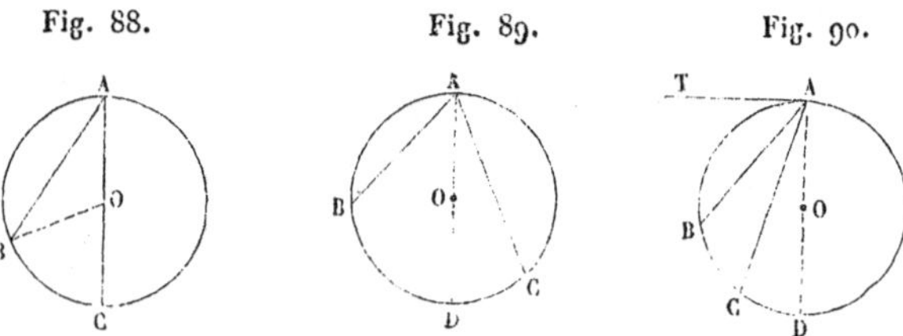

2° Le centre O tombe à l'intérieur de l'angle BAC (*fig.* 89). Menons le diamètre AOD; l'angle BAC est la somme des angles BAD, DAC, qui, d'après le premier cas, ont respectivement pour mesure $\frac{1}{2}$ BD et $\frac{1}{2}$ DC. La somme de ces deux arcs, c'est-à-dire la moitié de l'arc BDC, est donc la mesure de l'angle BAC.

3° Le centre O tombe en dehors de l'angle BAC (*fig.* 90). Menons le diamètre AOD; l'angle BAC est la différence des angles BAD, CAD, qui, d'après le premier cas, ont respectivement pour mesure $\frac{1}{2}$ BD et $\frac{1}{2}$ CD; la différence de ces arcs, c'est-à-dire la moitié de l'arc BC, est donc la mesure de l'angle proposé BAC.

Corollaires.

130. Supposons (*fig.* 90) que, le côté AC restant fixe, la corde AB tourne autour du sommet A, de manière à devenir la tangente AT au point A; dans toutes les positions de la corde AB, l'angle inscrit BAC aura pour mesure la moitié de l'arc correspondant BC; donc, à la limite, *l'angle* TAC, *formé par une tangente* AT *et une corde* AC *issue du point de contact, a pour mesure la moitié de l'arc* AC *compris entre ses côtés.*

On peut d'ailleurs démontrer ce théorème, indépendamment de toute notion de limite. Il suffit, par exemple, d'observer que l'angle TAC est l'excès de l'angle droit TAD sur l'angle inscrit CAD; sa mesure est donc l'excès de la moitié de la demi-circonférence ABD sur la moitié de l'arc CD, ou enfin la moitié de l'arc AC.

131. On appelle *segment* la portion de cercle comprise entre un arc et sa corde. A chaque corde AB correspondent deux segments ACB, AMB (*fig.* 91). On dit qu'*un angle est inscrit*

Fig. 91.

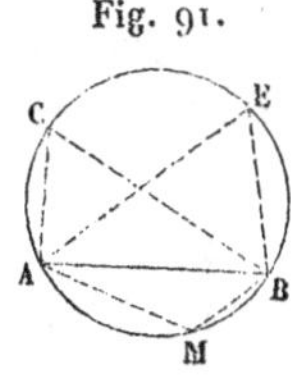

dans un segment lorsque son sommet est situé sur l'arc du

segment et que ses côtés passent par les extrémités de la corde sous-tendante. Ainsi les angles ACB, AEB, sont inscrits dans le segment ACB, et l'angle AMB est inscrit dans le segment AMB.

Tous les angles inscrits dans un même segment sont égaux; ainsi, les angles ACB, AEB, sont égaux comme ayant l'un et l'autre la moitié de l'arc AMB pour mesure.

Tout angle inscrit dans l'un des deux segments déterminés par une même corde est le supplément d'un angle quelconque inscrit dans l'autre segment. Ainsi les angles ACB, AMB, sont supplémentaires, car leurs mesures $\frac{1}{2}$ arc AMB et $\frac{1}{2}$ arc ACB forment en somme la moitié de la circonférence.

Tout angle inscrit dans un segment est aigu, droit ou obtus, suivant que ce segment est supérieur, égal ou inférieur à un demi-cercle; car l'arc compris entre les côtés de l'angle est alors inférieur, égal ou supérieur à une demi-circonférence.

On dit qu'*un segment de cercle est capable d'un angle donné,* lorsque les angles inscrits dans ce segment sont égaux à l'angle considéré; ainsi *le segment capable d'un angle droit est un demi-cercle.*

Fig. 92. Fig. 93.

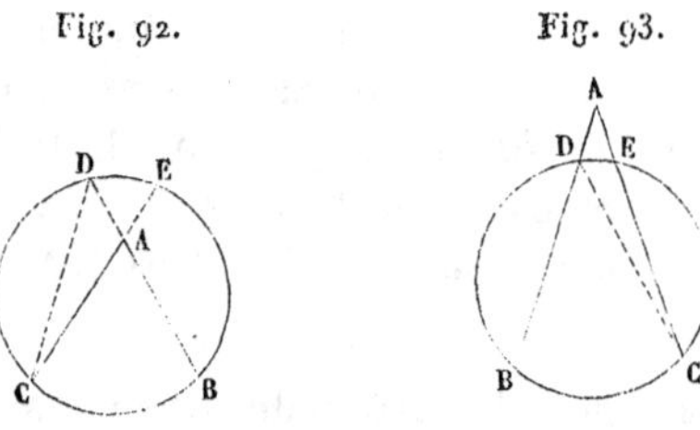

THÉORÈME.

132. *Tout angle* BAC, *formé par deux sécantes qui se rencontrent à l'intérieur du cercle, a pour mesure la demi-somme des arcs* BC *et* DE *compris entre ses côtés et entre ses côtés prolongés* (*fig.* 92).

En effet, en menant DC, on voit que l'angle BAC, extérieur au triangle ACD, est égal (73) à la somme des angles inscrits ADC, ACD, qui ont respectivement pour mesure $\frac{1}{2}$ BC et $\frac{1}{2}$ DE.

THÉORÈME.

133. *Tout angle* BAC, *formé par deux sécantes qui se rencontrent hors du cercle, a pour mesure la demi-différence de l'arc concave* BC *et de l'arc convexe* DE *compris entre ses côtés* (*fig.* 93).

En effet, en menant DC, on voit que l'angle BDC, extérieur au triangle DAC, est la somme des angles A et C; par suite, l'angle A est l'excès de l'angle BDC sur l'angle C; sa mesure est donc l'excès de $\frac{1}{2}$ BC sur $\frac{1}{2}$ DE, c'est-à-dire $\frac{1}{2}$ (BC — DE).

En faisant tourner autour du sommet A l'un des côtés, ou même les deux côtés de l'angle, jusqu'à ce qu'ils deviennent tangents à la circonférence, on voit que le théorème subsiste pour l'angle formé par une tangente et une sécante qui se coupent hors du cercle, et pour l'angle de deux tangentes.

COROLLAIRE.

134. *Dans la portion de plan située au-dessus d'une droite* BC, *le lieu des points d'où l'on voit cette droite sous un angle donné est un arc de cercle passant par les extrémités* B *et* C *de cette droite* (*fig.* 94).

En effet, soient A un point du lieu et BMACN la circonférence déterminée par les trois points A, B, C. 1° De tout point M de l'arc BMAC on voit la droite BC sous un angle égal à BAC (131); 2° de tout point I pris à l'intérieur du segment BMAC, on voit la droite BC sous un angle BIC plus grand que BAC, puisque (132) sa mesure excède la moitié de l'arc BNC; 3° de tout point E extérieur au segment BMAC et situé au-dessus de la droite BC, on voit cette droite sous un angle BEC moindre que BAC, puisque sa mesure est plus petite que la moitié de l'arc BNC (133). L'arc BMAC est donc le lieu cherché.

Il résulte de là que l'arc BA'C, sur lequel s'applique l'arc BMAC, lorsqu'on replie la figure autour de BC, est, au-dessous de BC, le lieu des points d'où l'on voit la droite BC sous l'angle donné.

Donc, enfin, *le lieu des points d'où l'on voit une droite* BC *sous un angle donné se compose de deux arcs de cercle égaux entre eux et passant par les extrémités* B *et* C *de cette droite.*

Remarquons, en outre, que l'ensemble des arcs BNC, BN'C, représente le lieu des points d'où l'on voit la droite BC sous un angle supplémentaire de l'angle considéré (131).

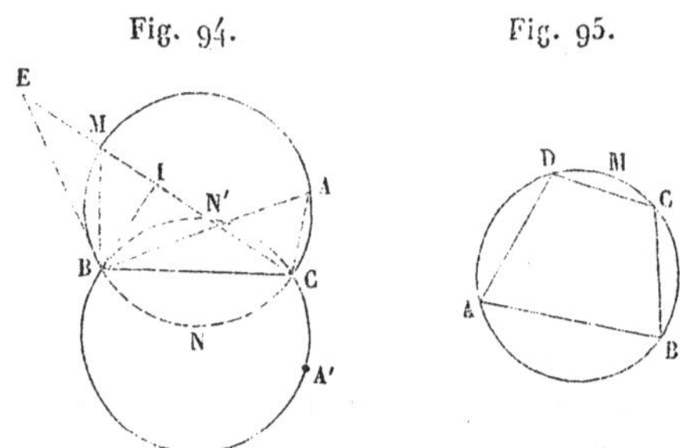

Fig. 94. Fig. 95.

Si l'angle considéré est droit, les deux arcs BAC, BA'C, sont des demi-circonférences décrites sur BC comme diamètre. Donc, *le lieu des points d'où l'on voit une droite sous un angle droit est le cercle décrit sur cette droite comme diamètre.*

THÉORÈME.

135. *Dans tout quadrilatère convexe inscrit dans un cercle, les angles opposés sont supplémentaires.*

En effet (*fig.* 95), considérons par exemple les angles opposés, B et D. La corde AC détermine deux segments ADC, ABC, et nous avons vu (131) que tout angle D inscrit dans le segment supérieur est le supplément de tout angle B inscrit dans le segment inférieur.

Réciproquement, *si, dans un quadrilatère convexe* ABCD, *deux angles opposés* B *et* D *sont supplémentaires, le quadrilatère est inscriptible;* en d'autres termes, la circonférence déterminée par les trois points A, B, C, passera par le quatrième sommet D.

En effet, le sommet D est un point situé au-dessus de AC, et d'où l'on voit la corde AC sous un angle supplémentaire de l'angle B; or l'arc AMC est le lieu des points du plan qui jouissent de cette propriété (134).

§ IV. — CONSTRUCTION DES ANGLES ET DES TRIANGLES.

NOTIONS PRÉLIMINAIRES.

136. Les deux principaux instruments employés dans la construction graphique des figures sont la *règle* et le *compas*. Chacun sait comment on trace des lignes droites avec la règle et des circonférences avec le compas.

On fait d'abord tout le dessin au crayon; on exécute ensuite la *mise à l'encre* à l'aide d'un tire-ligne à branches égales et que l'on tient perpendiculairement au plan du papier. Les *données* et les *résultats* sont représentés par un train *plein* ou continu; on représente par un trait *pointillé* ou interrompu les *lignes de construction*, c'est-à-dire les lignes qui servent à déduire les résultats des données.

En pratique, lorsqu'on détermine une droite par deux points, il convient que ces deux points ne soient pas trop voisins l'un de l'autre; sans cela, la moindre erreur sur la position de l'un d'eux entraînerait une erreur notable sur la direction de la droite.

De même, quand un point est déterminé par la rencontre de deux droites, il faut que ces droites ne se coupent pas sous un angle trop petit; sans cela l'épaisseur inévitable des deux traits laisserait dans l'incertitude sur la véritable position du point de rencontre.

PROBLÈME.

137. *Trouver la plus grande commune mesure de deux lignes droites.*

Soient A et B deux droites *commensurables entre elles*; la recherche de leur plus grande commune mesure, c'est-à-dire de la plus grande portion de droite qui soit une partie aliquote de chacune d'elles, repose sur les deux principes suivants :

1° *Si* B *est une partie aliquote* de A, B *est évidemment la plus grande commune mesure de* A *et de* B;

2° *Si* A *contient m fois* B, *plus un reste* R *moindre que* B, *la plus grande commune mesure de* A *et de* B *est la même que celle de* B *et de* R. On a, en effet,

$$A = mB + R;$$

or, toute commune mesure de A et de B, étant une partie aliquote de B, l'est aussi de mB, et, par suite, de $A - mB$ ou de R. Inversement, toute commune mesure de B et de R, étant une partie aliquote de B, l'est aussi de mB, et, par suite, de $mB + R$ ou de A. Donc les communes mesures de A et de B sont les mêmes que celles de B et de R; et, en particulier, la plus grande commune mesure est la même de part et d'autre.

D'après cela, on portera B sur A autant de fois que possible; s'il n'y a pas de reste, B sera la plus grande commune mesure demandée; s'il y a un reste R, on sera ramené à chercher la plus grande commune mesure de B et de R. On portera donc R sur B autant de fois que possible; s'il n'y a pas de reste, R sera la plus grande commune mesure demandée; s'il y a un reste R', on sera ramené à chercher la plus grande commune mesure de R et de R'.

Il est aisé de prouver qu'en continuant de la sorte on arrivera à un reste qui sera une partie aliquote du précédent. En effet, dans toute division, le dividende est au moins égal à la somme du diviseur et du reste; le reste est d'ailleurs moindre que le diviseur; donc le reste est inférieur à la moitié du dividende. On voit par là que, dans la recherche de la plus grande commune mesure de A et de B, le premier reste sera inférieur à $\frac{A}{2}$; le troisième reste sera moindre que la moitié du premier, et, par suite, inférieur à $\frac{A}{4}$; le cinquième reste sera moindre que la moitié du troisième, et, par suite, inférieur à $\frac{A}{8}$; et ainsi de suite. L'opération ne pourra donc pas se prolonger indéfiniment, car on tomberait sur un reste moindre que la plus grande commune mesure supposée; ce qui est absurde, puisque, d'après la théorie précédente, la plus grande commune mesure doit diviser exactement les restes successifs.

On arrivera donc à un reste qui sera une partie aliquote du précédent, et ce reste sera la plus grande commune mesure demandée.

138. Réciproquement, si, en appliquant le procédé qu'on vient d'indiquer à deux droites données, on arrive à un reste qui soit contenu un nombre exact de fois dans celui qui le précède, les deux droites considérées seront commensurables entre elles, et ce reste sera alors leur plus grande commune mesure.

Ainsi, supposons qu'on ait trouvé successivement

$$A = B + R, \quad B = 5R + R', \quad R = 2R' + R'', \quad R' = 3R'';$$

on aura

$$R = 7R'', \quad B = 38R'', \quad A = 45R'',$$

et le rapport des deux droites A et B sera représenté par le nombre fractionnaire $\frac{45}{38}$. D'ailleurs R″ étant la plus grande commune mesure de R′ et de R″ sera, d'après ce qui précède, la plus grande commune mesure de A et de B.

Scolie.

139. Il résulte de là que le procédé précédent, appliqué à deux droites incommensurables entre elles, conduira à une série d'opérations interminable.

Cette conclusion, absolument *rigoureuse en théorie*, ne se vérifie pas *en pratique;* car les restes cessent d'être appréciables au compas. Mais, s'il est impossible de constater de cette manière, ou plus généralement au moyen d'une opération mécanique quelconque, l'incommensurabilité de deux droites, on peut parfois, lorsque les droites résultent d'une construction bien définie, démontrer *géométriquement* leur incommensurabilité en s'appuyant sur la théorie qui précède et en cherchant la loi des restes successifs.

Nous allons, comme exemple, démontrer ainsi que *la diagonale* AC *et le côté* AB *d'un carré* ABCD *sont deux lignes incommensurables entre elles*.

Le côté AB (*fig.* 96) étant moindre que la diagonale AC et plus grand que la moitié AO de cette diagonale, on voit d'abord que, si l'on prend sur la diagonale AC la longueur AE égale à AB, le reste EC sera moindre que AB.

Comparons maintenant ce reste EC au côté AB ou à son égal BC. Si l'on mène EF parallèle à BD, le triangle FEC, rectangle en E, sera isocèle, puisque l'angle EFC est égal à son correspondant OBC, et, par suite,

Fig. 96.

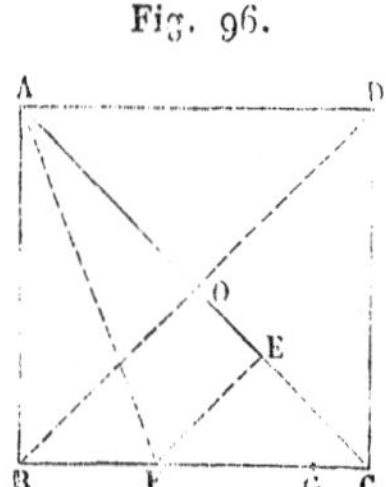

à ECF. Donc, dans ce triangle comme dans le triangle analogue ABC, si l'on prend FG égale à EC, le reste GC sera moindre que EC. D'ailleurs, les triangles rectangles ABF, AEF, ayant l'hypoténuse commune et un côté égal, sont égaux, et, par suite, BF est égal à FE ou à EC ou à FG. Donc enfin *le côté* BC *contient deux fois* EC, *plus un reste* GC *moindre que* EC.

Ce dernier résultat, énoncé d'une manière générale, prouve que dans tout triangle rectangle et isocèle le côté contient deux fois la différence entre l'hypoténuse et le côté, plus un reste moindre que cette différence. Donc, à son tour, *le côté* EC *contiendra deux fois* GC, *plus un nouveau reste moindre que* GC, et ainsi de suite.

On voit par là que, si l'on applique aux droites AC et AB la règle prescrite au n° 137, chaque reste contiendra deux fois le précédent, plus un nouveau reste moindre que celui-ci, de sorte que l'opération n'aura pas de fin. Les deux droites considérées sont donc incommensurables entre elles.

PROBLÈME.

140. *Par un point* B *d'une droite* BC, *mener une seconde droite qui fasse avec la première un angle égal à un angle donné* (*fig.* 97).

Fig. 97.

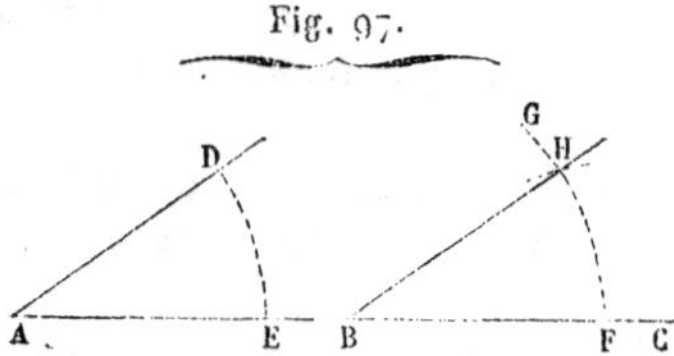

Du point A comme centre, avec une ouverture de compas

arbitraire, mais assez grande, décrivez un arc de cercle qui coupe en D et E les côtés de l'angle donné : avec la même ouverture, et du point B comme centre, décrivez un second arc de cercle GF, qui coupe en F la droite BC. Prenez avec le compas la longueur de la corde DE (il est inutile pour cela de tracer cette corde), et du point F comme centre, avec cette ouverture, décrivez un arc de cercle qui coupe en H l'arc GF; la droite BH sera la droite demandée.

En effet, les arcs HF et DE ayant des rayons égaux et des cordes égales sont égaux (100); par suite, les angles au centre HBF, DAE, qui correspondent à ces arcs, sont aussi égaux (126).

141. On divise la circonférence en 360 parties égales qu'on nomme *degrés*, le degré en 60 parties égales appelées *minutes*, et la minute en 60 parties égales appelées *secondes*. D'après cela, la circonférence contient $360.60 = 21600$ minutes, ou $21600.60 = 1296000$ secondes; la demi-circonférence contient 180 degrés, ou 10800 minutes, ou 648000 secondes; enfin le quadrant vaut 90 degrés, ou 5400 minutes, ou 324000 secondes.

On évalue un arc quelconque en degrés, minutes et secondes de la circonférence. Ainsi l'on dit : un arc de 36 degrés 15 minutes 21 secondes, que l'on écrit : arc de $36^{\circ}15'21''$.

Deux arcs AB et A′B′ (*fig.* 98), décrits entre les côtés d'un même angle XOY, de son sommet comme centre, contiennent

Fig. 98. Fig. 99.

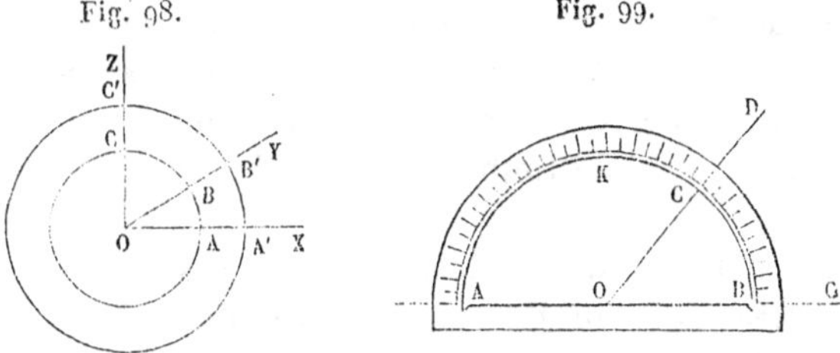

le même nombre de degrés, minutes et secondes. En effet, le rapport de l'arc AB au quadrant AC est le même que le rapport de l'arc A′B′ au quadrant A′C′, puisque chacun de ces rapports est égal à celui de l'angle XOY à l'angle droit

XOZ. Or, comme le quadrant AC vaut 90 degrés de la circonférence OA, et que le quadrant A'C' vaut 90 degrés de la circonférence OA', les arcs AB et A'B' vaudront le même nombre de degrés, minutes et secondes de leurs circonférences respectives.

D'après cela, on appelle angle de 36° 15' 21" l'angle qui intercepte entre ses côtés, sur toute circonférence décrite de son sommet comme centre, un arc de 36° 15' 21".

Connaissant le nombre de degrés, minutes et secondes d'un angle, on obtient son rapport à l'angle droit en prenant le rapport de ce nombre de degrés, minutes et secondes à 90 degrés; il faut avoir soin, bien entendu, d'évaluer les deux angles en unités de même espèce, soit en degrés, soit en minutes, soit en secondes. Ainsi, comme 36° 15' 21" valent 130521 secondes, et que 90 degrés renferment 324000 secondes, le rapport de l'angle de 36° 15' 21" à l'angle droit est exprimé par la fraction $\frac{130521}{324000}$ ou $\frac{43507}{108000}$.

Pour évaluer le nombre de degrés d'un angle, ou pour tracer un angle ayant un nombre de degrés donné, on emploie un instrument appelé *rapporteur*. C'est un demi-cercle en corne ou en cuivre dont le bord circulaire ou *limbe* est divisé en 180 parties égales ou degrés; les rapporteurs qui ont un décimètre de rayon sont même divisés en demi-degrés. Le centre est marqué par un petit trou ou par une petite échancrure.

Pour mesurer un angle DOG (*fig.* 99), on place l'instrument de manière que son centre coïncide avec le sommet de l'angle, et que le diamètre AB, qui va de zéro à 180 degrés, s'applique sur l'un des côtés OG. On lit alors le nombre de degrés de l'angle au point où le limbe est traversé par le second côté OD.

Pour mener au point O d'une droite OG une seconde droite OD, formant avec la première un angle donné, de 49 degrés par exemple, on place l'instrument de manière que son centre soit en O, et que son diamètre AB coïncide avec OG; puis on marque le point C du papier sur lequel tombe la division 49 du limbe; et, après avoir enlevé le rapporteur, on tire la droite OC.

PROBLÈME.

142. *Connaissant deux angles α et β d'un triangle, construire le troisième γ.*

Fig. 100.

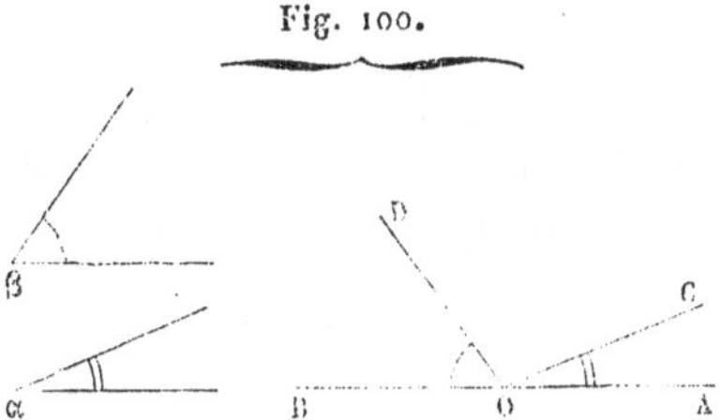

Tracez une droite indéfinie AB (*fig.* 100); par l'un de ses points O, menez une droite OC qui forme avec OA un angle COA égal à α; menez par le même point O une autre droite OD qui fasse avec OB un angle DOB égal à β. L'angle COD sera l'angle cherché; car la somme des trois angles formés autour du point O et au-dessus de AB équivaut à deux angles droits (72).

Scolie.

143. Nous allons apprendre à construire un triangle, connaissant: 1° un côté et deux angles; 2° deux côtés et l'angle compris; 3° deux côtés et l'angle opposé à l'un d'eux; 4° les trois côtés. Dans ces quatre problèmes, nous désignerons les trois côtés par *a*, *b*, *c*, et les angles respectivement opposés par A, B, C; ainsi l'angle A sera opposé au côté *a*, l'angle B au côté *b*, l'angle C au côté *c*.

PROBLÈME.

144. *Construire un triangle, connaissant un côté a et deux angles.*

On peut donner les deux angles B et C adjacents au côté *a*, ou bien l'angle opposé A et l'un des angles adjacents; on ramène ce dernier cas au premier en commençant par chercher le troisième angle (142).

Supposons donc connus le côté *a* et les deux angles adjacents B et C.

Après avoir tracé une droite BC (*fig.* 101) égale à *a*, menez au point B une droite BA formant avec BC et au-dessus de cette ligne un angle ABC égal à l'angle donné B; menez de même au point C une droite CA formant avec CB, et au-dessus de cette ligne, un angle ACB égal à l'angle donné C. Le point de rencontre A de ces deux droites sera le troisième sommet du triangle cherché.

Pour que le problème soit possible, il faut et il suffit que les deux droites BA, CA, se coupent, c'est-à-dire (66) que la somme des deux angles B et C soit moindre que deux angles droits.

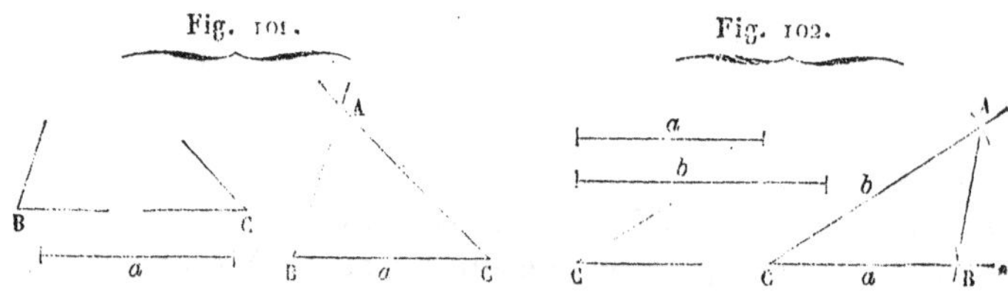

PROBLÈME.

145. *Construire un triangle, connaissant deux côtés a et b et l'angle compris C.*

Tracez une droite CB (*fig.* 102) égale à *a*; au point C, menez une droite CA formant avec la première un angle ACB égal à l'angle donné C; puis prenez sur cette droite, à partir du point C, une longueur CA égale à *b*; enfin tirez AB, et vous aurez le triangle cherché.

PROBLÈME.

146. *Construire un triangle, connaissant deux côtés a et b et l'angle B opposé à l'un d'eux.*

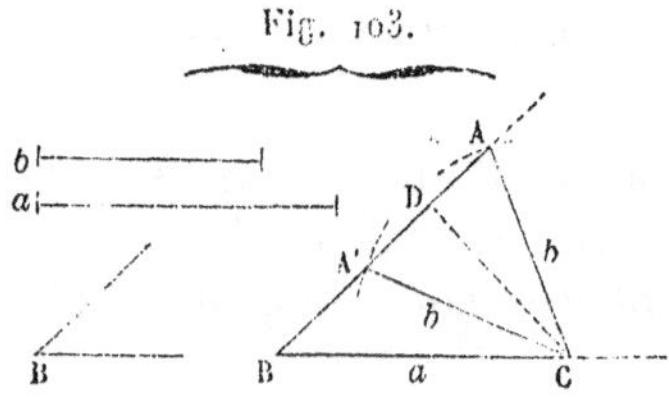

Tracez une droite BC (*fig.* 103) égale à *a*, et au point B menez une droite BA formant avec la première un angle ABC égal à l'angle donné B; puis, du point C comme centre, avec une ouverture de compas égale à b, décrivez un arc de cercle. Si A est un point d'intersection du côté BA et de cet arc de cercle, il suffira de tirer AC pour avoir un triangle ABC satisfaisant aux conditions exigées.

Discutons maintenant ce problème, c'est-à-dire cherchons les conditions que doivent remplir les données pour que le problème soit possible, et, dans ce cas, les diverses solutions qui peuvent exister.

1° *L'angle* B *étant aigu* (*fig.* 103), pour que le problème soit possible, il faut que l'arc de cercle rencontre le côté BA, c'est-à-dire que le côté b soit au moins égal à la perpendiculaire CD abaissée du point C sur BA.

Si le côté b est égal à cette perpendiculaire CD, le cercle touche BA en D, et il n'y a qu'une solution : c'est le triangle rectangle BCD.

Si le côté b est compris entre la longueur de la perpendiculaire CD et celle du côté a, le cercle coupe la droite BA en deux points A et A′ situés au-dessus de B, et de part et d'autre de D; il y a donc deux solutions distinctes : ce sont les triangles ABC, A′BC.

Enfin, si le côté b est plus grand que a, le point A′ passe au-dessous de B, et le triangle correspondant doit être rejeté, puisque son angle en B n'est plus l'angle donné, mais son supplément; il n'y a donc qu'une solution : c'est le triangle ABC.

2° *L'angle* B *étant obtus* (*fig.* 104), la perpendiculaire CD

Fig. 104.

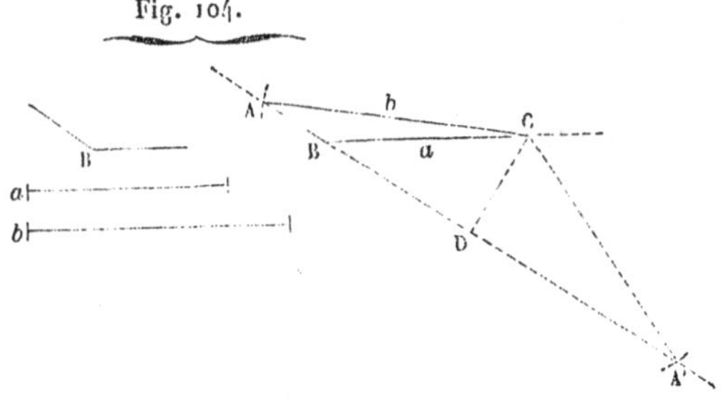

ne tombe plus dans l'angle B, mais dans son supplément (44); et, pour que le problème soit possible, c'est-à-dire pour que l'arc de cercle coupe la droite BA au-dessus de B, il faut que le côté b soit plus grand que a : ce que l'on pouvait prévoir, car dans tout triangle au plus grand angle doit être opposé le plus grand côté. D'ailleurs, lorsque cette condition est remplie, les deux points d'intersection A et A' sont de part et d'autre de B; le triangle A'BC doit être rejeté, car son angle en B est le supplément de l'angle donné, et il n'y a qu'une solution : c'est le triangle ABC.

3° *L'angle* B *étant droit*, le problème est impossible si b est inférieur ou égal à a; il admet une solution unique si b est supérieur à a.

La discussion est résumée dans le tableau suivant :

B aigu	$b < \mathrm{CD}$	problème impossible,
	$b = \mathrm{CD}$	une solution,
	$a > b > \mathrm{CD}$	deux solutions,
	$b = a$ ou $> a$	une solution.
B droit ou obtus.	$b < a$ ou $= a$....	problème impossible,
	$b > a$...........	une solution.

Ainsi, lorsque b est supérieur à a, le problème a toujours une solution et une seule; en d'autres termes, on peut toujours construire un triangle, et un seul, connaissant deux côtés et l'angle opposé à l'un d'eux, pourvu que l'angle donné soit opposé au plus grand des deux côtés donnés. De là ce théorème :

Deux triangles sont égaux lorsqu'ils ont deux côtés égaux chacun à chacun, ainsi que l'angle opposé au plus grand de ces deux côtés.

PROBLÈME.

147. *Construire un triangle connaissant les trois côtés a, b, c.*

Tracez (*fig.* 105) une droite BC égale à a, c'est-à-dire au plus

Fig. 105.

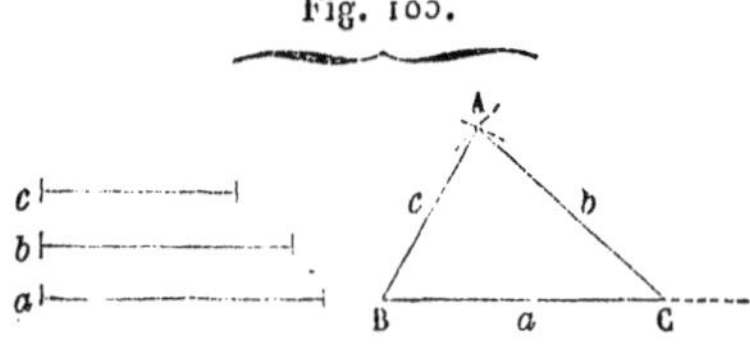

grand des côtés donnés. Du point C comme centre, avec une

ouverture de compas égale à b, décrivez, au-dessus de BC, un arc de cercle; du point B comme centre, avec une ouverture de compas égale à c, décrivez au-dessus de BC un autre arc de cercle. En joignant aux points B et C le point d'intersection A de ces deux arcs, vous aurez le triangle demandé ABC.

Pour que le problème soit possible, il faut et il suffit que les deux arcs de cercle se coupent, c'est-à-dire (122) que le plus grand côté a, qui est la distance des centres, soit moindre que la somme et plus grand que la différence des deux autres côtés b et c qui sont les rayons. Ce résultat est conforme aux nos 36 et 37.

SCOLIE.

148. Tels sont les quatre problèmes fondamentaux relatifs à la construction des triangles; beaucoup d'autres se ramènent à ceux-là. Voici quelques exemples :

Soit ABC un triangle quelconque, dont nous désignerons les angles par A, B, C. Si l'on prolonge BA d'une longueur AD, égale à AC, et si l'on mène CD (*fig.* 30), on forme une figure dont on évalue facilement les angles en appliquant le théorème du n° 72 et observant que les angles ADC et ACD sont égaux; on trouve ainsi

$$B, \quad \frac{A}{2}, \quad 90^\circ + \frac{C - B}{2},$$

pour les valeurs des angles du triangle BDC. Si, donc, *on donne, dans un triangle* ABC, *la base* BC, *la somme des deux autres côtés*, et, en outre, soit *le demi-angle opposé à la base*, soit *la demi-différence des angles à la base*, on connaîtra dans le triangle auxiliaire BDC deux côtés et l'angle opposé à l'un d'eux; on pourra donc construire ce triangle, et, par suite, le triangle demandé ABC, en menant une droite CA faisant avec CD un angle égal à CDB.

De même, si sur le plus grand AB des deux côtés AB et AC on porte de A vers B une longueur AD égale à AC, on voit que les angles du triangle BDC ont respectivement pour valeurs

$$B, \quad 90^\circ + \frac{A}{2}, \quad \frac{C - B}{2}.$$

Si, donc, *on donne, dans un triangle* ABC, *la base* BC, *la différence* AB — AC *des deux autres côtés*, et en outre, soit *le demi-angle opposé à la base*, soit *la demi-différence des angles à la base*, on connaîtra dans le triangle auxiliaire BDC deux côtés et l'angle opposé à l'un d'eux; on pourra donc construire ce triangle, et par suite le triangle demandé ABC en menant une droite CA faisant avec CD un angle égal au supplément de CDB.

La discussion résulte d'ailleurs immédiatement de celle du n° 146.

§ V. — TRACÉ DES PARALLÈLES ET DES PERPENDICULAIRES.

PROBLÈME.

149. *Par un point donné* A, *pris hors d'une droite* BC, *mener une parallèle à cette droite* (*fig.* 106).

Fig. 106.

La droite BC et la parallèle cherchée AD doivent faire (65), avec une sécante quelconque AC issue du point A, deux angles alternes-internes DAC, ACB, égaux entre eux. De cette considération et de la solution du problème du n° 140 résulte la construction suivante :

Du point A comme centre, avec une ouverture de compas arbitraire, mais assez grande, décrivez un arc de cercle DC; du point C, avec la même ouverture, décrivez un second arc de cercle AB, qui passera nécessairement par A. Prenez avec le compas la longueur de la corde AB, et du point C comme centre, avec cette ouverture, décrivez un arc de cercle qui coupe en D l'arc DC. En tirant AD, vous aurez la parallèle demandée.

Il est clair, en effet, qu'on a construit de cette façon un angle DAC égal à ACB. Il est inutile de tracer la droite AC, qui ne sert que dans la démonstration.

150. Dans la pratique, on résout presque toujours ce problème à l'aide d'un instrument spécial qui porte le nom d'*équerre*. C'est une planchette en bois ayant la forme d'un triangle rectangle; elle est munie d'une petite ouverture circulaire ou *œil*, qui la rend plus facile à manier.

Pour vérifier une équerre BAC (*fig.* 107), on applique l'un des côtés de l'angle droit AB contre une règle bien exacte, et l'on trace une droite au crayon le long du côté AC. Cela fait, on retourne l'équerre, comme l'indique la figure, et l'on trace une nouvelle droite le long de AC'; selon que les deux droites

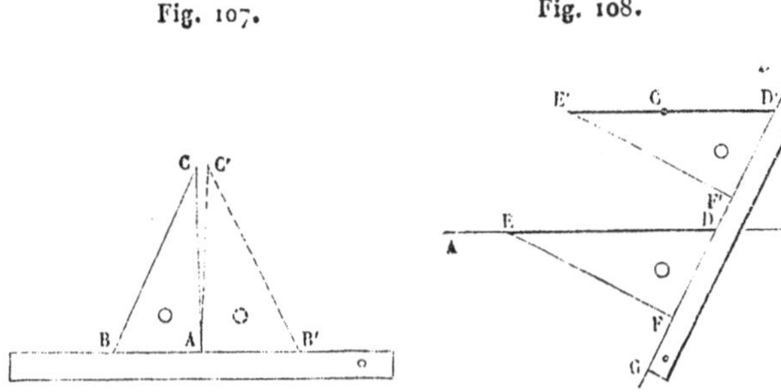

Fig. 107. Fig. 108.

ainsi obtenues coïncident ou divergent, l'angle BAC de l'équerre est droit ou non, en d'autres termes l'équerre est juste ou fausse.

Pour mener (*fig.* 108) à l'aide de l'équerre, par un point C, une parallèle à une droite AB, on place sur la droite AB l'hypoténuse de l'équerre; puis on appuie la règle GH contre le petit côté DF de l'angle droit, et, en maintenant la règle immobile, on fait glisser l'équerre jusqu'à ce que l'arête, qui coïncidait d'abord avec AB, vienne passer par le point C; on trace alors le long de cette arête une droite E'D' qui est la parallèle demandée. En effet, les angles correspondants E'D'F', EDF, étant égaux, les droites E'D', ED, sont parallèles.

Cette méthode ne suppose pas que l'équerre ait l'un de ses angles droits. Il suffit que les arêtes soient bien dressées; cet avantage et la simplicité de l'opération expliquent la supériorité de ce procédé.

PROBLÈME.

151. *Mener une perpendiculaire sur une droite en son milieu.*

Soient (*fig.* 109) A et B deux points donnés; il s'agit de mener une perpendiculaire sur le milieu de la droite qui joint ces deux points.

La perpendiculaire sur le milieu d'une droite étant le lieu des points équidistants des extrémités de cette droite (49), il suffit d'obtenir deux points qui soient chacun également distants de A et de B, puis de joindre ces deux points. De là cette construction.

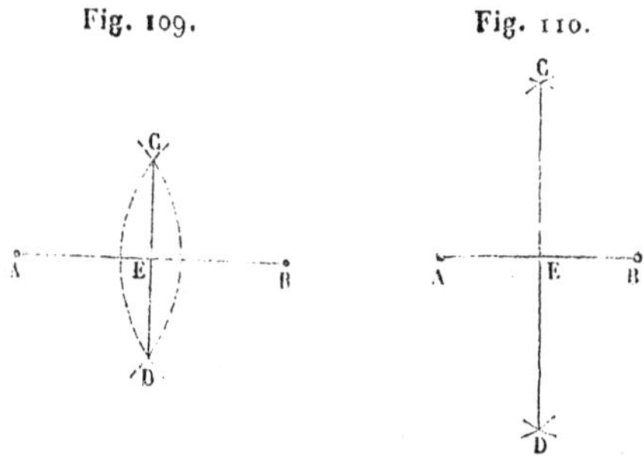

Fig. 109. Fig. 110.

Du point A comme centre, avec un rayon sensiblement plus grand que la moitié de AB, décrivez une circonférence; du point B comme centre, avec la même ouverture, décrivez une seconde circonférence; ces deux circonférences se couperont, puisque, les deux rayons étant égaux et surpassant la moitié de AB, la distance AB des centres sera comprise entre la somme et la différence des rayons. Chacun des deux points d'intersection C et D sera équidistant de A et de B; et, en tirant CD, vous aurez la perpendiculaire demandée.

Dans la pratique, on ne décrit pas les cercles complets; on se borne à tracer deux petits arcs de chacun d'eux, de part et d'autre de AB, dans la région où l'on prévoit que l'intersection doit avoir lieu (*fig.* 110). Ce procédé ne suppose pas que la droite AB soit tracée.

Ce problème renferme les deux suivants :

1° *Diviser une droite en deux parties égales;*

2° *Décrire un cercle sur une droite donnée pour diamètre.*

Cette dernière question se réduit en effet à la recherche du *milieu* de la droite, qui est le centre du cercle à décrire.

PROBLÈME.

152. *Diviser un arc de cercle ou un angle en deux parties égales* (*fig.* 111).

1° Soit AB l'arc proposé; on sait que la perpendiculaire menée sur le milieu de la corde divise l'arc en deux parties égales (103); on appliquera donc la construction du nº 151. Si le centre O de l'arc est donné, il suffira de déterminer un seul point équidistant de A et de B, et de mener OE.

2° Soit AOB l'angle proposé. Du point O comme centre, avec un rayon arbitraire, on décrira un arc AB entre les côtés de l'angle, et la droite OE qui divisera cet arc en deux parties égales sera évidemment la bissectrice de l'angle AOB.

En appliquant ce procédé aux deux moitiés, aux quatre quarts, etc., de l'arc, on divisera l'arc et l'angle en 4, 8, etc., parties égales.

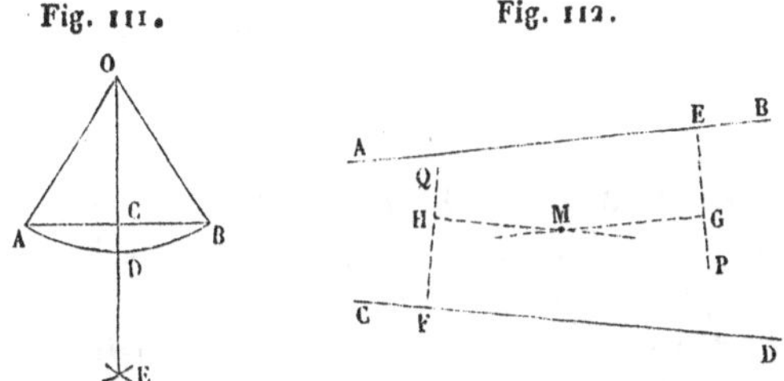

153. Il peut arriver que le sommet de l'angle sorte de la feuille de dessin; en d'autres termes, on a besoin parfois de *trouver la bissectrice de l'angle formé par deux droites* AB *et* CD *qu'on ne peut pas prolonger jusqu'à leur point d'intersection.*

On mène (*fig.* 113) une perpendiculaire quelconque EP sur AB et une perpendiculaire quelconque FQ sur CD. Sur ces perpendiculaires, on prend deux longueurs égales HF et GE; puis, par H, on mène une parallèle à CD, et, par G, une parallèle à AB; le point de rencontre M de ces deux lignes est un point de la bissectrice cherchée. En effet, ce point M est (53) à des distances égales GE et HF des deux droites proposées. En prenant deux autres longueurs égales sur EP et FQ, on obtiendrait un second point M' de la bissectrice, et il ne resterait plus qu'à tirer MM'.

PROBLÈME.

154. *Décrire une circonférence qui passe par trois points donnés* A, B, C, *non situés en ligne droite* (*fig.* 77).

Le centre O devant se trouver (116) à l'intersection des perpendiculaires élevées, l'une sur le milieu de AB, l'autre sur le milieu de BC, il suffira, pour avoir ce centre, de répéter deux fois la construction du n° 151. Il est même inutile de tracer les droites AB et BC. Le centre O étant connu, on décrira la circonférence demandée à l'aide d'une ouverture de compas égale à l'une des trois droites égales OA, OB, OC.

Pour trouver le centre d'une circonférence déjà tracée, on prend à volonté trois points A, B, C, sur cette circonférence, et l'on applique la solution qui précède.

PROBLÈME.

155. *Mener par un point donné* C *une perpendiculaire sur une droite donnée* AB.

Il y a deux cas à distinguer :

1° Le point donné C est sur la droite AB (*fig.* 113). En prenant de part et d'autre de C deux longueurs égales CA et CB sur la droite donnée, le problème est ramené à celui du n° 151. Seulement, ici, la droite AB est tracée, et l'on connaît son milieu, de sorte qu'il suffit de trouver un seul point D de la perpendiculaire. De là cette construction :

Avec une ouverture de compas arbitraire, mais assez grande, prenez sur la droite donnée, et à partir du point C, deux distances égales CA et CB. Ouvrez davantage le compas, et des points A et B comme centres décrivez successivement, avec cette nouvelle ouverture, deux petits arcs de cercle au-dessus de AB. En joignant au point C le point D d'intersection de ces arcs, vous aurez la perpendiculaire cherchée.

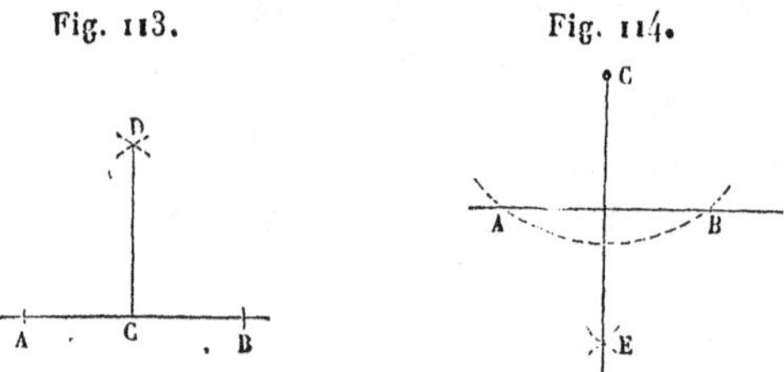

Fig. 113. Fig. 114.

2° Le point C est hors de la droite AB (*fig.* 114). En traçant, du point C comme centre, un arc de cercle qui coupe la droite AB en deux points A et B, on est ramené au problème du n° 151, avec cette différence qu'on connaît déjà un point C de la perpendiculaire et qu'il suffit d'en trouver un second. De là la construction suivante :

Du point C comme centre, avec un rayon assez grand, décrivez un arc de cercle qui coupe la droite donnée en deux points A et B. De ces points comme centres, avec une ouverture de compas sensiblement plus grande que la moitié de AB, décrivez successivement deux petits arcs de cercle au-dessous de AB. En joignant au point C le point E où ces arcs se coupent, vous aurez la perpendiculaire demandée.

156. En bonne construction on ne doit jamais se servir *directement* de l'équerre pour le dessin des perpendiculaires. Toutefois, il est un cas très-fréquent dans la pratique où l'emploi, en quelque sorte *indirect*, de cet instrument fournit d'excellents résultats : c'est celui où l'on doit *mener sur une droite des perpendiculaires par plusieurs points*. On commence par tracer avec soin l'une de ces perpendiculaires à l'aide du compas, puis on lui mène à l'équerre des parallèles par les autres points. On opère de même lorsqu'on veut *élever une perpendiculaire à l'extrémité d'une droite qu'on ne peut pas prolonger;* on trace à l'équerre, par ce point extrême, une parallèle à une perpendiculaire que l'on a préalablement menée sur cette droite en un autre point à l'aide de la règle et du compas.

Voici d'ailleurs une solution directe et fort simple de ce dernier problème : A étant le point extrême de la droite considérée, on décrit un cercle quelconque passant par A (*fig.* 91); on trace le diamètre CB qui aboutit au second point de rencontre B du cercle et de la droite; en joignant AC, on a la perpendiculaire demandée, car l'angle CAB est droit comme inscrit dans une demi-circonférence.

§ VI. — PROBLÈMES SUR LES TANGENTES.

PROBLÈME.

157. *Mener par un point donné* A *une tangente à un cercle donné* O.

Il faut distinguer deux cas :

1° Le point A (*fig.* 115) est sur la circonférence. Il suffit

Fig. 115. Fig. 116.

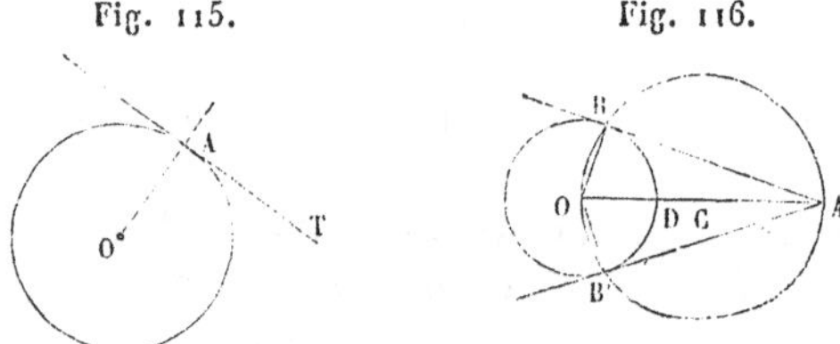

d'élever par le point A une perpendiculaire AT sur le rayon OA.

2° Le point A est hors du cercle (*fig.* 116). Supposons le problème résolu; soient AB une tangente menée par A au cercle O, et B son point de contact. La tangente étant perpendiculaire à l'extrémité du rayon, du point de contact B on voit la droite AO sous un angle droit OBA. Donc (134) le point B est situé sur la circonférence décrite sur AO comme diamètre; ce point étant d'ailleurs sur la circonférence donnée O, il est à l'intersection de ces deux circonférences, et l'on voit dès lors qu'il y a deux solutions.

Ainsi on décrira sur AO comme diamètre une circonférence, et, en joignant au point A les points B et B′ où cette circonférence rencontre la proposée, on aura les deux tangentes BA et B′A.

Corollaire.

158. *Les deux tangentes* AB *et* AB′ *que l'on peut mener à un cercle* O *par un point extérieur* A *sont égales entre elles, et la droite qui joint ce point extérieur au centre du cercle divise en deux parties égales l'angle* BAB′ *des deux tangentes, ainsi que l'angle* BOB′ *des deux rayons* OB *et* OB′ *qui aboutissent aux points de contact.*

En effet, les deux triangles rectangles OBA, OB'A sont égaux comme ayant l'hypoténuse AO commune et les côtés de l'angle droit OB et OB' égaux entre eux comme rayons du cercle donné. On a donc

AB = AB', angle BAO = angle B'AO, angle BOA = angle B'OA.

SCOLIE.

159. Pour mener à un cercle une tangente parallèle à une droite donnée, on mène le diamètre perpendiculaire à la droite donnée, et les extrémités de ce diamètre sont les points de contact des deux tangentes qui satisfont à la question.

PROBLÈME.

160. *Inscrire un cercle dans un triangle donné* ABC.

On dit qu'un polygone est *circonscrit* à un cercle lorsque chacun de ses côtés est tangent à la circonférence; le cercle est alors inscrit dans le polygone.

Cela posé, soit ABC (*fig.* 117) le triangle proposé dans lequel il faut inscrire un cercle. Supposons le problème résolu. La droite AO, qui joint le centre du cercle cherché au point de rencontre A des deux tangentes AD et AE, est, d'après le problème précédent, la bissectrice de l'angle A du triangle. On voit de même que le point O doit encore se trouver sur les bissectrices BO, CO, des angles B et C. D'après cela, on mènera deux de ces bissectrices, et de leur intersection O comme

Fig. 117.

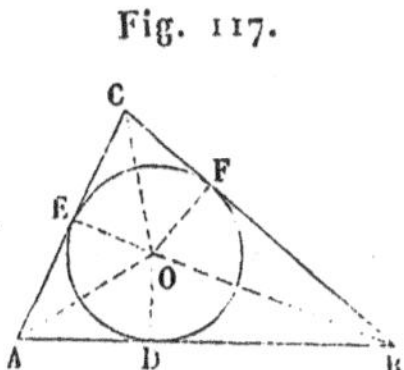

centre, avec une ouverture de compas égale à la longueur commune des perpendiculaires OD, OE, OF, abaissées de ce point sur les côtés, on décrira une circonférence qui touchera en D, E, F, les côtés du triangle donné.

Scolie.

161. Il résulte de cette démonstration que *les bissectrices des trois angles d'un triangle concourent en un même point.* On voit d'une manière analogue que les bissectrices des angles extérieurs d'un triangle ABC (*fig.* 118) forment un second

Fig. 118.

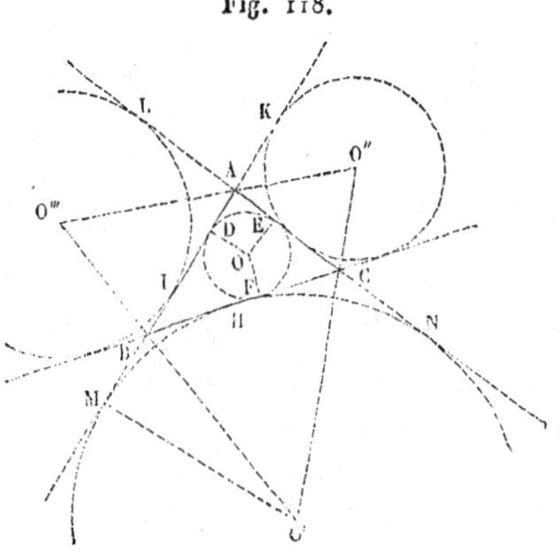

triangle O′O″O‴ dont les sommets sont situés sur les bissectrices des angles intérieurs. Chacun de ces sommets est le centre d'un cercle exinscrit, c'est-à-dire d'un cercle tangent à l'un des côtés du triangle et aux prolongements des deux autres côtés. *Il existe* donc, *en général, quatre circonférences tangentes à trois droites données.*

Si l'on désigne par a, b, c les côtés BC, CA, AB du triangle ABC, et par p le demi-périmètre de ce triangle, on aura, pour les distances du sommet A aux points où la droite AB touche les quatre cercles :

$$AM = p, \quad AD = p - a, \quad AI = p - b, \quad AK = p - c.$$

En effet, l'égalité

$$2p = AB + BH + HC + CA = AB + BM + CN + CA$$
$$= AM + AN = 2AM$$

donne d'abord

$$AM = p.$$

On obtiendrait de même

$$BK = p, \quad CL = p,$$

et par suite,

$$AK = BK - AB = p - c, \quad AI = AL = CL - CA = p - b.$$

Enfin on a

$$2p = (EA + AD) + (DB + BF) + (FC + CE)$$
$$= 2AD + 2BF + 2FC = 2AD + 2a,$$

d'où

$$AD = p - a.$$

PROBLÈME.

162. *Décrire sur une droite donnée* AB *un segment capable d'un angle donné.*

Supposons le problème résolu, et soit AFB (*fig.* 119) le segment cherché : la tangente BC au point B de ce segment fait avec la corde AB un angle ABC qui, comme tout angle AFB inscrit dans le segment, a (130) pour mesure la moitié de l'arc situé au-dessous de AB; cet angle est donc égal à l'angle donné, et par suite l'angle ABO formé par AB et le rayon BO est égal au complément de l'angle donné. D'après cela, on aura une droite BO passant par le centre en construisant au point B, au-dessus de AB, un angle ABO égal au complément

Fig. 119.

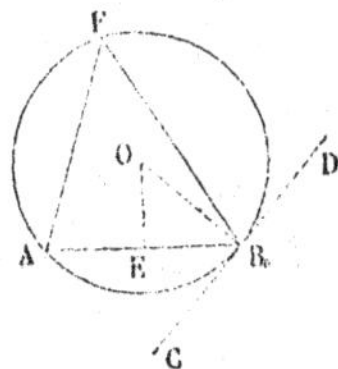

de l'angle donné. Le centre du cercle cherché sera à l'intersection de cette droite BO et de la perpendiculaire OE élevée sur le milieu de AB; on décrira donc ce cercle en plaçant l'une des pointes du compas en O et en donnant aux branches une ouverture égale à OB.

PROBLÈME.

163. *Mener une tangente commune à deux cercles* O *et* O'.

Supposons le problème résolu.

1° Soit AA' une tangente commune *extérieure*, c'est-à-dire qui laisse les deux cercles d'un même côté (*fig.* 120). Si, par le centre O' de l'un des cercles, on imagine une parallèle O'B à AA', cette parallèle sera, comme AA', perpendiculaire sur le rayon OA. Elle sera donc tangente en B au cercle décrit du point O comme centre avec OB pour rayon; or, la figure ABO'A' étant un rectangle, on a

$$AB = A'O', \quad \text{et, par suite,} \quad OB = OA - AB = OA - O'A'.$$

On est ainsi conduit à la construction suivante : décrivez une circonférence du point O comme centre, avec un rayon égal à la différence des rayons des cercles donnés, et par le point O' menez une tangente à cette circonférence auxiliaire; B étant le point de contact obtenu, tirez OBA, menez O'A' parallèle à OA; en joignant les points A et A', vous aurez la tangente cherchée.

Pour que le problème soit possible, il faut et il suffit que le point O' ne soit pas à l'intérieur du cercle auxiliaire.

On doit donc avoir

$$OO' \geqq OB, \quad \text{c'est-à-dire} \quad OO' \geqq OA - O'A',$$

ce qui revient à dire (**122**) que les deux cercles proposés O et O' ne doivent pas être intérieurs l'un à l'autre.

Fig. 120. Fig. 120$_1$.

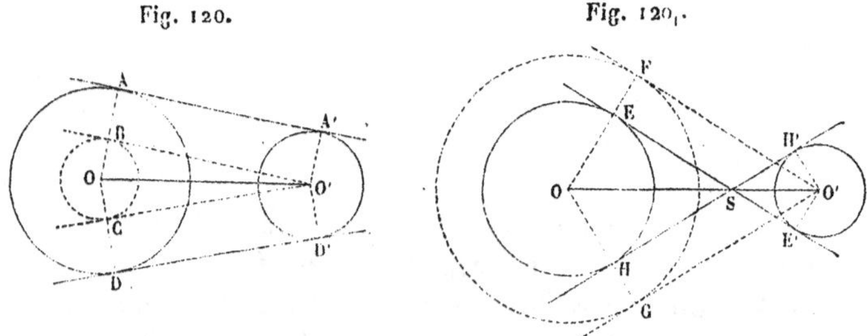

Si les deux cercles O et O' sont extérieurs, tangents extérieurement ou sécants, on a $OO' > OA - O'A'$; le point O est extérieur au cercle auxiliaire, et l'on peut par ce point mener deux tangentes à ce cercle; donc les deux cercles donnés ont, dans chacun de ces cas, deux tangentes communes extérieures.

Si les deux cercles sont tangents intérieurement, on a $OO' = OA - O'A'$; le point O' est sur la circonférence auxiliaire; on ne peut donc mener par ce point qu'une tangente à ce cercle et, par suite, les deux cercles O et O' ont une seule tangente commune extérieure.

2° Soit EE' une tangente commune *intérieure*, c'est-à-dire qui laisse les deux cercles O et O' de côtés différents (*fig.* 120). En imaginant, comme ci-dessus, une parallèle O'F à EE', on verra que cette parallèle est tangente à un cercle concentrique au cercle O et décrit avec un rayon OF égal à la somme $OE + O'E'$ des rayons des cercles donnés, d'où l'on déduira la construction suivante : décrivez du centre O de l'un des cercles une circonférence, avec un rayon égal à la somme des rayons des cercles proposés, et du point O' menez une tangente à ce cercle auxiliaire; F étant le point de contact, tirez OEF, menez O'E' parallèle à OF, et, en joignant les points E et E', vous aurez la tangente demandée.

Pour que le problème soit possible, il faut et il suffit que le point O' ne soit pas à l'intérieur du cercle auxiliaire; on doit donc avoir

$$OO' \geqq OF \quad \text{ou} \quad OO' \geqq OE + O'E',$$

ce qui revient à dire (**123**) que les deux cercles proposés O et O' doivent être extérieurs l'un à l'autre ou tangents extérieurement.

Dans le premier cas, on a $OO' > OE + O'E'$; le point O' est extérieur au cercle auxiliaire; on peut donc mener par ce point deux tangentes à ce cercle, et les deux cercles O et O' ont deux tangentes communes intérieures. Dans le second cas, on a $OO' = OE + O'E'$; le point O' est sur la circonférence auxiliaire; on ne peut donc mener par ce point qu'une tangente à ce cercle, et, par suite, les cercles proposés O et O' ont une seule tangente commune intérieure.

164. *En résumé :*

Deux cercles extérieurs (*fig.* 121) ont *quatre* tangentes communes, deux extérieures, deux intérieures

Fig. 121.

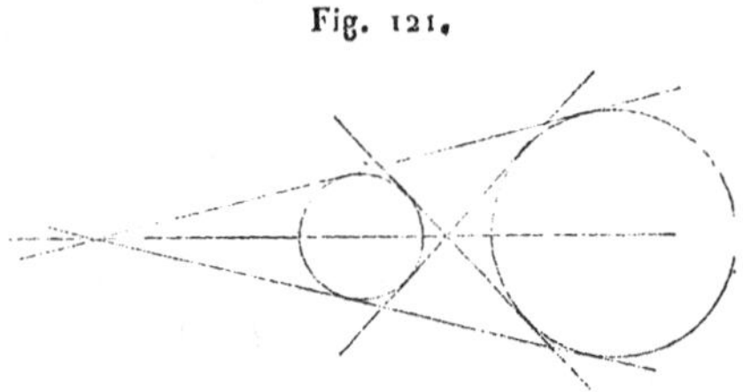

Deux cercles tangents extérieurement (*fig.* 121_1) ont trois tangentes communes, deux extérieures, une intérieure.

Fig. 121_1. Fig. 121_2.

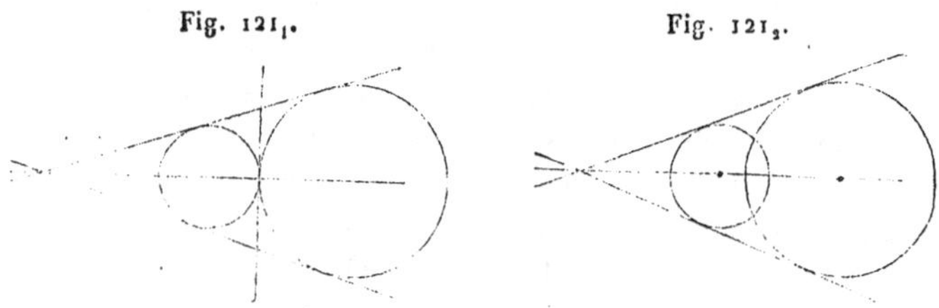

Deux cercles sécants (*fig.* 121_2) ont deux tangentes communes qui sont extérieures.

Deux cercles tangents intérieurement (*fig.* 121_3) ont une seule tangente commune, qui est extérieure.

Fig. 121_3.

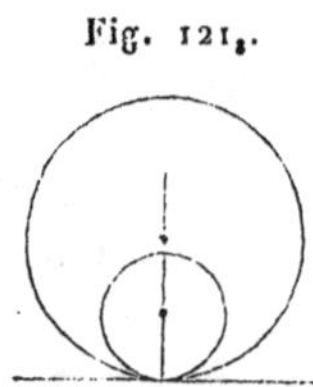

Deux cercles intérieurs l'un à l'autre n'ont point de tangente commune.

Les tangentes, soit intérieures, soit extérieures, se coupent sur la ligne des centres, qui est la bissectrice commune de leurs angles (53).

APPENDICE DU SECOND LIVRE.

I. — Des méthodes en Géométrie.

165. Il est impossible d'indiquer une méthode générale et certaine pour résoudre tous les problèmes de Géométrie. La nature des questions qu'on peut poser est trop variable pour que la solution puisse être obtenue à coup sûr en suivant une voie unique. Il existe toutefois quelques procédés particuliers qui s'appliquent plus directement à certaines classes de questions. Nous allons indiquer sommairement ici ceux qui se rapportent aux deux premiers Livres, en nous réservant de revenir dans la suite sur ce sujet au fur et à mesure que nous rencontrerons des méthodes nouvelles.

MÉTHODES DES SUBSTITUTIONS SUCCESSIVES.

166. Et d'abord, sauf pour un petit nombre de questions très simples qui se résolvent immédiatement, on procède toujours par *substitutions successives*. On ramène le problème proposé à un autre, qui se ramène à son tour à un troisième, et ainsi de suite, jusqu'à ce qu'on arrive à un problème connu ou dont la solution soit immédiate.

C'est ainsi, par exemple, que le problème de mener par un point une parallèle à une droite se ramène à la construction d'un angle égal à un angle donné; que toutes les questions relatives aux perpendiculaires se ramènent à la première d'entre elles, mener une perpendiculaire sur le milieu d'une droite; que le problème de la tangente commune à deux cercles se ramène à la construction d'une tangente par un point extérieur, etc.

Voici un nouvel exemple un peu moins simple :

Construire, de tous les triangles équilatéraux dont les côtés passent par trois points donnés A, B, C, *celui qui a le plus grand périmètre.*

Fig. 124.

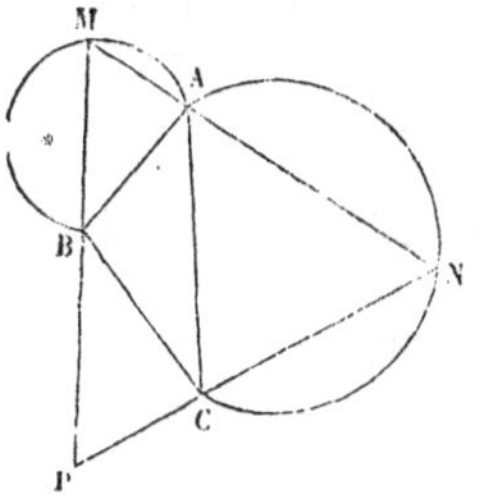

Fig. 125.

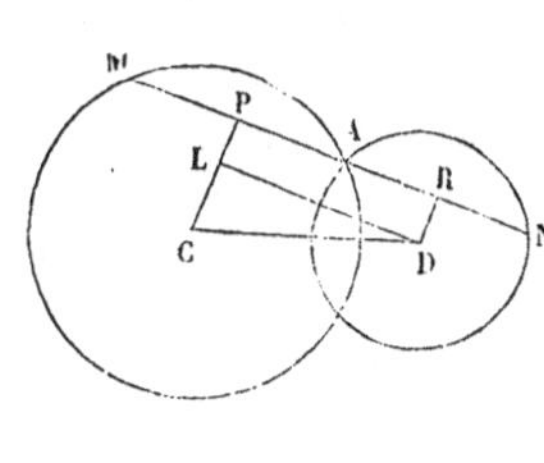

Le sommet M du triangle cherché MNP (*fig.* 124) doit se trouver sur le segment capable de 60 degrés décrit sur AB. De même, le segment capable de 60 degrés décrit sur AC doit renfermer le sommet N. On obtiendra donc un triangle équilatéral circonscrit au triangle ABC, en décrivant sur AB et sur AC deux segments de 60 degrés, menant à volonté par le point A une sécante MAN, et tirant MB, NC, qui, par leur rencontre, donneront le troisième sommet P; il restera alors à choisir parmi tous les triangles qu'on obtient ainsi celui dont le côté MAN est maximum. Le problème est donc ramené au suivant : *Mener, par un point* A *commun à deux circonférences* C *et* D, *la sécante maximum* (*fig.* 125). Or, MAN étant une sécante quelconque, si l'on abaisse des centres C et D des perpendiculaires CP, DR, sur cette sécante, la droite PR sera la moitié de la sécante, et il suffira de chercher le maximum de PR ou de la parallèle DL qui lui est égale. Mais le triangle rectangle DLC donne DL $<$ CD; CD est donc le maximum de PR, et ce maximum a lieu lorsque la sécante MAN est parallèle à la ligne des centres C et D des deux circonférences.

167. Parfois le problème auquel on ramène la question proposée est plus général que celle-ci. Il faut alors ne prendre parmi les solutions du second problème que celles qui conviennent à la question primitive, et écarter les solutions étrangères. Ainsi, au n° 146, nous avons ramené le problème proposé à trouver sur la droite BA un point A dont la distance au point C soit égale à b. Mais, pour répondre au problème considéré, la droite AC $= b$ doit, en outre, être placée dans l'angle donné B. C'est pourquoi, dans la discussion (146), nous avons rejeté les droites comprises dans l'angle adjacent et supplémentaire de l'angle B.

La méthode de substitutions successives n'est pas seulement un procédé géométrique, c'est la marche que suit naturellement l'esprit pour établir une proposition quelconque dont l'évidence n'est pas immédiate. C'est ce qui explique l'intervention de cette méthode dans la démonstration de la plupart des théorèmes de Géométrie. Pour prouver la vérité d'une proposition A, on la ramène à une proposition B, qu'on ramène à son tour à une troisième proposition C, et ainsi de suite, jusqu'à ce qu'on parvienne à une dernière proposition M évidente par elle-même ou démontrée antérieurement. Mais, pour l'exactitude du raisonnement, il est indispensable qu'il y ait *réciprocité* entre deux propositions consécutives quelconques de la série A, B, C, ..., M; en d'autres termes, chacune des deux propositions consécutives considérées doit entraîner l'autre, sans quoi la vérité de la proposition finale M n'entraînerait pas celle de la première proposition A.

Dès qu'on est arrivé à construire la chaîne des propositions A, B, C, ..., M, on peut exposer la démonstration de deux manières : soit en suivant l'ordre même A, B, C, ..., M, de l'invention, soit en partant au contraire de la proposition M et en remontant la série dans l'ordre inverse M, ...,

C, B, A. Dans le premier cas, on fait l'*analyse* du théorème; dans le second cas, on en présente la *synthèse*. L'analyse est la méthode d'invention; c'est par elle seule que l'on *découvre*. La synthèse n'est en réalité qu'une méthode d'exposition; plus rapide qu'instructive, elle ne doit être exclusivement employée que dans les cas simples où la solution est évidente. En thèse générale, dans toute bonne exposition, il convient de commencer par une analyse succincte et de ne laisser à la synthèse que le soin d'éclaircir les détails; les deux méthodes se prêtent alors un mutuel secours, l'une guidant la marche, l'autre l'assurant.

MÉTHODE PAR INTERSECTION DE LIEUX GÉOMÉTRIQUES.

168. La plupart des problèmes de Géométrie reviennent en dernière analyse à la détermination d'un point d'après certaines conditions. S'agit-il, par exemple, de faire passer un cercle par trois points donnés? Il faut trouver le centre. Veut-on mener une tangente à un cercle par un point extérieur? On cherche le point de contact, etc. D'après cela, si on laisse de côté une des conditions données, les autres conditions ne suffiront plus pour déterminer un point unique, et il existera une infinité de points remplissant ces conditions et formant par leur ensemble un lieu géométrique auquel appartiendra le point cherché. En reprenant la condition délaissée, et faisant abstraction d'une autre, on aura un nouveau lieu géométrique qui rencontrera le premier au point demandé.

Ainsi, *pour trouver le centre d'un cercle passant par trois points donnés* A, B, C (154), on fait d'abord abstraction du point C, et l'on trouve pour le lieu des centres des circonférences passant par A et B la perpendiculaire élevée sur le milieu de AB; puis, reprenant le point C et délaissant le point A, on trouve pour le lieu des centres passant par B et C la perpendiculaire élevée sur le milieu de BC. Ces deux perpendiculaires se coupent au centre demandé.

Dans le problème *Mener une tangente au cercle* O *par un point extérieur* A (157), le point de contact inconnu est déterminé par l'intersection de la circonférence O, qui est un premier lieu, et de la circonférence décrite sur AO comme diamètre, qui est le lieu des points d'où l'on voit, comme du point de contact, la droite AO sous un angle droit.

Dans la recherche du *segment capable d'un angle donné* (162), la méthode des substitutions successives ramène d'abord la question à la recherche du centre d'un cercle passant par deux points donnés A et B, et tangent en B à une droite donnée CBD; puis, en faisant tour à tour abstraction de la tangente CD et du point A, on trouve deux lieux rectilignes EO et BO qui se coupent au centre cherché.

La *méthode par intersection de lieux géométriques*, due à l'école de Platon (430-347 av. J.-C.), est peut-être la plus générale et la plus féconde de toutes les méthodes de la Géométrie. L'élégance et la valeur pratique de la solution sont d'ailleurs subordonnées au choix plus ou moins habile des deux conditions que l'on délaisse tour à tour; car de ce choix dépendent la nature et la facilité de recherche des deux lieux employés. La ligne droite et le cercle sont les seuls lieux qui doivent figurer dans les problèmes relatifs aux éléments de Géométrie plane, où toutes les constructions doivent s'effectuer avec la règle et le compas.

La méthode se prête, d'ailleurs, aussi bien à la discussion des problèmes qu'à leur solution. On commence par chercher les conditions pour que les deux lieux obtenus se rencontrent : le nombre de leurs points communs est le nombre des positions du point choisi pour inconnue. On cherche ensuite, si on ne l'aperçoit immédiatement, combien, à chaque position du point cherché, répondent de figures remplissant les conditions de l'énoncé, ce qui conduit au nombre des solutions du problème.

Remarquons enfin que, au lieu de ramener un problème à la recherche d'un point, on peut parfois le ramener à la détermination d'une droite d'après certaines conditions. S'il arrive alors que, en délaissant une de ces conditions, la droite devenue mobile reste tangente à un cercle fixe; puis que, en reprenant ladite condition et en faisant abstraction d'une autre, la droite reste tangente à un second cercle, on aura la position de la droite cherchée en menant des tangentes communes aux deux cercles *enveloppes*. L'un des cercles, ou même chacun d'eux, peut d'ailleurs se réduire à un point.

Proposons-nous, par exemple, de *mener une droite* D, *qui passe par un point donné* A *et qui détermine dans un cercle donné* C *une corde de longueur donnée*. Les droites qui satisfont à la première condition seule ont pour enveloppe le point A. Quant aux droites qui satisfont à la seconde condition seule, elles enveloppent un cercle γ concentrique au cercle C, puisque les cordes égales d'un même cercle sont équidistantes du centre. Toutefois, ce cercle γ se réduit à son centre O si la longueur donnée, qui, d'ailleurs, ne saurait excéder le diamètre du cercle C, se trouve égale à ce diamètre. La droite cherchée D est, dans le premier cas, l'une quelconque des tangentes menées par A au cercle γ; dans le second cas, c'est la droite AO.

169. Pour faciliter l'emploi de la méthode qui nous occupe, nous allons rappeler les lieux géométriques que nous avons déjà rencontrés, et en ajouter quelques autres qui se rattachent aux précédents et qui résultent immédiatement des théories étudiées.

1° Le *lieu des points situés à une distance donnée d'un point donné* est le cercle qui a le point donné pour centre et la distance donnée pour rayon (91);

2° Le *lieu des milieux des cordes égales d'un cercle* est un cercle concentrique au premier (104);

3° Le *lieu des points d'où l'on peut mener à un cercle des tangentes d'une même longueur donnée* est un cercle concentrique au premier (158);

4° Le *lieu des points situés à une distance donnée d'une droite donnée* est le système des deux droites parallèles à la droite donnée et situées à la distance donnée de cette droite (69);

5° Le *lieu des points situés à une distance donnée d'un cercle donné* est le système des deux cercles concentriques au premier, dont les rayons sont égaux au rayon du cercle primitif augmenté ou diminué de la distance donnée (114);

6° Le *lieu des points équidistants de deux points donnés* est la perpendiculaire élevée sur le milieu de la droite qui unit ces deux points (49);

7° Le *lieu des points équidistants de deux droites qui se coupent* est le système des bissectrices des angles formés par ces deux droites (53);

8° Le *lieu des points d'où l'on voit une portion de droite sous un angle donné* est le système de deux arcs de cercle passant par les extrémités de la droite (134). En particulier, le *lieu des points d'où l'on voit une portion de droite sous un angle droit* est la circonférence dont cette portion de droite est un diamètre;

9° Le *lieu des milieux des cordes d'un cercle qui passent par un point donné* est le cercle qui a pour diamètre la droite qui joint le centre du cercle primitif au point donné, car du milieu de chacune de ces cordes on voit cette portion de droite sous un angle droit (102);

10° Le *lieu des points dont les distances à deux droites qui se coupent ont une somme ou une différence donnée* est le système de quatre droites. En effet, on prouve d'abord aisément que les points du lieu qui sont sur les deux droites données sont les sommets d'un rectangle dont ces deux droites sont les diagonales. Puis, en prenant un point sur l'un des côtés du rectangle (ou sur ce côté prolongé), on voit que la somme (ou la différence) des distances de ce point aux deux diagonales est égale à la distance d'un sommet du rectangle à la diagonale opposée. Nous nous bornons à ces indications, en proposant au lecteur comme exercice de trouver les détails de la démonstration;

11° Le *lieu des points* M, *tels que les pieds* P, Q, R *des perpendiculaires abaissées de ce point sur les côtés d'un triangle* ABC *soient en ligne droite,* est le cercle circonscrit à ce triangle (*fig.* 126).

En effet, quelle que soit la position du point M dans le plan, les quadrilatères MRPA, MRCQ sont inscriptibles, puisque des points R et P on voit MA sous un angle droit, et que des points R et Q on voit MC sous un angle droit; il en résulte que les angles ARP, CRQ sont respectivement égaux aux angles AMP, CMQ.

Cela posé, si M est sur le cercle circonscrit au triangle ABC, les angles

AMC et PMQ sont égaux comme ayant l'un et l'autre pour supplément l'angle B; et si de chacun de ces deux angles on retranche l'angle PMC, les restes, c'est-à-dire les angles AMP, CMQ, et, par suite, ARP et CRQ seront égaux, d'où il suit que P, R, Q sont en ligne droite. Inversement, si ces points sont en ligne droite, les angles ARP, CRQ sont égaux; par suite, AMP, CMQ le sont aussi, ainsi que les angles AMC, PMQ qu'on obtient en leur ajoutant PMC; or, comme l'angle PMQ est le supplément de B, il en est de même de AMC; de sorte que le point M est sur le cercle circonscrit au triangle ABC.

Fig. 126.

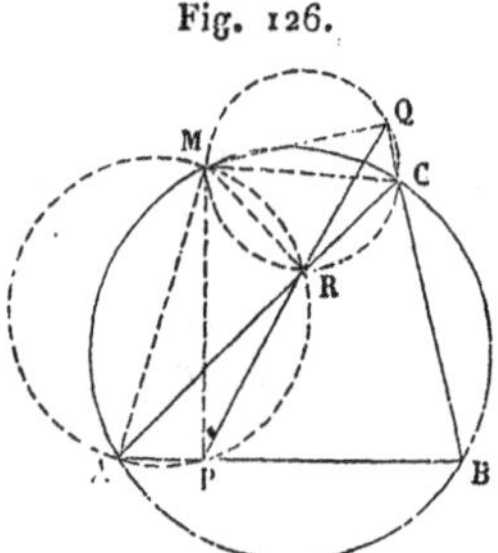

On remarquera que la proposition précédente et sa démonstration subsistent si, au lieu de mener par le point M des perpendiculaires sur les trois côtés du triangle, on mène des droites également inclinées sur ces côtés.

Enfin, nous laissons au lecteur le soin de prouver que la droite PRQ, qu'on nomme *droite de Simpson*, est équidistante du point M et du point de concours des hauteurs du triangle ABC.

170. Voici maintenant quelques applications un peu moins simples que les exemples qui nous ont servi à exposer le principe de la méthode :

1° *Construire un triangle* ABC *connaissant le côté* AB, *la hauteur correspondante et l'angle opposé* C.

Le sommet C est à l'intersection du lieu des points qui sont à une distance de AB égale à la hauteur donnée (169, 4°) et du lieu des points d'où l'on voit AB sous l'angle donné (169, 8°). Le premier lieu se composant de deux droites parallèles à AB et l'autre de deux arcs de cercle passant par A et B, il y a, en apparence, quatre solutions, qui se réduisent, en réalité, à une seule, vu l'égalité des quatre triangles trouvés. Le problème n'est, d'ailleurs, possible que si la flèche de l'arc capable de C et décrit sur AB est supérieure ou égale à la hauteur donnée.

2° *Mener entre deux cercles* A *et* B *une droite qui soit tangente au premier* A *et qui ait une longueur donnée.*

Le cercle B est un premier lieu d'une extrémité de la droite; un second lieu de la même extrémité est un cercle concentrique à A (169, 3°). Le problème a quatre solutions, car de chacun des deux points communs aux deux lieux partent deux tangentes au cercle A.

Ainsi, dans ce problème, le nombre des solutions excède le nombre des points d'intersection des deux lieux, tandis qu'il était moindre dans le problème précédent.

3° *Décrire un cercle qui touche à la fois une circonférence* C *et une droite* AX *en un point donné* A (*fig.* 127).

Fig. 127.

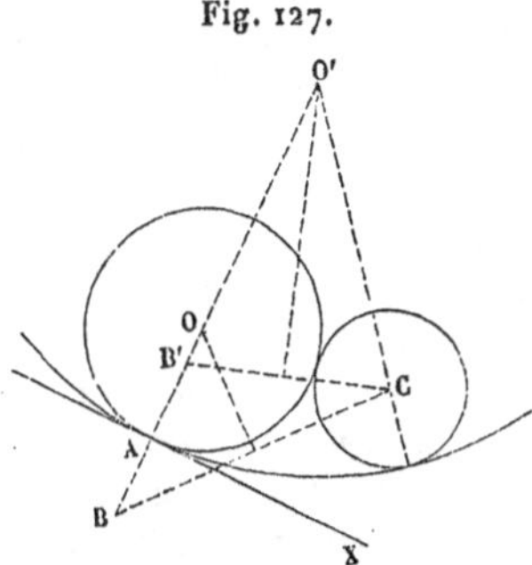

La perpendiculaire élevée par le point A sur la droite donnée est évidemment un premier lieu du centre du cercle inconnu.

Cela posé, remarquons que ce centre est à une distance du point A égale au rayon du cercle cherché, et à une distance du point C égale à la somme ou à la différence des rayons du cercle inconnu et du cercle donné C, suivant que les cercles se touchent extérieurement ou intérieurement.

Donc, si l'on prend à partir du point A, de part et d'autre de la droite donnée AX et sur la perpendiculaire qu'on lui a menée au point A, deux longueurs AB et AB' égales au rayon du cercle C, on voit que le centre inconnu est équidistant de B et de C si le contact est extérieur, et de B' et de C si le contact est intérieur. Les perpendiculaires élevées sur les milieux de BC et de B'C forment donc un second lieu géométrique du centre cherché, et les points O et O' où elles coupent la perpendiculaire menée par A à la droite donnée sont les centres des deux cercles qui résolvent la question.

Le point O existe toujours, car C et B étant de part et d'autre de AX, les droites BC et AX se coupent et, par suite, aussi les perpendiculaires à ces deux droites. Mais le point O' peut cesser d'exister, car B'C peut être parallèle à AX; le cercle C touche alors AX, et c'est cette droite qui tient lieu du cercle O'.

CONSTRUCTIONS AUXILIAIRES : TRANSLATION, RENVERSEMENT, ETC.

171. Dans un grand nombre de cas, une heureuse inspiration, fruit de l'habitude et d'un certain sentiment des choses géométriques, conduit à des constructions auxiliaires qui facilitent singulièrement la solution du problème proposé. On ne saurait évidemment formuler de règle générale; la diversité de ces constructions tient à la nature si variable du sujet lui-même, et constitue au fond la richesse inépuisable de la Géométrie. L'étude comparée de plusieurs exemples bien choisis est plus instructive assurément que bien des préceptes. Toutefois, il convient de signaler quelques procédés qui réussissent souvent; tels sont la *translation*, la *rotation*, ou le *retournement* de certaines parties de la figure qui, permettant de mieux grouper les données, de réunir les éléments épars, rendent plus aisée la construction de la figure définitive.

Voici quelques exemples de *translation parallèle :*

1° *Construire un trapèze connaissant les longueurs des quatre côtés*

En transportant parallèlement à lui-même l'un des côtés non parallèles du trapèze jusqu'à ce qu'il rencontre l'autre, on obtient un parallélogramme et un triangle; on sait construire le triangle, puisqu'on a ses trois côtés, et la figure s'achève immédiatement.

2° *Étant donnés deux parallèles* XY, X'Y' *et deux points* A *et* B *situés hors de ces parallèles et de côtés différents, trouver le plus court chemin de* A *en* B *par une ligne brisée* AMNB, *telle que la portion* MN *comprise entre les parallèles ait une direction donnée* (*fig.* 128).

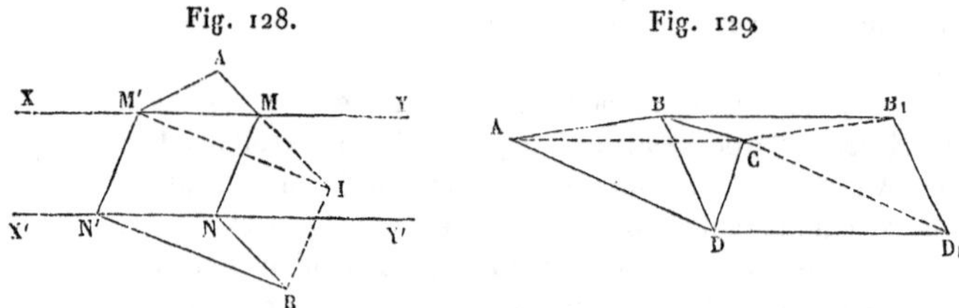

Si l'on transporte la portion intermédiaire MN parallèlement à elle-même au point B, c'est-à-dire si l'on mène BI parallèle à la direction donnée et égale à la longueur constante que les deux parallèles XY, X'Y' interceptent sur les droites ayant cette direction, on voit que la longueur de l'un quelconque AM'N'B des chemins considérés dans l'énoncé sera égale à celle de la ligne brisée AM'IB; elle se composera donc d'une partie constante BI et d'une partie variable AM'I, et tout reviendra à chercher sur la droite XY la position du point M' pour laquelle le chemin AM'I est minimum. Or, cette position n'est autre évidemment que le point M où la ligne droite AI coupe XY. Connaissant M, on n'a plus qu'à mener MN parallèle à la direction donnée et à tirer NB, pour obtenir le chemin minimum demandé AMNB.

3° *Voici un mode de translation qui permet de résoudre un grand nombre de problèmes relatifs au quadrilatère* (*fig.* 129). [1].

Dans un quadrilatère ABCD, on peut transporter AB et AD parallèlement à eux-mêmes en CB_1 et CD_1. Le parallélogramme BB_1D_1D formé de la sorte contiendra les éléments du quadrilatère groupés d'une façon souvent avantageuse; les droites issues de C sont les côtés du quadrilatère et les angles formés autour de ce point sont les angles du quadrilatère; enfin les côtés du parallélogramme sont égaux aux diagonales du quadrilatère et forment les mêmes angles que celles-ci.

Par exemple, s'agit-il de *construire un quadrilatère* ABCD *connaissant les diagonales, leur angle et les angles* BCA, CAD. La connaissance des diagonales et de leur angle permet de tracer le parallélogramme BB_1D_1D; puis, à l'aide des deux autres angles, qui sont respectivement égaux à B_1BC, DD_1C, on a le point C par la rencontre de deux droites, et la figure totale s'ensuit.

4° Remarquons enfin que la translation parallèle permet de *mener entre deux lignes données une droite de direction et de grandeur données*.

Il suffit de déplacer l'une des lignes de façon que chacun de ses points décrive une droite égale et parallèle à la droite donnée; cette nouvelle ligne coupera la ligne qui est restée fixe aux points où devra passer la droite cherchée. Nous engageons le lecteur à appliquer la solution au cas où les lignes données sont deux droites, deux cercles ou une droite et un cercle.

172. On a vu, à propos du triangle isocèle, l'avantage qui peut résulter du *retournement* d'une figure, et, dans la théorie des perpendiculaires et des obliques, la facilité que présente l'adjonction à une figure de la figure symétrique par rapport à une droite convenablement choisie; sur la figure ainsi doublée, on saisit parfois d'un coup d'œil entre certaines lignes des relations qui seraient, sans cela, restées souvent inaperçues.

Voici d'autres exemples intéressants de cette méthode dite *par repliement ou par symétrie :*

1° *Étant donnés deux points* A *et* B *et une droite* XY, *trouver sur cette droite un point* M *tel que la somme* AM + BM *soit un minimum.*

Si les deux points donnés sont, comme A et B′ (*fig.* 130), situés de part et d'autre de XY, la droite AB′ résout la question; elle coupe XY au point cherché.

---

[1] PETERSEN, *Méthodes et théories pour la résolution des problèmes.* (Traduit par M. Chemin.)

Si les deux points A et B sont d'un même côté de XY (*fig.* 130), on observe que tout point M' de XY est équidistant de B et de son symétrique B' par rapport à XY (48); le chemin AM'B' est donc égal à AM'B, et il suffit de chercher le minimum de AM'B'. A et B' étant de part et d'autre de XY, on n'a qu'à tirer la droite AB' qui rencontre XY au point cherché M. Il est bon de remarquer que *les deux parties* AM *et* MB *du chemin minimum sont également inclinées sur* XY. En effet, dans le rabattement de la figure autour de XY, le point M restant fixe, et B venant sur son symétrique B', l'angle BMY recouvre l'angle B'MY ; et, comme ce dernier est opposé par le sommet à AMX, on voit que les angles AMX, BMY sont égaux.

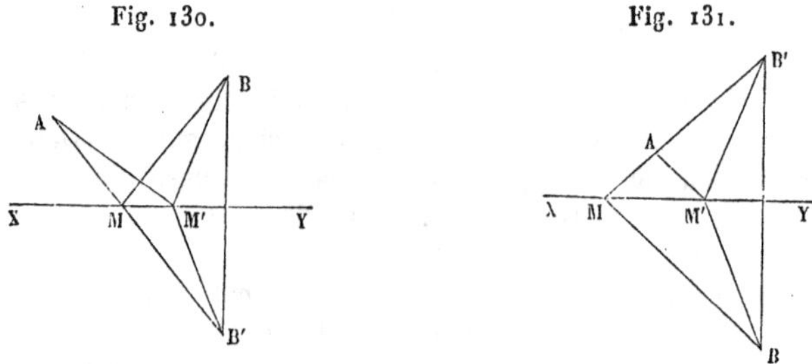

Fig. 130. Fig. 131.

2° *Étant donnés deux points* A *et* B *et une droite* XY, *trouver sur cette droite un point* M, *tel que* BM — AM *soit un maximum.*

Si les deux points donnés sont, comme A et B' (*fig.* 131), situés d'un même côté de XY, la droite AB' résout la question ; elle coupe XY au point cherché M. En effet, M' étant un point quelconque de XY, on a dans le triangle B'M'A

$$AB' \quad \text{ou} \quad B'M - AM > B'M' - AM'.$$

Si les deux points A et B sont de part et d'autre de XY (*fig.* 131), on voit, en substituant, comme précédemment, au point B son symétrique B' par rapport à XY, qu'il suffit de tirer AB', qui coupe XY au point cherché M.

3° Le premier des deux problèmes que nous venons de traiter se présente en Optique dans la *théorie des miroirs* plans. L'angle d'incidence étant égal à l'angle de réflexion, pour qu'un rayon lumineux issu du point B vienne, après réflexion sur le miroir XY, passer par A, il faut qu'il soit dirigé vers le point M où le miroir est rencontré par la droite qui joint le point A au symétrique B' du point B. On voit par là que le *chemin décrit par la lumière est le plus court* parmi ceux qui vont de B en A en passant par un point de XY.

Il en est de même lorsqu'un corps élastique, comme une bille de billard, vient se réfléchir sur la bande XY; pour que, lancée du point B, elle arrive en A, il faut qu'elle frappe la bande au point M où cette bande est rencontrée par AB'. Il est aisé, d'après cela, de résoudre le *problème du billard polygonal :*

Deux points P *et* Q *étant marqués sur un billard polygonal* XYZU...T, *de n côtés, vers quel point* M *de la bande* XY *faut-il lancer une bille du point* P, *pour qu'après réflexions sur les bandes successives* XY, YZ, ZU, ..., *elle vienne passer par le point* Q?

Quel que soit le point de la bande XY vers lequel on lance la bille, le prolongement de la route suivie par la bille après la réflexion passera par le point P_1 symétrique de P par rapport à XY; après la seconde réflexion, la bille se mouvra sur une droite issue du symétrique P_2 de P_1 par rapport à YZ, ...; en continuant ainsi, on obtiendra un point P_n par lequel doit passer le prolongement de la droite que suit la bille après la dernière réflexion; comme cette droite doit aussi passer par Q, la droite P_nQ déterminera par son intersection avec la dernière bande le point où la bille doit la frapper; et l'on pourra dès lors, en remontant, tracer la route complète de la bille. Le problème ne sera évidemment possible que si les points d'incidence se trouvent sur les bandes elles-mêmes et non sur leurs prolongements.

En faisant la figure pour le cas du *billard rectangulaire,* on pourra constater que, *pour que la bille revienne au point de départ,* il faut la lancer parallèlement à l'une des diagonales du rectangle.

4° *Construire un polygone connaissant en position les perpendiculaires* α_1, α_2, ..., α_n *élevées sur les milieux des côtés* (PETERSEN).

Soit A le sommet inconnu qui est situé sur le côté perpendiculaire à α_1; prenons dans le plan un point arbitraire P, et construisons successivement le symétrique P_1 de P par rapport à α_1, le symétrique P_2 de P_1 par rapport à α_2, ..., et ainsi de suite jusqu'au symétrique P_n par rapport à α_n. Si l'on avait opéré sur A comme l'on vient de le faire sur P, le point A_n auquel on serait parvenu serait le point A lui-même, car A_1, A_2, ..., A_n seraient les sommets successifs du polygone. Or la longueur d'une portion de droite étant égale à celle de la droite symétrique, on aurait donc $AP = AP_n$; la perpendiculaire élevée sur le milieu de PP_n passe donc par le sommet inconnu A. Un deuxième point arbitraire, Q sur lequel on opérera comme sur P, fournira un deuxième lieu du sommet A, qui sera ainsi déterminé par l'intersection de deux droites.

On résout par des considérations analogues la question qui consiste à *tracer le polygone de périmètre minimum ayant respectivement un sommet sur chacune des droites indéfinies qui forment les côtés d'un polygone donné,* attendu que deux côtés consécutifs du polygone inconnu doivent

(1°) être également inclinés sur la droite qui contient leur point d'intersection.

Nous ne donnerons qu'un exemple de l'emploi des *rotations*, nous proposant de revenir sur ce sujet après la théorie de l'homothétie.

Étant donnés deux cercles O *et* O′ *et deux points* A *et* B *situés sur la circonférence du cercle* O, *trouver sur cette même circonférence un point* M *tel que, si* P *et* Q *sont les points où* AM *et* BM *rencontrent respectivement la circonférence* O′, *la droite* PQ *ait une longueur donnée* (*fig.* 131 *bis*).

L'angle PO′Q est connu de grandeur, puisqu'il fait partie d'un triangle PO′Q dont on connaît les trois côtés. L'angle AMB est aussi

Fig. 131 *bis.*

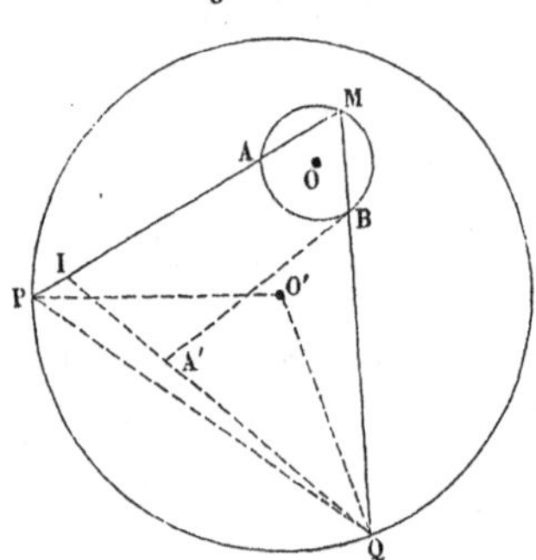

connu, puisqu'il est inscrit dans un arc donné. Faisons tourner le triangle O′PA, autour de O′, d'un angle ω égal à PO′Q, de manière à amener O′P sur O′Q. Si A′ est la position que prend ainsi le point A, et si l'on désigne par I l'intersection de PA et de QA′, l'angle MIQ sera égal à l'angle de rotation ω ou à son supplément. On connaîtra donc dans le triangle MIQ deux angles M et I et, par suite, l'angle BQA′. Mais B est donné, et le point A′ s'obtient en faisant tourner O′A de l'angle ω autour de O′. Donc le point Q sera sur le segment capable de l'angle connu BQA′, décrit sur une droite connue BA′; comme ce point Q appartient, en outre, à la circonférence O′, il sera déterminé.

II. — Polygones égaux et de même sens ou de sens contraires.

NOTIONS PRÉLIMINAIRES.

173. Plusieurs points étant distribués d'une manière quelconque dans un plan, si on les joint successivement, dans un ordre déterminé, par des lignes droites, de manière à revenir au point de départ, on obtient

une figure rectiligne à laquelle on donne, par extension, le nom de *polygone ;* ainsi quand nous dirons le polygone ABCDE, il faudra entendre la figure rectiligne obtenue en joignant par des lignes droites le premier point A au second point B, le second point B au troisième C, ..., et enfin le dernier point E au premier A.

Considérons, dans un plan, deux systèmes de points A et A′, B et B′, C et C′, ..., qui se correspondent un à un d'après une loi géométrique d'ailleurs quelconque. Soient AB...PQR..., un polygone formé avec les points du premier système, et A′B′...P′Q′R′..., le polygone formé avec les points correspondants ou *homologues* du second système. Supposons enfin que deux observateurs parcourent simultanément, l'un le chemin bien déterminé AB...PQR..., l'autre le chemin correspondant A′B′...P′Q′R.... Nous dirons que les deux polygones AB...PQR..., A′B′...P′Q′R′... sont *de même sens* ou *de sens opposés* suivant que deux sommets homologues quelconques R et R′ sont vus de la même manière (c'est-à-dire tous deux à droite ou tous deux à gauche), ou de manières différentes (c'est-à-dire l'un à droite, l'autre à gauche) par les observateurs parcourant les deux côtés homologues PQ, P′Q′ qui précèdent immédiatement R et R′.

Nous désignons, en général, deux sommets homologues de deux polygones correspondants par une même lettre, en accentuant celle qui est relative au second polygone; toutefois cette notation n'est pas toujours possible, quand les deux figures ont des points communs, à moins de mettre deux lettres à un même point, ce qui serait une complication inutile. On évite toute ambiguïté en convenant d'attribuer, dans les symboles ABC..., MNS... qui désignent deux polygones correspondants, le même rang aux deux lettres qui répondent à deux points homologues; ainsi, A est l'homologue de M, B l'homologue de N, etc.

Deux polygones correspondants ABC..., A′B′C′... sont dits *égaux* lorsqu'on peut les superposer soit directement, soit par retournement, de manière que chaque sommet vienne sur son homologue. Dès que le mode de correspondance des sommets est fixé, il est clair que la superposition n'est possible que d'une seule manière.

174. *Deux polygones égaux et de même sens* ABC..., A′B′C′... *coïncident dès qu'ils ont deux couples* A *et* A′, B *et* B′ *de sommets consécutifs communs.*

En effet, dès que A est en A′ et B en B′, BC prend la direction B′C′, puisque BC et B′C′ sont du même côté par rapport à AB et font des angles égaux avec cette droite; d'ailleurs, B′C′ = BC; donc C′ tombe en C, et l'on verrait de même que D′ tombe en D, et ainsi de suite.

Si les polygones étaient de sens opposés, ils seraient symétriques par rapport au côté commun AB; car si l'on imagine le polygone ABC_1D_1...

symétrique de ABCD... par rapport à AB, ce nouveau polygone sera de même sens que A'B'C'D'..., lui sera égal et aura avec lui deux points homologues communs A et A', B et B'; donc il coïncidera avec lui, d'après la proposition précédente.

THÉORÈME I.

175. *Lorsque deux polygones égaux et de même sens* ABC..., A'B'C'... *sont situés dans un même plan, on peut amener le premier sur le second par une rotation autour d'un point du plan* (*fig.* 132).

Il suffit, d'après le n° 174, de montrer qu'on peut, par une rotation, amener A sur A' et B sur B'.

Or construisons sur A'B' un triangle A'B'A" égal à ABA' et de même sens, et soit O le centre du cercle qui passe par les trois points A, A', A". Les triangles OAA', OA'A" sont égaux comme ayant les trois côtés égaux; ils sont, en outre, de même sens, car deux cordes égales et consécutives AA', A'A" d'un cercle comprennent le diamètre A'O qui aboutit à leur point commun. Donc, si, par une rotation autour de O, on amène OA sur OA', le triangle OAA' coïncidera (174) avec OA'A"; et, par suite, le triangle ABA' coïncidera avec A'B'A".

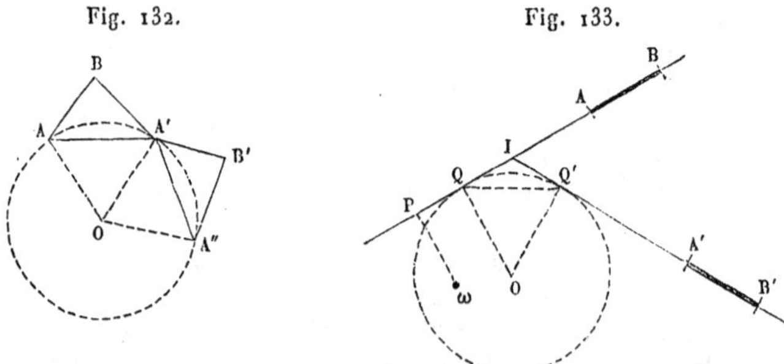

Fig. 132. Fig. 133.

Il importe de remarquer que le centre de rotation O doit être équidistant de deux points homologues quelconques; il est donc le point de concours des perpendiculaires élevées sur les milieux des droites qui joignent deux points homologues quelconques.

Enfin le raisonnement et la conclusion supposent que les points A, A', A" ne soient pas en ligne droite, c'est-à-dire, d'après la construction du point A", que AB et A'B' ne soient pas parallèles et de même sens; s'il en était ainsi, la figure AA'BB' serait un parallélogramme, AA' et BB' seraient donc égales, parallèles et de même sens, et alors, pour amener A sur A' et B sur B' et, par suite, la première figure sur la seconde, il suffirait d'opérer sur la première figure une *translation*, c'est-à-dire de faire décrire à chaque sommet une droite égale et parallèle à AA'.

COROLLAIRES.

176. Quand une figure de forme et de grandeur invariables se déplace dans son plan d'un mouvement continu, chaque point décrit une trajectoire; soient ABC... une position quelconque de la figure, A'B'C'... une position voisine; si la seconde figure tend vers la première, les cordes AA', BB', CC', ... deviennent les tangentes en A, B, C, ..., aux trajectoires de ces points, et les perpendiculaires élevées sur les milieux des cordes deviennent les normales aux trajectoires; comme ces perpendiculaires passent par un même point O dont la situation dépend à la fois des deux positions successives ABC..., A'B'C'... de la figure, à la limite, ces perpendiculaires, c'est-à-dire les normales, passeront par un même point ω dont la situation ne dépend plus que de la position ABC... de la figure considérée. Donc, *quand une figure se déplace dans son plan, les normales aux trajectoires des divers points, pour une position déterminée quelconque de la figure, passent par un même point* ω; ce point ω a reçu le nom de *centre instantané de rotation* relatif à la position considérée de la figure.

Si l'on sait mener les normales aux trajectoires de deux points de la figure mobile, on aura par l'intersection de ces droites le point ω, et il suffira de joindre ω à tout autre point de la figure pour avoir la normale et, par suite, la tangente à la trajectoire de ce point.

177. Considérons, en particulier, le déplacement d'une droite AB (*fig.* 133). Soient ω le centre instantané relatif à la position AB, et P la projection de ω sur la droite AB, c'est-à-dire le pied de la perpendiculaire abaissée de ω sur AB. Quand AB se déplace, le point P, considéré comme invariablement lié à la portion de droite AB, décrit une trajectoire qui, d'après le numéro précédent, a pour normale Pω et, par suite, pour tangente en P la droite PAB. Donc, *quand une droite se déplace dans un plan suivant une loi déterminée quelconque, elle reste constamment tangente à une ligne* qu'on nomme son *enveloppe*; et, pour une position quelconque de la droite, *le point où elle touche son enveloppe est la projection sur cette droite du centre instantané de rotation correspondant.*

Ce point de contact est aussi la limite du point I *où la droite* AB *est rencontrée par sa position infiniment voisine* A'B'. En effet, soient O le point autour duquel il faut faire tourner AB pour amener A en A' et B en B', Q et Q' les projections de O sur AB et A'B'. Le point I est l'intersection des tangentes AB, A'B' au cercle décrit du point O comme centre avec OQ = OQ' pour rayon; la distance QI, moindre que QQ', tend donc vers zéro quand A'B' tend vers AB; donc le point I a la même limite que le point Q, c'est-à-dire a pour limite la projection P sur AB du centre instantané ω relatif à AB.

THÉORÈME II.

178. *Lorsque deux polygones égaux et de sens opposés* ABC..., A'B'C'... *sont situés dans un même plan, on peut amener le premier sur le second au moyen du retournement du plan autour d'un certain axe et d'une translation rectiligne parallèle à cet axe* (*fig.* 134).

Fig. 134.

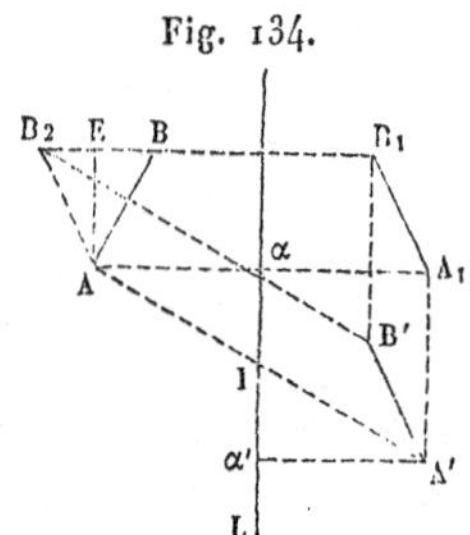

En effet, achevons le parallélogramme $AA'B'B_2$ dont AA' et $A'B'$ sont deux côtés consécutifs; puis, par le milieu I de AA', menons la parallèle L à la bissectrice AE de l'angle B_2AB. Le polygone $A_1B_1C_1\ldots$, symétrique de ABC... par rapport à L, étant égal à A'B'C'... et de même sens, il suffit de prouver que la figure $A'B'B_1A_1$ est un parallélogramme, et que AA_1 est parallèle à L; car, alors, en repliant le plan autour de L, on amènera ABC... sur $A_1B_1C_1\ldots$; puis une translation rectiligne égale et parallèle à A_1A' et, par conséquent, parallèle à L amènera A_1 sur A', B_1 sur B' et, par suite (174), $A_1B_1C_1\ldots$ sur $A'B'C'\ldots$.

Or A_1B_1 et AB_2, étant les symétriques d'une même droite AB par rapport à deux axes parallèles L et AE, sont égales, parallèles et de même sens; d'ailleurs $A'B'$ et AB_2 sont aussi égales, parallèles et de même sens; il en est donc de même pour A_1B_1 et $A'B'$, de sorte que la figure $A'B'B_1A_1$ est bien un parallélogramme. D'autre part, α étant le milieu de AA_1, c'est-à-dire le point de rencontre des deux droites rectangulaires AA_1 et L, et α' étant la projection de A' sur L, les triangles rectangles $AI\alpha$, $A'I\alpha'$ sont égaux comme ayant l'hypoténuse égale et les angles égaux; il en résulte $A'\alpha' = A\alpha = \alpha A_1$, de sorte que la figure $A_1A'\alpha'\alpha$ est un rectangle, ce qui prouve que A_1A' est parallèle à L.

La droite L est également inclinée sur deux côtés homologues quelconques des deux polygones, et elle contient les milieux des droites qui joignent les sommets homologues.

LIVRE III.

LES FIGURES SEMBLABLES.

§ I. — LIGNES PROPORTIONNELLES.

NOTIONS PRÉLIMINAIRES.

179. Supposons qu'un mobile parcoure de gauche à droite une ligne droite indéfinie XY, sur laquelle sont marqués deux points fixes A et B, et étudions les variations du rapport des distances du mobile aux points A et B (*fig.* 135).

Fig. 135.

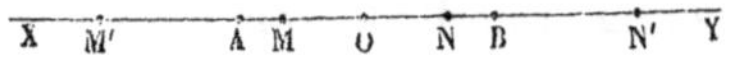

X M' A M O N B N' Y

Pour toute position M' du mobile à gauche de A, on a

$$\frac{M'A}{M'B} = \frac{M'B - AB}{M'B} = 1 - \frac{AB}{M'B}.$$

On voit par là que si M' est très-loin, le dénominateur M'B est très-grand ; par suite, la fraction $\frac{AB}{M'B}$ est très-petite, et le rapport $\frac{M'A}{M'B}$ est aussi voisin qu'on veut de l'unité. A mesure que le mobile se rapproche du point A, le dénominateur M'B diminue en tendant vers AB ; la fraction $\frac{AB}{M'B}$ augmente en se rapprochant de l'unité, et le rapport $\frac{M'A}{M'B}$ diminue jusqu'à 0, valeur qu'il atteint lorsque le mobile arrive en A. Ainsi, *à gauche du point* A, *le rapport considéré décroît d'une manière continue de* 1 *à* 0.

Au delà du point A, le rapport $\frac{MA}{MB}$ augmente, puisque son numérateur croît et que son dénominateur diminue ; et il devient égal à 1, lorsque le mobile est au point O milieu de AB.

Ainsi, *de* A *en* O, *le rapport considéré croît d'une manière continue de* o *à* 1.

A partir du point O, le rapport $\frac{NA}{NB}$ continue à croître pour les mêmes motifs; à mesure que le mobile se rapproche de B, le numérateur NA tend vers AB, le dénominateur NB diminue en tendant vers o; et, par suite, le rapport acquiert des valeurs de plus en plus grandes et peut même surpasser tel nombre qu'on voudra. On exprime ce fait en disant que la valeur du rapport devient *infinie*, et l'on représente par le symbole ∞ cet état limite. Ainsi, *de* O *en* B, *le rapport considéré croît d'une manière continue de* 1 *à l'*∞.

Enfin, pour toute position N′ du mobile au delà de B, on a

$$\frac{N'A}{N'B} = \frac{N'B + AB}{N'B} = 1 + \frac{AB}{N'B};$$

lorsque le point N′ s'éloigne de B, le dénominateur N′B augmente de plus en plus jusqu'à l'infini; la fraction $\frac{AB}{N'B}$ diminue graduellement jusqu'à zéro, et le rapport $\frac{N'A}{N'B}$ décroît successivement jusqu'à 1. Ainsi, *à droite de* B, *le rapport considéré décroît d'une manière continue de l'*∞ *à* 1.

En résumé, le rapport considéré prend deux fois à gauche du point O toutes les valeurs numériques moindres que 1, et deux fois à droite du point O toutes les valeurs numériques supérieures à 1.

Donc enfin, *étant donnés deux points fixes* A *et* B, *il existe toujours sur la droite indéfinie* XY *qui les contient, deux points, et seulement deux, tels que les rapports des distances de chacun d'eux aux points* A *et* B *aient une même valeur donnée. Ces deux points sont situés d'un même côté du milieu* O *de* AB, *l'un entre* A *et* B, *l'autre en dehors*; *ils sont d'ailleurs à gauche de* O, *comme* M *et* M′ *ou à droite de* O, *comme* N *et* N′, *suivant que la valeur donnée du rapport est inférieure ou supérieure à l'unité.*

180. Le point N, situé entre A et B, divise réellement la droite AB dans le rapport donné ; par extension, on dit que le point extérieur N′ divise aussi la droite AB dans ce même rapport. Pour éviter toute confusion, on qualifie alors d'*additifs* les

segments NA et NB déterminés par le point N, et dont AB est la somme, et de *soustractifs* les segments N'A et N'B déterminés par le point N', et dont AB est la différence.

Lorsqu'une droite AB est ainsi divisée par deux points N et N', de façon que les segments additifs NA et NB soient proportionnels aux segments soustractifs N'A et N'B, on dit que ces deux points N et N' divisent *harmoniquement* la droite AB ou sont *conjugués harmoniques* par rapport à la droite AB.

THÉORÈME.

181. *Deux droites quelconques sont coupées en parties proportionnelles par une série de droites parallèles;* en d'autres termes, *lorsque deux droites* AG, A'G', *sont coupées par une série de parallèles* AA', BB',..., GG', *le rapport de deux segments quelconques de la première droite est égal au rapport des segments correspondants de la seconde* (*fig.* 136, 137).

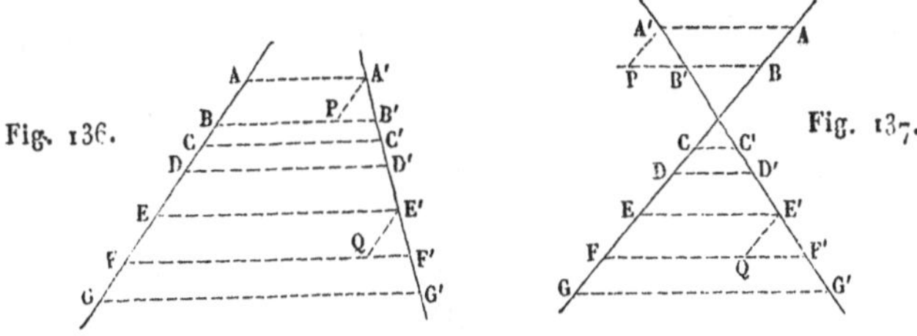

Fig. 136. Fig. 137.

Il suffit (note 1) de prouver :

1° Que, *si deux segments* AB *et* EF *de la première droite sont égaux entre eux, les segments correspondants* A'B' *et* E'F' *de la seconde droite sont aussi égaux entre eux ;*

2° Que, *si sur la première droite, un segment* EG *est égal à la somme de deux autres* AB *et* CD, *sur la seconde droite, le segment* E'G', *correspondant à* EG, *est aussi égal à la somme des segments* A'B' *et* C'D' *qui correspondent à* AB *et à* CD.

1° Menons A'P et E'Q parallèles à AG; A'P et AB seront égales comme parallèles comprises entre parallèles; E'Q sera égale à EF pour la même raison; par suite, on aura A'P = E'Q, puisqu'on a par hypothèse AB = EF. D'ailleurs, les angles PA'B', QE'F', sont égaux comme correspondants, et les angles A'PB', E'QF', comme ayant les côtés parallèles et de même sens; donc, les triangles PA'B', QE'F', ayant un côté égal adjacent à deux angles égaux chacun à chacun, sont égaux, et l'on a A'B' = E'F'.

2° Puisque, par hypothèse, EF = AB, et GF = CD, on a, d'après l'alinéa qui précède, E'F' = A'B' et F'G' = C'D'; le segment E'G' est donc égal à la somme de A'B et de C'D'.

La figure peut offrir deux dispositions différentes; mais la démonstration ne change pas.

THÉORÈME.

182. *Toute parallèle* DE *à l'un des côtés* BC *d'un triangle* ABC *divise les deux autres côtés en parties proportionnelles* (*fig.* 138, 139, 140).

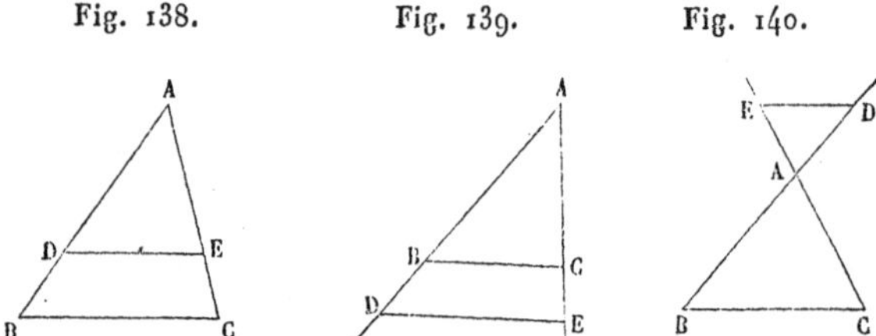

En effet, en concevant par le sommet A une parallèle à BC, on voit (181) qu'on a

$$\frac{DA}{DB} = \frac{EA}{EC}, \tag{1}$$

ou encore

$$\frac{AD}{AB} = \frac{AE}{AC}, \tag{2}$$

$$\frac{BA}{BD} = \frac{CA}{CE}. \tag{3}$$

Chacune de ces proportions se trouve ici démontrée directement; mais il convient de remarquer qu'en vertu des règles de l'Arithmétique, l'une quelconque d'entre elles entraîne les deux autres.

Nous avons indiqué les trois dispositions que peut présenter la figure.

183. Réciproquement, *si deux points* D *et* E, *situés respectivement sur deux côtés* AB *et* AC *d'un triangle* ABC, *divisent ces côtés en parties proportionnelles, la droite* DE *qui unit ces deux points est parallèle au troisième côté* BC.

Puisque chacune des proportions (1), (2), (3), entraîne les

deux autres, on peut partir de l'une quelconque d'entre elles comme hypothèse; nous choisirons par exemple la première

$$(1)\qquad \frac{DA}{DB}=\frac{EA}{EC}.$$

Cela posé, il faut distinguer plusieurs cas:

Supposons d'abord les points D *et* E *situés sur les côtés eux-mêmes*, c'est-à-dire l'un D entre A et B, et l'autre E entre A et C (*fig.* 138); et concevons par le point D une parallèle à BC. Cette parallèle déterminera (181) entre A et C un point dont les distances à A et C formeront un rapport égal à $\frac{DA}{DB}$. Or, entre A et C (179), il n'existe qu'un seul point dont le rapport des distances à A et C soit égal à $\frac{DA}{DB}$, et ce point est par hypothèse le point E. Donc la parallèle à BC, menée par le point D, passe par E et coïncide avec DE. Donc enfin DE est parallèle à BC.

Supposons, en second lieu, les points D *et* E *situés sur les prolongements des côtés*. Si D est, par exemple, au-dessous de AB (*fig.* 139), le rapport $\frac{DA}{DB}$ sera supérieur à 1; il en sera donc de même de son égal $\frac{EA}{EC}$ et, par suite, le point E sera pareillement au-dessous de AC. Dès lors la démonstration s'achèvera comme ci-dessus.

On verrait de même que si D était au-dessus de BA (*fig.* 140), la proportion (1) exigerait que E fût au-dessus de CA; puis, on achèverait la démonstration comme dans le premier cas.

Cette réciproque demande une certaine attention; l'hypothèse renferme en réalité deux parties: la première consiste dans l'existence de la proportion (1), et l'autre est relative à la situation des points D et E qui doivent être placés de la même manière sur les côtés AB et AC. Bien que sous-entendue d'ordinaire pour plus de brièveté, cette seconde partie est indispensable; car si l'un des points D était, par exemple, sur le côté lui-même et l'autre E sur l'un des prolongements, la droite DE ne saurait être parallèle à BC, bien que la proportion (1) fût satisfaite.

THÉORÈME.

184. *Dans tout triangle* ABC (*fig.* 141) :

1° *La bissectrice* AD *d'un angle quelconque* BAC *divise le côté opposé* BC *en deux segments additifs* DB *et* DC *proportionnels aux côtés adjacents;*

2° *La bissectrice* AD' *d'un angle extérieur* BAE *divise le côté opposé* BC *en deux segments soustractifs* D'B, D'C, *proportionnels aux côtés adjacents.*

Fig. 141.

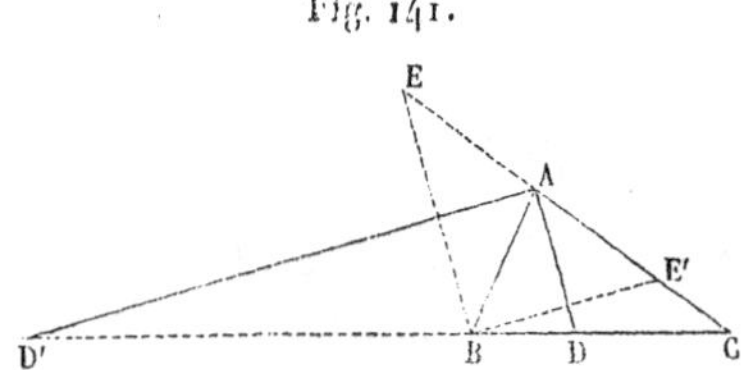

En effet :

1° En menant BE parallèle à la bissectrice AD, on a dans le triangle BEC (182)

$$\frac{DB}{DC} = \frac{AE}{AC}.$$

D'autre part, l'angle BEA est le correspondant de l'angle DAC, et les angles EBA et DAB sont alternes-internes; or, AD étant bissectrice de l'angle BAC, lès angles DAC, DAB, sont égaux; par suite, les angles BEA, EBA, sont aussi égaux, et le triangle BAE est isocèle. En remplaçant dès lors, dans la proportion qui précède, le côté AE par son égal AB, on a

$$\frac{DB}{DC} = \frac{AB}{AC}.$$

2° En menant BE' parallèle à la bissectrice AD' de l'angle extérieur BAE, on a dans le triangle D'AC (182)

$$\frac{D'B}{D'C} = \frac{AE'}{AC}.$$

D'autre part, l'angle BE'A est le correspondant de l'angle D'AE, et les angles E'BA et D'AB sont alternes-internes; or, AD' étant bissectrice de l'angle BAE, les angles D'AE, D'AB, sont égaux; par suite, les angles BE'A, E'BA, sont aussi égaux, et le triangle BAE' est isocèle. En remplaçant dès lors, dans la proportion qui précède, le côté AE' par son égal AB, on a

$$\frac{D'B}{D'C} = \frac{AB}{AC}.$$

185. Réciproquement, *si une droite, issue du sommet d'un angle d'un triangle, divise le côté opposé en parties proportionnelles aux côtés adjacents, cette droite est la bissectrice de l'angle considéré ou de l'angle supplémentaire, suivant qu'elle rencontre le côté opposé lui-même ou l'un de ses prolongements.*

En effet, entre B et C il n'existe qu'un point D qui divise BC dans le rapport de AB à AC (179); le théorème direct exige donc que ce point appartienne à la bissectrice de l'angle BAC (*fig.* 141).

De même, sur les prolongements de BC, il n'existe qu'un point D' qui divise BC en deux segments soustractifs proportionnels à AB et AC (179); dès lors, le théorème direct exige que ce point appartienne à la bissectrice de l'angle extérieur BAE (*fig.* 141).

Corollaire.

186. Les deux points D et D' satisfont à la proportion

$$\frac{DB}{DC} = \frac{D'B}{D'C};$$

ils sont donc (180) conjugués harmoniques par rapport à la droite BC. Ainsi, *les deux côtés d'un angle, la bissectrice de cet angle et celle de son supplément, déterminant quatre points sur une sécante quelconque, les deux derniers sont conjugués par rapport aux deux autres.*

THÉORÈME.

187. *Le lieu géométrique des points dont les distances à deux points fixes sont dans un rapport donné est une circonférence* (*fig.* 142).

Soient B et C les deux points fixes, $\frac{m}{n}$ le rapport donné et M un point quelconque du lieu, c'est-à-dire un point tel qu'on ait

$$\frac{MB}{MC} = \frac{m}{n}. \tag{1}$$

Il existe d'abord, sur la droite indéfinie BC, deux points du

Fig. 142.

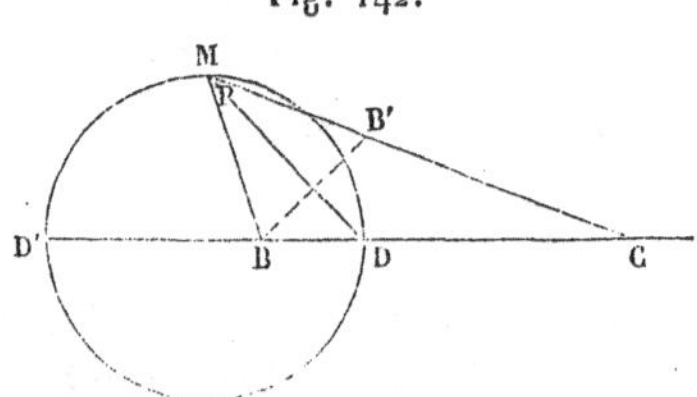

lieu, c'est-à-dire (179) deux points D et D' qui satisfont aux relations

$$\frac{DB}{DC} = \frac{m}{n}, \quad \frac{D'B}{D'C} = \frac{m}{n};$$

on déduit de là

$$\frac{DB}{DC} = \frac{MB}{MC} \quad \text{et} \quad \frac{D'B}{D'C} = \frac{MB}{MC}.$$

Ces proportions prouvent (185), la première que MD est la bissectrice de l'angle BMC, et la seconde que MD' est la bissectrice de l'angle adjacent supplémentaire. Or, les bissectrices de deux angles adjacents et supplémentaires sont rectangulaires. Donc, le point variable M est le sommet d'un angle droit DMD' dont les deux côtés passent constamment par deux points fixes D et D'; tout point M du lieu est donc situé sur la circonférence décrite sur DD' comme diamètre.

Réciproquement, tout point M de cette circonférence DD' appartient au lieu.

En effet, B' étant le symétrique de B par rapport à la droite DM, désignons provisoirement par P le point où CB' rencontre DM; DP sera la bissectrice de l'angle BPC, et l'on aura

$$\frac{PB}{PC} = \frac{DB}{DC} = \frac{m}{n}.$$

Donc, le point P appartient au lieu; mais, comme tel, il est sur la circonférence DD′ et, par suite, il coïncide avec M qui est le seul point, autre que D, commun à DM et à la circonférence DD′. Donc, M appartient au lieu.

188. Lorsque le rapport donné est égal à l'unité, D devient le milieu de BC et D′ passe à l'infini (179); le cercle devient la perpendiculaire élevée sur le milieu de BC (49).

§ II. — LIGNES PROPORTIONNELLES DANS LE CERCLE.

DÉFINITIONS.

189. On dit que deux droites, tracées entre les côtés d'un angle ou de son opposé par le sommet, sont *anti-parallèles*, lorsque la première fait avec l'un des côtés de l'angle donné un angle égal à celui que la seconde droite fait avec l'autre côté.

Ainsi, les deux droites DE et BC (*fig.* 143) sont anti-parallèles par rapport à l'angle BAC, si l'angle ADE est égal à l'angle

Fig. 143. Fig. 144.

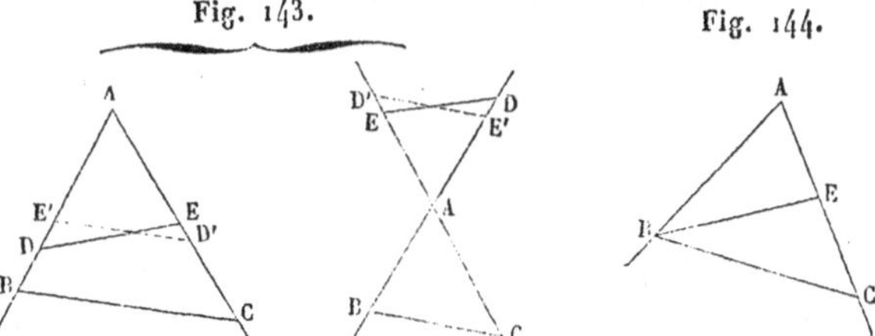

ACB. Alors l'angle AED, que la premiere droite forme avec le second côté AC, est égal à l'angle ABC que la seconde droite fait avec le premier côté AB (76).

THÉORÈME.

190. *Lorsque les deux côtés d'un angle sont coupés par deux droites anti-parallèles, le produit des distances du sommet aux deux points où chacun des côtés est rencontré par les deux transversales est constant* (*fig.* 143).

Ainsi, BAC étant l'angle proposé et les deux droites BC et DE étant anti-parallèles, on a la relation

$$AB.AD = AC.AE.$$

En effet, prenons $AD' = AD$ et $AE' = AE$, et menons D'E'. L'égalité des triangles ADE, AD'E', qui ont un angle commun compris entre deux côtés égaux, entraîne celle des angles ADE, A'D'E'. D'ailleurs, les angles ADE, ACB, sont égaux par hypothèse (189); donc les angles correspondants AD'E', ACB, sont égaux, et les droites BC, D'E' sont parallèles (65); on a donc (182) la proportion

$$\frac{AB}{AE'} = \frac{AC}{AD'},$$

qui, lorsqu'on remplace les quantités AE' et AD' par les quantités égales AE et AD, devient

$$\frac{AB}{AE} = \frac{AC}{AD} \quad \text{ou} \quad AB.AD = AC.AE.$$

191. Réciproquement, *si deux droites* DE *et* BC, *tracées entre les côtés d'un angle* BAC, *sont telles, que le produit des distances du sommet aux deux points où elles coupent chacun des côtés soit constant,* c'est-à-dire sont telles, qu'ont ait

$$(1) \qquad AB.AD = AC.AE \quad \text{ou} \quad \frac{AB}{AE} = \frac{AC}{AD},$$

ces droites sont anti-parallèles par rapport à cet angle.

En effet, concevons (*fig* 143) la droite qui, menée par le point E, serait anti-parallèle à BC par rapport à l'angle BAC: cette droite coupe le côté AB en un point (190) dont la distance au sommet A sera une quatrième proportionnelle à AB, AE, AC. Or, la distance AD est précisément, en vertu de l'égalité (1), cette quatrième proportionnelle; donc la droite DE est anti-parallèle à BC.

Corollaire.

192. Si les deux points D et B se confondaient (*fig.* 144), on aurait $\overline{AB}^2 = AC.AE$.

Donc, *lorsque deux droites anti-parallèles par rapport à un angle se coupent sur l'un des côtés de cet angle, la distance du sommet à ce point est moyenne proportionnelle entre les distances du sommet aux points où le second côté de l'angle coupe les deux droites anti-parallèles.*

Réciproquement, *si par un point B, pris sur l'un des côtés d'un angle* BAC, *on mène dans l'intérieur de l'angle deux droites* BC, BE, *telles, que* $\overline{AB}^2 = AC.AE$, *ces deux droites sont anti-parallèles par rapport à cet angle.*

THÉORÈME.

193. *Si, d'un point pris dans le plan d'un cercle, on mène des sécantes à ce cercle, le produit des distances de ce point aux deux points d'intersection de chaque sécante avec la circonférence est constant, quelle que soit la direction de la sécante.*

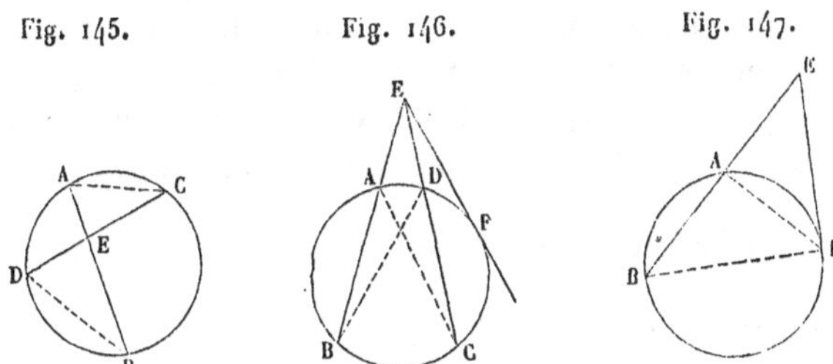

Ainsi, soient EA, ED, deux sécantes issues du point fixe E; il s'agit de démontrer qu'on a

$$EA.EB = EC.ED. \tag{1}$$

La figure peut se présenter de deux manières, suivant que le point E est intérieur (*fig.* 145) ou extérieur au cercle (*fig.* 146); mais la démonstration est la même dans les deux cas.

Menons les cordes AC et BD; les angles ACD, ABD, étant inscrits dans le même segment, sont égaux, et par suite les cordes AC, BD, sont anti-parallèles par rapport à l'angle AED. On a donc (190) la relation (1)

Le produit constant EA.EB a reçu le nom de *puissance du point* E *par rapport au cercle considéré.*

194. Réciproquement, *lorsque deux droites* AB *et* CD, *prolongées, s'il le faut, concourent en un point* E *tel qu'on ait la relation*

$$EA.EB = EC.ED,$$

les extrémités A, B, C, D, *sont situées sur une même circonférence.*

En effet, d'après le n° 191, la relation donnée prouve que les deux droites AC et BD sont anti-parallèles par rapport à l'angle AED; par suite, les angles ACD, DBA, sont égaux, et si sur la droite AD on décrit un segment capable de l'angle ACD, la circonférence qui passe par les trois points A, C, D, renferme le point B.

Corollaire.

195. Reprenons le cas où le point E est extérieur (*fig.* 146), et supposons que la sécante EDC tourne autour du point E jusqu'à ce qu'elle coïncide avec la tangente EF; la sécante entière EC et sa partie extérieure ED deviendront l'une et l'autre égales à la longueur EF de la tangente, et la relation

$$EA.EB = EC.ED,$$

prise à la limite, sera la suivante

$$EA.EB = \overline{EF}^2$$

Donc, *si, par un point extérieur à un cercle, on mène à ce cercle une sécante et une tangente, la tangente est moyenne proportionnelle entre la sécante entière et sa partie extérieure.*

On peut d'ailleurs appliquer directement à ce cas particulier la démonstration du cas général : les angles EBF, AFE (*fig.* 147), l'un inscrit, l'autre formé par une tangente et une corde, ont l'un et l'autre pour mesure la moitié de l'arc AF; l'égalité de ces angles prouve l'anti-parallélisme des droites AF et BF par rapport à l'angle E, et par suite (192) entraîne la relation

$$\overline{EF}^2 = EA.EB.$$

196. Réciproquement, *si trois points* A, B, F, *situés, les deux premiers* A *et* B *sur un côté de l'angle* E, *et le troisième* F *sur l'autre côté, sont tels, qu'on ait la relation*

$$\overline{EF}^2 = EA.EB,$$

la circonférence qui passe par ces trois points est tangente en F *au côté* EF.

En effet, d'après le nº **192**, la relation donnée prouve l'antiparallélisme des droites AF et BF par rapport à l'angle E; les angles AFE, EBF, sont donc égaux; par suite, si l'on décrit une circonférence passant par A et F et tangente en F à la droite EF, cette circonférence, d'après la construction connue du segment capable (**162**), passera par le point B.

§ III. — SIMILITUDE DES POLYGONES.

DÉFINITIONS.

197. Deux polygones d'un même nombre de côtés sont dits *semblables* lorsqu'ils ont les angles égaux et les côtés homologues proportionnels.

On entend par *côtés homologues* ceux qui sont adjacents à des angles respectivement égaux, et l'on donne à ces angles eux-mêmes le nom d'*angles homologues;* enfin, on appelle *rapport de similitude* des deux polygones le rapport de deux côtés homologues quelconques.

Fig. 148.

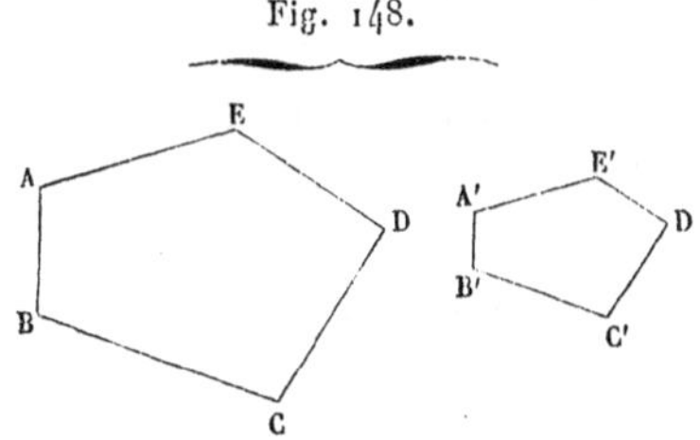

Ainsi les deux pentagones ABCDE, A'B'C'D'E' (*fig.* 148), sont semblables, s'ils satisfont aux relations

$$A = A', \quad B = B', \quad C = C', \quad D = D', \quad E = E',$$

$$\frac{AB}{A'B'} = \frac{BC}{B'C'} = \frac{CD}{C'D'} = \frac{DE}{D'E'} = \frac{EA}{E'A'}.$$

Dans les triangles semblables, tels que ABC, A′B′C′ (*fig.* 149), les côtés homologues sont opposés aux angles égaux.

Fig. 149.

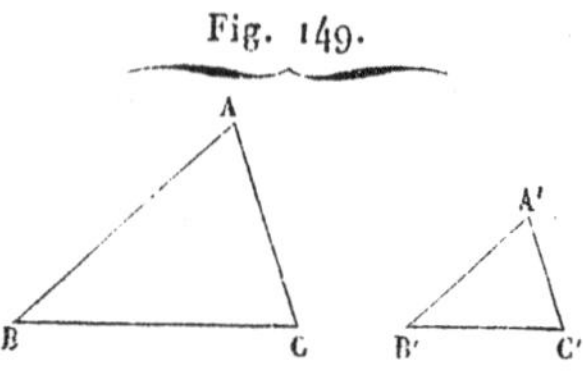

LEMME.

198. *En coupant un triangle* ABC *par une parallèle* DE *à l'un des côtés* BC, *on détermine un nouveau triangle* ADE *semblable au premier* (*fig.* 150, 151, 152).

Fig. 150. Fig. 151. Fig. 152.

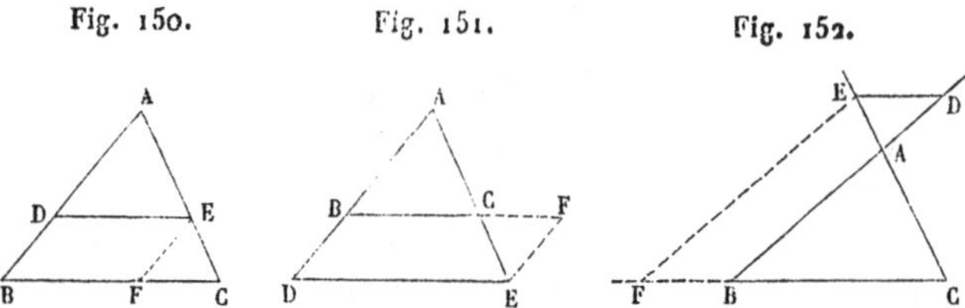

En effet :

D'abord les deux triangles ADE, ABC (*fig.* 150), ont leurs angles respectivement égaux; car l'angle A est commun et les angles ADE, ABC, sont correspondants, ainsi que les angles AED, ACB.

En second lieu, les côtés homologues sont proportionnels; car, DE étant parallèle à BC, on a (182)

$$\frac{AD}{AB} = \frac{AE}{AC}; \tag{1}$$

puis, en menant EF parallèle à AB, on a encore

$$\frac{AE}{AC} = \frac{BF}{BC};$$

ou, comme les parallèles DE, BF, comprises entre parallèles, sont égales,

$$\frac{AE}{AC} = \frac{DE}{BC}; \tag{2}$$

la réunion des proportions (1) et (2), qui ont un rapport commun, donne la suite de rapports égaux

$$\frac{AD}{AB} = \frac{AE}{AC} = \frac{DE}{BC}.$$

SCOLIE.

199. La proposition énoncée subsiste lorsque la parallèle DE est située au-dessous de BC (*fig.* 151), ou au-dessus de A (*fig.* 152). La démonstration est absolument la même dans le cas de la *fig.* 151; et, dans le cas de la *fig.* 152, toute la différence consiste en ce que les angles ADE, ABC, ainsi que les angles AED, ACB, sont alternes-internes au lieu d'être correspondants.

THÉORÈME.

200. *Deux triangles* ABC, A′B′C′, *sont semblables :*

1° *Lorsqu'ils ont deux angles égaux chacun à chacun ;*

2° *Lorsqu'ils ont un angle égal compris entre deux côtés proportionnels;*

3° *Lorsqu'ils ont les côtés proportionnels.*

1° Supposons qu'on ait (*fig.* 153)

$$A = A', \quad B = B'.$$

Prenons sur le côté AB homologue de A′B′ une longueur AD égale à A′B′, et menons DE parallèle à BC. Le triangle ADE

Fig. 153.

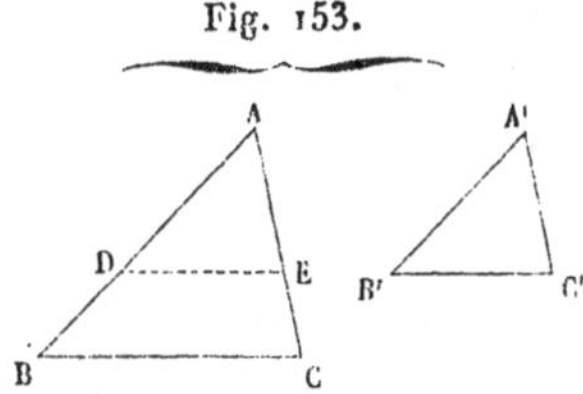

est semblable à ABC (198), et il suffit de démontrer l'égalité des triangles ADE, A′B′C′.

Or, les angles A et A′ sont égaux par hypothèse; l'angle ADE est correspondant de l'angle ABC, qui, par hypothèse, est égal à B′; enfin, le côté AD est égal à A′B′ par construction. Donc les deux triangles ADE, A′B′C′, sont égaux, comme ayant un côté égal adjacent à deux angles égaux.

2° Supposons qu'on ait

$$(1) \qquad A = A', \quad \frac{AB}{A'B'} = \frac{AC}{A'C'};$$

prenons sur le côté AB homologue de A′B′ une longueur AD égale à A′B′, et menons DE parallèle à BC. Le triangle ADE est semblable au triangle ABC (198), et il suffit de démontrer l'égalité des triangles ADE, A′B′C′.

Or, la similitude des triangles ABC, ADE, donne la proportion

$$(2) \qquad \frac{AB}{AD} = \frac{AC}{AE},$$

qui a les mêmes numérateurs que la proportion (1); les dénominateurs AD et A′B′ des deux premiers rapports étant en outre égaux par construction, il faut que AE = A′C′; les deux triangles ADE, A′B′C′, sont donc égaux comme ayant un angle égal compris entre deux côtés égaux.

3° Supposons qu'on ait

$$(1) \qquad \frac{AB}{A'B'} = \frac{BC}{B'C'} = \frac{CA}{C'A'};$$

prenons sur le côté AB une longueur AD égale à A′B′, et menons DE parallèle à BC. Le triangle ADE est semblable à ABC (198), et il suffit de démontrer l'égalité des triangles ADE, A′B′C′.

Or, la similitude des triangles ADE, ABC, donne la série de rapports égaux

$$(2) \qquad \frac{AB}{AD} = \frac{BC}{DE} = \frac{CA}{EA},$$

qui présente les mêmes numérateurs que la série (1). Par suite, les dénominateurs AD, A′B′, des deux premiers rapports étant égaux par construction, il faut qu'on ait aussi

$$DE = B'C', \quad EA = C'A';$$

les deux triangles ADE, A′B′C′, sont donc égaux comme ayant les trois côtés égaux chacun à chacun.

COROLLAIRES.

201. *Deux triangles sont semblables, lorsqu'ils ont leurs côtés respectivement parallèles ou respectivement perpendiculaires;* car, dans l'un et l'autre cas, ces triangles ont leurs angles égaux chacun à chacun (77).

202. *Deux triangles rectangles sont semblables, lorsqu'ils ont un angle aigu égal.*

SCOLIES.

203. Il résulte du n° 200 que, *dans les triangles, l'égalité des angles entraîne la proportionnalité des côtés, et réciproquement.* Cette propriété fondamentale, dont la découverte est attribuée à Thalès (639-548 av. J.-C.), ne subsiste pas pour des polygones quelconques. Par exemple, un carré et un rectangle ont leurs angles égaux, et cependant leurs côtés homologues ne sont pas proportionnels. De même, un carré et un losange ont leurs côtés proportionnels, et cependant leurs angles ne sont pas égaux.

204. Le tableau suivant, dans lequel nous avons réuni les cas d'égalité et les cas de similitude de deux triangles, en les faisant correspondre un à un, permet de comparer les deux théories.

Deux triangles sont :

égaux,	semblables.
lorsqu'ils ont :	
1° Deux angles égaux comprenant un côté égal;	1° Deux angles égaux;
2° Un angle égal compris entre deux côtés égaux;	2° Un angle égal compris entre deux côtés proportionnels;
3° Les trois côtés égaux.	3° Les trois côtés proportionnels.

On voit que chaque cas de similitude ne renferme que *deux* conditions, tandis que l'égalité en exige toujours *trois.*

205. Il importe en outre de remarquer le mode uniforme de démonstration que nous avons adopté au n° 200. Le procédé consiste à prendre, sur un côté du premier triangle, à

partir du sommet, une longueur égale au côté homologue du second; puis à mener, par le point ainsi déterminé, une parallèle à l'un des deux autres côtés du premier triangle. On construit ainsi un triangle auxiliaire qui, d'après le lemme du nº 198, est semblable au premier; et les conditions renfermées dans l'hypothèse permettent ensuite de démontrer aisément que ce triangle auxiliaire est égal au second triangle, en vertu du cas d'égalité qui correspond au cas de similitude que l'on étudie.

206. Enfin, il reste à montrer l'usage de cette théorie, c'est-à-dire à indiquer de quelle manière les cas de similitude interviennent dans la démonstration des théorèmes. Deux triangles semblables satisfont à cinq conditions, et chaque cas de similitude comprend deux de ces conditions groupées de telle sorte que, lorsqu'elles sont satisfaites, les cinq soient remplies. Par suite, quand, dans une certaine figure, on aura reconnu la similitude de deux triangles par l'application de l'un des trois cas, on devra en conclure immédiatement que les trois autres conditions sont remplies, et l'on aura acquis de cette manière de nouvelles données qui permettront d'aller plus loin.

207. Cherchons, par exemple, dans quel rapport se coupent deux médianes d'un triangle ABC, c'est-à-dire les droites AD et BE qui joignent deux sommets aux milieux des côtés respectivement opposés (*fig.* 154).

Fig. 154.

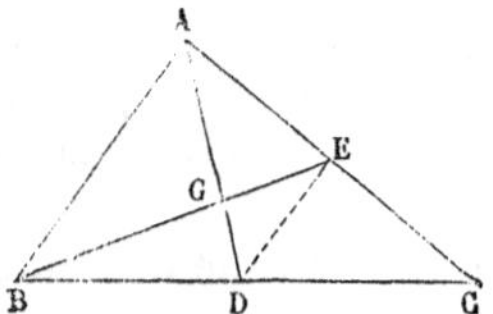

Soit G le point commun aux deux médianes AD, BE; la droite DE est parallèle à AB (183); par suite, les triangles DEC,

ABC sont semblables, ainsi que les triangles GED, AGB. D'ailleurs, E étant le milieu de AC, le rapport de similitude des deux premiers triangles est $\frac{1}{2}$; donc ED est égale à la moitié de AB, et le rapport de similitude des seconds triangles est aussi $\frac{1}{2}$. On a donc

$$DG = \tfrac{1}{2} AG, \quad GE = \tfrac{1}{2} BG$$

ou bien

$$DG = \tfrac{1}{3} AD, \quad GE = \tfrac{1}{3} BE.$$

Ainsi, *deux médianes quelconques se coupent en un point situé au tiers de chacune d'elles à partir du côté qu'elle divise en deux parties égales.*

Donc *les trois médianes d'un triangle concourent en un même point.*

THÉORÈME.

208. *Deux polygones, composés d'un même nombre de triangles semblables chacun à chacun et semblablement disposés, sont semblables* (*fig.* 155).

Fig. 155.

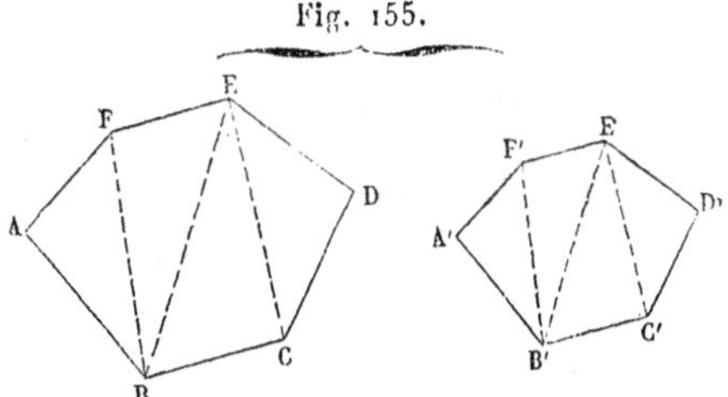

Soient ABF, FBE, EBC, CED, et A'B'F', F'B'E', E'B'C', C'E'D', deux séries de triangles respectivement semblables et semblablement disposés; le polygone ABCDEF, formé par les premiers triangles, est semblable au polygone A'B'C'D'E'F' que forment les seconds.

En effet :

1° Les angles des deux polygones sont égaux, soit comme

angles homologues de deux triangles semblables, soit comme sommes d'angles homologues de plusieurs triangles semblables. Ainsi, les angles A et A′ sont égaux comme angles homologues des deux triangles semblables BAF, B′A′F′, tandis que l'angle B est égal à l'angle B′ comme étant la somme des trois angles ABF, FBE, EBC, respectivement égaux aux trois angles A′B′F′, F′B′E′, E′B′C′, qui composent l'angle B′.

2° Les côtés homologues sont proportionnels, car on a successivement :

A cause des triangles semblables ABF, A′B′F′,

$$\frac{A'B'}{AB} = \frac{A'F'}{AF} = \frac{B'F'}{BF};$$

A cause des triangles semblables BFE, B′F′E′,

$$\frac{B'F'}{BF} = \frac{F'E'}{FE} = \frac{E'B'}{EB};$$

A cause des triangles semblables EBC, E′B′C′,

$$\frac{E'B'}{EB} = \frac{B'C'}{BC} = \frac{C'E'}{CE};$$

A cause des triangles semblables CED, C′E′D′,

$$\frac{C'E'}{CE} = \frac{C'D'}{CD} = \frac{D'E'}{DE};$$

d'où, en supprimant les rapports communs,

$$\frac{A'B'}{AB} = \frac{A'F'}{AF} = \frac{F'E'}{FE} = \frac{B'C'}{BC} = \frac{C'D'}{CD} = \frac{D'E'}{DE}.$$

209. Réciproquement, *deux polygones semblables peuvent être décomposés en un même nombre de triangles semblables et semblablement disposés* (*fig.* 156).

Soient ABCDE, A′B′C′D′E′, deux polygones semblables. Prenons à l'intérieur du premier un point quelconque O, et joignons ce point aux extrémités du côté AB; puis, sur le côté A′B′ homologue de AB, et dans l'intérieur du polygone A′B′C′D′E′, construisons les angles B′A′O′, A′B′O′, respectivement égaux aux angles BAO, ABO. Le point O′ sera le sommet d'un triangle O′A′B′ semblable au triangle OAB (200).

Fig. 156.

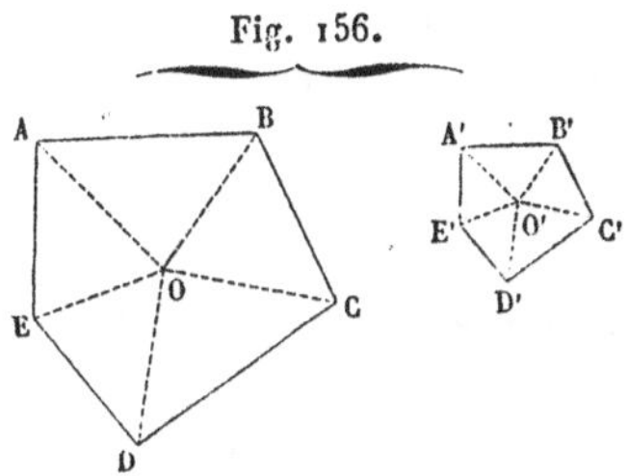

et situé, par rapport au second polygone A′B′C′D′E′, de la même manière que le triangle OAB par rapport au polygone ABCDE.

Cela posé, joignons le point O à tous les sommets du premier polygone, et le point O′ à tous les sommets du second; les deux polygones seront ainsi décomposés en un même nombre de triangles semblablement disposés, dont il s'agit de démontrer la similitude respective.

Or, les deux premiers triangles OAB, O′A′B′, semblables par construction, donnent

$$\frac{O'B'}{OB} = \frac{A'B'}{AB};$$

la similitude des polygones proposés donne à son tour

$$\frac{A'B'}{AB} = \frac{B'C'}{BC};$$

on a donc

$$\frac{O'B'}{OB} = \frac{B'C'}{BC}.$$

D'ailleurs, l'angle O′B′C′, différence des angles A′B′C′, A′B′O′, qui sont respectivement égaux aux angles ABC, ABO, est égal à l'angle OBC, différence de ces deux derniers. Donc les triangles OBC, O′B′C′, sont semblables comme ayant un angle égal compris entre côtés proportionnels.

De la similitude des triangles O′B′C′, OBC, on déduirait de même celle des triangles suivants O′C′D′, OCD; et ainsi de suite.

SCOLIES.

210. Deux points O et O', situés dans le plan de deux polygones semblables, sont dits *homologues*, lorsqu'en joignant l'un d'eux O aux extrémités d'un côté AB et l'autre O' aux extrémités du côté homologue A'B', on obtient deux triangles OAB, O'A'B', semblables et semblablement disposés par rapport aux deux polygones.

Il résulte de la démonstration précédente que deux points homologues quelconques peuvent être pris pour centres de décomposition de deux polygones semblables en triangles semblables et semblablement disposés.

Si le point O était extérieur au polygone ABCDE, son homologue O' serait aussi extérieur au polygone A'B'C'D'E'; il faudrait alors considérer les deux polygones comme composés de triangles additifs et de triangles soustractifs.

Si le point O coïncidait avec l'un des sommets A, son homologue O' coïnciderait avec le sommet A'.

211. Deux droites situées dans le plan de deux polygones semblables sont dites *homologues*, lorsque leurs extrémités sont deux à deux des points homologues; telles sont, par exemple, les diagonales relatives à des sommets homologues.

Le rapport de deux droites homologues quelconques est égal au rapport de similitude des deux polygones.

Fig. 157.

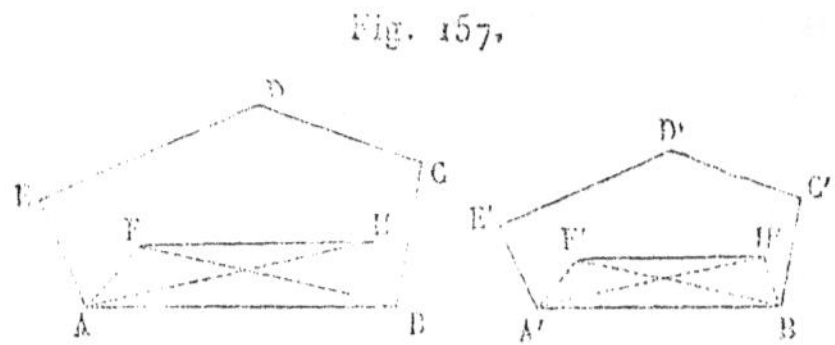

Soient en effet ABCDE, A'B'C'D'E' (*fig.* 157), deux polygones semblables, et FH, F'H', deux droites homologues quelconques. La similitude (210) des triangles FAB, F'A'B', prouve l'égalité des angles ABF, A'B'F', et celle des rapports $\frac{F'B'}{FB}$, $\frac{A'B'}{AB}$. De même, la similitude des triangles HAB, H'A'B', entraîne l'égalité des angles HBA, H'B'A', et celle des rapports $\frac{H'B'}{HB}$, $\frac{A'B'}{AB}$. On a par suite

$$\frac{F'B'}{FB} = \frac{H'B'}{HB},$$

et

$$\text{angle}\,FBH \text{ ou } HBA - FBA = \text{angle}\,F'B'H' \text{ ou } H'B'A' - F'B'A'$$

Donc, les triangles FBH, F'B'H', sont semblables (200), et le rapport $\frac{FH}{F'H'}$ est égal à chacun des rapports égaux $\frac{F'B'}{FB}$, $\frac{A'B'}{AB}$, c'est-à-dire au rapport de similitude des deux polygones considérés.

THÉORÈME.

212. *Le rapport des périmètres de deux polygones semblables est égal à leur rapport de similitude.*

En effet, ABCDE, A'B'C'D'E' (*fig.* 157), étant deux polygones semblables, les rapports

$$\frac{AB}{A'B'}, \quad \frac{BC}{B'C'}, \quad \frac{CD}{C'D'}, \quad \frac{DE}{D'E'}, \quad \frac{EA}{E'A'},$$

sont tous égaux par définition (197) au rapport de similitude; donc, en vertu d'une propriété connue, la somme de leurs numérateurs et celle de leurs dénominateurs, c'est-à-dire les périmètres des polygones ABCDE, A'B'C'D'E', forment un rapport égal à chacun des précédents, c'est-à-dire au rapport de similitude.

THÉORÈME.

213. *Deux parallèles quelconques sont coupées en parties proportionnelles par une série de sécantes issues d'un même point.*

Soient AD, A'D', deux parallèles, et une série de sécantes OAA', OBB', OCC', ODD', issues d'un point O placé, soit entre les deux parallèles, soit extérieurement (*fig.* 158); on a la suite de rapports égaux

$$(1) \qquad \frac{A'B'}{AB} = \frac{B'C'}{BC} = \frac{C'D'}{CD}.$$

En effet, les triangles semblables OAB, OA'B' (198), donnent

$$\frac{A'B'}{AB} = \frac{OB'}{OB}.$$

De même, par les triangles semblables OBC, OB'C', on a

$$\frac{OB'}{OB} = \frac{B'C'}{BC} = \frac{OC'}{OC}.$$

Enfin, les triangles semblables OCD, OC'D', donnent à leur tour

$$\frac{OC'}{OC} = \frac{C'D'}{CD}.$$

En supprimant les rapports communs, on a la série de rapports égaux (1) qu'il fallait démontrer.

214. On voit, par la démonstration même, que cette série de rapports est encore égale à la suite

$$\frac{OA'}{OA} = \frac{OB'}{OB} = \frac{OC'}{OC} = \frac{OD'}{OD}.$$

En d'autres termes, *le rapport de deux parties correspondantes quelconques des deux parallèles est le même que celui des distances du point* O *aux deux points où l'une quelconque des sécantes rencontre les deux parallèles.*

Fig. 158.

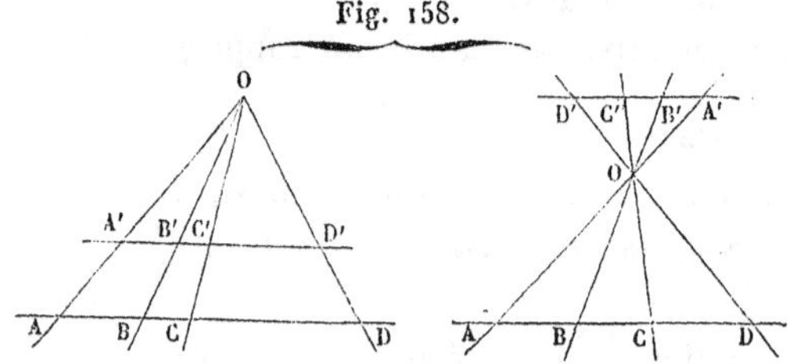

215. Réciproquement, *lorsque plusieurs sécantes* AA', BB', CC', DD', *coupent deux parallèles en parties proportionnelles, ces sécantes concourent en un même point* (*fig.* 158).

Appelons $\frac{a}{b}$ le rapport de deux parties correspondantes quelconques des deux parallèles, de sorte qu'on ait

$$\frac{A'B'}{AB} = \frac{A'C'}{AC} = \frac{B'C'}{BC} = \ldots = \frac{a}{b}.$$

1° Si les deux séries de points A, B, C, D, et A', B', C', D', présentent une disposition inverse l'une de l'autre (*fig.* 158), deux sécantes quelconques AA' et CC' se coupent en un point O intérieur aux deux parallèles; de plus, les triangles semblables OAC, OA'C', donnent

$$\frac{OA'}{OA} = \frac{A'C'}{AC} = \frac{a}{b}.$$

Ainsi, l'une quelconque CC' des sécantes coupe la première d'entre elles AA', en un point O situé entre A et A' et tel que

$$\frac{OA'}{OA} = \frac{a}{b}.$$

Toutes les sécantes concourent donc en ce point O (179).

2° Si les deux séries de points A, B, C, D et A', B', C', D', sont disposées de la même manière (*fig.* 158), on verra de même qu'une sécante quelconque CC' coupe la première AA' en un point O situé hors de AA' et tel que

$$\frac{OA'}{OA} = \frac{a}{b}.$$

Toutes les sécantes concourent donc aussi en ce point O (179).

216. Lorsque le rapport $\frac{a}{b}$ est égal à l'unité, les parties correspondantes des deux parallèles sont égales entre elles, et les sécantes sont toutes parallèles. Le théorème énoncé subsiste donc, à la condition de regarder deux *parallèles* comme *deux droites qui concourent à l'infini.*

THÉORÈME.

217. *Le lieu des points dont les distances à deux droites fixes ont un rapport donné est un système de deux droites passant par le point de concours des deux premières* (*fig.* 159)

En effet, soient OU et OV les deux droites, et M un point

quelconque pris dans l'intérieur de l'angle VOU ou de son opposé par le sommet;

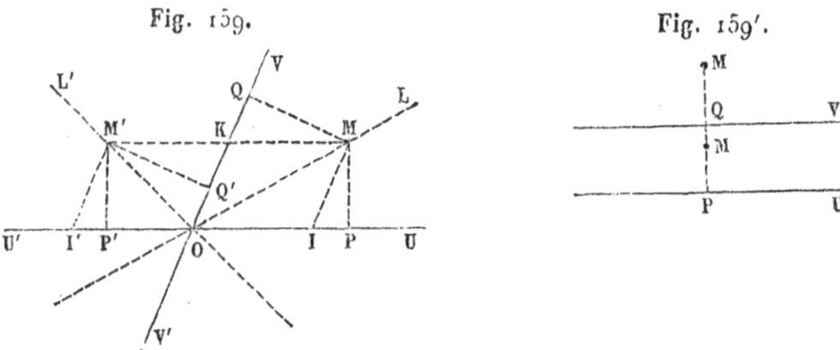

Fig. 159. Fig. 159'.

Menons par M les perpendiculaires MP et MQ sur OU et OV et les parallèles MK et MI aux mêmes droites. Quand le point M se déplace d'une manière quelconque dans l'angle UOV, le triangle MPI reste semblable à lui-même, puisque ses côtés conservent leurs directions; le rapport $\frac{MI}{MP}$ reste donc constant; il en est de même du rapport $\frac{MK}{MQ}$ et, par suite, de leur quotient $\frac{MI}{MK}\frac{MQ}{MP}$. Le lieu des points M pour lesquels $\frac{MQ}{MP}$ reste constant est donc le même que celui des points pour lesquels $\frac{MI}{MK}$ ou $\frac{MI}{OI}$ est invariable; mais alors, le triangle MOI restant semblable à lui-même, puisqu'il a un angle constant OIM compris entre deux côtés dont le rapport est fixe, l'angle MOI de ce triangle reste constant; donc le lieu du point M est une droite OL passant par O.

De même, dans l'angle VOU' et dans son opposé par le sommet, le lieu est une droite OL' passant par O.

Scolies.

218. Lorsque le rapport donné est égal à l'unité, le lieu est l'ensemble des bissectrices des angles VOU, VOU' (53).

219. Au lieu de mesurer les distances du point M à OU et OV perpendiculairement à ces droites, on pourrait les estimer suivant des directions déterminées quelconques, la démonstration et, par suite, le théorème subsisteraient.

220. Enfin, si les deux droites données U et V étaient parallèles (*fig.* 159'), le rapport constant $\frac{MP}{MQ}$ étant égal à $\frac{PQ \pm MQ}{MQ} = \frac{PQ}{MQ} \pm 1$, la distance MQ serait constante, et le lieu se composerait de deux droites parallèles aux proposées.

§ IV. — RELATIONS MÉTRIQUES ENTRE LES DIFFÉRENTES PARTIES D'UN TRIANGLE.

DÉFINITIONS.

221. On appelle *projection* d'un point A sur une droite indéfinie XY le pied *a* de la perpendiculaire abaissée de ce point sur cette droite (*fig.* 160).

Si l'on considère une droite limitée AB, la projection de cette droite sur XY est l'intervalle *ab* qui sépare les projections de ses extrémités A et B.

Fig. 160.

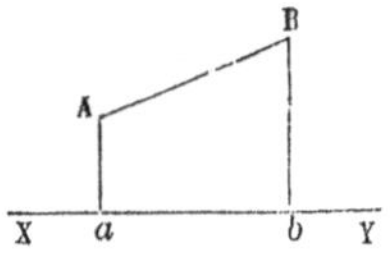

X a b Y

THÉORÈME.

222. *Si du sommet* A *de l'angle droit d'un triangle rectangle* ABC *on abaisse la perpendiculaire* AD *sur l'hypoténuse,* 1° *chaque côté de l'angle droit est moyenne proportionnelle entre l'hypoténuse et sa projection sur l'hypoténuse;* 2° *la perpendiculaire* AD *est moyenne proportionnelle entre les deux segments* BD *et* CD *de l'hypoténuse* (*fig.* 161).

Fig. 161.

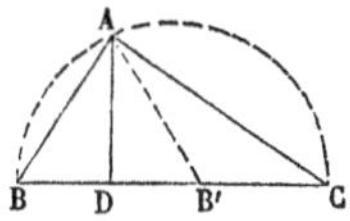

En effet :

1° Les droites AC et AD sont antiparallèles par rapport à l'angle B (189), puisqu'elles font un angle droit, l'une avec le

côté BA, l'autre avec le côté BC. On a donc (192).

$$\overline{BA}^2 = BC.BD,$$

et l'on démontrerait de même la relation $\overline{CA}^2 = BC.CD$.

2° Les droites AC et AD étant antiparallèles par rapport à l'angle B, les angles BAD et C sont égaux (189); par suite, si l'on amène le triangle ADB en ADB' en le faisant tourner autour de AD, l'angle B'AD sera égal à l'angle C, et les deux droites AB' et AC seront antiparallèles par rapport à l'angle ADC. On aura donc

$$\overline{AD}^2 = B'D.CD \quad \text{ou} \quad \overline{AD}^2 = BD.CD.$$

COROLLAIRE.

223. En joignant un point quelconque A d'une circonférence aux extrémités B et C d'un diamètre (*fig.* 161), on forme un triangle rectangle (131). De là, une nouvelle manière d'énoncer la proposition précédente :

1° *Toute corde* AB *d'un cercle est moyenne proportionnelle entre le diamètre* BC *qui passe par l'une de ses extrémités et sa projection* BD *sur ce diamètre;*

2° *La perpendiculaire* AD, *abaissée d'un point quelconque* A *d'une circonférence sur un diamètre* BC, *est moyenne proportionnelle entre les deux segments* BD *et* CD *de ce diamètre.*

THÉORÈME.

224. *Les trois côtés d'un triangle rectangle étant évalués en nombres au moyen d'une unité commune, le carré du nombre qui mesure l'hypoténuse est égal à la somme des carrés des nombres qui mesurent les deux côtés de l'angle droit;* ou plus brièvement, *dans tout triangle rectangle, le carré de l'hypoténuse est égal à la somme des carrés des deux autres côtés.*

En effet, en ajoutant les deux relations (222, 1°) :

$$\overline{AB}^2 = BC.BD, \quad \overline{AC}^2 = BC.CD,$$

on obtient

$$\overline{AB}^2 + \overline{AC}^2 = BC(BD + CD) \quad \text{ou} \quad \overline{AB}^2 + \overline{AC}^2 = \overline{BC}^2.$$

COROLLAIRES.

225. Ce théorème permet de calculer l'un des côtés d'un triangle rectangle quand on connaît les deux autres.

Si l'on connaît les deux côtés b et c de l'angle droit, l'hypoténuse a résulte de la formule

$$a^2 = b^2 + c^2, \quad \text{d'où} \quad a = \sqrt{b^2 + c^2}.$$

Ainsi, soient $b = 3$, $c = 4$, on a $a = \sqrt{9 + 16} = \sqrt{25} = 5$.

Si l'on connaît l'hypoténuse a et l'un des côtés b de l'angle droit, on trouve l'autre côté c par la formule

$$c^2 = a^2 - b^2, \quad \text{d'où} \quad c = \sqrt{a^2 - b^2}.$$

Ainsi, pour $a = 5$ et $b = 3$, on a $c = \sqrt{25 - 9} = \sqrt{16} = 4$.

Il résulte encore de la proposition précédente que *le rapport de la diagonale d'un carré au côté de ce carré est égal*

Fig. 162.

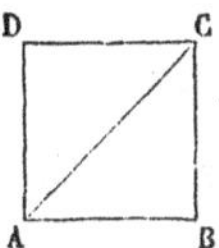

à $\sqrt{2}$. La diagonale AC est en effet l'hypoténuse d'un triangle rectangle et isocèle ABC (*fig.* 162), dans lequel on a

$$\overline{AC}^2 = \overline{AB}^2 + \overline{BC}^2 = 2.\overline{AB}^2,$$

d'où

$$\frac{\overline{AC}^2}{\overline{AB}^2} = 2 \quad \text{et} \quad \frac{AC}{AB} = \sqrt{2}.$$

Ainsi, la diagonale et le côté d'un carré sont deux droites *incommensurables* entre elles, puisque leur rapport est un nombre incommensurable. C'est ce que nous avons déjà démontré par la Géométrie pure (139).

THÉORÈME.

226. *Dans tout triangle, le carré d'un côté opposé à un angle aigu est égal à la somme des carrés des deux autres*

côtés, moins deux fois le produit de l'un de ces côtés par la projection du second sur le premier.

Fig. 163.

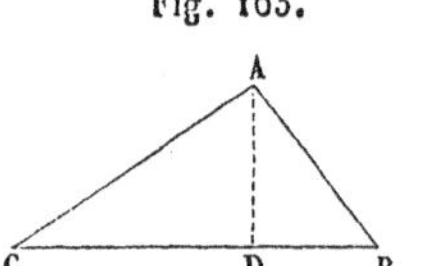

Fig. 163'

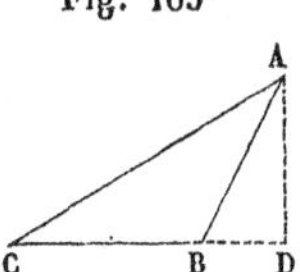

Soient ABC le triangle proposé, C un angle aigu et CD la projection du côté AC sur CB; il s'agit de démontrer la relation

$$\overline{AB}^2 = \overline{BC}^2 + \overline{AC}^2 - 2BC.CD.$$

Deux cas peuvent se présenter, suivant que la perpendiculaire AD tombe à l'intérieur ou à l'extérieur du triangle ABC; le premier cas a lieu lorsque l'angle ABC est aigu, et le second lorsque cet angle est obtus (44).

Dans le premier cas (*fig.* 163), le triangle rectangle ABD donne

$$\overline{AB}^2 = \overline{BD}^2 + \overline{AD}^2. \tag{1}$$

Or, puisque le point D est, par hypothèse, situé entre C et B, on a

$$BD = BC - CD,$$

et, par suite, d'après un théorème connu d'Arithmétique (¹),

$$\overline{BD}^2 = \overline{BC}^2 + \overline{CD}^2 - 2BC.CD.$$

En portant cette valeur de $\overline{BD}^2$ dans la relation (1), on trouve

$$\overline{AB}^2 = \overline{BC}^2 + \overline{CD}^2 + \overline{AD}^2 - 2BC.CD;$$

et, comme le triangle rectangle ACD donne

$$\overline{CD}^2 + \overline{AD}^2 = \overline{AC}^2,$$

on a finalement

$$\overline{AB}^2 = \overline{BC}^2 + \overline{AC}^2 - 2BC.CD.$$

(¹) Le carré de la différence de deux nombres est égal au carré du premier nombre, plus le carré du second, moins le double produit de ces deux nombres.

Dans le second cas (*fig.* 163′), la démonstration est la même. Il est vrai que, au lieu de

$$BD = BC - CD, \quad \text{on a} \quad BD = CD - BC;$$

mais comme, en vertu du théorème d'Arithmétique cité, le carré de BD reste le même, et que c'est ce carré seul qui figure dans la démonstration, on voit que tout le raisonnement subsiste.

THÉORÈME.

227. *Si l'un des angles d'un triangle est obtus, le carré du côté opposé à cet angle est égal à la somme des carrés des deux autres côtés, plus deux fois le produit de l'un de ces côtés par la projection du second sur le premier* (*fig.* 164).

Fig. 164

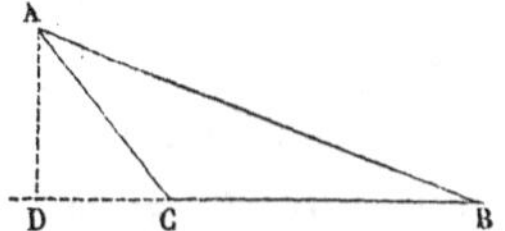

Soient ABC le triangle proposé, C l'angle obtus, et CD la projection de AC sur BC; il s'agit de démontrer la relation

$$\overline{AB}^2 = \overline{BC}^2 + \overline{AC}^2 + 2BC.CD.$$

Le triangle rectangle ABD donne

$$(1) \qquad \overline{AB}^2 = \overline{BD}^2 + \overline{AD}^2.$$

Or, puisque l'angle ACB est obtus, la perpendiculaire AD tombe hors du triangle (44), et le point D est extérieur à BC; on a donc

$$BD = BC + CD,$$

et, par suite, en vertu d'un théorème connu d'Arithmétique ([1]),

$$\overline{BD}^2 = \overline{BC}^2 + \overline{CD}^2 + 2BC.CD.$$

En substituant cette valeur de $\overline{BD}^2$ dans la relation (1), on trouve

$$\overline{AB}^2 = \overline{BC}^2 + \overline{CD}^2 + \overline{AD}^2 + 2BC.CD;$$

([1]) Le carré de la somme de deux nombres est égal au carré du premier, plus le carré du second, plus le double produit de ces deux nombres.

et, comme le triangle rectangle ACD donne

$$\overline{CD}^2 + \overline{AD}^2 = \overline{AC}^2,$$

on a finalement

$$\overline{AB}^2 = \overline{BC}^2 + \overline{AC}^2 + 2BC.CD.$$

Corollaires.

228. Il résulte des trois théorèmes précédents que, *dans un triangle, le carré d'un côté est inférieur, égal ou supérieur à la somme des carrés des deux autres, suivant que l'angle opposé à ce côté est aigu, droit ou obtus;* donc, réciproquement (7), *un angle d'un triangle est aigu, droit ou obtus, suivant que le carré du côté opposé à cet angle est inférieur, égal ou supérieur à la somme des carrés des deux autres côtés.*

Par exemple, si $a = 5$, $b = 4$, $c = 3$, l'angle A est droit et le triangle est rectangle, puisque $25 = 16 + 9$. De même, si $a = 11$, $b = 9$, $c = 8$, l'angle A est aigu, puisque 11^2 ou 121 est moindre que $9^2 + 8^2$, c'est-à-dire que $81 + 64 = 145$.

229. Comme application des théorèmes qui précèdent, nous allons calculer les hauteurs d'un triangle en fonction des côtés. Nous désignerons par ABC le triangle considéré, et par a, b, c, les longueurs des côtés respectivement opposés aux angles A, B, C.

Cherchons la hauteur $AD = h$ issue du sommet A. Des deux angles B et C, l'un au moins est aigu; supposons que ce soit l'angle C (*fig.* 163').

On a d'abord, dans le triangle rectangle ADC (225),

$$h^2 = b^2 - \overline{CD}^2;$$

puis, dans le triangle ABC (226),

$$c^2 = a^2 + b^2 - 2a.CD.$$

On déduit de là

$$CD = \frac{a^2 + b^2 - c^2}{2a},$$

et la première relation devient

$$h^2 = b^2 - \frac{(a^2 + b^2 - c^2)^2}{4a^2} = \frac{4a^2b^2 - (a^2 + b^2 - c^2)^2}{4a^2};$$

ou, en vertu d'un théorème d'Arithmétique ([1])

$$h^2 = \frac{(2ab + a^2 + b^2 - c^2)(2ab - a^2 - b^2 + c^2)}{4a^2}$$

$$= \frac{[(a+b)^2 - c^2][c^2 - (a-b)^2]}{4a^2}$$

$$= \frac{(a+b+c)(a+b-c)(c+a-b)(c-a+b)}{4a^2}.$$

Or, si l'on désigne par p le demi-périmètre du triangle ABC, c'est-à-dire si l'on pose

$$a + b + c = 2p,$$

on a

$$b + c - a = 2p - 2a = 2(p - a),$$
$$a + c - b = 2p - 2b = 2(p - b),$$
$$a + b - c = 2p - 2c = 2(p - c).$$

En portant ces valeurs dans l'expression de h^2, simplifiant et extrayant la racine carrée, on obtient

$$h = \frac{2}{a}\sqrt{p(p-a)(p-b)(p-c)}.$$

Exemple. Pour les hauteurs h, h', h'', du triangle dont les côtés sont 13, 9 et 6, on trouve, à 1 millième près,

$$h = 3,641, \quad h' = 5,259, \quad h'' = 7,886.$$

THÉORÈME.

230. *La somme des carrés de deux côtés d'un triangle est égale à deux fois le carré de la médiane relative au troisième côté, plus deux fois le carré de la moitié de ce troisième côté* (*fig.* 165).

Fig. 165.

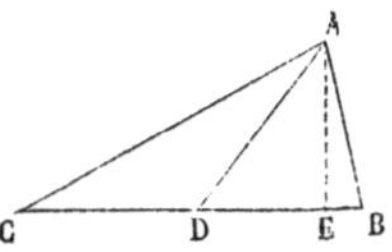

Soient ABC le triangle proposé, AD la médiane relative au côté BC, et AE la perpendiculaire abaissée du point A sur BC.

([1]) La différence des carrés de deux nombres est égale au produit de la somme de ces deux nombres par leur différence.

L'angle ADB étant aigu, on a, dans le triangle ADB,

$$\overline{AB}^2 = \overline{AD}^2 + \overline{BD}^2 - 2BD.DE.$$

L'angle ADC étant obtus, on a, dans le triangle ACD,

$$\overline{AC}^2 = \overline{AD}^2 + \overline{CD}^2 + 2CD.DE.$$

En ajoutant ces deux égalités et en observant que $CD = BD$, on trouve

$$(1) \qquad \overline{AB}^2 + \overline{AC}^2 = 2\overline{AD}^2 + 2\overline{BD}^2.$$

COROLLAIRES.

231. Considérons un quadrilatère ABCD (*fig.* 166), et soient E et F les

Fig. 166.

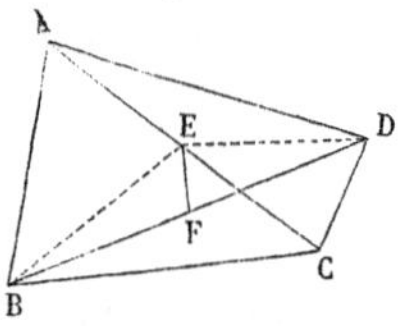

milieux des deux diagonales AC et BD. En appliquant successivement le théorème qui précède aux triangles ABC et ADC, on a

$$AB + \overline{BC}^2 = 2\overline{AE}^2 + 2\overline{BE}^2,$$
$$\overline{CD}^2 + \overline{DA}^2 = 2\overline{AE}^2 + 2\overline{DE}^2;$$

d'où, en ajoutant et en désignant par S la somme des carrés des quatre côtés du quadrilatère,

$$S = 4\overline{AE}^2 + 2\left(\overline{BE}^2 + \overline{DE}^2\right).$$

Or, dans le triangle BED, on a

$$\overline{BE}^2 + \overline{DE}^2 = 2\overline{BF}^2 + 2\overline{EF}^2.$$

Donc, enfin,

$$S = 4\overline{AE}^2 + 4\overline{BF}^2 + 4\overline{EF}^2 = \overline{AC}^2 + \overline{BD}^2 + 4\overline{EF}^2.$$

Ainsi, *dans tout quadrilatère, la somme des carrés des quatre côtés est égale à la somme des carrés des deux diagonales, plus quatre fois le carré de la droite qui unit les milieux de ces diagonales.*

Pour que le quadrilatère soit un parallélogramme, il faut et il suffit que les points E et F coïncident (83, 84). Donc, *dans tout parallélo-*

gramme, la somme des carrés des côtés est égale à la somme des carrés des diagonales, et réciproquement, *si la somme des carrés des côtés d'un quadrilatère est égale à la somme des carrés des deux diagonales, ce quadrilatère est un parallélogramme.*

232. Revenons au triangle ABC (*fig.* 165). Si, les points B et C restant fixes, le sommet A se déplace de manière que la somme des carrés des côtés AB et AC reste constante, la relation (1) du n° 230 montre que la valeur de la médiane AD restera constante. Donc, *le lieu des points dont la somme des carrés des distances à deux points fixes est constante est une circonférence ayant pour centre le milieu de la droite qui unit les deux points fixes.* D'ailleurs, pour trouver le rayon AD de ce cercle, il suffit de remplacer dans la relation (1) la somme $\overline{AB}^2 + \overline{AC}^2$ par la constante donnée K^2; on a ainsi successivement

$$K^2 = 2\overline{AD}^2 + 2\overline{BD}^2, \quad \overline{AD}^2 = \frac{K^2}{2} - \overline{BD}^2, \quad AD = \sqrt{\frac{K^2}{2} - \overline{BD}^2}.$$

On voit que le lieu n'existe qu'autant que la condition

$$\frac{K^2}{2} > \overline{BD}^2 \quad \text{ou} \quad K > BD\sqrt{2}$$

est satisfaite.

233. Enfin, comme dernière application du théorème précédent, nous calculerons les médianes d'un triangle en fonction des côtés.

m étant la médiane relative au côté $BC = a$, on a, par la relation (1),

$$b^2 + c^2 = 2m^2 + 2\left(\frac{a}{2}\right)^2, \quad \text{d'où} \quad m = \frac{1}{2}\sqrt{2(b^2 + c^2) - a^2}.$$

Exemple. Pour les médianes m, m', m'', du triangle dont les côtés sont 13, 9 et 6, on obtient, à 1 millième près,

$$m = 4{,}031, \quad m' = 9{,}069, \quad m'' = 10{,}770.$$

THÉORÈME.

234. *La différence des carrés de deux côtés d'un triangle est égale au double produit du troisième côté par la projection de la médiane correspondante sur ce même côté.*

Soit ABC le triangle proposé (*fig.* 165); reprenons les deux égalités

$$\overline{AB}^2 = \overline{AD}^2 + \overline{BD}^2 - 2BD.DE,$$
$$\overline{AC}^2 = \overline{AD}^2 + \overline{CD}^2 + 2CD.DE,$$

considérées au n° 230, et retranchons la première de la seconde, en observant que BD = CD; il viendra

$$\overline{AC}^2 - \overline{AB}^2 = 4BD.DE \quad \text{ou} \quad \overline{AC}^2 - \overline{AB}^2 = 2BC.DE.$$

Corollaire.

235. Si, les points B et C restant fixes, le sommet A se déplace de façon que la différence $\overline{AC}^2 - \overline{AB}^2$ reste constante, la relation précédente prouve que la projection DE de la médiane ne change pas, c'est-à-dire que la projection E du sommet mobile A sur la droite BC reste fixe. Donc, *le lieu des points* A, *dont la différence* $\overline{AC}^2 - \overline{AB}^2$ *des carrés des distances à deux points fixes* C *et* B *est constante, est une droite perpendiculaire à la droite* BC *qui unit les deux points fixes.* D'ailleurs, pour avoir la valeur de DE, il suffit de remplacer dans la relation qui précède la différence $\overline{AC}^2 - \overline{AB}^2$ par la constante donnée K^2; on a ainsi successivement

$$K^2 = 2BC.DE, \quad DE = \frac{K^2}{2BC}.$$

THÉORÈME.

236. *Le produit de deux côtés d'un triangle est égal au produit des deux segments additifs que la bissectrice de leur angle détermine sur le troisième côté, augmenté du carré de cette bissectrice.*

En effet, soient (*fig.* 167) ABC le triangle proposé, ACEBE' le cercle circonscrit, et AD la bissectrice de l'angle BAC qui passe évidemment par

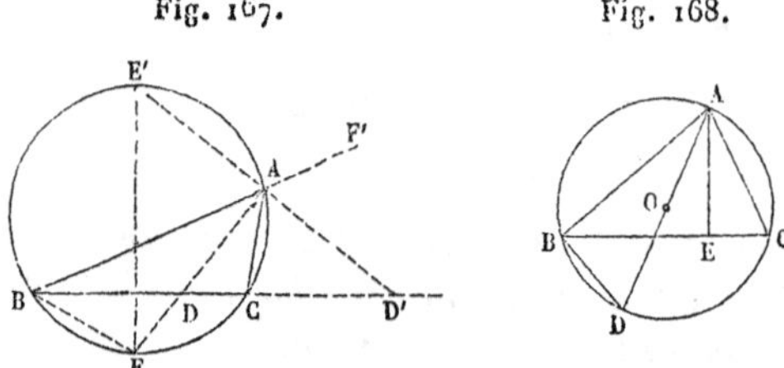

Fig. 167. Fig. 168.

le milieu E de l'arc BC; les triangles ABE, ADC, ont deux angles égaux chacun à chacun, savoir : l'angle BAE égal à l'angle DAC, puisque la droite AE est, par hypothèse, bissectrice de l'angle BAC, et les angles BEA, DCA, égaux entre eux comme inscrits dans le même segment BECA.

Ces triangles sont donc semblables, et l'on a

$$\frac{AB}{AD} = \frac{AE}{AC}$$

ou (193)

$$AB.AC = AE.AD = (AD + DE)AD = \overline{AD}^2 + DA.DE = \overline{AD}^2 + DB.DC.$$

237. En considérant la bissectrice AD' de l'angle extérieur CAF', qui passe évidemment par le milieu E' de l'arc BAC, on déduirait de la similitude des triangles ACD', ABE', la relation

$$AB.AC = AE'.AD',$$

qu'on transformerait ensuite dans la suivante :

$$AB.AC = D'B.D'C - \overline{AD'}^2.$$

Donc, *le produit de deux côtés d'un triangle est égal au produit des deux segments soustractifs que la bissectrice de leur angle extérieur détermine sur le troisième côté, diminué du carré de cette bissectrice.*

238. Ces théorèmes permettent de calculer les longueurs des bissectrices en fonction des côtés du triangle.

S'agit-il, par exemple, de la bissectrice AD $= \alpha$, il suffit de remplacer dans la relation

$$bc = \alpha^2 + DB.DC,$$

les segments DB et DC par leurs valeurs que l'on déduit (184) des équations

$$\frac{DB}{c} = \frac{DC}{b} = \frac{DB + DC}{b + c} = \frac{a}{b + c}.$$

On trouve ainsi, réductions faites, et en désignant par p le demi-périmètre du triangle,

$$\alpha = \frac{2}{b + c}\sqrt{bcp(p - a)}.$$

Un calcul analogue donnerait pour la bissectrice AD' $= \alpha'$ de l'angle extérieur

$$\alpha' = \frac{2}{c - b}\sqrt{bc(p - b)(p - c)}.$$

Exemple. Pour les bissectrices intérieures α, β, γ, et pour les bissectrices extérieures α', β', γ', du triangle dont les côtés sont 13, 6 et 9, on obtient à 1 millième près

$$\alpha = 3,833, \quad \beta = 7,778, \quad \gamma = 10,407,$$
$$\alpha' = 30,983, \quad \beta' = 7,137, \quad \gamma' = 12,093.$$

SCOLIE.

239. Voici une autre expression souvent utile du produit de deux côtés d'un triangle.

Le produit de deux côtés AB, AC, *d'un triangle est égal au produit du diamètre* AD *du cercle circonscrit par la hauteur* AE *relative au troisième côté* (*fig.* 168).

La relation à démontrer

$$AB.AC = AD.AE \quad \text{ou} \quad \frac{AB}{AD} = \frac{AE}{AC}$$

résulte immédiatement de la similitude des deux triangles rectangles ABD, AEC, dont les angles aigus D et C sont égaux comme inscrits dans le même segment.

Ce théorème permet de calculer, en fonction des côtés du triangle, le rayon R du cercle circonscrit; il suffit pour cela de remplacer, dans l'égalité

$$bc = 2R.AE,$$

la hauteur AE par sa valeur donnée au nº 229; on trouve alors

$$R = \frac{abc}{4\sqrt{p(p-a)(p-b)(p-c)}}.$$

Pour $a = 13$, $b = 9$, $c = 6$, on a $R = 7,416$.

THÉORÈME.

240. *Dans tout quadrilatère inscriptible convexe, le produit des diagonales est égal à la somme des produits des côtés opposés, et réciproquement.*

En effet, considérons un quadrilatère convexe quelconque ABCD (*fig.* 169), et désignons respectivement par a, b, c, d,

Fig. 169.

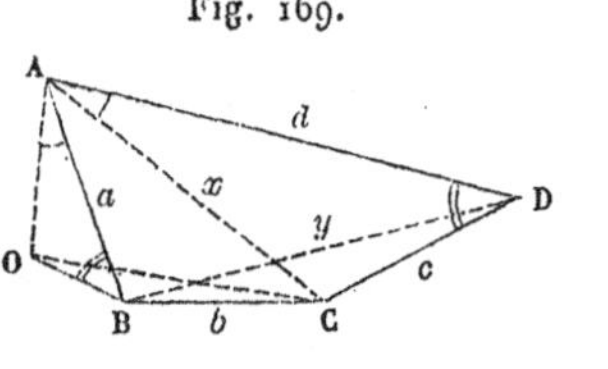

Fig. 170.

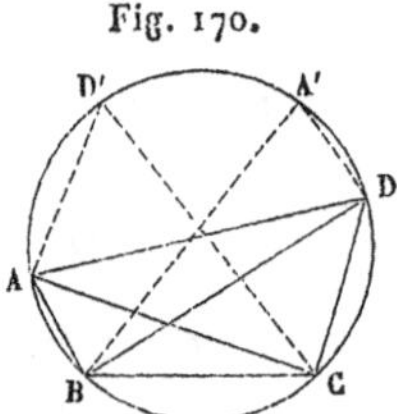

x, y les côtés AB, BC, CD, DA et les diagonales AC, BD; enfin, sur AB considéré comme homologue de AD, construisons, extérieurement au quadrilatère, un triangle ABO semblable à

ADC. Nous aurons d'abord

$$(1) \qquad \frac{AO}{AC} = \frac{AB}{AD} = \frac{OB}{CD},$$

d'où

$$AO = \frac{ax}{d}, \quad OB = \frac{ac}{d}.$$

La première des proportions (1) et l'égalité évidente des angles OAC, BAD prouvent que les triangles OAC, BAD sont semblables comme ayant un angle égal compris entre côtés proportionnels; on en conclut la relation

$$\frac{OC}{BD} = \frac{AC}{AD}, \quad \text{d'où} \quad OC = \frac{xy}{d}.$$

Ainsi, *les trois côtés du triangle* OBC ont respectivement pour valeurs

$$BC = b, \quad OB = \frac{ac}{d}, \quad OC = \frac{xy}{d},$$

et, par conséquent, *sont proportionnels* aux produits bd, ac, xy. Donc, comme OC est moindre que OB + BC, on voit que dans un quadrilatère convexe quelconque le produit xy des diagonales est inférieur à la somme $ac + bd$ des produits des côtés opposés. Pour qu'il soit égal à cette somme, il faut et il suffit que le côté BO soit le prolongement de CB, c'est-à-dire que l'angle ABO, et par suite son égal ADC, soit le supplément de ABC, ou enfin que le quadrilatère ABCD soit inscriptible.

Corollaires.

241. La démonstration qui précède suggère immédiatement le moyen de *construire un quadrilatère convexe inscriptible connaissant les longueurs a, b, c, d des côtés et leur ordre de succession.*

On portera *sur une même droite* à la suite l'une de l'autre des longueurs CB, BO respectivement égales à b et à $\frac{ac}{d}$; puis, on aura le sommet A par l'intersection du cercle décrit du point B pour centre avec a pour rayon et du cercle, lieu des points dont les distances aux points O et C sont dans le rapport $\frac{AO}{AC} = \frac{a}{d}$. On connaîtra alors les trois côtés du triangle DAC, ce qui déterminera le point D.

Il y a deux points D; mais on choisira celui qui est, par rapport à AC, du côté opposé à B. De même, il y a deux points A; mais ils sont symétriques par rapport à BC; il suffira donc de prendre l'un d'eux, l'autre donnant le même quadrilatère placé symétriquement par rapport à BC. Il y a donc une solution unique.

242. Si l'ordre de succession des côtés n'était pas imposé, on trouverait trois quadrilatères distincts, suivant qu'on opposerait au côté b, le côté d, c ou a : à chacun de ces cas répondent, il est vrai, deux quadrilatères; mais ces deux quadrilatères sont égaux; ils ne diffèrent que par leur disposition symétrique par rapport à la perpendiculaire élevée sur le milieu du côté b.

Lorsqu'on a l'un ABCD (*fig.* 170) des trois quadrilatères, on obtient immédiatement les deux autres ABCD′, BCDA′, en prenant sur le cercle circonscrit au premier l'arc AD′ égal à l'arc CD, et l'arc DA′ égal à l'arc AB; les arcs BAD′, CDA′ étant égaux, leurs cordes BD′, CA′ sont égales, et, en désignant par z leur valeur commune, on voit que les trois quadrilatères ont respectivement pour diagonales x et y, x et z, y et z. Le théorème ci-dessus (**240**) appliqué à chacun d'eux donne

$$(2) \qquad xy = ac + bd, \quad xz = ad + bc, \quad yz = ab + cd.$$

En divisant les deux dernières équations membre à membre, on obtient

$$(3) \qquad \frac{x}{y} = \frac{ad + bc}{ab + cd}.$$

Donc : *Dans tout quadrilatère inscriptible convexe, les diagonales sont entre elles comme les sommes des produits des côtés qui aboutissent à leurs extrémités.*

La réciproque de cette proposition est vraie : en d'autres termes, si les diagonales et les côtés d'un quadrilatère convexe ABCD satisfont à la relation (3), le quadrilatère est inscriptible. En effet, soient x_1 et y_1 les diagonales du quadrilatère inscriptible

$A_1B_1C_1D_1$ qui a ses côtés égaux à ceux du quadrilatère ABCD et disposés dans le même ordre; en vertu du théorème direct, le rapport $\frac{x_1}{y_1}$ sera égal au second membre de la relation (3); on aura donc

$$(4) \qquad \frac{x_1}{y_1} = \frac{x}{y};$$

or, si l'on avait $x_1 > x$, il en résulterait $B_1 > B$ et $D_1 > D$; d'ailleurs, on aurait aussi, en vertu de (4), $y_1 > y$, et, par conséquent, $A_1 > A$ et $C_1 > C$; la somme des angles du quadrilatère $A_1B_1C_1D_1$ l'emporterait donc sur celle des angles du quadrilatère ABCD, ce qui est absurde. On prouverait de même qu'on ne peut avoir $x_1 < x$; donc il y a égalité entre les diagonales x et x_1, et, par suite, entre les quadrilatères ABCD, $A_1B_1C_1D_1$; le quadrilatère ABCD est donc inscriptible.

Indiquons enfin les valeurs des trois diagonales en fonction des côtés :

$$x^2 = \frac{(ad+bc)(ac+bd)}{ab+cd}, \quad y^2 = \frac{(ac+bd)(ab+cd)}{ad+bc},$$

$$z^2 = \frac{(ab+cd)(ad+bc)}{ac+bd};$$

on les obtient en divisant le produit des trois équations (2) successivement par le carré de chacune d'elles.

SCOLIE.

243. Le théorème du n° **240** est attribué à Ptolémée qui, dans son *Almageste*, l'a donné comme lemme pour la construction d'une table de cordes. Il offre, en effet, le moyen de calculer la corde u de la somme de deux arcs en fonction des cordes c et c' de ces arcs et du diamètre δ du cercle; les deux cordes et le diamètre qui passe par leur point commun forment deux côtés contigus et une diagonale d'un quadrilatère inscrit dont l'autre diagonale est la corde inconnue u, tandis que les deux autres côtés sont égaux à $\sqrt{\delta^2 - c^2}$, $\sqrt{\delta^2 - c'^2}$; de là, en vertu du théorème de Ptolémée, la relation

$$\delta u = c\sqrt{\delta^2 - c'^2} + c'\sqrt{\delta^2 - c^2},$$

qui permet de calculer u.

§ V. — PROBLÈMES RELATIFS AUX LIGNES PROPORTIONNELLES.

244. *Diviser une droite* A *en parties proportionnelles à des droites données* M, N, P, *ou en un certain nombre de parties égales.*

Après avoir tracé un angle CBD de grandeur convenable (*fig.* 171), prenez sur le côté BC une longueur BE égale à A, et sur le côté BD des longueurs BF, FG, GH, respectivement

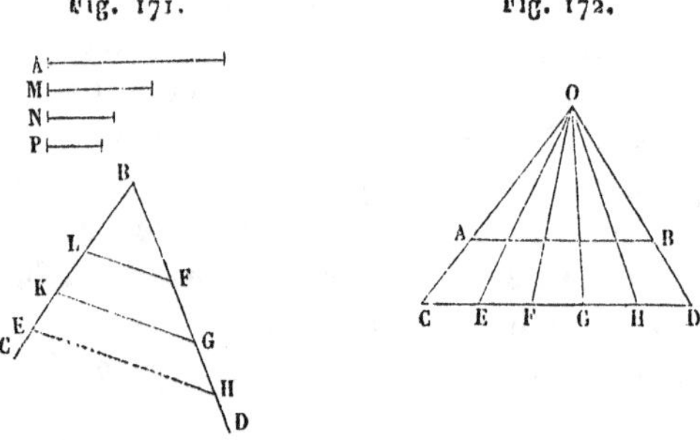

égales à M, N, P. Tirez HE, et menez FL, GK, parallèles à HE. La droite BE ou A sera ainsi divisée aux points L et K en parties proportionnelles à M, N, P. On a, en effet (181),

$$\frac{BL}{BF} = \frac{LK}{FG} = \frac{KE}{GH} \quad \text{ou} \quad \frac{BL}{M} = \frac{LK}{N} = \frac{KE}{P}.$$

Si l'on devait partager A proportionnellement à des nombres donnés m, n, p, on représenterait ces nombres par des droites M, N, P, en adoptant une certaine longueur comme unité, et l'on retomberait sur la question précédente.

245. Enfin, le procédé graphique que nous venons d'indiquer permet aussi de diviser une droite A en parties égales; il suffit évidemment de supposer M, N, P, quelconques, mais égales entre elles; ce qui revient à porter sur BD des longueurs BF, FG, GH, égales entre elles, et à mener par F et G des parallèles à HE.

Lorsqu'on a plusieurs droites à diviser en un même nombre de parties égales, on préfère employer le tracé suivant :

5 étant, par exemple, le nombre des parties égales, tirez une

droite indéfinie CD (*fig.* 172) sur laquelle vous porterez cinq fois une même ouverture de compas CE = EF = FG = GH = HD. Des extrémités C et D comme centres, avec CD pour rayon, décrivez successivement deux arcs de cercle qui se couperont en un point O, et menez OC, OE, OF, OG, OH, OD. Cela étant, prenez OA et OB égales à l'une des droites que vous voulez diviser, et tirez AB; cette droite AB sera égale à la droite proposée, puisque le triangle OCD étant équilatéral, le triangle OAB qui lui est semblable doit l'être aussi, et de plus AB sera divisée (213), par les sécantes issues du point O, en cinq parties proportionnelles aux parties de CD, c'est-à-dire égales entre elles.

PROBLÈME.

246. *Trouver la quatrième proportionnelle à trois droites données* M, N, P.

Après avoir tracé un angle BAC de grandeur convenable, prenez (*fig.* 173) sur le côté AB des longueurs AB et AD respectivement égales à M et à N, et sur le côté AC une longueur AC égale à P; tirez BC et menez DE parallèle à BC; AE sera la quatrième proportionnelle cherchée. On a, en effet (182),

Fig. 173.

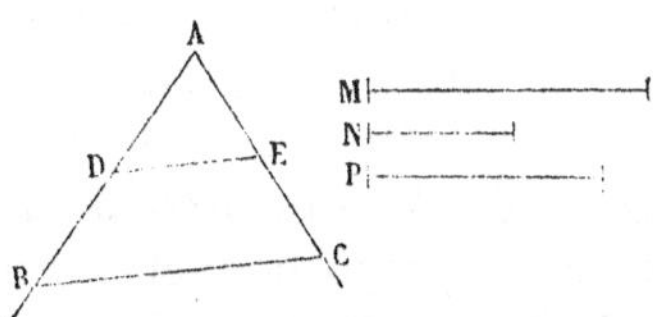

$$\frac{AB}{AD} = \frac{AC}{AE} \quad \text{ou} \quad \frac{M}{N} = \frac{P}{AE}.$$

SCOLIES.

247. Si les droites N et P étaient égales, AE serait la troisième proportionnelle à M et à N.

PROBLÈME.

248. *Construire la moyenne proportionnelle entre deux droites données* A *et* B.

1° Prenez, à la suite l'une de l'autre (*fig.* 174), sur une droite indéfinie, deux longueurs CD et DE respectivement égales à A et à B. Sur CE, comme diamètre, décrivez une circonférence, et par le point D élevez DF perpendiculaire à CE. La droite DF sera (223) la moyenne proportionnelle entre CD et DE, c'est-à-dire entre A et B.

2° Lorsque les droites données A et B sont un peu grandes, on préfère le procédé suivant : prenez sur une droite indé-

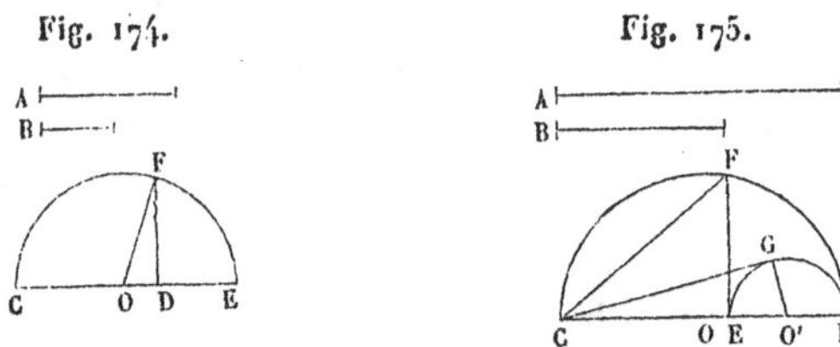

finie (*fig.* 175), et à partir du même point C, deux longueurs CD et CE respectivement égales à A et à B; sur CD, comme diamètre, décrivez une circonférence, et élevez EF perpendiculaire à CD; enfin tirez FC. La corde FC sera (223) la moyenne proportionnelle entre CD et CE, c'est-à-dire entre A et B.

3° On pourrait aussi, après avoir pris CD et CE égales à A et à B (*fig.* 175), décrire une circonférence quelconque passant par E et D, par exemple la circonférence dont ED est le diamètre, puis mener la tangente CG à cette circonférence. Cette tangente (195) serait la moyenne proportionnelle entre CD et CE, c'est-à-dire entre A et B. Toutefois, au point de vue graphique, ce procédé est inférieur au précédent, et il convient de ne l'employer que lorsqu'on veut relier la construction à une autre figure qui contient déjà plusieurs des lignes dont ce procédé exige le tracé.

Scolie.

249. La moyenne proportionnelle entre deux longueurs prend souvent le nom de *moyenne géométrique*, tandis qu'on appelle *moyenne arithmétique* de ces deux longueurs leur demi-somme.

Les trois côtés du triangle rectangle CGO' (*fig.* 175) représentent respectivement : CG la moyenne géométrique des deux droites A et B, CO′ leur moyenne arithmétique et GO′ leur demi-différence. Comme le côté CG est moindre que l'hypoténuse CO′, on voit que *la moyenne géométrique est moindre que la moyenne arithmétique.* Appelons δ leur différence; le triangle O′CG donne

$$\overline{O'G}^2 = \overline{CO'}^2 - \overline{CG}^2 = (CO' + CG)(CO' - CG);$$

or, les moyennes CO′ et CG sont toutes deux supérieures à la plus petite B des deux lignes proposées; on a donc

$$\left(\frac{A-B}{2}\right)^2 > 2B.\delta, \quad \text{d'où} \quad \delta < \frac{(A-B)^2}{8B}.$$

Ainsi, *la différence entre la moyenne arithmétique et la moyenne géométrique de deux longueurs* A *et* B *est moindre que le carré de la différence de ces longueurs, divisé par huit fois la plus petite.*

250. Pour mettre en équation un problème de Géométrie, il suffit de concevoir que toutes les longueurs soient rapportées à une même unité, sans qu'il soit besoin de fixer cette unité commune, qu'on laisse, au contraire, indéterminée. Les raisonnements étant indépendants du choix de cette unité, c'est-à-dire de l'échelle à laquelle a été construite la figure que l'on a sous les yeux, si les raisonnements et les calculs sont justes, l'équation à laquelle on parvient doit pouvoir supporter, sans altération, un changement dans un même rapport de toutes les données linéaires, les données angulaires restant les mêmes. En d'autres termes, l'équation doit être *homogène,* c'est-à-dire telle qu'en y multipliant par un même nombre chaque lettre exprimant la mesure d'une longueur, ce nombre disparaisse de lui-même

Si l'inconnue est une longueur, la formule qui exprime sa mesure doit donc *être homogène et du premier degré;* construire cette formule, c'est trouver la longueur inconnue par des opérations graphiques exécutées sur les longueurs dont les mesures entrent dans la formule. Nous allons montrer qu'*on peut construire, à l'aide de la règle et du compas, toute expres-*

sion rationnelle ou ne renfermant d'autres irrationnelles que des radicaux ayant une puissance de 2 pour indice.

Pour plus de clarté, nous représenterons les longueurs par des lettres majuscules et les nombres qui les mesurent par les lettres minuscules correspondantes.

1° Si la formule est de la forme

$$x = a + b - c + d - e,$$

on portera, à l'aide du compas, à partir d'un point O, sur une droite fixe, les unes à la suite des autres, d'abord les longueurs A et B dans un même sens, puis C en sens contraire, D dans le sens primitif, enfin E en sens contraire; M étant l'extrémité de cette dernière, la longueur OM sera la longueur inconnue X.

2° S'il s'agit d'un monôme fractionnaire

$$X = \frac{a_0 a_1 a_2 a_3}{b_1 b_2 b_3}$$

(le nombre des facteurs du numérateur surpassant d'une unité celui du dénominateur), on écrira

$$\frac{c}{a_0} = \frac{a_1}{b_1}, \quad \frac{c_1}{c} = \frac{a_2}{b_2}, \quad \frac{x}{c_1} = \frac{a_3}{b_3},$$

d'où

$$\frac{C}{A_0} = \frac{A_1}{B_1}, \quad \frac{C_1}{C} = \frac{A_2}{B_2}, \quad \frac{X}{C_1} = \frac{A_3}{B_3},$$

en sorte que X s'obtiendra en construisant une suite C, C_1, X de quatrièmes proportionnelles.

3° Le procédé précédent ne suppose pas qu'au numérateur, comme au dénominateur, les facteurs soient inégaux. Il résulte de là que, p étant un monôme quelconque de degré k et u la mesure d'une longueur U donnée, on peut toujours construire une longueur A, telle que

$$a = \frac{p}{u^{k-1}}, \quad \text{ou} \quad p = u^{k-1}.a.$$

Cela posé, soit une fonction rationnelle quelconque (homogène et du premier degré)

$$x = \frac{p_0 + p_1 - p_2 + p_3}{q_0 - q_1 + q_2},$$

p_0, p_1, p_2, p_3 désignant des monômes de degré quelconque k, et q_0, q_1, q_2 des monômes de degré $k-1$. U étant une longueur prise à volonté, on construira d'abord des longueurs $A_0, A_1, A_2, A_3, B_0, B_1, B_2$, telles que l'on ait

$$p_0 = u^{k-1}.a_0, \quad p_1 = u^{k-1}.a_1, \quad p_2 = u^{k-2}.a_2, \quad p_3 = u^{k-3}.a_3,$$
$$q_0 = u^{k-2}.b_0, \quad q_1 = u^{k-2}.b_1, \quad q_2 = u^{k-2}.b_2;$$

on aura alors

$$x = \frac{u^{k-1}(a_0 + a_1 - a_2 + a_3)}{u^{k-2}(b_0 - b_1 + b_2)} = u \cdot \frac{a_0 + a_1 - a_2 + a_3}{b_0 - b_1 + b_2},$$

et enfin, en désignant par S et T les longueurs

$$S = A_0 + A_1 - A_2 + A_3, \quad T = B_0 - B_1 + B_2,$$

il viendra

$$\frac{X}{U} = \frac{S}{T},$$

en sorte que X s'obtiendra par une quatrième proportionnelle à T, S et U.

4° Considérons maintenant les expressions irrationnelles.

Soit le radical du second degré

$$x = \sqrt{\frac{p}{q}},$$

où p et q désignent des expressions entières et homogènes l'une de degré k, l'autre de degré $k-2$. U étant une longueur prise à volonté, on construira d'abord deux longueurs A et B telles que l'on ait

$$p = u^{k-1}.a, \quad q = u^{k-3}.b.$$

On aura dès lors

$$x = \sqrt{\frac{u^2 a}{b}} = \sqrt{u \cdot \frac{u.a}{b}}.$$

X sera donc la moyenne proportionnelle entre U et une longueur L quatrième proportionnelle à B, A et U.

Si l'indice du radical était une puissance de 2 supérieure à la première, la quantité sous le radical étant une fonction rationnelle et homogène de même degré que cet indice, on remplacerait ce radical par une suite de radicaux du second degré superposés. Soit, par exemple,

$$x = \sqrt[4]{a^4 - b^4};$$

on déterminera, au moyen de quatrièmes proportionnelles successives, une longueur C, telle que

$$a^4 = b^3 . c;$$

on aura alors

$$x = \sqrt[4]{b^3(c - b)} = \sqrt{b\sqrt{b(c - b)}},$$

et X s'obtiendra en construisant deux moyennes proportionnelles successives.

251. On peut avoir à construire une formule non homogène provenant de ce que l'on prend l'une A des lignes de la figure pour unité; il faut alors commencer par *rétablir l'homogénéïté;* c'est-à-dire par chercher la formule qui remplacerait la proposée, si l'on avait laissé l'unité arbitraire.

Or, soit a le nombre qui mesurerait la longueur A (prise d'abord pour unité) si l'on adoptait une autre unité U d'ailleurs arbitraire. Soient $b, c, \ldots,$ les mesures des autres longueurs B, C, ..., l'unité étant A, et $b', c', \ldots,$ leurs nouvelles mesures, l'unité étant U. Puisque le rapport de deux grandeurs est toujours égal au quotient des deux mesures quelle que soit l'unité commune, on a

$$b = \frac{b'}{a}, \quad c = \frac{c'}{a}, \quad \ldots.$$

Il suffira donc de remplacer, dans la formule donnée, $b, c, \ldots,$ par ces valeurs, ou plus rapidement, en supprimant les accents, de remplacer $b, c, \ldots,$ par $\frac{b}{a}, \frac{c}{a}, \ldots.$

Par exemple, si l'on donne la formule

$$x = \sqrt[4]{1 - b^4},$$

on la remplacera par la suivante :

$$\frac{x}{a} = \sqrt[4]{1 - \left(\frac{b}{a}\right)^4} \quad \text{ou} \quad x = \sqrt[4]{a^4 - b^4}$$

que nous avons construite ci-dessus.

Soit encore à construire

$$x = \sqrt{7 + \sqrt{3}},$$

étant donnée la longueur A qui a été prise pour unité; on la remplacera par

$$\frac{x}{a} = \sqrt{7 + \sqrt{3}},$$

d'où

$$x = \sqrt{7a^2 + a\sqrt{3a^2}} = \sqrt{a(7a + \sqrt{3a^2})},$$

et en désignant par B la moyenne proportionnelle entre A et 3A,

$$x = \sqrt{a(7a + b)};$$

X sera donc la moyenne proportionnelle entre A et la longueur S = 7A + B qui s'obtient par addition.

PROBLÈME.

252. *Construire sur une droite donnée : 1° un triangle sem-*

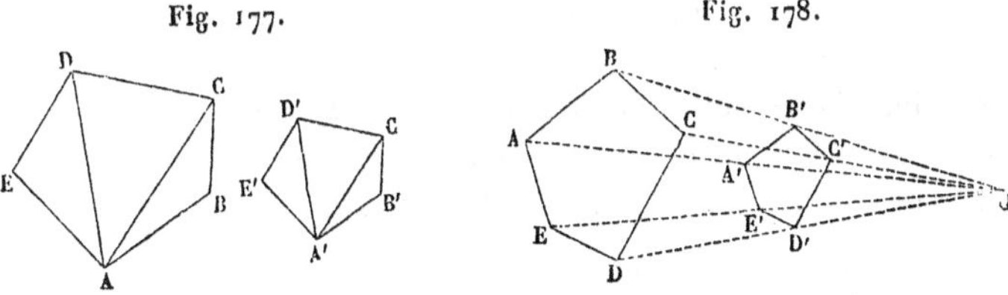

blable à un triangle donné; 2° un polygone semblable à un polygone donné (fig. 177).

1° Pour construire, sur la droite A′B′ considérée comme l'homologue de AB, un triangle semblable au triangle ABC, faites un angle B′A′C′ égal à l'angle BAC, et un angle A′B′C′ égal à l'angle ABC. Le triangle A′B′C′ ainsi obtenu et le triangle donné ABC seront semblables comme ayant deux angles égaux chacun à chacun (200).

2° Pour construire, sur la droite A′B′ considérée comme l'homologue de AB, un polygone semblable au polygone ABCDE, décomposez ce dernier polygone en triangles, en menant par l'un des sommets A les diagonales AC, AD. Construisez alors sur A′B′ un triangle A′B′C′ semblable au triangle ABC, puis sur A′C′ un triangle A′C′D′ semblable au triangle ACD, enfin sur A′D′ un triangle A′D′E′ semblable au triangle ADE. Le polygone A′B′C′D′E′ ainsi obtenu et le polygone donné ABCDE seront semblables comme composés d'un même nombre de triangles semblables et semblablement disposés.

La similitude de chaque couple de triangles exigeant deux conditions, on voit que la *similitude de deux polygones de n côtés exige* $2(n-2)$ *ou* $2n-4$ *conditions; leur égalité en exige* $2n-3$, c'est-à-dire une de plus; et, en effet, deux polygones égaux sont deux polygones semblables dont le rapport de similitude est égal à l'unité.

253. Si, au lieu de donner un côté A′B′ du polygone demandé, on donnait le rapport de similitude $\frac{m}{n}$, on pourrait encore appliquer la solution précédente, en construisant préalablement une droite A′B′ dont le rapport à AB fût égal à $\frac{m}{n}$ (246). Dans ce cas, on préfère souvent opérer de la manière suivante :

On joint (*fig.* 178) les divers sommets du polygone donné ABCDE à un point O choisi arbitrairement dans le plan de ce polygone; on prend sur OA une longueur OA′ dont le rapport à OA soit égal à $\frac{m}{n}$; puis on mène dans l'angle AOB la parallèle A′B′ à AB, dans l'angle BOC la parallèle B′C′ à BC, . . . , et ainsi de suite. Les polygones A′B′C′D′E′, ABCDE, sont semblables, car (210) les triangles additifs OB′A′, OA′E′, OE′D′, et les triangles soustractifs OB′C′, OC′D′, dont la réunion constitue le polygone A′B′C′D′E′, sont respectivement semblables aux triangles OBA, OAE, OED, et aux triangles OBC, OCD, qui forment par leur assemblage le polygone ABCDE.

PROBLÈME.

254. *Construire deux droites, connaissant leur somme et leur produit* (*fig.* 179).

Soient BC la somme donnée et A une droite dont le carré est égal au produit donné. Supposons le problème résolu, et soient BF et FC les deux droites demandées; si sur BC comme diamètre on décrit un demi-cercle, la perpendiculaire FE sera moyenne proportionnelle entre BF et FC (223), et par suite égale à A; la parallèle menée par E à BC interceptera donc une

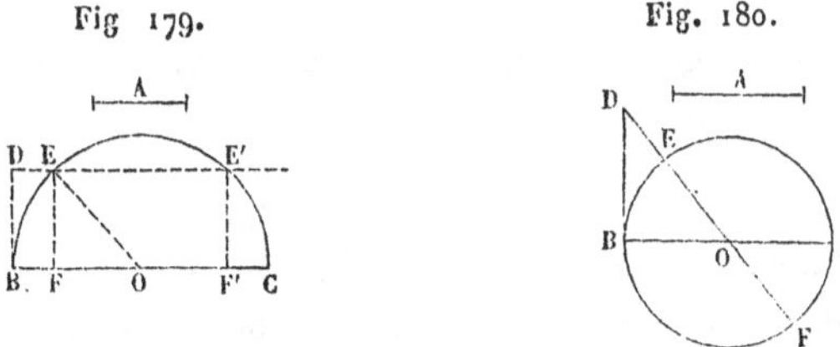

longueur BD égale à A sur la tangente en B. De cette analyse, résulte la construction suivante :

Sur BC comme diamètre, décrivez un demi-cercle; au point B, élevez BD perpendiculaire sur BC et égale à A, menez DEE′ parallèle à BC, et projetez en F et en F′ sur BC les points E et E′ où cette parallèle rencontre le cercle. Les deux droites cherchées seront BF et FC, ou, ce qui revient au même, BF′ et F′C.

Ainsi, le problème, quand il est possible, n'a qu'une solution. Pour qu'il soit possible, il faut et il suffit que la parallèle DEE′ rencontre la demi-circonférence, c'est-à-dire que la droite BD ou A ne surpasse pas le rayon OE ou la moitié de BC. Lorsque la quantité A atteint sa valeur maximum $\frac{1}{2}$BC, la parallèle DEE′ est tangente au demi-cercle, et les deux segments de BC sont OB et OC. On voit par là que *le produit de deux droites, dont la somme est constante, est maximum lorsque ces droites sont égales entre elles.*

SCOLIE.

256. En représentant par p et q la somme et le produit donnés, on a

$$EO = BO = CO = \frac{p}{2}; \quad FE = BD = \sqrt{q},$$

$$OF = \sqrt{\overline{EO}^2 - \overline{EF}^2} = \sqrt{\frac{p^2}{4} - q},$$

et, par suite,

$$BF = BO - OF = \frac{p}{2} - \sqrt{\frac{p^2}{4} - q},$$

$$CF = CO + OF = \frac{p}{2} + \sqrt{\frac{p^2}{4} - q}.$$

PROBLÈME.

256. *Construire deux droites, connaissant leur différence et leur produit* (*fig.* 180).

Soient EF la différence donnée, et A la droite dont le carré est égal au produit donné. Supposons le problème résolu et soient DE et DF les deux droites demandées. La tangente DB, menée du point D au cercle décrit sur EF comme diamètre, sera moyenne proportionnelle entre DE et DF (195), et par suite égale à A. Et, comme cette tangente est perpendiculaire sur le diamètre BC qui est égal à la différence donnée EF, on est conduit à la construction suivante :

Sur les côtés d'un angle droit, prenez une longueur BD égale à A et une longueur BO égale à la moitié de la différence donnée; du point O comme centre avec OB pour rayon, décrivez un cercle; puis menez DO qui coupe la circonférence aux points E et F; DE et DF seront les droites demandées.

Le problème est toujours possible et n'a qu'une solution.

SCOLIE.

257. En représentant par p et q la différence et le produit

donnés, on a

$$OE = OF = OB = \frac{p}{2}, \quad BD = \sqrt{q}, \quad OD = \sqrt{\overline{OB}^2 + \overline{BD}^2} = \sqrt{\frac{p^2}{4} + q},$$

et, par suite,

$$DE = OD - OE = \sqrt{\frac{p^2}{4} + q} - \frac{p}{2},$$

$$DF = OD + OF = \sqrt{\frac{p^2}{4} + q} + \frac{p}{2}.$$

258. Les deux problèmes précédents permettent de construire les racines de toute équation du second degré à une inconnue, c'est-à-dire de toute équation de la forme

$$x^2 \pm px \pm q = 0,$$

p et q étant des nombres positifs quelconques.

En effet, des quatre types

$$x^2 + px + q = 0,$$
$$x^2 - px + q = 0,$$
$$x^2 + px - q = 0,$$
$$x^2 - px - q = 0,$$

le premier se ramène au second, et le troisième au dernier, par le seul changement de x en $-x$. Il suffit donc de construire les racines des équations

$$x^2 - px + q = 0 \quad \text{et} \quad x^2 - px - q = 0.$$

En mettant ces équations sous la forme

$$q = x(p - x), \quad q = x(x - p),$$

on voit que, construire les racines de la première, c'est construire deux droites dont la somme est p et le produit q. De même, construire les racines de la seconde, c'est construire deux droites dont la différence est p et le produit q.

L'équation bicarrée

$$x^4 + px^2 + q = 0$$

se ramène à l'équation du second degré

$$z^2 + \frac{p}{c} z + \frac{q}{c^2} = 0,$$

en désignant par C une longueur prise à volonté dont la mesure est c, et en posant

$$x^2 = cz.$$

On construira donc les longueurs Z′ et Z″ qui ont pour mesures les racines de cette équation du second degré, puis on aura les valeurs de x par des moyennes proportionnelles entre C et chacune des longueurs Z′ et Z″.

PROBLÈME.

259. *Diviser une droite en moyenne et extrême raison* (*fig.* 181).

On dit qu'un point divise une droite AB *en moyenne et extrême raison*, lorsque sa distance à l'une des extrémités A

Fig. 181.

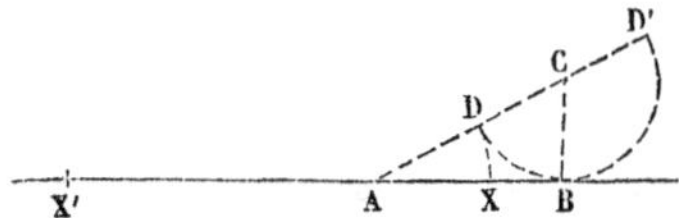

de cette droite est moyenne proportionnelle entre sa distance à l'autre extrémité B et la droite AB.

On voit *a priori* :

1° Que, entre A et B, il existe un point X, et un seul, jouissant de la propriété énoncée. Car, de A en B, le rapport $\frac{AB}{XA}$ décroît d'une manière continue de l'infini à 1, tandis que le rapport $\frac{XA}{XB}$ croît de zéro à l'infini; ainsi, quand le point X se meut de A en B, le premier rapport diminue, le second augmente, et comme le premier, d'abord supérieur au second, finit par devenir moindre, il y a entre A et B une position de X, et une seule, pour laquelle on a

$$(1) \qquad \frac{AB}{XA} = \frac{XA}{XB} \quad \text{ou} \quad \overline{XA}^2 = AB.XB.$$

2° Que, sur le prolongement de AB à gauche du point A, il existe un point X′, et un seul, jouissant de la propriété énoncée. Car, dans cette région, le rapport $\frac{AB}{X'A}$ croît d'une manière continue de zéro à l'infini, tandis que le rapport $\frac{X'A}{X'B}$ décroît de 1 à zéro; il y a donc à gauche de A une position de X′, et une seule, pour laquelle on a

$$(2)\qquad \frac{AB}{X'A} = \frac{X'A}{X'B} \quad \text{ou} \quad \overline{X'A}^2 = AB.X'B.$$

3° Que sur le prolongement de AB à droite du point B, il ne peut exister aucun point jouissant de la propriété énoncée. Car la distance d'un point de cette région au point A, étant à la fois plus grande que la distance du point considéré au point B et que la ligne AB, ne saurait être moyenne proportionnelle entre ces deux longueurs.

Ainsi, sur la droite indéfinie qui unit les points A et B, il existe deux points X et X′, et rien que deux, qui divisent la droite AB en moyenne et extrême raison : l'un X *intérieur,* et les deux segments correspondants XA, XB, sont alors *additifs;* l'autre X′ *extérieur,* et les deux segments correspondants X′A, X′B, sont alors *soustractifs.*

Pour déterminer ces deux points X et X′, il suffit de trouver AX et AX′. Or, d'une part, si l'on retranche la relation (1) de la relation (2), on a

$$\overline{X'A}^2 - \overline{XA}^2 = AB(X'B - XB),$$

ou

$$(X'A + XA)(X'A - XA) = AB(X'B - XB),$$

c'est-à-dire

$$XX'(X'A - XA) = AB.XX',$$

et, par suite,

$$X'A - XA = AB.$$

D'autre part, la relation (1) donne

$$\frac{AB + XA}{AB} = \frac{XA + XB}{XA} \quad \text{ou} \quad \frac{X'A}{AB} = \frac{AB}{XA},$$

c'est-à-dire

$$X'A.XA = \overline{AB}^2.$$

Donc, la recherche des droites AX et AX′ revient à construire deux lignes dont la différence est égale à AB et dont le produit est égal à $\overline{AB}^2$; c'est le problème du n° 256 dans un cas particulier. De là, cette construction :

Élevez sur AB, à son extrémité B, une perpendiculaire BC

égale à la moitié de AB. Du point C comme centre, avec CB pour rayon, décrivez une circonférence; menez AC qui coupe cette circonférence en D et en D'; la droite AD sera l'inconnue AX, et la droite AD' sera l'inconnue AX'. Deux arcs de cercle décrits de A comme centre, avec AD et AD' pour rayons, couperont la droite indéfinie AB aux points cherchés X et X'.

En désignant par a la droite AB, et en remplaçant dans les formules du nº 257 p par a et q par a^2, on trouve

$$AX = \frac{a}{2}(\sqrt{5} - 1), \quad AX' = \frac{a}{2}(\sqrt{5} + 1).$$

Il est bon de remarquer qu'on a, d'après cela,

$$BX = \frac{a}{2}(3 - \sqrt{5}), \quad BX' = \frac{a}{2}(3 + \sqrt{5}).$$

PROBLÈME.

260. *Mener une tangente commune à deux cercles* (*fig.* 182). Nous avons déjà résolu ce problème au nº 163. Nous allons suivre ici une autre marche, utile à signaler.

Soient les deux cercles C et C' de rayons R et R', et supposons, pour fixer les idées, R > R'. AA' étant une tangente commune extérieure qui coupe la ligne des centres en O, au delà de CC', les rayons CA, C'A', sont parallèles et de même sens, et l'on a

$$(1) \qquad \frac{OC}{OC'} = \frac{CA}{C'A'} = \frac{R}{R'}.$$

Or, toute droite MM' qui unit les extrémités de deux rayons parallèles et de même sens CM et C'M', coupe également la ligne des centres en un point O_1 situé au delà de CC', et tel que

$$\frac{O_1C}{O_1C'} = \frac{CM}{C'M'} = \frac{R}{R'}.$$

Les deux points O et O_1 se confondent donc (179).

De même, BB′ étant une tangente commune intérieure qui coupe la ligne des centres en O′ entre C et C′, les rayons CB, C′B′, sont parallèles et de sens contraires, et l'on a

$$(2)\qquad \frac{O'C}{O'C'} = \frac{CB}{C'B'} = \frac{R}{R'}.$$

Or, toute droite MN′ qui unit les extrémités de deux rayons parallèles et de sens contraires CM, C′N′, coupe également

Fig. 182.

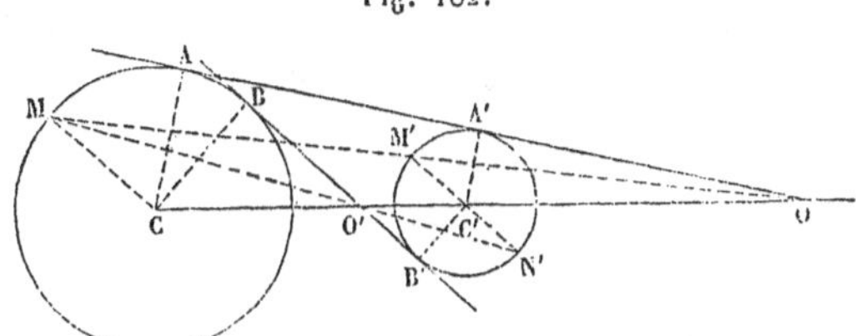

la ligne des centres en un point O'_1 situé entre C et C′, et tel que

$$\frac{O'_1C}{O'_1C'} = \frac{CM}{C'N'} = \frac{R}{R'}.$$

Les deux points O′ et O'_1 se confondent donc (179).

De là, résulte la construction suivante : Menez dans le premier cercle un rayon quelconque CM, et dans le second le diamètre M′N′ parallèle à CM; tirez MM′ et MN′, et des points O et O′, où ces droites coupent la ligne des centres, menez des tangentes à l'un des cercles; elles toucheront également l'autre cercle.

Les deux points O et O′ divisent harmoniquement la droite des centres CC′ (180).

Il y aura deux tangentes communes extérieures, tant que le point O sera situé hors du cercle C. La relation (1), mise sous la forme

$$\frac{OC}{OC - OC'} = \frac{R}{R - R'}$$

ou

$$OC = \frac{CC'}{R - R'} \cdot R,$$

montre que, pour que OC soit plus grand que R, il faut et il suffit que la distance CC′ des centres soit plus grande que la différence R — R′ des rayons, c'est-à-dire que les deux cercles ne soient ni intérieurs l'un à l'autre, ni tangents intérieurement. Quand les deux cercles sont tangents intérieurement, on a $CC' = R - R'$; par suite $OC = R$, et le point O n'est autre que le point de contact des deux cercles; il n'y a alors qu'une tangente commune extérieure.

De même, pour qu'il y ait deux tangentes communes intérieures, il faut que le point O′ soit extérieur au cercle C. La relation (2), mise sous la forme

$$\frac{O'C}{O'C + O'C'} = \frac{R}{R + R'}$$

ou

$$O'C = \frac{CC'}{R + R'} \cdot R,$$

montre que, pour que O′C soit plus grand que R, il faut et il suffit que la distance CC′ des centres soit plus grande que la somme R + R′ des rayons, c'est-à-dire que les deux cercles soient extérieurs l'un à l'autre. Quand les deux cercles sont tangents extérieurement, on a $CC' = R + R'$, par suite $O'C = R$, et le point O′ n'est autre que le point de contact des deux cercles; il n'y a dans ce cas qu'une tangente commune intérieure.

Nous avons supposé les deux cercles inégaux. Si l'on avait $R = R'$, les formules précédentes deviendraient

$$OC = R . \frac{CC'}{0} = \infty, \quad O'C = \frac{CC'}{2}.$$

Le point O s'éloignant indéfiniment sur la ligne des centres, les tangentes communes extérieures seraient parallèles à cette ligne; et quant aux tangentes communes intérieures, elles se couperaient au milieu de la ligne des centres.

261. On nomme *centres de similitude* de deux cercles les

deux points O et O′ (*fig.* 182) qui divisent la ligne des centres C et C′ dans le rapport des rayons.

Quand un cercle variable O (*fig.* 183) *reste tangent à deux cercles donnés* A *et* B, *la droite* MN *qui joint les deux points de contact passe par un centre de similitude* S *des cercles* A *et* B, *et la puissance de ce point* S *par rapport au cercle variable* O *reste constante.*

En effet, soit I le second point d'intersection de MN avec le cercle B. Les triangles NMO, BMI, étant isocèles, les

Fig. 183.

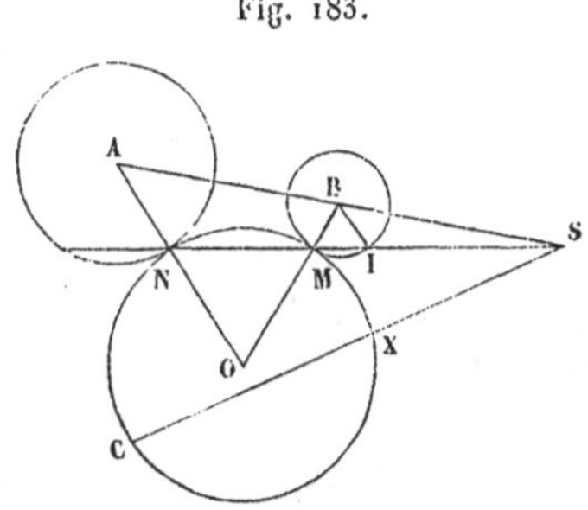

angles MNO, MIB, sont égaux entre eux comme étant respectivement égaux à deux angles opposés par le sommet M. Ces angles étant alternes-internes, il faut que les rayons AN et BI soient parallèles, et la droite MN passe alors (260) par un centre de similitude S des cercles A et B. On a d'ailleurs

$$SM.SN = SM.SI\,\frac{AN}{BI}.$$

Le second membre de cette égalité étant égal à la puissance du point S par rapport au cercle B (193), multipliée par le rapport des rayons des cercles A et B, est constant; il en est donc de même du premier membre, c'est-à-dire de la puissance du point S par rapport au cercle variable O.

Ce théorème et sa démonstration subsistent quand l'un des cercles donnés, A par exemple, est remplacé par une droite D. Seulement, le centre de similitude S est, dans ce cas, remplacé par l'une des extrémités du diamètre du cercle B qui est perpendiculaire à la droite D.

PROBLÈME.

262. *Décrire une circonférence passant par deux point donnés et tangente soit à une droite donnée, soit à un cercl donné.*

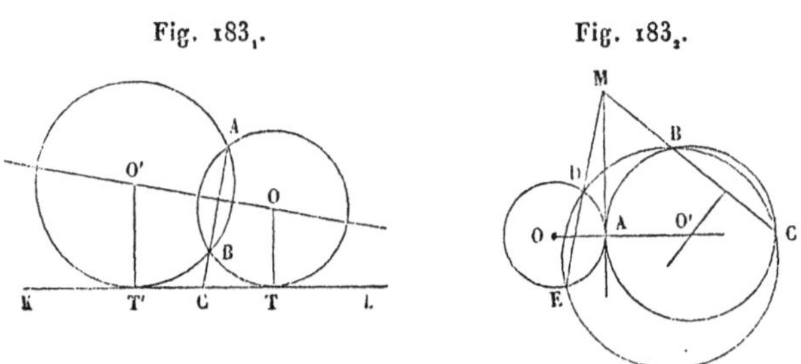

Fig. 183₁. Fig. 183₂.

1° Soient A et B (*fig.* 183_1) les deux points donnés et KL la droite donnée. Prolongeons AB jusqu'au point C où elle rencontre KL. Si T est le point où le cercle inconnu O touche cette droite KL, CT sera la moyenne proportionnelle (195) entre les deux droites connues CB et CA. De là, cette construction :

Menez AB qui coupe KL en C; déterminez la moyenne proportionnelle entre CB et CA, et portez-la en CT sur la droite CL. Élevez la perpendiculaire TO sur KL et la perpendiculaire OO′ sur le milieu de AB; le point O commun à ces deux perpendiculaires sera le centre du cercle cherché.

En portant la moyenne proportionnelle en CT′ à gauche de C, on a une seconde solution.

Si AB était parallèle à KL, le point de contact serait sur la perpendiculaire élevée sur le milieu de AB, et il n'y aurait qu'une solution.

Enfin, il est évident que le problème n'est possible que si les points A et B sont situés d'un même côté de la droite KL.

2° Soient B et C les deux points donnés et O la circonférence donnée (*fig.* 183_2). Supposons le problème résolu, et désignons par A le point où le cercle demandé O′ touche le cercle O; tout revient à trouver le point M où la tangente AM rencontre la droite BC prolongée. Or, si l'on mène par B et C une circonférence auxiliaire quelconque qui coupe la circonférence O en deux points D et E, la corde DE prolongée passera par M. En effet, désignons un moment par ε le point où la droite MD coupe la circonférence O; on aura

$$MD.M\varepsilon = \overline{MA}^2 = MB.MC.$$

Donc (194) le point ε est sur le cercle déterminé par les trois points C, B, D, c'est-à-dire sur la circonférence auxiliaire; il ne diffère donc pas de l'intersection E du cercle O et de cette circonférence auxiliaire. On déduit de cette analyse la construction suivante :

Par les deux points B et C, menez une circonférence quelconque qui coupe la circonférence donnée O en deux points D et E; et du point M, intersection de BC et de ED, menez une tangente MA au cercle O. Le point A sera le point de contact du cercle O et du cercle inconnu, dont le centre O′ se trouvera d'ailleurs à l'intersection de OA prolongée et de la perpendiculaire élevée sur le milieu de BC.

La seconde tangente menée de M au cercle donné O donnera une seconde solution.

Si les points B et C étaient équidistants du centre O, les droites BC et DE seraient parallèles; il suffirait alors de mener au cercle O une tangente parallèle à BC; il y aurait encore deux solutions.

Enfin, pour que le problème soit possible, il faut et il suffit que M soit extérieur au cercle O, c'est-à-dire tombe sur les prolongements de la corde DE, et non entre D et E. Or, la corde DE décompose la circonférence auxiliaire DBCE en deux arcs a et a', dont l'un est intérieur et l'autre extérieur au cercle O. Pour que M ne soit pas situé entre D et E, il faut et il suffit que B et C ne soient pas, l'un sur l'arc a et l'autre sur l'arc a', mais bien tous deux sur l'arc a ou tous deux sur l'arc a', c'est-à-dire que B et C soient tous deux intérieurs ou tous deux extérieurs au cercle O.

Scolie.

263. La détermination d'un cercle O astreint à trois conditions prises parmi celles qui consistent à passer par un point donné, ou à toucher une droite ou un cercle donné, répond à dix problèmes qu'on peut dé-

signer par les symboles

PPP (1 sol.),	PDD (2 sol.),	DDC (8 sol.),
DDD (4 sol.),	PCD (4 sol.),	DCC (8 sol.),
PPD (2 sol.),	PCC (4 sol.),	CCC (8 sol.),
PPC (2 sol.),		

en représentant un point par P, une droite par D, un cercle par C. Nous avons indiqué, à côté de chaque symbole, le nombre des solutions dont le problème correspondant est susceptible.

La résolution de ces dix problèmes offre un exemple remarquable de la méthode des substitutions successives.

Les problèmes de la première colonne ont été déjà résolus (**154**, **161**, **262**); on a vu d'ailleurs (**262**) que les deux derniers se ramenaient au premier PPP. — Indiquons ici, en passant, une nouvelle solution du problème PPD, qui n'exige que la connaissance du Livre II. — P et P′ désignant les deux points donnés, et P_1 le symétrique de P′ par rapport à la droite donnée D, il est aisé de constater que la droite PP_1 est vue des deux points de contact cherchés sous des angles qui sont respectivement égaux aux angles des deux droites D et PP′. Il suffit donc, pour avoir ces points de contact, de décrire sur PP_1 un segment capable de l'un de ces angles, et de marquer les intersections de la droite D et du cercle ainsi obtenu.

Le premier problème PDD de la deuxième colonne se ramène à PPD, en observant que la circonférence cherchée doit contenir le symétrique du point donné par rapport à la bissectrice de l'angle que forment les droites données et qui renferme le point donné. — Le problème PCC se ramène à PPC; car on connaît (**261**) le centre de similitude S des deux cercles donnés et la puissance de ce point par rapport au cercle cherché O. On peut donc déterminer le second point d'intersection de la droite PS et du cercle inconnu O. — Le problème PCD se ramène de la même manière (**261**) à PPD ou à PPC.

Enfin, les problèmes de la troisième colonne se ramènent respectivement à ceux qui sont placés vis-à-vis dans la deuxième colonne. La marche à suivre reste la même pour tous les trois : c'est la méthode de *translation* (**171**). Ainsi, pour le problème DDC, on remarquera que, si le rayon du cercle cherché augmentait ou diminuait du rayon R du cercle donné, le nouveau cercle inconnu passerait par le centre du cercle donné et toucherait les droites données *déplacées parallèlement à elles-mêmes* d'une quantité égale à R. — De même, s'il s'agit du problème DCC, on remplacera le plus grand des deux cercles donnés par un cercle ayant pour rayon (suivant la nature des contacts) la somme ou la différence des rayons de ces deux cercles, et l'on déplacera la droite donnée parallèlement à elle-même d'une quantité égale au rayon du plus petit des deux cercles. — Enfin, pour le problème CCC, on substituera aux deux plus grands cercles des circonférences concentriques dont les rayons différeront des leurs d'une quantité égale au rayon du plus petit des trois cercles donnés.

§ VI. — POLYGONES RÉGULIERS.

DÉFINITIONS.

264. Un polygone est dit *régulier*, lorsqu'il a tous ses côtés égaux et tous ses angles égaux. Tels sont, par exemple, le triangle équilatéral et le carré.

On nomme *ligne brisée régulière* toute ligne brisée convexe qui a ses côtés égaux et ses angles égaux.

THÉORÈME.

265. *On peut toujours inscrire ou circonscrire à une circonférence donnée un polygone régulier d'un nombre donné de côtés.*

Supposons la circonférence divisée en n parties égales, n étant le nombre de côtés que doit avoir le polygone.

1° En menant (*fig.* 184) les cordes AB, BC, ... qui unis-

Fig. 184.

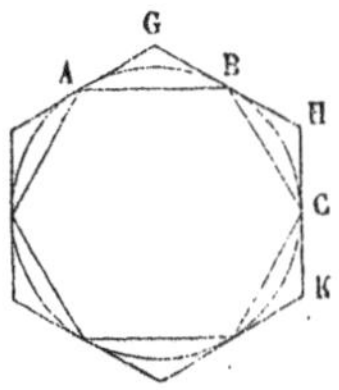

Fig. 185.

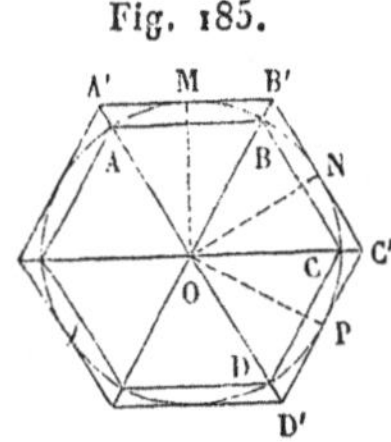

sent les points de division, on aura un polygone régulier inscrit de n côtés. En effet, les côtés de ce polygone sont égaux comme cordes d'arcs égaux, et ses angles sont égaux comme inscrits dans des segments égaux; car tout angle ABC du polygone est inscrit dans un segment correspondant à deux divisions consécutives de la circonférence.

2° En menant des tangentes (*fig.* 184) par les points de division A, B, C, ..., on aura un polygone régulier circonscrit de n côtés. En effet, dans les triangles GAB, HBC, ... les côtés AB, BC,... sont égaux, et les angles en A, B, C,..., formés par une tangente et une corde, sont aussi égaux comme ayant tous pour mesure la moitié d'une division de la circonférence; dès lors les triangles GAB, HBC,... sont isocèles et égaux, et l'on a d'une part G = H = K = ..., et de l'autre AG = GB = BH = HC = CK,..., d'où l'on déduit GH = HK = ... Ainsi le polygone GHK... a ses angles égaux et ses côtés égaux.

D'après cette démonstration, pour avoir le polygone régulier de *n* côtés circonscrit à un cercle, il suffit de diviser la circonférence en *n* parties égales et de mener des tangentes par les points de division. Or, les milieux M, N, P,... des arcs AB, BC, CD,..., qui sous-tendent les côtés du polygone régulier inscrit (*fig.* 185), divisent évidemment la circonférence en *n* parties égales. On aura donc un polygone régulier circonscrit de *n* côtés en menant des tangentes par ces points. On préfère souvent cette seconde manière d'opérer, parce que le polygone A'B'C'D',..., ainsi obtenu, a ses côtés parallèles à ceux du polygone inscrit ABCD,..., et ses sommets A', B', C',..., sur les mêmes rayons OAA', OBB', .., que les sommets du polygone ABCD.... En effet, d'une part deux côtés tels que BC, B'C', sont parallèles comme perpendiculaires sur la même droite ON, et d'autre part deux tangentes telles que MB', NB', doivent se couper (158) sur la bissectrice OB de l'angle MON.

266. Réciproquement, *on peut toujours inscrire et circonscrire une circonférence à un polygone régulier donné.*

Fig. 186.

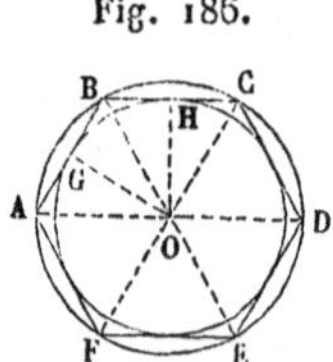

Soit ABCDEF le polygone régulier donné (*fig.* 186).

1° Pour démontrer qu'on peut circonscrire une circonférence à ce polygone, il suffit de prouver que la circonférence qui passe par trois sommets consécutifs quelconques A, B, C, passe par le sommet suivant D. Or, soit O le centre du cercle déterminé par les trois points A, B, C; menons OA, OD, et la perpendiculaire OH sur BC. Replions le quadrilatère ABHO autour de OH; les angles en H étant droits, BH prendra la direction HC, et le point B tombera en C, puisque BH = HC. Mais, le polygone étant régulier, l'angle ABH est égal à l'angle HCD, comme le côté BA au côté CD; par suite, le côté BA prendra la direction CD, et le point A tombera en D. Donc OD est égal au rayon OA, et la circonférence considérée passe par le point D.

2° Les côtés AB, BC,..., étant des cordes égales du cercle circonscrit, les perpendiculaires OG, OH,..., abaissées du centre O sur ces cordes, seront égales (104); donc, si du point O comme centre, avec OH pour rayon, on décrit une circonférence, chacun des côtés du polygone sera touché en son milieu par cette circonférence, alors inscrite au polygone.

Corollaires.

267. On nomme *centre* d'un polygone régulier le centre commun O de la circonférence inscrite et de la circonférence circonscrite. Ce point, étant à égale distance de tous les côtés et de tous les sommets, est à la fois le point de concours des bissectrices de tous les angles et des perpendiculaires élevées sur les milieux des divers côtés.

On appelle *rayon* d'un polygone régulier le rayon du cercle circonscrit, et *apothème* de ce polygone le rayon du cercle inscrit.

On nomme *angle au centre* d'un polygone régulier l'angle AOB de deux rayons consécutifs; cet angle est évidemment égal à l'angle GOH de deux apothèmes consécutifs, et par conséquent est le supplément de l'angle GBH du polygone régulier. D'après cela, si n est le nombre des côtés du polygone, et si l'on prend l'angle droit pour unité, l'angle au centre vaudra $\frac{4}{n}$ et l'angle du polygone $2 - \frac{4}{n}$. On voit ainsi que, sauf le triangle équilatéral dont les angles sont de 60 degrés, et le carré dont les angles sont droits, tous les polygones réguliers ont leurs angles obtus.

268. On prouverait, par des raisonnements identiques aux précédents, que toute ligne brisée régulière est inscriptible et circonscriptible, et par suite qu'elle a un centre, un apothème et un rayon, qui sont le centre et les rayons des circonférences inscrite et circonscrite. Une ligne brisée régulière ne diffère d'une portion de polygone régulier qu'en ce que son angle au centre n'est pas forcément une partie aliquote de quatre angles droits.

THÉORÈME.

269. 1° *Deux polygones réguliers d'un même nombre de côtés sont semblables.*

2° *Leur rapport de similitude est égal à celui de leurs rayons ou de leurs apothèmes.*

Fig. 187.

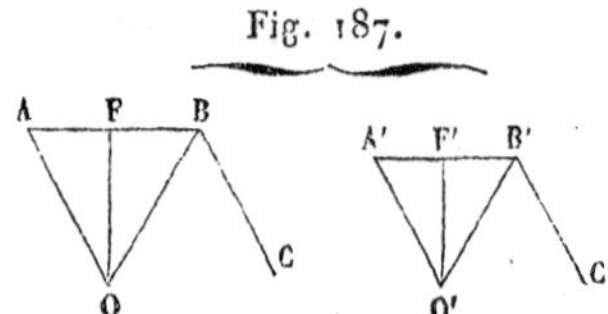

En effet :

1° Ces polygones ont les angles égaux, puisque la valeur de l'angle d'un polygone régulier ne dépend que du nombre des côtés (267), et que le nombre des côtés est le même dans les deux figures; de plus, les côtés sont évidemment proportionnels, puisque, dans l'une et l'autre figure, ils sont égaux. Donc, les polygones considérés sont semblables.

2° Soient (*fig.* 187) AB le côté du premier polygone, O son centre, OB son rayon, OF son apothème; soient de même A'B' le côté du second polygone, O' son centre, O'B' son rayon, et O'F' son apothème. Les triangles rectangles BFO, B'F'O', sont semblables (202), puisque les angles FBO, F'B'O', sont égaux comme moitié des angles égaux ABC, A'B'C' (267). On a donc

$$\frac{BF}{B'F'} = \frac{OB}{O'B'} = \frac{OF}{O'F'};$$

mais, les polygones proposés étant semblables, leur rapport de similitude est égal au rapport des côtés AB, A'B', ou des demi-côtés BF, B'F'; il est donc aussi égal au rapport des rayons OB, O'B', ou au rapport des apothèmes OF, O'F'.

Scolie.

270. Supposons la circonférence divisée en m parties égales; désignons par a la longueur de l'une des parties, et joignons les points de division de p en p, à partir de l'un d'eux.

Si p est premier avec m, la circonférence ma et l'arc pa sous-tendu par chacune des cordes successives auront pour plus petit multiple commun pma, et l'on reviendra au point de départ après avoir parcouru p fois la circonférence ou m fois l'arc pa. On aura donc formé ainsi un polygone régulier de m côtés. Par exemple, dans la *fig.* 190 où la circonférence est divisée en 10 parties égales, on obtient, en joignant les points de division de 1 en 1, le décagone convexe, et en joignant ces points de 3 en 3 un décagone régulier *étoilé.*

Si p et m, au lieu d'être premiers entre eux, ont un plus grand commun diviseur θ, le plus petit multiple commun de l'arc pa et de la circonférence ma sera $\frac{mp}{\theta}a$. On reviendra alors au point de départ après avoir parcouru $\frac{p}{\theta}$ fois la circonférence ou $\frac{m}{\theta}$ fois l'arc pa; en d'autres termes, on aura formé ainsi un polygone régulier de $\frac{m}{\theta}$ côtés, et non plus de m côtés.

Au premier abord, il semble résulter de là qu'il existe autant de polygones réguliers (convexes ou étoilés) de m côtés qu'il y a de nombres premiers à m dans la suite $1, 2, \ldots, m-1$. Mais, si l'on remarque qu'en joignant les points de division de p en p, p étant premier à m, on obtient le même polygone qu'en les joignant de $m-p$ en $m-p$, on voit qu'en réalité *le nombre des polygones réguliers de m côtés est égal au nombre des entiers premiers à m contenus dans la suite*

$$1, 2, 3, \ldots, \frac{m-1}{2}.$$

D'après cela, il n'y a qu'un hexagone régulier; il y a deux pentagones réguliers, deux décagones, quatre pentédécagones, etc.

§ VII. — PROBLÈMES SUR LES POLYGONES RÉGULIERS.

PROBLÈME.

271. *Inscrire un carré dans un cercle donné* (*fig.* 188).

Fig. 188.

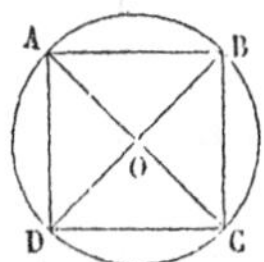

Il suffit évidemment de mener deux diamètres AC et BD perpendiculaires entre eux, et de joindre leurs extrémités, pour avoir le carré demandé ABCD.

Le triangle AOB, rectangle en O, donne

$$\overline{AB}^2 = \overline{OA}^2 + \overline{OB}^2 = 2\overline{OA}^2, \quad \text{d'où} \quad AB = OA.\sqrt{2}.$$

Ainsi, *le côté du carré inscrit dans le cercle de rayon* R *est égal à* $R.\sqrt{2}$.

Il convient de remarquer que l'apothème du carré inscrit est égal à la moitié de son côté, et que le côté du carré circonscrit est égal au diamètre du cercle considéré.

COROLLAIRE.

272. Du carré, on passe à l'octogone régulier inscrit en divisant (*fig.* 188) chacun des arcs AB, BC, CD, DA, en deux parties égales. On déduirait de même de l'octogone le polygone régulier de 16 côtés, ..., et ainsi de suite. On peut donc, *avec la règle et le compas*, inscrire les polygones réguliers de 4, 8, 16, 32, ..., et, en général, de 2^n côtés.

PROBLÈME.

273. *Inscrire un hexagone régulier dans un cercle* (*fig.* 189).

Supposons le problème résolu, et soit ABCDEF l'hexagone

demandé. En menant deux rayons consécutifs OA, OB, on obtient un triangle OAB qui est isocèle, et, par suite, dont

Fig. 189.

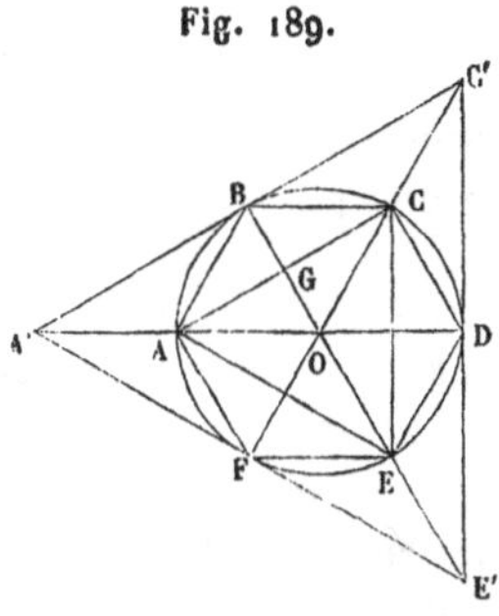

les angles A et B sont égaux. Mais, si l'on remarque que le rayon BO prolongé passe par le sommet E de l'hexagone, on voit que l'angle inscrit ABE a pour mesure la moitié de l'arc AFE, c'est-à-dire une division de la circonférence; et comme l'angle au centre AOB a aussi pour mesure une de ces divisions AB, les deux angles ABO et AOB sont égaux, et le triangle OAB est équilatéral. Donc, *le côté de l'hexagone inscrit dans un cercle est égal au rayon* R *de ce cercle.*

Pour inscrire un hexagone régulier dans un cercle, il suffit, d'après cela, de porter six fois sur la circonférence une ouverture de compas égale au rayon, et de joindre les points de division consécutifs ainsi obtenus.

COROLLAIRES.

274. En joignant de deux en deux les sommets de l'hexagone, on obtient le triangle équilatéral inscrit ACE. Le triangle rectangle ACD donne

$$\overline{AC}^2 = \overline{AD}^2 - \overline{CD}^2 = 4R^2 - R^2 = 3R^2,$$

d'où

$$AC = R\sqrt{3}.$$

Ainsi, *le côté du triangle équilatéral inscrit dans le cercle de rayon* R *est égal à* $R\sqrt{3}$; son apothème OG est d'ailleurs égal à la moitié du rayon, car la figure ABCO est un losange.

275. En menant des tangentes par les points B, D, F, on forme le triangle équilatéral circonscrit A′C′E′, dont les côtés sont parallèles à ceux du triangle équilatéral inscrit ACE. Le rapport de similitude de ces deux triangles est égal (269) à $\frac{OB}{OG}$, c'est-à-dire à 2. Ainsi, deux lignes homologues quelconques dans le triangle équilatéral circonscrit et dans le triangle équilatéral inscrit sont doubles l'une de l'autre.

276. De l'hexagone, on passe au dodécagone régulier inscrit en divisant en deux parties égales les arcs sous-tendus par les côtés de l'hexagone; on déduirait de même du dodécagone le polygone régulier de 24 côtés,..., et ainsi de suite. On peut donc, *avec la règle et le compas*, inscrire les polygones réguliers de 3, 6, 12, 24,..., et, en général, de 3.2^n côtés.

PROBLÈME.

277. *Inscrire un décagone régulier dans un cercle donné* (*fig.* 190).

Supposons le problème résolu, c'est-à-dire la circonférence divisée en dix parties égales par les points A, B, C, D, E, F, G, H, K, I.

En joignant les points de division consécutifs, on obtient le décagone régulier convexe ABCDEFGHKI; en joignant les points de division de trois en trois, on obtient le décagone régulier étoilé ADGICFKBEH (270). Il s'agit de construire les côtés AB et AD de ces deux décagones.

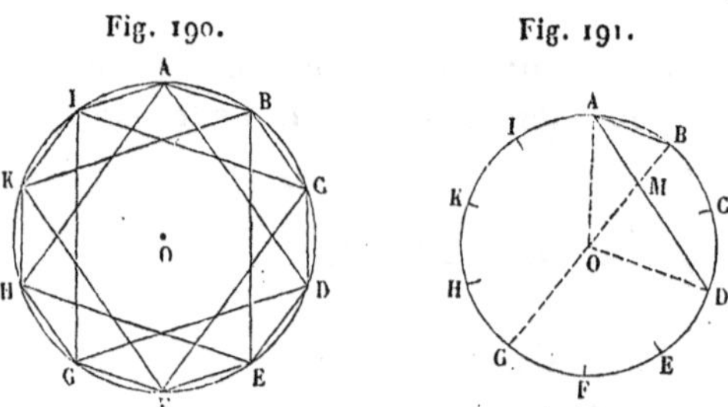

Fig. 190. Fig. 191.

Or, en remarquant (*fig.* 191) que le rayon BO prolongé passe par le sommet G, on voit que l'angle AMB, dont le sommet est à l'intérieur du cercle, a pour mesure la moitié de l'arc AB, plus la moitié de l'arc GD, c'est-à-dire deux divisions de la circonférence. D'ailleurs, l'angle inscrit ABG a pour mesure la moitié de l'arc AG, c'est-à-dire encore deux divisions; l'angle au centre BOD a aussi cette même mesure. Les deux triangles AMB, DMO, sont donc isocèles, et l'on a

$$\mathrm{AM} = \mathrm{AB}, \quad \mathrm{MD} = \mathrm{OD} \quad \text{ou} \quad \mathrm{AD} - \mathrm{AM} = \mathrm{OD}.$$

D'un autre côté, les angles OMA, DOA, étant égaux comme ayant l'un et l'autre pour mesure trois divisions, les droites OM et OD sont antiparallèles par rapport à l'angle OAD, et l'on a (192)

$$\mathrm{AD}.\mathrm{AM} = \overline{\mathrm{AO}}^2.$$

Les deux relations précédentes montrent que la recherche des côtés AD et AB = AM revient à celle de deux lignes dont la différence est égale au rayon et dont le produit est égal au carré du rayon; *on obtiendra donc ces deux côtés* (259) *en divisant le rayon en moyenne et extrême raison; le plus grand segment additif sera le côté du décagone régulier convexe, et le plus petit segment soustractif sera le côté du décagone régulier étoilé.*

Si R est le rayon du cercle, on aura (259)

$$\mathrm{AB} = \mathrm{R}\cdot\frac{\sqrt{5}-1}{2} \quad \text{et} \quad \mathrm{AD} = \mathrm{R}\cdot\frac{\sqrt{5}+1}{2}.$$

Corollaires.

278. La circonférence étant divisée en dix parties égales, en joignant les points de division de deux en deux, on obtient le *pentagone régulier convexe* ACEGK; en les joignant de quatre en quatre, on trace le *pentagone régulier étoilé* AEKCG (*fig.* 192).

Pour calculer les côtés FD et FB (*fig.* 193) du pentagone régulier convexe et du pentagone étoilé, il suffit de remarquer que, si l'on mène le diamètre FA, les cordes AD et AB sont les côtés du décagone étoilé et du décagone convexe. Or les triangles rectangles FAD, FAB, donnent

$$\text{FD} = \sqrt{4\text{R}^2 - \overline{\text{AD}}^2}, \quad \text{FB} = \sqrt{4\text{R}^2 - \overline{\text{AB}}^2}$$

Fig. 192. Fig. 193.

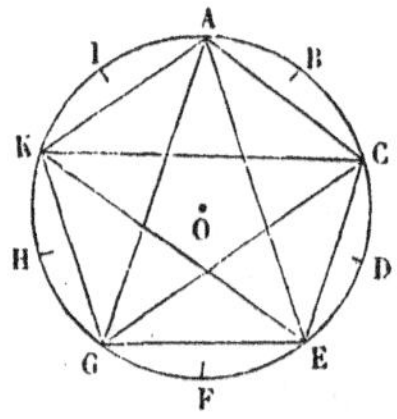

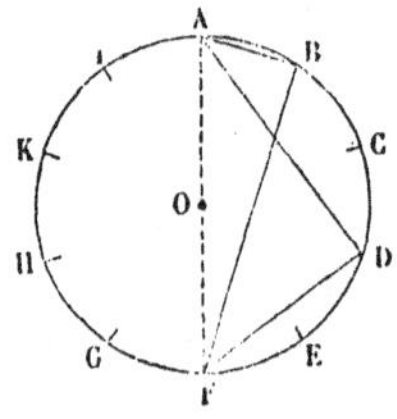

d'où, en remplaçant AD et AB par leurs valeurs (277) et réduisant,

$$\text{FD} = \frac{\text{R}}{2}\sqrt{10 - 2\sqrt{5}}, \quad \text{FB} = \frac{\text{R}}{2}\sqrt{10 + 2\sqrt{5}}.$$

279. Du décagone convexe, on passe au polygone régulier de 20 côtés, puis à celui de 40,..., et ainsi de suite, en prenant chaque fois les milieux des arcs sous-tendus par les côtés du polygone précédent. On peut donc, *avec la règle et le compas*, inscrire les polygones réguliers de 5, 10, 20, 40,..., et, en général, de $5 \cdot 2^n$ côtés.

PROBLÈME.

280. *Inscrire un pentédécagone régulier dans un cercle donné* (*fig.* 194).

Supposons le problème résolu, c'est-à-dire la circonférence divisée en quinze parties égales par les points A, B, C, D, E, F, G, H, I, K, L, M, N, O, P.

En joignant les points de division de 1 en 1, de 2 en 2, de 4 en 4, de 7 en 7, on obtient les côtés AB, AO, AE, AI, du pentédécagone convexe et des trois pentédécagones étoilés.

Considérons les côtés AB et AE; Q étant le milieu de l'arc CD, on a

$$\text{arc AQ} = \left(2 + \frac{1}{2}\right)\frac{1}{15} = \frac{1}{6},$$

$$\text{arc QB} = \text{arc QE} = \left(1 + \frac{1}{2}\right)\frac{1}{15} = \frac{1}{10}.$$

Donc, pour construire AB et AE, il suffit de porter, à partir du point A, une corde AQ égale au côté de l'hexagone, puis à

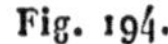

Fig. 194.

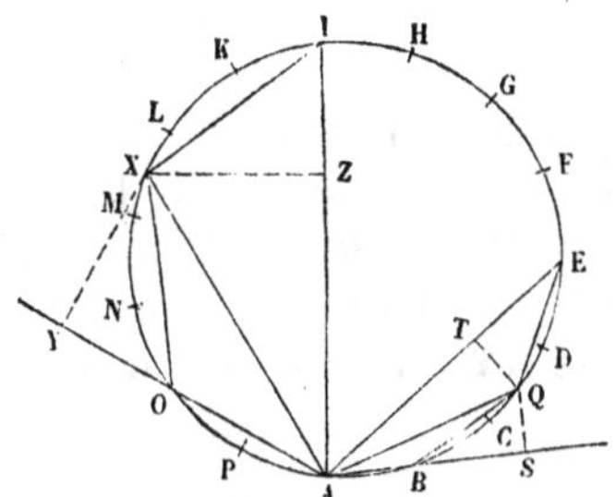

partir de Q, et de part et d'autre de ce point, une corde $QB = QE$ égale au côté du décagone convexe.

Pour calculer AB et AE, abaissons du point Q les perpendiculaires QS et QT sur ces côtés ; l'égalité des triangles rectangles QAS et QAT, qui ont l'hypoténuse commune et un angle aigu égal $QAS = QAT$, donne

$$AS = AT, \quad QS = QT;$$

puis, de l'égalité des triangles rectangles BQS, TQE, qui ont l'hypoténuse égale et un côté égal, on déduit

$$ET = BS.$$

On a donc

$$AB = AS - BS \quad \text{et} \quad AE = AT + TE = AS + BS.$$

Mais QS n'est autre que la moitié du côté du décagone convexe, puisque AQ est égal au rayon et que, l'arc BQ étant le dixième de la circonférence, l'angle inscrit BAQ est la moitié de l'angle au centre du décagone convexe ; on a donc

$$QS = \frac{R}{4}(\sqrt{5} - 1);$$

par suite,

$$AS = \sqrt{\overline{AQ}^2 - \overline{QS}^2} = \frac{R}{4}\sqrt{10 + 2\sqrt{5}},$$

$$BS = \sqrt{\overline{BQ}^2 - \overline{QS}^2} = \frac{R}{4}(\sqrt{15} - \sqrt{3}).$$

On aura donc, d'après les relations ci-dessus,

$$AB = \frac{R}{4}\left(\sqrt{10+2\sqrt{5}} + \sqrt{3} - \sqrt{15}\right),$$

$$AE = \frac{R}{4}\left(\sqrt{10+2\sqrt{5}} - \sqrt{3} + \sqrt{15}\right).$$

On verra de même que, X étant le milieu de ML, AX est le côté du décagone étoilé et XO = XI le côté de l'hexagone, ce qui permettra de construire et de calculer d'une manière analogue les côtés AO et AI des deux autres pentédécagones étoilés. En remarquant que XY est la moitié du côté du décagone étoilé, on trouve

$$AO = \frac{R}{4}\left(\sqrt{15} + \sqrt{3} - \sqrt{10-2\sqrt{5}}\right),$$

$$AI = \frac{R}{4}\left(\sqrt{15} + \sqrt{3} + \sqrt{10-2\sqrt{5}}\right).$$

281. Du pentédécagone convexe, on passe au polygone de 30 côtés, puis à celui de 60,..., et ainsi de suite, en prenant chaque fois les milieux des arcs sous-tendus par les côtés du polygone précédent. On peut donc, *avec la règle et le compas*, inscrire les polygones réguliers de 15, 30, 60, 120,..., et en général de $3.5.2^n$ côtés.

PROBLÈME.

282. *Connaissant le côté d'un polygone régulier inscrit dans un cercle donné, calculer le côté du polygone régulier inscrit d'un nombre de côtés double* (*fig.* 195).

Fig. 195.

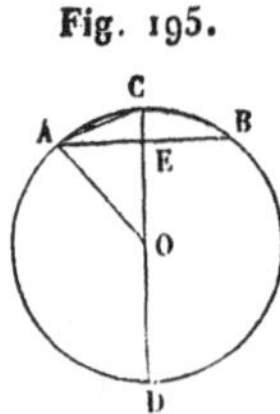

Soient AB = a le côté donné et R le rayon du cercle;

CD étant le diamètre perpendiculaire à AB, AC sera le côté cherché, que nous désignerons par a'.

La corde AC est moyenne proportionnelle entre le diamètre CD et sa projection $CE = OC - OE$ sur ce diamètre; on a donc

$$a'^2 = 2R(R - OE) = R(2R - 2OE).$$

Mais le triangle rectangle AEO donne

$$OE = \sqrt{\overline{AO}^2 - \overline{AE}^2} \quad \text{ou} \quad OE = \sqrt{R^2 - \frac{a^2}{4}} = \frac{1}{2}\sqrt{4R^2 - a^2}.$$

On a donc finalement

$$(1) \qquad a' = \sqrt{R(2R - \sqrt{4R^2 - a^2})}.$$

En particulier, lorsqu'on prend le rayon pour unité, on a

$$(2) \qquad a' = \sqrt{2 - \sqrt{4 - a^2}}.$$

On peut donner à cette relation une autre forme plus commode pour le calcul numérique. Le produit de la somme $2 + \sqrt{4 - a^2}$, par la différence $2 - \sqrt{4 - a^2}$, est égal à la différence des carrés de 2 et de $\sqrt{4 - a^2}$, c'est-à-dire à

$$4 - (4 - a^2) = a^2.$$

Par suite, on a

$$2 - \sqrt{4 - a^2} = \frac{a^2}{2 + \sqrt{4 - a^2}},$$

et enfin

$$(3) \qquad a' = \frac{a}{\sqrt{2 + \sqrt{4 - a^2}}}.$$

Scolie.

283. En partant d'un polygone dont on connaît le côté, on pourra, par l'application répétée de la formule (3), calculer successivement les côtés, et par suite les périmètres des polygones réguliers inscrits de $2n$, $4n$, $8n$, $16n$,... côtés, n étant le nombre des côtés du premier polygone. Voici les résultats que l'on obtient en partant, soit du carré dont le côté est $\sqrt{2}$

dans le cercle de rayon 1, soit de l'hexagone dont le côté est 1 :

Nombre des côtés.	Demi-périmètres.	Nombre des côtés.	Demi-périmètres.
4............	2,82842	6............	3,00000
8............	3,06146	12............	3,10582
16............	3,12144	24............	3,13262
32............	3,13654	48............	3,13935
64............	3,14033	96............	3,14103
128............	3,14127	192............	3,14145

Ces valeurs sont obtenues par défaut à moins d'une unité du cinquième ordre décimal.

PROBLÈME.

284. *Connaissant le côté d'un polygone régulier inscrit, calculer le côté du polygone régulier circonscrit semblable* (*fig.* 196).

Fig. 196.

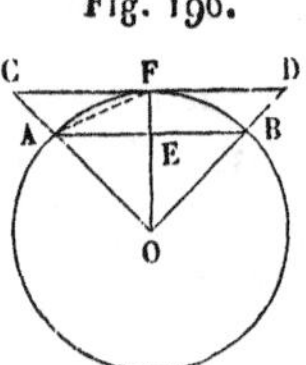

Soient $AB = a$ le côté donné et R le rayon du cercle; menons la tangente CD au milieu F de l'arc AB et prolongeons-la jusqu'aux points C et D, où elle rencontre les rayons OA et OB prolongés. CD sera le côté cherché (265); désignons-le par α.

Les triangles semblables AOE, COF, donnent

$$\frac{CF}{AE} = \frac{OF}{OE} \quad \text{ou} \quad \frac{\alpha}{a} = \frac{R}{OE};$$

mais on a (282)

$$OE = \frac{1}{2}\sqrt{4R^2 - a^2}:$$

il en résulte

$$(1) \qquad \alpha = \frac{2aR}{\sqrt{4R^2 - a^2}}.$$

En particulier, lorsqu'on prend le rayon pour unité, on a

$$\alpha = \frac{2a}{\sqrt{4-a^2}}. \qquad (2)$$

SCOLIE.

285. Connaissant les côtés des polygones réguliers de n, $2n$, $4n$, $8n$,... côtés, inscrits dans le cercle de rayon 1, on aura par la formule (2) les côtés, et, par suite, les périmètres des polygones réguliers circonscrits semblables. Voici les résultats que l'on obtient pour les séries qui dérivent du carré et de l'hexagone :

Nombre des côtés.	Demi-périmètres.	Nombre des côtés.	Demi-périmètres.
4	4,00000	6	3,46411
8	3,31371	12	3,21540
16	3,18260	24	3,15967
32	3,15173	48	3,14609
64	3,14412	96	3,14272
128	3,14223	192	3,14188

Ces valeurs sont obtenues par excès à moins d'une unité du cinquième ordre décimal.

PROBLÈME.

286. *Étant donnés le rayon r et l'apothème a d'un polygone régulier de n côtés, calculer le rayon r' et l'apothème a' du polygone régulier qui aurait $2n$ côtés et le même périmètre* (*fig.* 197).

Fig. 197.

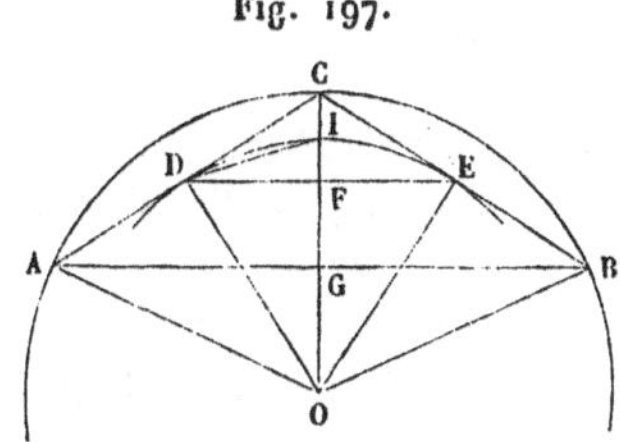

Soient AB le côté et O le centre du polygone donné; en menant le rayon OGC perpendiculaire sur AB, on aura

$$OC = r, \quad OG = a.$$

Tirons CA et CB, et joignons les milieux D et E de ces deux cordes. La droite DE, parallèle à AB et égale à sa moitié, sera le côté du polygone régulier qui a même périmètre et deux fois plus de côtés que le premier. D'ailleurs, l'angle DOE étant la moitié de l'angle au centre AOB du polygone primitif, le point O sera encore le centre du nouveau polygone, et l'on aura

$$OD = r', \quad OF = a'.$$

Or, le point F est le milieu de CG; donc

$$(1) \qquad OF = \frac{1}{2}(OG + OC) \quad \text{ou} \quad a' = \frac{1}{2}(a + r).$$

De plus, le triangle rectangle ODC donne (222)

$$(2) \qquad \overline{OD}^2 = OC.OF \quad \text{ou} \quad r'^2 = r.a',$$

d'où

$$r' = \sqrt{r.a'}.$$

Les relations (1) et (2) résolvent le problème proposé; la première permet de calculer a'; puis, a' étant connu, la seconde donne r'.

Scolies.

287. La formule (1) peut encore s'écrire

$$(1') \qquad 2(a' - a) = r - a,$$

$$(1'') \qquad 2(r - a') = r - a.$$

288. On voit sur la figure que OF est plus grand que OG et que OD est moindre que OC. Donc, *quand on passe d'un polygone régulier au polygone régulier isopérimètre d'un nombre de côtés double, l'apothème augmente et le rayon diminue*, de sorte que la différence entre le rayon et l'apothème va en décroissant.

On peut voir que *la différence $r' - a'$ est moindre que le quart de la différence précédente $r - a$.*

En effet, si du point O comme centre, avec OD pour rayon, on trace l'arc DIE, on a

$$r' - a' = \text{IF} \quad \text{et} \quad r - a = \text{CG} = 2\text{CF};$$

il s'agit donc de prouver que IF est inférieur à la moitié de CF, c'est-à-dire que IF est moindre que CI. Or l'angle inscrit IDE et l'angle IDC formé par une tangente et une corde ont pour mesure, le premier la moitié de l'arc IE, le second la moitié de l'arc DI; ces angles sont donc égaux, et DI est la bissectrice de l'angle CDF. Donc enfin le rapport de IF à IC est égal à celui de la perpendiculaire DF à l'oblique DC, et, par suite, moindre que 1.

Le même fait ressort des formules précédentes.

Nous désignerons par a'' et r'' l'apothème et le rayon du polygone isopérimètre de $4n$ côtés, en sorte que $2a'' = a' + r'$, $r''^2 = a''r'$.

Cela posé, on a, en vertu de (1''),

$$\frac{r'-a'}{r-a} = \frac{r'-a'}{2(r-a')} = \frac{a'(r'-a')}{2(ra'-a'^2)} = \frac{a'(r'-a')}{2(r'^2-a'^2)} = \frac{a'}{2(a'+r')} = \frac{1}{4}\frac{a'}{a''};$$

or, les apothèmes allant en croisant, le dernier membre est plus petit que $\frac{1}{4}$.

289. On peut encore remarquer (D. André, *Nouvelles Annales*, 1874) que *chacun des rapports*

$$\frac{a''-a'}{a'-a}, \quad \frac{r'-r''}{r-r'}$$

est aussi inférieur à $\frac{1}{4}$.

Cela est évident pour le premier; car, en vertu de la formule (1'') et de son analogue $a''-a' = \frac{1}{2}(r'-a')$, il est égal au rapport $\frac{r'-a'}{r-a}$ que nous venons de considérer.

Quant au second, on a

$$\frac{r'-r''}{r-r'} = \frac{\dfrac{r''^2}{a''} - r''}{\dfrac{r'^2}{a'} - r'} = \frac{a'}{a''}\,\frac{r''}{r'}\,\frac{r''-a''}{r'-a'};$$

or, des trois facteurs qui figurent au dernier membre, les deux premiers sont inférieurs à 1 et l'autre est moindre que $\frac{1}{4}$.

THÉORÈME.

290. *Étant donnés les périmètres p et P de deux polygones réguliers de n côtés, l'un inscrit, l'autre circonscrit à un même cercle, calculer les périmètres p' et P' des polygones réguliers inscrit et circonscrit de $2n$ côtés.*

Le rapport de similitude ou celui des périmètres étant égal au rapport des apothèmes (269), on a (*fig.* 197)

$$\frac{p}{P} = \frac{OG}{OC}, \quad \frac{p'}{P'} = \frac{OD}{OC} = \frac{OF}{OD},$$

d'où

$$\frac{OC}{\frac{1}{p}} = \frac{OG}{\frac{1}{P}} \quad \text{et} \quad \frac{OD}{\frac{1}{p'}} = \frac{OF}{\frac{1}{P'}}.$$

D'ailleurs, les triangles semblables ODC, ACG, donnent

$$\frac{OC}{OD} = \frac{AC}{AG} = \frac{p'}{p} \quad \text{ou} \quad \frac{OC}{\frac{1}{p}} = \frac{OD}{\frac{1}{p'}}.$$

On a donc

$$\frac{OC}{\frac{1}{p}} = \frac{OG}{\frac{1}{P}} = \frac{OD}{\frac{1}{p'}} = \frac{OF}{\frac{1}{P'}}.$$

mais (286)

$$OF = \frac{1}{2}(OC + OG) \quad \text{et} \quad OD = \sqrt{OC . OF};$$

donc enfin

$$\frac{1}{P'} = \frac{1}{2}\left(\frac{1}{p} + \frac{1}{P}\right), \quad \frac{1}{p'} = \sqrt{\frac{1}{p} \cdot \frac{1}{P'}}.$$

§ VIII. — MESURE DE LA CIRCONFÉRENCE.

DÉFINITIONS.

291. Considérons (*fig.* 198) un arc de courbe plane AB et désignons par C, D, ..., I, divers points situés sur cet arc et pris dans l'ordre suivant lequel un mobile décrivant l'arc AB de A vers B, sans jamais revenir sur ses pas, les rencontrerait. C et D étant deux points consécutifs quelconques, nous nommerons angle de la corde CD avec la tangente au point C l'angle dont devrait tourner CD autour du point C supposé fixe pour que le point D vînt se confondre avec C. De même, l'angle de la corde CD avec la tangente au point D sera l'angle dont devrait tourner DC autour du point D supposé fixe pour que le point C vînt se confondre avec D.

Supposons les points A, C, D, ..., I, B, assez rapprochés pour que chacun des arcs partiels AC, CD, ..., IB, soit convexe et que sa corde fasse des angles aigus avec les tangentes menées à ses deux extrémités. Dans ces conditions, nous donnerons à la ligne polygonale ACD...IB le nom de *ligne brisée inscrite dans l'arc* AB, et nous appellerons *ligne brisée circonscrite correspondante* la ligne AM'N'...I'B dont les côtés touchent l'arc AB aux sommets A, C, D, ..., I, B, de la ligne brisée inscrite.

Cela posé, on ramène la notion de la longueur d'un arc de courbe à celle de la longueur d'une ligne droite, à l'aide de la définition suivante :

La longueur d'un arc de courbe est la limite vers laquelle tend le périmètre d'une ligne brisée inscrite dans cet arc, lorsque les côtés de cette ligne tendent vers zéro.

Toutefois, pour justifier cette définition, il faut prouver que *cette limite existe et est unique*, c'est-à-dire indépendante de la loi suivant laquelle les côtés tendent vers zéro.

Pour plus de clarté, nous diviserons la démonstration en deux parties.

Fig. 198.

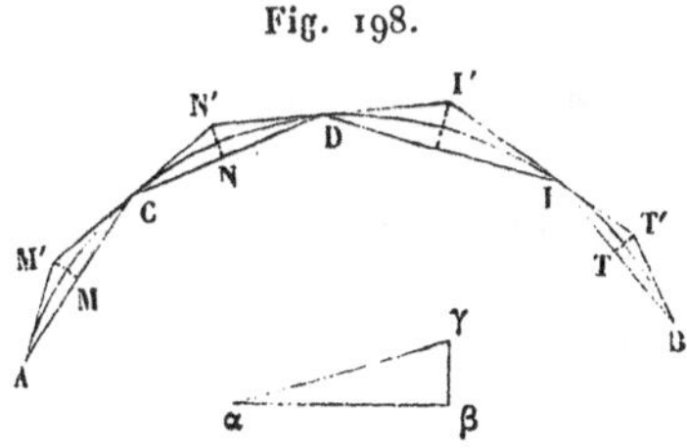

1° *Le rapport des périmètres d'une ligne brisée inscrite et de la ligne brisée circonscrite correspondante tend vers l'unité, quelle que*

soit la loi suivant laquelle les côtés de la ligne inscrite tendent vers zéro.

En effet, soient M, N, ..., T, les projections des sommets M', N', ..., T', de la ligne circonscrite sur les côtés AC, CD, ..., IB, de la ligne inscrite. Puisque chacune de ces cordes fait des angles aigus avec les tangentes à ses extrémités, les points M, N, ..., T, tombent respectivement entre A et C, entre C et D, ..., entre I et B (44). Le rapport considéré est donc égal au suivant

$$\frac{AM' + M'C + CN' + \ldots + T'B}{AM + MC + CN + \ldots + TB};$$

et, comme la valeur de ce dernier est, d'après un théorème connu d'Arithmétique, comprise entre les valeurs du plus petit et du plus grand des rapports

$$\frac{AM'}{AM}, \frac{M'C}{MC}, \frac{CN'}{CN}, \ldots, \frac{T'B}{TB},$$

il suffit de prouver que chacun de ces rapports tend vers l'unité.

Considérons, par exemple, le rapport $\frac{CN'}{CN}$. Sur une droite $\alpha\beta$ invariable de grandeur et de position, construisons un triangle $\alpha\beta\gamma$ rectangle en β et dont l'angle aigu α soit égal à N'CN. Les triangles semblables CNN', $\alpha\beta\gamma$ donneront la proportion

$$\frac{CN'}{CN} = \frac{\alpha\gamma}{\alpha\beta};$$

mais, lorsque le côté CD tend vers zéro, il en est de même de l'angle N'CN ou de son égal α. Par suite, la longueur finie et variable $\alpha\gamma$ tend vers $\alpha\beta$, et le rapport ci-dessus a pour limite l'unité.

2° *Le périmètre d'une ligne brisée inscrite dont les côtés tendent vers zéro, a une limite déterminée et indépendante de la loi d'inscription adoptée.*

En effet, une première ligne brisée étant inscrite dans l'arc AB, joignons un point quelconque de chacun des arcs sous-tendus par ses divers côtés aux extrémités du côté correspondant. Nous formerons ainsi une nouvelle ligne brisée inscrite ayant deux fois plus de côtés que la première. En opérant sur celle-là comme sur la précédente, et ainsi de suite, nous obtiendrons une série illimitée de lignes brisées inscrites *suivant une loi particulière*. Les périmètres q_1, q_2, q_3, ..., de ces lignes croîtront sans cesse et, comme ils restent moindres que le périmètre d'une ligne brisée, quelconque circonscrite à l'arc AB, ils tendront vers une limite déterminée L. D'ailleurs (1°), les périmètres Q_1, Q_2, Q_3, ..., des lignes brisées circonscrites correspondantes tendront vers la même limite L.

Considérons maintenant une suite de lignes brisées inscrites dans l'arc AB *suivant une loi quelconque,* et dont les côtés tendent vers zéro.

Soient p le périmètre d'une ligne de cette série et P le périmètre de la ligne brisée circonscrite correspondante. P étant plus grand que l'une quelconque des lignes q_1, q_2, q_3, ..., sera supérieur ou égal à leur limite L. D'autre part, p étant moindre que l'une quelconque des lignes Q_1, Q_2, Q_3, ..., sera au plus égal à leur limite L.

On aura donc

$$p \leqq L \leqq P,$$

d'où

$$1 \leqq \frac{L}{p} \leqq \frac{P}{p}.$$

Mais le rapport $\frac{P}{p}$ a pour limite l'unité (1°). Par conséquent, le rapport $\frac{L}{p}$, étant compris entre 1 et une quantité qui tend vers 1, a l'unité pour limite.

En d'autres termes, p a aussi pour limite L.

292. De là résultent les propositions suivantes :

1° *La ligne droite est le plus court chemin d'un point à un autre.*

Nous avons déjà démontré (38) qu'une portion de droite AB est moindre que toute ligne brisée ayant les mêmes extrémités A et B. Considérons maintenant un arc de courbe quelconque AMB; soient L sa longueur et L' la longueur d'une ligne brisée inscrite dans cet arc. L'inégalité (38)

$$AB < L'$$

subsiste quand les côtés de la ligne brisée tendent vers zéro; on a donc à la limite

$$AB < L.$$

2° *Tout arc convexe α est moindre qu'une ligne quelconque β qui l'enveloppe en partant des mêmes extrémités.*

Il suffit, en effet, de concevoir une ligne brisée convexe α' inscrite dans l'arc α et une ligne brisée β' inscrite dans l'arc β et n'ayant aucun point commun avec l'arc α. On aura alors (39) $\alpha' < \beta'$, et par suite à la limite, lorsque les côtés des lignes brisées tendent vers zéro, $\alpha < \beta$.

On verrait, par un raisonnement analogue, que *le périmètre d'une ligne convexe fermée est moindre que le périmètre de toute ligne qui l'enveloppe.*

3° *Le rapport d'un arc de courbe AC à sa corde* (*fig.* 198) *a pour limite l'unité, lorsque l'arc tend vers zéro.* — Car, en menant les tangentes AM' et CM', on a (1°)

$$\text{corde AC} < \text{arc AC} < \text{AM}' + \text{M}'\text{C},$$

d'où

$$1 < \frac{\text{arc AC}}{\text{corde AC}} < \frac{\text{AM}' + \text{M}'\text{C}}{\text{AM} + \text{MC}}.$$

Or, on a prouvé (291, 1°) que ce dernier rapport a pour limite l'unité lorsque l'arc AC tend vers zéro. La proposition est donc démontrée.

THÉORÈME.

293. *Le rapport de deux circonférences quelconques est égal au rapport de leurs rayons.*

Soient R et R' les rayons, et C et C' les longueurs de deux circonférences; inscrivons dans la première un polygone régulier quelconque et, dans la seconde, un polygone régulier d'un même nombre de côtés. P et P' étant les périmètres de ces polygones, on aura (212, 269)

$$\frac{P}{P'} = \frac{R}{R'}.$$

Cette proportion, ayant lieu quel que soit le nombre des côtés des deux polygones, subsistera quand on fera croître ce nombre indéfiniment; mais alors, les périmètres P et P' tendront vers leurs limites respectives C et C' (291) et leur rapport tendra vers $\frac{C}{C'}$. On aura donc, à la limite,

$$\frac{C}{C'} = \frac{R}{R'}.$$

COROLLAIRE.

294. La proposition précédente donne

$$\frac{C}{R}=\frac{C'}{R'} \quad \text{ou} \quad \frac{C}{2R}=\frac{C'}{2R'}.$$

Donc, le rapport d'une circonférence à son diamètre est le même pour toutes les circonférences; en d'autres termes :

Le rapport de la circonférence au diamètre est un nombre constant.

Ce nombre, qu'on représente ordinairement par π, est incommensurable (*); on ne peut donc pas l'avoir exactement; mais on peut le calculer, comme nous le montrerons bientôt, avec telle approximation qu'on veut. Voici sa valeur en décimales, ainsi que celle de son inverse et de son logarithme :

$$\pi = 3,14159\ 26535\ 89793\ 23846\ldots,$$

$$\frac{1}{\pi} = 0,31830\ 98861\ 83790\ 67153\ldots,$$

$$\log\pi = 0,49714\ 98726\ 94133\ 85435\ldots.$$

En donnant à la formule $\frac{C}{2R}=\pi$ les deux formes

$$C=2\pi R, \quad R=\frac{C}{2\pi},$$

on voit : 1° que, *pour calculer la longueur d'une circonférence, il faut multiplier par le nombre π le double de la longueur du rayon;* 2° que, *pour calculer le rayon d'une circonférence, il faut diviser par π ou multiplier par $\frac{1}{\pi}$ la moitié de la longueur de la circonférence.*

Exemples :

1° *Quelle est la circonférence d'une roue de voiture dont le rayon est de* $0^{m},65$?

(*) C'est Lambert qui a démontré pour la première fois (*Mémoires de Berlin*, 1761) que π est incommensurable. Legendre a prouvé plus tard qu'il en est de même du carré de π

En multipliant le rayon $0^m,65$ par $6^m,28$ qui est la valeur de 2π à moins d'un centième, on trouve pour la circonférence cherchée $4^m,08$ à moins d'un centimètre.

2° *Quel est le rayon du méridien de Paris?*

On sait que la demi-circonférence de ce méridien est de 20000000 mètres; en multipliant ce nombre par 0,3183099, qui est la valeur de $\frac{1}{\pi}$ à moins de $\frac{1}{2}$ dix-millionième, on trouve pour le rayon cherché 6366197 mètres à moins de 1 mètre.

295. La longueur de l'arc de 180 degrés dans le cercle de rayon R, c'est-à-dire de la demi-circonférence, étant πR, la longueur de l'arc de 1 degré sera $\frac{\pi R}{180}$, et, par suite, *la longueur l de l'arc de n degrés dans le cercle de rayon* R *a pour expression*

$$l = \frac{\pi R n}{180}.$$

Cette formule et les deux suivantes

$$n = \frac{180 l}{\pi R}, \quad R = \frac{180 l}{\pi n},$$

qu'on en déduit, servent à calculer l'une quelconque des trois quantités l, n, R, lorsqu'on connaît les deux autres.

Exemples :

1° *Sur une circonférence dont le rayon a* $0^m,90$, *quelle est la longueur de l'arc de* $25°45'$?

On a ici

$$n = 25 + \frac{45}{60} = 25 + \frac{3}{4} = \frac{103}{4},$$

et, par suite,

$$l = \frac{\pi . 0,90 . \frac{103}{4}}{180} = \frac{103\pi}{800} = \frac{103 . 3,14}{800} = 0^m,40 \ldots$$

2° *Quel est l'arc dont la longueur est égale au rayon?*

La seconde des formules qui précèdent donne pour le nombre de degrés de cet arc

$$n = \frac{180^\circ}{\pi} = 180^\circ \times 0,3183098\ldots = 57^\circ 17' 44'',80\ldots$$

3° *Quel est le rayon du cercle dans lequel l'arc de 30 degrés vaut 1 mètre?*

La troisième formule donne

$$R = \frac{180}{\pi . 30} = \frac{6}{\pi} = 6.0,3183 = 1^m,910.$$

THÉORÈME.

296. *Deux arcs semblables*, c'est-à-dire deux arcs qui répondent à des angles au centre égaux dans des cercles différents, *sont proportionnels à leurs rayons.*

En effet, soient l et l' les longueurs des deux arcs, R et R' leurs rayons, O et O' les angles au centre égaux qui correspondent à ces arcs; on a

$$\frac{l}{2\pi R} = \frac{O}{4 \text{ droits}}, \quad \frac{l'}{2\pi R'} = \frac{O'}{4 \text{ droits}};$$

d'où, en divisant membre à membre et observant que $O = O'$,

$$\frac{l}{l'} = \frac{R}{R'}.$$

SCOLIE.

297. Dans la pratique, on évalue les angles en parties aliquotes de la circonférence, c'est-à-dire en degrés, minutes et secondes. Il n'en est plus de même en théorie, lorsqu'on veut introduire un angle dans une formule.

Soient VOX un angle et ω le nombre qui le mesure, c'est-à-dire le rap-

Fig. 199.

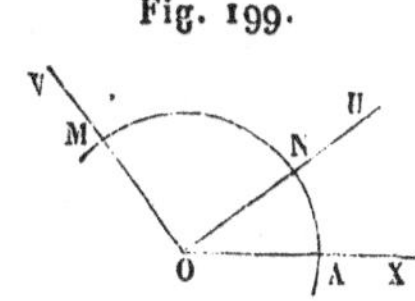

port de cet angle à l'angle unité UOX (*fig.* 199). Décrivons du sommet commun O comme centre une circonférence, et désignons respectivement par r, l, l', les nombres d'unités linéaires contenues dans le rayon et dans les arcs AM, AN, interceptés entre les côtés des deux angles VOX, UOX.

La proportionnalité des angles au centre aux arcs interceptés (126) donne

$$\frac{\text{VOX}}{\text{UOX}} \quad \text{ou} \quad \omega = \frac{l}{l'}.$$

Donc

1° *Si on laisse arbitraire l'unité linéaire et l'unité angulaire, un angle quelconque a pour mesure le rapport des nombres d'unités linéaires contenues dans les arcs que l'angle considéré et l'angle unité interceptent sur une circonférence quelconque, décrite de leur sommet commun comme centre.*

2° Si, sans fixer aucune des deux unités, on les fait correspondre l'une à l'autre, c'est-à-dire *si l'on prend pour unité d'arc l'arc intercepté par l'unité d'angle,* on a $l' = 1$, et $\omega = l$.

Dans ce cas, un angle quelconque a même mesure que l'arc compris entre ses côtés et décrit de son sommet comme centre avec un rayon quelconque; c'est le théorème du n° 127.

3° Souvent, au lieu d'établir la correspondance entre l'unité linéaire et l'unité angulaire, on laisse indéterminée l'unité de longueur, et l'on fixe l'unité d'angle; *on prend pour unité angulaire l'angle qui intercepte sur une circonférence quelconque un arc égal au rayon.* On a alors $l' = r$, et par suite

$$\omega = \frac{l}{r} \quad \text{ou} \quad l = \omega r.$$

Dans ce cas, un angle quelconque a pour mesure le rapport de l'arc qu'il intercepte sur une circonférence quelconque décrite de son sommet comme centre, au rayon de cette circonférence, et inversement, *l'arc est égal à l'angle multiplié par le rayon.*

Pour rendre facile la comparaison entre ce mode de mesure et l'évaluation en degrés, minutes et secondes, il suffit de rappeler (295, 2°) que l'angle unité est alors de $57°17'44'',80\ldots$.

Ajoutons enfin que si, après avoir fixé de la sorte l'unité d'angle, on prend de plus le rayon r pour unité de longueur, on établit ainsi la correspondance des unités linéaire et angulaire, et l'on retombe sur la formule $\omega = l$. L'angle droit est alors mesuré par $\frac{\pi}{2} = 1,5707\ldots$, l'angle de 45 degrés par $\frac{\pi}{4}, \ldots$, etc.

PROBLÈME.

298. *Calculer le rapport de la circonférence au diamètre.*

La formule

$$\pi = \frac{C}{2R} \tag{1}$$

montre que, pour avoir π, on peut :

Soit se donner le rayon R et calculer la longueur de la circonférence C : c'est la *méthode des périmètres ;*

Soit se donner la circonférence C et calculer le rayon R : c'est la *méthode des isopérimètres.*

299. *Méthode des périmètres.* — Pour $R = 1$, la formule (1) donne $\pi = \frac{1}{2}C$; le nombre π est donc égal à la demi-circonférence de rayon 1. Par suite, le demi-périmètre de tout polygone inscrit dans cette circonférence est une valeur de π approchée par défaut, et le demi-périmètre de tout polygone circonscrit est une valeur de π approchée par excès. Donc, si on calcule, comme au nº **283**, en partant du carré inscrit, les demi-périmètres des polygones réguliers inscrits de 8, 16, 32,..., côtés, les nombres obtenus seront des valeurs par défaut de plus en plus voisines de π; et de même, si, en partant du carré circonscrit, on calcule, comme au nº **285**, les demi-périmètres des polygones réguliers circonscrits de 8, 16, 32,..., côtés, on aura des valeurs par excès de plus en plus voisines de π. Par exemple, on trouve (**283**, **285**) pour les demi-périmètres des polygones réguliers inscrit et circonscrit de 128 côtés... 3,14127 et 3,14223; on conclut de là que π est compris entre ces deux nombres et que 3,142 est sa valeur à moins d'un millième.

On peut aussi partir de l'hexagone et calculer, comme aux nºˢ **283** et **285**, les demi-périmètres des polygones réguliers inscrits et circonscrits de 12, 24, 48,..., côtés.

Ainsi présentée, la méthode des périmètres est très-laborieuse; mais en revanche elle est très-simple en principe; c'est d'ailleurs la méthode suivie par Archimède, l'illustre géomètre qui vivait à Syracuse 250 ans avant J.-C, et auquel appartient la gloire d'avoir trouvé le premier le rapport de la circonférence au diamètre. Archimède, en partant de l'hexagone et en s'arrêtant aux polygones inscrit et circonscrit de 96 côtés, a prouvé que π était compris entre $3 + \frac{10}{71}$ et $3 + \frac{10}{70}$. Ce dernier nombre $3 + \frac{10}{70}$ ou $\frac{22}{7}$, qui surpasse π de moins d'un demi-centième, suffit dans beaucoup d'applications.

Il convient de signaler encore la valeur par excès $\frac{355}{113}$, qui est due à Adrien Métius, et dont l'erreur n'atteint pas un demi-millionième.

Nous allons voir que la méthode des isopérimètres, publiée en 1813, à Nancy, par le géomètre Schwab, conduit à des calculs beaucoup plus simples; nous reviendrons ensuite sur la méthode des périmètres, pour montrer qu'on peut la présenter de telle sorte qu'elle conduise identiquement aux mêmes calculs que celle des isopérimètres.

300. *Méthode des isopérimètres.* — Elle est fondée sur le principe suivant :

Le nombre $\frac{1}{\pi}$ est compris entre les valeurs a et r de l'apothème et du rayon de tout polygone régulier dont le périmètre est égal à 2, et l'on peut prendre le nombre n des côtés du polygone assez grand pour que ces valeurs approchent autant qu'on voudra de $\frac{1}{\pi}$.

En effet, le périmètre du polygone étant compris entre la circonférence inscrite et la circonférence circonscrite, on a

$$2\pi a < 2 < 2\pi r, \quad \text{d'où} \quad a < \frac{1}{\pi} < r.$$

D'ailleurs, l'excès du rayon $OA = r$ sur l'apothème $OG = a$ (*fig.* 197) étant moindre que la moitié AG du côté du polygone, et le côté ayant pour valeur $\frac{2}{n}$, on a

$$r - a < \frac{1}{n};$$

on peut donc prendre n assez grand pour que les différences

$$\frac{1}{\pi} - a \quad \text{et} \quad r - \frac{1}{\pi},$$

qui sont inférieures à $r - a$, deviennent moindres que toute quantité donnée.

L'application simultanée de ce principe et du problème du n° 286 permet de calculer $\frac{1}{\pi}$ et par suite π avec telle approximation qu'on voudra.

On partira d'un polygone dont on sache trouver directement l'apothème et le rayon, par exemple du carré dont le périmètre est égal à 2; le côté étant égal à $\frac{1}{2}$, l'apothème aura pour valeur $a = \frac{1}{4}$ et, le rayon, $r = \sqrt{\left(\frac{1}{4}\right)^2 + \left(\frac{1}{4}\right)^2} = \frac{1}{4}\sqrt{2}$. Puis, à l'aide des formules du n° 286, on calculera successivement les apothèmes et les rayons a_1 et r_1, a_2 et r_2, ..., a_k et r_k, ..., des polygones réguliers et isopérimètres ayant 4.2, 4.2^2, ..., 4.2^k, ..., côtés.

Voici le Tableau des calculs jusqu'au polygone de 128 côtés :

$a = 0,2500000\ldots$	$r = 0,3535534\ldots$
$a_1 = 0,3017767\ldots$	$r_1 = 0,3266407\ldots$
$a_2 = 0,3142087\ldots$	$r_2 = 0,3203644\ldots$
$a_3 = 0,3172865\ldots$	$r_3 = 0,3188217\ldots$
$a_4 = 0,3180541\ldots$	$r_4 = 0,3184377\ldots$
$a_5 = 0,3182459\ldots$	$r_5 = 0,3183418\ldots$

La dernière ligne montre que $\frac{1}{\pi}$ est compris entre 0,3182 et 0,3184, et par suite a pour valeur 0,3183, à moins d'un dix-millième; quant à π, il est compris entre

$$\frac{1}{0,3182459} = 3,142\ldots \quad \text{et} \quad \frac{1}{0,3183419} = 3,141\ldots,$$

c'est-à-dire entre 3,141 et 3,143; il a donc pour valeur 3,142, à moins d'un millième.

On peut remarquer que $r = \frac{1}{4}$ est la moyenne arithmétique entre o et $\frac{1}{2}$ et que $r = \frac{1}{4}\sqrt{2}$ est la moyenne géométrique entre $\frac{1}{2}$ et a, et l'on est ainsi conduit à ce théorème :

Le nombre $\frac{1}{\pi}$ est la limite vers laquelle tend la suite des nombres

$$0, \frac{1}{2}, a, r, a_1, r_1, a_2, r_2, \ldots$$

obtenus en partant de o *et* $\frac{1}{2}$, *et prenant alternativement la moyenne arithmétique et la moyenne géométrique entre les deux qui précèdent.*

Pour compléter l'exposition de la méthode, il reste à chercher une limite du nombre des opérations à faire pour obtenir π avec une approximation donnée.

Pour obtenir $\frac{1}{\pi}$ à moins de $\frac{1}{10^m}$, il suffit qu'on ait

$$r_k - a_k < \frac{1}{10^m}.$$

Mais la différence $r_k - a_k$ est moindre successivement (288) que

$$\frac{1}{4}(r_{k-1} - a_{k-1}), \quad \frac{1}{4^2}(r_{k-2} - a_{k-2}), \quad \ldots, \quad \frac{1}{4^{k-1}}(r_1 - a_1),$$

et, par conséquent, que

$$\frac{1}{4^k . 10},$$

puisque $r_1 - a_1 = 0,0248\ldots$ est inférieur à $\frac{1}{40}$. L'inégalité primitive sera donc vérifiée si l'on a

$$4^k > 10^{m-1}, \quad \text{d'où} \quad k > \frac{m-1}{\log 4},$$

et, *a fortiori*,

$$k > \frac{5}{3}(m-1),$$

puisque $\log 4 = 0,602\ldots$ est supérieur à $\frac{3}{5}$. Donc, *pour avoir $\frac{1}{\pi}$ à moins de $\frac{1}{10^m}$, il suffit de pousser les calculs jusqu'au polygone de 4.2^k côtés, k étant l'entier égal ou immédiatement supérieur à $\frac{5}{3}(m-1)$*.

D'ailleurs, dès qu'on connaît une valeur approchée de $\frac{1}{\pi}$ avec m décimales exactes, m étant plus grand que 2, on peut compter sur $m-1$ décimales exactes dans la valeur approchée qui en résulte pour $\frac{1}{\pi}$ (¹).

301. On voit par ce qui précède combien le travail est considérable; toutefois, on peut l'abréger considérablement à l'aide de la proposition suivante :

Le nombre $\frac{1}{\pi}$ est compris entre les deux quantités

$$r_1 - \frac{1}{3}(r - r_1), \quad a_1 + \frac{1}{3}(a_1 - a),$$

où a et r désignent l'apothème et le rayon d'un polygone régulier quelconque, dont le périmètre est égal à 2, et a_1 et r_1 l'apothème et le rayon du polygone régulier isopérimètre d'un nombre de côtés double (E. Rouché, *Nouv. Annales*, 1882).

En effet, n étant le nombre des côtés du premier polygone, désignons par a_k, r_k l'apothème et le rayon du polygone isopérimètre dont le nombre des côtés est $n.2^k$. Les rapports (289)

$$\frac{a_2 - a_1}{a_1 - a}\ \frac{a_3 - a_2}{a_2 - a_1}\ \cdots\ \frac{a_m - a_{m-1}}{a_{m-1} - a_{m-2}}$$

étant moindres que $\frac{1}{4}$, il en est de même du rapport obtenu en divisant la somme des numérateurs par celle des dénominateurs, c'est-à-dire du rapport

$$\frac{a_m - a_1}{a_{m-1} - a}$$

et, par conséquent, de sa limite

$$\frac{\frac{1}{\pi} - a_1}{\frac{1}{\pi} - a}$$

(¹) En effet, si l'on désigne respectivement par ε' et ε les erreurs correspondantes de π et de $\frac{1}{\pi}$, et par e' et e les valeurs absolues de ces mêmes erreurs, on a

$$\varepsilon' = \frac{1}{\frac{1}{\pi}} - \frac{1}{\frac{1}{\pi} + \varepsilon} = \frac{\varepsilon}{\frac{1}{\pi}\left(\frac{1}{\pi} + \varepsilon\right)}, \quad \text{d'où} \quad e' \leqq \frac{e}{\frac{1}{\pi}\left(\frac{1}{\pi} - e\right)};$$

on en conclut

$$e' < 10e,$$

pourvu que l'on ait

$$\frac{1}{\pi}\left(\frac{1}{\pi} - e\right) > \frac{1}{10},$$

c'est-à-dire,

$$e < \frac{1}{\pi} - \frac{\pi}{10} < \frac{1}{2}(0,01).$$

lorsque l'entier m croît indéfiniment; on a donc

$$\frac{\frac{1}{\pi}-a_1}{\frac{1}{\pi}-a} < \frac{1}{4} \quad \text{d'où} \quad \frac{1}{\pi} < a_1 + \frac{1}{3}(a_1 - a).$$

En raisonnant de même sur les rapports

$$\frac{r_1 - r_2}{r - r_1}, \frac{r_2 - r_3}{r_1 - r_2}, \dots \frac{r_{m-1} - r_m}{r_{m-2} - r_{m-1}},$$

on trouvera

$$\frac{r_1 - \frac{1}{\pi}}{r - \frac{1}{\pi}} < \frac{1}{4}, \quad \text{d'où} \quad \frac{1}{\pi} > r_1 - \frac{1}{3}(r - r_1).$$

C. Q. F. D.

Cela posé, revenons à la suite de Schwab

$$0, \frac{1}{2}, a, r, a_1, r_1, a_2, r_2, a_3, r_3, \dots$$

Tandis que la méthode *ordinaire* des isopérimètres consiste à prendre a_k et r_k pour une valeur approchée de $\frac{1}{\pi}$, la méthode *perfectionnée* consistera à prendre les limites plus resserrées

$$r_k - \frac{1}{3}(r_{k-1} - r_k) \quad \text{et} \quad a_k + \frac{1}{3}(a_k - a_{k-1}).$$

Pour comparer la marche de l'approximation dans les deux cas, remarquons que la différence entre les deux limites précédentes

$$\frac{1}{3}(r_{k-1} - a_{k-1}) - \frac{4}{3}(r_k - a_k)$$

ou (289)

$$\frac{2}{3}\frac{r_k + a_k}{a_k}(r_k - a_k) - \frac{4}{3}(r_k - a_k) = \frac{2}{3}\frac{(r_k - a_k)^2}{a_k}$$

est moindre que

$$\frac{20}{9}(r_k - a_k)^2,$$

puisque a_k, au moins égal à $a_1 = 0,301\dots$, reste supérieur à $\frac{3}{10}$. D'après cela, pour obtenir $\frac{1}{\pi}$ à moins de $\frac{1}{10^m}$, il suffit qu'on ait

$$(r_k - a_k)^2 < \frac{9}{2.10^{m+1}}$$

et, *a fortiori*,

$$\left(\frac{1}{4^k.10}\right)^2 < \frac{4}{10^{m+1}},$$

puisque $r_k - a_k$ est inférieur (300) à $\frac{1}{4^k.10}$ et que $\frac{9}{2}$ est supérieur à 4. On déduit de là successivement

$$4^{2k+1} > 10^{m-1}, \quad 2k+1 > \frac{m-1}{\log 4} > \frac{5}{3}(m-1), \quad k > \frac{1}{6}(5m-8).$$

Ainsi, *pour avoir $\frac{1}{\pi}$ à moins de $\frac{1}{10^m}$, il suffira de pousser les calculs jusqu'au polygone de 4.2^k côtés, k étant l'entier égal ou immédiatement supérieur à $\frac{1}{6}(5m-8)$.*

Cette nouvelle limite étant au plus égale à la moitié de celle du numéro précédent, on voit que l'emploi de la *méthode perfectionnée diminue certainement le travail de moitié.*

302. *Retour à la méthode des périmètres.* — Nous avons dit (299) que la méthode des périmètres convenablement dirigée conduisait à des calculs identiques aux précédents.

En effet, p et P étant les périmètres de deux polygones réguliers semblables, l'un inscrit, l'autre circonscrit, et p' et P' étant les périmètres des deux polygones réguliers inscrit et circonscrit d'un nombre de côtés double, on a (290)

$$\frac{1}{P'} = \frac{1}{2}\left(\frac{1}{P} + \frac{1}{p}\right), \quad \frac{1}{p'} = \sqrt{\frac{1}{P'}\cdot\frac{1}{p}}.$$

Les nombres

$$\frac{1}{P}, \quad \frac{1}{p}, \quad \frac{1}{P'}, \quad \frac{1}{p'}, \quad \ldots,$$

sont donc, à partir du troisième, alternativement moyens arithmétiques et moyens géométriques entre les deux qui précèdent. D'ailleurs, si l'on prend le rayon du cercle égal à $\frac{1}{2}$, on a

$$\pi = C \quad \text{ou} \quad \frac{1}{\pi} = \frac{1}{C}$$

et, par suite, $\frac{1}{\pi}$ est la limite de la suite formée par les inverses des périmètres des polygones réguliers circonscrits et inscrits dont le nombre des côtés va en doublant. Enfin, si l'on part des carrés circonscrit et inscrit, les deux premiers termes de la série sont

$$\frac{1}{P} = \frac{1}{4}, \quad \frac{1}{p} = \frac{\sqrt{2}}{4},$$

et l'on retombe sur le théorème de Schwab énoncé au n° 300.

APPENDICE DU LIVRE III.

I. — Principe des signes.

DES SEGMENTS RECTILIGNES.

303. Par définition un *segment* rectiligne désigné par AB est la portion de droite AB parcourue de A vers B; A est l'*origine*, B est l'*extrémité* et la droite indéfinie X qui contient A et B est la *base* du segment.

Deux segments sont dits *consécutifs* lorsque le second a pour origine l'extrémité du premier.

Quand plusieurs segments sont situés sur une même droite ou sont parallèles à une même droite, on choisit, parmi les deux sens dans lesquels cette droite peut être parcourue, celui que l'on veut appeler *sens positif*; puis on attribue au nombre qui mesure la longueur de chaque segment le signe + ou le signe — suivant que le segment considéré est décrit dans le sens positif ou dans le sens opposé. Ce nombre ainsi précédé d'un signe est la *valeur algébrique du segment*. Par exemple, en supposant que la distance des points A et B renferme 5 unités de longueur, et que le sens positif de la droite X (*fig.* 200) soit celui de la flèche, on a

$$AB = +5, \quad BA = -5$$

d'où

$$AB = -BA. \tag{1}$$

Lorsque dans une question on a à considérer plusieurs segments de même base, il est utile le plus souvent de les *rapporter à une même origine*, c'est-à-dire d'exprimer chacun d'eux en fonction de segments ayant pour origine commune un point O pris à volonté sur la droite X. On y parvient au moyen de la formule

$$AB = OB - OA, \tag{2}$$

qui est vraie quelles que soient les positions relatives des points O, A, B sur

Fig. 200.

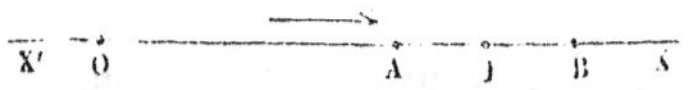

la droite X; car, suivant que le point intermédiaire est O, A ou B, on a

$$AB = AO + OB, \quad OB = OA + AB, \quad OA = OB + BA;$$

d'où l'on tire toujours pour AB la valeur (2) si l'on a égard à la formule (1).

La position d'un point A sur une droite OX est déterminée sans ambiguïté dès qu'on connaît le segment OA compté à partir d'un point fixe O choisi d'ailleurs à volonté sur la droite. On donne à ce segment OA le nom d'*abscisse* du point A ; cette définition permet d'énoncer aisément la formule (2) : *Un segment quelconque* AB *est égal à l'abscisse de son extrémité* B *diminuée de l'abscisse de son origine* A.

Comme application de cette règle, nous proposerons au lecteur de vérifier les relations

$$\mathrm{OA} + \mathrm{OB} = 2\,\mathrm{OI}, \quad \mathrm{OA}.\mathrm{OB} = \overline{\mathrm{OI}}^2 - \overline{\mathrm{AI}}^2$$

entre trois points quelconques O, A, B situés en ligne droite, I étant le milieu de AB ; il suffit de rapporter tous les segments à l'origine I.

L'emploi des signes permet de raisonner d'une manière générale et de se débarrasser de certaines conditions de situation qui rendent les démonstrations pénibles et les énoncés obscurs. Par exemple, quand on a égard aux signes, la proposition du n° 179 s'énonce : *Sur la droite indéfinie* X'X *qui passe par deux points* A *et* B, *il existe un seul point* M *tel que le rapport* $\frac{\mathrm{MA}}{\mathrm{MB}}$ *ait une valeur assignée*. Ce point est situé entre A et B, ou sur l'un des prolongements de AB, suivant que la valeur du rapport est négative ou positive. Ainsi énoncé, ce lemme permettrait de simplifier notablement les démonstrations des n°s 184, 236, 237.

DES ANGLES.

304. Considérons un cercle de rayon égal à l'unité (*fig.* 201) et deux diamètres perpendiculaires A'A et B'B. Supposons qu'un mobile M partant de A décrive la circonférence en tournant dans un sens déterminé, par exemple dans le sens opposé au mouvement des aiguilles d'une montre ; ce mobile décrira un arc x qui, nul au départ, prend successivement les valeurs $\frac{\pi}{2}$, π, $\frac{3\pi}{2}$, 2π, $\frac{5\pi}{2}$, ... à mesure que le mobile arrive respectivement aux points B, A', B', A, B. .... Si le mobile, partant toujours du point A que nous prenons pour *origine* des *arcs*, tournait en

Fig. 201.

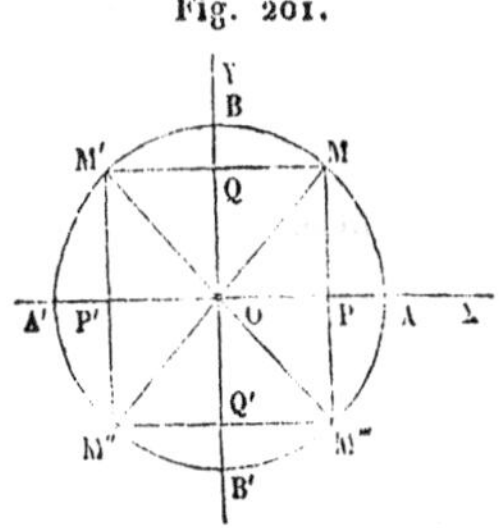

sens inverse, il décrirait des *arcs négatifs* égaux respectivement en valeur absolue aux arcs positifs décrits dans le premier cas. D'après cela, l'arc x est une variable qui peut passer par tous les états de grandeur de $-\infty$ à $+\infty$.

Tous les arcs qui, ayant la même origine A, *ont une même extrémité* M, *sont compris dans la formule* $2k\pi + \alpha$, *où* α *désigne le plus petit des arcs positifs qui vont de* A *en* M *et* k *un nombre entier quelconque positif, nul ou négatif;* en effet, deux arcs quelconques de la série diffèrent évidemment d'un certain nombre de tours, c'est-à-dire d'un multiple de 2π.

Cela posé, soient u et v deux *directions* données et OU et OV deux *demi-droites* menées par un point arbitraire O parallèlement à ces directions. Du point O comme centre, décrivons (*fig.* 199) un cercle de rayon 1, et désignons par N et M les points où ce cercle rencontre respectivement OU et OV; enfin prenons pour sens positif sur ce cercle le sens opposé au mouvement des aiguilles d'une montre. On nomme *angle de la direction u avec la direction v* ou *angle de la demi-droite* OU *avec la demi-droite* OV, l'angle qui a pour mesure $\alpha + 2k\pi$, α étant le plus petit arc positif ayant N pour origine et M pour extrémité, et k un nombre entier quelconque positif nul ou négatif. Cet angle, ainsi défini, n'est déterminé qu'à un multiple près de 2π: on le désigne par UOV: OU est le *côté origine* et OV le *côté extrême*.

En vertu de cette même définition, on aura pour l'angle VOU de la direction OV avec la direction OU, la valeur $-\alpha + 2k'\pi$; on a donc alors

$$(1) \qquad \text{UOV} = -\text{VOU} + 2k''\pi.$$

305. Deux angles de même sommet sont dits consécutifs lorsque le côté origine du second est le côté extrême du premier.

Quand plusieurs angles ont le même sommet O, il est commode le plus souvent de les rapporter à un même côté origine OX; on y parvient à l'aide de la formule

$$(2) \qquad \text{UOV} = \text{XOV} - \text{XOU} + 2n\pi,$$

que l'on démontre de la manière suivante. Désignons respectivement par α, β, γ les plus petites valeurs positives des arcs AN, NM, MA comptés sur le cercle de rayon 1 ayant O pour centre : on a évidemment

$$\alpha + \beta + \gamma = 2\lambda\pi,$$

λ étant un entier positif.

Mais les définitions du numéro précédent donnent

$$\text{XOU} = \alpha + 2k\pi,$$
$$\text{UOV} = \beta + 2k'\pi,$$
$$\text{XOV} = -\text{VOX} = -\gamma + 2k''\pi,$$

et il suffit de tirer de ces relations α, β, γ et de les porter dans la précédente pour tomber sur la formule (2) qu'on énonce ainsi : *L'ang*

UOV *de la direction* OU *avec la direction* OV *est égal à l'angle qu'une direction quelconque* OX *fait avec le côté extrême* OV, *diminué de l'angle que la même direction* OX *fait avec le côté origine* OU.

THÉORIE DES PROJECTIONS.

306. Soient X'X et Y'Y deux droites qui se coupent en un point O (*fig.* 202); A étant un point quelconque du plan XOY, on nomme *projection du point* A sur X'X le point *a* où cette droite rencontre la parallèle à Y'Y menée par A. La droite A*a* reçoit le nom de *projetante* du point A et la droite X'X celui d'*axe de projection*.

Fig. 202.

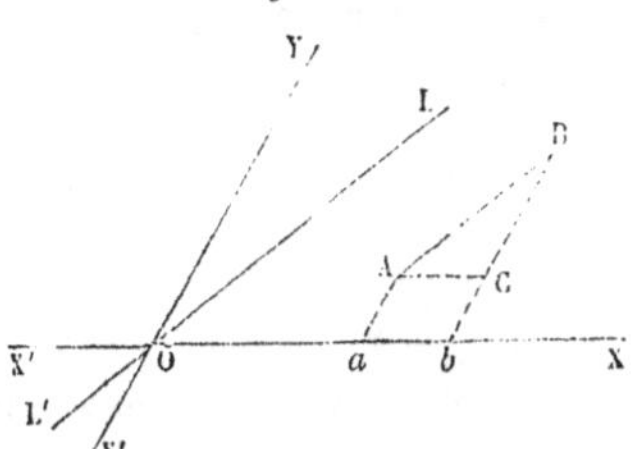

La projection est dite orthogonale ou oblique suivant que Y'Y est perpendiculaire ou oblique sur l'axe X'X.

On nomme *projection d'un segment* AB le segment *ab* qui a respectivement pour origine et pour extrémité les projections de l'origine et de l'extrémité du segment AB.

Fig. 202'.

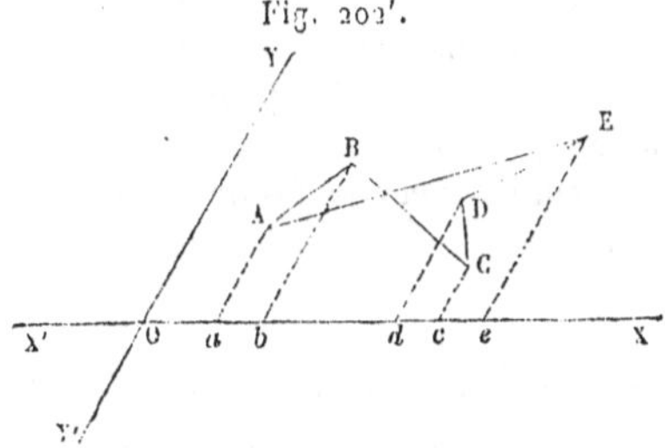

On nomme *résultante* de plusieurs segments consécutifs AB, BC, CD, DE (*fig.* 202'), le segment AE qui a pour origine l'origine du premier, et pour extrémité l'extrémité du dernier; les segments AB, BC, CD, DE prennent le nom de *composantes*.

La projection de la résultante est la somme (*algébrique*) *des projections des composantes;* en d'autres termes, on a, quel que soit le sens positif adopté pour X'X,

$$ae = ab + bc + cd + de,$$

c'est-à-dire

$$ab + bc + cd + de + ea = 0.$$

En effet, en rapportant tous les segments qui figurent dans le premier membre à une origine commune, ce premier membre prend la forme

$$(ob - oa) + (oc - ob) + (od - oc) + (oe - od) + (oa - oe),$$

dans laquelle chaque terme est détruit par un terme égal et de signe contraire.

Tel est le *théorème général des projections*. La Trigonométrie permet de traduire cet énoncé en une relation entre les segments consécutifs et leurs inclinaisons sur l'axe de projection.

307. Pour arriver à ce but, nous commencerons par généraliser la propriété fondamentale des triangles rectilignes ([1]).

Assignons aux droites qui forment les côtés d'un triangle un sens positif choisi à volonté pour chacune d'elles; les segments et les angles relatifs à ces directions auront dès lors des signes bien déterminés, et l'on pourra énoncer le théorème suivant :

Dans tout triangle rectiligne ABC *on a, en grandeur et en signe, les relations*

$$(1) \qquad \frac{AB}{\sin(\alpha, \beta)} = \frac{BC}{\sin(\beta, \gamma)} = \frac{CA}{\sin(\gamma, \alpha)},$$

dans lesquelles α, β, γ *désignent respectivement les directions positives des droites opposées aux sommets* A, B, C.

En effet : observons d'abord que si les relations (1) sont vraies pour un choix particulier des directions positives, elles subsistent quand on change le sens positif de l'une des trois droites; car, si l'on change, par exemple, le sens positif de la droite opposée au sommet A, les facteurs BC, $\sin(\alpha, \beta)$, $\sin(\gamma, \alpha)$ changent de signe, tandis que les trois autres facteurs restent les mêmes. Pour achever la démonstration du théorème, il suffit donc de prouver qu'il a lieu pour un choix particulier des directions positives. Or, si l'on adopte pour sens positif de chaque droite le sens dans lequel elle est parcourue quand on décrit le contour du triangle en suivant l'ordre alphabétique, on a, en désignant comme à l'ordinaire, par a, b, c, A, B, C les valeurs absolues des côtés et des angles de ce triangle,

$$AB = +c, \quad BC = +a, \quad CA = +b,$$
$$(\alpha, \beta) = \pi - C, \quad (\beta, \gamma) = \pi - A, \quad (\gamma, \alpha) = \pi - B,$$

([1]) Nous supposons au lecteur la connaissance des premiers éléments de *Trigonométrie*.

et les relations (1) se réduisent par suite aux formules

$$\frac{a}{\sin A} = \frac{b}{\sin B} = \frac{c}{\sin C},$$

qui ont été démontrées en Trigonométrie.

Ajoutons que les angles (α, β), (β, γ), (γ, α), satisfont (nº 305) à la relation

$$(2) \qquad (\alpha, \beta) + (\beta, \gamma) + (\gamma, \alpha) = 2n\pi.$$

Le groupe des formules (1) et (2) renferme toute la théorie des triangles rectilignes avec le degré de généralité qu'il convient de lui donner pour les recherches géométriques.

Cela posé, revenons aux projections :

308. *La projection d'un segment sur un axe est égale au produit de ce segment par le rapport des sinus des angles que les directions positives de la base du segment et de l'axe font avec la direction positive des projetantes.*

En effet, imaginons par le point O (*fig.* 202) la parallèle L'OL à la base du segment proposé AB, et soient OX, OY, OL les directions positives de l'axe, des projetantes et de la base du segment. En menant par le point A une parallèle à X'X, on forme un triangle ABC dans lequel les directions positives sont fixées; et l'on a, d'après le numéro précédent,

$$\frac{AB}{\sin YOX} = \frac{CA}{\sin LOY},$$

d'où l'on déduit, en observant que la projection ab du segment AB est égale en grandeur et en signe à AC,

$$ab = AB \frac{\sin LOY}{\sin XOY}$$

formule conforme à l'énoncé.

Quand les projections sont orthogonales, on a

$$XOY = \frac{\pi}{2}, \quad LOY = XOY - XOL = \frac{\pi}{2} - XOL + 2n\pi;$$

par suite,

$$ab = AB \sin\left(\frac{\pi}{2} - XOL\right) = AB \cos XOL.$$

Donc, *la projection orthogonale d'un segment est égale au produit de ce segment par le cosinus de l'angle de la direction positive de l'axe avec la direction positive de la base du segment.*

Il suffit, d'après cela, de remplacer dans le théorème des projections les projections des composantes et de la résultante par leurs expressions trigonométriques pour obtenir une relation entre les segments et les angles de la figure.

II. — Transversales dans le triangle.

309. Lorsqu'une transversale *abc* (*fig.* 203 et 203′) rencontre les trois côtés d'un triangle ABC, regardés comme indéfinis, chacun des points d'intersection a, b, c, est l'origine commune de deux segments ayant pour extrémités les extrémités du côté que l'on considère. Ainsi, sur AB, sont les

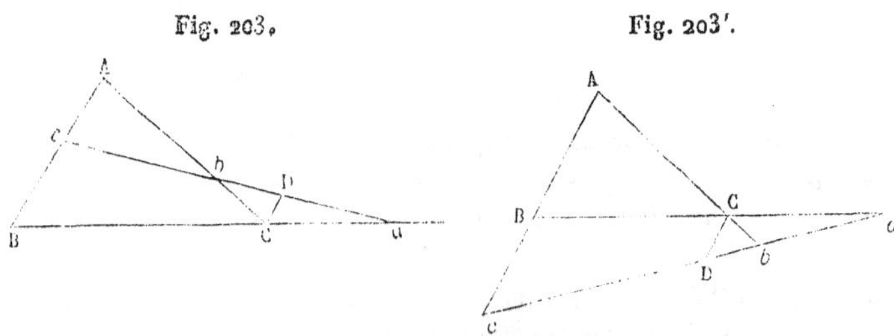

Fig. 203. Fig. 203′.

deux segments cA et cB, sur BC les segments aB et aC, et sur CA les segments bC et bA. Les deux segments relatifs à un même côté sont de signes contraires ou de même signe (303), suivant que la transversale coupe le côté lui-même ou son prolongement.

THÉORÈME.

310. *Quand un triangle* ABC *est coupé par une transversale abc* (*fig.* 203 *et* 203′), *il existe, entre les segments que cette droite détermine sur les côtés, la relation*

$$\frac{aB}{aC}\cdot\frac{bC}{bA}\cdot\frac{cA}{cB}=+1. \tag{1}$$

En effet, en menant CD parallèle à AB, on a, dans les triangles semblables aCD, aBc,

$$\frac{aB}{aC}=\frac{cB}{DC},$$

et, dans les triangles semblables bCD, bcA

$$\frac{bC}{bA}=\frac{DC}{cA};$$

il suffit donc de multiplier ces deux proportions membre à membre pour avoir la relation (1), qui se trouve ainsi démontrée en valeur absolue.

Il reste à prouver que, eu égard aux signes des segments, c'est le signe + qui convient au second membre de cette égalité. Or il ne peut se présenter que deux cas : la transversale coupe deux côtés et le prolongement du troisième (*fig.* 203), ou elle coupe les prolongements des trois côtés (*fig.* 203'). Dans le premier cas, deux des rapports qui figurent dans le premier membre sont négatifs, et le troisième positif; dans le second cas, les trois rapports sont positifs. Le produit des trois rapports a donc toujours le signe +.

Réciproquement, *si sur les trois côtés d'un triangle* ABC *considérés comme indéfinis, on prend trois points a, b, c, tels que la relation* (1) *soit satisfaite, ces trois points seront en ligne droite.*

En effet, en désignant par c' le point où la droite ab rencontre AB, on a, d'après ce qui précède,

$$\frac{a\mathrm{B}}{a\mathrm{C}}\cdot\frac{b\mathrm{C}}{b\mathrm{A}}\cdot\frac{c'\mathrm{A}}{c'\mathrm{B}} = 1\,;$$

par suite, en comparant cette relation à la relation (1), qui est satisfaite par hypothèse, on a

$$\frac{c'\mathrm{A}}{c'\mathrm{B}} = \frac{c\mathrm{A}}{c\mathrm{B}}.$$

Donc (303) c' coïncide avec c, et les trois points a, b, c, sont en ligne droite.

Observons que la relation (1), qu'on prend ici pour hypothèse, exige que le nombre des rapports négatifs du premier membre soit pair, c'est-à-dire que, parmi les trois points a, b, c, il y en ait un nombre pair situé sur les côtés et, par suite, un nombre impair sur les prolongements.

On peut encore remarquer que les numérateurs des trois rapports sont trois segments sans extrémités communes; il en est de même pour les dénominateurs.

Le théorème qui précède, attribué à Ménélaüs, géomètre grec antérieur de près d'un siècle à Ptolémée, sert à prouver que trois points d'une figure sont en ligne droite; outre cet usage spécial, il intervient souvent d'une manière utile comme intermédiaire dans certaines démonstrations.

Dans ce théorème, les seuls signes qui interviennent sont ceux des trois rapports formés par les couples de segments relatifs à chaque côté du triangle; il n'est donc pas nécessaire de fixer les signes des segments eux-mêmes. Il suffit, par exemple, dans la *fig.* 203, de donner à bC et à bA des signes opposés, que le sens positif des segments comptés sur AC soit AC ou CA.

Toutefois, il est souvent commode dans les applications de fixer le sens positif pour chaque côté du triangle ABC. Supposons, par exemple, qu'on adopte pour sens positif de chaque côté le sens dans lequel ce côté est parcouru quand on décrit le contour du triangle dans l'ordre alphabétique ABC; alors, dans la *fig.* 203, les segments cB et bA seront seuls positifs, les autres seront négatifs; dans la *fig.* 203', tous les segments seront négatifs; dans les deux cas, le nombre des segments négatifs étant pair, le premier membre de la relation (1) aura le signe +, comme cela doit être.

THÉORÈME.

311. *Les droites menées d'un même point* O (*fig.* 204 et 205) *aux trois sommets d'un triangle* ABC *rencontrent les côtés opposés, considérés comme indéfinis, en trois points a, b, c, qui satisfont à la relation*

$$\frac{aB}{aC}\cdot\frac{bC}{bA}\cdot\frac{cA}{cB} = -1. \qquad (2)$$

En effet, le triangle ACa, coupé par la transversale Bb, donne

$$\frac{Ba}{BC}\cdot\frac{OA}{Oa}\cdot\frac{bC}{bA} = 1.$$

Fig. 204.

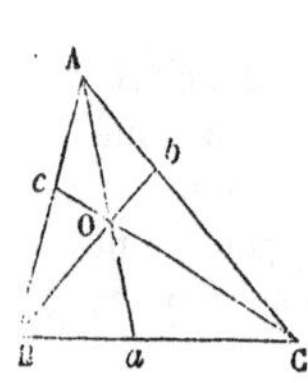

Fig. 205.

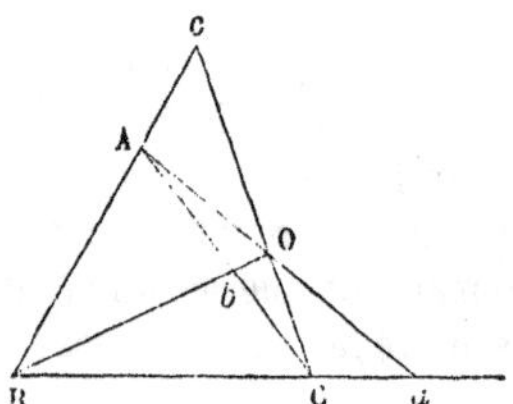

Le triangle ABa, coupé par la transversale Cc, donne à son tour

$$\frac{CB}{Ca}\cdot\frac{Oa}{OA}\cdot\frac{cA}{cB} = 1.$$

En multipliant membre à membre ces deux égalités, on obtient la relation

$$\frac{aB}{aC}\cdot\frac{bC}{bA}\cdot\frac{cA}{cB}\cdot\frac{CB}{BC} = 1,$$

qui ne diffère pas de la relation (2), puisque $\frac{CB}{BC} = -1$.

Réciproquement, *si, par les sommets d'un triangle* ABC, *on mène trois droites* Aa, Bb, Cc, *telles que la relation* (2) *soit vérifiée, ces trois droites passent par un même point.*

En effet, en désignant par O le point de concours de Aa et de Bb, et par c' le point où CO rencontre le côté AB, on a, d'après ce qui précède,

$$\frac{aB}{aC} \cdot \frac{bC}{bA} \cdot \frac{c'A}{c'B} = -1;$$

d'où, en comparant avec la relation (2) qui est satisfaite par hypothèse,

$$\frac{cA}{cB} = \frac{c'A}{c'B}.$$

Les points c et c' coïncident donc (303); en d'autres termes, la droite Cc passe par l'intersection O de Aa et de Bb.

Corollaire.

312. Le théorème qui précède, dû à Jean de Céva, géomètre italien du xvie siècle, sert à prouver que trois droites d'une figure sont concourantes; il peut aussi intervenir comme auxiliaire utile dans certaines démonstrations.

Voici quelques exemples :

1° *Dans tout triangle* ABC, *les trois médianes* Aa, Bb, Cc, *passent par un même point;* car chacun des rapports qui figurent dans le premier membre de la relation (2) est alors égal à -1.

2° *Dans tout triangle* ABC, *les bissectrices* Aa, Bb, Cc, *des trois angles passent par un même point.*

En effet, en vertu du n° 184, les rapports négatifs qui figurent dans le premier membre de la relation (2) sont, en valeur absolue, respectivement égaux aux rapports

$$\frac{AB}{AC}, \quad \frac{BC}{AB}, \quad \frac{AC}{BC},$$

dont le produit est égal à 1.

On verrait de même que *les bissectrices des suppléments de deux angles et la bissectrice du troisième angle passent par un même point.*

3° *Dans tout triangle* ABC, *les trois hauteurs* Aa, Bb, Cc, *passent par un même point.*

En effet, les triangles semblables BAb, CAc donnent

$$\frac{cA}{bA} = \frac{AC}{AB},$$

et l'on a de même

$$\frac{aB}{cB} = \frac{AB}{BC}, \quad \frac{bC}{aC} = \frac{BC}{AC};$$

d'où l'on voit, en multipliant membre à membre, que le produit $\frac{aB}{aC} \cdot \frac{bC}{bA} \cdot \frac{cA}{cB}$ est, en valeur absolue, égal à 1. D'ailleurs, chacun de ces trois rapports est négatif; donc leur produit est égal à -1.

SCOLIE.

313. *Si par les sommets d'un triangle* ABC *on mène trois droites quelconques rencontrant respectivement les côtés opposés en* a, b, c, *on a la relation* (*fig.* 205)

$$(3) \qquad \frac{aB}{aC} \cdot \frac{bC}{bA} \cdot \frac{cA}{cB} = \frac{\sin aAB}{\sin aAC} \cdot \frac{\sin bBC}{\sin bBA} \cdot \frac{\sin cCA}{\sin cCB}.$$

En effet, les triangles aAB et aCA donnent (307)

$$\frac{aB}{\sin BAa} = \frac{BA}{\sin AaB}, \quad \frac{aC}{\sin CAa} = \frac{CA}{\sin AaC};$$

d'où, en divisant membre à membre,

$$\frac{aB}{aC} = \frac{AB}{AC} \frac{\sin aAB}{\sin aAC};$$

et il suffit de transporter cette valeur et les valeurs analogues de $\frac{bC}{bA}$, $\frac{cA}{cB}$ dans le premier membre de (3) pour tomber sur le second membre.

De ce lemme et des théorèmes de Ménélaüs et de Jean de Céva, résultent immédiatement les propositions suivantes :

1° *Si par les trois sommets d'un triangle* ABC *on mène trois droites rencontrant les côtés opposés aux trois points* a, b, c *situés en ligne droite, on a la relation*

$$\frac{\sin aAB}{\sin aAC} \cdot \frac{\sin bBC}{\sin bBA} \cdot \frac{\sin cCA}{\sin cCB} = 1.$$

2° *Quand trois droites issues des sommets d'un triangle* ABC *passent par un même point* O, *on a*

$$\frac{\sin OAB}{\sin OAC} \cdot \frac{\sin OBC}{\sin OBA} \cdot \frac{\sin OCA}{\sin OCB} = -1.$$

QUADRILATÈRE COMPLET.

314. On appelle *quadrilatère complet* la figure formée par le système de quatre droites ou, en d'autres termes, la figure formée en prolongeant jusqu'à leurs points de rencontre E et F les côtés opposés d'un quadrilatère ordinaire ABCD. Un quadrilatère complet ABCDEF (*fig.* 206) a six sommets et trois diagonales : les sommets sont les points d'intersection A, B, C, D, E, F, des quatre droites considérées, et les diagonales sont les droites AC, BD, EF, qui joignent les trois couples de sommets opposés.

Nous allons démontrer, comme application de la théorie des transversales, deux propriétés fondamentales du quadrilatère complet.

THÉORÈME.

315. *Dans tout quadrilatère complet, chaque diagonale est divisée harmoniquement par les deux autres* (PAPPUS, *Math. coll.*, lib. III, propositio 129).

Soit, par exemple, la diagonale EF qui est coupée en P et en Q par les

Fig. 206.

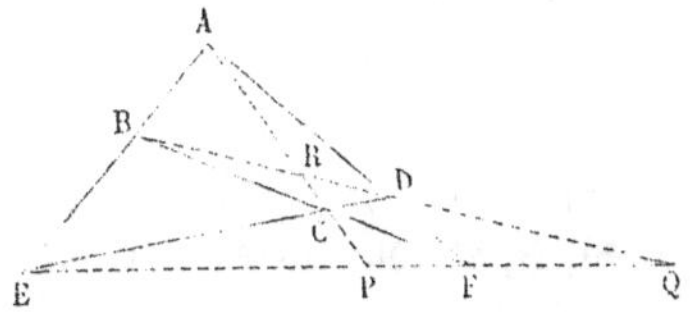

diagonales AC et BD (*fig.* 206); il s'agit de prouver la relation (180, 303)

$$(1)\qquad \frac{PE}{PF} : \frac{QE}{QF} = -1.$$

Il suffit, pour cela, de diviser membre à membre les deux égalités

$$\frac{QE}{QF} \cdot \frac{DF}{DA} \cdot \frac{BA}{BE} = 1 \quad \text{et} \quad \frac{PE}{PF} \cdot \frac{DF}{DA} \cdot \frac{BA}{BE} = -1,$$

dont la première s'obtient en appliquant le théorème de Ménélaüs au triangle AEF coupé par la transversale BD, et dont la seconde résulte de l'application du théorème de Céva au même triangle AEF et aux trois droites CA, CE, CF.

COROLLAIRE.

316. Ce théorème fournit un moyen très simple pour construire, avec la règle seule, le conjugué harmonique Q d'un point P par rapport à une droite EF. On mène par P une droite quelconque PCA; en joignant deux points A et C pris à volonté sur cette droite aux points E et F, on obtient un quadrilatère complet dont la diagonale BD va couper EF au point demandé Q.

THÉORÈME.

317. *Dans tout quadrilatère complet, les milieux des trois diagonales sont en ligne droite.*

En effet, soient (*fig.* 207) ABCDEF un quadrilatère complet, et L, M, N, les milieux des diagonales AC, BD, EF. Les milieux G, H, K des côtés du

Fig. 207.

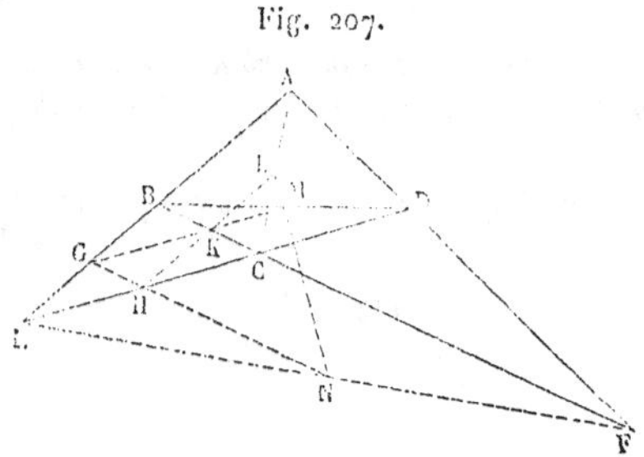

triangle BCE sont les sommets d'un nouveau triangle dont les côtés passent respectivement par L, M, N, et tout revient à démontrer (310) l'égalité

$$\frac{MG}{MK} \cdot \frac{LK}{LH} \cdot \frac{NH}{NG} = 1.$$

Or l'exactitude de cette relation résulte de ce que les six longueurs qui composent son premier membre sont respectivement les moitiés des segments que la transversale ADF détermine sur les côtés du triangle BCE.

III. — Rapport anharmonique de quatre points.

318. On appelle *rapport anharmonique* de quatre points A, B, C, D, situés en ligne droite, le quotient des rapports des distances de deux quelconques de ces points aux deux autres. Tels sont, par exemple (*fig.* 208), les quotients

$$\frac{CA}{CB} : \frac{DA}{DB}, \quad \frac{DA}{DC} : \frac{BA}{BC}, \ldots,$$

que nous désignerons respectivement par (ABCD), (ACDB), ...

Il importe de se familiariser avec cette notation. En appelant *premier point* celui qui répond à la première lettre à gauche dans la parenthèse, *deuxième point* celui qui répond à la seconde lettre à gauche, etc., on prend toujours le rapport des distances du troisième point au premier et au deuxième, et on le divise par le rapport des distances du quatrième point au premier et au deuxième.

Trois points A, B, C, étant donnés d'une manière quelconque sur une droite indéfinie, on peut déterminer sur cette droite un quatrième point D tel, que le rapport anharmonique des quatre points A, B, C, D, ait une valeur donnée λ en grandeur et en signe. Car la relation

$$\frac{CA}{CB} : \frac{DA}{DB} = \lambda, \quad \text{ou} \quad \frac{DA}{DB} = \frac{1}{\lambda} \cdot \frac{CA}{CB},$$

dont le second membre est entièrement connu, détermine (303) le point D. Toutefois, pour que ce point D soit distinct des trois premiers, il faut que λ n'ait aucune des trois valeurs 0, ∞ ou $+1$. En effet, si λ était nul, on aurait, en vertu de la relation précédente, $DB = 0$, et D coïnciderait avec B; si λ était infini, on aurait $DA = 0$, et D coïnciderait avec A; enfin, si λ était égal à $+1$, on aurait $\frac{DA}{DB} = \frac{CA}{CB}$, et D coïnciderait avec C. Ainsi, le *rapport anharmonique de quatre points distincts peut avoir une valeur quelconque, positive ou négative, excepté les valeurs* 0, ∞ *et* $+1$.

Le rapport anharmonique de quatre points ABCD n'est pas altéré lorsqu'on échange entre eux deux de ces points, pourvu qu'en même temps on échange entre eux les deux autres. Ainsi l'on a

$$(ABCD) = \frac{CA}{CB} : \frac{DA}{DB} = \frac{CA.DB}{CB.DA},$$

$$(CDAB) = \frac{AC}{AD} : \frac{BC}{BD} = \frac{AC.BD}{AD.BC},$$

et par suite

$$(ABCD) = (CDAB).$$

Avec les quatre mêmes points A, B, C, D, on peut former vingt-quatre rapports anharmoniques, dont six seulement sont distincts. Lorsque, dans un théorème, nous parlerons du rapport anharmonique de quatre points, sans indiquer spécialement l'un de ces rapports, il faudra entendre que le théorème s'applique indifféremment à l'un quelconque d'entre eux.

319. On donne le nom de *faisceau* à un système quelconque (*fig.* 208) de droites OM, ON, OP, OQ, issues d'un même point O. Le point O est

dit le *centre* du faisceau, dont les droites OM, ON, OP, OQ, sont appelées les rayons.

THÉORÈME.

320. *Lorsqu'un faisceau de quatre droites* OM, ON, OP, OQ, *est coupé par deux transversales* L *et* L', *le rapport anharmonique des quatre points* A, B, C, D, *déterminés sur la première transversale, est égal au rapport anharmonique des quatre points* A', B', C', D', *déterminés sur la seconde* (*fig.* 208).

Nous allons démontrer, par exemple, l'égalité $(ABCD) = (A'B'C'D')$.

Les rapports $\frac{CA}{CB}$, $\frac{C'A'}{C'B'}$, ayant le même signe ainsi que les rapports $\frac{DA}{DB}$, $\frac{D'A'}{D'B'}$, il en sera de même pour les quotients ou rapports anharmoniques $\frac{CA}{CB} : \frac{DA}{DB}$, $\frac{C'A'}{C'B'} : \frac{D'A'}{D'B'}$, et il reste à démontrer l'égalité des valeurs absolues de ces derniers rapports.

Fig. 208.

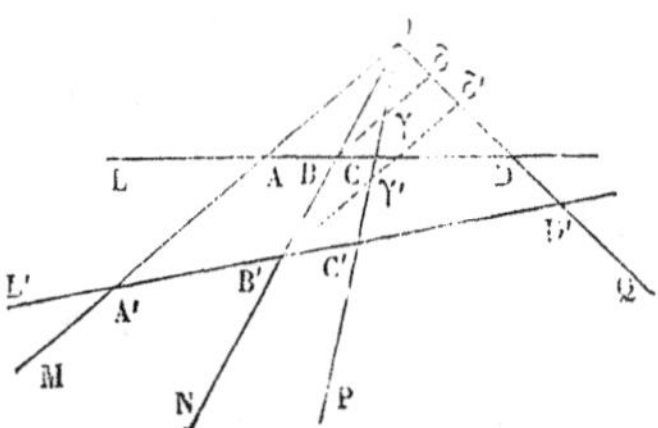

Or, en menant par le point B la parallèle $B\gamma\delta$ à OA, on a, par les triangles semblables CAO et $CB\gamma$, DAO et $DB\delta$, les proportions

$$\frac{CA}{CB} = \frac{OA}{\gamma B}, \quad \frac{DA}{DB} = \frac{OA}{\delta B},$$

qui, divisées membre à membre, donnent

$$(ABCD) = \frac{\delta B}{\gamma B}.$$

En menant par B' la parallèle $B'\gamma'\delta'$ à OA, on obtiendrait de même

$$(A'B'C'D') = \frac{\delta' B'}{\gamma' B'}.$$

L'égalité manifeste des seconds membres des deux relations qui précèdent prouve l'égalité de leurs premiers membres.

On peut considérer la figure rectiligne A'B'C'D' comme la *perspective* ou *projection concourante* de la figure rectiligne ABCD, cette projection étant faite du centre O et suivant les rayons projetants OA, OB, OC, OD. De là, cet autre énoncé fort commode du théorème qui nous occupe : *le rapport anharmonique de quatre points en ligne droite est projectif.* Si le centre O est à l'infini, les rayons OA, OB, OC, OD, sont parallèles, et le théorème subsiste.

Voici de ce théorème fondamental une démonstration un peu différente qui a l'avantage de fournir une expression trigonométrique utile de la valeur du rapport anharmonique

$$\frac{CA}{CB} : \frac{DA}{DB}.$$

Les triangles CAO, CBO donnent (307)

$$\frac{CA}{\sin AOC} = \frac{AO}{\sin OCA}, \quad \frac{CB}{\sin BOC} = \frac{BO}{\sin OCB},$$

d'où, en divisant,

$$\frac{CA}{CB} = \frac{OA}{OB} \frac{\sin COA}{\sin COB};$$

on obtiendra de même

$$\frac{DA}{DB} = \frac{OA}{OB} \frac{\sin DOA}{\sin DOB},$$

et par suite

$$\frac{CA}{CB} : \frac{DA}{DB} = \frac{\sin COA}{\sin COB} : \frac{\sin DOA}{\sin DOB}.$$

Le rapport anharmonique qui figure dans le premier membre ne dépend donc que des angles du faisceau et nullement de la position de la transversale L; il a donc la même valeur pour la transversale L'.

RAPPORTS ANHARMONIQUES D'UN FAISCEAU.

321. On nomme *rapports anharmoniques d'un faisceau* de quatre droites les rapports anharmoniques des quatre points déterminés par ce faisceau sur une transversale quelconque. Ainsi, (ABCD), (ACDB), ... (318) sont des rapports anharmoniques du faisceau formé par les droites OM, ON, OP, OQ (*fig.* 208). On désigne ces rapports anharmoniques du faisceau par la notation (O.ABCD), (O.ACDB), ...

Il résulte d'ailleurs du n° 318 que le rapport anharmonique d'un faisceau ne change pas de valeur lorsqu'on échange deux rayons quelconques, pourvu qu'on échange en même temps les deux autres; de sorte qu'on a, par exemple, (O.ABCD) = (O.CDAB).

Il résulte de la seconde démonstration donnée au numéro précédent que le rapport anharmonique (O.ABCD) du faisceau a pour expression

$$\frac{\sin \text{COA}}{\sin \text{COB}} : \frac{\sin \text{DOA}}{\sin \text{DOB}}.$$

Il est évident, d'après cela, que deux faisceaux qui ont respectivement les mêmes angles ont les mêmes rapports anharmoniques. Voici deux exemples importants de faisceaux de cette nature :

1° *Si l'on joint un point quelconque* O *d'une circonférence à quatre points fixes* A, B, C, D, *de cette circonférence, le rapport anharmonique du faisceau ainsi obtenu est constant, quelle que soit la position du point* O *sur la circonférence.* Il résulte, en effet, des propriétés des angles inscrits que le point O se déplaçant, et les points A, B, C, D, restant fixes sur la circonférence, le faisceau conserve les mêmes angles. Ce rapport constant est ce qu'on appelle le *rapport anharmonique des quatre points* A, B, C, D, *du cercle.*

2° *Si l'on joint le centre d'un cercle aux points où quatre tangentes fixes sont coupées par une cinquième tangente, le rapport anharmonique du faisceau ainsi obtenu est constant, quelle que soit la cinquième tangente.* En effet, l'angle sous lequel on voit du centre la portion d'une tangente mobile comprise entre deux tangentes fixes est évidemment égal à la moitié de l'angle des deux rayons qui aboutissent aux points de contact de ces tangentes fixes. Cet angle est donc constant, et par suite le faisceau considéré conserve les mêmes angles, quelle que soit la position de la cinquième tangente.

On voit par là que le *rapport anharmonique des points suivant lesquels une tangente mobile est coupée par quatre tangentes fixes est constant.* Ce rapport est ce qu'on appelle le *rapport anharmonique des quatre tangentes fixes.*

Le rapport anharmonique de quatre tangentes à un cercle est égal au rapport anharmonique des quatre points de contact; car le faisceau partant du centre du cercle, et aboutissant aux points d'intersection de ces quatre tangentes avec une cinquième, a ses rayons respectivement perpendiculaires à ceux du faisceau partant du point de contact de la cinquième tangente et aboutissant aux points de contact des quatre tangentes considérées (320, 71).

THÉORÈME.

322. *Quand deux faisceaux de quatre droites* OA, OB, OC, OD, *et* O'A', O'B', O'C', O'D', *ont un rapport anharmonique égal et un rayon homologue commun* OO', *les trois points* β, γ, δ, *d'intersection des autres rayons homologues pris deux à deux, sont en ligne droite* (*fig.* 209).

Fig. 209.

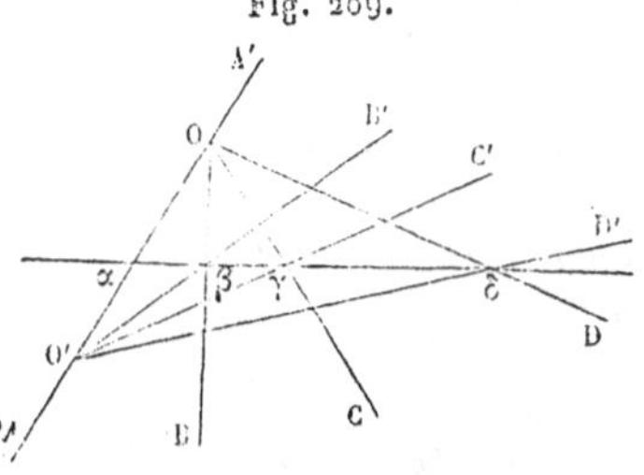

En effet, désignons respectivement par α, δ, δ', les points où la droite $\beta\gamma$ rencontre OO', OD, O'D'; on aura, d'après l'hypothèse (320),

$$(\alpha\beta\gamma\delta) = (\alpha\beta\gamma\delta').$$

Donc δ et δ' coïncident (318), et les trois points β, γ, δ, sont en ligne droite.

COROLLAIRE.

323. *Lorsque deux faisceaux de quatre droites correspondantes ont un rapport anharmonique égal, les autres rapports anharmoniques sont égaux de part et d'autre.*

En effet, en plaçant les deux faisceaux de façon que deux rayons homologues soient sur la même droite, l'égalité de l'un des rapports anharmoniques exigera que les autres rayons homologues se coupent sur

THÉORÈME.

324. *Quand deux figures rectilignes de quatre points* A, B, C, D, *et* A', B', C', D', *ont un rapport anharmonique égal et un point homologue commun* A, *les trois droites* BB', CC', DD', *qui joignent les autres points homologues pris deux à deux, concourent en un même point* O (*fig.* 210).

Fig. 210.

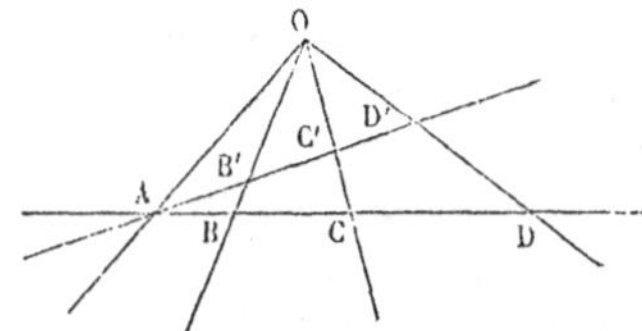

En effet, soit O le point de concours de BB' et de CC', et désignons par δ le point où OD' rencontre la droite ABC; on aura (320)

$$(A'B'C'D') = (ABC\delta).$$

Mais on a, par hypothèse,

$$(A'B'C'D') = (ABCD);$$

donc

$$(ABC\delta) = (ABCD).$$

Par suite (318) δ coïncide avec D, et la droite DD' passe par le point O.

COROLLAIRE.

325. *Lorsque deux figures rectilignes de quatre points correspondants ont un rapport anharmonique égal, les autres rapports anharmoniques sont égaux de part et d'autre.*

En effet, en plaçant les deux droites qui portent les deux figures de manière que deux points homologues coïncident, l'égalité de l'un des rapports harmoniques exigera que les deux figures soient la per-

une même droite, et alors les deux faisceaux auront bien tous leurs rapports anharmoniques égaux, puisque ces rapports ne sont autres (320) que ceux des quatre points déterminés par les deux faisceaux sur une transversale commune.

spective l'une de l'autre, et, dès lors (320), tout rapport anharmonique de l'une sera égal au rapport anharmonique analogue de l'autre

TRIANGLES HOMOLOGIQUES. — HEXAGONE DE PASCAL.

Le *Traité de Géométrie supérieure* de M. Chasles montre tout le parti qu'on peut tirer de la théorie si simple du rapport anharmonique. L'emploi des théorèmes qui précèdent (320, 322, 324) a une grande importance, comme on le verra surtout lorsque nous traiterons de l'homographie et de l'involution. Nous nous bornerons ici à quelques exemples; nous rencontrerons d'ailleurs d'autres applications dans le courant même de cet appendice.

326. *Quand deux triangles* ABC, A'B'C', *ont leurs sommets situés deux à deux sur trois droites* OA'A, OB'B, OC'C, *concourant en un même point* O, *leurs côtés se rencontrent deux à deux* (BC *et* B'C', AC *et* A'C', AB *et* A'B') *en trois points* α, β, γ, *situés en ligne droite* (*fig.* 211).

327. *Quand deux triangles* ABC, A'B'C', *sont tels, que leurs côtés se coupent deux à deux* (BC *et* B'C', AC *et* A'C', AB *et* A'B') *en trois points* α, β, γ, *situés en ligne droite, leurs sommets sont situés deux à deux sur trois droites* OA'A, OB'B, OC'C, *concourant en un même point* O (*fig.* 211).

Fig. 211.

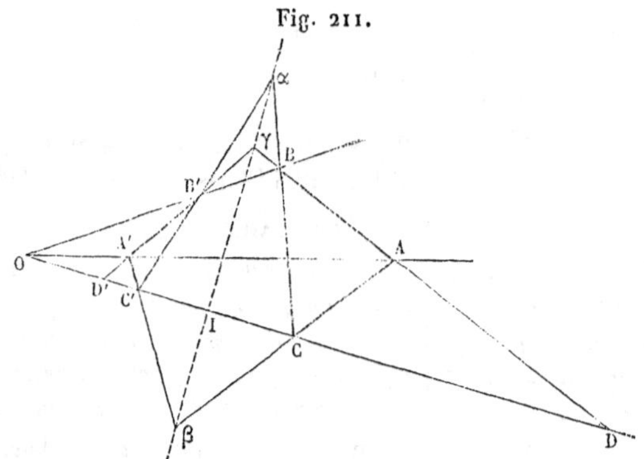

En effet, désignons par D et D' les points où la droite OC'C rencontre respectivement les côtés AB et A'B'. Le faisceau des quatre

En effet, soit I l'intersection de la droite $\alpha\beta\gamma$ et de CC'; on aura (320)

$$(C.\alpha\gamma I\beta) = (C'.\alpha\gamma I\beta).$$

droites Oγ, OB, OA, OC, étant coupé par les deux transversales AB et A′B′, on a (320)

$$(\gamma BAD) = (\gamma B'A'D'),$$

et par suite (325)

$$(C.\gamma BAD) = (C'.\gamma B'A'D').$$

Or, ces deux faisceaux ont un rayon homologue commun DD′; donc les points de concours γ, α, β, des trois autres couples de rayons homologues (322) sont en ligne droite.

Donc, en coupant le premier faisceau par AB et le second par A′B′, et en appelant D et D′ les points où ces droites coupent CC′, on aura (323)

$$(B\gamma DA) = (B'\gamma D'A').$$

Or, ces deux figures rectilignes ont un point homologue commun γ; donc les droites BB′, DD′, AA′, qui joignent les autres points homologues deux à deux, concourent (324) en un même point O.

Ces deux théorèmes, attribués à Desargues, géomètre du XVIIe siècle, ont été repris par Poncelet (*Traité des Propriétés projectives*), qui en a fait la base de sa *Théorie des figures homologiques*. Les deux triangles ABC, A′B′C′, qui satisfont aux conditions précédentes, sont dits *homologiques;* le point O et la droite $\alpha\beta\gamma$ sont appelés le *centre et l'axe d'homologie.*

328. *Dans tout hexagone* ABCDEF *inscrit à une circonférence, les points de concours* L, M, N, *des trois couples de côtés opposés* AB *et* DE, BC *et* EF, CD *et* AF, *sont en ligne droite* (*fig.* 212).

Fig. 212.

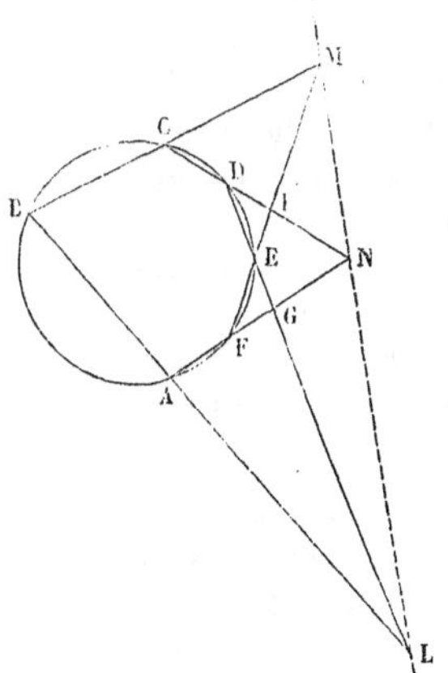

En effet, on a (321, 1°)

$$(A.BFED) = (C.BFED).$$

329. *Dans tout hexagone* ABCDEF *circonscrit à un cercle, les trois diagonales* AD, BE, CF, *qui unissent les sommets opposés, se coupent en un même point* O (*fig.* 213).

Fig. 213.

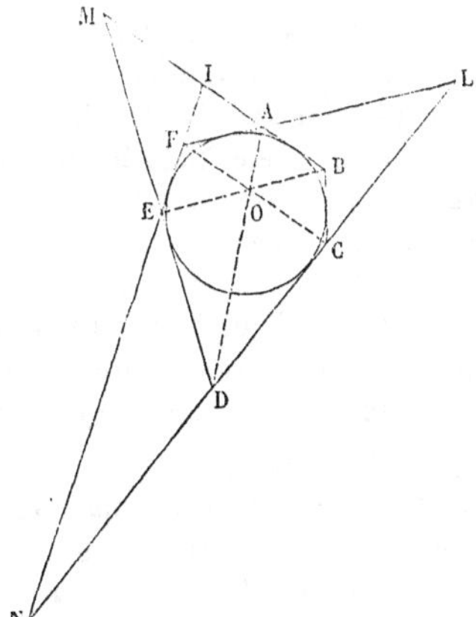

En effet, soient I et M les points où le côté AB rencontre FE et DE, et L et N les points où CD rencontre AF et

Par suite (320), en coupant le premier faisceau par la droite DE, le second par la droite FE, et nommant G l'intersection de AF et de DE, I l'intersection de EF et de CD, on aura

$$(\mathrm{LGED}) = (\mathrm{MFEI}).$$

Or, ces deux figures rectilignes ont un point homologue commun E; donc (324) les droites LM, GF, DI, qui joignent les autres points homologues deux à deux, se coupent en un même point N. Les trois points L, M, N, sont donc en ligne droite.

Ce théorème, dû à Pascal, et la démonstration si simple que nous venons d'exposer, subsistent quand même l'hexagone cesse d'être convexe.

FE; on aura (321, 2°), en considérant les deux côtés non contigus AB et CD coupés par les quatre autres,

$$(\mathrm{BAIM}) = (\mathrm{CLND}).$$

Par suite,

$$(\mathrm{E.BAIM}) = (\mathrm{F.CLND}).$$

Or, ces deux faisceaux ont un rayon homologue commun IN; donc (322) les points de concours O, A, D, des trois autres couples EB et FC, EA et FL, EM et FD, de rayons homologues, sont en ligne droite. Les trois droites AD, BE, CF, passent donc par un même point O.

Ce théorème est dû à Brianchon (*Journ. de l'École Polyt.*, 13ᵉ cahier), qui l'a déduit du théorème de Pascal par la considération des polaires, comme nous le verrons bientôt.

330. Si l'on considère les théorèmes des nᵒˢ 322, 326, 328 d'une part, et les théorèmes des nᵒˢ 324, 327, 329 de l'autre, on voit que, dans les premiers, il s'agit de *points en ligne droite*, et dans les seconds de *droites qui concourent en un même point*. On distingue en effet, dans la science de l'étendue, deux genres de propositions, les unes se rapportant à des *points*, les autres à des *droites*, et se correspondant en vertu de ce qu'on a nommé le *principe de dualité*. Un des grands avantages du rapport anharmonique est de se prêter indifféremment à ces deux genres de propositions *corrélatives*, et d'en fournir des démonstrations directes et corrélatives à leur tour. On peut voir, en effet, que, dans les propositions que nous avons placées en regard l'une de l'autre, on passe de l'énoncé et de la démonstration de l'une à l'énoncé et à la démonstration de l'autre, en substituant certains faisceaux de droites concourantes à certaines séries rectilignes de quatre points, et réciproquement.

Le théorème fondamental du n° 320 était connu des anciens; il se trouve dans les *Collections mathématiques* de Pappus, qui vivait à Alexandrie à la fin du IVᵉ siècle. « Aucune autre proposition, dit M. Chasles dans la préface du *Traité de Géométrie supérieure*, ne me paraît aussi propre à servir de lien entre les diverses parties d'une figure dont on veut *découvrir* ou *démontrer* les propriétés. La proposition la plus fréquemment employée est celle de la proportionnalité entre les côtés des triangles semblables; mais ces triangles n'existent pas en général dans les données de la question, et il faut chercher à les former par des lignes auxiliaires, tandis que les rapports anharmoniques s'aperçoivent presque toujours dans la figure même ou peuvent s'y former aisément. »

On se convaincra de la vérité de ces assertions en comparant la démonstration que nous venons de donner (328) du théorème de Pascal à celle qui résulterait, par exemple, de l'emploi de la *théorie des transversales*.

Pour démontrer par les transversales le théorème de Pascal, on considère le triangle formé par trois côtés non consécutifs de l'hexagone inscrit. Ce triangle est coupé par chacun des trois autres côtés, et, en appliquant successivement à chacune de ces transversales le théorème du n° 310, on obtient trois relations dont le produit, membre à membre, se réduit à une nouvelle égalité de même forme entre les segments que déterminent, sur les côtés du même triangle, les points de concours des côtés opposés de l'hexagone. La réciproque établie au n° 310 prouve alors que ces trois points de concours sont en ligne droite. On voit combien cette démonstration, que le lecteur rétablira sans peine d'après cette analyse, le cède pour la simplicité à celle du n° 328.

DIVISIONS ET FAISCEAUX HARMONIQUES.

331. Nous avons montré au n° 179 que, A et B étant deux points pris sur une droite indéfinie X'X (*fig.* 214), il existe sur cette droite

Fig. 214.

deux points C et D, situés l'un sur AB, l'autre en dehors, et tels que les rapports

$$\frac{CA}{CB}, \quad \frac{DA}{DB}$$

soient égaux en valeur absolue; les deux rapports étant d'ailleurs (303) le premier négatif, le second positif, on a

$$(1) \qquad \frac{CA}{CB} = -\frac{DA}{DB} \quad \text{ou} \quad \frac{CA}{CB} : \frac{DA}{DB} = -1.$$

Cette relation, que l'on nomme *proportion harmonique*, pouvant être mise sous la forme

$$\frac{AC}{AD} : \frac{BC}{BD} = -1,$$

on voit que, *si deux points* C *et* D *divisent harmoniquement une droite* AB, *les points* A *et* B *divisent à leur tour harmoniquement la droite* CD.

332. Il est souvent commode de rapporter à une même origine O les segments qui figurent dans la proportion harmonique : il suffit, pour cela, de remplacer ces segments par leurs valeurs

$$CA = OA - OC, \qquad CB = OB - OC,$$
$$DA = OA - OD, \qquad DB = OB - OD;$$

on obtient ainsi la relation générale

$$2(OA.OB + OC.OD) = (OA + OB)(OC + OD),$$

qui devient

$$\frac{2}{AB} = \frac{1}{AC} + \frac{1}{AD}, \quad \text{ou} \quad \overline{IA}^2 = IC.ID,$$

suivant qu'on place l'origine O au point A ou au milieu I de AB.

333. Voici quelques conséquences de la dernière formule :

1° Quand deux points C et D divisent harmoniquement une droite AB, ils sont situés d'un même côté du milieu I de cette droite (179);

2° Le conjugué du milieu de AB est à l'infini, et inversement le conjugué de l'∞ est le milieu de AB, en sorte que *deux points quelconques, le milieu de la droite qui les joint et le point à l'infini sur cette droite, forment une division harmonique.*

3° Lorsque le facteur IC augmente, le facteur ID diminue, A et B restant fixes. Dès lors, si C′ et D′ sont deux nouveaux points conjugués harmoniques par rapport à A et à B, et situés comme C et D à droite de I, les segments CD et C′D′ seront compris l'un dans l'autre. Ils seraient extérieurs l'un à l'autre si C′ et D′ étaient à gauche de I. Donc, *quand deux segments* CD, C′D′, *sont conjugués harmoniques par rapport à un troisième* AB, *ils sont compris l'un dans l'autre, ou ils n'ont aucune partie commune.* Et, par suite, *lorsque deux segments empiètent en partie l'un sur l'autre, on ne peut pas déterminer deux points qui les divisent l'un et l'autre harmoniquement.*

334. C'est l'expression

$$\frac{CA}{CB} : \frac{DA}{DB}$$

qui figure (331) au premier membre de la proportion harmonique (1). D'après cela (318), quatre points A, B, C, D, en ligne droite forment un système harmonique lorsque leur rapport anharmonique est égal à -1.

335. Quand on a n points A_1, A_2, ..., A_n, en ligne droite, si, après avoir choisi arbitrairement un point O de cette droite pour origine, on détermine sur la même ligne un point M tel qu'on ait, en grandeur et

en signe,

$$\frac{n}{OM} = \frac{1}{OA_1} + \frac{1}{OA_2} + \ldots + \frac{1}{OA_n},$$

le segment OM reçoit, d'après le géomètre anglais Maclaurin (*De linearum curvarum proprietatibus*, etc., 1750), le nom de *moyenne harmonique* des segments OA_1, OA_2, ..., OA_n.

Poncelet a, depuis, appelé le point M *centre des moyennes harmoniques* des points $A_1, A_2, \ldots, A_n$, par rapport à l'origine O (*Journal de Crelle*, t. III).

336. D'après cela, on peut dire (332) que :

Dans tout système harmonique de quatre points, la distance de l'un des points à son conjugué est la moyenne harmonique de la distance du même point aux deux autres ;

Dans tout système harmonique de quatre points, un point est, par rapport à son conjugué, le centre des moyennes harmoniques des deux autres points.

337. On appelle *faisceau harmonique* tout faisceau de quatre droites OA, OB, OC, OD, dont le rapport anharmonique (O.ABCD) est égal à — 1, c'est-à-dire (321) tout faisceau qui détermine sur une transversale quelconque un système de quatre points harmoniques (*fig.* 215). On dit alors que les *rayons* OC et OD sont *conjugués harmoniques* par rapport aux *rayons* OA et OB, ou qu'ils *divisent harmoniquement l'angle* AOB ; et, de même que les *rayons* OA et OB sont *conjugués harmoniques* par rapport aux *rayons* OC et OD ou qu'ils *divisent harmoniquement l'angle* COD.

Il est clair, d'après ce qui précède, que *si, par un point* C *pris d'une manière quelconque dans le plan d'un angle* AOB, *on mène diverses sécantes telles que* ACB, *en prenant sur chaque sécante le point* D *conjugué harmonique du point* C *par rapport au segment* AB *intercepté entre les côtés de l'angle, le lieu du point* D *sera le rayon* OD *conjugué harmonique de* OC *par rapport à l'angle* AOB. Ainsi, pendant que la sécante tourne autour du point C, le conjugué D de ce point fixe décrit une droite fixe OD. On donne à la droite OD le nom de *polaire* du point C *par rapport à l'angle* AOB, et au point C le nom de *pôle* de la droite OD par rapport au même angle AOB.

Steiner a déduit de ce principe une démonstration très-élégante de la propriété fondamentale (315) du quadrilatère complet. Reportons-nous à la *fig.* 206. Soient P′ le conjugué harmonique de P par rapport à EF, et R′ le conjugué harmonique de R par rapport à BD ; P′ et R′ devront appartenir l'un et l'autre à la droite conjuguée harmonique de AC par rapport à l'angle EAF et, aussi, à la droite conjuguée harmonique de AC par rapport à l'angle ECF. Les deux points P′ et R′ coïncident donc et ne diffèrent pas de l'intersection Q de BD et de EF; les systèmes EPFQ, BRDQ, sont par suite harmoniques; et l'on démontrerait d'une manière analogue qu'il en est de même du système ARCP.

On voit en outre que, *si par un point* Q, *pris dans le plan d'un angle* EAF, *on mène deux transversales* QDB, QFE, *le lieu du point d'intersection* C *des droites* BF, ED, *est la polaire du point* Q *par rapport à l'angle* EAF; de là résulte un moyen fort simple de construire, avec la règle seule, la polaire d'un point par rapport à un angle.

THÉORÈME.

338. *Dans un faisceau harmonique* OA, OB, OC, OD, *toute transversale* A'B'C'D', *parallèle à l'un des rayons* OD, *est coupée par les trois autres rayons en deux parties égales* (*fig.* 215).

Fig. 215.

En effet, dans le système harmonique A'B'C'D', le point D' étant à l'infini, puisque A'D' est parallèle à OD, son conjugué C' doit être au milieu du segment A'B' (333).

Réciproquement, *un faisceau de quatre droites* OA, OB, OC, OD, *est harmonique si une parallèle* A'B'C'D' *à l'un des rayons est divisée en deux parties égales par les trois autres.*

En effet, le point C' étant le milieu du segment A'B', ce segment est divisé harmoniquement par le point C' et par le point D' situé à l'infini sur A'B', c'est-à-dire par le point C' et par le point d'intersection de A'B' et de OD. Le faisceau divisant harmoniquement la transversale particulière A'B'C'D' divise harmoniquement toute autre transversale ACBD (320), et par suite est un faisceau harmonique.

Corollaires.

339. *Lorsque, dans un faisceau harmonique, deux rayons conjugués* OC *et* OD *sont rectangulaires, ces rayons sont les bissectrices des deux angles supplémentaires, formés par les deux autres rayons* OA *et* OB; car une transversale A'C'B', perpendiculaire à OC, étant alors parallèle à OD,

on a A'C' = C'B'; par suite, les triangles rectangles OC'A', OC'B', sont égaux, et OC est la bissectrice de l'angle AOB.

La proposition réciproque : *Un angle quelconque* AOB *est divisé harmoniquement par sa bissectrice* OC *et celle* OD *de son supplément,* résulterait pareillement du n° 338. Elle a d'ailleurs été démontrée directement au n° 193.

PÔLE ET POLAIRE DANS LE CERCLE.

THÉORÈME.

340. *Si, par un point* O *pris dans le plan d'un cercle* C, *on mène une sécante quelconque* OFE, *et qu'on détermine le conjugué harmonique* I *du point* O *par rapport à* EF, *le lieu géométrique du point* I, *lorsque la sécante tourne autour du point* O, *est une ligne droite perpendiculaire au diamètre* AB *qui passe par le point* O (*fig.* 216 et 217).

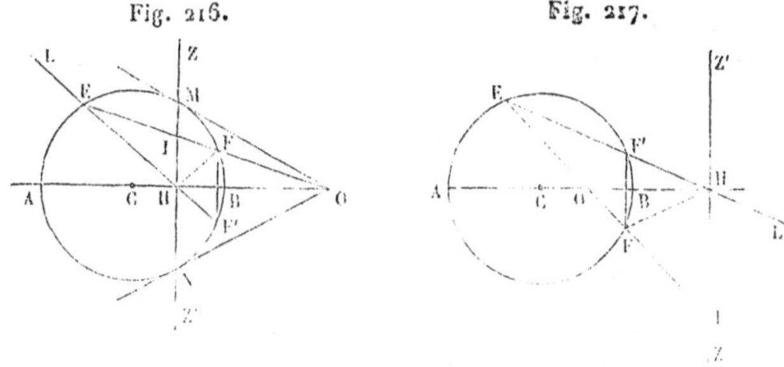
Fig. 216. Fig. 217.

En effet, soit H le conjugué harmonique de O par rapport à AB ; si l'on joignait EA et EB, le faisceau (EA, EH, EB, EO) serait harmonique et, comme EA et EB sont rectangulaires, EB serait la bissectrice de l'angle HEF (339). Mais dès lors les arcs BF et BF' étant égaux, la droite HO est la bissectrice de l'angle FHF', et, par suite, la perpendiculaire HZ est bissectrice de l'angle supplémentaire FHL. Or, dans tout triangle HEF, la base EF est divisée harmoniquement par les bissectrices HZ et HO de l'angle au sommet et de son supplément. Donc, le point I est situé sur la perpendiculaire HZ au diamètre AB.

341. On dit que le point O est le pôle de la droite HZ, et que la droite HZ est la *polaire* du point O par rapport au cercle C.

Le diamètre AB qui passe par le pôle étant divisé harmoniquement par le pôle O et le pied H de la polaire, on a (332) en grandeur et en signe la relation

$$CH.CO = R^2,$$

dans laquelle R désigne le rayon du cercle C. Donc *le rayon du cercle est moyen proportionnel entre les distances du centre au pôle et à la polaire.*

De cette relation, ou bien de ce qui a été dit au n° 333 sur les positions relatives des deux points qui divisent harmoniquement un segment donné, résultent les propriétés suivantes :

1° Le pôle et la polaire sont situés d'un même côté du centre C; la polaire est extérieure au cercle si le pôle est intérieur; elle coupe le cercle si le pôle est extérieur. Dans ce dernier cas, *la polaire coïncide avec la corde de contact* MN *des tangentes issues du pôle* O (*fig.* 216); car, lorsque E et F se confondent en M, le point I, qui est toujours compris entre eux, vient aussi en M, de sorte que ce point de contact appartient au lieu des points I, c'est-à-dire à la polaire du point O.

2° *La polaire du centre est à l'infini, et la polaire d'un point qui s'est éloigné indéfiniment dans une direction donnée est le diamètre perpendiculaire à cette direction.* — Inversement, le pôle d'une droite située à l'infini est au centre, et le pôle d'un diamètre est à l'infini sur la perpendiculaire à ce diamètre.

3° *La polaire d'un point du cercle est la tangente en ce point;* et, inversement, le pôle d'une tangente est son point de contact.

THÉORÈME.

342. *Les polaires de tous les points d'une droite passent par le pôle de cette droite;* et, inversement, *les pôles de toutes les droites qui passent par un point sont situés sur la polaire de ce point* (*fig.* 218).

Fig. 218.

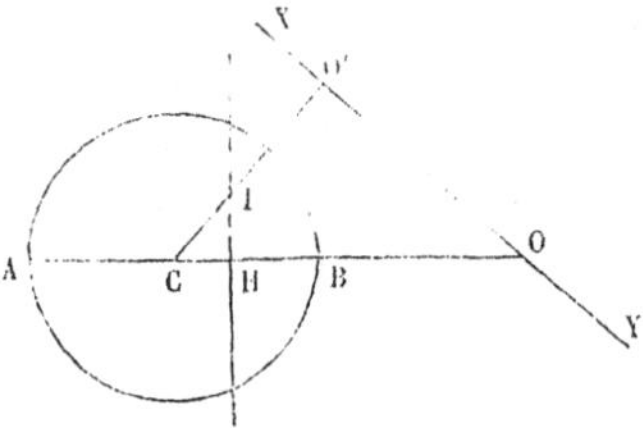

En effet, soient XY une droite quelconque, I son pôle par rapport au cercle C, et O l'un quelconque de ses points. Si l'on abaisse du point I la perpendiculaire IH sur CO, on aura (190), à cause des droites antiparallèles IH, OO′,

$$CH.CO = CI.CO',$$

et par suite

$$CH.CO = R^2.$$

Donc la droite IH est la polaire du point O. Il résulte de là : 1° que la polaire IH d'un point quelconque O de la droite XY passe par le pôle I de cette droite ; 2° que le pôle I d'une droite quelconque XY passant par un point O est située sur la polaire IH de ce point.

Corollaire.

343. *Toute droite a pour pôle l'intersection des polaires de deux de ses points. Tout point a pour polaire la droite qui joint les pôles de deux droites menées par ce point.*

THÉORÈME.

344. *Si, par un point* O *pris dans le plan d'un cercle, on mène deux transversales* OAB, OA′B′, *qu'on tire les droites* AA′, BB′, *qui se coupent en* M, *et les droites* AB′, BA′, *qui se coupent en* N, *le lieu géométrique des points* M *et* N, *lorsqu'on fait varier les sécantes* OAB, OA′B′, *est la polaire du point* O (*fig.* 219 et 220).

Fig. 219. Fig. 220.

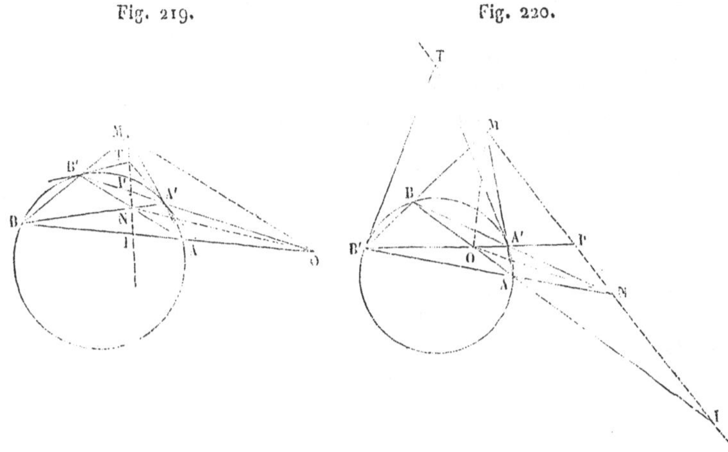

En effet, si l'on tire MN et si l'on nomme I et I′ les points où cette droite coupe AB et A′B′, on voit, en considérant le quadrilatère complet

MB'NA'BA, que les systèmes OA'I'B', OAIB, sont harmoniques (315), et par suite les points M et N sont sur la polaire II' du point O.

COROLLAIRES.

345. Ce théorème offre un moyen simple de construire avec la règle seule la polaire MN d'un point O par rapport au cercle.

346. Dans le triangle MNO, chaque côté est évidemment la polaire du sommet opposé. Donc, *dans tout quadrilatère inscrit à un cercle, le point d'intersection des diagonales et les points de concours des côtés opposés forment un triangle dont chaque sommet est le pôle du côté opposé.*

Si la transversale OAB tend vers OA'B', les droites AA', BB' deviennent les tangentes au cercle en A' et en B'. Donc, *si, par un point* O *pris dans le plan d'un cercle, on mène une sécante* OA'B' *et les tangentes* A'T, B'T, *aux points* A' *et* B' *où elle coupe le cercle, le lieu géométrique du point de concours* T *de ces tangentes, lorsque la transversale tourne autour du point* O, *est la polaire du point* O.

Par suite, si l'on mène des tangentes au cercle par les sommets du quadrilatère inscrit ABB'A', on forme un quadrilatère circonscrit qui, après avoir été complété, a pour diagonales les trois côtés indéfinis du triangle MNO. Donc, *dans tout quadrilatère circonscrit à un cercle, les trois diagonales forment un triangle dont chaque sommet est le pôle du côté opposé.* Enfin, en réunissant cette dernière propriété à la première et en ayant égard au théorème du n° 337, on arrive à cet énoncé général : *Si l'on inscrit à un cercle un quadrilatère quelconque et qu'on lui en circonscrive un autre dont les côtés touchent le cercle aux sommets du premier : 1° les diagonales intérieures des deux quadrilatères se coupent en un même point et forment un faisceau harmonique ; 2° les troisièmes diagonales sont situées sur la même droite, et leurs extrémités forment une série de quatre points harmoniques; 3° l'intersection de deux diagonales quelconques est le pôle de l'une des trois autres.*

PROBLÈME.

347. *Étant donnés deux points* A *et* B *sur une circonférence de centre* O, *trouver sur cette circonférence un point* P *tel, que les droites* PA *et* PB *déterminent sur un diamètre fixe* DD' *les segments* OM, ON, *égaux entre eux* (*fig.* 221).

Soit FIE la polaire du point T commun aux droites AB et DD', par rapport au cercle donné. Les quatre points T, B, I, A, étant harmoniques, le faisceau E.TBFA est harmonique; par suite, il en est de même (321) du faisceau P.EBFA qui a pour centre l'extrémité P du diamètre FO.

Mais l'angle inscrit FEP étant droit, la droite DD' est parallèle au rayon PE de ce faisceau; cette droite est donc divisée en deux parties égales OM et ON par les trois autres rayons.

Fig. 221.

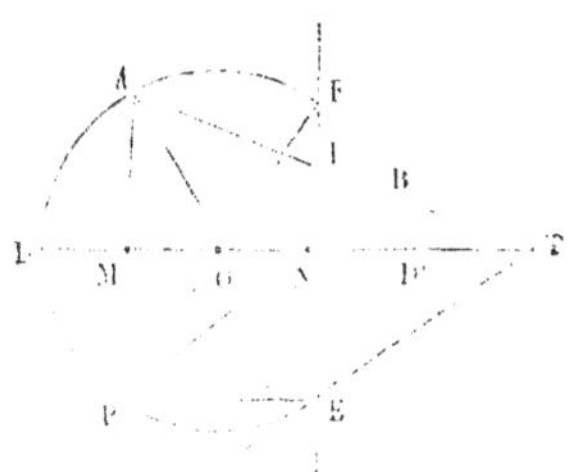

On voit qu'il y a deux points qui satisfont à la question; ce sont les points diamétralement opposés aux points communs à la circonférence et à la polaire du point T.

MÉTHODE DES POLAIRES RÉCIPROQUES.

348. Un polygone quelconque ABCDE étant donné, si l'on prend, par rapport à un cercle quelconque O de son plan, les polaires A'B', B'C', C'D', D'E', E'A', de ses divers sommets, on obtient un second polygone A'B'C'D'E' dont les sommets A', B', C', D', E', sont les pôles des côtés EA, AB, BC, CD, DE, du premier. En effet, le sommet de l'angle C', par exemple, a pour polaire (343) la droite BC qui joint les pôles B et C des deux côtés C'B', C'D', de cet angle. Ainsi, on peut considérer le second polygone A'B'C'D'E' comme obtenu, soit en prenant les polaires des sommets du premier polygone, soit en prenant les pôles de ses côtés. Et inversement, si l'on cherchait les pôles des côtés ou les polaires des sommets de la seconde figure, on retomberait sur la première.

Fig. 222.

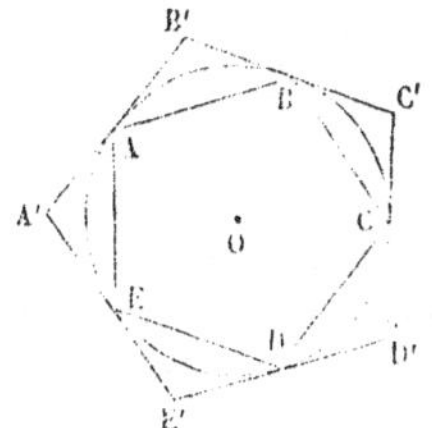

Ces deux polygones sont dits *polaires réciproques* par rapport au cercle O qui reçoit le nom de *cercle directeur*. Tels sont, par exemple, un polygone quelconque inscrit dans un cercle et le polygone circonscrit formé en menant des tangentes par les sommets du polygone inscrit (*fig.* 222).

Considérons en second lieu une courbe quelconque ABC (*fig.* 223). En prenant, par rapport à un cercle quelconque O situé dans son plan,

Fig. 223.

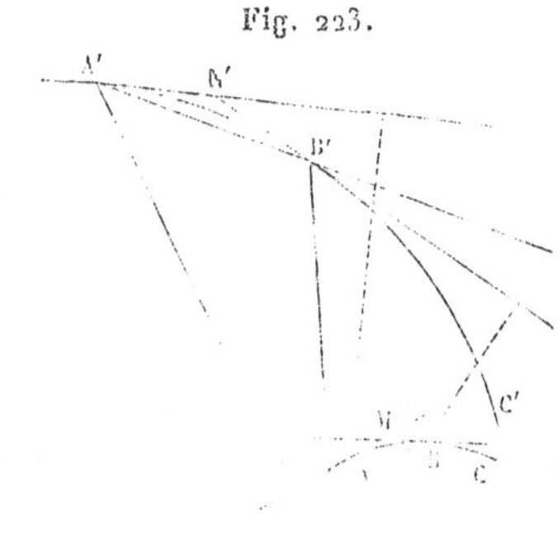

les pôles A', B',.... des diverses tangentes MA, MB,.... on obtient une nouvelle courbe A'B'C' dont les tangentes N'A', N'B'.... sont les polaires des points A, B,..., de la première. En effet, le point d'intersection des tangentes MA et MB a pour polaire (343) la corde A'B'; et lorsque B tend vers A, la corde A'B' et le point M, qui sont toujours polaire et pôle, tendent respectivement vers la tangente A'N' et vers le point A. Ainsi, on peut considérer la seconde courbe A'B'C' comme obtenue, soit en prenant les pôles des tangentes, soit en prenant les polaires des points de la première courbe ABC. Dans la seconde manière d'opérer, la courbe A'B'C' est *définie par ses tangentes successives* dont on dit qu'elle est l'*enveloppe*. Inversement, si l'on cherchait les pôles des tangentes ou les polaires des points de la seconde figure, on retomberait sur la première.

Ces deux courbes sont dites *polaires réciproques* par rapport au cercle directeur O. *Le rayon du cercle directeur est* d'ailleurs (341) *moyen proportionnel entre les distances de son centre à un point quelconque de l'une des courbes et à la tangente correspondante de l'autre courbe.* Ainsi, la polaire réciproque d'un cercle concentrique au cercle directeur est un autre cercle concentrique, et le rayon du cercle directeur est moyen proportionnel entre les rayons des deux autres cercles. En particulier, le cercle directeur est à lui-même sa polaire réciproque. Lorsque le cercle considéré n'est pas concentrique au cercle directeur, sa polaire réciproque n'est plus un cercle, comme nous le montrerons plus tard.

349. Cela posé, voici en quoi consiste la méthode des polaires réciproques :

Une figure quelconque étant donnée, si l'on forme sa polaire réciproque par rapport à un cercle directeur, on obtiendra une nouvelle figure corrélative de la première, c'est-à-dire telle que ses points et ses droites seront respectivement remplacés par des droites et des points. Ainsi, à une série rectiligne de points dans l'une des figures répondra dans l'autre un faisceau de droites, et réciproquement ; à des points en ligne droite sur une courbe, répondront autant de tangentes issues d'un même point et menées à la courbe correspondante ; le point d'intersection de plusieurs courbes sera remplacé par une tangente commune aux courbes correspondantes, etc.... Toute propriété *descriptive*, c'est-à-dire n'ayant rapport qu'à la situation des lignes, indépendamment de toute condition de grandeur, conduira à une autre propriété de la figure polaire réciproque que l'on pourra énoncer immédiatement d'après ce qui précède, et qui sera par là même démontrée. Il n'est pas même nécessaire de construire la figure ; il suffit, pour passer d'un énoncé à l'autre, de changer les mots *points* et *lignes* en *lignes* et *points*.

C'est ainsi que l'un des deux théorèmes (326, 327) sur les triangles homologiques résulte de l'autre, que la propriété de l'hexagone circonscrit, due à Brianchon, résulte du théorème de Pascal sur l'hexagone inscrit (328, 329), etc. Toute conséquence de l'un de ces deux derniers théorèmes doit aussi conduire à une conséquence corrélative de l'autre ; voici quelques exemples :

Dans tout pentagone inscrit dans un cercle, le point de concours de la tangente menée par un sommet et du côté opposé, et les points de concours des autres côtés non consécutifs, sont trois points en ligne droite.	*Dans tout pentagone circonscrit à un cercle, la droite qui joint un sommet au point de contact du côté opposé et les diagonales joignant les autres sommets non consécutifs sont trois droites qui se coupent au même point.*
Dans tout quadrilatère inscrit dans un cercle, si l'on mène des tangentes par deux sommets adjacents, le point de concours de chacune d'elles avec le côté passant par le point de contact de l'autre, et le point de concours des deux autres côtés, sont trois points en ligne droite.	*Dans tout quadrilatère circonscrit à un cercle, si l'on prend les points de contact de deux côtés adjacents et que l'on joigne le point de contact de chaque côté avec le sommet de l'autre côté, et les deux autres sommets opposés, on aura trois droites se coupant au même point.*
Dans tout quadrilatère inscrit dans un cercle, les points de con-	*Dans tout quadrilatère circonscrit à un cercle, les deux diagonales*

cours des tangentes menées par les sommets opposés, et les points de concours des côtés opposés, sont quatre points en ligne droite.

Dans tout triangle inscrit dans un cercle, les points de concours de chaque côté avec la tangente menée par le sommet opposé sont trois points en ligne droite.

et les droites qui joignent les points de contact des côtés opposés, sont quatre droites se coupant au même point.

Dans tout triangle circonscrit à un cercle, les droites qui joignent le point de contact de chaque côté avec le sommet opposé se coupent au même point.

Les théorèmes de la colonne de gauche sont des corollaires du théorème de Pascal; ce théorème, étant en effet indépendant de la longueur des côtés de l'hexagone inscrit, subsiste lorsque l'on remplace quelques-uns de ces côtés par des tangentes à la circonférence. Les théorèmes de la colonne de droite résultent de ceux de la colonne de gauche, d'après la théorie des polaires réciproques.

On peut aussi considérer les théorèmes de la colonne de droite comme des corollaires du théorème de Brianchon, dans lequel on suppose certains angles égaux à deux droits, et les théorèmes de la colonne de gauche comme résultant alors de ceux de la colonne de droite, d'après la théorie des polaires réciproques.

C'est surtout à propos des coniques qu'on pourra voir toute la fécondité de cette belle méthode des polaires réciproques, due au général Poncelet. Toutefois, il faut remarquer que cette théorie, si utile comme méthode d'invention, puisqu'elle permet, suivant la piquante expression de Gergonne, *de faire en quelque sorte de la Géométrie en partie double*, a, comme tous les procédés de transformation, l'inconvénient de laisser ignorer comment la proposition que l'on découvre se rattache à une théorie, et comment on pourrait s'y prendre pour la démontrer directement. « En général, comme le remarque M. Chasles, il ne suffit pas qu'une proposition soit vraie pour qu'on puisse en faire un usage utile en Mathématiques, il faut encore connaître toutes ses dépendances avec les diverses propositions qui se rattachent au même sujet. »

350. Nous terminerons cet aperçu par quelques mots sur la transformation des propriétés *métriques*, c'est-à-dire des propriétés dans lesquelles on a égard non-seulement à la situation des lignes, mais encore à certaines relations numériques entre les angles ou les segments des diverses lignes de la figure.

D'abord, les *propriétés métriques angulaires* se transforment simplement par la théorie des polaires réciproques, au moyen du principe suivant :

L'angle de deux droites est égal à l'angle des droites qui joignent leurs pôles au centre du cercle directeur, car ces deux angles ont les côtés respectivement perpendiculaires.

Comme exemple, transformons cette proposition si connue : *Dans tout triangle* ABC, *les hauteurs* Aa, Bb, Cc, *se coupent au même point* I.

Soient O le centre du cercle directeur, et A'B'C' le triangle polaire réciproque de ABC, A' étant le pôle de BC, B' celui de CA et C' celui de AB. Les trois hauteurs Aa, Bb, Cc, se coupant au même point I, leurs pôles α, β, γ, doivent être sur une même droite, polaire de I. Or, le pôle α de Aa doit se trouver d'une part sur B'C' polaire de A, et de l'autre sur la perpendiculaire menée par O à la droite OA', puisque, en vertu du principe énoncé plus haut, l'angle αOA' doit être droit comme l'angle AaB des polaires Aa, BC, des points α et A'. On a donc ce théorème :

Si l'on joint un point fixe O *pris arbitrairement dans le plan d'un triangle* A'B'C' *aux trois sommets* A', B', C', *les perpendiculaires menées par ce point* O *aux trois droites* OA', OB', OC', *ainsi obtenues, vont couper respectivement les côtés opposés* B'C', C'A', A'B', *en trois points* α, β, γ, *situés en ligne droite.*

351. Quant aux *relations segmentaires*, on en transforme un assez grand nombre à l'aide des deux principes suivants :

1° *Le rapport anharmonique de quatre points situés en ligne droite dans une figure est égal au rapport anharmonique du faisceau des quatre droites correspondantes de la figure polaire réciproque*, car ce faisceau et celui qu'on obtient en joignant les quatre points au centre du cercle directeur ont respectivement leurs angles égaux, d'après le principe du n° 350.

2° *Le rapport* $\frac{AO}{BO}$ *des distances de deux points quelconques* A *et* B *au centre* O *du cercle directeur est égal au rapport* $\frac{AM}{BN}$ *des distances de chacun de ces points à la polaire de l'autre* (*fig.* 224). Car A'N étant la

Fig. 224.

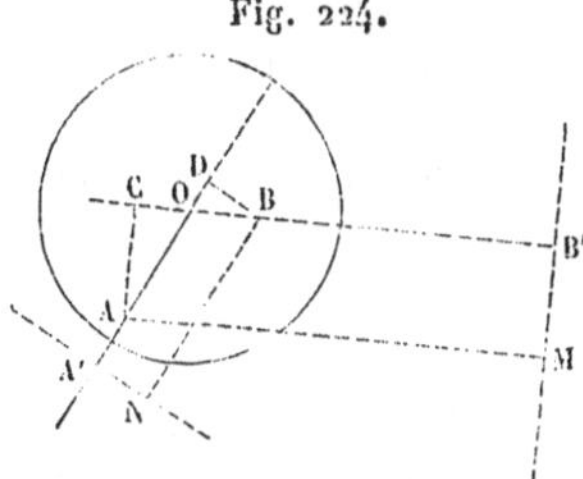

polaire de A et B'M celle de B, menons AC perpendiculaire sur OB et BD perpendiculaire sur OA ; nous aurons, en désignant par R le rayon du cercle directeur,

$$R^2 = OA.OA' = OB.OB', \quad \text{d'où} \quad \frac{OA}{OB} = \frac{OB'}{OA'}.$$

Mais BD et AC étant antiparallèles par rapport à l'angle O, on a

$$OA.OD = OC.OB, \quad \text{d'où} \quad \frac{OA}{OB} = \frac{OC}{OD};$$

par suite,

$$\frac{OA}{OB} = \frac{OB' + OC}{OA' + OD} = \frac{CB'}{DA'} = \frac{AM}{BN}.$$

352. On déduit, par exemple, bien simplement du premier principe que *le rapport anharmonique de quatre tangentes d'un cercle est égal au rapport anharmonique des quatre points de contact.* Nous nous bornerons à cette application; mais on sentira aisément la portée de ce premier principe en remarquant qu'il sert à transformer le rapport $\frac{CA}{CB}$ des deux segments formés par trois points quelconques A, B, C, en ligne droite. En effet, l'introduction du point situé à l'infini sur cette droite permet de considérer ce rapport comme égal au rapport anharmonique (A, B, C, ∞); si donc on désigne par A', B', C', les polaires des points A, B, C, par D' la polaire du point à l'infini, et par α, β, γ, δ, les points où une transversale choisie à volonté rencontre le faisceau de ces quatre droites, on aura

$$\frac{CA}{CB} = (ABC\infty) = (\alpha\beta\gamma\delta) = \frac{\gamma\alpha}{\gamma\beta} : \frac{\delta\alpha}{\delta\beta}.$$

353. Le second principe est dû à M. Salmon. En voici une application : ABCD étant un quadrilatère inscrit dans un cercle de centre O et de rayon R, et M étant un point quelconque de ce cercle, on a l'identité

$$(MA.MB)(MC.MD) = (MA.MD)(MB.MC).$$

D'ailleurs, si ME, MF, MG, MH, sont les perpendiculaires abaissées de M sur les côtés AB, BC, CD, DA, du quadrilatère, les produits renfermés entre parenthèses sont respectivement (239) proportionnels à ME, MG, MH, MF; on a donc

$$(1) \qquad ME.MG = MH.MF,$$

c'est-à-dire que, *dans tout quadrilatère inscrit dans un cercle, le produit des distances d'un point quelconque de la circonférence à deux côtés opposés est égal au produit des distances du même point aux deux autres côtés.* Transformons ce théorème par la méthode des polaires réciproques; le cercle O étant pris pour cercle directeur, au quadrilatère inscrit ABCD répondra le quadrilatère circonscrit A'B'C'D' et, au point M, la tangente MT en ce point. Soient A'L, B'N, C'P, D'Q, les distances des sommets A', B', C', D', à la tangente MT. Puisque A' est le pôle de AB et

M le pôle de MT, on aura, par le principe de M. Salmon,

$$\frac{ME}{A'L} = \frac{MO}{A'O}, \quad \text{d'où} \quad ME = \frac{MO}{A'O} \cdot A'L.$$

Ainsi, les lignes ME, MG, MH, MF, sont respectivement proportionnelles aux distances A'L, C'P, D'Q, B'N, et la relation (1) devient

$$A'L.C'P = \frac{A'O.C'O}{D'O.B'O} \cdot D'Q.B'N,$$

c'est-à-dire que, *dans tout quadrilatère circonscrit à un cercle, le produit des distances de deux sommets opposés à une tangente quelconque est dans un rapport constant avec le produit des distances des deux autres sommets à la même tangente.*

Le théorème sur le quadrilatère inscrit peut s'étendre à un polygone inscrit quelconque d'un nombre pair de côtés. En effet, si P est un polygone inscrit de $2n$ côtés, et P' le polygone inscrit de $2n - 2$ côtés qu'on obtient en détachant de P un quadrilatère au moyen d'une diagonale, on voit tout de suite que, si le théorème a lieu pour le polygone P' de $2n - 2$ côtés, il subsiste pour le polygone P de $2n$ côtés.

On peut même appliquer le théorème à un polygone quelconque, en remarquant qu'on peut considérer tout polygone inscrit comme ayant un côté infiniment petit dirigé suivant la tangente en l'un des sommets.

De là résultent les deux propositions suivantes, en regard desquelles nous avons placé les deux propositions corrélatives qui en découlent d'après la méthode des polaires réciproques.

Quand un polygone d'un nombre pair de côtés est inscrit dans un cercle, le produit des distances d'un point quelconque de la circonférence aux côtés de rangs pairs est égal au produit des distances du même point aux côtés de rangs impairs.

Quand un polygone est inscrit dans un cercle, le produit des distances d'un point quelconque de la circonférence aux divers côtés est égal au produit des distances du même point aux tangentes menées par les sommets du polygone.

Quand un polygone d'un nombre pair de côtés est circonscrit à un cercle, le produit des distances des sommets de rangs pairs à une tangente quelconque est dans un rapport constant avec le produit des distances des sommets de rangs impairs à la même tangente.

Quand un polygone est circonscrit à un cercle, le produit des distances de ses sommets à une tangente quelconque est dans un rapport constant avec le produit des distances des points de contact des côtés à la même tangente.

IV. — Homothétie.

PROPRIÉTÉS DES FIGURES HOMOTHÉTIQUES.

354. Étant donné un système quelconque A, B, C,..., de points situés dans un plan (*fig.* 225 et 226), si, sur les rayons SA, SB, SC,..., issus

Fig. 225. Fig. 226.

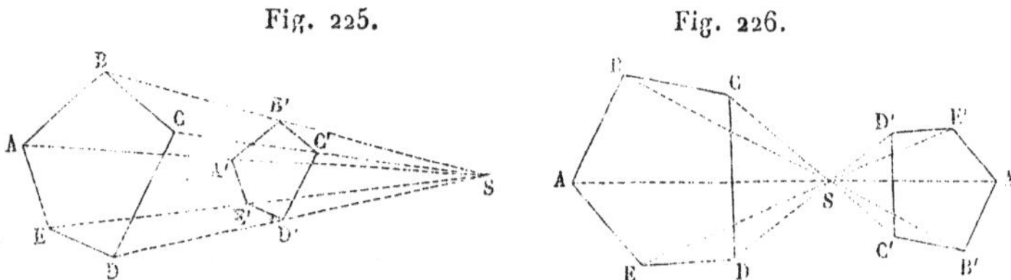

d'un point S choisi arbitrairement dans le plan, on prend à partir de ce point des segments SA', SB', SC'...., tels, qu'on ait

$$\frac{SA'}{SA} = \frac{SB'}{SB} = \frac{SC'}{SC} = \ldots = K,$$

K étant un nombre quelconque, on dit que le nouveau système de points A', B', C',..., est *homothétique* au système primitif ABC,....

Le point S est dit le *centre*, et le nombre K, le *rapport d'homothétie*. Si K est positif, les deux segments SA et SA' sont de même sens, et les points A et A' sont d'un même côté du point S (*fig.* 225). Si K est négatif, les segments SA et SA' sont de sens contraires, et les points A et A' sont de part et d'autre du point S (*fig.* 226); dans le premier cas (*fig.* 225), les deux systèmes sont dits *homothétiques directs;* dans le second (*fig.* 226), ils sont *homothétiques inverses*. Quand deux systèmes sont homothétiques inverses, il suffit évidemment, pour les rendre homothétiques directs, de faire tourner l'un d'eux de 180 degrés autour du centre S. On obtient donc tous les systèmes homothétiques à un système donné en faisant varier la position du centre S et en donnant à K toutes les valeurs positives de 0 à ∞.

355. Suivant que les points du premier système ABC... sont isolés ou forment des lignes continues, les points du système homothétique A'B'C'... sont à leur tour isolés ou forment des lignes continues.

Supposons, par exemple, que la figure primitive soit une circonférence OA dont le centre est O (*fig.* 227), et cherchons la figure homothétique, c'est-à-dire le lieu des points A', tels, que $\frac{SA'}{SA} = K$. Si l'on prend sur SO une longueur SO' telle, que $\frac{SO'}{SO} = K$, les deux triangles semblables (200)

SOA, SO'A', donnent $\frac{O'A'}{OA} = K$; par suite O'A' est constant comme OA,

Fig. 227.

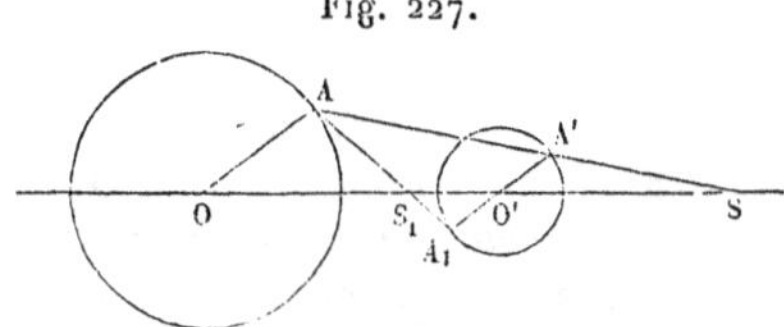

et le lieu est une circonférence dont le point O' est le centre. Ainsi *la figure homothétique d'une circonférence est une circonférence.*

THÉORÈME.

356. *Dans deux systèmes homothétiques, la droite* AB *qui joint deux points quelconques du premier système et la droite* A'B' *qui joint les points homologues du second système sont parallèles et dans le rapport* K (*fig.* 225 et 226).

En effet, les droites AB et A'B', divisant les rayons SA et SB dans le même rapport K, sont parallèles, et l'on a en outre

$$\frac{A'B'}{AB} = \frac{SA'}{SA} = K.$$

COROLLAIRES.

357. Si trois points M, N, P du premier système sont en ligne droite, il en est de même des trois points homologues M', N', P' du second système; car les droites M'N', M'P' ayant un point commun M' et étant l'une et l'autre parallèles (356) à MNP, coïncident. *La figure homothétique d'une ligne droite est donc une ligne droite parallèle à la première;* ces deux droites sont dites *homologues.*

Si un point M coïncide avec le centre S d'homothétie, il en est de même de son homologue M'; car la relation

$$SM' = K.SM$$

montre que SM' s'annule en même temps que SM. Donc, *si une droite passe par le centre d'homothétie, son homologue* y passe également et, par suite, *coïncide avec elle;* réciproquement, *si deux droites homologues coïncident, elles passent par le centre d'homothétie.*

358. *L'angle de deux droites est égal à celui de leurs droites homologues.* Par suite, *la figure homothétique d'un polygone est un polygone semblable au premier.* Les côtés du nouveau polygone sont parallèles aux côtés homologues du premier, et leur rapport de similitude est égal à K.

359. *Les tangentes en deux points homologues de deux courbes homothétiques sont parallèles* comme limites de sécantes parallèles.

THÉORÈME.

360. *Deux systèmes sont homothétiques s'il existe dans leur plan deux points* O *et* O' *tels, que les droites qui joignent le point* O *aux divers points du premier système, et les droites qui joignent le point* O' *aux divers points du second système, soient parallèles et dans un même rapport* K (*fig.* 227).

En effet, si les droites OA et O'A' sont parallèles et de même sens, la droite AA' ira couper le prolongement de OO' en un point S tel, que

$$\frac{SO'}{SO} = \frac{O'A'}{OA} = K = \frac{SA'}{SA}.$$

Le point S est donc le même, quel que soit le couple de points homologues A et A' considéré; et, par suite, les deux systèmes sont homothétiques directs, et ont le point S pour centre et le nombre K pour rapport d'homothétie.

Si les droites OA et $O'A_1$ sont parallèles et de sens contraire, la droite AA_1 coupe OO' en un point S_1 tel, que

$$\frac{S_1O'}{S_1O} = \frac{O'A_1}{OA} = K = \frac{S_1A_1}{S_1A},$$

et les deux systèmes, alors homothétiques inverses, ont le point S_1 pour centre et le nombre K pour rapport d'homothétie.

COROLLAIRES.

361. *Deux polygones semblables* ABCDE, A'B'C'D'E', *qui ont leurs côtés parallèles, sont homothétiques*. En effet (209), si l'on prend dans le plan du premier polygone un point O quelconque et si l'on détermine dans le second polygone le point O' homologue de O, les droites OA et O'A', OB et O'B', OC et O'C', ... seront parallèles et dans le rapport K. Donc les polygones seront homothétiques.

L'homothétie est directe (*fig.* 225) ou inverse (*fig.* 226), suivant que les deux polygones ont leurs côtés parallèles de même sens ou de sens contraires.

362. *Deux circonférences quelconques sont homothétiques directes et homothétiques inverses* (*fig.* 227).

En effet, le rapport $\frac{O'A'}{OA}$ de deux rayons parallèles et de même sens étant constant, les deux circonférences sont homothétiques directes, et elles ont un *centre d'homothétie directe* S situé au delà de la ligne des centres, de telle sorte qu'on ait

$$\frac{SO'}{SO} = \frac{R'}{R},$$

R′ et R étant les rayons des deux cercles.

De même, le rapport $\frac{O'A_1}{OA}$ de deux rayons parallèles et de sens contraires étant constant, les deux circonférences sont aussi homothétiques inverses, et elles ont un *centre d'homothétie inverse* S_1 situé sur la ligne des centres, de telle sorte qu'on ait

$$\frac{S_1O'}{S_1O} = -\frac{R'}{R}.$$

La comparaison des deux relations précédentes donne

$$\frac{SO'}{SO} : \frac{S_1O'}{S_1O} = -1.$$

Donc *les deux centres d'homothétie divisent harmoniquement la ligne des centres* OO′ *des deux cercles.*

Les tangentes communes extérieures passent par le centre d'homothétie directe, et les tangentes communes intérieures par le centre d'homothétie inverse. C'est sur cette propriété qu'est fondée la construction du n° 260.

Lorsque les deux cercles sont tangents, leur point de contact est un centre d'homothétie, *directe* si le contact est *intérieur*, *inverse* si le contact est *extérieur*.

THÉORÈME.

363. *Deux systèmes* P′ *et* P″, *homothétiques à un troisième* P, *sont homothétiques entre eux* (*fig.* 228 et 229).

Soient A un premier point du système P, et A′ et A″ ses points homologues dans les systèmes P′ et P″. Joignons le point A à un point quelconque M du système P, et joignons A′ et A″ aux points M′ et M″ homologues de M dans les systèmes P′ et P″. Les systèmes P′ et P étant homothétiques, les droites A′M′ et AM seront parallèles et dans un certain rapport K″; de même, les droites A″M″ et AM seront parallèles et dans le rapport K′ d'homothétie des systèmes P″ et P. Donc les droites A′M′ et A″M″ sont parallèles, et dans le rapport constant $\frac{K''}{K'}$. Donc (360), les systèmes P′ et P″ sont homothétiques.

Corollaires.

364. Si $K'' = K'$, les systèmes P' et P'' ont un rapport d'homothétie égal à l'unité; ils sont donc superposables. Il résulte de là que, pour avoir tous les systèmes homothétiques à un système donné, il n'est pas nécessaire de faire varier le centre (354) : il suffit, en conservant le même centre, de faire varier K de zéro à l'infini.

365. Si P est homothétique direct avec chacun des systèmes P' et P'', AM et A'M' sont de même sens, comme AM et A''M'', et par suite aussi A'M' et A''M''; de sorte que P' et P'' sont homothétiques directs (*fig.* 228).

On verra de même que, si P'' est homothétique inverse avec chacun des systèmes P et P', P et P' sont homothétiques directs (*fig.* 229).

Si P est homothétique direct avec l'un des systèmes P' et P'', et homothétique inverse avec l'autre, P' et P'' sont homothétiques inverses (*fig.* 229).

Parmi les trois systèmes homothétiques ainsi formés, il y en a donc toujours un nombre impair (1 ou 3) dont l'homothétie est directe.

Dans tous les cas, *les trois centres d'homothétie* S, S', S'', *sont en ligne droite* (*fig.* 228 et 229).

Fig. 228. Fig. 229.

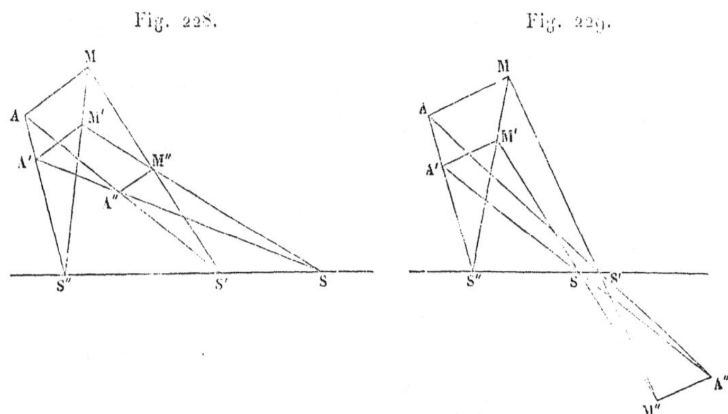

En effet, la droite S'S'', considérée comme appartenant au système P, a pour homologue dans le système P' cette droite elle-même, puisque (357) elle passe par le centre d'homothétie S'' de P et de P'. Cette droite, considérée comme appartenant au système P, est aussi à elle-même son homologue dans le système P'', puisqu'elle passe par S', centre d'homothétie de P et de P''. Donc, cette droite S'S'' (357) passe par le centre S d'homothétie des systèmes P' et P''.

366. Trois cercles considérés deux à deux ont trois centres d'homothétie directe et trois centres d'homothétie inverse (362). Les trois centres d'homothétie directe sont sur une même droite (365), qu'on nomme *axe d'homothétie directe*. De même, deux centres d'homothétie inverse et le centre direct qui répond au troisième centre inverse sont sur une même droite qu'on nomme *axe d'homothétie inverse;* il y a, d'après cela, trois axes d'homothétie inverse.

DÉFINITION GÉNÉRALE DE LA SIMILITUDE. — PÔLE DOUBLE DE DEUX FIGURES SEMBLABLES.

367. Pour étendre aux figures curvilignes la notion de la similitude, il faut prendre pour point de départ une propriété *essentielle* des polygones semblables qui soit immédiatement applicable aux courbes. Voici comment on parvient à faire cette généralisation :

1° *Deux polygones semblables* P *et* P′ *étant donnés dans un plan, on peut toujours amener le polygone* P′ *à avoir ses côtés parallèles aux côtés homologues de* P (*fig.* 230).

Deux cas peuvent se présenter, suivant que les deux polygones sont de même sens ou de sens opposés.

On dit que P et P′ sont de même sens lorsque deux mobiles, astreints à décrire respectivement leurs contours ABCDE, A′B′C′D′E′, en suivant l'ordre alphabétique, marchent tous les deux dans le sens du mouvement des aiguilles d'une montre ou tous les deux dans le sens opposé.

Fig. 230.

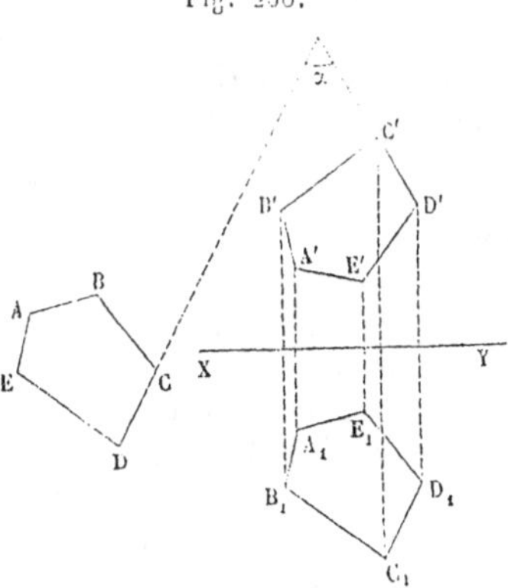

Considérons alors deux côtés homologues quelconques CD et C′D′ et faisons tourner le polygone P′ autour du point C′ d'un angle α égal à celui des deux côtés considérés; C′D′ deviendra parallèle à CD, puis, comme les angles C′D′E′, CDE sont égaux et que D′E′ tombe par rapport à C′D′ du même côté que DE par rapport à CD, le côté D′E′ deviendra parallèle à DE, et ainsi de suite.

On dit que P et P′ sont de sens opposés lorsque deux mobiles astreints à décrire leurs contours respectifs ABCDE, $A_1B_1C_1D_1E_1$, en suivant l'ordre alphabétique, marchent l'un dans le sens du mouvement des aiguilles d'une montre et l'autre dans le sens contraire. Dans ce cas, en prenant le symétrique de $A_1B_1C_1D_1E_1$ autour d'un axe quelconque XY du plan, c'est-à-dire en rabattant ce polygone $A_1B_1C_1D_1E_1$ autour de cet axe, on obtiendra évidemment un second polygone A′B′C′D′E′, qui présentera, relativement au polygone ABCDE, la même disposition que dans le premier cas. Un rabattement suivi d'une rotation amènera donc alors le polygone $A_1B_1C_1D_1E_1$ à avoir ses côtés parallèles à ceux de ABCDE.

2° On a vu que *deux polygones semblables qui ont les côtés parallèles sont homothétiques* (361). Deux polygones semblables peuvent donc (1°) être rendus homothétiques; et réciproquement, la figure homothétique d'un polygone est un polygone semblable au premier (358).

Par suite, pour qu'un polygone P′ soit semblable à un autre polygone P, il faut et il suffit que ce polygone P′ soit égal à l'un des homothétiques de P.

Voilà donc une propriété *caractéristique* des polygones semblables. D'ailleurs, la définition de l'homothétie est immédiatement applicable aux figures curvilignes (354). On est ainsi conduit à cette définition générale :

On dit qu'*une figure est semblable à une autre lorsqu'elle est égale à l'une des figures homothétiques de cette autre.*

On comprend d'après cela pourquoi on donne, en général, les noms de *centres de similitude,* d'*axes de similitude* et de *rapport de similitude* aux centres, aux axes et au rapport d'homothétie.

368. On nomme *pôle double de deux figures* F *et* F′ *semblables et de même sens* le point du plan de ces deux figures qui est son propre homologue.

Il faut montrer qu'un tel point existe et qu'il est unique.

Rappelons d'abord qu'on appelle *homologues* deux points O et O′ tels, qu'on puisse les rattacher à deux côtés homologues AB et A′B′ par deux triangles semblables AOB, A′O′B′; et alors (209), les triangles qui rattachent ces mêmes points à tout autre couple de côtés homologues sont par là même semblables. Nous n'avons donc qu'à prendre à volonté deux côtés homologues AB et A′B′ des polygones F et F′, et à montrer qu'il existe un point O, et un seul, tel que les triangles AOB et A′OB′ soient semblables, c'est-à-dire que les angles IAO, IA′O soient égaux, ainsi que les angles IBO, IB′O, I désignant l'intersection des droites AB, A'B'. Or l'égalité des deux premiers angles impose seulement au point O (*fig.* 230_1) la condition de se trouver sur le cercle circonscrit au triangle IAA'; l'égalité des deux autres angles indique à son tour, comme autre lieu géométrique du point O, le cercle circonscrit au triangle IBB'. Ces deux cercles, passant par I, ont un second point commun et un seul : c'est le point cherché O.

On donne parfois à ce point double O le nom de *centre de rotation des deux figures semblables* F *et* F'. C'est qu'en effet *il suffit de faire*

Fig. 230_1.

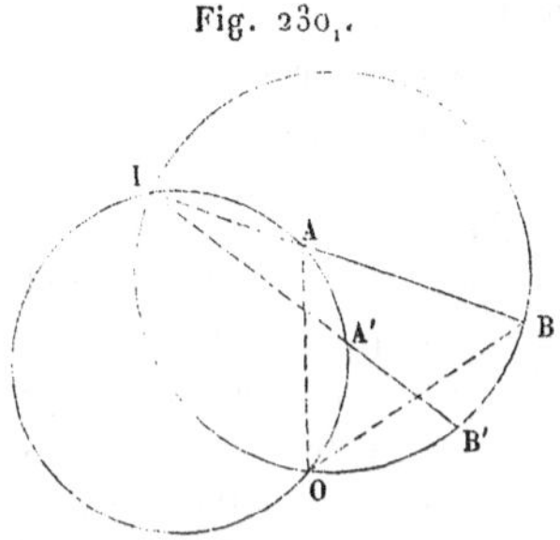

tourner, d'un angle convenable, l'une des figures, F' *par exemple, autour du point* O, *pour rendre les deux figures homothétiques,* O *étant lui-même le centre d'homothétie.* Cela résulte immédiatement de ce que les triangles OAB et OA'B', OAC et OA'C', ..., étant semblables deux à deux, les côtés OA et OA', OB et OB', OC et OC', ... sont proportionnels, et les angles AOA', BOB', COC', ... sont égaux comme étant la somme ou la différence d'angles égaux.

Ainsi, on obtient la seconde figure A'B'C'... en joignant le point double O aux divers points A, B, C, ... de la première, puis en faisant tourner les rayons OA, OB, OC, ..., d'un même angle V autour de O, tandis qu'on augmente ou qu'on diminue les rayons dans un même rapport K.

D'ailleurs, puisque la rotation V amène toute droite BC de la figure F à être parallèle à son homologue B'C' de la figure F', on voit que deux droites homologues quelconques BC, B'C', des deux figures font entre elles un angle égal à l'angle de rotation V.

Les triangles AOA', BOB', COC', ..., ayant un angle égal compris entre côtés proportionnels, sont semblables, et l'on peut dire encore qu'on obtient les divers points A', B', C', ... de la figure F', en construisant sur les droites OA, OB, OC, ..., de la figure F des triangles semblables AOA', BOB', COC', ...

La construction donnée ci-dessus pour obtenir le point double de deux figures semblables est, en général, la plus simple; mais on peut, dans certains cas, mettre à profit la propriété suivante : *Le rapport des distances du point double à deux points homologues quelconques est égal au rapport de similitude des deux figures.* Cette propriété est évidente, puisque les distances en question sont des droites homologues. Il en résulte que le cercle, lieu des points dont le rapport des distances à deux points homologues des deux figures est égal au rapport de similitude (187), passe par le point double.

Il convient encore de remarquer, en vue des applications, que, lorsque les points B et A′ se confondent et, par suite, coïncident avec I (*fig.* 230₁), les cercles IAA′, IBB′, dont le second point d'intersection est le point double, doivent être remplacés par le cercle qui, passant par A et I, touche IB′, et par le cercle qui, passant par B′ et I, touche AI.

Deux cercles sont deux figures semblables; mais leur point double n'est déterminé que si l'on indique le point A′ du second cercle que l'on veut considérer comme l'homologue d'un point A choisi arbitrairement sur le premier cercle. Si le point A′ homologue de A n'est pas donné, on ne connaît qu'un seul couple de points homologues, celui qui est formé par les centres C et C′ des deux cercles; et le point double n'est astreint alors qu'à être situé sur le cercle, lieu des points dont le rapport des distances aux centres C et C′ est égal au rapport des rayons, c'est-à-dire sur le cercle ayant pour diamètre la droite qui joint les centres de similitude des cercles proposés (187, 362).

Pour deux droites indéfinies, considérées comme des figures semblables, le point double n'est déterminé que si l'on donne sur ces droites deux couples A et A′, B et B′, de points homologues, auquel cas le point double est le second point d'intersection des cercles circonscrits aux triangles IAA′, IBB′, I désignant le point commun aux deux droites proposées.

MÉTHODE DES FIGURES SEMBLABLES.

369. Parmi les procédés généraux qui servent à la résolution des problèmes, il importe de signaler celui qui consiste à construire une figure semblable à la figure cherchée avec des éléments pris parmi les données; on passe ensuite de cette figure auxiliaire à la figure demandée, en comparant deux éléments homologues des deux figures.

Cette méthode, dite par *similitude,* est surtout avantageuse quand, parmi les données, ne se trouve qu'une seule longueur L, les autres données étant des rapports ou des angles. On fait alors abstraction de la longueur L, et l'on construit une figure φ présentant les angles et les rapports donnés. λ étant le côté de cette figure auxiliaire qui correspond au côté L de la figure cherchée F, il suffit, pour avoir cette dernière, de construire (232), sur une droite égale à L et considérée comme homologue du côté λ, une figure semblable à la figure φ.

On voit, sans autre explication, que ce procédé donnera immédiatement la solution de questions telles que celles-ci :

Construire un triangle, connaissant un angle, un côté et le rapport des deux autres côtés, ou bien *deux angles et la longueur d'une droite (hauteur, médiane, bissectrice, ...) devant être déterminée dès que le triangle l'est.*

Construire un carré, connaissant la différence entre la diagonale et le côté ....

Voici un exemple un peu moins simple :

Fig. 231. Fig. 232.

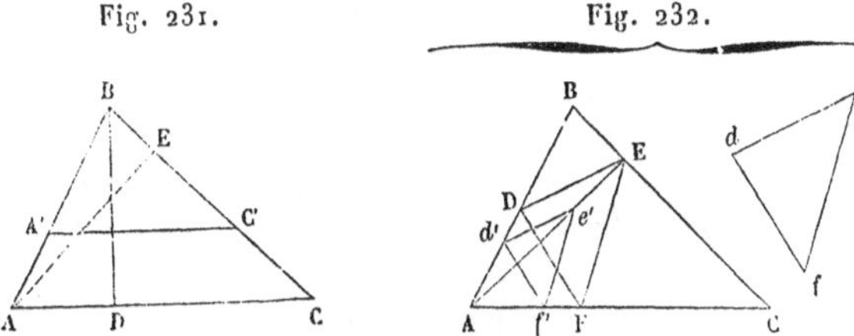

Soit proposé de *construire un triangle* ABC *dont on donne les trois hauteurs* α, β, γ (*fig.* 231); a, b, c, étant les côtés du triangle inconnu, et BD et AE étant les hauteurs β et α, les triangles semblables CBD, CAE, donnent

$$\frac{a}{\beta} = \frac{b}{\alpha}.$$

On a de même

$$\frac{a}{\gamma} = \frac{c}{\alpha},$$

et, par suite,

$$a\alpha = b\beta = c\gamma.$$

On voit par là que si, d'un point pris à volonté, on mène à un cercle trois sécantes respectivement égales aux trois hauteurs données α, β, γ, les autres segments, comptés sur les mêmes sécantes à partir de leur point commun, seront proportionnels aux côtés a, b, c du triangle demandé. On construira donc un triangle A'BC' ayant pour côtés ces segments; ce triangle sera semblable au triangle cherché ABC et, pour avoir ce dernier triangle, il suffira de prendre sur la hauteur issue du sommet B une longueur BD $= \beta$, puis de mener par le point B la parallèle AC à A'C'.

Dans les questions que nous venons de traiter, la position absolue de la figure demandée demeure arbitraire; mais, dans un grand nombre de cas, la figure à construire doit, au contraire, avoir une position déterminée par rapport à des points ou à des droites données. C'est alors de l'une de ces conditions de situation qu'il faut faire abstraction, et la méthode s'appliquera encore si les figures satisfaisant à l'ensemble des autres conditions données sont semblables et semblablement placées. Citons, comme exemple, un problème déjà résolu d'une autre façon (263) : *Par un point* P *situé à l'intérieur d'un angle* XSY, *tracer un cercle* C *tangent aux deux côtés de l'angle.* En faisant abstraction de la condition imposée au cercle de passer par le point P, on tracera un cercle quelconque O inscrit dans l'angle XSY. Ce cercle O et le cercle demandé C, dont nous désignerons les centres par ω et γ, auront le point S pour centre de similitude. La droite PS, par sa rencontre avec le cercle O, donnera donc l'homologue Q du point P; et, comme les rayons ωQ, CP doivent être parallèles (356), on aura le centre γ du cercle inconnu, en prenant l'intersection de la droite Sω et de la parallèle menée par P à ωQ.

Soit encore proposé d'*inscrire dans un triangle donné* ABC *un triangle dont les côtés soient parallèles à ceux d'un triangle donné def* (*fig.* 232).

Si l'on trace dans le triangle ABC une parallèle $d'f'$ à df, puis par les points d' et f' des parallèles $d'e'$, $f'e'$, à de et à ef, on formera un triangle $d'f'e'$, homothétique au triangle cherché DFE, et le point A sera pour ces triangles un centre de similitude directe (356). La droite Ae' coupera donc BC en un point E qui sera l'un des sommets du triangle demandé, et il ne restera plus qu'à mener par ce point E des parallèles ED et EF, à ed et à ef, et à joindre les points D et F.

370. A ce procédé s'en rattache un autre où l'on opère *par renversement*, c'est-à-dire qu'on renverse la question en prenant les données pour inconnues, et réciproquement. En traitant ce nouveau problème, on obtient une figure égale ou semblable à la figure cherchée, et, pour avoir la figure demandée dans la position voulue, il suffit d'en connaître une seule ligne.

Reprenons, par exemple, le problème précédent. On commencera par circonscrire au triangle def un triangle abc ayant ses côtés respectivement parallèles à ceux du triangle ABC. La figure ainsi formée sera semblable à la figure cherchée, et il suffira de partager le côté AB dans le rapport de db à da pour avoir le sommet D du triangle demandé.

Voici un second exemple de cette méthode indirecte :

Inscrire dans un quadrilatère donné ABCD *un quadrilatère $a'b'c'd'$ semblable à un autre quadrilatère donné* A'B'C'D' (*fig.* 233).

La méthode inverse sera ici évidemment préférable à la méthode directe, parce que, s'il s'agit de circonscrire une figure semblable au lieu de l'inscrire, les segments capables, décrits sur les côtés du polygone donné, fournissent immédiatement des lieux géométriques des sommets du polygone à construire.

Renversons donc la question, et proposons-nous de circonscrire à un quadrilatère donné A'B'C'D' un quadrilatère *abcd* semblable à un autre quadrilatère donné ABCD.

Les angles du quadrilatère *abcd* étant donnés, les sommets *a*, *b*, *d* appartiennent aux segments capables de ces angles, décrits sur les côtés A'B', B'C', A'D'.

De plus, le quadrilatère *abcd* étant semblable au quadrilatère ABCD, le triangle *abd* est lui-même semblable au triangle ABD, et l'on connaît les angles *abd*, *adb*. Comme ces angles ont pour mesures, le premier la moitié de l'arc B'*b'*, le second la moitié de l'arc A'*d'*, on pourra marquer sur les arcs B'C' et A'D' les points *b'* et *d'* : la droite *b'd'* sera donc déterminée, et ses seconds points d'intersection avec les segments décrits sur B'C' et sur A'D' seront les points *b* et *d*. Ayant ainsi deux sommets opposés du quadrilatère *abcd*, le problème inverse se trouvera résolu.

Fig. 233.

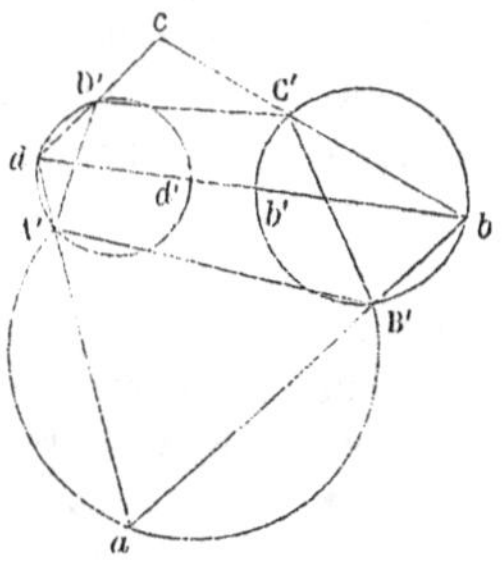

Pour revenir au problème direct, on n'aura plus qu'à diviser les côtés du quadrilatère ABCD dans des rapports égaux à ceux des segments que les points A', B', C', D', déterminent sur les côtés du quadrilatère *abcd*, et à joindre les points de division.

Le problème proposé a *huit* solutions dans le cas général. En effet, en considérant le problème inverse, on voit d'abord que l'angle *d* peut s'appuyer indifféremment sur chacun des côtés du quadrilatère A'B'C'D' : ce qui donne quatre solutions. De plus, chacune de ces solutions doit être double : car l'angle *a* s'appuyant sur le côté A'B' par exemple, les angles *b* et *d* peuvent s'appuyer respectivement, soit sur les côtés B'C' et A'D', soit au contraire sur les côtés A'D' et B'C'. Cette double solution se réduirait à une seule, si les angles b et d étaient égaux en même temps que les côtés B'C' et A'D'.

371. La *méthode par rotation* dont nous avons parlé à la fin du livre II (**172**) prend une extension considérable quand on la combine avec la construction d'une figure homothétique.

Soit proposé de *construire un triangle* ABC *semblable à un triangle donné, de telle sorte que l'un des sommets* C *ait une position donnée et que les deux autres sommets* A *et* B *soient respectivement sur deux lignes données a et b.*

Il est clair que, si l'on fait tourner la ligne a autour du point donné C d'un angle égal à l'angle connu ACB, puis qu'on construise la ligne a' homothétique de cette ligne ainsi déplacée en prenant pour centre d'homothétie le point C et pour rapport d'homothétie le rapport connu $\frac{CB}{CA}$, le point A de la ligne a viendra en B. On obtiendra donc la position cherchée de ce sommet B en prenant l'intersection des lignes b et a'.

Supposons, par exemple, qu'il s'agisse de *construire un triangle dont les côtés soient proportionnels aux nombres* 3, 4, 5, *de façon que les sommets soient sur trois droites parallèles données, ou sur trois cercles concentriques donnés.* Le triangle est ici rectangle; on placera à volonté le sommet de l'angle droit sur celle des lignes à laquelle il doit appartenir; puis, on fera tourner l'une des autres lignes autour de ce point d'un angle égal à 90°, en prenant $\frac{3}{4}$ pour rapport d'homothétie.

La méthode consiste, on le voit, dans l'emploi du point C comme centre de rotation et d'homothétie.

Voici quelques autres exemples simples :

1° Soit un quadrilatère ABCD. On peut considérer A et D, B et C comme deux couples de points homologues de deux figures semblables; O désignant le pôle double de ces deux figures, les triangles AOB, DOC seront semblables; par suite, il est aisé de voir qu'il en sera de même des triangles AOD, BOC; donc, si l'on considère A et B, C et D comme deux couples de points homologues de deux autres figures semblables, le pôle double de ces figures sera aussi le point O; et l'on verrait de même que ce point est encore le pôle double de deux figures semblables dont A et C, B et D seraient deux couples de points homologues. On conclut de là que *dans tout quadrilatère complet, les cercles circonscrits aux triangles qui restent lorsqu'on néglige successivement un des côtés passent tous par un même point.*

2° Considérons un triangle quelconque ABC et en même temps le triangle A'B'C' qui a pour sommet les milieux des côtés du premier. Ces deux triangles sont semblables; deux côtés homologues quelconques forment un angle de 180° et le rapport de similitude est égal à $\frac{1}{2}$. Si O désigne le pôle double, comme les angles AOA′, BOB′, COC′ doivent être égaux à 180°, on voit que ce pôle O se trouvera sur toute ligne joignant deux points homologues, et qu'il divisera cette ligne dans le rapport de 1 à 2. Ce pôle est donc à la rencontre des médianes AA′, BB′, CC′. Mais les points de rencontre des hauteurs dans les deux triangles sont deux points homologues K et K′; d'ailleurs K′ est le centre du cercle circonscrit à ABC; donc, *dans tout triangle* ABC, *le point de concours des hauteurs* K, *le point de concours des médianes* O, *et le centre* K′ *du cercle circonscrit sont situés sur une même ligne droite que le point* O *partage dans le rapport de* 1 *à* 2.

3° *On donne, dans un plan, deux droites* L *et* L′, *un point* A *sur la droite* L *et un point* A′ *sur la droite* L′. *Mener, par un point quelconque* P *du plan, une droite qui coupe respectivement* L *et* L′ *en deux points* X *et* X′, *tels que les segments* AX *et* A′X′ *aient un rapport donné* (*fig.* 233_1).

Considérons A et A′, X et X′ comme deux couples de points homologues de deux figures semblables F et F′; le point double O de ces deux figures s'obtiendra aisément, car il est d'une part sur le cercle circonscrit au triangle AA′I, I étant le point d'intersection des droites L et L′; d'autre part, il est sur le cercle, lieu des points dont le rapport des distances à A et A′ est égal au rapport donné.

Fig. 233_1.

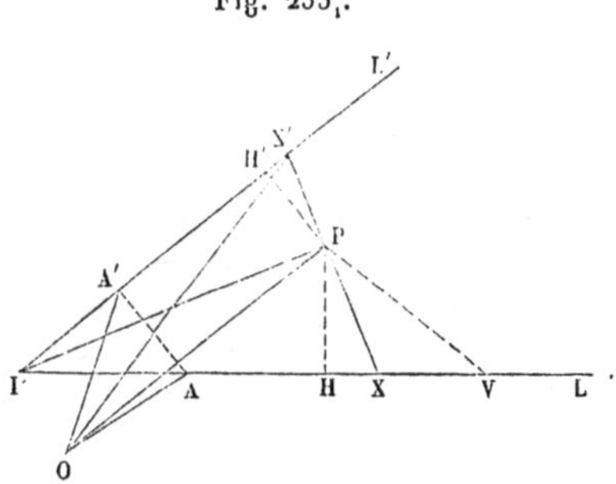

L'angle OAA′ est donc connu, et, comme il doit être égal à OXX′, c'est-à-dire à OXP, il suffira, pour avoir le point X, de décrire sur OP un segment capable de l'angle OAA′.

Dans le cas particulier où le point A′ se confondrait avec I, le cercle circonscrit à AA′I serait remplacé par le cercle passant par A et tangent en I à la droite L′.

Ce problème remonte à Apollonius, qui l'avait surnommé problème de la *section de raison*.

V. — Puissance d'un point par rapport à un cercle.

AXES RADICAUX.

372. Nous avons vu (193) que, si, par un point M pris à volonté dans le plan d'un cercle O, on mène à ce cercle une sécante arbitraire MAB, le produit MA.MB des distances de ce point aux deux intersections A et B de la sécante et de la circonférence est une quantité constante, c'est-à-dire indépendante de la direction de la sécante. Ce produit constant MA.MB, qui est évidemment positif lorsque le point M est extérieur au cercle, et négatif lorsque le point M est intérieur, porte, d'après Steiner, le nom de *puissance du point* M *par rapport au cercle* O (*fig.* 234).

Fig. 234.

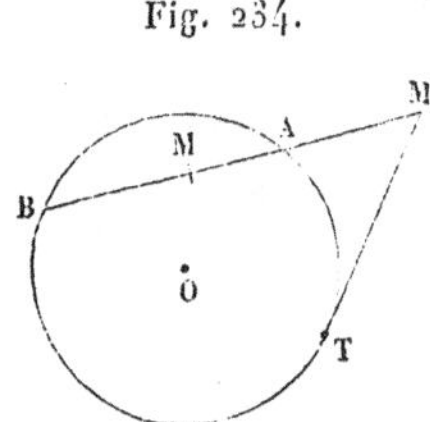

Considérons en particulier celle des sécantes issues du point M qui passe par le centre O, et désignons par d la distance MO et par r le rayon du cercle. Si le point M est extérieur au cercle, les deux segments MA et MB, comptés sur cette sécante, sont de même signe, et, comme leurs valeurs absolues sont $d-r$ et $d+r$, la puissance du point M a pour expression $(d+r)(d-r)$ ou d^2-r^2. Si le point M est intérieur, les deux segments MA et MB, comptés sur la sécante qui passe au centre, ont respectivement pour valeurs absolues $r-d$ et $r+d$; mais, comme ils sont de sens opposés, la puissance a pour expression $-(r-d)(r+d)=-(r^2-d^2)$, c'est-à-dire encore d^2-r^2. Ainsi, dans tous les cas, *la puissance d'un point par rapport à un cercle est égale, en grandeur et en signe, à l'excès du carré de la distance de ce point au centre sur le carré du rayon.*

Lorsque le point M *est extérieur au cercle, sa puissance est égale au carré de la tangente* MT *menée au cercle par ce point.*

Si le point M *est intérieur, sa puissance est négative et égale en valeur absolue au carré de la moitié de la corde* CMD perpendiculaire à OM, c'est-à-dire de la corde *minimum* parmi celles qui passent par M.

THÉORÈME.

373. *Le lieu des points* M *d'égale puissance par rapport à deux cercles* O *et* O′ *est une droite perpendiculaire à la ligne des centres* OO′.

En effet, on a $\overline{\text{MO}}^2 - r^2 = \overline{\text{MO}'}^2 - r'^2$, r et r' étant les rayons des deux cercles. Le lieu cherché est, d'après cela, le lieu des points dont la différence des carrés des distances aux centres O et O′ est égale à la différence des carrés des rayons. C'est donc (235) une droite perpendiculaire à OO′, plus voisine du centre O′ du plus petit cercle que du centre O du plus grand, et dont la distance au milieu de la ligne des centres OO′ est égale à la différence des carrés des rayons divisée par le double de la distance des centres.

D'après Gaultier (de Tours), on donne à cette droite le nom d'*axe radical* des deux cercles.

Tout point commun à deux cercles, ayant une puissance nulle par rapport à chacun d'eux, appartient à leur axe radical. De même, tout point commun à l'axe radical et à l'un des cercles appartient à l'autre cercle, puisque sa puissance doit être nulle par rapport au second cercle comme elle l'est par rapport au premier. Donc : *l'axe radical de deux cercles qui se coupent est la sécante commune ; l'axe radical de deux cercles qui se touchent est la tangente commune ; l'axe radical de deux cercles qui n'ont aucun point commun est extérieur à chacun d'eux.*

374. En vertu de ce qui a été dit à la fin du n° 372, *le lieu des points d'où l'on peut mener à deux cercles des tangentes égales est l'axe radical des deux cercles* si les cercles ne se coupent pas ; s'ils se coupent, le lieu n'est que la partie de l'axe radical qui est extérieure aux deux cercles, et alors, la partie intérieure est le lieu des points tels, que les cordes minimum, relatives à ces points, soient égales dans les deux cercles.

375. Si l'on désigne par S l'un quelconque des centres de similitude de deux cercles O et O′, et par L, P et P′ les points où la ligne des centres OO′ rencontre respectivement leur axe radical et les polaires de S par rapport aux deux cercles, on a, en vertu du théorème du n° 373, de la théorie de la polaire (341) et de celle des centres de similitude (362),

$$\text{OL} = \frac{\text{OO}'}{2} + \frac{r^2 - r'^2}{2\text{OO}'},$$

$$\frac{\text{OS}}{r} = \frac{\text{O}'\text{S}}{r'} = \frac{\text{OO}'}{r - r'}, \qquad \text{OP} = \frac{r^2}{\text{OS}}, \qquad \text{O}'\text{P}' = \frac{r'^2}{\text{O}'\text{S}}.$$

On déduit de là

$$\frac{r^2 - r'^2}{OO'} = \frac{r(r - r')}{OO'} + \frac{r'(r - r')}{OO'} = \frac{r^2}{OS} + \frac{r'^2}{O'S} = OP + O'P',$$

et, par suite,

$$OL = \frac{OP + OO' + O'P'}{2} = \frac{OP + OP'}{2}.$$

L'axe radical de deux cercles est donc *la droite équidistante des deux polaires de l'un quelconque de leurs centres de similitude, par rapport aux deux cercles.*

Ce théorème est d'ailleurs évident dans le cas où le centre de similitude considéré est extérieur aux deux cercles; car l'axe radical passe alors par les milieux de leurs tangentes communes, tandis que les polaires sont les cordes de contact correspondantes.

Il résulte de la même proposition que *l'axe radical d'un cercle* O *et d'un point* O′ *est parallèle à la polaire du point par rapport au cercle et équidistant de ce point et de sa polaire.*

THÉORÈME.

376. *Les axes radicaux de trois cercles considérés deux à deux concourent en un même point* (*fig.* 235 et 236).

Fig. 235. Fig. 236.

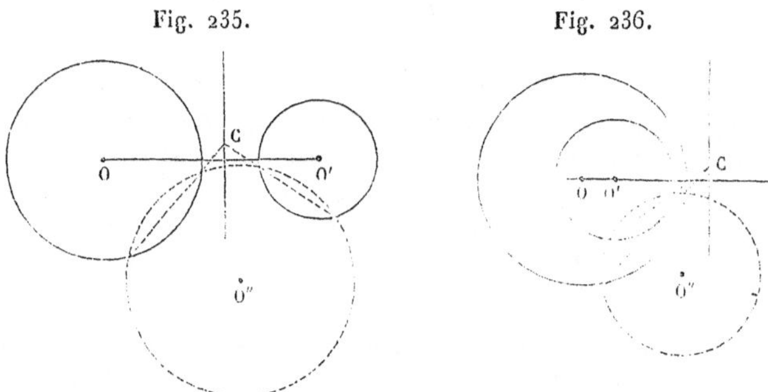

En effet, soient O, O′, O″, les centres des trois cercles et L, L′, L″, les axes radicaux des cercles O′ et O″, O″ et O, O et O′. En supposant que les trois points O, O′, O″, ne soient pas en ligne droite, on voit que L et L′ perpendiculaires à deux droites qui se coupent, O′O″ et O″O, se rencontreront en un certain point C, qui sera alors d'égale puissance par rapport aux cercles O′ et O″, et aussi par rapport aux cercles O″

et O. Ce point C aura donc même puissance par rapport aux cercles O et O′, et par suite il appartiendra à leur axe radical L″.

Le point C, commun aux trois axes radicaux, prend le nom de *centre radical* du système des trois cercles O, O′, O″.

Lorsque les trois centres sont en ligne droite, le centre radical est à l'infini ou est indéterminé suivant que les cercles O et O′, O et O″ ont des axes radicaux parallèles ou coïncidents.

Ce théorème permet de construire simplement l'axe radical de deux cercles O et O′ extérieurs ou intérieurs l'un à l'autre. Il suffit de couper ces deux cercles par un troisième cercle quelconque O″. La corde commune aux cercles O et O″ et la corde commune aux cercles O′ et O″ se couperont au centre radical C des trois cercles O, O′, O″, et il restera à abaisser de ce point C une perpendiculaire sur la ligne OO′ (*fig.* 235 et 236).

377. Dès qu'il existe dans le plan de trois cercles plusieurs points distincts ayant même puissance par rapport à chacun des trois cercles, on peut affirmer que ces points sont sur une même droite qui est l'axe radical commun aux trois cercles.

On peut fonder sur cette remarque une nouvelle démonstration très simple de la propriété du quadrilatère complet qui fait l'objet du n° 317.

Soit ABCDEF (*fig.* 237) un quadrilatère complet. Considérons l'un

Fig. 237.

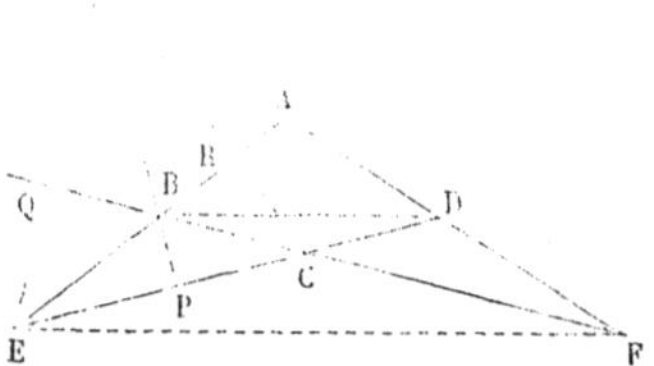

des triangles BCE formé par trois côtés du quadrilatère; soient BP, CR, EQ, les trois hauteurs de ce triangle, et O leur point de concours. Les circonférences décrites sur les diagonales BD, AC, EF, comme diamètres, passent respectivement par les points P, R, Q. Les puissances du point O par rapport à ces trois cercles sont donc

$$OB.OP, \quad OR.OC, \quad OQ.OE,$$

et les quadrilatères inscriptibles BRCP, BQEP, montrent que ces puissances sont égales. Le point O a donc même puissance par rapport aux trois cercles, et il en est de même des trois autres points analogues O_1,

O_2, O_3, relatifs aux trois autres triangles que l'on peut former en prenant chaque fois trois des côtés du quadrilatère. Par suite, d'après la remarque ci-dessus, les trois cercles considérés ont un même axe radical qui contient les points O, O_1, O_2, O_3, et les centres des trois cercles, c'est-à-dire les milieux des trois diagonales, sont sur une même droite perpendiculaire à l'axe radical commun.

On voit, par cette démonstration, non seulement que *les milieux des diagonales d'un quadrilatère complet sont en ligne droite*, mais encore que *les circonférences décrites sur les trois diagonales comme diamètres ont même axe radical*, que *cet axe radical est perpendiculaire à la droite qui passe par les milieux des diagonales, et qu'il contient les points de concours des hauteurs des quatre triangles formés par les côtés du quadrilatère combinés trois à trois.*

POINTS ANTIHOMOLOGUES DE DEUX CERCLES.

THÉORÈME.

378. 1° *Le produit des distances de l'un quelconque des deux centres de similitude de deux cercles à deux points anti-homologues est constant;* 2° *deux couples de points anti-homologues sont sur une même circonférence;* 3° *deux cordes anti-homologues se coupent sur l'axe radical.*

Soient deux cercles O et O' (*fig.* 238), S un de leurs centres de

Fig. 238.

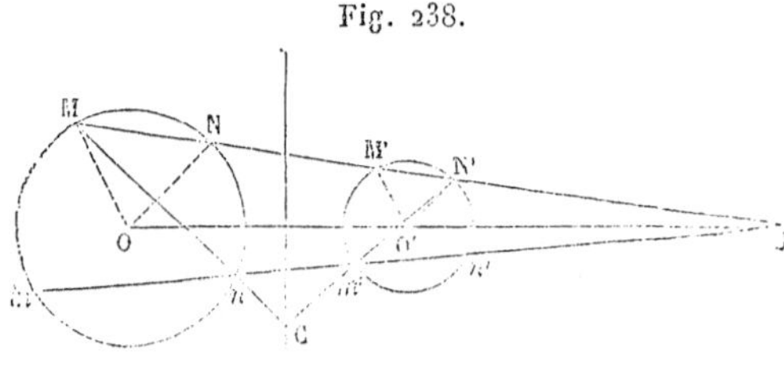

similitude, par exemple le centre de similitude externe. Une sécante SM, issue de S, coupe les cercles O et O' en quatre points M, N, M', N'. Les points M et M' sont homologues par rapport au centre S, car les rayons correspondants OM, O'M', sont parallèles; de même, N et N' sont homologues. Les points M et N' sont dits *anti-homologues*, ainsi que les points N et M'. Une corde quelconque Mn du premier cercle, et la corde N'm' du second cercle qui joint les points anti-homologues des extrémités de la première, prennent le nom de *cordes anti-homologues*. Ces définitions établies, voici la démonstration du théorème énoncé :

1° En désignant par r et r' les rayons des deux cercles et par p la puissance du point S par rapport au cercle O, on a

$$\mathrm{SM}.\mathrm{SN} = p \quad \text{et} \quad \frac{\mathrm{SM}}{\mathrm{SM}'} = \frac{r}{r'}.$$

En divisant la première égalité par la seconde, il vient

$$\mathrm{SN}.\mathrm{SM}' = p\,\frac{r'}{r};$$

et l'on trouverait de même

$$\mathrm{SM}.\mathrm{SN} = p\,\frac{r'}{r}.$$

2° D'après cela, si $\mathrm{S}m$ est une autre sécante issue du point S, on aura

$$\mathrm{SM}.\mathrm{SN}' = \mathrm{S}n.\mathrm{S}m';$$

donc (194) les points M et N', n et m' sont sur une même circonférence O''.

3° Enfin, la corde Mn étant l'axe radical des cercles O et O'', et la corde N'm' l'axe radical des cercles O' et O'', le point d'intersection C des deux cordes est le centre radical (376) des trois cercles O, O', O'', c'est-à-dire un point de l'axe radical des cercles O et O'. Cette dernière propriété, prise à sa limite, prouve encore que *les tangentes en deux points anti-homologues de deux cercles se coupent sur l'axe radical.*

THÉORÈME.

379. *Quand deux cercles* (A) *et* (B) *sont touchés par un troisième* (ω), *la droite qui joint les points de contact* a *et* b *passe par un centre de similitude* I *de* (A) *et de* (B), *et le pôle* t *de cette droite par rapport à* (ω) *est situé sur l'axe radical* L *de* (A) *et de* (B) [*fig.* 238_1].

En effet, puisque (362) a est un centre de similitude de (A) et (ω), et b un centre de similitude de (B) et (ω), la droite ab est (366) un axe de similitude des trois cercles (A), (B), (ω); elle passe donc par un des deux centres de similitude de (A) et (B). D'autre part, les tangentes en a et en b étant (373) les axes radicaux de (A) et (ω) et de (B) et (ω), leur point de rencontre t, c'est-à-dire (343) le pôle de ab par rapport à (ω) est le centre radical (376) des trois cercles (A), (B), (ω); il appartient donc à l'axe radical L de (A) et (B).

Cette proposition a deux réciproques.

1° *Si la droite* ab, *qui joint deux points respectifs* a *et* b *des cercles* (A) *et* (B), *passe par un centre de similitude* I *de ces deux cer-*

cles, le cercle (ω) *qui touche* (A) *au point a et qui passe par le point b, touche en ce point le cercle* (B). — En effet, si le cercle (ω) coupait (B) en un second point b_1, la droite Ib_1 couperait les cercles (ω) et (A) en deux points distincts α et a_1, et l'on aurait, en combinant les propriétés des sécantes (193) et celles des points antihomologues (378),

$$Ib_1 . I\alpha = Ib . Ia = Ib_1 . Ia_1,$$

c'est-à-dire $Ia_1 = I\alpha$, ce qui est contraire à l'hypothèse.

2° *Si la droite ab, qui joint deux points respectifs a et b des cercles* (A) *et* (B) *est telle, que le point de rencontre t des tangentes en a et en b à ces deux cercles appartienne à leur axe radical* L, *le cercle* (ω) *qui touche* (A) *au point a et qui passe par le point b,*

Fig. 238₁.

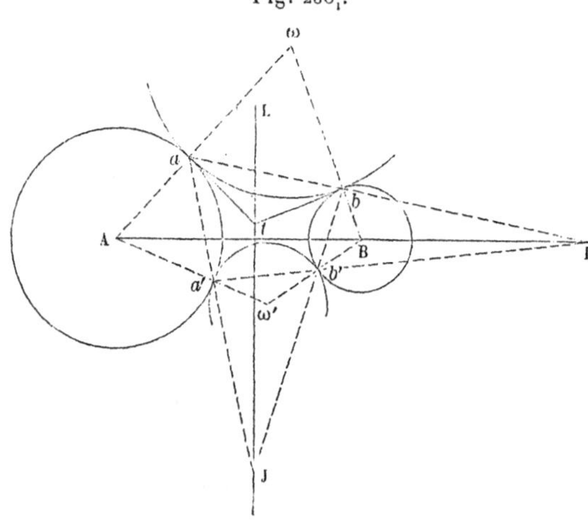

touche en ce point le cercle (B). — En effet, si la droite tb coupait le cercle (ω) en un second point b_1, on aurait

$$tb . tb_1 = \overline{ta}^2 = \overline{tb}^2,$$

c'est-à-dire $tb = tb_1$, ce qui est contraire à l'hypothèse.

Corollaire.

380. *Si deux cercles* (A) *et* (B) *sont touchés respectivement en a et en b par un cercle* (ω) *et en a' et en b' par un cercle* (ω'), *de façon que les contacts en b et en b' soient semblables ou dissemblables sui-*

vant que les contacts en a et en a' sont eux-mêmes semblables ou dissemblables, le point de concours de deux côtés opposés quelconques du quadrilatère $aba'b'$ est à la fois un centre de similitude des deux cercles dont ces côtés sont des cordes et un point de l'axe radical des deux autres cercles (*fig.* 238_1).

En effet, si les contacts en a et en a' sont semblables, aa' passe (366) par le centre de similitude externe de (ω) et (ω'); mais, alors, les contacts en b et en b' étant aussi semblables par hypothèse, bb' passe par ce même centre de similitude; on verrait, par un raisonnement analogue, que, si les contacts en a et en a' sont dissemblables, les droites aa' et bb' passent toutes deux par le centre de similitude interne de (ω) et (ω'). Dans les deux cas, le point de concours J de aa' et de bb' est donc un centre de similitude de (ω) et (ω'). Les points a et a sont sur ces deux cercles des points anti-homologues, et il en est de même des points b et b'. On a dès lors

$$\mathrm{J}a.\mathrm{J}a' = \mathrm{J}b.\mathrm{J}b',$$

et le point J, ayant même puissance par rapport à (A) et à (B), appartient à l'axe radical L de ces deux cercles.

D'ailleurs, de ce que les contacts en b et en b' sont semblables ou dissemblables en même temps que les contacts en a et en a', il résulte que les contacts en a' et en b' sont semblables ou dissemblables en même temps que les contacts en a et en b; et, par suite, un raisonnement identique au précédent prouve que le point de concours I de ab et de $a'b'$ est un centre de similitude de (A) et (B) et appartient à l'axe radical de (ω) et (ω').

NOTIONS SUR L'INVOLUTION.

381. On dit que plusieurs couples de points (a, a'), (b, b'), ..., (m, m'), ... situés sur une même droite L forment une *involution*, lorsqu'on peut trouver sur la droite L un point O, tel que l'on ait

$$\mathrm{O}a.\mathrm{O}a' = \mathrm{O}b.\mathrm{O}b' = \mathrm{O}c.\mathrm{O}c' = \ldots = \mathrm{K}.$$

La droite L est la *base*, O le *point central*, et la constante K la *puissance* de l'involution.

1° *Deux couples de points* (a, a'), (b, b'), *déterminent une involution.* En effet, si p est un point pris à volonté hors de la droite L, le point central O doit avoir la même puissance par rapport aux cercles circonscrits aux deux triangles paa', pbb'; il appartient donc à l'axe radical de ces deux cercles et, par suite, il sera le point où cet axe coupe la droite L. Dès lors, q étant le second point d'intersection des deux cercles, le conjugué c' d'un point c de la droite L sera le second point commun à cette droite et au cercle circonscrit au triangle pqc.

La perpendiculaire élevée sur la base L *par le point central* O *est l'axe radical commun des cercles décrits sur les segments* aa', bb', cc', *comme diamètres.*

2° On nomme *point double* d'une involution tout point u de la base L qui est son propre homologue. Pour qu'un tel point existe, il faut et il suffit qu'on ait

$$\overline{Ou}^2 = K.$$

Donc il n'y a pas de points doubles si K *est négatif; si* K *est positif, il y a deux points doubles* e et f situés sur la droite L, de part et d'autre, du point central O à une même distance égale à $\sqrt{K}$.

D'après cela, l'involution peut offrir deux dispositions différentes.

Si K est positif, comme on a (332, 333)

$$\overline{Oe}^2 = \overline{Of}^2 = Oa.Oa' = Ob.Ob' = Oc.Oc' = \ldots,$$

les points doubles e et f divisent harmoniquement chacun des segments aa', bb', cc', ...; par suite, le point central n'est jamais compris entre deux points conjugués, tels que a et a', et deux quelconques des segments aa', bb', cc', ... sont, soit comme aa' et bb', d'un même côté de O et alors compris l'un dans l'autre, soit comme aa' et cc', de part et d'autre de O et alors extérieurs l'un à l'autre (*fig.* 239). Oe et Of sont égales à la longueur commune des tangentes menées par O aux divers cercles décrits sur aa', bb', cc', ... comme diamètres.

Fig. 239.

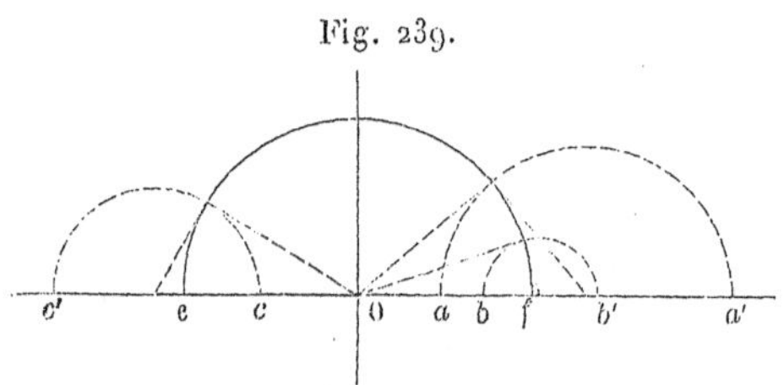

Si K est négatif, les produits $Oa.Oa'$, $Ob.Ob'$, $Oc.Oc'$, ... étant négatifs, tout couple de points conjugués est séparé par le point central O et deux quelconques des segments aa', bb', cc', ... empiètent l'un sur l'autre (*fig.* 239_1). Chacun des cercles décrits sur aa', bb', cc', ... comme diamètres coupe l'axe radical commun aux deux mêmes points P et P' symétriques par rapport à la base L et situés à une distance OP de cette base égale à la racine carrée des produits $Oa.Oa'$, $Ob.Ob'$, $Oc.Oc'$, ..., c'est-à-dire égale à $\sqrt{-K}$. Une involution de ce genre étant donnée par deux couples (a, a'), (b, b') de points conjugués, c'est-à-dire par deux segments aa' et bb' empiétant l'un sur l'autre, les circonférences décrites sur aa' et bb' comme diamètres donneront le point P, par suite le point central O, projection de P sur la base L, et il suffira de faire pivoter un angle droit autour du sommet P pour avoir sur la base L tous les couples de points conjugués.

Fig. 239_1.

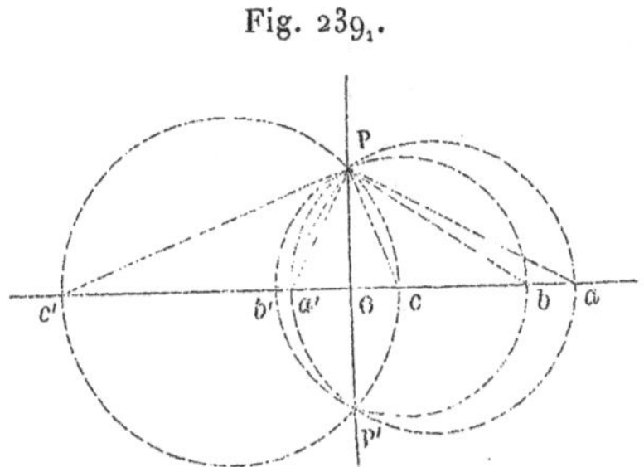

3° *Pour que trois couples (a, a'), (b, b'), (c, c') de points en ligne droite forment une involution, il faut et il suffit que quatre de ces points* (n'appartenant pas aux deux mêmes couples) *aient leur rapport anharmonique égal à celui de leurs conjugués.*

La condition est nécessaire; car, si, dans le rapport anharmonique des quatre points a, b, c, c', on remplace le segment ca par sa valeur

$$ca = 0a - 0c = \frac{K}{0a'} - \frac{K}{0c'} = -\frac{K}{0a'.0c'}\cdot c'a'$$

et chacun des autres segments par la valeur analogue, on obtient le rapport anharmonique des points a', b', c', c respectivement conjugués des premiers.

La condition est suffisante; car, si elle est remplie, le rapport anharmonique $(abcc')$ est égal à $(a'b'c'c)$. Mais, si l'on désigne par α le conjugué de a' dans l'involution déterminée par les deux couples (b, b'), (c, c'), le rapport anharmonique $(\alpha bcc')$ doit, en vertu de la proposition directe, être aussi égal à $(a'b'c'c)$, ce qui prouve que les points a et α divisent cc' dans le même rapport et par suite coïncident.

4° *Toute transversale* L *menée dans le plan d'un quadrilatère* ABCD *rencontre les quatre côtés et les deux diagonales en six points a, a', b, b', c, c' formant une involution* (*fig.* 239_2).

Car les faisceaux (AB, AC, AD, Ac'), (CB, CA, CD, Cc') ont le même rapport anharmonique, puisqu'ils coupent la diagonale BD aux mêmes points. Donc les rapports anharmoniques des deux systèmes de quatre points a, c, b, c' et b', c, a', c' suivant lesquels la transversale L coupe ces deux faisceaux sont égaux; mais, au rapport (b', c, a', c'), on peut substituer $(a' c' b' c)$, et l'on voit ainsi que le rapport anharmonique des points a, c, b, c' est égal au rapport anharmonique de leurs conjugués a', c', b', c, d'où l'on conclut que (a, a'), (b, b'), (c, c') forment une involution.

5° *Quand un quadrilatère est inscrit dans un cercle, toute transversale* L *située dans son plan rencontre les deux couples de côtés opposés et le cercle en six points a, a', b, b', c, c', formant une involution* (*fig.* 239_2).

Fig. 239_2.

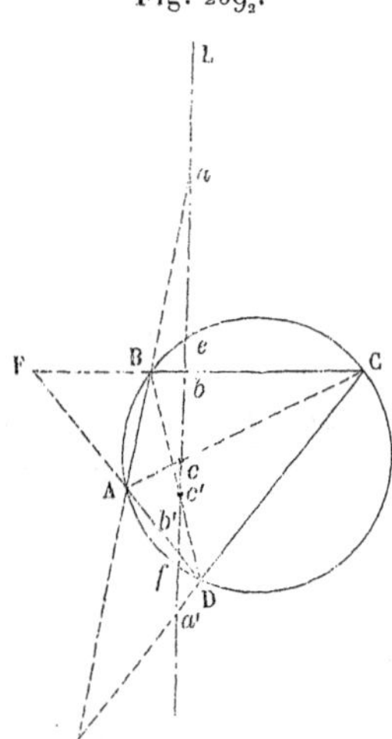

En effet, les faisceaux (AB, AD, Ae, Af), (CB, CD, Ce, Cf) ont les mêmes angles, puisque leurs sommets A et C sont sur la circonférence et que leurs rayons se coupent deux à deux sur cette même ligne; ils ont donc même rapport anharmonique et, par suite, si on les coupe par la transversale L, les deux systèmes de quatre points a, b, e, f et b', a', e, f que l'on obtient ont même rapport anharmonique; donc, en échangeant, dans le dernier groupe, b' et a', e et f, on voit que le rapport anharmonique des points a, b, e, f est égal à celui de leurs conjugués a', b', f, e; par suite, les couples (a, a'), (b, b'), (e, f) forment une involution. — Ce théorème est dû à Desargues.

Tels sont les premiers principes de cette belle théorie de l'involution, dont on trouvera l'entier développement dans notre seconde Partie.

FAISCEAUX DE CERCLES.

382. On dit que plusieurs cercles A, B, C, ... forment *un faisceau* lorsqu'ils ont leurs centres sur une même droite L et que les points a et a', b et b', c et c', ... suivant lesquels ils coupent cette droite forment une involution.

La base L, le point central O et la puissance K de l'involution reçoivent les noms de *base, point central* et *puissance du faisceau*.

Le faisceau est dit du premier ou du second genre suivant que l'involution correspondante a des points doubles ou en est dépourvue, c'est-à-dire suivant que K est positif ou négatif.

1° Il résulte de la théorie de l'involution qu'*un faisceau de cercles est déterminé par deux quelconques d'entre eux,* et que *tous les cercles d'un faisceau, pris deux à deux, ont le même axe radical.* La réciproque de cette dernière proposition est vraie : *si, plusieurs cercles* A, B, C, ..., *pris deux à deux, ont un même axe radical* R, *ils forment un faisceau dont la base* L *est perpendiculaire à* R ; car les centres sont évidemment distribués sur une même perpendiculaire L à l'axe radical R, et le point O commun à R et à L ayant même puissance par rapport à chacun des cercles, on a, en désignant par a et a', b et b', c et c', ... les points où ces cercles coupent la droite L,

$$Oa.Oa' = Ob.Ob' = Oc.Oc' = \ldots.$$

2° Les points doubles e et f de l'involution relative à un faisceau de cercles du premier genre prennent le nom de *points limites* du faisceau ; voici pourquoi : puisque e et f divisent harmoniquement chacun des diamètres aa', bb', cc', ... les milieux de ces diamètres, c'est-à-dire les centres des cercles A, B, C, ... sont tous en dehors du segment ef; les deux parties indéfinies de la base L qui sont l'une à gauche de e, l'autre à droite de f, sont les seules régions dans lesquelles puisse se trouver le centre d'un cercle quelconque du faisceau ; d'ailleurs, tout point ω de ces régions est effectivement le centre d'un cercle du faisceau ; c'est le cercle Ω qui a pour rayon la tangente ωt menée par ω au cercle décrit sur ef comme diamètre. Le rayon Ot du cercle ef, étant en effet perpendiculaire à ωt, est tangent au cercle Ω et, si α et α' sont les points où ce cercle coupe L, on a

$$O\alpha.O\alpha' = \overline{Ot}^2 = \overline{Oe}^2,$$

ce qui prouve que le cercle Ω fait partie du faisceau. Le rayon du cercle Ω diminue à mesure que son centre ω se rapproche de l'un des points e et f, et par suite *ces points limites* peuvent être considérés comme deux cercles évanouissants faisant partie du faisceau.

Dans un faisceau du second genre, tous les cercles passent par les deux points P et P′ (381) de l'axe radical R; on a donné à ces points le nom de *points fondamentaux*. Ici, tout point ω de la base peut être le centre d'un cercle du faisceau; c'est le cercle Ω décrit de ω comme centre avec ωP pour rayon.

3° On dit que deux faisceaux de cercles sont *conjugués* lorsque, le point central étant le même, les bases sont rectangulaires et les puissances égales et de signes contraires.

Il est clair qu'*alors les points fondamentaux de l'un des faisceaux coïncident avec les points limites de l'autre* et que, réciproquement, si cette coïncidence a lieu, les deux faisceaux sont conjugués.

4° On peut donner à l'expression de la puissance d'un point P par rapport à un cercle (A) une forme élégante et souvent commode, en faisant intervenir un cercle auxiliaire (C) astreint seulement à passer par le point P (*fig.* 239_3).

En désignant par I le milieu de la ligne des centres AC, et par p la projection du point P sur cette ligne, on a (234)

$$\overline{PA}^2 - \overline{PC}^2 = 2\,AC.Ip.$$

Fig. 239_3.

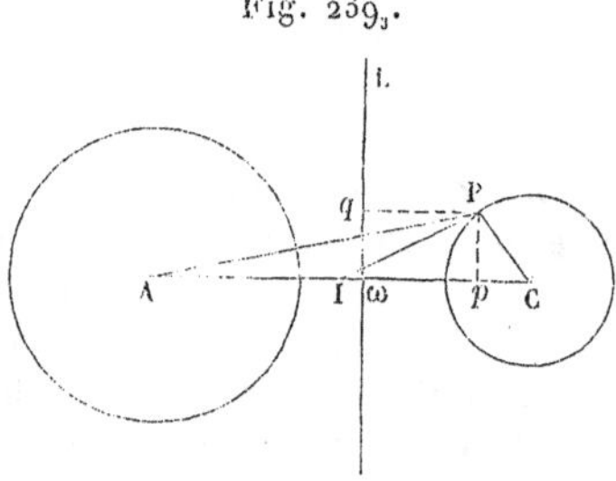

Mais, si r est le rayon du cercle (A) et ω le pied de l'axe radical L des deux cercles (A) et (C), on a (373)

$$r^2 - \overline{PC}^2 = 2\,AC.I\omega.$$

En retranchant cette relation de la précédente, on obtient l'égalité

$$\overline{PA}^2 - r^2 = 2\,AC.\omega p,$$

qui montre que *la puissance d'un point* P *par rapport à un cercle* (A) *est égale au double de la distance du centre* (A) *au centre* (C) *d'un cercle quelconque passant par* P, *multipliée par la distance du point* P *à l'axe radical des deux cercles.*

Il résulte de là que, *si* (A), (B), (C), sont *trois cercles d'un même faisceau*, les puissances d'un point quelconque P du cercle (C) par rapport aux cercles (A) et (B) sont entre elles comme les produits AC.Pq, BC.Pq, ou comme les distances du centre du cercle (C) aux centres des cercles (A) et (B). Par suite, *le lieu du point* P *dont les puissances par rapport à deux cercles fixes* (A) *et* (B) *ont un rapport donné est un cercle du faisceau déterminé par* (A) *et* (B); *et c'est, parmi les cercles de ce faisceau, celui dont le centre* C *divise* AB *dans le rapport donné.*

CERCLES ORTHOGONAUX.

383. 1° *Pour qu'un cercle* (O) *de rayon r soit coupé orthogonalement par un autre cercle* (O'), *il faut et il suffit que, de son centre, on puisse mener au cercle* (O') *une tangente égale à r.*

La condition est nécessaire; car, M désignant un des points communs aux deux cercles dont les deux centres sont O et O', la tangente en M au cercle (O') et le rayon OM se confondent comme étant perpendiculaires au même point M à la tangente au cercle (O).

La condition est suffisante; car, soit OM la tangente menée du point O au cercle (O'); puisque OM est égale à r, le point M appartient aussi au cercle (O); d'ailleurs, la tangente en ce point au cercle (O) est perpendiculaire au rayon OM, c'est-à-dire à la tangente au cercle (O').

On peut encore énoncer le théorème de la manière suivante :

Pour qu'un cercle de rayon r soit coupé orthogonalement par un autre cercle, il faut et il suffit que la puissance de son centre par rapport à cet autre cercle soit égale à r^2.

2° Il résulte de là : 1° que *le lieu des centres des cercles qui sont coupés orthogonalement par deux cercles donnés* A *et* B *est le lieu des points d'où l'on peut mener aux cercles* A *et* B *des tangentes égales;* 2° que *si un cercle* O *est coupé orthogonalement par deux cercles* A *et* B, *il est coupé orthogonalement par tout cercle du faisceau déterminé par* A *et* B; car, le cercle O ayant son centre sur l'axe radical de A et de B, et cet axe étant commun à tous les cercles du faisceau, le centre en question aura, par rapport à tout cercle du faisceau, la même puissance, laquelle est égale au carré du rayon du cercle O, puisque ce cercle est coupé orthogonalement par A et B. Pour plus de brièveté, nous dirons, d'un cercle qui est coupé orthogonalement par tous les cercles d'un faisceau, qu'il est orthogonal au faisceau.

3° *Tous les cercles* A_1, B_1, C_1, ... *orthogonaux à un faisceau* F *de cercles* A, B, C, ... *forment le faisceau conjugué du premier.*

En effet, le centre du cercle A ayant, par rapport à chacun des cercles orthogonaux, une même puissance égale au carré de son rayon, appartient à l'axe radical de deux quelconques de ces cercles orthogonaux.

Comme il en est de même des centres des cercles B, C, ..., on voit que les cercles orthogonaux A_1, B_1, C_1, ... ont pour axe radical commun R_1 la base L du faisceau F. Ces cercles orthogonaux forment donc un faisceau F_1. Ce faisceau F_1 a pour base L_1 l'axe radical R du faisceau F, puisque cet axe radical contient, comme nous l'avons vu, les centres de tous les cercles A_1, B_1, C_1, ... Les deux faisceaux F et F_1, étant tels que la base de l'un soit l'axe radical de l'autre et *vice versa*, ont donc leurs bases rectangulaires et le même point central O, qui est l'intersection de L_1 et de R_1 aussi bien que de L et de R ; dès lors, il reste seulement à prouver que les puissances μ et μ_1 des deux faisceaux sont égales et de signe contraire. Or, si F est du premier genre, on a

$$\mu = \overline{Oe}^2 = Of^2,$$

e et f étant les deux points limites; mais le cercle (ef , c'est-à-dire le cercle décrit sur ef comme diamètre, coupe orthogonalement tout cercle Ω du faisceau F, puisque (382) du centre ω du cercle Ω, on peut mener au cercle (ef) une tangente égale au rayon de Ω. Donc le cercle (ef) fait partie du faisceau F_1, et la puissance μ_1 de ce faisceau, c'est-à-dire la puissance du point central ω par rapport à (ef), est égale à

$$Oe.Of = -\overline{Oe}^2 = -\mu.$$

Si F est du second genre, on a

$$\mu = -\overline{OP}^2 = -\overline{OP'}^2,$$

P et P′ étant les points fondamentaux; mais le cercle (PP′), c'est-à-dire le cercle décrit sur PP′ comme diamètre, fait partie du faisceau F; il est donc coupé orthogonalement par tout cercle du faisceau F_1 et, par suite, le carré $\overline{OP}^2$ de son rayon est égal à la puissance de son centre O par rapport à tout cercle du faisceau F_1, c'est-à-dire à la puissance μ' de ce dernier faisceau; on a donc

$$\mu' = \overline{OP}^2 = -\mu.$$

4° Soient O, O′, O″ trois cercles n'ayant pas le même axe radical. Si leur centre radical c est intérieur à l'un d'eux, il l'est aussi aux deux autres, et s'il est extérieur à l'un d'eux, il l'est aux deux autres. Dans le premier cas, il n'existe aucun point d'où l'on puisse mener aux trois cercles des tangentes égales et, par suite, aucun cercle ne saurait couper ces trois cercles orthogonalement. Dans le second cas, le centre radical c est le seul point d'où l'on puisse mener à ces trois cercles des tangentes égales; le cercle ayant c pour centre et pour rayon la longueur commune des tangentes égales, est *orthogonal aux trois cercles* O, O′ et O″, et c'est le seul cercle qui jouisse de cette propriété.

5° On dit qu'un cercle (O) est coupé diamétralement par un cercle (O′) lorsque la corde commune à (O) et (O′) est un diamètre du cercle (O).

On démontrera sans peine que, pour *qu'un cercle* (O) *de rayon r soit coupé diamétralement par un cercle* (O′), *il faut et il suffit que la puissance de son centre par rapport au cercle* (O′) *soit égale à* $-r^2$; il suit de là que si les deux cercles A et B n'ont aucun point commun, auquel cas leur axe radical leur est extérieur, il n'y a aucun cercle qui puisse être coupé diamétralement par chacun des cercles A et B; tandis que si A et B se coupent, leur corde commune, c'est-à-dire la partie de leur axe radical qui est intérieure aux deux cercles, est le lieu du centre des cercles qui sont coupés diamétralement par A et B.

Lorsque le centre radical c de trois cercles O, O′, O″ *est intérieur aux trois cercles, il existe un cercle et un seul qui soit coupé diamétralement par chacun des trois cercles* O, O′, O″. C'est le cercle qui a pour centre le centre radical c et pour rayon la moitié de la longueur commune des cordes minimum que l'on peut mener par ce point dans les trois cercles (374).

VI. — Inversion.

PROPRIÉTÉS DES FIGURES INVERSES.

384. Étant donné, dans un plan, un système quelconque de points A, B, C, ..., isolés ou formant des lignes continues, si, sur les rayons vecteurs SA, SB, SC,..., issus d'un point S choisi arbitrairement dans le plan, on prend, à partir de ce point S, des segments SA′, SB′, SC′,..., tels que

$$SA.SA' = SB.SB' = SC.SC' = \ldots = \mu,$$

μ étant une quantité constante positive ou négative, on dit que le système A′B′C′... est *inverse* du système ABC.... Le point fixe S prend le nom d'*origine*, et la constante μ le nom de *puissance*. Si cette puissance est positive, les rayons vecteurs correspondants SA et SA′ sont de même sens, et les points correspondants A et A′ sont situés d'un même côté par rapport à l'origine S; si μ est négatif, les rayons vecteurs SA et SA′ sont de sens contraires, et les points correspondants A et A′ sont situés de part et d'autre de l'origine S.

THÉORÈME.

385. *Deux figures* F′ et F″, *inverses d'une même figure* F *par rapport à une même origine* S *et à deux valeurs différentes* μ' *et* μ'' *de la con-*

stante μ, *sont homothétiques* $\left(\textit{leur centre de similitude est le point S et leur rapport de similitude est égal à } \frac{\mu'}{\mu''}\right)$.

En effet, si l'on désigne par M un point quelconque de la figure primitive F, et par M′ et M″ les points correspondants des figures F′ et F″, points qui sont d'ailleurs situés sur la droite indéfinie SM, on a

$$SM.SM' = \mu', \quad SM.SM'' = \mu'';$$

d'où

$$\frac{SM'}{SM''} = \frac{\mu'}{\mu''}.$$

THÉORÈME.

386. M *et* N *étant deux points quelconques d'une figure et* M′, N′, *les points correspondants d'une figure inverse par rapport à une origine* S *et à une puissance* μ, *la distance* M′N′ *s'obtient en multipliant la distance* MN *par le rapport de la puissance* μ *au produit* SM.SN *des deux rayons vecteurs de la figure primitive.*

En effet, la relation (*fig.* 240)

$$SM.SM' = SN.SN' = \mu$$

prouve que *les droites* MN, M′N′ *sont antiparallèles par rapport à l'angle*

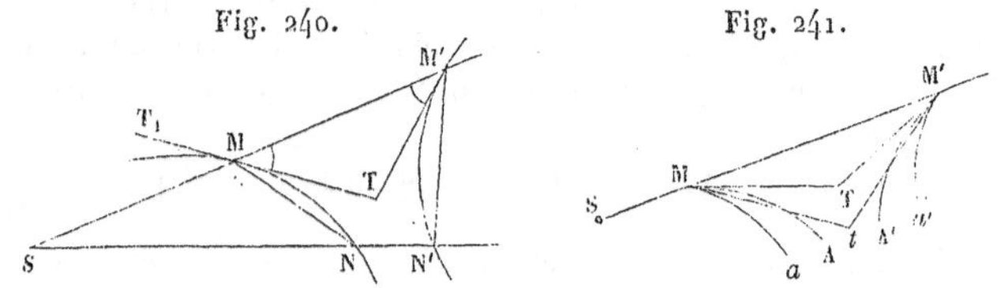

Fig. 240. Fig. 241.

MSN, et par suite que les triangles SMN, SM′N′, sont semblables. On a donc

$$\frac{M'N'}{MN} = \frac{SN'}{SM} = \frac{\mu}{SM.SN},$$

d'où

$$M'N' = \frac{MN}{SM.SN}\cdot\mu.$$

THÉORÈME.

387. *L'angle de deux lignes quelconques qui se coupent est égal à l'angle des deux lignes inverses.*

Considérons d'abord (*fig.* 240) une seule ligne quelconque MN et son inverse M'N'; il est aisé de voir que les angles TMM', TM'M, que leurs tangentes MT, M'T, font avec le rayon vecteur SMM', sont égaux; car, si l'on considère un rayon vecteur voisin SNN', les cordes MN et M' N' sont, comme nous l'avons déjà fait observer, antiparallèles par rapport à l'angle MSN; donc les angles SM'N', SNM, sont égaux; or, à la limite, le premier devient l'angle SM'T, et l'autre, l'angle SMT_1, opposé par le sommet à l'angle TMM'; donc, MM'T = TMM'. Pour éviter toute ambiguïté dans la manière de compter les angles, on peut remarquer que les deux tangentes correspondantes forment les deux côtés d'un triangle isocèle TMM', dont la base est la partie MM' du rayon vecteur comprise entre les deux points de contact.

Soient actuellement (*fig.* 241) deux courbes Ma et MA qui se coupent en M, et les courbes inverses M'a' et M'A'; il faut prouver que l'angle des deux premières, c'est-à-dire l'angle tMT de leurs tangentes, est égal à l'angle tM'T des deux autres. Or, on a, d'après l'alinéa précédent,

$$t\mathrm{MM}' = t\mathrm{M}'\mathrm{M}, \quad \mathrm{TMM}' = \mathrm{TM}'\mathrm{M},$$

d'où, en retranchant,

$$t\mathrm{MM}' - \mathrm{TMM}' \text{ ou } t\mathrm{MT} = t\mathrm{M}'\mathrm{M} - \mathrm{TM}'\mathrm{M} \text{ ou } t\mathrm{M}'\mathrm{T}.$$

Cette propriété de conserver les angles dont jouit ce mode de transformation des figures est très importante : elle entraîne la similitude des triangles infiniment petits correspondants, de sorte que deux figures inverses l'une de l'autre sont deux figures semblables dont le rapport de similitude *varie* d'un lieu à un autre.

Les trois théorèmes précédents sont généraux, c'est-à-dire relatifs à des figures quelconques; les trois suivants sont particuliers et relatifs à la droite et au cercle.

THÉORÈME.

388. *La figure inverse d'une ligne droite est une circonférence passant par l'origine.*

Nous laissons de côté le cas où la droite donnée passe par l'origine. Dans cette hypothèse, cette droite elle-même est évidemment son inverse.

Considérons donc une droite AB ne passant pas par l'origine S (*fig.* 242, 243). Menons du point S sur AB deux droites, l'une SP perpendiculaire, l'autre SM oblique à AB, et prenons respectivement sur ces lignes les inverses P' et M' des points P et M. Les droites MP et M'P' étant antiparallèles (386), l'angle SM'P' doit être droit comme l'angle SPM. Le lieu du point M′ est donc la circonférence décrite sur SP′ comme diamètre.

Réciproquement, *la figure inverse d'une circonférence passant par l'origine est une droite perpendiculaire au diamètre qui aboutit à l'origine.*

En effet, soient (*fig.* 242, 243) P l'inverse de l'extrémité P′ du diamètre SP′ et M l'inverse d'un point quelconque M′ de la circonférence. Les droites MP et M′P′ étant antiparallèles, l'angle SPM doit être droit

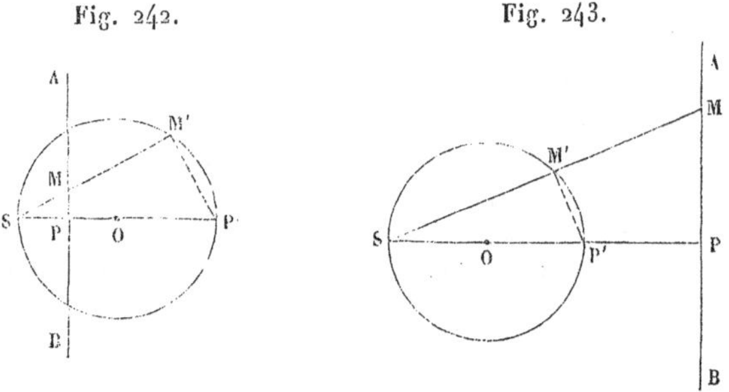

comme son égal SM′P′. Le lieu du point M est donc la perpendiculaire élevée par P sur SP′.

Scolie.

389. Les distances SP et SO de l'origine à la droite et au centre du cercle sont liées par la formule

$$2SO.SP = \mu,$$

où μ est la puissance donnée. Cette relation a lieu en grandeur et en signe.

On voit par là qu'*une droite* AB *et un cercle* O *situés d'une manière quelconque dans un plan* (*fig.* 242, 243) *peuvent toujours être considérés comme des figures inverses l'une de l'autre.* Il suffit de choisir pour origine S l'une des extrémités du diamètre perpendiculaire à la droite, c'est-à-dire (401) l'un des centres de similitude du système formé par la droite et le cercle, et pour puissance μ la valeur en grandeur et en signe du double produit des distances de l'origine à la droite et au centre du cercle.

THÉORÈME.

390. *La figure inverse d'une circonférence, lorsque l'origine est intérieure ou extérieure à la courbe, est une circonférence.*

Soient S et μ l'origine et la puissance données, et p la puissance de l'origine S par rapport au cercle proposé O (*fig.* 244).

La figure inverse du cercle O par rapport à l'origine S et à la puissance p est évidemment le cercle O lui-même ; car, puisque l'on a

$$\text{SM}.\text{SN} = p,$$

tout point M de ce cercle a pour inverse le point N où le rayon vecteur correspondant rencontre le cercle une seconde fois.

Par suite (385), la figure inverse du cercle O par rapport à l'origine S et à la puissance μ est encore un cercle, puisque cette figure doit être homothétique à la précédente ou au cercle O lui-même, S étant le centre de similitude et $\frac{\mu}{p}$ le rapport de similitude.

Scolies.

391. O et R étant le centre et le rayon du cercle donné, O′ et R′ le centre et le rayon de son inverse, on aura donc

$$\frac{\text{SO}'}{\text{SO}} = \frac{\mu}{p} = \pm \frac{\text{R}'}{\text{R}}.$$

Le signe + se rapporte au cas où, μ et p étant de même signe, l'homothétie est directe, et le signe — au cas où, μ et p étant de signes opposés, l'homothétie est inverse.

Fig. 244.

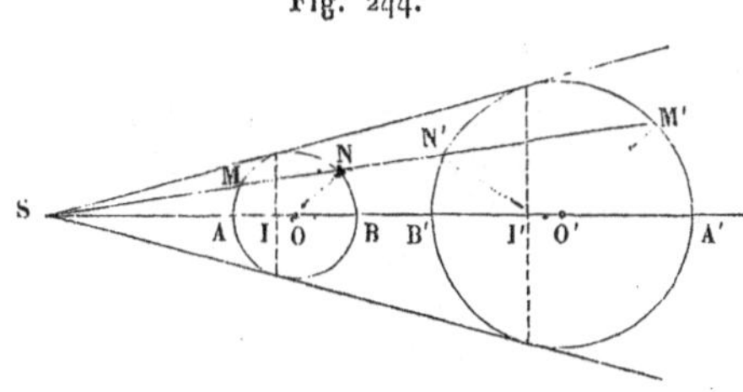

D'ailleurs, si p' est la puissance de l'origine S par rapport au cercle O′, on a, d'après les relations ci-dessus,

$$\frac{\text{SO}'^2 - \text{R}'^2}{\text{SO}^2 - \text{R}^2} \quad \text{ou} \quad \frac{p'}{p} = \frac{\mu^2}{p^2},$$

d'où

$$\mu^2 = pp'.$$

On voit, par ces formules, que *deux cercles* O *et* O′, *situés d'une ma-*

nière quelconque dans un plan, peuvent toujours être regardés comme inverses l'un de l'autre. Il suffit de prendre pour origine S l'un quelconque des deux centres de similitude et, pour puissance, la moyenne géométrique entre les puissances p et p' du point S par rapport aux deux cercles, en donnant à cette moyenne le signe de p ou le signe opposé, suivant que S est un centre de similitude externe ou interne.

On aurait pu déduire tous ces résultats du n° 378. Les points inverses l'un de l'autre ne sont autres que ceux que nous avons appelés *anti-homologues*. On peut donc dire que *les tangentes aux points correspondants de deux cercles inverses se coupent sur l'axe radical des deux cercles.*

392. Les centres O et O' de deux cercles inverses ne sont pas des points correspondants. Il y a donc lieu de se demander quels sont les inverses de ces centres.

Désignons (*fig.* 244) par I' l'inverse du centre O et par A, B, A', B', les points où la ligne des centres SOO' rencontre les deux cercles. Nous aurons

$$SO.SI' = \mu,$$

d'où

$$\frac{1}{SI'} = \frac{SO}{\mu} = \frac{p.SO'}{\mu^2} = \frac{SO'}{p'} = \frac{SA' + SB'}{2SA'.SB'},$$

c'est-à-dire

$$\frac{2}{SI'} = \frac{1}{SA'} + \frac{1}{SB'}.$$

Le point I' est donc (332) le conjugué harmonique de S par rapport au diamètre du cercle O'. Ainsi, *l'inverse du centre de l'un quelconque des deux cercles est le pied de la polaire de l'origine par rapport à l'autre cercle* (340, 341).

On voit par là que, *pour que deux cercles aient pour inverses deux cercles concentriques, il faut et il suffit que l'origine ait même polaire par rapport à ces deux cercles.*

Par suite, *tout faisceau de cercles du premier genre peut, par inversion, être transformé en un système de cercles concentriques;* il suffit de prendre pour centre d'inversion l'un des *points limites* e ou f (382), puisque, e et f étant conjugués harmoniques par rapport à chacun des diamètres aa', bb', cc', la polaire du point e est la même par rapport à tous les cercles du faisceau.

Tout faisceau de cercles du second genre peut, au contraire, *être transformé par inversion en un faisceau de droites;* il suffit évidemment (382) de choisir pour centre d'inversion l'un des *points fondamentaux* P ou P'.

THÉORÈME.

393. *Les cercles inverses* (A′) *et* (ω′) *de deux cercles tangents* (A) *et* (ω) *sont aussi tangents, puisque l'inversion conserve les angles; d'ailleurs, les contacts entre* (A′) *et* (ω′) *et entre* (A) *et* (ω) *sont semblables ou dissemblables, suivant que les puissances du centre d'inversion* S *par rapport aux deux cercles primitifs* (A) *et* (ω) *ont le même signe ou des signes opposés* (*fig.* 244_1).

Pour le prouver, prenons la constante d'inversion égale à la puissance de S par rapport à (A); ce cercle se transformera alors en lui-même (390). Désignons par p et par ϖ la puissance du point S par rapport à (A) et par rapport à (ω); par A, ω, ω′, les centres des cercles (A), (ω), (ω′); enfin, par a et a' les points où (A) est touché respectivement par (ω) et par (ω′).

Fig. 244_1.

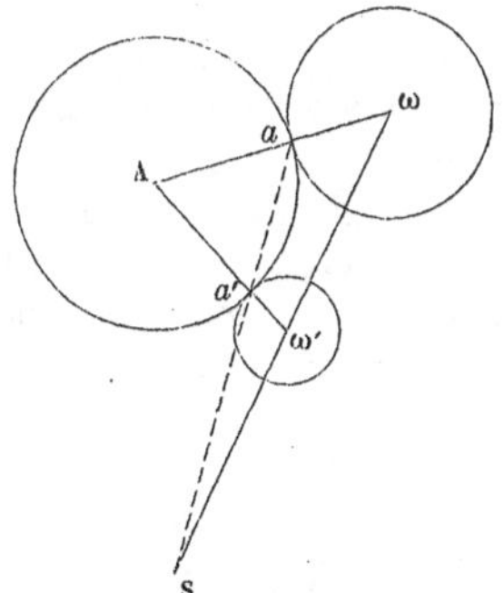

Le centre S d'inversion étant à la fois sur la ligne des centres ωω′ et sur la droite aa' qui joint deux points correspondants, le triangle Aωω′ coupé par la transversale Saa' donne

$$(1) \qquad \frac{a\omega}{a\mathrm{A}} \cdot \frac{a'\mathrm{A}}{a'\omega'} \cdot \frac{\mathrm{S}\omega'}{\mathrm{S}\omega} = 1.$$

Mais, puisque l'on prend p pour constante d'inversion, on a

$$\frac{\mathrm{S}\omega'}{\mathrm{S}\omega} = \frac{p}{\varpi}.$$

Donc, suivant que p et ϖ auront le même signe ou des signes opposés, les deux premiers rapports de la relation (1) seront de même signe ou de signes contraires. D'ailleurs, le contact en a est interne ou externe, suivant que le rapport $\frac{a\omega}{aA}$ est positif ou négatif; de même, le contact en a' est interne ou externe, suivant que le rapport $\frac{a'A}{a'\omega'}$ est positif ou négatif. Donc, les contacts en a et en a' seront semblables ou dissemblables, suivant que p et ϖ seront de même signe ou de signes contraires.

THÉORÈME.

394. *Si l'on considère deux cercles quelconques et leurs inverses, en désignant par d, r, r', la distance des centres et les rayons des deux premiers cercles, et par δ, ρ, ρ', les éléments analogues pour les deux autres cercles, on a*

$$(1) \qquad \frac{d^2 - r^2 - r'^2}{rr'} = \pm \frac{\delta^2 - \rho^2 - \rho'^2}{\rho\rho'}.$$

Il faut prendre le signe + ou le signe — suivant que les puissances de l'origine par rapport aux deux cercles primitifs sont de même signe ou de signes opposés.

En effet, soient S l'origine, O et O' les centres des premiers cercles, ω et ω' les centres des cercles inverses, A et α les projections de O et de ω sur la droite SO'ω' (*fig.* 245). Désignons par μ la constante d'inversion, et par p, p', ϖ, ϖ', les puissances de l'origine S par rapport aux cercles O, O', ω, ω'.

Fig. 245.

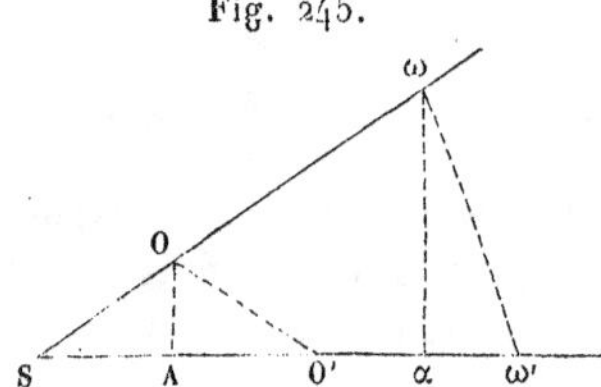

Le triangle SOO' donne

$$d^2 = \overline{SO}^2 + \overline{SO'}^2 - 2SA.SO',$$

ou (372)

$$d^2 - r^2 - r'^2 = p + p' - 2SA.SO',$$

et l'on aurait de même

$$\delta^2 - \rho^2 - \rho'^2 = \varpi + \varpi' - 2S\alpha.S\omega'.$$

D'ailleurs (390, 391),

$$\mu^2 = p\varpi = p'\varpi',$$

$$\frac{S\omega'}{SO'} = \frac{\mu}{p'}, \quad \frac{S\alpha}{SA} = \frac{S\omega}{SO} = \frac{\mu}{p}.$$

Par suite,

$$\delta^2 - \rho^2 - \rho'^2 = \frac{\mu^2}{p} + \frac{\mu^2}{p'} - 2\frac{\mu^2}{pp'}SA.SO' = \frac{\mu^2}{pp'}(p + p' - 2SA.SO'),$$

c'est-à-dire

$$\delta^2 - \rho^2 - \rho'^2 = \frac{\mu^2}{pp'}(d^2 - r - r').$$

Or cette relation ne diffère pas de (1), puisqu'on a (391)

$$\frac{\mu}{p} = \pm\frac{\rho}{r}, \quad \frac{\mu}{p'} = \pm\frac{\rho'}{r'},$$

d'où

$$\frac{\mu^2}{pp'} = \pm\frac{\rho\rho'}{rr'},$$

le signe + convenant au cas où p et p' sont de même signe, et le signe — au cas où p et p' sont de signes contraires.

Scolies.

395. Supposons qu'on prenne pour origine un point dont les puissances par rapport aux deux cercles primitifs soient de même signe, c'est-à-dire un point qui soit à la fois extérieur ou intérieur aux deux cercles. Alors, le signe + conviendra seul, et, si l'on augmente ou si l'on diminue de 2 les deux membres de la relation (1), on aura

$$\frac{d^2 - (r - r')^2}{rr'} = \frac{\delta^2 - (\rho - \rho')^2}{\rho\rho'} \quad \text{et} \quad \frac{d^2 - (r + r')^2}{rr'} = \frac{\delta^2 - (\rho + \rho')^2}{\rho\rho'}.$$

L'expression $d^2 - (r - r')^2$ représente le carré de la longueur de la tangente commune extérieure aux deux cercles O et O'. Il est vrai que cette tangente commune n'existe plus lorsque ces deux cercles sont intérieurs; mais il est toujours permis, pour la commodité du langage, d'appeler *longueur de la tangente commune extérieure* la racine carrée de la valeur absolue de $d^2 - (r - r')^2$. Si l'on appelle de même *longueur de la tangente commune intérieure* la racine carrée de la valeur absolue de $d^2 - (r + r')^2$, on pourra énoncer le théorème suivant :

Si l'on considère deux cercles quelconques et leurs inverses, le rapport de la tangente commune à la moyenne géométrique des rayons est le même pour les deux couples.

Il est sous-entendu d'ailleurs que l'origine est à la fois intérieure ou extérieure aux deux cercles primitifs, et que l'on doit prendre alors des tangentes communes *de même espèce* dans l'un et l'autre couple.

On verrait de même que, si l'origine est intérieure à l'un des cercles primitifs et extérieure à l'autre, le théorème subsiste, à la condition de prendre des tangentes communes *d'espèces différentes* dans l'un et l'autre couple.

MÉTHODE DE TRANSFORMATION PAR RAYONS VECTEURS RÉCIPROQUES.

396. La figure *inverse* d'une figure donnée prend aussi le nom de *transformée par rayons vecteurs réciproques*. Ce mode de transformation est un des moyens d'investigation les plus puissants dans l'état actuel de la Géométrie. En construisant la figure inverse de celle qui répond à un théorème connu, on obtient des propositions nouvelles qui sont plus ou moins intéressantes, suivant le choix que l'on a fait de l'origine, et la nature de la figure primitive.

Voici quelques exemples :

1° Dans tout triangle rectiligne, la somme des angles est égale à deux angles droits. En formant la figure inverse (388), on obtient un triangle formé par trois arcs de cercle qui se coupent tous à l'origine; et, comme la transformation n'altère pas les angles, on a ce théorème : *La somme des angles d'un triangle curviligne, dont les côtés sont des arcs de cercle qui se croisent en un même point, est égale à deux angles droits.* On aurait un théorème analogue en transformant la proposition relative à la somme des angles d'un polygone.

2° Il est évident que si, dans un angle fixe, on inscrit deux cercles tangents entre eux, le lieu de leur point de contact est la bissectrice de l'angle. Donc, en formant la figure inverse, *si, dans l'espace compris entre deux cercles qui se coupent, on inscrit deux circonférences tangentes entre elles, le lieu de leur point de contact est une autre circonférence.*

397. Au lieu de chercher des propositions nouvelles en partant d'un théorème dont la démonstration est connue, comme nous l'avons fait dans les deux exemples précédents, on peut avoir à démontrer directement un théorème énoncé. On construit alors la figure inverse de celle qui répond au théorème proposé, en choisissant l'origine de façon que la nouvelle figure soit plus simple que la première, et que la propriété correspondante soit, sinon intuitive, au moins plus facile à prouver.

C'est ainsi que tout théorème ou tout problème sur un faisceau de cercles peut être ramené au cas beaucoup plus simple où le faisceau est composé soit de droites, soit de cercles concentriques (392). Par exemple, ce procédé permettra de démontrer fort aisément la proposition suivante :

Lorsqu'un cercle variable touche toujours de la même manière deux cercles donnés, il coupe sous un angle constant tout cercle du faisceau déterminé par les deux cercles fixes.

Quand, dans une question, on a à considérer plusieurs cercles, *il y a parfois avantage à choisir le centre d'inversion de façon que les transformés de deux de ces cercles soient égaux entre eux.* La chose est possible d'une infinité de manières. En effet, soient R et R_1 les rayons des deux cercles considérés (A) et (B) et ρ le rayon de leurs inverses supposés égaux. On a (391), en désignant par μ la constante d'inversion et par p et p_1 les puissances du centre d'inversion par rapport à (A) et à (B),

$$\frac{\rho}{R} = \frac{\mu}{p}, \quad \frac{\rho}{R_1} = \frac{\mu}{p_1}$$

et, par suite,

$$\frac{p}{p_1} = \frac{R}{R_1}.$$

Le centre d'inversion doit donc appartenir au lieu des points dont les puissances par rapport aux cercles (A) et (B) sont proportionnelles aux rayons R et R_1; et nous savons (382) que ce lieu est un cercle du faisceau déterminé par (A) et (B). On voit même par là que *l'on peut, en général, trouver un centre d'inversion tel, que trois cercles donnés se transforment en trois cercles égaux.*

398. Les exemples que nous venons de traiter se rapportent à des propriétés descriptives ou à des propriétés métriques angulaires. La méthode se prête également à la transformation des propriétés métriques de segments. On emploie à cet effet la formule du n° 386, dans laquelle on peut d'ailleurs faire $\mu = 1$. Il suffit, d'après cela, pour transformer une relation entre diverses distances AB, BC,..., de la figure primitive, de remplacer chaque distance telle que AB par $\frac{AB}{SA.SB}$, S étant le point pris pour origine. Voici un exemple :

Étant donnée sur une droite une série de points se succédant dans l'ordre A, B, C,..., H, K, on a évidemment

$$AK = AB + BC + \ldots + HK.$$

La figure inverse offre une série de points se succédant dans l'ordre S, A, B, C, ..., H, K, sur un cercle passant par l'origine S, et l'on a entre les distances de ces points la relation

$$\frac{AK}{SA.SK} = \frac{AB}{SA.SB} + \frac{BC}{SB.SC} + \ldots + \frac{HK}{SH.SK}.$$

Si les points ne sont qu'au nombre de trois, A, B, C, on a

$$\frac{AC}{SA.SC} = \frac{AB}{SA.SB} + \frac{BC}{SB.SC} \quad \text{ou} \quad AC.SB = AB.SC + BC.SA,$$

et l'on retombe sur le théorème de Ptolémée (240) relatif au produit des diagonales du quadrilatère inscrit.

La méthode de transformation par rayons vecteurs réciproques, proposée par M. Stubbs (*Philosophical Magazine*, 1843), appliquée ensuite par M. William Thomson sous le nom de *principe des images*, a été l'objet d'un Mémoire de M. Liouville, qui en a donné une théorie analytique complète (*Journal de Mathématiques*, 1re série, t. XII). Depuis lors, la méthode a reçu un très grand nombre d'applications ; nous en trouverons dans le paragraphe suivant des exemples variés, mais nous devons signaler ici l'une des plus élégantes, due à M. Casey, et qui concerne la recherche de la *condition pour que quatre cercles soient tangents à un cinquième*.

399. A et B étant deux cercles quelconques, convenons de désigner par (AB) la *longueur* de leur tangente commune. Ce sera, suivant les circonstances, la tangente extérieure ou la tangente intérieure ; mais, dans tous les cas, il faudra attribuer à cette locution le sens indiqué au n° 395. Ceci entendu, le théorème de M. Casey s'énonce de cette manière :

Lorsque quatre cercles A, B, C, D, *sont tangents à un cinquième cercle* E, *les longueurs de leurs tangentes communes satisfont à la relation*

$$(1) \qquad (AB)(CD) \pm (AC)(BD) \pm (AD)(BC) = 0.$$

Pour démontrer cette proposition, supposons, par exemple, que, des quatre cercles A, B, C, D, touchés par le cercle E, le premier A soit contenu dans E, et que les trois autres soient extérieurs à ce cercle. Convenons, en outre, de compléter la notation (AB), en affectant la parenthèse de l'indice 0 ou 1, suivant qu'on voudra désigner la tangente commune extérieure ou intérieure. Ainsi, $(AB)_0$ sera la tangente commune extérieure aux cercles A et B, et $(AB)_1$ sera la tangente commune intérieure.

Construisons la figure inverse du système, en prenant pour origine S un point quelconque du cercle E (*fig.* 246). Le cercle E deviendra une droite ε qui touchera les cercles α, β, γ, δ, inverses des cercles A, B, C, D, et qui laissera d'un côté le cercle α, et, de l'autre, les cercles β, γ, δ. Or, en désignant par α, β, γ, δ, les points de contact de la droite ε avec ces mêmes cercles, on a, entre les segments compris entre ces quatre points, la relation suivante, facile à vérifier :

$$\alpha\beta.\gamma\delta - \alpha\gamma.\beta\delta - \alpha\delta.\beta\gamma = 0.$$

En la divisant par le produit $\rho\rho'\rho''\rho'''$ des rayons des quatre cercles α, β, γ, δ, et en adoptant la notation indiquée précédemment, on en déduit

$$\frac{(\alpha\beta)_1}{\rho\rho'}\cdot\frac{(\gamma\delta)_0}{\rho''\rho'''} - \frac{(\alpha\gamma)_1}{\rho\rho''}\cdot\frac{(\beta\delta)_0}{\rho'\rho'''} + \frac{(\alpha\delta)_1}{\rho\rho'''}\cdot\frac{(\beta\gamma)_0}{\rho'\rho''} = 0.$$

Cette relation, en vertu du principe établi au n° 395, revient à

$$\frac{(AB)_1}{RR'}\cdot\frac{(CD)_0}{R''R'''} - \frac{(AC)_1}{RR''}\cdot\frac{(BD)_0}{R'R'''} + \frac{(AD)_1}{RR'''}\cdot\frac{(BC)_0}{R'R''} = 0,$$

R, R′, R″, R‴, étant les rayons des cercles A, B, C, D.

Fig. 246.

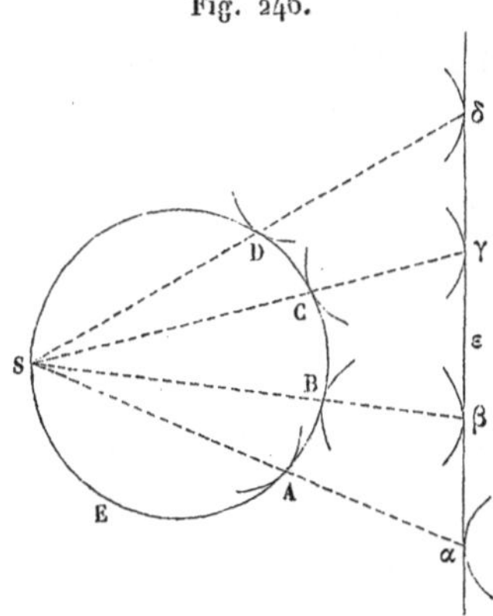

La suppression du facteur commun $RR'R''R'''$ donne finalement l'égalité

$$(AB)_1(CD)_0 - (AC)_1(BD)_0 + (AD)_1(BC)_0 = 0,$$

qui rentre bien dans le type (1).

VII. — Quelques problèmes remarquables.

PROBLÈME D'APOLLONIUS : CERCLE TANGENT A TROIS CERCLES DONNÉS.

400. Supposons le problème résolu, et soit (ω) un cercle tangent à trois cercles donnés (A), (B), (C), dont nous désignerons le centre radical par S (*fig.* 247).

Si l'on fait l'inversion de la figure en prenant pour centre d'inversion le point S et pour coefficient d'inversion la puissance de S par rapport à chacun des cercles (A), (B), (C), chacun de ces trois cercles se transformera en lui-même, et le cercle (ω'), inverse de (ω), sera un second cercle tangent à (A), (B), (C); les points de contact a', b', c', de (ω') avec (A), (B), (C), sont d'ailleurs situés sur les droites Sa, Sb, Sc, qui joignent le point S aux points de contact de (ω) avec (A), (B), (C).

Les puissances de S par rapport à (A) et (ω) étant les mêmes que celles de S par rapport à (B) et (ω), il résulte du n° 393 que les contacts en b et en b' sont semblables ou dissemblables, en même temps que les contacts en a et en a'; par suite, les couples de cercles (A) et (B), (ω) et (ω'), satisfont aux conditions du n° 380. S *est donc un centre de similitude de* (ω) *et* (ω'), *et le point de concours* C′ *de* ab *et de* $a'b'$ *est à la fois un centre de similitude de* (A) *et* (B) *et un point de l'axe radical de* (ω) *et* (ω'). De même, le point de concours B′ de ac et de $a'c'$ est un centre de similitude de (A) et (C) et un point de l'axe radical de (ω) et (ω'). Par suite, *l'axe radical de* (ω) *et* (ω') *est un axe de similitude* C′B′A′ *des trois cercles* (A), (B), (C).

Fig. 247.

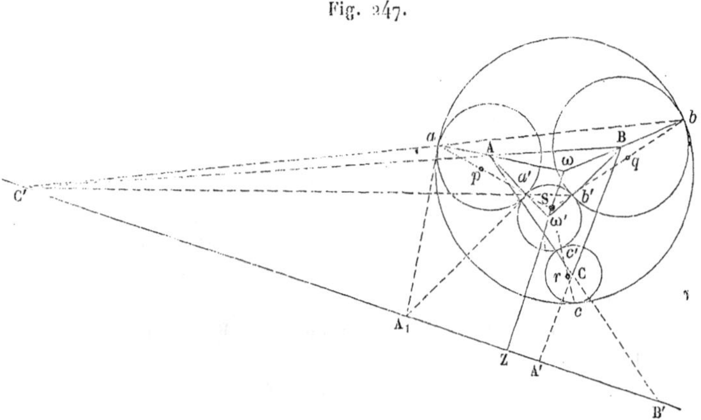

Il résulte de là que *les centres* ω *et* ω' *des deux cercles associés* (ω) *et* (ω') *sont situés sur la perpendiculaire abaissée de* S *sur* A′B′C′; car la droite $\omega\omega'$ doit passer par le centre de similitude S de (ω) et (ω') et être perpendiculaire à l'axe radical A′B′C′ de ces deux cercles.

Enfin, les points a et a' des cercles (ω) et (ω') étant anti-homologues, les tangentes en a et en a' doivent se couper sur l'axe radical

A′B′C′ de ces deux cercles (378); en d'autres termes, A′B′C′ doit contenir le pôle de aa' par rapport au cercle (A) et, inversement (343), *la corde* aa' *doit contenir le pôle* p *de* A′B′C′ *par rapport au cercle* (A).

On est ainsi conduit à cette conclusion :

S'il existe un cercle (ω) *tangent à trois cercles donnés* (A), (B), (C), *il en existera un second* (ω′); *ces deux cercles associés* (ω) *et* (ω′) *toucheront respectivement le cercle* (A) *aux points* a *et* a', *où ce cercle est rencontré par la droite* Sp *qui joint le centre radical* S *des cercles donnés au pôle* p *par rapport à* (A) *de l'un des axes de similitude des mêmes cercles; les centres* ω *et* ω′ *seront les points où les droites qui joignent le centre* A *aux points* a *et* a' *rencontrent la perpendiculaire* SZ *abaissée de* S *sur l'axe de similitude considéré.*

Comme il y a quatre axes de similitude (366) des trois cercles (A), (B), (C), on voit que *le nombre des couples de cercles tangents à trois cercles donnés est au plus égal à quatre.*

Pour qu'un tel couple existe, il faut évidemment, d'après ce qui précède, que la droite Sp qui répond à l'axe de similitude considéré coupe le cercle (A). Cette condition est d'ailleurs suffisante. En d'autres termes : *Si la droite* Sp *coupe* (A) *en deux points* a *et* a' *et si* ω *et* ω′ *sont les points où* Aa *et* Aa' *rencontrent* SZ, *les cercles* (ω) *et* (ω′) *décrits, l'un du point* ω *comme centre avec* ωa *pour rayon, l'autre du point* ω′ *comme centre avec* ω′a' *pour rayon, toucheront l'un et l'autre les trois cercles donnés* (A), (B), (C).

En effet :

D'abord, le cercle (ω) touche (A) au point a, puisque ce point est commun aux deux cercles (ω) et (A) et se trouve situé sur la ligne des centres ωA. De même, le cercle (ω′) touche (A) au point a'. Il reste à prouver que (ω) et (ω′) touchent l'un et l'autre (B) et (C).

Or, désignons (*fig.* 247₁) par b et b' les points de (B) qui sont antihomologues de a et a' par rapport au centre de similitude C′. Il existe (379) un cercle (λ) touchant (A) et (B) en a et en b, ainsi qu'un cercle (λ′) touchant (A) et (B) en a' et en b'; le centre λ du premier cercle est à la rencontre de Aa et de Bb, et le centre λ′ du second est à la rencontre de Aa' et de Bb'. Si C′ est un centre de similitude directe de (A) et (B), les contacts en a et b seront semblables, ainsi que les contacts en a' et b'; si, au contraire, C′ est un centre de similitude inverse, les contacts en a et b seront dissemblables, ainsi que les contacts en a' et b' (366). Les contacts en a' et b' sont donc semblables ou dissemblables, en même temps que les contacts en a et b. Par suite, les cercles (λ) et (λ′) et les cercles (A) et (B) satisfont aux conditions du n° 380, et l'on peut énoncer les conclusions suivantes : 1° l'intersection de aa' et de bb' appartient à l'axe radical de (A) et (B) et, comme aa' coupe cet axe radical en S, la droite bb' passe par S;

2° le point S est un centre de similitude de (λ) et (λ') et, par suite, les trois points λ, λ' et S sont en ligne droite; 3° le point C′ appartient à l'axe radical de (λ) et (λ') et, comme le pôle A_1 de aa' par rapport à (A) est sur cet axe radical et que, d'autre part, ce pôle doit appartenir à la polaire A′B′C′ du point p situé sur aa', on voit que A′B′C′ contient deux points de l'axe radical de (λ) et (λ') et se confond avec cet axe : il en résulte que la ligne des centres $\lambda\lambda'$ est perpendiculaire à A′B′C′. Les points λ et λ' étant sur SZ, aux intersections de cette droite avec Aa et Aa', coïncident avec les centres ω et ω', de sorte que les cercles (ω) et (ω'), coïncidant eux-mêmes avec les cercles (λ) et (λ'), touchent le cercle (B). Un raisonnement analogue prouverait que (ω) et (ω') touchent aussi (C).

Fig. 247₁.

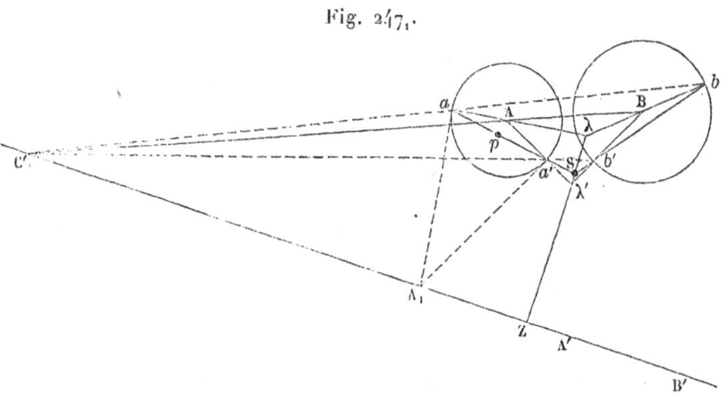

Remarquons, en terminant, que, dans la règle énoncée ci-dessus, on peut substituer le cercle (B) ou le cercle (C) au cercle (A). Par conséquent, si l'on désigne (*fig.* 247) par p, q, r, les pôles par rapport à (A), (B), (C), d'un même axe de similitude, les droites Sp, Sq, Sr, couperont respectivement les cercles (A), (B), (C), dès que l'une de ces droites coupera le cercle correspondant.

Cette belle solution appartient à Gergonne. Nous en avons toutefois modifié l'exposition, de manière à ne laisser subsister aucune ambiguïté sur la façon d'associer les points de contact, ni aucune hypothèse arbitraire sur l'existence des cercles tangents, existence que Gergonne admet *a priori*.

401. Pour pouvoir appliquer la solution qui précède aux cas particuliers que l'énoncé du problème comporte, il faut savoir ce que deviennent les éléments que nous avons appelés *pôle, polaire, axe radical, centre de similitude,* lorsque, dans une figure qui renferme des cercles, un ou plusieurs de ces cercles se réduisent à des points ou à des droites parce que leurs rayons deviennent nuls ou infinis. La connaissance de ces résultats, que nous allons exposer très rapidement, est d'ailleurs indispensable pour la discussion d'un grand nombre de problèmes.

1° *La polaire* L *d'un point* P *par rapport à un point* O (cercle de rayon nul) *est la perpendiculaire à* OP *menée par* O.

2° *Le pôle* P *d'une droite* L *par rapport à un point* O *est le point* O *lui-même.*

Ces deux principes résultent de ce que le produit des distances du point O au pôle P et à la polaire L doit être nul (341).

3° *La polaire d'un point* P *par rapport à une droite* ω (cercle de rayon infini) *est la parallèle à* ω *menée par le symétrique du point* P *par rapport à la droite* ω.

Car le cercle dégénère en réalité en deux droites parallèles qui sont la droite ω et une droite rejetée à l'infini. Or, si l'on mène par P une sécante quelconque qui rencontre en o et en l les droites ω et L, le système P, o, l, ∞, sera harmonique, ce qui exige que o soit le milieu de lP; donc, la polaire L est le lieu des points obtenus en prolongeant les sécantes menées de P à ω de longueurs égales à elles-mêmes.

4° *Le pôle* P *d'une droite* L *par rapport à une droite* ω *est le point à l'infini sur* ω.

Car les polaires de tous les points de L sont (3°) parallèles à ω; leur point de concours, c'est-à-dire le pôle de L, est donc à l'infini sur ω.

5° *Les centres de similitude* O *et* O' *d'un cercle* C *et d'un point* C' *se confondent avec le point* C'.

Cela résulte des formules du n° 260, dans lesquelles on fait $R' = 0$; on trouve ainsi

$$CO = CO' = CC'.$$

6° *Les centres de similitude* O *et* O' *de deux points* C *et* C' *n'ont des positions déterminées qu'autant que l'on donne la loi suivant laquelle les rayons* R *et* R' *des deux cercles correspondants tendent vers zéro.* Par exemple, si, lorsque R et R' tendent vers zéro, le rapport de R' à R reste égal à un nombre donné m, les formules du n° 260 donnent

$$CO = \frac{CC'}{1-m} \quad \text{et} \quad CO' = \frac{CC'}{1+m}.$$

7° *Les centres de similitude d'un cercle et d'une droite sont les extrémités du diamètre perpendiculaire à la droite.*

En effet, supposons, dans la *fig.* 182, que le point d'intersection de gauche E' de la circonférence C' avec CC' reste fixe, et que le centre C' de cette circonférence s'éloigne indéfiniment dans la direction CC', de manière que cette circonférence devienne la perpendiculaire élevée à CE' par E'. Les formules

$$CO = \frac{CE' + R'}{R - R'} R \quad \text{et} \quad CO' = \frac{CE' + R'}{R + R'} R$$

donneront, pour $R' = \infty$,

$$CO = -R \quad \text{et} \quad CO' = R.$$

Le centre de similitude externe devient donc l'extrémité de gauche du diamètre du cercle C perpendiculaire à la droite donnée, et le centre de similitude interne devient l'extrémité de droite de ce diamètre.

8° *Les centres de similitude d'un point et d'une droite se confondent avec ce point.*

Car, si dans les formules ci-dessus on fait $R = 0$ en même temps que $R' = \infty$, on trouve

$$CO = 0 \quad \text{et} \quad CO' = 0.$$

9° *Les centres de similitude de deux droites* D *et* D' *sont les points à l'infini situés sur les bissectrices de l'angle des deux droites et de son supplément.*

Ce fait résulte de cette propriété évidente et caractéristique des centres de similitude de deux cercles : *Toute droite menée par un centre de similitude coupe les deux cercles sous le même angle.*

10° *L'axe radical d'un cercle et d'un point est équidistant de ce point et de sa polaire par rapport au cercle.*

Ce fait résulte du n° 375 et des remarques précédentes (1° et 5°).

11° *L'axe radical de deux points est la perpendiculaire élevée sur le milieu de la droite qui les joint.*

12° *L'axe radical d'un cercle et d'une droite est la droite elle-même.*

C'est une conséquence immédiate du n° 383 et des remarques précédentes (3° et 7°).

13° *L'axe radical d'un point et d'une droite est la droite elle-même.*

14° *L'axe radical de deux droites est indéterminé.*

Le problème du cercle tangent à trois cercles donnés comprend *dix cas,* y compris le cas général. En représentant un cercle par C, une droite par D, un point par P, on peut indiquer ces dix problèmes par les symboles PPP, PPD, PPC, PDD, PDC, PCC, DDD, DDC, DCC, CCC.

Les quatre cas PPP, PPD, PDD, DDD, où il ne figure aucun cercle parmi les données, échappent à la méthode; mais leur solution directe n'offre aucune difficulté, comme nous l'avons vu aux nos 154, 160, 262 et 263. Tous les autres cas se déduisent sans peine de la solution générale, à l'aide des résultats indiqués dans le numéro précédent. Nous nous bornerons aux indications suivantes.

DCC. — Il y a 6 centres de similitude, par suite, 4 axes de similitude et 8 solutions.

DDC. — Il y a encore 4 axes de similitude et 8 solutions.

PCC. — Il n'y a que 2 axes de similitude et, par suite, 4 solutions.

PDC. — Il n'y a que 2 axes de similitude et 4 solutions.

PPC. — Il n'y a que 1 axe de similitude et, par suite, 2 solutions.

402. Il importe de signaler encore, à propos du problème d'Apollonius, quelques relations remarquables qui résultent immédiatement du théorème de M. Casey (399).

1° En supposant que le cercle D se réduise à son point de contact, et en désignant par l, l', l'', les longueurs des tangentes menées de ce point aux trois cercles A, B, C, on voit que, *si un cercle* E *touche trois cercles donnés,* A, B, C, *les tangentes menées d'un point quelconque de ce cercle aux trois cercles donnés satisfont à la relation*

$$l''(AB) \pm l'(AC) \pm l(BC) = 0.$$

2° Enfin, si l'on se reporte à la figure formée par un triangle quelconque, le cercle inscrit D et les trois cercles exinscrits A, B, C, et si l'on applique le théorème de M. Casey à ces quatre cercles considérés successivement comme tangents aux trois côtés du triangle, on obtient les trois relations

$$\begin{aligned} -(AB)_1(CD)_0+(AC)_1(BD)_0-(AD)_1(BC)_0&=0,\\ (AB)_1(CD)_0+(AC)_0(BD)_1-(AD)_0(BC)_1&=0,\\ -(AB)_0(CD)_1-(AC)_1(BD)_0+(AD)_0(BC)_1&=0,\end{aligned}$$

qui, ajoutées membre à membre, donnent

$$(AB)_0(CD)_1-(AC)_0(BD)_1+(AD)_1(BC)_0=0.$$

Le cercle inscrit et les trois cercles exinscrits à un triangle quelconque sont donc tangents à un cinquième cercle, qui laisse le cercle inscrit d'un côté et les trois cercles exinscrits de l'autre côté.

[Ce théorème est dû à Feuerbach : nous le retrouverons plus loin (404).]

Le même procédé conduit d'ailleurs à ce théorème plus général dû à M. Hart :

Les cercles tangents à trois cercles donnés sont, quatre à quatre, tangents à un cinquième cercle.

CERCLE COUPANT TROIS CERCLES DONNÉS SOUS DES ANGLES DONNÉS.

403. Nous traiterons d'abord quelques cas particuliers qui sont d'ailleurs intéressants par eux-mêmes, et dont nous emprunterons la solution à M. G. Tarry.

(a) *Décrire une circonférence* (X) *coupant respectivement deux droites* RA *et* RB *sous des angles* α *et* β, *et passant par un point* A *pris sur la droite* RA (*fig.* 247_2).

Supposons le problème résolu, et soit B l'un des points d'intersection de la circonférence (X) avec la droite RB. Par hypothèse, la tangente en A à la circonférence (X) fait avec la droite RA un angle égal

Fig. 247_2.

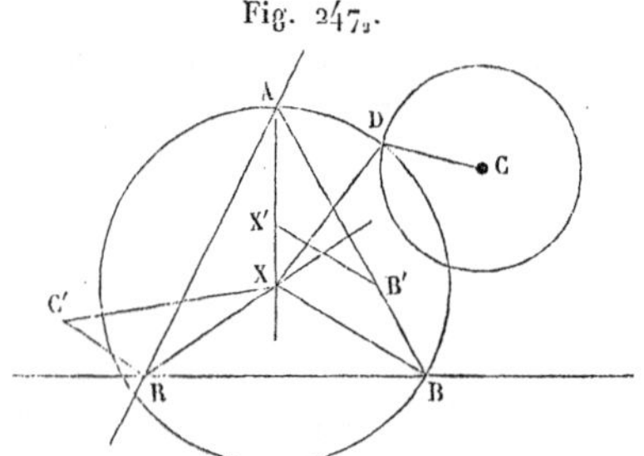

à α ou à son supplément; par suite, le rayon AX fait avec RA un angle égal à $\frac{\pi}{2} - \alpha$ ou à son supplément. De même XB fait avec RB un angle égal à $\frac{\pi}{2} - \beta$ ou à son supplément. Les rayons XA et XB étant égaux, le point B s'obtiendra par le tracé suivant : par un point quelconque X' de la droite AX, qui fait avec RA un angle égal à $\frac{\pi}{2} - \alpha$ ou à son supplément, menez la droite qui fait avec RB un angle égal à $\frac{\pi}{2} - \beta$ ou à son supplément; prenez sur cette droite une longueur X'B' égale à X'A; la droite AB' coupe RB au point cherché. Le problème a quatre solutions.

(b) *Décrire une circonférence* (X) *qui coupe respectivement deux droites données* RA *et* RB *et une circonférence donnée* (C) *sous trois angles donnés* α, β, γ (*fig.* 247_2).

Cherchons le centre X. Soit D l'un des points d'intersection des circonférences (X) et (C). Par hypothèse, l'angle XDC est égal à γ ou à son supplément, et les angles XAR, XBR, sont égaux à $\frac{\pi}{2} - \alpha$, $\frac{\pi}{2} - \beta$, ou à leurs suppléments. Or, les circonférences qui coupent RA et RB sous les angles $\frac{\pi}{2} - \alpha$, $\frac{\pi}{2} - \beta$, sont homothétiques et ont pour centre d'homothétie le point R. On connaîtra donc la position de la droite RX et la valeur du rapport $\frac{XR}{XA} = \frac{XR}{XD}$.

Sur le côté XR, considéré comme homologue de XD, construisons le triangle XRC′, directement ou inversement semblable au triangle XDC. On connaît l'angle XRC′ et la longueur RC′ déterminée par la proportion $\frac{RC'}{DC} = \frac{XR}{XD}$. On peut donc trouver le point C′. D'ailleurs, la similitude des triangles XRC′, XDC, donne la relation $\frac{XC'}{XC} = \frac{XR}{XD}$. Par conséquent, le point X, situé sur la droite connue RX, appartient aussi à la circonférence, lieu des points dont les distances à C′ et à C sont dans le rapport de XR à XD. Le problème comporte huit solutions.

(*c*) *Connaissant deux circonférences* (A) *et* (B) *et un point* D *pris sur* (A), *construire une circonférence* (X) *qui passe par* D *et qui coupe* (A) *et* (B) *sous des angles donnés* α *et* β (*fig.* 247₃).

Supposons le problème résolu, et soit E l'un des points communs aux cercles (X) et (B). Par hypothèse, les angles XDA, XEB, sont égaux aux angles α et β ou à leurs suppléments. Sur le côté XD, égal

Fig. 247₃.

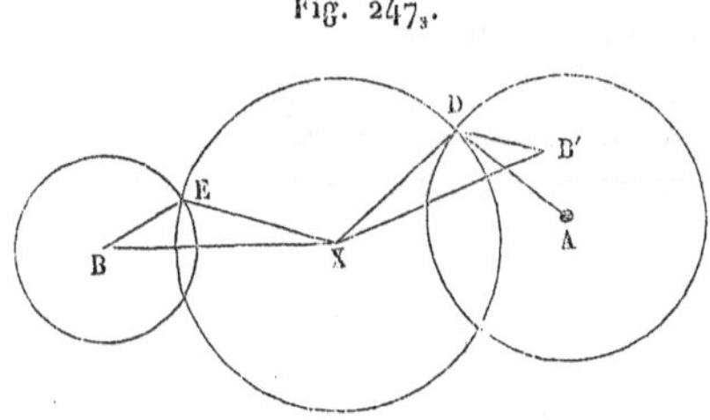

à XE, construisons le triangle XDB′ symétriquement ou directement égal au triangle XEB. On connaît les angles ADX, XDB′, et, par suite, la position de la droite DB′ et celle du point B′. Le centre X est donc déterminé, puisqu'il est situé sur la droite connue DX et équidistant des points B et B′. Il y a quatre solutions.

(*d*) *Décrire une circonférence* (X) *qui coupe respectivement deux circonférences concentriques* (A) *et* (B) *et une circonférence quelconque* (C) *sous des angles donnés* α, β, γ.

Décrivons une circonférence qui coupe respectivement (A) et (B) sous les angles α et β. L'une des circonférences cherchées sera égale à cette circonférence et coupera (C) sous l'angle γ. Or, le lieu des centres des circonférences égales qui coupent sous un même angle un cercle donné se compose de deux circonférences concentriques. Les centres des cercles cherchés se trouvent donc à la rencontre de circonférences que l'on sait construire. Le problème comporte huit solutions.

(e) Nous pouvons maintenant passer au problème général :

Décrire une circonférence (X) *qui coupe respectivement trois cercles donnés* (A), (B), (C), *sous des angles donnés* α, β, γ.

Si deux des cercles donnés, (A) et (B), se coupent, on formera la figure inverse en prenant pour centre d'inversion l'un des points d'intersection O et pour coefficient d'inversion la puissance de ce point par rapport au cercle (C). Ce cercle ne changera pas, les cercles (A) et (B) se transformeront en deux droites et, comme l'inversion n'altère pas les angles, on sera ramené au problème (b).

Si les circonférences (A), (B), (C), considérées deux à deux, n'ont aucun point commun, on pourra (392) former la figure inverse de façon que deux des cercles donnés se transforment en deux circonférences concentriques, et le problème sera ainsi ramené au problème (d).

CERCLE DES NEUF POINTS.

404. ABC étant un triangle quelconque, désignons par (M) le cercle qui a pour rayon la moitié du rayon du cercle circonscrit et pour centre le milieu M de la droite qui joint le centre O du cercle circonscrit au point de concours H des hauteurs (*fig.* 247_4).

Le cercle (M) *passe par les milieux* a, b, c, *des côtés, par les pieds* α, β, γ, *des hauteurs, et par les milieux* p, q, r *des distances du point de concours* H *des hauteurs aux trois sommets* A, B, C.

En effet :

1° La droite Mp, joignant les milieux M et p des côtés HO et HA du triangle OHA, est parallèle à la base OA et égale à la moitié de cette base, c'est-à-dire à la moitié du rayon du cercle circonscrit. Le cercle (M) passe donc par p, et l'on verrait de même qu'il passe par q et r.

2° On a vu (117) que les hauteurs du triangle ABC étaient les perpendiculaires élevées sur les milieux des côtés d'un second triangle A'B'C', obtenu en menant par chaque sommet du premier la parallèle au côté opposé. Les triangles A'B'C' et ABC étant semblables et ayant 2 pour rapport de similitude, la droite AH considérée comme liée au triangle A'B'C' est double de la droite Oa qui est son homologue par rapport au triangle

ABC. Les droites Oa et Ap sont donc égales et, comme elles sont parallèles, pa est égale et parallèle à OA. Par suite, pa n'est donc autre

Fig. 247₄.

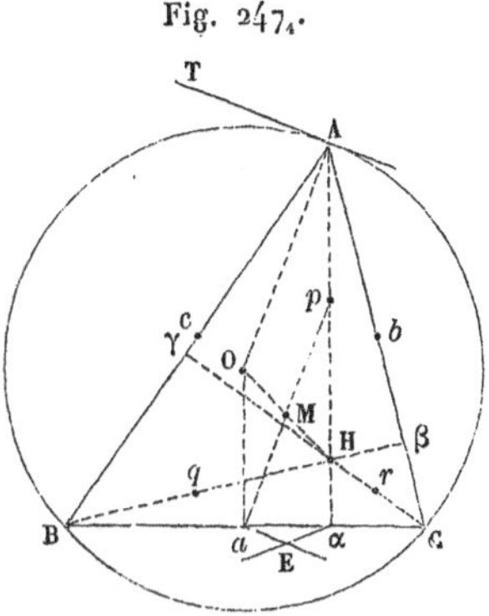

chose que pM prolongée d'une quantité Ma égale à pM, et le cercle (M) passe par a. On verrait de même qu'il passe par b et c.

3° Enfin, puisque pa est un diamètre du cercle (M) et que l'angle $p\alpha a$ est droit, le cercle (M) passe par α. On verrait de même qu'il passe par β et γ.

Cette propriété, qui a fait donner au cercle (M) le nom de *cercle des neuf points*, est due à Euler.

On peut aisément trouver les *tangentes aux neuf points*.

La tangente aE au point a est perpendiculaire au rayon Ma ou à sa parallèle OA : elle est donc parallèle à la tangente AT au cercle circonscrit; mais cette tangente est antiparallèle à BC par rapport à l'angle BAC, puisque les angles TAB, ACB, ont la même mesure. Par conséquent, *la tangente aE au cercle des neuf points au point a est antiparallèle à* BC *par rapport à l'angle* BAC.

Au point p, la tangente est parallèle à aE et, au point α, la tangente fait avec la direction CB un angle EαB égal à l'angle EaC que la tangente en a forme avec la direction BC. On connaît ainsi les droites qui touchent le cercle (M) aux neuf points a, b, c, p, q, r, α, β, γ.

Parmi les nombreuses propriétés dont jouit le cercle (M), il importe de remarquer la suivante, due à Feuerbach :

Le cercle des neuf points est tangent au cercle inscrit et à chacun des cercles exinscrits au triangle ABC (*fig.* 247₅).

En effet, soient I le centre du cercle inscrit et I' le centre de l'un des cercles exinscrits, par exemple de celui qui est compris dans l'angle CAB.

Le côté BC est une tangente commune intérieure aux deux cercles I et I', et son milieu a est aussi le milieu de l'intervalle FF' compris entre

Fig. 247.

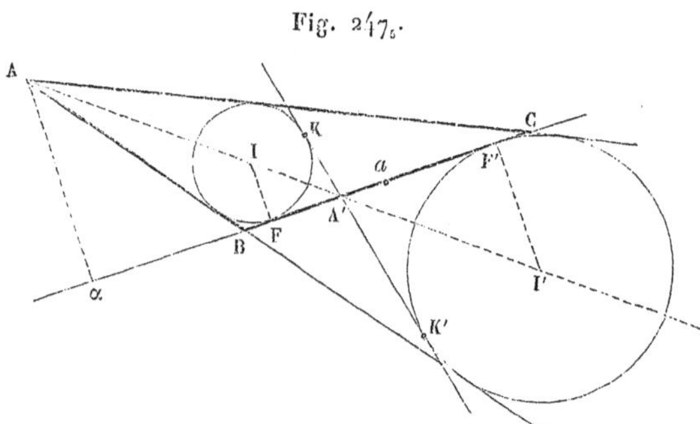

ses deux points de contact; car, en désignant par a, b, c, les côtés du triangle ABC et par p son demi-périmètre, on a (161)

$$\mathrm{BF} = p - b, \qquad \mathrm{BF'} = p - c$$

et, par suite,

$$\frac{1}{2}(\mathrm{BF} + \mathrm{BF'}) = \frac{1}{2}(2p - b - c) = \frac{a}{2} = \mathrm{B}a.$$

La seconde tangente commune intérieure KK' passe par le point A' où la première rencontre la bissectrice AII' de l'angle BAC; elle est d'ailleurs symétrique de BC par rapport à cette bissectrice, c'est-à-dire antiparallèle à BC par rapport à l'angle BAC.

Remarquons enfin que les quatre points I, I', A, A', étant harmoniques, leurs projections sur BC forment aussi un système harmonique FF'αA', de sorte qu'on a

$$(1) \qquad \overline{a\mathrm{F}}^2 = \overline{a\mathrm{F'}}^2 = a\alpha . a\mathrm{A'}.$$

Ceci posé, formons la figure inverse des cercles I, I', et du cercle des neuf points, en prenant pour origine le point a et pour constante d'inversion la quantité $\overline{a\mathrm{F}}^2$. Cette quantité étant égale à la puissance du point a par rapport à l'un ou l'autre des cercles I et I', chacun de ces cercles coïncidera avec son inverse. Quant au cercle des neuf points, puisqu'il passe par l'origine a, il aura pour inverse une droite. Cette droite passera par A', puisqu'en vertu de l'égalité (1) le point A' est l'inverse de α; elle devra en outre faire avec la direction BC un angle égal à celui que la tangente en α au cercle des neuf points fait avec cette même direction. En d'autres termes, la droite inverse du cercle des neuf points sera la droite menée par A', antiparallèlement à BC par rapport à l'angle BAC, c'est-à-dire la seconde tangente commune intérieure KK' aux deux cercles I et I'. Dans la figure primitive, le cercle des neuf points touche donc les cercles I et I'; et l'on verrait de même que ce cercle touche les deux autres cercles exinscrits.

INVERSEURS DE PEAUCELLIER ET DE HART (*fig.* 247_6, 247_7).

405. Soit ABCD un losange articulé, c'est-à-dire formé de tiges rigides reliées à leurs extrémités de façon que leurs inclinaisons mutuelles puissent varier; soient de plus OB et OD deux autres tiges, égales entre elles et articulées en O, B, D. Tel est le système à *six* tiges de M. Peaucellier; on lui donne le nom d'*inverseur,* parce que, lorsque l'on déforme le système, *le point* O *restant fixe, les points* A *et* C *décrivent des lignes inverses,* O étant le centre d'inversion. En effet, pour toute position de l'appareil, puisque chacun des points O, A, C reste à égales distances des points B et D, les trois points O, A, C sont en ligne droite; d'ailleurs, si l'on imagine le cercle ayant B pour centre et BA pour rayon, puisque la distance OB et le rayon BA restent constants, la puissance $\overline{OB}^2 - \overline{BA}^2$ du point fixe O par rapport à ce cercle mobile reste aussi constante; mais cette puissance s'exprime aussi par le produit OA.OC; donc A et C décrivent des lignes inverses l'une de l'autre.

D'après cela, si l'on fait décrire au point C un cercle quelconque, le point A décrira aussi un cercle. Mais si le cercle que l'on fait décrire au point C passe par le point fixe O, le point A décrira une ligne droite. C'est la première solution rigoureuse qu'on ait donnée du problème de Watt, c'est-à-dire de la transformation d'un mouvement circulaire en un mouvement rectiligne. Depuis, M. Hart a résolu le même problème à

Fig. 247_6. Fig. 247_7.

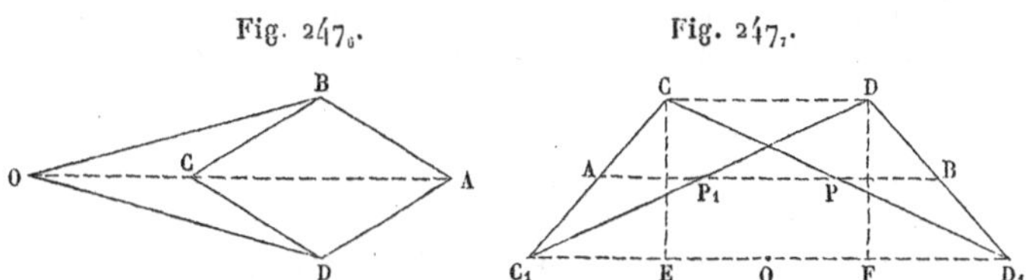

l'aide de *quatre* tiges seulement; ces tiges forment les côtés égaux CC_1, DD_1, et les diagonales CD_1 et C_1D d'un trapèze isocèle articulé. Soient A, P_1, P trois points divisant respectivement les tiges CC_1, C_1D et CD_1 dans un même rapport; si le système se déforme, A restant fixe, les points P et P_1 décrivent des lignes inverses, A étant le centre d'inversion. En effet, il est clair que, dans toute position du système, les couples CD et C_1D_1, AP_1 et CD, AP et C_1D_1 conservent leur parallélisme, en sorte que A, P_1 et P restent en ligne droite. On a d'ailleurs

$$\frac{AP}{C_1D_1} = \frac{CA}{CC_1}, \qquad \frac{AP_1}{CD} = \frac{C_1A}{CC_1},$$

d'où

$$AP.AP_1 = \frac{CA.C_1A}{\overline{CC_1}^2}.CD.C_1D_1;$$

il suffit dès lors de prouver que le produit $CD.C_1D_1$ est constant. Or, si l'on désigne par O le milieu de C_1D_1 et par E la projection de C sur C_1D_1, on voit que le produit en question est égal à $4OD_1.OE$ ou à $\overline{CD_1}^2 - \overline{CC_1}^2$, qui est une quantité constante.

PROBLÈME DE CASTILLON.

406. *Inscrire dans un cercle donné un polygone dont chaque côté passe par un point donné.*

La solution suivante, que nous empruntons à M. Petersen, offre un exemple très remarquable de la méthode par inversion. Le lecteur la saisira sans peine s'il veut bien faire la figure avec la règle et le compas. Nous avertissons d'ailleurs, une fois pour toutes, que, lorsque nous parlons de l'inversion d'une partie de la figure autour d'un point, il faut entendre que l'on construit la figure inverse de la partie considérée en prenant pour *origine* le point indiqué et pour *puissance* d'inversion la puissance de ce point par rapport au cercle donné.

Il convient de distinguer deux cas suivant que le nombre des côtés est pair ou impair. Nous nous bornerons aux cas du quadrilatère et du triangle, la généralisation n'offrant après cela aucune difficulté.

Cas du quadrilatère. — Soient a, b, c, d les points par lesquels doivent passer respectivement les côtés AB, BC, CD, DA. Remarquons d'abord que le point A, après quatre inversions successives autour de a, b, c, d, revient en A; en d'autres termes, si l'on prend successivement l'inverse A_a de A par rapport à a, l'inverse A_{ab} de A_a par rapport à b, l'inverse A_{abc} de A_{ab} par rapport à c, et enfin l'inverse A_{abcd} de A_{abc} par rapport à d, le point A_{abcd} coïncidera avec A. Désignons par P le point obtenu par l'inversion de d successivement autour de c, b, a, en sorte que l'inversion de P autour de a, b, c reproduira d. Cela posé, si l'on faisait successivement l'inversion de la droite PA autour de a, b, c, d, on trouverait d'abord un cercle passant par a, B, P_a, puis un cercle passant par a_b, C, P_{abc}, ensuite un cercle passant par a_{bc}, D, P_{abc} ou a_{bc}, D, d, et enfin une droite passant par A et par le point a_{bcd} que nous désignerons par Q et que l'on obtient en faisant l'inversion de a autour de b, c, d. Mais les droites QA et PA qui résultent ainsi l'une de l'autre par quatre inversions doivent (387) faire avec le cercle donné des angles égaux et de même sens, puisque, d'après la manière dont on a choisi les puissances, le cercle se transforme chaque fois en lui-même; donc PA et QA forment une même droite, et l'on obtient le point A par l'intersection du cercle et de la droite qui joint les points connus P et Q.

Cas du triangle. — Soient a, b, c, les points par lesquels doivent passer respectivement les côtés du triangle demandé ABC.

En opérant comme ci-dessus, mais faisant bien entendu trois inversions au lieu de quatre, on trouve encore deux segments rectilignes PA et QA; seulement ils ne forment plus une même droite, car les angles qu'ils font avec le cercle donné sont égaux, mais non de même sens. Soit R le point qu'on obtient en faisant l'inversion autour de a, b, c, de l'un des points où Pa coupe le cercle; par cette opération, aP et AP deviennent les droites RQ et AQ, et les angles aPA, RQA sont égaux et de même sens, en sorte que, si l'on appelle S l'intersection de aP et de QR, le quadrilatère APSQ est inscriptible; le cercle circonscrit au triangle connu PSQ détermine donc le point A par son intersection avec le cercle donné.

PROBLÈME DE MALFATTI.

407. *Étant donné un triangle* ABC, *décrire trois cercles* (a), (b), (c), *inscrits respectivement dans les angles* A, B, C, *et tels que chacun d'eux touche les deux autres.*

Trois cercles (a), (b), (c), considérés deux à deux, donnent lieu à trois couples ayant chacun quatre tangentes communes. Nous dirons que deux tangentes communes sont *associées,* lorsqu'elles seront relatives à un même couple de cercles et qu'elles seront en outre de même espèce, c'est-à-dire toutes deux extérieures ou toutes deux intérieures.

Cela posé, nous établirons d'abord, pour plus de clarté, deux lemmes préliminaires.

1° *Si deux tangentes extérieures* $d\alpha$, $d\gamma$, *relatives à deux couples différents* (b) *et* (c), (b) *et* (a), *et une tangente commune intérieure* dh, *relative au troisième couple* (a) *et* (c), *concourent en un même point* d, *les tangentes* αq, γq, pq, *qui leur sont respectivement associées, concourent aussi en un même point* q (*fig.* 248).

En effet, par le point q, intersection de αq et de γq, imaginons qu'on mène la seconde tangente qp au cercle (c); il suffit de montrer que cette droite qp touche le cercle (a). Or, les quadrilatères $d\alpha q\gamma$, $dhq\alpha$, étant circonscrits, le premier au cercle (b), le second au cercle (c), on a

$$d\alpha + d\gamma = q\gamma + q\alpha, \quad d\alpha + qh = dh + q\alpha,$$

d'où, par soustraction,

$$d\gamma + dh = q\gamma + qh.$$

Le quadrilatère $d\gamma qh$ est donc circonscriptible à un cercle; et, comme trois de ses côtés touchent déjà le cercle (a), le quatrième côté qh doit toucher ce même cercle.

Fig. 248.

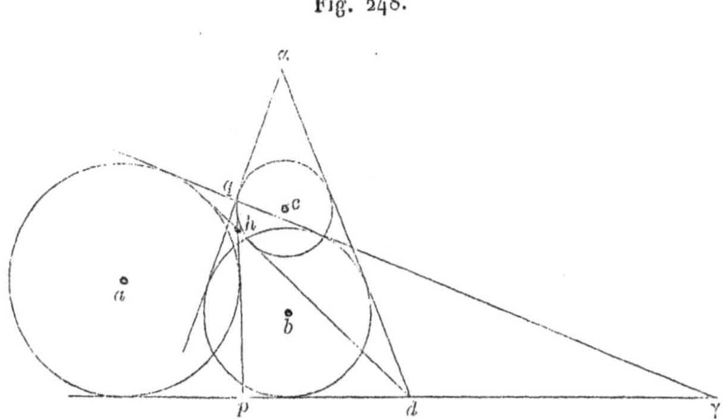

2° *Si deux cercles* (O) *et* (O′) *déterminent sur une sécante* AB′ *deux cordes égales* AB, A′B′, *ces cercles seront vus sous des angles égaux du point de concours* M *des tangentes* MA, MB′, *menées aux extrémités de la sécante* (*fig.* 248_1).

En effet, soient F, P, F′, les projections des points O, M, O′, sur la sécante AB′. Les triangles AMP, AOF, étant semblables, ainsi que les triangles MPB′ et B′O′F′, on a

$$\frac{AM}{MP} = \frac{AO}{AF}, \quad \frac{MP}{B'M} = \frac{B'F'}{B'O'},$$

d'où, par multiplication,

$$\frac{AM}{B'M} = \frac{AO}{B'O'}.$$

Les triangles rectangles AOM, B′O′M, sont donc semblables et, par conséquent, les angles AMO, B′MO′, sont égaux; ce qui démontre l'énoncé, puisque ces angles sont les moitiés de ceux sous lesquels on voit du point M les deux cercles.

Ajoutons que les tangentes AK et B′L sont égales, puisque la puissance de A par rapport au cercle (O′) est évidemment égale à la puissance de B′ par rapport au cercle (O). Inversement, si la transversale AB′ est telle que les tangentes AK et B′L soient égales, les cordes AB et A′B′ le seront elles-mêmes.

Fig. 248_1.

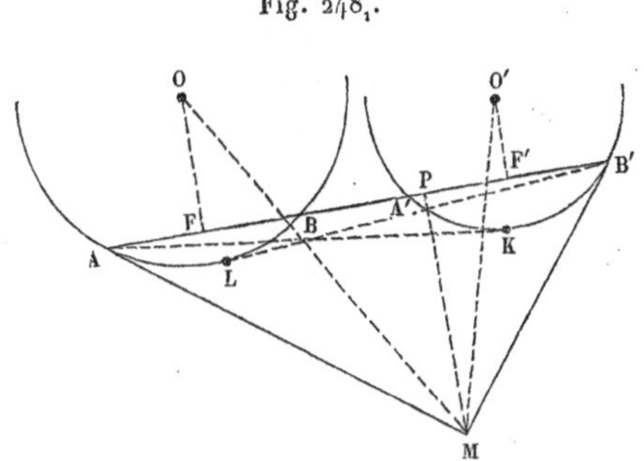

Arrivons maintenant au problème de Malfatti.

Soient D, E, F (*fig.* 248_2), les points de contact des trois cercles cherchés (*a*), (*b*), (*c*). Les tangentes en D, E, F, étant les axes radicaux de ces cercles pris deux à deux, concourent au centre radical L de ces trois cercles. Soient G et H les points où le côté BC du triangle ABC touche (*b*) et (*c*). On a évidemment

$$MQ - MR = GQ - RH = QE - RF = LQ - LR,$$

et la comparaison des membres extrêmes prouve que le point M est le point où le côté RQ touche le cercle inscrit dans le triangle RLQ (161). Nous désignerons ce dernier cercle par (a'), et nous représenterons par (b') et (c') les cercles analogues qui touchent respectivement les côtés AC et AB aux points N et P.

Si l'on considère alors le système des trois cercles (a'), (b'), (c'), les tangentes communes RN, SM, PQ, concourant au point L, il résulte du premier lemme que la seconde tangente commune intérieure à (a') et à (b') passe par le point de concours C des tangentes communes extérieures BC et AC.

Les relations

$$MD = MH = TF, \quad DU = NK = NF,$$

donnant, par addition, $MU = TN$, la remarque qui termine le second lemme prouve que les cercles (a') et (b') doivent intercepter sur MN deux cordes égales. Donc, en vertu de ce même lemme, la tangente commune intérieure aux deux cercles (a') et (b'), qui passe par le sommet C, est la bissectrice de l'angle C.

De là, on conclut le tracé suivant : I *étant le centre du cercle inscrit dans le triangle donné* ABC, *inscrivez un cercle dans chacun des triangles* IAB, IBC, ICA, *puis menez les secondes tangentes communes intérieures de ces trois cercles pris deux à deux; on obtient ainsi des triangles ayant chacun pour côtés une de ces tangentes et deux côtés du triangle* ABC : *les cercles inscrits dans ces nouveaux triangles sont les cercles cherchés.*

Fig. 248_2.

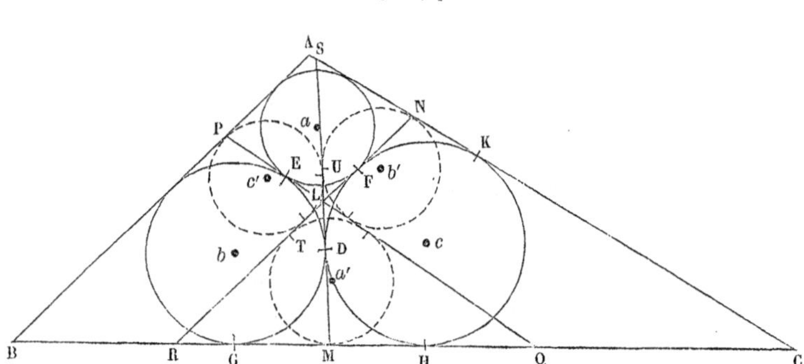

Cette règle a été donnée en 1826 par Steiner, mais sans démonstration proprement dite, l'éminent géomètre s'étant borné à indiquer les théorèmes sur les centres de similitude, les axes radicaux, ..., qui permettraient de parvenir au tracé indiqué.

Nous avons adopté ici la démonstration de M. Hart, développée par M. Desboves dans ses *Questions de Géométrie*.

VIII. — Transformation par semi-droites réciproques.

DÉFINITION DES SEMI-DROITES ET DES CYCLES.

408. Une droite étant donnée, on peut supposer qu'elle soit décrite dans un certain sens par un point mobile; une telle droite, déterminée ainsi par sa position et le sens dans lequel elle est décrite, est désignée sous le nom de *semi-droite;* ce sens est indiqué sur la figure par une flèche placée près de la droite.

Une même droite pouvant être décrite dans deux sens différents détermine deux semi-droites distinctes que l'on appelle *semi-droites opposées.*

Un cercle étant donné, on peut supposer également qu'il soit décrit dans un certain sens par un point mobile ; un tel cercle, déterminé ainsi par sa position et le sens dans lequel il est décrit, est désigné sous le nom de *cycle ;* ce sens est indiqué sur la figure par une flèche placée près de la circonférence du cycle.

Un même cercle pouvant être décrit dans deux sens différents détermine deux cycles distincts que l'on appelle *cycles opposés.*

En un point A d'un cycle, la tangente doit être considérée, le long de l'élément infiniment petit commun au cycle, comme décrite dans le même sens

Fig. 249.

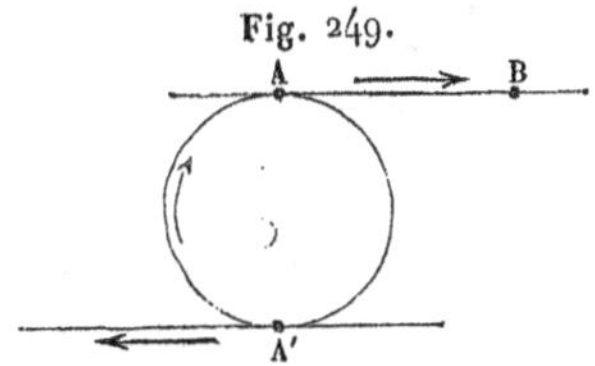

que le cycle ; la tangente au point A est donc une semi-droite bien déterminée

De là résultent les conséquences suivantes :

1° *On ne peut mener à un cycle donné qu'une tangente parallèle à une semi-droite donnée* (*fig.* 249).

Il est clair, en effet, qu'on peut mener au cercle déterminé par le cycle deux tangentes parallèles à la droite déterminée par la semi-droite donnée ; mais, si l'on désigne par A et par A' les points de contact, on voit que les tangentes au cycle en ces points ont des directions opposées ; une seule d'entre elles est donc parallèle à la semi-droite donnée.

2° *Deux cycles donnés ont deux tangentes communes et n'en ont que deux.*

Sur la *fig.* 249_1, on voit que les semi-droites AA' et B'B sont tangentes à la fois aux deux cycles K et K'. Les cercles déterminés par ces cycles ont quatre tangentes communes dont deux sont précisément AA' et BB' ; si l'on considère une quelconque des deux autres, par exemple CC', il est aisé de voir que, quel que soit le sens dans lequel on suppose décrite cette droite, elle ne peut toucher les deux cycles donnés, d'après la définition donnée du contact d'un cycle et d'une semi-droite.

Le point de rencontre P des deux tangentes communes est le *centre de similitude* des deux cycles.

Ce centre de similitude est unique (1).

---

(1) Une proposition démontrée précédemment peut, par suite de cette définition, s'énoncer de la façon suivante :

Étant donnés trois cycles, les trois centres de similitude de ces cycles pris deux à deux sont en ligne droite.

La distance AA', comprise sur l'une des tangentes communes entre les points de contact avec les cycles, est la *distance tangentielle des cycles;* elle n'est déterminée qu'en valeur absolue, mais non en signe.

Le rayon d'un cycle sera regardé comme positif si ce cycle est décrit dans le sens du mouvement des aiguilles d'une montre, comme négatif dans le cas contraire.

Par suite, en désignant par T la distance tangentielle des deux cycles

Fig. 249_1.

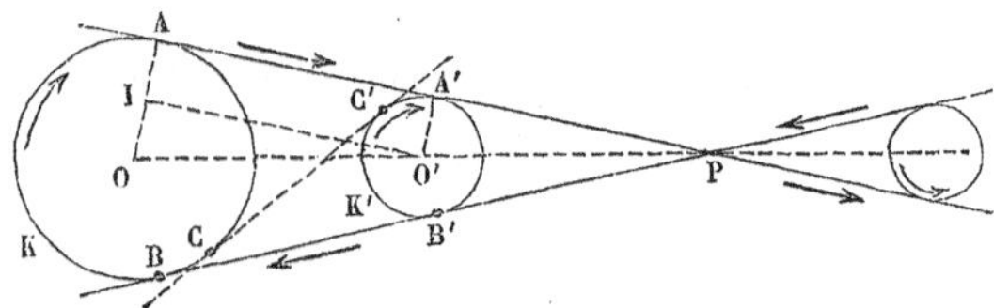

dont les centres sont O et O', la *fig.* 249_1 montre immédiatement qu'en désignant par D la distance des centres, on a la relation

$$T^2 = D^2 - (R - R')^2.$$

Cette formule détermine, dans tous les cas possibles, la distance tangentielle de deux cycles; en particulier, si nous considérons deux cycles opposés et si le rayon d'un de ces cycles est R, l'autre est — R; d'ailleurs, la distance de leurs centres est nulle; on a donc, dans ce cas,

$$T^2 = -4R^2.$$

Une semi-droite étant donnée, ainsi qu'un point P, le cycle qui a pour centre ce point et qui touche la semi-droite est bien déterminé; la distance du point P à la semi-droite est le rayon de ce cycle; elle est donc déterminée en grandeur et en signe.

Un point doit être considéré comme un cycle d'un rayon infiniment petit; toutes les semi-droites passant par ce point doivent être considérées comme tangentes à ce cycle.

Étant données deux semi-droites quelconques, on peut construire une infinité de cycles qui leur soient tangents; les centres de ces cycles sont situés sur une même droite que l'on appellera la bissectrice des semi-droites.

Si, le point P d'intersection des semi-droites restant fixe, l'angle que font ces semi-droites diminue indéfiniment en sorte qu'elles tendent toutes les deux à se confondre avec leur bissectrice, les rayons de tous les cycles inscrits diminuent indéfiniment et, à la limite, ces cycles se réduisent à des points, tandis que les deux semi-droites deviennent deux semi-droites opposées.

On voit ainsi que les cycles qui touchent deux semi-droites opposées sont les divers points de la droite qu'elles déterminent.

Il résulte aussi de ce qui précède qu'un cycle assujetti à toucher trois semi-droites données est entièrement déterminé. Son centre est le point de rencontre des trois bissectrices des semi-droites prises deux à deux.

MÉTHODE DE TRANSFORMATION.

409. Considérons une droite fixe Ω ; traçons dans le plan un cycle quelconque K ayant pour centre le point O et, sur la perpendiculaire abaissée du point O sur la droite Ω, prenons un point arbitraire P (*fig.* 249_2).

Cela posé, à chaque semi-droite NM du plan, on peut faire correspondre une autre semi-droite de la façon suivante. Menons au cycle R la tangente AB parallèle à NM, joignons le point de contact A au point P, et, au

Fig. 249_2.

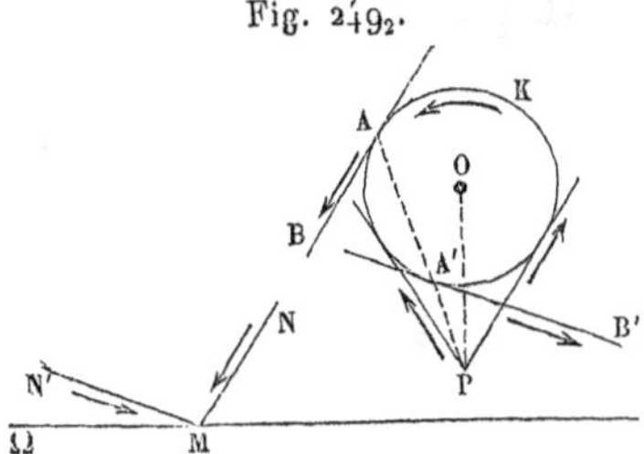

point A′ où la droite ainsi obtenue rencontre le cycle, menons la tangente A′B′ ; menons enfin, par le point M où la semi-droite donnée coupe la droite fixe Ω, une semi-droite N′M parallèle à A′B′.

N′M correspond ainsi à NM, et il est clair, en examinant les constructions effectuées, que NM correspond réciproquement à N′M ; on dit que ces deux semi-droites sont *réciproques*.

Il résulte évidemment de ce qui précède que :

1° *Deux semi-droites réciproques se coupent sur la droite Ω que l'on appelle l'axe de transformation ;*

2° *Des semi-droites parallèles ont pour réciproques des semi-droites parallèles.*

Si, du point P, on mène des tangentes au cycle K, on voit que les semi-droites parallèles à ces tangentes sont leurs réciproques à elles-mêmes. Il y a donc deux séries de semi-droites parallèles qui se transforment en elles-mêmes ; ces semi-droites font des angles égaux avec l'axe de transformation. Il est toutefois à remarquer que ces semi-droites ne sont réelles que si le point P est extérieur au cycle K.

Missing Pages

Missing Pages

2° *Leurs tangentes communes sont parallèles à deux directions fixes*, à savoir aux directions des semi-droites qui se transforment en elles-mêmes.

Désignons respectivement par R et R′ les rayons des deux cycles (ces quantités étant données en grandeur et en signe) et par D et D′ les distances de leurs centres à l'axe ([1]).

La première propriété donne la relation suivante :

$$D^2 - D'^2 = R^2 - R'^2,$$

et la deuxième, la relation

$$(1) \qquad D - D' = \alpha(R - R'),$$

où α désigne une constante caractérisant la transformation; d'où encore, en combinant ces deux relations,

$$(2) \qquad D + D' = \frac{1}{\alpha}(R + R').$$

On en déduit

$$D' = \frac{D(\alpha^2 + 1) - 2\alpha R}{1 - \alpha^2}$$

et

$$R' = \frac{2\alpha D - R(1 + \alpha^2)}{1 - \alpha^2}.$$

Le cycle K′ est ainsi complètement déterminé, quand le cycle K est donné, puisque l'on connaît la distance de son centre à l'axe et son rayon.

Le cycle K′ se réduit à un point, si $R' = 0$, ce qui exige que l'on ait

$$R\alpha^2 - 2\alpha D + R = 0,$$

d'où

$$\alpha = D \pm \sqrt{D^2 - R^2}.$$

Il en résulte qu'*un cycle étant donné, ainsi que l'axe de transformation, on peut toujours déterminer le module α de la transformation, de façon que ce cycle ait pour transformé un point*, dans le cas où ce cycle ne coupe pas l'axe. En désignant, en effet, par R son rayon et par D la distance de son centre à l'axe, on voit que, $D^2 - R^2$ étant positif, l'équation précédente détermine pour le module α deux valeurs réelles.

([1]) On doit ici considérer l'axe de transformation comme une semi-droite, en lui donnant un sens arbitraire, de sorte que D et D′ sont aussi déterminés en grandeur et en signe.

Soit K le cycle donné; de son centre O abaissons une perpendiculaire OP sur l'axe de transformation et de son pied P comme centre décrivons le cercle qui coupe orthogonalement le cycle donné. Ce cercle coupe la droite OP en deux points A et B; on prouvera aisément qu'il existe une transformation telle que les tangentes au cycle K aient pour réciproques

Fig. 249_5.

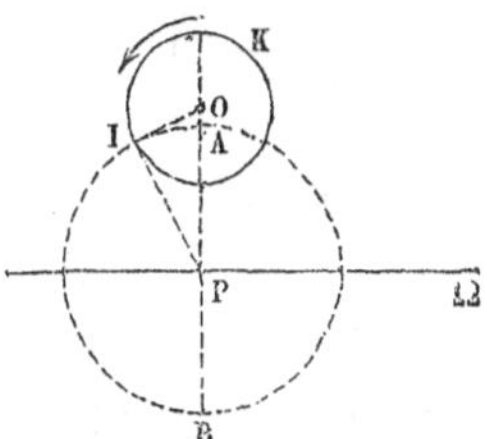

les semi-droites qui se croisent au point A. Il existe également une autre transformation dans laquelle le point B est le réciproque du cycle K (*fig.* 249_5).

Une transformation étant définie par l'axe de transformation Ω et par le module α, il existe une infinité de cycles qui ont pour transformés des points; ils sont définis par la relation

$$\frac{R}{D} = \frac{2\alpha}{\alpha^2 + 1}$$

Leur propriété caractéristique est que *leur rayon varie proportionnellement à la distance de leur centre à l'axe;* elle présente une grande importance dans l'application de la transformation par semi-droites réciproques à la théorie des anticaustiques par réfraction.

THÉORÈME.

412. *La distance tangentielle de deux cycles est égale à la distance tangentielle des deux cycles correspondants.*

Considérons, en effet, deux cycles; désignons respectivement par R et r leurs rayons, par D et d les distances de leur centre à l'axe de transformation, par p la projection sur cet axe de la droite qui joint leurs centres, et par T leur distance tangentielle; on aura évidemment

$$T^2 = p^2 + (D - d)^2 - (R - r)^2.$$

Soient de même R' et r' les rayons des cycles transformés; D' et d' les distances de leurs centres à l'axe, et T' leur distance tangentielle. Si l'on remarque que deux cycles réciproques ont leurs centres sur une même perpendiculaire à l'axe, il est clair que l'on a

$$T'^2 = p^2 + (D' - d')^2 - (R' - r')^2.$$

Or les formules énoncées plus haut donnent aisément

$$D' - d' = \frac{(D - d)(\alpha^2 + 1) - 2\alpha(R - r)}{1 - \alpha^2},$$

$$R' - r' = \frac{2\alpha(D - d) - (\alpha^2 + 1)(R - r)}{(1 - \alpha^2)}.$$

Substituant ces valeurs dans l'expression précédente, il viendra, toutes réductions faites,

$$T'^2 = p^2 + (D - d)^2 - (R - r)^2 = T^2;$$

ce qui démontre la proposition énoncée ([1]).

APPLICATIONS DE LA MÉTHODE.

413. Soient (*fig.* 2496) trois cycles K, K' et K'' ayant respectivement pour centres les points O, O' et O''. Soient P'' le centre de similitude des cycles O et O', P' le centre de similitude des cycles O et O''. Supposons que la droite P'P'' ne coupe pas le centre O; en prenant cette droite pour axe de transformation, nous pourrons toujours, en choisissant convenablement le module de la transformation, transformer le cycle O en un point ω. Les deux tangentes P''A et P''B auront pour transformées les semi-droites opposées déterminées par les points P'' et ω; le cycle K' étant tangent à AP'' et P''B aura pour transformé un cycle tangent à ces demi-droites opposées, et, par conséquent, un point ω' qui sera l'intersection de P''ω avec la perpendiculaire abaissée de O' sur l'axe P'P''.

Les deux tangentes CP' et P'D auront pour transformées les semi-droites opposées déterminées par la droite P'ω, et il est clair que le cycle O'', qui touche CP' et P'D, aura pour transformé le point ω'' où P'ω rencontre la perpendiculaire abaissée de O'' sur l'axe P'P''. Si l'on considère

---

([1]) Relativement à la transformation par rayons vecteurs réciproques, le théorème analogue est le suivant : *L'angle sous lequel se coupent deux cercles est égal à l'angle sous lequel se coupent les cercles correspondants.*

Ce théorème s'étend à deux courbes quelconques, et de même dans la transformation par semi-droites réciproques :

Si une semi-droite Δ touche deux courbes aux deux points a et b, et si la semi-droite réciproque Δ' touche les courbes transformées aux points a' et b', les deux longueurs ab et a' b' sont égales.

maintenant les deux tangentes communes aux cycles K′, K″, elles auront pour transformées les semi-droites opposées déterminées par les points ω′ et ω″. D'où il résulte que ces tangentes se coupent au point P où la droite ω′ ω″ rencontre P′ P″, et de là une démonstration nouvelle de cette proposition rappelée plus haut : *Les trois centres de similitude de trois cycles considerés deux à deux sont en ligne droite;* il suit de là également que *si trois cycles sont tels que la droite, qui contient leurs centres de similitude, ne les rencontre pas, on peut, par*

Fig. 249₆.

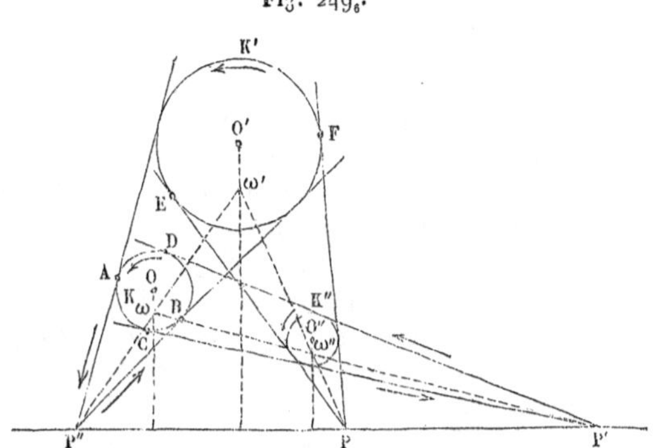

une transformation par semi-droites réciproques, les transformer en trois points (¹).

414. La transformation par semi-droites réciproques peut servir, comme la transformation par rayons vecteurs réciproques, soit à simplifier la solution de certains problèmes, soit à généraliser certaines propriétés géométriques.

Pour en donner un exemple simple, considérons le problème suivant : *Construire un cycle touchant trois cycles donnés.*

Supposons que les cycles donnés K, K′ et K″ soient tels que la droite qui contient leurs centres de similitude ne les coupe pas : nous pouvons, d'après ce qui précède, en prenant cette droite pour axe de transformation, transformer les cycles donnés en trois points ω, ω′ et ω″. Le cercle passant par ces points détermine deux cycles opposés H et H′ dont les réciproques seront les solutions du problème. Deux cycles opposés rencontrant l'axe de transformation aux mêmes points, il en est de même de

---

(¹) La propriété analogue dans la théorie de la transformation par rayons vecteurs réciproques est la suivante : *Lorsque deux cercles se coupent, on peut toujours les transformer en deux droites.*

leurs réciproques; d'où il suit que le problème proposé a deux solutions, et que l'axe radical des deux cycles qui satisfont à la question est l'axe de similitude des cycles donnés.

Le problème de *mener un cercle tangent à trois cercles donnés* se ramène immédiatement au précédent. On peut, en effet, donner à un des cercles un sens arbitraire, de façon à le transformer en un cycle; on transformera également les deux autres cercles en cycles en fixant leur direction, ce qui pourra se faire de quatre façons différentes. A chaque groupe de cycles correspondent deux solutions; le problème proposé aura donc en tout huit solutions.

415. Un point décrivant dans un sens déterminé une semi-droite ou un cycle, si l'on emploie la transformation par rayons vecteurs réciproques, on voit que le point transformé décrit une autre semi-droite ou un autre cycle (lequel peut se réduire à une semi-droite quand le pôle de transformation est sur le cycle considéré).

On peut souvent, avec avantage, employer simultanément la transformation par rayons vecteurs réciproques et la transformation par semi-droites réciproques. Ainsi, en général, *étant donnés cinq cycles, on peut, par deux transformations successives, les transformer en deux semi-droites et en trois points*. En effet, si deux des cycles se coupent, par une première transformation par rayons vecteurs réciproques, on pourra les transformer en deux semi-droites. Les trois autres cycles ayant pour transformées K, K′ et K″, si l'axe de similitude de ces cycles ne les rencontre pas, on pourra, par une transformation par semi-droites réciproques, les transformer en trois points, tandis que les semi-droites se transformeront en semi-droites.

La méthode de *transformations par semi-droites réciproques* est due à M. Laguerre (1).

---

(1) Les pages qui précèdent, et que ce profond géomètre a bien voulu rédiger spécialement pour notre Traité, ne renferment que les principes de cette théorie si ingénieuse dont le lecteur pourra constater la fécondité en consultant les *Comptes rendus de l'Académie des Sciences* (années 188[illegible] et 1882).

LIVRE IV.

LES AIRES.

§ I. — MESURE DES AIRES DES POLYGONES.

DÉFINITIONS.

416. On appelle *aire* l'étendue d'une portion limitée de surface.

Quand deux figures peuvent coïncider, elles sont *égales*.

Quand deux figures non superposables ont des aires égales, on dit qu'elles sont *équivalentes*.

Un côté quelconque d'un triangle étant pris pour *base*, la *hauteur* du triangle est la perpendiculaire abaissée du sommet opposé sur la base.

Un côté quelconque d'un parallélogramme étant pris pour *base*, la *hauteur* du parallélogramme est la distance constante (69) qui existe entre sa base et le côté opposé.

D'après cela, les deux côtés adjacents d'un rectangle constituent indifféremment sa *base* et sa *hauteur*, et reçoivent le nom de *dimensions* de la figure.

Les *bases* d'un trapèze sont ses deux côtés parallèles, et sa *hauteur* est la distance constante de ces deux côtés.

THÉORÈME.

417. 1° *Si deux rectangles de même base ont des hauteurs égales, ces deux rectangles sont égaux.*

2° *Si trois rectangles de même base sont tels, que la hauteur du premier soit égale à la somme des hauteurs des deux autres, le premier rectangle est égal à la somme des deux autres.*

En effet :

1° Soient (*fig.* 250) les deux rectangles ABCD, A'B'C'D', dont les bases AB et A'B' sont égales ainsi que les hauteurs AD et A'D'. Ces deux rectangles sont évidemment superposables.

2° Soient (*fig.* 250) les trois rectangles ABGH, A'B'C'D', E'F'G'H', dont les bases AB, A'B', E'F', sont égales, et dont les hauteurs AH, A'D', E'H', satisfont à la condition

$$AH = A'D' + E'H';$$

le rectangle AGBH est égal à la somme des deux autres; car, si l'on prend sur AH une longueur AD égale à A'D', et qu'on

Fig. 250.

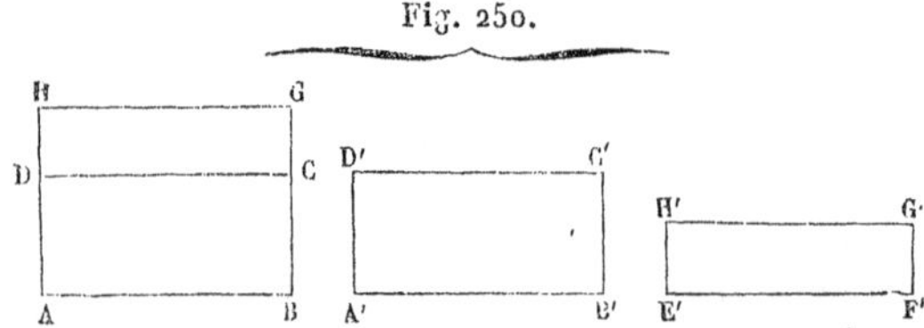

mène la parallèle DC à AB, DH sera égale à E'H', en vertu de l'hypothèse. Par suite, des deux rectangles ABCD, DCGH, qui composent le rectangle ABGH, le premier sera égal au rectangle A'B'C'D', et le second au rectangle E'F'G'H' (1°).

COROLLAIRES.

418. *Le rapport de deux rectangles de même base est égal au rapport de leurs hauteurs; en d'autres termes, l'aire d'un rectangle de base constante est proportionnelle à sa hauteur.*

Car le théorème précédent prouve qu'un rectangle de base constante et sa hauteur satisfont aux conditions nécessaires et suffisantes (Note I) pour qu'il y ait proportionnalité entre ces grandeurs.

Comme on peut échanger la base et la hauteur d'un rectangle (416), on peut dire aussi que *le rapport de deux rectangles de même hauteur est égal au rapport de leurs bases.*

En rapprochant les deux derniers énoncés, on peut dire que *l'aire d'un rectangle est à la fois proportionnelle à sa base et à sa hauteur.*

Donc (Note I), *le rapport des aires de deux rectangles quelconques est égal au produit des rapports de leurs bases et de leurs hauteurs;* en d'autres termes, *deux rectangles quelconques sont entre eux comme les produits respectifs de leur base par leur hauteur.*

THÉORÈME.

419. *L'aire d'un rectangle a pour mesure le produit du nombre qui mesure sa base par le nombre qui mesure sa hauteur, lorsque l'on prend pour unité d'aire le carré construit sur l'unité de longueur.*

En effet, soient (*fig.* 250) ABGH le rectangle à mesurer, et A'B'C'D' le carré dont le côté $A'B' = A'D'$ représente l'unité de longueur. On aura (418)

$$\frac{ABGH}{A'B'C'D'} = \frac{AB}{A'B'} \cdot \frac{AH}{A'B'}.$$

Or, le premier membre de cette relation est égal au nombre qui mesure l'aire ABGH (Note I), et les rapports qui composent le second membre sont respectivement égaux aux nombres qui mesurent la base et la hauteur du rectangle proposé. Donc, dans le système d'unités adopté, le nombre qui mesure l'aire du rectangle est égal au produit des nombres qui mesurent sa base et sa hauteur. Ainsi, en désignant ces trois nombres par S, B, H, on a la formule

$$S = B.H.$$

Comme ce théorème est d'un usage très-fréquent, on préfère l'énoncer d'une manière plus rapide, quoique incorrecte, en disant simplement : *L'aire du rectangle est égale au produit de sa base par sa hauteur.*

Scolie.

420. L'aire d'un rectangle est encore égale au produit de sa base par sa hauteur, lorsqu'on prend pour unité d'aire le rectangle ayant pour base la longueur prise pour unité de base, et pour hauteur la longueur prise pour unité de hauteur.

421. L'aire d'un carré est égale au carré de son côté; de là, le nom de *carré* donné à la seconde puissance d'un nombre.

422. Exemples :

1° *Quelle est la surface d'un rectangle dont la base est égale à* $2^{m},34$, *et la hauteur à* $3^{m},19$?

On a pour l'aire demandée :

$$S = 2,34 \times 3,19 = 7^{mq},4646,$$

ou 7 mètres carrés, 46 décimètres carrés, 46 centimètres carrés.

2° *Il a fallu 15 rouleaux de papier, de 10 mètres de longueur chacun sur* $0^m,60$ *de largeur, pour tapisser une paroi rectangulaire de* $18^m,25$ *de largeur; quelle est la hauteur de cette paroi?*

La surface du rectangle considéré est

$$S = 10 \times 0,60 \times 15 = 90^{mq}.$$

Sa base étant $18^m,25$, on aura pour sa hauteur

$$H = \frac{90}{18,25} = 4^m,93,$$

à moins de 1 centimètre.

THÉORÈME.

423. *L'aire d'un parallélogramme a pour mesure le produit de sa base par sa hauteur.*

Fig. 251.

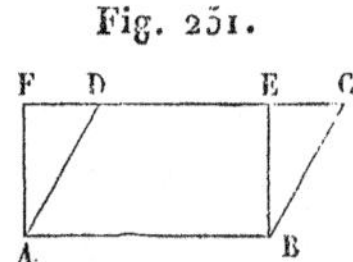

Soit (*fig.* 251) le parallélogramme ABCD. On obtient le rectangle de même base et de même hauteur en menant des extrémités de la base AB sur le côté opposé les perpendiculaires AF et BE. Pour démontrer le théorème énoncé, il suffit alors (419) de prouver l'équivalence du parallélogramme ABCD et du rectangle ABEF. Le trapèze ABED est une partie commune à ces deux figures; il reste donc à comparer les parties non communes BEC, AFD. Or ces parties non communes sont des triangles rectangles égaux, comme ayant l'hypoténuse égale et un côté de l'angle droit égal, savoir : BC = AD comme côtés opposés d'un parallélogramme, et BE = AF pour la même raison.

COROLLAIRES.

424. En désignant par S, B, H les trois nombres qui mesurent respectivement l'aire d'un parallélogramme, sa base et sa hauteur, on a la formule

$$S = B.H.$$

Donc :

Deux parallélogrammes de même base et de même hauteur sont équivalents; deux parallélogrammes sont entre eux comme les produits respectifs de leur base par leur hauteur; deux parallélogrammes de même base sont entre eux comme leurs hauteurs; deux parallélogrammes de même hauteur sont entre eux comme leurs bases.

THÉORÈME.

425. *L'aire d'un triangle a pour mesure la moitié du produit de sa base par sa hauteur.*

Fig. 252.

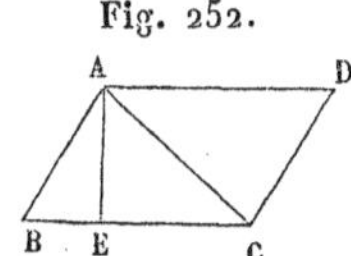

Il suffit, pour démontrer ce théorème, de prouver que tout triangle est la moitié du parallélogramme de même base et de même hauteur.

Soit le triangle ABC (*fig.* 252). On obtient un parallélogramme de même base BC et de même hauteur AE, en menant, par les sommets A et C du triangle, des parallèles AD et CD aux côtés opposés. Le triangle ABC est la moitié de ce parallélogramme ABCD, car tout parallélogramme est partagé par une de ses diagonales en deux triangles égaux. Donc, l'aire du parallélogramme ABCD étant égale au produit de sa base BC par sa hauteur AE (423), l'aire du triangle ABC sera égale à la moitié du produit de sa base BC par sa hauteur AE.

COROLLAIRES.

426. En désignant par S, B, H, les trois nombres qui mesurent respectivement l'aire du triangle, sa base et sa hauteur,

on a la formule

$$S = \frac{B.H}{2} = \frac{B}{2} \cdot H = B \cdot \frac{H}{2}.$$

Donc :

Deux triangles de même base et de même hauteur sont équivalents; deux triangles sont entre eux comme les produits respectifs de leur base par leur hauteur; deux triangles de même base sont entre eux comme leurs hauteurs; deux triangles de même hauteur sont entre eux comme leurs bases.

427. Quand le triangle est équilatéral, son aire s'exprime en fonction de son côté a.

La hauteur du triangle tombant alors au milieu de sa base, on a en effet

$$H = \sqrt{a^2 - \frac{a^2}{4}} = \frac{a\sqrt{3}}{2},$$

et la formule

$$S = \frac{B}{2} \cdot H$$

devient

$$S = \frac{a^2\sqrt{3}}{4}.$$

Exemple. — *Quelle est la surface du triangle équilatéral de 1 mètre de côté?*

On a

$$S = \frac{1^{mq}.\sqrt{3}}{4} = \frac{1^{mq},7321}{4} = 0^{mq},4330$$

à 1 centimètre carré près.

428. Considérons un triangle ABC et appelons

a, b, c, les côtés respectivement opposés aux sommets A, B, C;
p, le demi-paramètre;
S, l'aire;
h, la hauteur relative au côté a;
R, le rayon du cercle circonscrit;
r, le rayon du cercle inscrit;
r', r'', r''', les rayons des cercles ex-inscrits qui sont respectivement situés dans les angles A, B, C.

1° La proposition du n° 239 donne

$$bc = 2Rh, \quad \text{d'où} \quad abc = 2Rah = 4R.S,$$

et, par suite,

$$(1) \qquad S = \frac{abc}{4R}.$$

Ainsi, *l'aire d'un triangle est égale au produit des trois côtés divisé par quatre fois le rayon du cercle circonscrit.*

2° En joignant aux trois sommets A, B, C, le centre O du cercle inscrit, on voit (*fig.* 253) que

$$ABC = OBC + OCA + OAB.$$

Et, comme les triangles indiqués dans le second membre ont respecti-

Fig. 253.

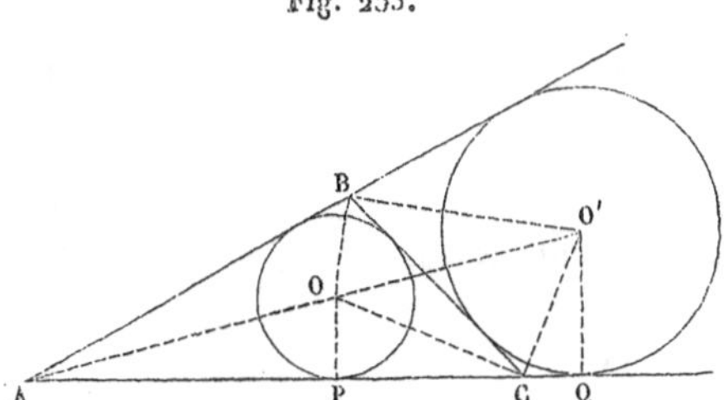

vement pour bases a, b, c, et pour hauteur commune le rayon r du cercle inscrit, on a

$$S = \frac{ar}{2} + \frac{br}{2} + \frac{cr}{2} = \frac{a+b+c}{2} \cdot r$$

ou

$$(2) \qquad S = pr.$$

3° En joignant aux trois sommets le centre O′ du cercle ex-inscrit situé dans l'angle A, on voit que

$$ABC = O'CA + O'AB - O'BC$$

ou

$$S = \frac{br'}{2} + \frac{cr'}{2} - \frac{ar'}{2} = \frac{b+c-a}{2} \cdot r' = \frac{2p-2a}{2} \cdot r',$$

c'est-à-dire

$$(3) \qquad S = (p-a)r'.$$

On trouverait de même

$$(4) \qquad S = (p-b)r'',$$

$$(5) \qquad S = (p-c)r'''.$$

Les formules (2), (3), (4), (5), donnent de nouvelles expressions de l'aire d'un triangle.

4° Les formules (1), (2), (3), (4), (5), permettraient inversement de calculer R, r, r', r'', r''', en fonction des trois côtés, si l'on connaissait l'expression de l'aire S en fonction de ces côtés.

Or, cette expression résulte immédiatement du calcul fait au n° 229. On a trouvé, en effet,

$$h = \frac{2}{a}\sqrt{p(p-a)(p-b)(p-c)},$$

d'où, en remarquant que $S = \frac{a}{2}\cdot h$,

$$S = \sqrt{p(p-a)(p-b)(p-c)}. \qquad (6)$$

On peut d'ailleurs établir cette formule géométriquement de la manière suivante (*fig.* 253).

En multipliant les relations (2) et (3) membre à membre, on obtient

$$S^2 = p(p-a)\,r.r'.$$

Les bissectrices OC et O'C des deux angles adjacents et supplémentaires BCA, BCQ, étant rectangulaires, les triangles OPC, O'QC, sont semblables comme ayant les côtés perpendiculaires, et l'on a

$$\frac{OP}{CQ} = \frac{PC}{O'Q} \quad \text{ou} \quad OP.O'Q = PC.CQ.$$

Mais OP et O'Q sont respectivement égaux à r et à r', et, d'après le n° 161, les longueurs PC et CQ sont respectivement égales à $p-b$ et à $p-c$. On a donc

$$rr' = (p-b)(p-c),$$

et, par suite, la relation qui représente le produit des équations (2) et (3) devient

$$S^2 = p(p-a)(p-b)(p-c).$$

5° Enfin, en multipliant membre à membre les relations (2), (3), (4) et (5), on obtient

$$S^4 = p(p-a)(p-b)(p-c).r.r'.r''.r''',$$

d'où résulte, eu égard à la formule (6), l'expression plus curieuse qu'utile

$$S = \sqrt{r.r'.r''.r'''}. \qquad (7)$$

Application numérique. — *Calculer l'aire* S *et les rayons* R, r, r', r'', r''', *des cercles circonscrit, inscrit et ex-inscrits, relatifs au triangle qui a pour côtés*

$$a = 3^{m}, \quad b = 4^{m}, \quad c = 5^{m}.$$

On a d'abord

$$2p = a + b + c = 3 + 4 + 5 = 12,$$

d'où

$$p = 6, \quad p - a = 3, \quad p - b = 2, \quad p - c = 1.$$

Les formules (6), (1), (2), (3), (4), (5), donnent ensuite successivement

$$S = \sqrt{6.3.2.1} = 6^{mq}, \quad R = \frac{3.4.5}{4.6} = 2^{m},5;$$

$$r = \frac{6}{6} = 1^{m}, \quad r' = \frac{6}{3} = 2^{m}, \quad r'' = \frac{6}{2} = 3^{m}, \quad r''' = \frac{6}{1} = 6^{m}.$$

Le triangle considéré étant rectangle, puisque $c^2 = a^2 + b^2$, il est facile de trouver directement les valeurs numériques que nous venons de déduire des formules générales.

429. Pour évaluer l'aire d'un polygone, il suffit de décomposer ce polygone en triangles, de calculer les aires de ces triangles et de faire la somme des nombres ainsi obtenus.

Pour opérer cette décomposition, on peut choisir un point quelconque dans le plan du polygone et le joindre à tous ses sommets. Les bases des différents triangles formés seront les côtés du polygone, leurs hauteurs seront les perpendiculaires abaissées du point choisi sur ces côtés. L'aire du polygone sera la somme arithmétique ou algébrique des aires des triangles obtenus, suivant que leur sommet commun sera intérieur ou extérieur au polygone.

Souvent, on fait la décomposition en prenant pour centre l'un des sommets du polygone, c'est-à-dire en menant toutes les diagonales qui partent d'un même sommet.

430. Si l'on peut trouver dans l'intérieur du polygone un point à égale distance de tous ses côtés, c'est-à-dire *si le polygone est circonscriptible*, les triangles qui le composent ont pour hauteur commune le rayon du cercle inscrit, et *son aire a pour mesure la moitié du produit de son périmètre par le rayon du cercle inscrit.*

THÉORÈME.

431. *L'aire d'un trapèze a pour mesure le produit de la demi-somme de ses bases par sa hauteur.*

Soit le trapèze ABCD (*fig.* 254). En menant la diagonale BC, on le partage en deux triangles ABC, BCD, qui ont pour hau-

Fig. 254.

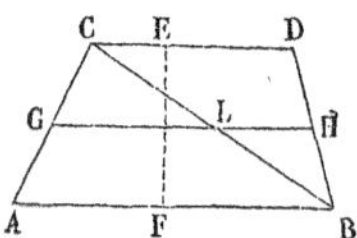

teur commune la hauteur EF du trapèze, et pour bases respectives les bases même du trapèze. L'aire du premier est égale à $\frac{AB}{2}\cdot EF$, celle du second à $\frac{CD}{2}\cdot EF$. En ajoutant ces deux expressions, on trouve, pour l'aire du trapèze,

$$\frac{AB+CD}{2}\cdot EF.$$

SCOLIES.

432. En désignant par S, B, b, H, les nombres qui mesurent respectivement l'aire d'un trapèze, ses deux bases et sa hauteur, on a la formule

$$S=\frac{B+b}{2}\cdot H.$$

433. Menons par le point G (*fig.* 254), milieu du côté AC, une parallèle GH aux deux bases du trapèze. Cette parallèle coupera le côté BD et la diagonale BC en leurs milieux H et L (182). On aura donc

$$GL=\frac{AB}{2},\quad LH=\frac{CD}{2},\quad \text{c'est-à-dire}\quad GH=\frac{AB+CD}{2}.$$

La droite qui joint les milieux des côtés non parallèles d'un trapèze est donc égale à la demi-somme de ses bases, et l'on peut dire par suite que *l'aire d'un trapèze est égale au produit de sa hauteur par la droite qui joint les milieux de ses côtés non parallèles.*

EXEMPLE. — *L'une des bases d'un trapèze égale* 10 *mètres, sa hauteur est de* 4 *mètres, sa surface de* 32 *mètres carrés. On demande de calculer la longueur de la parallèle aux deux bases, menée à 1 mètre de distance de la base donnée.*

En divisant la surface du trapèze par sa hauteur, on obtient 8 mètres pour la longueur de la droite qui joint les milieux de ses côtés non parallèles. Si l'on remarque maintenant que cette droite divise le trapèze proposé en deux autres trapèzes de hauteur égale à 2 mètres, on voit que, dans l'un de ces trapèzes, la droite dont on cherche la longueur est aussi celle qui joint les milieux des côtés non parallèles. Elle est donc égale à $\frac{10^m + 8^m}{2}$, ou à 9 mètres.

434. Nous avons dit au nº 429 que, pour évaluer l'aire d'un polygone, on décomposait ce polygone en triangles. Plus généralement, il suffit de le décomposer en parties que l'on sache mesurer, et de faire ensuite la somme des aires partielles. Voici un procédé de décomposition très-usité, principalement sur le terrain.

Fig. 255.

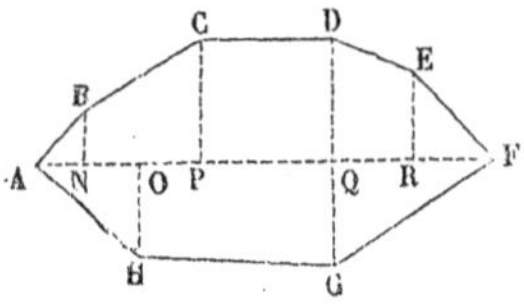

On mène la plus grande diagonale AF (*fig.* 255) du polygone proposé; puis, à l'aide des perpendiculaires BN, CP, DQ, ER, HO, GQ, abaissées des sommets extérieurs sur cette diagonale, *on décompose le polygone en triangles et en trapèzes rectangles.* En mesurant avec soin ces diverses perpendiculaires et les distances mutuelles de leurs pieds sur AF, on a tous les éléments nécessaires pour calculer les aires partielles dont le polygone considéré est la somme.

§ II. — COMPARAISON DES AIRES.

THÉORÈME.

435. *Le rapport des aires de deux polygones semblables est égal au carré de leur rapport de similitude,* ou *deux polygones*

semblables sont entre eux comme les carrés des côtés homologues.

Soient d'abord deux triangles semblables ABC, A′B′C′ (*fig.* 256), ayant pour bases les côtés AB, A′B′, et pour hauteurs les droites CD, C′D′.

Fig. 256.

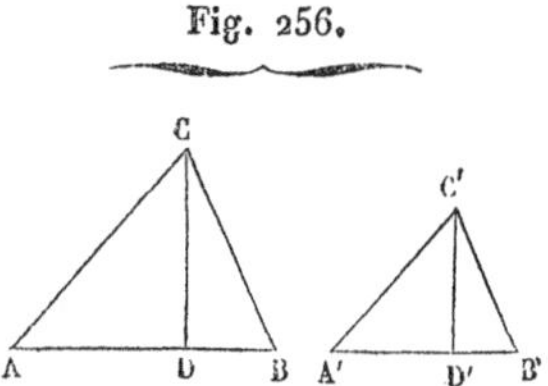

On aura (425)

$$ABC = \frac{1}{2} AB.CD, \quad A'B'C' = \frac{1}{2} A'B'.C'D',$$

d'où

$$\frac{ABC}{A'B'C'} = \frac{AB.CD}{A'B'.C'D'} = \frac{AB}{A'B'} \times \frac{CD}{C'D'}.$$

D'ailleurs, les deux triangles rectangles ACD, A′C′D′, étant semblables (202), on peut remplacer le rapport $\frac{CD}{C'D'}$ par son égal $\frac{AC}{A'C'}$ ou $\frac{AB}{A'B'}$, et écrire

$$\frac{ABC}{A'B'C'} = \frac{AB}{A'B'} \times \frac{AB}{A'B'} = \frac{\overline{AB}^2}{\overline{A'B'}^2}.$$

Soient maintenant deux polygones semblables S et S′. Leur rapport de similitude, égal à celui de deux côtés homologues quelconques AB et A′B′, sera représenté par $\frac{AB}{A'B'}$. Ces deux polygones seront décomposables en un même nombre de triangles semblables et semblablement disposés (209), et le rapport de similitude de deux triangles homologues sera égal au rapport de similitude des deux polygones. Si le polygone S est composé des triangles T, T_1, T_2, et le polygone S′, des triangles homologues T', T'_1, T'_2, on aura donc, d'après ce qui précède,

$$\frac{T}{T'} = \frac{\overline{AB}^2}{\overline{A'B'}^2}, \quad \frac{T_1}{T'_1} = \frac{\overline{AB}^2}{\overline{A'B'}^2}, \quad \frac{T_2}{T'_2} = \frac{\overline{AB}^2}{\overline{A'B'}^2};$$

et, par suite, en appliquant un théorème connu,

$$\frac{T + T_1 + T_2}{T' + T'_1 + T'_2} = \frac{\overline{AB}^2}{\overline{A'B'}^2} \quad \text{ou} \quad \frac{S}{S'} = \frac{\overline{AB}^2}{\overline{A'B'}^2}.$$

SCOLIE.

436. De la relation démontrée, on déduit réciproquement

$$\frac{AB}{A'B'} = \sqrt{\frac{S}{S'}}.$$

Donc, lorsqu'on veut *amplifier* ou *réduire* un polygone dans un rapport donné, l'*échelle* à adopter pour amplifier ou réduire les côtés de ce polygone est égale à la racine carrée du rapport donné. Par exemple, si l'aire du nouveau polygone doit être la centième partie du polygone donné, il faudra faire ses côtés dix fois plus petits que les côtés homologues du polygone donné.

THÉORÈME.

437. *Deux triangles qui ont un angle égal ou supplémentaire sont entre eux comme les produits des côtés qui comprennent cet angle.*

Fig. 257.

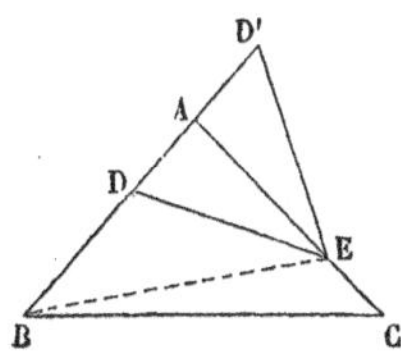

Soient deux triangles ayant un angle égal. On pourra les placer l'un par rapport à l'autre comme le sont les triangles ADE, ABC (*fig.* 257), c'est-à-dire les disposer de telle sorte qu'ils aient un angle commun.

Menons alors la droite BE, et comparons successivement le triangle ABE aux deux triangles donnés. Les deux triangles ABC et ABE ont même hauteur, puisque leurs bases AC, AE, opposées au sommet commun B, sont en ligne droite; on aura donc (426)

$$(1)\qquad \frac{ABC}{ABE} = \frac{AC}{AE}.$$

De même, les deux triangles ABE et ADE ont même hauteur, puisque leurs bases AB et AD, opposées au sommet commun E, sont en ligne droite; on aura donc également

$$(2)\qquad \frac{ABE}{ADE} = \frac{AB}{AD}.$$

En multipliant membre à membre les égalités (1) et (2) et en supprimant le facteur commun ABE, il viendra

$$\frac{ABC}{ADE} = \frac{AC.AB}{AE.AD}.$$

La démonstration subsiste pour deux triangles ABC, AD'E, qui ont un angle supplémentaire; il suffit de remplacer partout la lettre D par la lettre D'.

THÉORÈME.

438. *Le carré construit sur l'hypoténuse d'un triangle rectangle est équivalent à la somme des carrés construits sur les côtés de l'angle droit* (*fig.* 258).

Fig. 258.

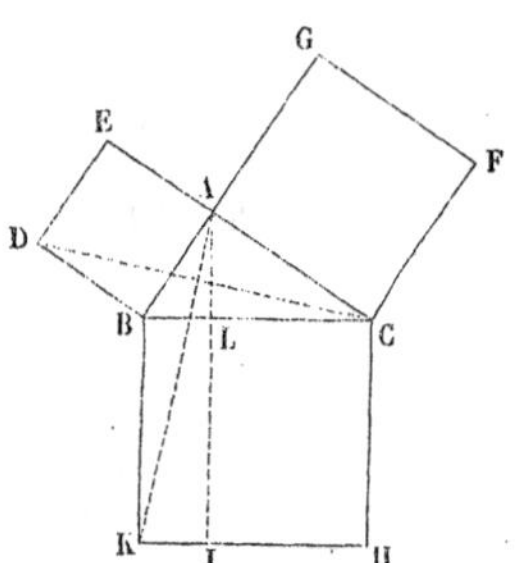

Soit le triangle ABC rectangle en A; soient les carrés ABDE, ACFG, BCHK, construits sur ses trois côtés. L'angle en A étant droit, le côté AE du carré ABDE sera le prolongement du côté CA du triangle, et le côté AG du carré ACFG sera le prolongement du côté BA.

Ceci posé, abaissons sur l'hypoténuse BC la perpendiculaire AL, et prolongeons-la jusqu'en I où elle coupe le côté KH; menons les droites AK et DC. Le triangle ABK a même base BK que le rectangle BKIL, et il a aussi même hauteur, puisque son sommet A se trouve sur la droite IL : le triangle ABK équivaut donc (425) à la moitié du rectangle BKIL. De même, le triangle BCD équivaut à la moitié du carré ABDE, car il a même base BD et même hauteur, puisque son sommet C se trouve sur la droite EA. D'ailleurs, les deux triangles ABK et BDC sont égaux comme ayant un angle égal compris entre deux côtés égaux chacun à chacun, savoir : l'angle ABK égal à l'angle CBD, comme formés tous deux d'un angle droit et de l'angle ABC du triangle donné; le côté BK égal au côté BC comme côtés d'un même carré; le côté AB égal au côté BD pour la même raison. De l'égalité des deux triangles ABK et BDC, on conclut l'équivalence du rectangle BKIL et du carré ABDE.

On démontrerait d'une manière analogue, en menant les droites AH et BF, l'équivalence du rectangle CHIL et du carré ACFG.

Le carré BCHK, somme des deux rectangles BKIL et CHIL, est donc équivalent à la somme des deux carrés ABDE et ACFG.

COROLLAIRES.

439. Deux rectangles de même hauteur étant entre eux comme leurs bases, on a

$$\frac{\text{BKIL}}{\text{BCHK}} = \frac{\text{BL}}{\text{BC}} \quad \text{et} \quad \frac{\text{CHIL}}{\text{BCHK}} = \frac{\text{CL}}{\text{BC}};$$

d'où, en remplaçant les rectangles par les carrés équivalents,

$$\frac{\text{ABDE}}{\text{BL}} = \frac{\text{ACFG}}{\text{CL}} = \frac{\text{BCHK}}{\text{BC}}.$$

Les carrés construits sur les côtés de l'angle droit et sur l'hypoténuse d'un triangle rectangle sont donc respectivement proportionnels aux projections de ces côtés sur l'hypoténuse et à l'hypoténuse elle-même.

440. Si l'on construit sur les côtés de l'angle droit et sur l'hypoténuse d'un triangle rectangle ABC trois polygones semblables P, Q, R, on aura (435)

$$\frac{P}{\overline{AB}^2} = \frac{Q}{\overline{AC}^2} = \frac{R}{\overline{BC}^2}, \quad \text{d'où} \quad \frac{P+Q}{\overline{AB}^2 + \overline{AC}^2} = \frac{R}{\overline{BC}^2},$$

c'est-à-dire (224)

$$R = P + Q.$$

Scolie.

441. On peut donner du théorème qui précède (438) une autre démonstration qui montre comment on peut *décomposer effectivement* le carré construit sur l'hypoténuse en parties capables de recouvrir les carrés construits sur les côtés.

Soit (*fig.* 259) le triangle ABC rectangle en A. Sur l'hypoténuse BC, construisons le carré BCHK. Des sommets H et K,

Fig. 259.

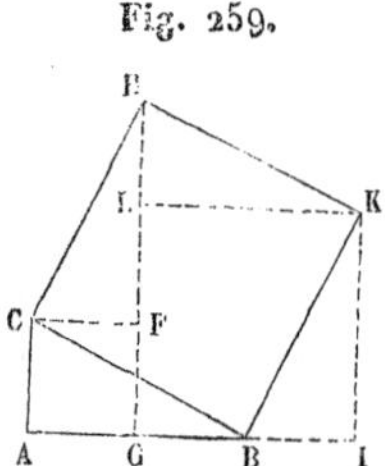

abaissons sur le côté AB et sur son prolongement les perpendiculaires HG et KI; des sommets C et K, menons à ce même côté, jusqu'à la rencontre de HG, les parallèles CF et KL.

Les quatre triangles rectangles ABC, CFH, HLK, KIB, sont égaux, comme ayant l'hypoténuse égale et un angle aigu égal. GIKL et ACFG sont donc les carrés construits sur les côtés AB et AC du triangle donné. La figure montre alors immédiatement que, si l'on enlève les deux triangles HCF, HLK, qui, avec le pentagone irrégulier CFLKB, constituent le carré construit sur l'hypoténuse, pour les placer en CAB et BKI, on forme, avec les trois mêmes parties disposées de cette nouvelle façon, la figure ACFLKI, qui est précisément la somme des deux carrés construits sur les deux côtés de l'angle droit.

442. Enfin, on peut encore déduire le même théorème de celui du n° 224. Car, puisque l'aire du carré construit sur une droite a pour mesure le carré du nombre abstrait qui mesure la longueur de cette droite, on voit que le théorème du n° 224 exprime que la mesure du carré construit sur l'hypoténuse est égale à la somme des mesures des carrés construits sur les côtés de l'angle droit, et, par suite, que le premier carré équivaut à la somme des deux autres. Inversement, on passerait du point de vue *concret* au point de vue *abstrait*, c'est-à-dire du n° 438 au n° 224, en remplaçant les aires des carrés par leurs mesures respectives.

La même remarque s'applique aux diverses relations numériques que nous avons démontrées dans le § IV du Livre III, entre les divers éléments d'un triangle rapportés à une unité commune. De ces relations, résultent immédiatement autant de théorèmes sur les aires, et l'on pourrait inversement donner des démonstrations directes de ces derniers théorèmes et en déduire ensuite les relations numériques correspondantes.

§ III. — AIRES DU POLYGONE RÉGULIER ET DU CERCLE.

DÉFINITIONS.

443. Un *secteur circulaire* est la portion de cercle comprise entre un arc ACDB et les rayons OA, OB, menés aux extrémités de cet arc (*fig.* 260).

Fig. 260.

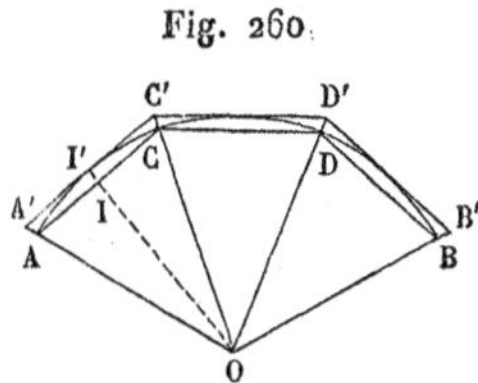

Un *secteur polygonal régulier* est la portion de plan comprise entre une ligne brisée régulière ACDB et les rayons OA, OB, menés du centre O de cette ligne (268) à ses extrémités. En divisant en un nombre quelconque de parties égales l'arc

AB du secteur circulaire OAB et joignant les points de division, on obtient un secteur polygonal régulier OACDB inscrit dans le secteur circulaire.

THÉORÈME.

444. *L'aire d'un polygone régulier a pour mesure le produit de son périmètre par la moitié de l'apothème* (*fig.* 261).

Fig. 261.

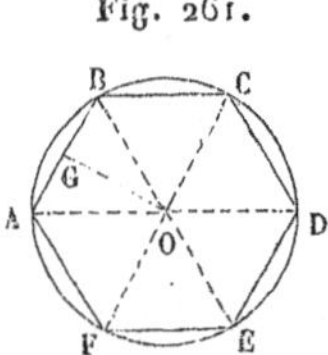

En effet, en joignant le centre O du polygone régulier ABCDEF à tous ses sommets, on décompose ce polygone en triangles OAB, OBC,..., OFA, qui ont respectivement pour bases les côtés AB, BC,..., FA, et pour hauteur commune l'apothème OG. La somme des aires de ces triangles, c'est-à-dire l'aire du polygone, a donc pour mesure le produit de la somme des côtés AB, BC,..., FA, par la moitié de l'apothème OG, c'est-à-dire le produit du périmètre par la moitié de l'apothème.

En désignant par S, p, a, l'aire, le périmètre et l'apothème du polygone proposé, on a donc la formule

$$S = \frac{1}{2} pa.$$

COROLLAIRE.

445. *Le rapport des aires de deux polygones réguliers d'un même nombre de côtés est égal au rapport des carrés de leurs apothèmes ou de leurs rayons.*

En effet, soient p, a, r, le périmètre, l'apothème et le rayon du premier polygone, et p', a', r', le périmètre, l'apothème et le rayon du second. En vertu du théorème précédent, le rapport des aires est égal à

$$\frac{\frac{1}{2}pa}{\frac{1}{2}p'a'} \quad \text{ou à} \quad \frac{p}{p'} \cdot \frac{a}{a'}.$$

D'ailleurs, on a (269)

$$\frac{p}{p'} = \frac{a}{a'} = \frac{r}{r'}.$$

Le rapport des aires est donc égal à

$$\frac{a^2}{a'^2} \quad \text{ou à} \quad \frac{r^2}{r'^2}.$$

Cette proposition résulte encore de ce que deux polygones réguliers d'un même nombre de côtés sont semblables (269), et de ce que les aires de deux polygones semblables sont entre elles comme les carrés de leurs droites homologues (435, 211).

SCOLIE.

446. Par un raisonnement analogue à celui du n° 444, on prouverait que *l'aire d'un secteur polygonal régulier* OACDB (*fig.* 260) *a pour mesure le produit du périmètre de la ligne brisée régulière* ACDB *par la moitié de l'apothème* OI.

447. Soit OAB un secteur circulaire (*fig.* 260). En partageant l'arc AB en un nombre quelconque n de parties égales et menant des tangentes par les milieux des divisions ainsi obtenues, on forme deux secteurs polygonaux réguliers OACDB, OA'C'D'B', semblables, l'un inscrit et l'autre circonscrit au secteur circulaire OAB. Si l'on désigne par a et p l'apothème et le périmètre de la ligne brisée régulière ACDB, et par a' et p' l'apothème et le périmètre de la ligne brisée régulière A'C'D'B', le rapport des aires des deux secteurs polygonaux sera $\frac{p}{p'}\cdot\frac{a}{a'}$. D'ailleurs, il résulte du n° 291 que, lorsqu'on fait croître n indéfiniment suivant une loi quelconque, les rapports $\frac{p}{p'}$, $\frac{a}{a'}$, ont pour limite l'unité. Donc, il en est de même du rapport $\frac{pa}{p'a'}$, et par suite, *à fortiori*, du rapport du secteur circulaire à chacun des deux secteurs polygonaux qui le comprennent. Donc :

L'aire d'un secteur circulaire est la limite commune des aires des secteurs polygonaux réguliers semblables inscrit et circonscrit, lorsqu'on fait croître indéfiniment le nombre des côtés de la ligne brisée inscrite.

Et, de même, *l'aire d'un cercle est la limite commune des aires des polygones réguliers semblables inscrit et circonscrit, dont on fait croître indéfiniment le nombre des côtés.*

Il importe de remarquer que ces deux énoncés sont de véritables *théorèmes*, tandis que les énoncés analogues (291) sur la longueur de l'arc et de la circonférence ne sont que des *définitions*.

THÉORÈME.

448. *L'aire d'un cercle a pour mesure le produit de sa circonférence par la moitié du rayon.*

L'aire du cercle est la limite des aires des polygones réguliers inscrits dont le nombre des côtés croît indéfiniment. D'après cela, soient S, C, R, l'aire, la circonférence, le rayon du cercle considéré, et s, p, a, l'aire, le périmètre et l'apothème d'un polygone régulier inscrit dans ce cercle. On a (444)

$$s = p\cdot\frac{1}{2}a.$$

Lorsqu'on fait croître indéfiniment le nombre des côtés du polygone régulier inscrit, s tend vers S, p vers C et a vers R. On a donc, à la limite,

$$\text{S} = \text{C}\cdot\frac{1}{2}\text{R}. \tag{1}$$

Corollaires.

449. En remplaçant dans la relation précédente la circonférence C par sa valeur

$$\text{C} = 2\pi\text{R}, \tag{2}$$

on obtient la nouvelle formule

$$\text{S} = \pi\text{R}^2, \tag{3}$$

qui montre :

1° Que, *pour calculer l'aire d'un cercle de rayon donné, il faut multiplier par* π *le carré du rayon ;*

2° Que, *pour calculer le rayon d'un cercle d'aire donnée, il faut multiplier par* $\frac{1}{\pi}$ *ou diviser par* π *le nombre qui exprime cette aire, et extraire la racine carrée du résultat.*

450. Si, au lieu d'éliminer C entre les relations (1) et (2), on élimine R, on trouve la formule

$$(4) \qquad S = \frac{C^2}{4} \cdot \frac{1}{\pi},$$

qui permet de calculer directement la surface, connaissant la circonférence, ou la circonférence, connaissant la surface. Cette formule est beaucoup moins usuelle que les précédentes.

451. Exemples :

1° *Quelle est la surface d'un bassin circulaire dont le rayon est* $2^m,25$?

On a

$$S = \pi(2,5)^2 = \pi.6,25$$

et, en prenant pour π la valeur 3,142 approchée à moins d'un millième, on trouve $S = 16^{mq},63$ à moins d'un décimètre carré.

2° *Quel est le rayon du cercle dont la surface est de 20 mètres carrés?*

La formule

$$\pi R^2 = 20$$

donne

$$R = \sqrt{20 \cdot \frac{1}{\pi}} = \sqrt{20.0,31831} = 2^m,52,$$

à moins d'un centimètre.

3° *Quelle est la surface d'un cercle dont la circonférence est égale à 10 mètres?*

On a

$$S = \frac{10^2}{4} \cdot \frac{1}{\pi} = \frac{1}{4} \cdot 31,83 = 7^{mq},96,$$

à moins d'un décimètre carré.

452. *Le rapport des aires de deux cercles est égal au rapport des carrés de leurs rayons.*

Car, en désignant par S et R l'aire et le rayon du premier

cercle, et par S′ et R′ l'aire et le rayon du second, on a

$$S = \pi R^2, \quad S' = \pi R'^2, \quad \text{d'où} \quad \frac{S}{S'} = \frac{R^2}{R'^2}.$$

THÉORÈME.

453. *L'aire d'un secteur circulaire a pour mesure le produit de son arc par la moitié du rayon.*

L'aire du secteur circulaire est la limite des aires des secteurs polygonaux réguliers inscrits (447) dont on fait croître indéfiniment le nombre des côtés. D'après cela, soient S l'aire du secteur considéré, l la longueur de l'arc qui le termine, et R le rayon de cet arc; soient de même s l'aire d'un secteur polygonal régulier inscrit, p le périmètre de la ligne brisée régulière qui le termine, et a l'apothème de cette ligne brisée. On a (446)

$$s = p \cdot \frac{1}{2} a.$$

Mais, lorsqu'on fait croître indéfiniment le nombre des côtés de la ligne brisée régulière inscrite, s tend vers S, p vers l, et a vers R. On a donc, à la limite,

$$(5) \qquad S = l \cdot \frac{1}{2} R.$$

COROLLAIRES.

454. En comparant les formules (1) et (5), on voit que *le secteur est au cercle entier comme son arc est à la circonférence.*

Si n est le nombre de degrés de l'arc, le rapport de cet arc à la circonférence sera $\frac{n}{360}$, et par suite l'aire S du secteur s'obtiendra en multipliant par ce rapport l'aire πR^2 du cercle, de sorte qu'on aura

$$S = \pi R^2 \frac{n}{360}.$$

Cette formule permet de calculer l'une quelconque des quantités S, R, n, lorsqu'on connaît les deux autres.

455. Exemples.

1° *Quelle est l'aire du secteur de 60 degrés dans le cercle dont le rayon est de 10 mètres?*

L'arc de 60 degrés étant le sixième de la circonférence, le secteur correspondant est le sixième du cercle, c'est-à-dire

$$\frac{100\pi}{6} = 52^{mq},3599,$$

à moins d'un centimètre carré.

2° *L'aire d'un secteur est égale à l'aire du carré construit sur le rayon. Quel est le nombre de degrés de l'arc qui le termine?*

La formule

$$\pi R^2 \frac{n}{360} = R^2$$

donne

$$n = \frac{360^\circ}{\pi} = 114^\circ 35' 29'',6.$$

3° *Quel est le rayon du cercle dans lequel le secteur de 45 degrés renferme* $0^{mq},1250$?

La formule

$$\pi R^2 \frac{45}{360} = 0,1250 \quad \text{ou} \quad \pi R^2 = 0,1250.8 = 1$$

donne

$$R = \sqrt{\frac{1}{\pi}} = 0^{m},564.$$

456. *Le rapport des aires de deux secteurs semblables*, c'est-à-dire terminés par des arcs semblables, *est égal au rapport des carrés de leurs rayons.*

En effet, S, l, R, étant l'aire, la longueur de l'arc et le rayon du premier secteur, et, S', l', R', l'aire, la longueur de l'arc et le rayon du second secteur, on a

$$S = l \cdot \frac{1}{2} R, \quad S' = l' \cdot \frac{1}{2} R', \quad \text{d'où} \quad \frac{S}{S'} = \frac{l}{l'} \cdot \frac{R}{R'};$$

or, les deux arcs l et l' étant semblables, leur rapport est égal à celui de leurs rayons (296) : on a donc

$$\frac{S}{S'} = \frac{R^2}{R'^2}.$$

THÉORÈME.

457. *L'aire d'un segment circulaire a pour mesure le produit de la moitié du rayon par l'excès de son arc sur la moitié de la corde de l'arc double* (*fig.* 262)

Fig. 262.

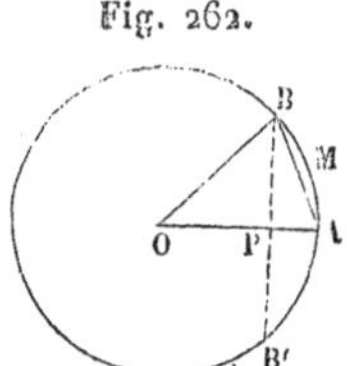

En effet, le segment AMB, c'est-à-dire la portion du cercle comprise entre l'arc AMB et sa corde AB, est égal à l'excès de l'aire du secteur OAMB sur l'aire du triangle OAB. Or, l'aire du secteur a pour mesure arc $AB \cdot \frac{1}{2}$ OA; l'aire du triangle a pour mesure $BP \cdot \frac{1}{2}$ OA, BP étant la perpendiculaire abaissée du point B sur le rayon OA, c'est-à-dire la moitié de la corde BB' de l'arc BAB' qui (102) est le double de l'arc AB. On a donc, en désignant par S l'aire du segment,

$$S = \text{arc}\,AB \cdot \frac{1}{2}\,OA - \frac{1}{2}\,BB' \cdot \frac{1}{2}\,OA,$$

ou

$$S = \frac{OA}{2}\left(\text{arc}\,AB - \frac{1}{2}\,BB'\right).$$

Lorsque la corde BB' est le côté de l'un des polygones réguliers que l'on sait inscrire (Liv. III, § VII), on peut calculer directement cette corde, par suite l'aire du segment; sinon, il faut recourir aux *Tables trigonométriques*.

458. Exemple :

Quelle est l'aire du segment de 60 degrés dans le cercle dont le rayon est 2 mètres?

L'arc AB est ici le sixième de la circonférence; il est donc égal à

$$\frac{4\pi}{6} = \frac{2\pi}{3}.$$

La corde BB′ est le côté du triangle équilatéral inscrit, égal à $2\sqrt{3}$; on a donc

$$S = \frac{2\pi}{3} - \sqrt{3} = 0^{mq},362344,$$

à moins d'un millimètre carré.

Corollaire.

459. *Le rapport des aires de deux segments semblables,* c'est-à-dire terminés par des arcs semblables, *est égal au rapport des carrés de leurs rayons.*

En effet, soient S et T les aires du secteur et du triangle dont le premier segment est la différence, et S′ et T′ les aires du secteur et du triangle dont le second segment est la différence; les secteurs S et S′ sont semblables, ainsi que les triangles T et T′; donc, si l'on désigne par R et R′ les deux rayons, on aura

$$\frac{S}{S'} = \frac{R^2}{R'^2}, \quad \frac{T}{T'} = \frac{R^2}{R'^2} \quad \text{ou} \quad \frac{S}{S'} = \frac{T}{T'} = \frac{R^2}{R'^2};$$

et, par suite, en vertu d'une proposition connue sur les rapports égaux,

$$\frac{S - T}{S' - T'} = \frac{R^2}{R'^2}.$$

§ IV. — PROBLÈMES SUR LES AIRES.

PROBLÈME.

460. *Construire un triangle équivalent à un polygone donné* (*fig.* 263, 264).

Soit, par exemple, le pentagone convexe ABCDE (*fig.* 263).

En menant la diagonale EC, on détache de ce pentagone le triangle ECD. Si par le sommet D on mène alors une parallèle DF à la diagonale EC, tous les triangles qui auront EC

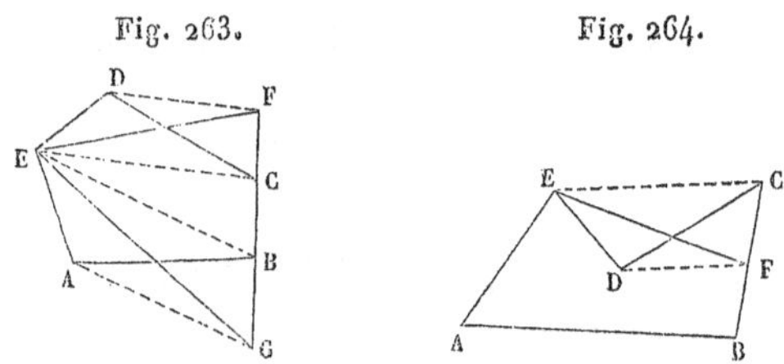

Fig. 263. Fig. 264.

pour base et leurs sommets sur DF seront équivalents au triangle ECD (426), et formeront avec le quadrilatère ECBA un polygone équivalent au pentagone proposé. Or, pour que le nouveau polygone ABCFE ait un sommet de moins, il suffit de choisir parmi tous ces triangles celui dont le sommet est en F, à la rencontre de la parallèle DF et du côté BC prolongé.

La construction indiquée permettant de *transformer un polygone quelconque en un polygone équivalent, mais ayant un côté de moins,* on arrivera toujours, en la répétant, à un triangle équivalent au polygone proposé.

Dans la *fig.* 263, en menant par le sommet A, jusqu'à la rencontre de FB prolongé, la parallèle AG à la diagonale EB, on passe du quadrilatère EABF au triangle équivalent FEG. Ce triangle est donc équivalent au pentagone primitif.

461. Lorsque le polygone considéré n'est pas convexe (*fig.* 264), la construction reste la même. Le pentagone concave ABCDE, augmenté du triangle EDC, équivaut au quadrilatère ABCE; et ce quadrilatère, diminué du triangle EFC, qui est équivalent au triangle EDC, donne le quadrilatère ABFE équivalent au pentagone proposé.

SCOLIE.

462. Le problème précédent fournit un nouveau moyen pour évaluer l'aire d'un polygone; on peut, en effet, transformer le polygone considéré en un triangle équivalent, puis calculer l'aire de ce triangle.

Appliquons ce procédé à la recherche de l'aire du trapèze.

Soit (*fig.* 265) un trapèze quelconque ABCD. Menons la diagonale DB et la parallèle CE à cette diagonale jusqu'à la rencontre de la base AB prolongée.

Fig. 265.

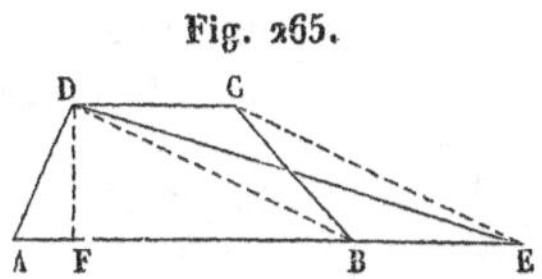

Le triangle ADE sera équivalent au trapèze ABCD. Il a d'ailleurs même hauteur DF, et sa base AE est la somme des deux bases du trapèze. On retombe ainsi sur la mesure connue (431).

PROBLÈME.

463. *Construire un carré équivalent à un polygone donné.*

Supposons d'abord qu'on veuille construire un carré équivalent à un triangle donné. Soient X le côté de ce carré, B et H la base et la hauteur du triangle proposé. On devra avoir (421, 425)

$$X^2 = \frac{B.H}{2} = \frac{B}{2}.H.$$

Le côté du carré cherché sera donc une moyenne proportionnelle à la moitié de la base du triangle et à sa hauteur.

S'il s'agit d'un parallélogramme, d'un trapèze, d'un polygone régulier et, en général, d'un polygone dont l'aire soit exprimée par le produit de deux lignes, il suffira de chercher la moyenne proportionnelle à ces deux lignes. On obtiendra ainsi le côté du carré équivalent.

Dans tout autre cas, on transformera le polygone donné en un triangle équivalent (460), et on cherchera le carré équivalent à ce triangle, comme on vient de le dire.

PROBLÈME.

464. *Trouver deux droites proportionnelles à deux polygones donnés.*

On pourra toujours remplacer les polygones considérés par

les carrés équivalents (463). Soient a et a' les côtés de ces carrés, x et y les droites cherchées. On devra avoir

$$\frac{x}{y}=\frac{a^2}{a'^2}.$$

On peut choisir arbitrairement l'une des deux droites cherchées, y par exemple, et poser $y=a'$. Il vient alors

$$\frac{x}{a'}=\frac{a^2}{a'^2} \quad \text{ou} \quad x=\frac{a^2}{a'}.$$

x sera donc, dans cette hypothèse, une troisième proportionnelle (247) aux côtés a' et a; et le rapport de cette troisième proportionnelle à a' sera le même que celui des polygones donnés.

PROBLÈME.

465. *Construire un polygone équivalent à un polygone* P *et semblable à un polygone* Q.

Il s'agit ici de transformer un polygone donné P en un autre polygone X équivalent au polygone P, mais semblable à un second polygone donné Q.

Soient q un côté quelconque du polygone Q, et x le côté homologue du polygone X. On devra avoir (435)

$$\frac{Q}{X}=\frac{q^2}{x^2},$$

ou, puisque le polygone X doit être équivalent au polygone P,

$$\frac{Q}{P}=\frac{q^2}{x^2}.$$

Remplaçons les polygones Q et P par les carrés équivalents a^2 et b^2 (463). Il viendra

$$\frac{a^2}{b^2}=\frac{q^2}{x^2}, \quad \text{d'où} \quad \frac{a}{b}=\frac{q}{x}.$$

Le côté x est donc une quatrième proportionnelle aux trois droites a, b, q (246), et il restera à construire sur ce côté, homologue du côté q, un polygone semblable au polygone Q (253).

PROBLÈME.

466. *Deux figures semblables étant données, construire une figure semblable égale à leur somme ou à leur différence.*

S'il s'agit de deux carrés dont les côtés soient a et $b\,(a > b)$, le côté x du carré égal à leur somme sera l'hypoténuse du triangle rectangle ayant pour côtés de l'angle droit a et b; le côté y du carré égal à leur différence sera le second côté de l'angle droit d'un triangle rectangle ayant a pour hypoténuse et b pour premier côté de l'angle droit (438).

S'il s'agit de deux polygones semblables A et B (A > B), dont deux côtés homologues quelconques soient a et b, le côté homologue x du polygone semblable $X = A + B$ sera l'hypoténuse du triangle rectangle construit sur a et b comme côtés de l'angle droit; le côté homologue y du polygone semblable $Y = A - B$ sera le second côté de l'angle droit du triangle rectangle ayant a pour hypoténuse et b pour premier côté de l'angle droit (440).

Dans le cas de deux cercles ayant R et R′ pour rayons, il suffit de remplacer dans l'alinéa précédent a et b par R et R′, pour trouver les rayons x et y des cercles égaux respectivement à la somme ou à la différence des deux cercles donnés.

SCOLIE.

467. Soit à construire une droite x liée à plusieurs longueurs données a, b, c, d, e, par une expression de la forme

$$x = \sqrt{a^2 + b^2 - c^2 + d^2 - e^2}.$$

On cherchera d'abord $\alpha = \sqrt{a^2 + b^2}$ à l'aide d'un triangle rectangle ayant a et b pour côtés de l'angle droit: α sera l'hypoténuse de ce triangle; puis $\beta = \sqrt{\alpha^2 - c^2}$, à l'aide d'un triangle rectangle ayant α pour hypoténuse et c pour côté de l'angle droit; β sera le second côté de ce triangle. De même, on cherchera $\gamma = \sqrt{\beta^2 + d^2}$ et $x = \sqrt{\gamma^2 - e^2}$, par deux autres triangles rectangles ayant, le premier β et d pour côtés de l'angle droit, le second γ et e pour hypoténuse et côté de l'angle droit : x sera le second côté de ce dernier triangle.

SCOLIE.

468. Il résulte du dernier alinéa du n° 466 que si, sur les trois côtés d'un triangle rectangle ABC (*fig.* 266) comme diamètres, on décrit des demi-cercles, le demi-cercle décrit sur

Fig. 266.

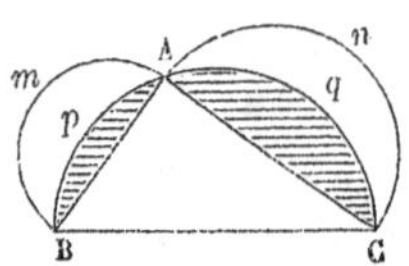

l'hypoténuse sera équivalent à la somme des demi-cercles décrits sur les côtés de l'angle droit. En enlevant de part et d'autre les parties communes ApB, AqC, qui sont ombrées sur la figure, on voit que la somme des deux *lunules* $AmBpA$, $AnCqA$, est équivalente à l'aire du triangle rectangle ABC. Cette proposition est attribuée à Hippocrate.

PROBLÈME.

469. *Construire un polygone semblable à un polygone donné, et dont l'aire soit à celle de ce polygone dans le rapport de deux droites données* M *et* N (*fig.* 267).

Fig. 267.

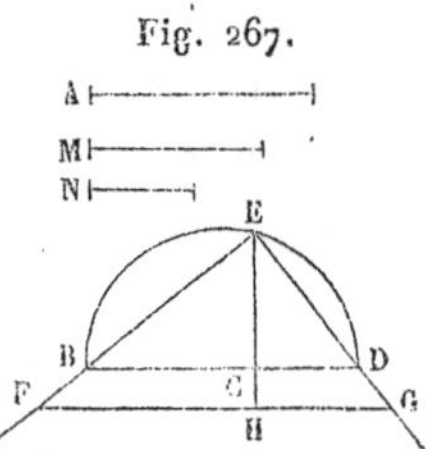

Supposons d'abord que le polygone donné soit un carré, et soit A son côté. Si X est le côté du carré cherché, on devra avoir (435)

$$\frac{X^2}{A^2} = \frac{M}{N}.$$

La question est donc de construire un triangle rectangle tel, que le rapport des segments déterminés sur l'hypoténuse par la perpendiculaire abaissée du sommet de l'angle droit soit égal à $\frac{M}{N}$ (439), et que le côté adjacent au segment qui correspond à N soit égal à A.

Or, en portant sur une droite indéfinie $BC = M$, $CD = N$, en décrivant une demi-circonférence sur BD comme diamètre, et en menant à BD la perpendiculaire CE jusqu'à la rencontre de cette demi-circonférence, on obtiendra un triangle rectangle BED dans lequel les segments de l'hypoténuse présenteront le rapport demandé. Il en sera de même (213) pour tous les triangles rectangles semblables qu'on formera en menant entre les côtés de l'angle droit BED, prolongés ou non, une parallèle à l'hypoténuse BD. Parmi tous ces triangles, celui dont le côté, dirigé suivant ED, est égal à A, répond à la question.

On portera donc sur ED la longueur $EG = A$; par le point G, on mènera à BD la parallèle GF jusqu'à la rencontre de EB, et FE représentera le côté du carré cherché. On a, en effet,

$$\frac{\overline{EF}^2}{\overline{EG}^2} = \frac{FH}{HG} = \frac{BC}{CD} \quad \text{ou} \quad \frac{\overline{EF}^2}{A^2} = \frac{M}{N}.$$

470. Soit maintenant un polygone quelconque P, soient p l'un de ses côtés et x le côté homologue du polygone cherché X. On devra avoir, d'après l'énoncé,

$$\frac{X}{P} = \frac{M}{N} \quad \text{et} \quad \frac{X}{P} = \frac{x^2}{p^2},$$

d'où

$$\frac{x^2}{p^2} = \frac{M}{N}.$$

Le problème se trouve donc ramené à trouver le côté d'un carré qui soit à un carré donné dans le rapport de deux droites données, question que nous venons de résoudre. Quand on aura obtenu le côté x homologue de p, il restera à construire sur ce côté un polygone semblable au polygone P.

471. Dans le cas de deux cercles, en désignant par x et r leurs rayons, on devra avoir

$$\frac{\pi x^2}{\pi r^2} = \frac{M}{N} \quad \text{ou} \quad \frac{x^2}{r^2} = \frac{M}{N}.$$

C'est encore le même problème.

SCOLIE.

472. Si le rapport $\frac{M}{N}$ était donné numériquement et égal, par exemple, à $\frac{5}{7}$, on choisirait une certaine longueur pour unité, et l'on rentrerait dans le cas précédent en prenant les droites BC et CD égales à cinq fois et à sept fois cette longueur.

473. On peut aussi, dans ce cas, opérer de la manière suivante. Soit $\frac{M}{N} = \frac{5}{7}$. Sur KH, côté du carré donné, comme diamètre (*fig.* 268), décrivez une demi-circonférence. Divisez KH au point I dans le rapport de

Fig. 268.

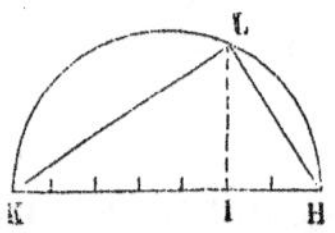

Fig. 269.

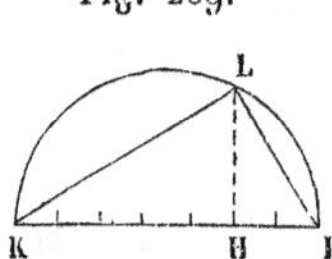

5 à 2 = 7 — 5, et menez à KH la perpendiculaire IL. La droite KL sera le côté du carré cherché (439).

Si le rapport $\frac{M}{N}$ est plus grand que 1 et égal à $\frac{7}{5}$, par exemple, divisez le côté donné KH (*fig.* 269), au point I, dans le rapport de 7 à 2 = 7 — 5. Décrivez sur KI comme diamètre une demi-circonférence, et menez au point H à KI la perpendiculaire HL. La droite KL sera le côté du carré cherché (223).

APPENDICE AU LIVRE IV.

I. — Valeur approchée de l'aire d'une figure plane terminée par une courbe quelconque.

FORMULE DE SIMPSON.

474. Soit à évaluer approximativement l'aire comprise entre un arc de courbe quelconque AB, une droite fixe XY et les perpendiculaires AA', BB' abaissées sur cette droite par les extrémités de l'arc AB.

Nous supposerons d'ailleurs que l'arc AB soit, dans toute son étendue, concave vers la droite XY, sans quoi on le décomposerait en plusieurs parties, et l'on évaluerait séparément l'aire correspondante à chaque partie.

Divisons la base A'B' en un nombre pair de parties égales, en dix par exemple, et par les points de division C', D', E', F', G', H', I', K', L', élè-

Fig. 270.

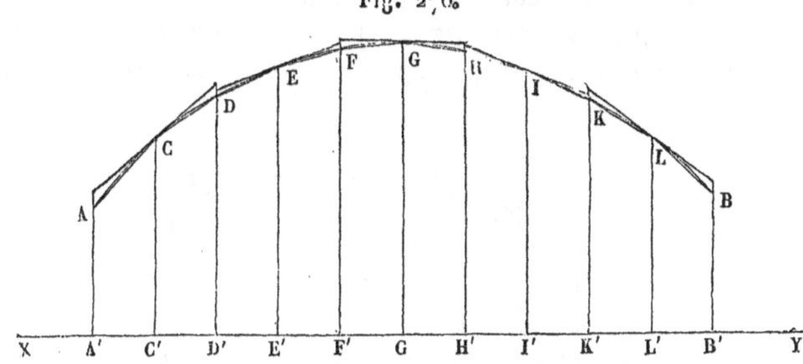

vons des perpendiculaires à XY. Désignons respectivement par $y_1, y_2, y_3, \ldots, y_{11}$, les perpendiculaires ou ordonnées AA', CC', DD', ..., BB', et par h la distance constante de deux ordonnées consécutives.

Soit m la somme des aires des trapèzes inscrits compris entre les ordonnées successives. A l'extrémité de chaque ordonnée de rang pair, menons la tangente en la limitant aux deux ordonnées qui comprennent celle que l'on considère; nous formerons ainsi une suite de trapèzes circonscrits compris entre les ordonnées successives de rang impair; représentons par M la somme de ces trapèzes circonscrits.

L'aire cherchée est évidemment comprise entre m et M, et si l'on prend pour valeur approchée de cette aire une quantité S comprise entre m et M, l'erreur correspondante sera moindre que la plus grande des différences $M - S$, $S - m$.

La méthode de Simpson consiste à prendre $S = m + \frac{1}{3}(M - m)$; l'erreur est donc alors moindre que $\frac{2}{3}(M - m)$

Or, si l'on désigne par P la somme des ordonnées de rang pair et par I la somme des ordonnées de rang impair autres que les extrêmes, augmentée de la demi-somme de ces ordonnées extrêmes, on a

$$M = 2hy_2 + 2hy_4 + \ldots + 2hy_{10} = 2hP,$$

$$m = h\frac{y_1+y_2}{2} + h\frac{y_2+y_3}{2} + \ldots + h\frac{y_{10}+y_{11}}{2} = h(P+I),$$

et, par suite,

$$M - m = h(P - I).$$

Il en résulte, pour la valeur approchée de l'aire, $S = h\left(P + I + \frac{P-I}{3}\right)$, avec une erreur moindre que $2h.\frac{P-I}{3}$.

Cette démonstration fort simple nous a été communiquée par M. Mantion.

FORMULE DE PONCELET.

La base A'B' doit ici encore être partagée en un nombre *pair* de parties égales, dix par exemple (*fig.* 271). Nous désignerons les onze ordonnées correspondantes par $y_1, y_2, y_3, \ldots y_{10}, y_{11}$. Par les extrémités de

Fig. 271.

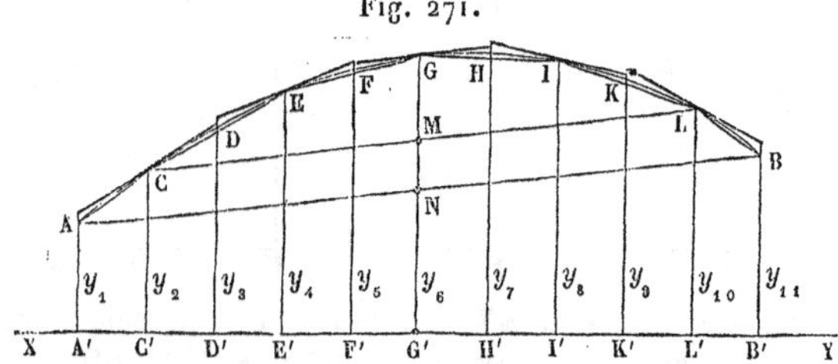

toutes les ordonnées *de rang pair* $y_2, y_4, \ldots, y_{10}$, menons des tangentes à la courbe AB, et terminons ces tangentes aux deux ordonnées voisines. Nous formerons ainsi une série de trapèzes dont la somme, évidemment supérieure à l'aire cherchée dans le cas de la figure, sera une limite supérieure du résultat demandé.

En appelant h l'intervalle constant entre deux ordonnées consécutives, on a

$$\text{trapèze AD}' = 2h.y_2,$$
$$\text{trapèze DF}' = 2h.y_4,$$
$$\ldots\ldots\ldots\ldots\ldots\ldots$$
$$\text{trapèze KB}' = 2h.y_{10}.$$

En désignant par S la somme de ces trapèzes, il vient

$$S = 2h(y_2 + y_4 + \ldots + y_{10}) :$$

la parenthèse renferme toutes les ordonnées de rang pair. En désignant leur somme par P, on aura donc

$$S = 2h.P.$$

Menons les cordes AC et BL, qui correspondent aux divisions extrêmes; puis, dans l'intervalle, les cordes CE, EG, GI, IL, qui correspondent chacune à deux divisions. Nous formerons une nouvelle série de trapèzes dont la somme sera une limite inférieure du résultat demandé. On a

$$\text{trapèze AC}' = h\left(\frac{y_1+y_2}{2}\right),$$

$$\text{trapèze CE}' = 2h\left(\frac{y_2+y_4}{2}\right),$$

$$\ldots\ldots\ldots\ldots\ldots\ldots\ldots\ldots,$$

$$\text{trapèze IL}' = 2h\left(\frac{y_8+y_{10}}{2}\right),$$

$$\text{trapèze LB}' = h\left(\frac{y_{10}+y_{11}}{2}\right).$$

En désignant par s la somme de ces trapèzes, il vient

$$s = h\left[\frac{y_1+y_{11}}{2} + \frac{3}{2}(y_2+y_{10}) + 2(y_4+y_6+y_8)\right],$$

ou bien, en ajoutant et en retranchant dans la parenthèse $\frac{y_2+y_{10}}{2}$,

$$s = h\left(\frac{y_1+y_{11}}{2} - \frac{y_2+y_{10}}{2} + 2P\right).$$

A étant l'aire cherchée, on a

$$s < A < S.$$

Mais la moyenne $\frac{S+s}{2}$ tombe aussi entre s et S. On peut donc, sauf une erreur que nous estimerons, prendre

$$A = \frac{S+s}{2} = h\left(2P + \frac{E-E'}{4}\right):$$

dans cette formule, P désigne, comme nous l'avons dit, la somme de toutes les ordonnées de rang pair, E est la somme des deux ordonnées extrêmes, E' est la somme des deux ordonnées voisines des deux extrêmes.

L'avantage de cette formule, quand le nombre des divisions est grand, c'est qu'il n'y entre que les ordonnées de rang pair et les deux ordonnées extrêmes, ce qui dispense de calculer les ordonnées intermédiaires de rang impair.

Il reste à indiquer une limite supérieure de l'erreur commise en employant la formule. Comme A tombe entre S et $\frac{S+s}{2}$ ou entre $\frac{S+s}{2}$ et s, l'erreur que l'on fait en substituant $\frac{S+s}{2}$ à A est moindre que $S - \frac{S+s}{2}$ ou que $\frac{S+s}{2} - s$, c'est-à-dire que

$$\frac{S-s}{2} = h\left(\frac{E-E'}{4}\right) = \frac{h}{2}\left(\frac{E}{2} - \frac{E'}{2}\right).$$

Menons sur la figure les droites AB et CL; ces deux droites coupent l'ordonnée du milieu GG′ en deux points M et N, et l'on a

$$\frac{y_2+y_{10}}{2} = \text{MG}', \quad \frac{y_1+y_{11}}{2} = \text{NG}',$$

c'est-à-dire

$$\frac{E}{2} - \frac{E'}{2} = \text{MN}.$$

La limite supérieure de l'erreur commise s'exprime donc géométriquement par le produit

$$\frac{h}{2}\cdot\text{MN}.$$

On peut donc, après avoir tracé la courbe, mener provisoirement les deux premières et les deux dernières ordonnées, ainsi que celle du milieu, en donnant à h une certaine valeur; puis, avant tout calcul, vérifier, en mesurant MN, si l'approximation demandée est bien obtenue, c'est-à-dire si la valeur choisie pour h est convenable.

Remarque. — Si l'arc AB était convexe vers la droite XY dans toute son étendue, une marche analogue conduirait à la même formule. Si cet arc était en partie concave et en partie convexe, en menant une perpendiculaire à XY par le point d'inflexion, on mesurerait, d'après les règles précédentes, les aires situées de part et d'autre de cette perpendiculaire et l'on en ferait la somme.

Application. — Pour le quart de cercle de rayon 1, on trouve, en divisant le rayon en dix parties égales :

$y_1 = 1,$	$y_3 = 0,980,$	$y_2 = 0,995,$
$y_{11} = 0,$	$y_5 = 0,917;$	$y_4 = 0,954,$
	$y_7 = 0,800,$	$y_6 = 0,866,$
	$y_9 = 0,600,$	$y_8 = 0,714,$
		$y_{10} = 0,436.$

La vraie valeur est $\frac{\pi}{4} = 0^{mq},7854$. La formule de Simpson donne $0^{mq},7818$, celle de Poncelet donne $0^{mq},7822$.

II — Sur la différence entre la longueur d'un arc de cercle et celle de sa corde.

LEMME.

475. *L'aire d'un triangle isocèle* PNQ, *inscrit dans un segment circulaire moindre qu'un demi-cercle, est plus petite que le cube de l'arc* α *qui limite ce segment, divisé par* 16 *fois le rayon* R (*fig.* 272).

Car cette aire, ayant pour expression (428, 1°)

$$\frac{PQ.PN.QN}{4R},$$

est moindre que

$$\frac{\alpha \cdot \frac{\alpha}{2} \cdot \frac{\alpha}{2}}{4R} = \frac{\alpha^3}{16R}.$$

THÉORÈME.

476. *La différence entre un arc de cercle* ABA′ *moindre qu'une demi-circonférence et sa corde* AA′ *est plus petite que le cube de l'arc divisé par* 24 *fois le carré du rayon* (*fig.* 272).

Fig. 272.

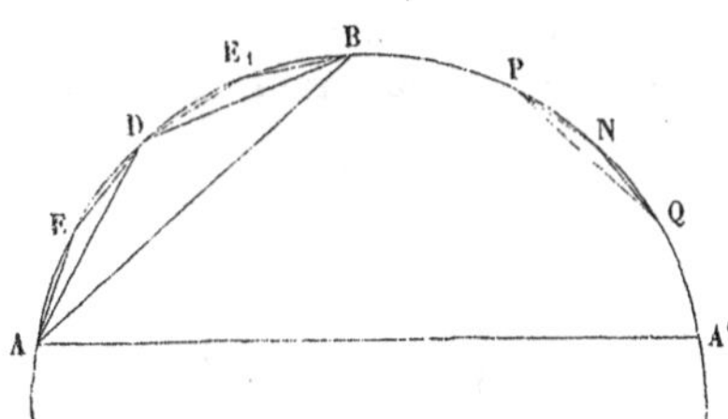

Désignons par a l'arc ABA′, par c sa corde AA′ et en général par c_x la corde de l'arc $\frac{a}{2^k}$.

B étant le milieu de l'arc ABA′, l'aire du segment ADB a pour mesure (457)

$$\frac{R}{2}\left(\frac{a}{2} - \frac{c}{2}\right) \quad \text{ou} \quad \frac{R}{4}(a - c).$$

D'autre part, si l'on prend le milieu D de l'arc AB, puis les milieux E et E_1 des arcs AD et DB, et ainsi de suite, et si l'on désigne respectivement par t_1, t_2, ..., les aires des triangles ADB, AED, ..., l'aire du segment sera la limite de la somme

$$t_1 + 2t_2 + 2^2 t_3 + \ldots + 2^{n-1} t_n + \ldots.$$

Donc, comme, d'après le lemme précédent (475), on a

$$t_n < \frac{1}{16R}\left(\frac{a}{2^n}\right)^3,$$

on aura aussi

$$\frac{R}{4}(a-c) < \frac{1}{16R}\left[\frac{a^3}{2^3} + \frac{a^3}{2^5} + \frac{a^3}{2^7} + \ldots\right]$$

ou

$$a - c < \frac{a^3}{32R^2}\left(1 + \frac{1}{4} + \frac{1}{4^2} + \ldots\right),$$

c'est-à-dire

$$a - c < \frac{a^3}{32R^2} \cdot \frac{1}{1 - \frac{1}{4}},$$

ou enfin

$$(1) \qquad a - c < \frac{a^3}{24R^2}.$$

Pour présenter une application de cette formule, cherchons, par exemple, *quel doit être le rayon R d'un cercle pour que la différence entre un arc de 60 mètres et sa corde n'atteigne pas 1 millimètre.*

Il suffit, d'après la formule (1), que R satisfasse à l'inégalité

$$\frac{60^3}{24R^2} \leqq \frac{1}{1000},$$

d'où

$$R \geqq \sqrt{\frac{10^3 . 60^3}{24}} \quad \text{ou} \quad R \geqq 3000$$

Le rayon du cercle devra donc être au moins égal à 3 kilomètres.

Remarque. — La formule (1) répond à la formule trigonométrique connue

$$(2) \qquad x - \sin x < \frac{x^3}{6}.$$

En effet, si l'on suppose $R = 1$ et $a = 2x$, on a

$$c = 2 \sin x,$$

puisque, *dans le cercle de rayon* 1, *le sinus d'un arc est la moitié de la corde de l'arc double;* et, si l'on substitue ces valeurs dans la relation (1), on obtient la relation (2).

III. — Sur les maximums et les minimums des figures planes.

477. On attribue à l'École de Pythagore les premières recherches, par voie synthétique, sur les maximums et les minimums des figures. En 1782, Lhuilier (*De relatione mutuâ capacitatis et terminorum figurarum*) a résumé toutes les découvertes faites sur ce sujet depuis les Grecs jusqu'à R. Simpson; il a corrigé avec une admirable sagacité les erreurs de ses devanciers et accru considérablement par ses propres découvertes le domaine de cette théorie. Enfin, en 1842, Steiner, dans deux Mémoires (*Journal de Crelle,* t. XXIV), véritables chefs-d'œuvre de Géométrie synthétique, a fait connaître, pour la recherche des maximums des figures planes, cinq méthodes, dont les deux premières s'appliquent à la sphère. Nous exposerons ici la première de ces méthodes, qui surpasse d'ailleurs les autres en élégance et en généralité.

THÉORÈME.

478. *Entre tous les triangles isopérimètres et de même base* AB, *le triangle isocèle* ACB *est un maximum* (*fig.* 273).

Fig. 273.

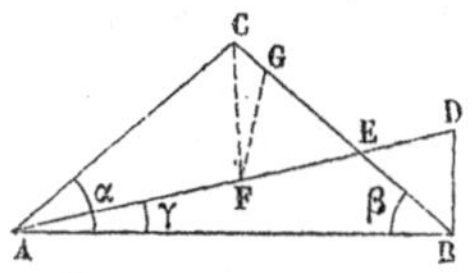

En effet, soit ADB un triangle non isocèle construit sur la base AB, au-dessus d'elle et tel que AD + DB = AC + CB. Les triangles ACB, ADB, ayant une partie commune AEB, il s'agit de prouver que le triangle BED est moindre que le triangle AEC. Or si l'on prend sur EA et sur EC, EF = EB et EG = ED, les triangles FEG, BED, seront égaux, et il suffira de faire voir que le triangle FEG est compris dans AEC, c'est-à-dire que le point F tombe entre E et A, et le point G entre E et C.

D'abord F tombe entre E et A; car l'angle β, égal à α, est supérieur à γ; donc EA est plus grand que EB ou EF.

En second lieu, G tombe entre E et C; il suffit pour le prouver d'établir l'inégalité

$$FG + GE < FC + CE$$

ou, en ajoutant AF + FE de part et d'autre,

$$AF + FG + GE + FE < AF + FC + CE + EF;$$

mais on a

$$EG = ED, \quad FG = BD, \quad EF = EB;$$

l'inégalité précédente ne diffère donc pas de

$$AD + DB \quad \text{ou} \quad AC + CB < AF + FC + CB,$$

c'est-à-dire de l'inégalité

$$AC < AF + FC,$$

qui est évidente.

479. Réciproquement, *entre tous les triangles de même base et de même aire, le triangle isocèle* G *a le périmètre minimum.*

En effet, soit U un triangle non isocèle ayant la même base et la même aire que G, et G_1 un triangle isocèle ayant la même base et le même périmètre que U ; d'après le théorème précédent, G_1 sera plus grand que U, c'est-à-dire que G ; or, de deux triangles isocèles construits sur la même base, celui qui a l'aire la plus grande a le périmètre le plus grand ; donc le périmètre de G_1, c'est-à-dire le périmètre de U, est plus grand que celui de G.

Nous supprimerons dans ce qui suit les démonstrations des réciproques ; ces démonstrations seraient toutes analogues à la précédente.

COROLLAIRE.

480. *Entre tous les triangles de même périmètre, le triangle équilatéral est un maximum ;* car le triangle maximum correspondant au périmètre donné doit être isocèle, quel que soit celui de ses côtés que l'on prenne pour base.

Réciproquement, *entre tous les triangles équivalents, le triangle équilatéral a le plus petit périmètre.*

THÉORÈME.

481. *Entre tous les triangles construits avec deux côtés, celui dans lequel ces deux côtés sont à angle droit est un maximum.*

En effet, si l'on prend l'un des côtés donnés pour base, la hauteur est moindre que l'autre côté donné, à moins que ce second côté ne soit perpendiculaire au premier ; dans cette position, la hauteur est maximum, et par suite l'aire l'est aussi.

COROLLAIRE.

482. *Entre tous les triangles dont la somme de deux côtés est donnée, celui dans lequel ces deux côtés sont à la fois égaux et à angle droit est un maximum.*

En effet, que l'on répartisse comme on voudra la somme donnée sur les deux côtés, le triangle maximum sera toujours celui dans lequel ces deux côtés seront perpendiculaires entre eux ; il ne reste donc plus qu'à comparer les triangles rectangles dont la somme des côtés de l'angle droit est constante. Considérons un de ces triangles rectangles P et sur son hypoténuse construisons un triangle isocèle Q dont les côtés égaux aient la même somme que les côtés de l'angle droit de P ; enfin, désignons par R le triangle isocèle dont les côtés égaux auraient la même longueur que ceux de Q et seraient de plus à angle droit ; on aura, par ce qui précède, $P < Q$ et $Q < R$; il en résulte donc $R > P$.

THÉORÈME.

483. *Entre toutes les figures planes isopérimètres, le cercle est un maximum* (*fig.* 274).

L'aire d'une figure de périmètre donné peut évidemment devenir aussi petite qu'on veut ; mais elle ne peut grandir indéfiniment, puisque cette figure reste forcément comprise dans l'intérieur du cercle décrit d'un point de son contour comme centre avec un rayon égal à la moitié du périmètre donné. Entre toutes les figures planes isopérimètres, il y a donc une figure maximum, ou plusieurs figures maximums de différentes formes et de même aire.

Fig. 274.

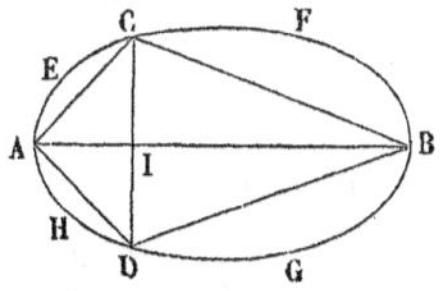

D'ailleurs, toute figure maximum de périmètre donné est *convexe*, sans quoi on pourrait agrandir son aire sans changer la longueur de son contour.

Cela posé, soit EFGH une figure maximum ayant le périmètre donné. A tout point A pris à volonté sur son contour répond un autre point B de ce contour, tel que la droite AB divise le périmètre en deux parties égales. Les aires AEFB, AHGB, devront être égales, sans quoi, en remplaçant la plus petite d'entre elles par la figure symétrique par rapport à AB, on obtiendrait une figure totale de même périmètre que la première et d'aire plus grande, de sorte que la première figure ne serait pas un maximum comme on l'a supposé.

Il résulte de là que, si dans une figure maximum EFGH de périmètre donné on remplace la partie au-dessous de AB par une partie symétrique de celle qui est au-dessus de cette droite, la nouvelle figure totale sera encore une des figures maximums.

Raisonnons actuellement sur cette nouvelle figure; en d'autres termes, admettons que la partie AHGB soit symétrique de AEFB par rapport à AB. Soit C un point quelconque du contour AEFB; prenons son symétrique D par rapport à AB et menons CA, AD, DB, BC. L'angle ACB sera droit; car si les angles ACB, ADB, n'étaient pas droits, on pourrait construire avec les mêmes côtés CA, AD, DB, BC, un quadrilatère $\alpha\gamma\beta\delta$ dans lequel les angles γ et δ seraient droits; ce nouveau quadrilatère serait plus grand que l'ancien (481), et en plaçant respectivement sur les côtés $\alpha\gamma$, $\gamma\beta$, $\delta\beta$, $\alpha\delta$, les segments AEC, CFB, BGD, DHA, qui sont actuellement sur CA, BC, DB, AD, on aurait une figure totale ayant le même périmètre que AECFBGDHA et une aire plus grande, de sorte que cette figure AECFBGDHA ne serait pas un maximum comme on l'a supposé. Donc, de tout point C du contour AECFB, on voit la droite AB sous un angle droit; par suite, ce contour est le demi-cercle décrit sur AB comme diamètre.

Ainsi, si une figure de périmètre donné est maximum, sa moitié ACB, *prise à partir d'un point quelconque* A *de son contour*, est un demi-cercle. La figure totale est donc un cercle.

Donc, enfin, il n'y a qu'une seule figure maximum de périmètre donné, et cette figure est un cercle.

Steiner donne à ce théorème le nom de *théorème principal*, parce que sa démonstration renferme les principes les plus essentiels relatifs à la plupart des questions de maximums dans les figures planes (ou sphériques).

THÉORÈME.

484. 1° *Si le périmètre d'une figure se compose d'une droite de longueur arbitraire l et d'une ligne de forme arbitraire* L, *et si en même temps la longueur de la ligne* L *ou l'aire de la figure est donnée, celle-ci est un maximum ou la ligne* L *est un minimum, quand cette figure est un demi-cercle.*

Toute figure comprise dans ce théorème peut être considérée comme la moitié d'une figure symétrique, dont la droite l est l'axe de symétrie, et dont le périmètre, égal à 2L, est donné; mais l'aire de la moitié est nécessairement un maximum, dès que la figure entière en est un. L'énoncé est donc une conséquence du théorème principal. Il s'ensuit en particulier : qu'*entre tous les segments de cercle à arcs égaux ou à aires égales, c'est le demi-cercle qui a l'aire la plus grande ou l'arc le plus petit.*

2° *Entre toutes les figures dont le périmètre est composé d'une droite donnée a et d'une ligne prise à volonté* L, *le segment de cercle a la plus grande aire pour des longueurs égales de la ligne* L, *et la plus petite ligne* L *quand les aires sont égales.*

Supposons la ligne L de forme quelconque, et qu'elle compose avec la droite a le périmètre de la figure aL; on peut toujours construire sur a un segment de cercle dont l'arc α soit égal à L, α et L étant situés du même côté de a. Complétons le cercle, et désignons l'autre arc par β; alors le cercle de périmètre $\alpha + \beta$ est plus grand que la figure limitée par $L + \beta$; ainsi $a\alpha + a\beta > a\mathrm{L} + a\beta$; donc $a\alpha > a\mathrm{L}$.

On déduit de ce théorème cette règle générale :

Dans toute figure dont l'aire doit être un maximum sous des conditions quelconques, chaque partie du périmetre, qui est libre d'avoir une forme quelconque entre deux points donnés, doit être un arc de cercle.

THÉORÈME.

485. 1° *Un polygone de côtés donnés est maximum lorsqu'il est inscriptible au cercle.*

Observons d'abord qu'on peut toujours, avec des côtés donnés a, b, $c, \ldots, l$, dont le plus grand a est moindre que la somme de tous les autres, former un polygone convexe inscriptible, et un seul. En effet, décrivons un premier cercle O assez grand pour que, en portant les unes à la suite des autres, à partir de l'un des points A de la circonférence, des cordes $AB = a$, $BC = b, \ldots$, $LM = l$, l'extrémité M de la dernière corde n'atteigne pas le point A. Le centre O étant d'abord situé dans le segment BCMA au-dessus de AB, supposons que ce centre s'abaisse d'une manière continue en décrivant la droite OZ perpendiculaire sur le milieu de AB. L'arc BCMA de la circonférence variable qui a pour centre O et qui passe par A et B décroîtra, et comme il a pour limite la droite AB, c'est-à-dire une longueur moindre que $b + c + \ldots + l$, on voit que l'extrémité M de la ligne brisée inscrite BC...M s'approchera du point A, et l'atteindra pour le dépasser ensuite. Il y aura donc une position du centre O et une seule, pour laquelle la ligne brisée ABC... M formera un polygone inscrit, comme nous l'avons annoncé.

Cela posé, soient S un cercle et P un polygone inscrit de côtés donnés $a, b, c, \ldots, l$; P′ étant un polygone quelconque formé avec les mêmes côtés, ajoutons à ce polygone P′, sur chacun des côtés, les segments circulaires qui surmontent les côtés correspondants du polygone inscrit P. On obtient ainsi une figure S′ terminée par des arcs circulaires, et dont le périmètre est égal à la circonférence du cercle S. On aura donc (483) $S > S'$, d'où, en retranchant de part et d'autre les segments circulaires qui surmontent les côtés, $P > P'$.

2° *Entre tous les polygones isopérimètres d'un même nombre de côtés, le polygone régulier est un maximum;* et réciproquement, *entre les périmètres de tous les polygones équivalents d'un même nombre de côtés, celui du polygone régulier est un minimum.*

En effet, le maximum parmi les polygones isopérimètres de n côtés doit d'abord avoir tous ses côtés égaux entre eux ; car si deux côtés consécutifs AB et BC étaient inégaux, en remplaçant le triangle ABC par un triangle isocèle AB'C construit sur la même base et de même périmètre, on aurait (478) une figure isopérimètre de n côtés et d'aire plus grande. Par suite, les côtés du polygone sont donnés et égaux chacun à la $n^{ième}$ partie du périmètre ; de plus, en vertu de la première partie du théorème qui nous occupe, le polygone maximum doit être inscriptible au cercle. Donc, enfin, le polygone maximum, devant être à la fois équilatéral et inscriptible, est régulier.

COROLLAIRE.

486. D'après cela, quand on cherchera quel polygone a l'aire maximum pour un périmètre constant, ou le périmètre minimum pour une aire constante, le nombre des côtés étant variable, on n'aura qu'à s'occuper des polygones réguliers, et l'on trouvera la loi suivante :

Les aires des polygones réguliers isopérimètres forment une série croissante, qui commence par le triangle et se termine par le cercle ; et les périmètres des polygones équivalents forment une série décroissante, à partir du triangle jusqu'au cercle.

En effet, deux polygones réguliers isopérimètres d'un nombre de côtés différents étant donnés, par exemple un pentagone ABCDE et un quadrilatère *abcd*, on peut considérer ce dernier comme un pentagone dont l'un des côtés serait nul, ou bien, en prenant arbitrairement un point *e* sur un des côtés de ce quadrilatère, par exemple sur *ad*, le considérer comme un pentagone *abcde*, dont l'un des angles *e* serait égal à deux angles droits ; le quadrilatère régulier peut donc être regardé comme un pentagone irrégulier : donc son aire est plus petite que celle du pentagone régulier ABCDE.

QUESTIONS PROPOSÉES

SUR LA GÉOMÉTRIE PLANE.

LIVRE PREMIER.

LA LIGNE DROITE.

---

§§ I, II, III. — Des angles. — Des triangles. — Des perpendiculaires et des obliques.

1. Étant données quatre droites OA, OB, OC, OD, issues d'un même point O, si les angles DOA, BOC, sont égaux entre eux, ainsi que les angles AOB, COD, les côtés OA et OC sont en ligne droite, ainsi que les côtés OB et OD.

2. Le périmètre d'un triangle est plus grand que la somme des droites qui joignent un point intérieur quelconque aux trois sommets, et moindre que le double de cette somme.

3. Une médiane quelconque d'un triangle est moindre que la demi-somme des deux côtés issus du même sommet, et plus grande que la moitié de l'excès de cette somme sur le troisième côté.

4. Le périmètre d'un triangle est plus grand que la somme de ses trois médianes et moindre que le double de cette somme.

5. ABC étant un triangle quelconque, on prend sur AB, prolongé s'il le faut, une longueur AC′ égale à AC; on prend de même sur AC une longueur AB′ égale à AB; on tire B′C′ qui coupe BC en I : démontrer que la droite AI est la bissectrice de l'angle BAC.

6. Si, d'un point A pris hors d'une droite XY, on mène sur cette droite la perpendiculaire AB et les obliques AC, AD, d'un même côté, telles que BC = CD, l'angle BAC est plus grand que l'angle CAD.

7. On dit que deux points A et A′ sont *symétriques* par rapport à une droite indéfinie XY, lorsque cette droite XY est perpendiculaire sur le milieu de AA′. Démontrer d'après cette définition : 1° que, si A′ et B′ sont les symétriques par rapport à XY de deux points quelconques A et B, les deux droites symétriques AB et A′B′ sont égales entre elles; 2° que l'angle

CAB de deux droites AB et AC est égal à l'angle C'A'B' de leurs symétriques A'B' et A'C'.

8. Par le sommet A d'un triangle ABC, on mène la droite indéfinie XY perpendiculaire sur la bissectrice de l'angle A. Démontrer que, si M est un point quelconque de XY, le périmètre du triangle BMC est plus grand que celui du triangle donné ABC.

9. Les perpendiculaires élevées sur les milieux des côtés d'un triangle concourent en un même point.

10. Les bissectrices des trois angles d'un triangle concourent en un même point. — La bissectrice de l'un des angles et les bissectrices des suppléments des deux autres angles concourent aussi en un même point.

§ IV. — Des parallèles.

11. Si deux droites égales AB et CD, comprises entre deux parallèles AC et BD se coupent en un point O, on a AO = OC et OB = OD.

12. Si par le milieu D du côté AB d'un triangle ABC on mène une parallèle DE au côté BC, la droite DE passera par le milieu E de AC et sera égale à la moitié de BC. — Réciproquement, la droite qui joint les milieux de deux côtés d'un triangle est parallèle au troisième côté et égale à sa moitié.

13. Trouver le lieu des milieux des portions de droites qui vont d'un point donné à une droite donnée.

14. Étant donné un point à l'intérieur *ou* à l'extérieur d'un angle, mener entre les côtés de l'angle une droite qui soit divisée par ce point *ou* par l'un des côtés de l'angle en deux parties égales.

15. Un triangle quelconque est le quart de celui qu'on obtient en menant par chacun de ses sommets une parallèle au côté opposé. Chaque côté du nouveau triangle est le double du côté correspondant du triangle donné.

16. Les trois hauteurs d'un triangle concourent en un même point

17. Déduire du résultat précédent un procédé pour mener par un point donné une droite qui aille passer par le point de concours, supposé inaccessible, de deux droites données.

18. Les trois médianes d'un triangle concourent en un même point, situé au tiers de chacune d'elles à partir du côté correspondant.

19. Dans un triangle, la plus petite médiane correspond au plus grand côté. — Conséquence.

20. Dans un triangle, le point de concours des perpendiculaires élevées sur les milieux des côtés, le point de concours des trois médianes et celui des trois hauteurs, sont en ligne droite, et la distance du premier point au second est moitié de la distance du second point au troisième.

21. Si, par le point d'intersection I des bissectrices des angles B et C d'un triangle ABC, on mène entre les côtés de l'angle A la parallèle DIE à BC, la droite DE sera égale à la somme de BD et de CE. Si, par le point d'intersection I' de la bissectrice de l'angle B et de celle du supplément de l'angle C, on mène entre les côtés de l'angle A ou de son opposé par le sommet la parallèle D'I'E' à BC, la droite D'E' sera égale à la différence de BD' et de CE'. — Conséquences.

22. Des extrémités A et B et du milieu C d'une droite AB, on mène dans une direction quelconque des droites parallèles AA', BB', CC', jusqu'à leur rencontre avec une droite indéfinie XY. Démontrer que le point C' est le milieu de A'B', et que la parallèle CC' est égale à la demi-somme ou à la demi-différence des parallèles AA' et BB', suivant que les points A et B sont situés d'un même côté ou de part et d'autre de XY.

23. La somme des distances d'un point quelconque de la base d'un triangle isocèle aux deux autres côtés est constante. — Qu'arrive-t-il lorsque le point considéré est pris sur le prolongement de la base?

24. Trouver le lieu géométrique des points dont la somme ou la différence des distances à deux droites fixes est constamment égale à une longueur donnée.

25. La somme des distances d'un point pris à l'intérieur d'un triangle équilatéral à ses trois côtés est constante. — Qu'arrive-t-il lorsque le point considéré est extérieur au triangle?

26. AX étant une droite quelconque menée par le sommet A d'un triangle ABC, et BE, CF, étant les perpendiculaires abaissées des points B et C sur cette droite AX, démontrer que le milieu D de BC est à égale distance des points E et F.

27. Démontrer : 1° que si deux angles ont leurs côtés respectivement parallèles, leurs bissectrices sont parallèles ou perpendiculaires entre elles; 2° que si deux angles ont leurs côtés respectivement perpendiculaires, leurs bissectrices sont perpendiculaires ou parallèles entre elles.

28. Déterminer sur l'un des côtés d'un triangle un point tel, que les longueurs interceptées par les deux autres côtés sur les parallèles menées de ce point à ces mêmes côtés soient égales entre elles.

29. Étant donnés deux points A et B et une droite XY, trouver sur cette droite un point M tel que la somme AM + BM soit un minimum.

30. Étant donnés deux points A et B et une droite XY, trouver sur cette droite un point M tel que la différence BM — AM soit un maximum.

31. Trouver sur un côté d'un triangle un point tel que la somme de ses distances aux deux autres côtés soit un minimum.

32. Trouver dans le plan d'un triangle un point tel que la somme de ses distances aux trois côtés soit un minimum.

§ V. — Somme des angles d'un polygone.

33. Étant donnés un triangle ABC et un point O pris dans son intérieur, démontrer que l'angle BOC est toujours plus grand que l'angle BAC du triangle.

34. Un angle d'un triangle est droit, aigu ou obtus, suivant que la médiane issue du sommet de cet angle est égale, supérieure ou inférieure à la moitié du côté opposé. — Réciproques.

35. AD et BC étant deux parallèles coupées obliquement par AB et perpendiculairement par AC, on mène entre ces deux parallèles la droite BED qui coupe AC en E, de manière que $ED = 2AB$: démontrer que l'angle DBC est le tiers de l'angle ABC.

36. Si, d'un point A pris hors d'une droite XY, on mène sur cette droite la perpendiculaire AB et les obliques AC, AD, AE, de manière que ces obliques soient situées d'un même côté de AB et que les angles BAC, CAD, DAE, soient égaux, on a $BC < CD < DE$.

37. Soient un triangle ABC, et AO, BO, CO, les bissectrices de ses angles; AO prolongée coupant le côté BC en D, et OI étant la perpendiculaire menée du point O sur BC, démontrer que l'angle BOD est égal à l'angle COI.

38. L'angle formé par la bissectrice de l'angle A d'un triangle ABC et par la perpendiculaire menée du sommet A sur le côté BC est égal à la demi-différence des angles B et C.

39. La différence entre les deux angles aigus d'un triangle rectangle est égale à l'angle formé par la hauteur et la médiane issues du sommet de l'angle droit. — Si l'on rapproche ce résultat du précédent, quelle conclusion peut-on en déduire?

40. Si l'on mène les bissectrices des angles extérieurs d'un triangle ABC, les trois triangles partiels et le triangle total qu'elles déterminent autour du triangle donné sont équiangles. Chaque angle du triangle ABC a pour supplément le double de l'angle qui lui est opposé dans le triangle total.

41. Dans un triangle ABC, on prend sur le côté AB et sur son prolongement AD = AE = AC, puis on joint le sommet C aux points D et E. Démontrer que l'angle E est la moitié de l'angle A du triangle ABC, et que l'angle DCE est droit.

42. Dans un triangle ABC on mène, jusqu'au côté BC, une droite AD faisant avec le côté AB un angle égal à l'angle C et une droite AE faisant avec le côté AC un angle égal à l'angle B. Démontrer que le triangle DAE est isocèle.

43. Dans un triangle rectangle, si l'un des angles aigus est double de l'autre, l'hypoténuse est double du plus petit côté. — Réciproque.

44. Dans un triangle quelconque ABC où l'angle B est double de l'angle C, on mène AD perpendiculaire sur le côté BC; sur AB, prolongé ou non suivant que l'angle B est aigu ou obtus, on prend BE égal à BD, puis on tire la droite EDF qui coupe AC au point F. Démontrer : 1° que les longueurs FD, FC, FA, sont égales et que les triangles ABC, AFE, sont équiangles; 2° que le côté AB est égal à la différence des segments DC et DB de la base BC si l'angle B est aigu, à leur somme si l'angle B est obtus

45. L'angle des bissectrices de deux angles consécutifs d'un quadrilatère convexe est égal à la demi-somme des deux autres angles du quadrilatère. L'angle des bissectrices de deux angles opposés est égal à la demi-différence des deux autres angles.

46. Les bissectrices des angles formés en prolongeant jusqu'à leur rencontre les côtés opposés d'un quadrilatère convexe se coupent sous un angle égal à la demi-somme de deux angles opposés du quadrilatère.

§ VI. — Du parallélogramme.

47. Deux quadrilatères convexes sont égaux lorsqu'ils ont un angle égal, et leurs quatre côtés égaux chacun à chacun et disposés de la même manière. Énoncer le théorème correspondant pour le cas de deux parallélogrammes, de deux rectangles, de deux losanges, de deux carrés.

48. Deux trapèzes sont égaux lorsqu'ils ont leurs quatre côtés égaux chacun à chacun et disposés de la même manière.

49. Toute droite passant par le centre d'un parallélogramme le divise en deux quadrilatères égaux.

50. Tout quadrilatère est la moitié du parallélogramme que l'on obtient en menant par les extrémités de chaque diagonale des parallèles à l'autre

diagonale. — Déduire de ce théorème que deux quadrilatères ont même surface lorsque leurs diagonales sont respectivement égales et se coupent sous le même angle.

51. Si l'on mène la droite DE qui joint les milieux des côtés AB et AC du triangle ABC et, par les points D et E, deux parallèles quelconques DF, EG, jusqu'à la rencontre du côté BC, le triangle ADE est le quart du triangle ABC et le parallélogramme DEGF en est la moitié.

52. Les droites qui joignent successivement les milieux des côtés d'un quadrilatère forment un parallélogramme, moitié de la figure primitive. — Conséquence relative aux droites qui joignent les milieux des côtés du quadrilatère.

53. En divisant arbitrairement, mais de la même manière, les côtés d'un carré, et en joignant successivement les points de division, on forme un nouveau carré inscrit dans le premier.

54. Étant donné un parallélogramme ABCD, on prend en sens inverse, sur les côtés opposés AB, CD, deux longueurs AE et CF, arbitraires, mais égales; de même, sur les côtés opposés AD, BC, on prend en sens inverse les longueurs arbitraires AH = CG. Démontrer : 1° que la figure EGFH est un parallélogramme inscrit dans le parallélogramme proposé; 2° que le centre du parallélogramme proposé est en même temps celui de tous les parallélogrammes qu'on peut y inscrire.

55. Le point de rencontre des droites qui joignent les milieux des côtés opposés d'un quadrilatère quelconque est le milieu de la droite qui unit les milieux des diagonales de ce quadrilatère.

56. Les bissectrices des angles d'un quadrilatère convexe forment un second quadrilatère dont les angles opposés sont supplémentaires. Lorsque le premier quadrilatère est un parallélogramme, le second est un rectangle dont les diagonales sont parallèles aux côtés du parallélogramme et égales à la différence de ses côtés adjacents. Lorsque le premier quadrilatère est un rectangle, le second est un carré.

57. Si, par un point quelconque de la base d'un triangle isocèle, on mène des parallèles aux deux autres côtés, on forme un parallélogramme dont le périmètre est constant.

58. ABC étant un triangle rectangle et ABDM, ACEN, étant les carrés construits sur les côtés AB et AC de l'angle droit, des sommets D et E, opposés au sommet A, on abaisse des perpendiculaires DF, EG, sur l'hypoténuse BC prolongée. Démontrer : 1° que l'hypoténuse BC est égale à la somme des perpendiculaires DF et EG; 2° que le triangle proposé ABC est la somme des triangles DFB, CEG.

59. Démontrer que dans tout trapèze isocèle les angles opposés sont supplémentaires.

60. Dans tout trapèze, les quatre points, milieux des deux côtés non parallèles et des deux diagonales, sont sur une même droite parallèle aux deux bases du trapèze; la distance des points extrêmes est égale à la demi-somme de ces bases; la distance des points intermédiaires est égale à leur demi-différence.

61. ABCD étant un parallélogramme, E et F étant les milieux des côtés opposés AB et CD, les droites BF et DE divisent la diagonale AC en trois parties égales.

62. Par le sommet A d'un parallélogramme ABCD, on mène une droite quelconque AX. Prouver que la distance du sommet C à la droite AX est égale à la somme ou à la différence des distances des sommets B et D à la même droite, suivant que AX est extérieure au parallélogramme ou le traverse.

63. D, E, F, étant respectivement les milieux des côtés AB, BC, CA, d'un triangle ABC, on mène DG parallèle à la médiane BF jusqu'à la rencontre de EF prolongée. Démontrer que les trois côtés du triangle DGC sont respectivement égaux aux trois médianes du triangle ABC.

64. Démontrer qu'un polygone convexe, d'un nombre impair de côtés, est déterminé quand on donne les milieux de ses côtés.

65. Parmi tous les triangles qui ont un angle égal compris entre deux côtés variables dont la somme est constante, quel est celui dont le périmètre est minimum?

66. Étant données deux parallèles XY, X'Y', et deux points A et B situés hors de ces parallèles et de côtés différents, trouver le plus court chemin de A en B par une ligne brisée AMNB telle, que la portion MN comprise entre les parallèles ait une direction donnée.

67. Sur un billard rectangulaire, dans quelle direction faut-il lancer la bille pour qu'elle revienne au point de départ après avoir frappé successivement les quatre côtés? — Quelle est la longueur du chemin parcouru alors par la bille? — Comment généraliserait-on la question? (On admet que, lorsque la bille frappe une bande, les deux droites qu'elle suit, avant et après le choc, sont également inclinées sur la bande).

LIVRE II.

LA CIRCONFÉRENCE DE CERCLE.

§ I. — Des arcs et des cordes.

68. Étant données la base d'un triangle et la différence des deux autres côtés, trouver le lieu des pieds des perpendiculaires abaissées des extrémités de la base sur la bissectrice de l'angle au sommet. — Même question en remplaçant la différence des deux côtés par leur somme, et la bissectrice de l'angle au sommet par celle de son supplément.

69. Si l'on divise la corde d'un arc de cercle en trois parties égales, les rayons qui passent par les points de division partagent l'arc en trois parties, dont les deux extrêmes sont égales entre elles et moindres que la partie intermédiaire.

70. Par un point A extérieur à une circonférence O, on mène une sécante ACD dont la partie extérieure AC est égale au rayon; on mène en outre le diamètre AOB : démontrer que l'angle COA est le tiers de l'angle DOB.

71. Étant donnés une circonférence et un point dans son plan, quelle est la plus petite corde qu'on puisse mener par ce point dans la circonférence?

72. Si deux cordes égales se coupent à l'intérieur ou à l'extérieur d'une circonférence, les segments déterminés sur ces deux cordes par leur point de rencontre sont respectivement égaux.

§ II. — Tangente au cercle. — Positions mutuelles de deux circonférences.

73. La plus petite et la plus grande des droites qu'on peut mener entre deux circonférences passent par les centres de ces circonférences.

74. Étant donnés trois points non en ligne droite, faire passer par un point donné *ou* décrire avec un rayon donné une circonférence dont les trois premiers points soient également distants.

75. Si deux cordes AB et CD se coupent dans un cercle, la somme AC + BD des arcs qu'elles interceptent est égale à la somme des arcs interceptés par les deux diamètres parallèles à ces cordes.

76. Un cercle étant donné, combien faut-il de cercles de même rayon pour l'entourer?

77. On donne un cercle de centre O et de rayon R, et un point extérieur A. Du point A comme centre, avec OA pour rayon, on décrit un arc BOC, et du point O comme centre avec 2R pour rayon, on décrit un nouvel arc qui coupe le précédent en B et en C. On mène OB et OC qui rencontrent respectivement en E et en D la circonférence primitive. Démontrer que AE et AD sont tangentes à cette circonférence.

78. AB étant un diamètre fixe d'un cercle, et CD une corde parallèle à ce diamètre, on mène CB et DA qui se coupent en M, puis CA et DB qui se coupent en N. Trouver le lieu des points M et N quand la corde CD se déplace parallèlement à elle-même.

79. Quel est le lieu des centres des circonférences de même rayon qui partagent une circonférence donnée en deux parties égales?

80. Quel est le lieu des centres des circonférences de même rayon qui coupent sous un angle donné une circonférence donnée?

§ III. — Mesure des angles.

81. A, B, C, étant trois points quelconques d'une circonférence, D le milieu de l'arc AB, et E le milieu de l'arc AC, la droite DE coupe respectivement en F et en G les cordes AB et AC. Démontrer que AF = AG.

82. A étant un point quelconque d'un diamètre, B l'extrémité du rayon perpendiculaire à ce diamètre, on mène BA qui coupe le cercle en P, puis la tangente au point P qui coupe en C le diamètre prolongé. Démontrer que CA = CP.

83. A, B, C, A', B', C', étant six points pris sur une circonférence, de telle manière que AB soit parallèle à A'B' et AC à A'C', démontrer que BC' et CB' sont parallèles.

84. Les hauteurs AA', BB', CC', d'un triangle quelconque ABC, sont les bissectrices des angles du triangle A'B'C'.

85. ABC étant un triangle inscrit dans un cercle, on joint le centre O au milieu D de l'arc BC, et l'on mène AD. Démontrer que l'angle ADO est la moitié de la différence des angles B et C.

86. Si par le point A, commun à deux circonférences qui se coupent, on mène à volonté deux sécantes ABC, ADE, les cordes BD et CE qui

joignent leurs extrémités se rencontrent sous un angle constant. — Dans le cas où les deux sécantes se confondent, comment faut-il énoncer le théorème?

87. On donne deux circonférences O et O′ et un angle XAY situé dans leur plan. Le côté AX coupe la circonférence O aux points B et C et la circonférence O′ aux points B′ et C′; le côté AY coupe la circonférence O en D et E, la circonférence O′ en D′ et E′. Démontrer que les cordes BD, CE, B′D′, C′E′, indéfiniment prolongées, forment un quadrilatère inscriptible.

88. Si par le point d'intersection O des diagonales d'un quadrilatère inscrit ABCD, on mène la corde EOF qui a son milieu en O, la partie de cette corde interceptée entre les côtés opposés du quadrilatère sera aussi divisée par le point O en deux parties égales.

89. O étant le point de concours des hauteurs d'un triangle ABC et G le point où la hauteur AD rencontre le cercle circonscrit au triangle, on a OD = DG.

90. Étant donnés un triangle ABC et le cercle circonscrit, si du milieu de l'un quelconque des deux arcs sous-tendus par le côté BC on abaisse des perpendiculaires sur AB et sur AC, la somme des distances des pieds de ces perpendiculaires aux sommets du triangle est égale à la demi-somme ou à la demi-différence des côtés AB et AC.

91. Si par le point A, milieu d'un arc BAC d'une circonférence, on mène deux cordes quelconques AD et AE qui coupent en F et en G la corde BC, le quadrilatère DFGE est inscriptible.

92. ABCD étant un quadrilatère inscriptible, on mène une circonférence passant par A et B, une seconde par B et C, une troisième par C et D, et une quatrième par D et A. Ces quatre circonférences se coupent successivement en quatre points L, M, N, P, autres que les points A, B, C, D. Démontrer que le quadrilatère LMNP est inscriptible.

93. Si dans un quadrilatère ABCD on prolonge les côtés opposés AB et CD jusqu'à leur rencontre E, puis les côtés opposés AD et BC jusqu'à leur rencontre F, on forme une figure qu'on nomme *quadrilatère complet,* et qui renferme quatre triangles ABF, ADE, BCE, DCF. Démontrer : 1° que les cercles circonscrits à ces quatre triangles passent par un même point; 2° que ce point et les centres des quatre cercles sont sur une même circonférence.

94. Sur les trois côtés d'un triangle ABC, on construit extérieurement à ce triangle les triangles équilatéraux ABC′, ACB′, BCA′. Démontrer : 1° que les trois droites AA′, BB′, CC′, sont égales; 2° qu'elles concourent

en un même point O; 3° que, du point O, on voit sous le même angle les trois côtés du triangle ABC.

95. Par un point fixe pris dans le plan d'un cercle, on mène diverses cordes : trouver le lieu des milieux de ces cordes.

96. Par l'une des extrémités d'un diamètre AB d'un cercle, on mène une corde quelconque AC que l'on prolonge d'une quantité CM égale à CB : quel est le lieu des points M?

97. On donne un cercle et un point fixe A situé dans son plan. ABC étant une corde quelconque issue du point A, on élève sur le milieu de cette corde une perpendiculaire IM égale à IA. Quel est le lieu des points M?

98. ABC étant un triangle équilatéral, quel est le lieu des points M, tels que $MA = MB + MC$?

99. Trouver le lieu du point de concours des hauteurs des triangles qui ont même base et même angle au sommet.

100. Une circonférence roule dans l'intérieur d'un cercle de rayon double : quel est le lieu décrit par un point de cette circonférence?

101. Trouver le lieu des points tels, que si l'on abaisse de l'un d'eux des perpendiculaires sur les trois côtés d'un triangle fixe, les trois pieds de ces perpendiculaires soient en ligne droite.

102. Dans un triangle, on donne : la somme ou la différence de deux côtés et l'angle formé par ces côtés en grandeur et en position. Trouver le lieu du centre du cercle circonscrit.

103. Deux circonférences O et O′ étant tangentes intérieurement au point A, et BC étant une corde de la grande circonférence tangente en D à la petite circonférence, la droite AD est la bissectrice de l'angle BAC.

104. La circonférence O touchant les deux circonférences O′ et O″ aux points A et B, on prolonge la corde AB jusqu'à son second point de rencontre C avec la circonférence O″. Démontrer que les deux rayons O′A et O″C sont parallèles. La droite O′O″ rencontrant les circonférences O′ et O″ aux points D et E, démontrer en second lieu que le quadrilatère ABDE est inscriptible.

105. Le point C étant le milieu d'un arc AB, et le point D un point quelconque de cet arc, on a $AC + BC > AD + BD$.

§ IV. — Construction des angles et des triangles.

106. Construire un triangle, connaissant :

1° Deux côtés et une médiane (deux cas);

2° Un côté et deux médianes (deux cas),

3° Les trois médianes;

4° La base, la différence des deux autres côtés et la différence des angles à la base;

5° La base, un angle à la base, et la somme ou la différence des deux autres côtés;

6° La base, l'angle au sommet, et la somme ou la différence des deux autres côtés.

107. Diviser un angle droit en trois parties égales.

108. Par un point donné O, mener trois droites OA, OB, OC, de longueurs données et telles, que leurs extrémités A, B, C, soient en ligne droite, et que les intervalles AB et BC soient égaux entre eux.

109. Soient ABC un triangle, et ABDE, ACFG, BCHK, les carrés construits sur les trois côtés; connaissant les longueurs des trois droites EG, FH, KD, construire le triangle ABC.

§ V. — Tracé des parallèles et des perpendiculaires.

110. Décrire un cercle :

1° Touchant deux droites données, et l'une d'elles en un point donné;

2° Touchant une droite et une circonférence données, et cette circonférence en un point donné.

111. Construire un triangle, connaissant :

1° Les pieds des trois hauteurs ;

2° Un angle, une hauteur et le périmètre (deux cas);

3° Un côté, l'un des angles adjacents et la longueur de la bissectrice de cet angle;

4° La somme de deux côtés et les angles;

5° Le périmètre et les angles;

6° Un angle, la longueur de sa bissectrice et l'une des hauteurs (deux cas);

7° Les angles et une hauteur;

8° La base, la somme des deux autres côtés et la différence des angles à la base.

112. Construire un quadrilatère, connaissant les quatre côtés et la droite qui joint les milieux de deux côtés opposés.

113. Construire un pentagone, connaissant les milieux des cinq côtés.

114. Par l'un des points d'intersection de deux cercles, mener une sécante commune qui ait son milieu en ce point.

115. Par un point donné, mener une droite qui fasse des angles égaux avec deux droites données.

116. Tracer une droite de longueur donnée, dont les extrémités s'appuient sur deux droites données, et qui soit parallèle à une droite donnée.

Même problème en remplaçant les deux droites par deux circonférences.

117. On donne trois droites issues d'un même point, et un point pris sur l'une d'elles; mener par ce point une sécante qui soit divisée par les trois droites en deux parties égales.

118. Par un point extérieur à un cercle, mener une sécante dont la longueur totale soit double de sa partie extérieure.

119. Inscrire dans un triangle un losange dont l'un des angles coïncide avec un angle du triangle.

120. Tracer une circonférence qui passe à égale distance de quatre points donnés, dont trois quelconques ne soient pas en ligne droite.

121. Décrire une circonférence de rayon donné, dont le centre soit sur une droite donnée et telle, que la somme des distances, maximum et minimum, d'un point donné à cette circonférence, soit égale à une longueur donnée.

122. Par un point pris dans le plan d'un parallélogramme, mener une sécante telle, que la partie comprise entre deux côtés opposés (prolongés s'il le faut) soit égale à la partie comprise entre les deux autres côtés.

§ VI. — Problèmes sur les tangentes.

123. Mener à un cercle une tangente qui fasse un angle donné avec une droite donnée.

124. Deux cercles étant donnés, mener une sécante telle, que les cordes interceptées sur elle par les deux cercles aient des longueurs données.

125. Des sommets d'un triangle comme centres, décrire trois cercles qui se touchent deux à deux.

126. Décrire un cercle qui touche deux circonférences, et l'une d'elles en un point donné.

127. Construire un triangle rectangle, connaissant :

1° L'un des côtés de l'angle droit et l'excès de l'hypoténuse sur le troisième côté;

2° Les angles et l'excès de l'hypoténuse sur un des côtés de l'angle droit.

128. Étant donnés un cercle et un angle circonscrit, toute tangente à l'arc qui tourne sa convexité vers le sommet détermine avec les côtés de

l'angle un triangle dont le périmètre est constant et dont le troisième côté est vu du centre du cercle sous un angle constant. — Qu'arrive-t-il lorsque la tangente est menée par un point de l'arc concave?

129. Construire un triangle, connaissant son périmètre, un angle en grandeur et en position, et un point du troisième côté.

130. Construire un triangle, connaissant :

1° Un angle, ainsi que la hauteur et la médiane issues de son sommet;

2° Un côté, un angle et une hauteur (cinq cas).

131. Construire un triangle ayant des angles donnés et tel, que ses sommets appartiennent à deux circonférences concentriques données.

132. Construire un triangle, connaissant la base, la différence des angles à la base, et sachant que le sommet doit être situé sur une droite donnée.

133. Dans tout triangle rectangle, le diamètre du cercle inscrit est égal à l'excès de la somme des deux côtés de l'angle droit sur l'hypoténuse.

134. Étant donnés un triangle, le cercle inscrit et les trois cercles ex-inscrits, démontrer : 1° que les quatre points de contact qui se trouvent sur un même côté (deux intérieurs et deux extérieurs) sont deux à deux équidistants du milieu de ce côté; 2° que la distance d'un point de contact extérieur au plus éloigné des deux sommets situés sur le même côté est égale au demi-périmètre du triangle; 3° que la distance du point de contact du cercle inscrit à l'un des sommets situés sur le même côté est égale au demi-périmètre diminué du côté opposé à ce sommet; 4° que la distance des deux points de contact intérieurs situés sur le côté considéré est égale à la différence des deux autres côtés du triangle; 5° que la distance des deux points de contact extérieurs est égale à la somme des deux autres côtés du triangle; 6° que la distance du point de contact du cercle inscrit à l'un des points de contact extérieurs est égale à celui des deux autres côtés du triangle qui aboutit au sommet situé entre ces deux points de contact.

135. Soient ABC un triangle, D le centre du cercle circonscrit, O celui du cercle inscrit, et O′, O″, O‴, les centres des cercles ex-inscrits respectivement situés dans les angles A, B, C; démontrer : 1° que le cercle circonscrit passe par les milieux des droites OO′, OO″, OO‴; 2° que les quatre points O, B, C, O′, sont sur un même cercle dont le centre est sur la circonférence D; 3° que les points O″, B, C, O‴, sont sur un même cercle dont le centre est sur la circonférence D.

136. Si l'on désigne par R le rayon du cercle circonscrit au triangle ABC; par r celui du cercle inscrit, par r', r'', r''', ceux des cercles ex-inscrits;

par δ, δ', δ'', les perpendiculaires abaissées du centre du cercle circonscrit sur les côtés; par μ, μ', μ'', les portions de ces perpendiculaires comprises entre les côtés du triangle et la circonférence circonscrite, on a les relations

$$r' + r'' + r''' = 4R + r,$$
$$\mu + \mu' + \mu'' = 2R - r,$$
$$\delta + \delta' + \delta'' = R + r.$$

La dernière relation suppose que le centre D du cercle circonscrit est situé à l'intérieur du triangle. Dans le cas où le point D est extérieur, comment faut-il modifier cette relation?

137. Construire un triangle, connaissant :

1° Le rayon du cercle inscrit, un angle et la hauteur issue de son sommet;

2° Un côté, la somme ou la différence des deux autres, et le rayon du cercle inscrit ou de l'un des cercles ex-inscrits;

3° Les centres des trois cercles ex-inscrits.

138. Construire trois cercles égaux qui se touchent deux à deux et qui touchent intérieurement un cercle donné.

139. Étant donnés la base et l'angle au sommet d'un triangle, trouver les lieux des centres du cercle inscrit et des cercles ex-inscrits.

140. Le trapèze isocèle est le seul trapèze inscriptible.

APPENDICE DU DEUXIÈME LIVRE.

141. ABC étant un triangle quelconque, on construit sur les côtés les carrés ABDE, ACFG, BCHK; on mène EG, DK, HF, DC, BF, et l'on abaisse la hauteur AI; démontrer : 1° que les trois droites DC, BF, AI, concourent en un même point; 2° que les perpendiculaires abaissées respectivement de A sur EG, de B sur DK, et de C sur FH, concourent en un même point.

142. Partager un arc de cercle en deux parties telles, que la somme ou la différence de leurs cordes soit égale à une droite donnée.

143. Deux cercles O et O′ et une droite XY étant donnés, trouver sur XY un point tel, que les tangentes menées de ce point aux deux cercles soient également inclinées sur la droite XY.

144. Étant donnés une droite XY et deux points A et B situés d'un même côté de cette droite, trouver sur XY un point M tel, que l'angle AMX soit double de l'angle BMY.

145. On donne un cercle de centre O et un diamètre fixe AOB. Du

point B, on mène une corde BC, que l'on prolonge d'une quantité CD égale à BC. On tire les droites CA et DO, qui se coupent en M. Quel est le lieu du point M, lorsque la corde BC tourne autour du point B?

146. On donne un cercle O et deux diamètres rectangulaires AA', BB'. Du point A, on mène une sécante ACI qui coupe le cercle en C et le diamètre BB' prolongé en I. La tangente en C au cercle O et la perpendiculaire en I au diamètre BB' se rencontrent en un point M dont on demande le lieu.

147. Construire un triangle équilatéral, sachant qu'il doit s'appuyer par ses trois sommets sur trois circonférences concentriques données.

148. Construire un triangle dont on connaît les angles, et qui ait ses trois sommets sur trois droites parallèles données.

149. Trouver, dans le plan d'un triangle, le point dont la somme des distances aux trois sommets est un minimum.

150. Construire un quadrilatère, connaissant deux angles opposés, les longueur des deux diagonales et l'angle qu'elles forment.

151. Dans le plan d'un angle donné BAC, mener par un point donné D une droite DBC telle, que le périmètre du triangle ABC ainsi formé ait une longueur donnée.

152. D'un point donné comme centre, décrire une circonférence qui coupe une droite donnée, de manière que l'un des segments déterminés par la droite soit capable d'un angle donné.

153. Couper un triangle donné par une droite telle, que les deux segments interceptés sur cette droite par les trois côtés du triangle (prolongés s'il est nécessaire) aient des longueurs données.

154. Décrire un cercle qui touche une droite donnée en un point donné, et qui coupe un cercle donné sous un angle donné.

155. On donne un triangle ABC rectangle en A; une perpendiculaire quelconque DE à l'hypoténuse coupe le côté BA en D, le côté CA en F; on mène les droites DC et BF qui se rencontrent en M; trouver le lieu du point M.

LIVRE III.

LES FIGURES SEMBLABLES.

§ I. — Lignes proportionnelles.

156. Démontrer que, si l'on mène entre les deux côtés d'un triangle une suite de parallèles à la base, la médiane qui correspond à cette base est le lieu des points d'intersection des diagonales des trapèzes ainsi obtenus.

157. Trouver le lieu géométrique des points d'un plan également éclairés par deux foyers lumineux placés dans ce plan, et dont les intensités à l'unité de distance sont représentées par les nombres a et b.

158. Trouver dans le plan déterminé par trois foyers lumineux le point également éclairé par chacun d'eux.

159. Trouver le lieu des points qui partagent dans un rapport donné $\frac{m}{n}$ toutes les droites comprises entre un point donné A et un cercle donné O.

160. Trouver le lieu des points d'où l'on voit sous un même angle donné deux cercles donnés.

161. Trouver le point d'où l'on voit sous un même angle donné trois cercles donnés.

162. Soient deux droites quelconques AB et XY. Si AB est divisée au point C dans le rapport $\frac{m}{n}$, et si des points A, B, C, on mène jusqu'à XY les parallèles AA′, BB′, CC′, à une direction quelconque, on a toujours

$$CC'(m+n) = n.AA' + m.BB'.$$

§ II. — Lignes proportionnelles dans le cercle.

163. Étant donnés un point A et un cercle O, on mène à ce cercle par le point A une sécante ABC sur laquelle on prend un point M tel, qu'on ait $AM.AC = k^2$; trouver le lieu décrit par le point M quand la sécante ABC tourne autour du point A.

164. D'un point donné hors d'un cercle, lui mener une sécante telle, que la corde interceptée soit moyenne proportionnelle entre la sécante entière et sa partie extérieure.

165. D'un point donné hors d'un cercle, lui mener une sécante telle, que le produit de la sécante entière par sa partie intérieure soit égal à un carré donné k^2.

166. Étant donné un triangle obtusangle, mener du sommet de l'angle obtus au côté opposé une droite dont le carré soit égal au produit des segments qu'elle détermine sur ce côté.

167. AB est un diamètre d'un cercle, CD une corde perpendiculaire à AB; par un point P pris sur CD, on mène une corde APQ : démontrer que le produit AP.AQ est constant.

168. Si l'on joint le centre d'un cercle à un point d'une corde, le carré de la droite obtenue, plus le produit des segments que le point choisi détermine sur la corde, est égal au carré du rayon.

169. Les cordes communes à un cercle fixe et à tous les cercles que l'on peut mener par deux points donnés, passent par un point fixe.

170. Dans tout triangle, la demi-différence de deux côtés est la moyenne proportionnelle des distances du milieu du troisième côté aux points où ce côté est coupé par la bissectrice et la hauteur issues du sommet de l'angle opposé; de même, la demi-somme de deux côtés est la moyenne proportionnelle des distances du milieu du troisième côté aux points où ce côté est coupé par la bissectrice du supplément de l'angle opposé et par la hauteur issue du sommet de cet angle.

171. Étant donnés un triangle ABC et le cercle circonscrit à ce triangle, on mène la bissectrice AD de l'angle A qui coupe BC en D et le cercle circonscrit en E, et la bissectrice AD' du supplément de l'angle A qui coupe BC prolongé en D' et le cercle circonscrit en E' : démontrer que BE est la moyenne proportionnelle de EA et de ED, et que BE' est la moyenne proportionnelle de E'A et de E'D'.

172. On donne l'angle au sommet d'un triangle en grandeur et en position, et la somme des inverses des côtés qui comprennent cet angle : démontrer que la base du triangle passe par un point fixe.

173. Deux droites se coupent à angle droit dans un cercle ou hors d'un cercle : démontrer que la somme des carrés des deux droites opposées déterminées par leurs points d'intersection avec la circonférence est égale au carré du diamètre, ainsi que la somme des carrés des quatre segments des deux droites données.

174. Si, dans le problème précédent, AB et CD sont les cordes interceptées par la circonférence O sur les deux droites données qui se coupent perpendiculairement en E, on a

$$\overline{AB}^2 + \overline{CD}^2 + 4\overline{OE}^2 = 8\overline{OA}^2.$$

175. Soit un demi-cercle décrit sur AB; deux cordes quelconques AD et BC se coupent en P : démontrer que

$$\overline{AB}^2 = AD.AP + BC.BP.$$

176. Dans un triangle quelconque ABC, soient M le milieu de la base BC, I son point de contact avec le cercle inscrit au triangle, H et K les points de rencontre de la hauteur et de la bissectrice issues du sommet A avec BC : démontrer la relation

$$MI.HI = MH.KI.$$

177. R, r, ρ_1, ρ_2, ρ_3, étant les rayons du cercle circonscrit, du cercle inscrit et des cercles ex-inscrits à un triangle quelconque, et d, δ_1, δ_2, δ_3, étant les distances du centre du cercle circonscrit aux centres des cercles inscrit et ex-inscrits : démontrer les relations

$$R^2 = d^2 + 2Rr = \delta_1^2 - 2R\rho_1 = \delta_2^2 - 2R\rho_2 = \delta_3^2 - 2R\rho_3 = \frac{d^2 + \delta_1^2 + \delta_2^2 + \delta_3^2}{12}.$$

178. Si ABCD est un parallélogramme, et si l'on décrit un cercle passant par A et coupant respectivement en F, H, G, les côtés AB et AD et la diagonale AC, démontrer la relation

$$AB.AF + AD.AH = AC.AG.$$

179. Étant donnés deux cercles concentriques, mener au plus petit une tangente telle, que, si l'on joint respectivement les points A et B où elle coupe le second cercle avec deux points C et D donnés dans le plan des deux cercles, les droites AC et BD soient parallèles.

180. Deux cercles A et B se touchent en C; d'un point D quelconque extérieur à ces cercles, on voit sous le même angle les rayons AC et BC. Si du point D on mène aux deux cercles les tangentes DE et DF, on a

$$DE.DF = \overline{DC}^2.$$

181. Si, du sommet d'un angle A d'un triangle quelconque ABC, on mène une droite AB' anti-parallèle à AC par rapport à l'angle C, puis une

droite AC′ anti-parallèle à AC par rapport à l'angle B, on obtient sur le troisième côté BC trois segments B′C′, BC′, CB′, dont les deux extrêmes BC′ et CB′ sont, l'un BC′ adjacent au côté AB, l'autre CB′ adjacent au côté AC; démontrer :

1° Que chaque côté de l'angle A est moyen proportionnel entre le troisième côté et le segment qui lui est adjacent;

2° Que les deux droites AC′ et AB′ sont égales entre elles, et que chacune d'elles est moyenne proportionnelle entre les deux segments extrêmes BC′ et CB′.

182. Dans tout triangle, la somme des perpendiculaires abaissées du centre du cercle circonscrit sur les trois côtés est égale à la somme des rayons des cercles inscrit et circonscrit.

183. Par deux points donnés, faire passer un cercle qui coupe en deux parties égales une circonférence donnée.

184. Si les bissectrices des angles à la base d'un triangle sont égales, ce triangle est isocèle.

185. ABC étant un triangle quelconque, D le milieu de la base, E le pied de la hauteur abaissée sur cette base, L le pied de la bissectrice de l'angle opposé A, enfin H et K les points de contact de BC avec le cercle inscrit au triangle et le cercle ex-inscrit dont le point de contact est entre B et C, démontrer les relations

$$LH.LK = LD.LE, \quad HD.HE = DE.HL.$$

186. Quatre points étant sur une même circonférence, dans chacun des triangles formés par ces quatre points pris trois à trois, existe un point de rencontre des hauteurs : démontrer que ces quatre points de rencontre sont sur une même circonférence égale à la première.

187. La somme des carrés des trois côtés d'un triangle est égale :

1° A deux fois la somme des produits de chaque hauteur par la portion comprise sur elle entre le sommet correspondant et le point de concours des trois hauteurs;

2° A douze fois le carré du rayon du cercle circonscrit, moins la somme des carrés des trois droites qui unissent les sommets au point de concours des trois hauteurs.

§ III. — Similitude des polygones.

188. Si les trois côtés d'un triangle font respectivement avec les trois côtés d'un autre triangle des angles égaux, ces deux triangles sont semblables.

189. Étant donné un triangle ABC, y inscrire un triangle semblable à un triangle donné, et qui ait l'un de ses sommets en un point donné sur l'un des côtés du triangle ABC.

190. Un billard circulaire étant donné, dans quelle direction faut-il lancer la bille pour qu'elle revienne au point de départ, après avoir frappé deux fois la bande?

191. Si un triangle circonscrit à un triangle fixe se meut en restant semblable à lui-même, un point quelconque de son plan décrit une circonférence.

192. On donne une droite XY et un angle BAC dont le sommet est en un point fixe A hors de cette droite. Le point B étant le point commun à la droite XY et au côté BA, on prend sur l'autre côté de l'angle BAC un point C tel, qu'on ait

$$AB.AC = k^2.$$

Déterminer le lieu décrit par le point C lorsque l'angle BAC tourne autour de son sommet.

193. Mener à un cercle donné, par deux points donnés extérieurement, deux sécantes qui se coupent sur le cercle, et dont les deux autres points d'intersection avec la circonférence déterminent une corde parallèle à une direction donnée.

194. Inscrire dans un triangle donné un triangle semblable à un triangle donné, et qui soit minimum.

195. Circonscrire au système de trois cercles donnés un triangle semblable à un triangle donné, et qui soit maximum.

196. Inscrire dans un triangle donné trois cercles dont les rayons et les distances des centres soient dans un rapport donné, et qui forment un système minimum.

197. Trouver le lieu du troisième sommet d'un triangle semblable à un triangle donné, et dont un sommet reste fixe, tandis que l'autre décrit une droite ou une circonférence donnée.

198. On donne un point A et une droite BC; trouver le lieu des points M qui divisent les sécantes AN menées du point à la droite, de manière qu'on ait

$$AM.AN = k^2.$$

199. Les diagonales AC, BD d'un quadrilatère inscrit ABCD se coupent en E : démontrer qu'on a

$$\frac{AB.BC}{AD.DC} = \frac{BE}{ED}.$$

200. Si un carré DEFG est inscrit dans un triangle rectangle ABC, de manière qu'un côté DE du carré coïncide avec l'hypoténuse BC, ce côté est moyen proportionnel entre les deux segments BD et EC de l'hypoténuse.

201. La droite AB étant divisée aux points C et D de manière qu'on ait

$$\frac{AB}{AC} = \frac{AC}{AD},$$

si l'on mène par le point A une autre droite AE égale à AC, démontrer que l'angle BED a EC pour bissectrice.

202. Si deux cordes se coupent dans un cercle, de manière que les segments de l'une présentent le même rapport que les segments de l'autre, la bissectrice de l'angle formé par deux segments homologues passe par le centre du cercle.

203. On donne un triangle ABC rectangle en A; une perpendiculaire DE à l'hypoténuse coupe le côté BA en D, le côté CA en F; on mène les droites CD, BF, qui se coupent : lieu des points M d'intersection.

204. Un triangle BAC étant inscrit dans une demi-circonférence, une perpendiculaire menée en D à l'hypoténuse BC coupe les côtés BA et AC du triangle et la demi-circonférence aux points E, G, F : démontrer la relation

$$\overline{DF}^2 = DE.DG.$$

205. Si, d'un point A d'une circonférence, on mène les cordes AB, AC, etc., qu'on les coupe par une corde DE parallèle à la tangente en A, le produit de chaque corde issue du point A par le segment compris sur elle entre le point A et la corde DE, est constant.

206. Étant donnés un parallélogramme ABCD et deux points P et Q sur les côtés AD et CD, si l'on mène par ces points, dans une direction quelconque, deux parallèles qui rencontrent respectivement en M et en M′ les deux côtés AB et CB, le produit AM.CM′ est constant.

207. On donne trois droites parallèles et deux points P et Q; si, autour de ces points, on fait tourner deux droites qui se coupent sur l'une des trois parallèles et qui rencontrent respectivement les deux autres en M et en M′, la droite MM′ passe par un point fixe.

208. Si, par le sommet d'un angle donné et par un point extérieur à cet angle, on fait passer une série de cercles, ces cercles divisent les deux côtés de l'angle en parties proportionnelles. — Quel est le lieu du milieu des cordes interceptées entre les côtés de l'angle donné?

209. Quand un losange ABCD est circonscrit à un cercle, toute tangente MM' à ce cercle détermine sur les côtés AB et AD deux segments BM et DM' dont le produit est constant.

210. Deux cercles tangents extérieurement étant donnés, la portion de tangente commune extérieure comprise entre ses deux points de contact est la moyenne proportionnelle des diamètres des deux cercles.

211. Trouver dans le plan d'un triangle ABC un point O tel, que les circonférences passant par ce point et deux des sommets du triangle soient entre elles comme trois droites données.

212. Si, sur les deux côtés AB et AC d'un triangle ABC, on décrit des cercles de manière que leur second point d'intersection se trouve sur la base BC ou sur son prolongement, les diamètres de ces cercles sont proportionnels aux côtés sur lesquels on les a respectivement décrits.

213. CDE étant la tangente commune à deux circonférences et rencontrant la ligne des centres AB au point E, si l'on mène aux deux circonférences une sécante FGHKE, démontrer la relation

$$EC.ED = EF.EK = EG.EH.$$

214. Si un cercle quelconque touche deux autres cercles donnés, la droite qui unit les deux points de contact passe par un point fixe.

215. Lorsque deux triangles ont deux angles égaux et deux angles supplémentaires chacun à chacun, les côtés de ces triangles respectivement opposés à ces angles sont proportionnels.

216. Soient dans un cercle le diamètre AB et la perpendiculaire AC à ce diamètre; si, par un point C quelconque de cette perpendiculaire, on mène au cercle une seconde tangente CD, la perpendiculaire DE, menée par le point de contact D au diamètre AB, est divisée en deux parties égales par la droite CB.

217. On donne deux cercles dont l'un a pour centre un point O de la circonférence de l'autre; si l'on mène au cercle O une tangente quelconque qui rencontre l'autre cercle en M et en M', le produit OM.OM' est constant.

218. Inscrire un carré dans un triangle. — Discussion.

219. Inscrire dans un rectangle donné un rectangle semblable à un autre rectangle donné. — Discussion.

220. Un angle AOB, tournant autour de son sommet O, intercepte sur les côtés d'un angle fixe, supplémentaire du premier, une corde AB : trouver le lieu des points qui divisent cette corde dans un rapport donné.

221. a, b, c, désignant les longueurs des trois côtés d'un triangle; p, q, r, celles des trois hauteurs; x, y, z, les côtés des trois carrés inscrits; x', y', z', les côtés des trois carrés ex-inscrits : démontrer les relations

$$\frac{1}{x}=\frac{1}{p}+\frac{1}{a},\quad \frac{1}{y}=\frac{1}{q}+\frac{1}{b},\quad \frac{1}{z}=\frac{1}{r}+\frac{1}{c},$$

$$\frac{1}{x'}=\frac{1}{p}-\frac{1}{a},\quad \frac{1}{y'}=\frac{1}{q}-\frac{1}{b},\quad \frac{1}{z'}=\frac{1}{r}-\frac{1}{c}.$$

222. Sur la base BC d'un triangle ABC, on décrit extérieurement au triangle un carré BCDE; on mène les droites AD et AE qui coupent BC en P et Q : démontrer que PQ est égal au côté du carré inscrit dans le triangle ABC et reposant sur BC.

223. Dans tout triangle ABC, le produit des distances des points B et C à la bissectrice de l'angle intérieur A, est égal au produit de la bissectrice de l'angle extérieur supplémentaire par la distance du milieu de BC à la première bissectrice; de même, le produit des distances des points B et C à la bissectrice de l'angle extérieur A est égal au produit de la bissectrice de l'angle intérieur supplémentaire par la distance du milieu de BC à la première bissectrice.

224. La distance d'un point M d'une circonférence à une corde quelconque est la moyenne proportionnelle des distances du même point aux tangentes menées par les extrémités de la corde considérée.

225. Le produit des distances d'un point quelconque d'une circonférence à deux côtés opposés d'un quadrilatère inscrit dans cette circonférence, est égal au produit des distances du même point aux deux autres côtés.

226. Si des trois sommets d'un triangle et du point de rencontre de ses médianes, on mène des parallèles dans une direction donnée jusqu'à un axe quelconque, la dernière parallèle est la moyenne arithmétique des trois premières.

227. Étant donnés deux triangles et un point, mener par ce point une droite telle, que les sommes respectives des distances des sommets des deux triangles à cette droite soient dans un rapport donné $\frac{m}{n}$.

§ IV. — Relations métriques entre les différentes parties d'un triangle.

228. Si, du milieu d'un des côtés d'un triangle rectangle, on abaisse une perpendiculaire sur l'hypoténuse, la différence des carrés des seg-

ments déterminés sur l'hypoténuse est égale au carré de l'autre côté du triangle.

229. Soit l'angle droit AOB placé au centre de la circonférence OA. D'un point quelconque C pris sur l'arc AB, on abaisse sur OA ou sur OB la perpendiculaire CD, qui rencontre en E le rayon, bissectrice de l'angle AOB : démontrer la relation

$$\overline{CD}^2 + \overline{DE}^2 = \overline{OA}^2.$$

230. Si, d'un point pris dans le plan d'un polygone, on abaisse des perpendiculaires sur tous ses côtés, les deux sommes des carrés des segments ainsi déterminés, pris alternativement, sont égales.

231. Étant donné un cercle O, on décrit un demi-cercle sur l'un de ses rayons OA, et l'on mène à ce rayon une perpendiculaire CDE qui coupe le cercle O en D et le demi-cercle OA en E : démontrer la relation

$$\overline{AD}^2 = 2\overline{AE}^2.$$

232. Dans tout quadrilatère, la somme des carrés des diagonales est le double de la somme des carrés des droites qui joignent les milieux des côtés opposés.

233. Soit G le point de rencontre des médianes d'un triangle ABC; démontrer la relation

$$\overline{AB}^2 + \overline{AC}^2 + \overline{BC}^2 = 3\left(\overline{AG}^2 + \overline{BG}^2 + \overline{CG}^2\right).$$

— En déduire le rapport de la somme des carrés des côtés d'un triangle à la somme des carrés de ses médianes.

234. Soient G le point de rencontre des médianes d'un triangle ABC, et M un point quelconque pris dans son plan : démontrer la relation

$$\overline{MA}^2 + \overline{MB}^2 + \overline{MC}^2 = \overline{AG}^2 + \overline{BG}^2 + \overline{CG}^2 + 3\,\overline{MG}^2.$$

235. Étant donné un triangle ABC, trouver le lieu des points dont la somme des carrés des distances aux trois sommets du triangle est constante et égale à un carré donné k^2.

236. La somme des carrés de deux côtés d'un quadrilatère, plus la somme des carrés des diagonales, est égale à la somme des carrés des deux autres côtés, plus quatre fois le carré de la ligne qui joint les milieux de ces côtés.

237. La somme des carrés des diagonales d'un trapèze est égale à la somme des carrés des côtés non parallèles, plus deux fois le produit des bases.

238. Si l'on prend deux points à égale distance du centre sur le diamètre d'un cercle, la somme des carrés des distances d'un point de la circonférence à ces deux points est constante.

239. Dans tout triangle ABC, le produit des distances des points B et C à la bissectrice de l'angle intérieur A est égal au carré de la moitié de BC, diminué du carré de la demi-différence des côtés AB et AC; de même, le produit des distances des points B et C à la bissectrice de l'angle extérieur A est égal au carré de la demi-somme des côtés AB et AC, diminué du carré de la moitié de BC.

240. Le sommet A d'un rectangle ABCD est fixe, les sommets B et D se meuvent sur un même cercle; quel est le lieu du sommet C opposé au sommet A?

241. Trouver le lieu des points qui partagent les diverses cordes d'un cercle donné en deux segments (additifs ou soustractifs) dont le produit soit constant.

242. Étant donnés un cercle O et un point P, trouver le lieu des points M tels, que la distance MP soit égale à la tangente menée du point M au cercle O.

243. b et c étant les côtés de l'angle droit d'un triangle rectangle, et h la hauteur qui correspond à l'hypoténuse, démontrer la relation

$$\frac{1}{h^2} = \frac{1}{b^2} + \frac{1}{c^2}.$$

244. a, b, c, étant les côtés d'un triangle rectangle en A, et h la hauteur qui correspond à l'hypoténuse a, le triangle qui a pour côtés $b + c$, h et $a + h$, est aussi rectangle.

245. Si un triangle équilatéral a ses sommets respectivement situés sur trois droites parallèles, et si b et c sont les distances de la parallèle intermédiaire aux deux autres, le côté du triangle a pour expression

$$2 . \sqrt{\frac{b^2 + bc + c^2}{3}}.$$

246. Dans tout trapèze, la différence des carrés des diagonales est à la différence des carrés des côtés non parallèles comme la somme des côtés parallèles est à leur différence.

247. Calculer les diagonales d'un trapèze, connaissant ses quatre côtés.

248. ABCD est un quadrilatère, E le milieu de la droite qui unit les milieux des diagonales; si du point E comme centre on décrit un cercle, montrer que la somme des carrés des distances d'un point P de ce cercle aux quatre sommets A, B, C, D, est constante et égale à la somme des carrés des distances du centre E aux mêmes sommets, plus quatre fois $\overline{EP}^2$.

249. Une corde PAQ coupe en A le diamètre d'un cercle sous un angle de 45 degrés, démontrer que $\overline{AP}^2 + \overline{AQ}^2$ est égale à deux fois le carré du rayon.

250. Si deux cordes se coupent dans un cercle, la différence de leurs carrés est égale à la différence des carrés des différences de leurs segments.

251. Si l'on prend un point dans l'intérieur d'un rectangle, les sommes des carrés des distances de ce point à deux sommets opposés sont égales.

252. Si l'on mène une tangente à un cercle, la partie de cette tangente interceptée par les tangentes menées aux extrémités d'un même diamètre est divisée au point de contact en deux segments dont le produit est égal au carré du rayon.

253. Si, autour de deux points A et B d'une circonférence, on fait tourner les côtés d'un angle droit M, et que du point N où le côté BM coupe la circonférence on abaisse la perpendiculaire NP sur le diamètre AA', le rapport $\dfrac{\text{AM}^2}{\text{AP}}$ est constant.

254. Si l'on prend respectivement sur les trois côtés BC, CA, AB, d'un triangle ABC, trois points α, β, γ, tels, qu'on ait

$$\left(\overline{B\alpha}^2 - \overline{C\alpha}^2\right) + \left(\overline{C\beta}^2 - \overline{A\beta}^2\right) + \left(\overline{A\gamma}^2 - \overline{B\gamma}^2\right) = 0,$$

les perpendiculaires élevées par ces points sur les côtés du triangle concourent en un même point.

255. Déduire de la proposition précédente :

1° Que les perpendiculaires élevées sur les milieux des côtés d'un triangle se coupent en un même point, qu'il en est de même des trois hauteurs et des perpendiculaires menées aux côtés d'un triangle par les points de contact des trois cercles ex-inscrits,

2° Que si les perpendiculaires menées des sommets d'un triangle ABC sur les côtés d'un triangle A'B'C' se coupent en un même point, réciproquement les perpendiculaires menées des sommets du triangle A'B'C' sur les côtés du triangle ABC sont aussi concourantes.

256. Soit un triangle ABC rectangle en A, et partagé en deux autres triangles rectangles par la perpendiculaire AD abaissée du sommet A sur l'hypoténuse; si l'on désigne par R, r, r', les rayons des cercles inscrits dans les triangles ABC, ABD, ACD, on a

$$R^2 = r^2 + r'^2.$$

257. Dans un triangle quelconque, une perpendiculaire étant menée du sommet sur la base, cette base est à la somme des deux autres côtés comme leur différence est à la différence ou à la somme des segments de la base, suivant que la hauteur considérée tombe en dedans ou en dehors du triangle.

258. Si un côté de l'angle droit d'un triangle rectangle est double de l'autre, la perpendiculaire abaissée du sommet de l'angle droit sur l'hypoténuse la divise en deux segments qui sont dans le rapport de 1 à 4.

259. Deux cercles dont les rayons sont dans le rapport de 2 à 3 se touchent intérieurement, et par le centre du plus petit cercle on mène une droite perpendiculaire à la ligne des centres; démontrer que les tangentes menées au plus petit cercle par les points où cette perpendiculaire rencontre le plus grand sont à angle droit l'une sur l'autre.

260. Deux cercles sont tangents en O; par le point O, on mène à angle droit l'une sur l'autre les sécantes communes POP′, QOQ′; A et A′ étant les points où la ligne des centres coupe les deux cercles, démontrer la relation

$$\overline{PP'}^2 + \overline{QQ'}^2 = \overline{AA'}^2.$$

261. AOB est un quadrant; si l'on tire la corde Qq parallèle à la corde AB, en la prolongeant jusqu'à ses points de rencontre R et r avec les rayons AO et OB, on a

$$\overline{QR}^2 + \overline{Qr}^2 = \overline{AB}^2.$$

§ V. — Problèmes relatifs aux lignes proportionnelles.

262. Mener par un point donné entre deux droites données une droite telle, que le point donné la partage dans un rapport donné $\frac{m}{n}$.

263. Étant donnés deux points sur une circonférence, déterminer sur cette circonférence un troisième point tel, que le rapport de ses distances aux deux premiers soit égal à un rapport donné $\frac{m}{n}$.

264. Déterminer hors d'un cercle un point tel, que la somme des deux tangentes menées au cercle par ce point soit égale à la sécante entière qui passe par ce point et le centre du cercle.

265. Inscrire dans un triangle un rectangle dont le rapport des côtés soit donné.

266. On donne sur deux parallèles deux points A et B, et un point C extérieur à ces parallèles. Mener par le point C, à ces parallèles, une sécante dont les distances des points d'intersection aux points A et B soient dans un rapport donné.

267. Déterminer le point dont les distances à trois points donnés sont dans des rapports donnés.

268. Étant donnés une circonférence et un point, mener par le point une sécante qui soit divisée par cette circonférence dans un rapport donné.

269. On donne deux cercles qui se coupent : mener par un de leurs points d'intersection une sécante telle, que le produit des deux cordes interceptées soit égal à un carré donné.

270. Déterminer sur la bissectrice de l'angle A d'un triangle ABC le point M pour lequel la différence des angles MBC et MCB est maximum.

271. Inscrire dans un triangle un parallélogramme semblable à un parallélogramme donné.

272. Décrire un cercle qui coupe en deux parties égales trois circonférences données.

273. Construire un triangle, connaissant sa base, la somme ou la différence des deux autres côtés, et sachant que son troisième sommet est situé sur une droite donnée.

274. Construire un triangle, connaissant un côté, un angle et le rapport des deux autres côtés.

275. Construire un triangle, connaissant deux côtés et la longueur de la bissectrice de l'angle qu'ils comprennent.

276. Dans un cercle donné, inscrire un triangle :

1° Tel que sa base soit parallèle à une droite donnée, ses deux autres côtés passant respectivement par deux points donnés sur cette droite;

2° Tel que sa base soit parallèle à une droite donnée, ses deux autres côtés passant respectivement par deux points donnés d'une manière quelconque;

3° Tel que ses trois côtés passent respectivement par trois points donnés d'une manière quelconque.

277. Construire un triangle, connaissant le produit de deux côtes, la médiane relative au troisième côté et la différence des angles adjacents à ce côté.

278. Construire un triangle, connaissant un angle, la hauteur relative au côté opposé et la somme ou la différence des deux autres côtés.

279. Par deux points donnés, mener à une circonférence donnée deux sécantes qui se coupent sur la circonférence, et dont les deux autres points d'intersection déterminent une corde parallèle à la droite qui joint les deux points donnés.

280. Étant données trois circonférences concentriques, construire un triangle semblable à un triangle donné et qui ait ses sommets respectivement situés sur les trois circonférences données.

281. Construire un carré, connaissant la somme ou la différence de sa diagonale et de son côté.

282. Étant données deux droites qu'on ne peut prolonger, mener par un point donné une droite qui aille passer par le point de concours inconnu des deux premières.

283. Mener par le point d'intersection de deux circonférences une sécante telle, que les cordes interceptées sur elle par les deux circonférences soient dans un rapport donné.

284. On donne deux droites et un point dans leur angle; déterminer sur l'une d'elles un point qui soit à la même distance du point donné et de la seconde droite.

285. Partager, lorsque cela est possible, une droite donnée en deux parties telles, que la somme de leurs carrés soit égale à un carré donné.

286. Diviser une droite donnée en deux parties telles, que la somme de leurs carrés soit minimum.

287. Partager une droite donnée en trois parties telles, que la première et la seconde soient dans le rapport de deux droites données M et N, et la seconde et la troisième dans le rapport de deux autres droites données P et Q.

288. Déterminer le point dont les distances aux trois côtés d'un triangle sont proportionnelles à trois droites données.

289. Mener, par un point pris à l'intérieur d'un angle donné, une droite limitée aux côtés de l'angle et partagée par le point en moyenne et extrême raison.

290. Construire un trapèze, connaissant les deux diagonales et les deux côtés non parallèles.

291. Par un point donné, faire passer une circonférence qui touche deux droites données.

292. Par un point donné, faire passer une circonférence tangente à deux circonférences données.

293. Par un point donné, faire passer une circonférence tangente à une droite et à une circonférence données.

294. Construire une circonférence tangente à deux droites données et à une circonférence donnée.

295. Construire une circonférence tangente à une droite donnée et à deux circonférences données.

§ VI. — Polygones réguliers.

296. En joignant de deux en deux les sommets d'un pentagone régulier *ou* en prolongeant ses côtés de deux en deux, les points d'intersection obtenus forment intérieurement *ou* extérieurement un autre pentagone régulier.

297. Si l'on prolonge deux côtés AB et CD d'un polygone régulier de centre O, séparés par un seul côté BC, jusqu'à leur rencontre en E, le quadrilatère AECO est inscriptible.

298. Prouver qu'on peut exécuter un pavage, soit avec des triangles équilatéraux, soit avec des carrés, soit avec des hexagones réguliers. — On ne peut le faire en employant des pentagones réguliers ou des polygones réguliers de plus de six côtés.

299. On peut exécuter un pavage, soit en assemblant à la fois des carrés et des octogones réguliers de même côté, soit en assemblant des triangles équilatéraux et des dodécagones réguliers de même côté, soit en assemblant des décagones et des pentagones réguliers de même côté.

300. Un polygone équilatéral inscrit dans un cercle est régulier. — Un polygone équilatéral circonscrit à un cercle est régulier, si le nombre de ses côtés est impair.

301. Un polygone équiangle inscrit dans un cercle est régulier, si le nombre de ses côtés est impair. — Un polygone équiangle circonscrit à un cercle est régulier.

302. Si l'on rapporte un polygone régulier à deux axes coordonnés, les coordonnées de son centre sont respectivement les moyennes arithmétiques

des coordonnées de ses différents sommets par rapport aux axes considérés. — Application au triangle équilatéral.

303. Si des sommets d'un triangle équilatéral inscrit, on mène des perpendiculaires sur un diamètre du cercle circonscrit, l'ordonnée qui tombe d'un côté de ce diamètre est égale à la somme des deux ordonnées qui tombent de l'autre côté; de même, l'abscisse qui tombe d'un côté du centre est égale à la somme des deux abscisses qui tombent de l'autre côté.

304. La somme des distances d'un point pris à l'intérieur d'un polygone régulier aux m côtés de ce polygone est égale à m fois l'apothème. — Considérer le cas où le point choisi est extérieur.

305. Si d'un point P du cercle circonscrit à un triangle équilatéral ABC, on mène des droites à ses sommets, la somme $\overline{PA}^2 + \overline{PB}^2 + \overline{PC}^2$ est constante. — Si ABCP, A'B'C'P', sont deux cercles concentriques dans lesquels soient inscrits les triangles équilatéraux ABC, A'B'C', on a

$$\overline{AP'}^2 + \overline{BP'}^2 + \overline{CP'}^2 = \overline{A'P}^2 + \overline{B'P}^2 + \overline{C'P}^2.$$

306. AB et AC étant les côtés du pentagone et du décagone régulier inscrits dans un cercle dont le centre est O, on mène la bissectrice de l'angle AOC qui coupe en D le côté AB : démontrer la similitude des triangles ACB et ACD, ainsi que celle des triangles AOB et DOB, et en déduire la relation connue

$$\overline{AB}^2 = \overline{AC}^2 + \overline{OA}^2.$$

307. Deux diagonales d'un pentagone régulier qui n'aboutissent pas au même sommet se coupent en moyenne et extrême raison.

308. Dans un polygone inscrit d'un nombre de côté pair, la somme des angles de rang impair est toujours égale à la somme des angles de rang pair.

§ VII. — Problèmes sur les polygones réguliers.

309. Sur une droite donnée comme côté, décrire un octogone régulier.

310. Inscrire un carré dans l'espace compris entre deux cercles sécants égaux.

311. Inscrire un triangle équilatéral dans un carré donné, en plaçant l'un de ses sommets soit en l'un des sommets du carré donné, soit au milieu d'un de ses côtés.

312. Sur une droite donnée comme diagonale, décrire un parallélogramme dont les angles soient doubles l'un de l'autre. — Déduire de la solution de ce problème un moyen d'opérer la trisection de l'angle droit.

313. Connaissant le côté d'un polygone régulier inscrit dans un cercle, calculer le côté du polygone régulier inscrit d'un nombre de côtés deux fois moindre. — Appliquer cette formule à la recherche du côté du pentagone régulier, connaissant le côté du décagone régulier.

314. Sur le diamètre AB d'un cercle O, on construit un triangle équilatéral ABC; on divise AB en n parties égales, et l'on joint le sommet C à l'extrémité D de la seconde division ; CD prolongée coupe le cercle en F, et l'on demande de calculer la corde AF. — Examiner les cas particuliers de $n = 3, 4, 6$.

315. Trouver le lieu des points dont la somme des carrés des distances aux sommets d'un polygone régulier est constante et égale à un carré donné.

316. Connaissant l'apothème du décagone régulier, calculer son côté et le rayon du cercle circonscrit.

317. Dans une circonférence O, on trace les deux diamètres perpendiculaires AB et CF; du point D milieu de OC comme centre, avec DA pour rayon, on décrit un arc de cercle jusqu'à sa rencontre au point E avec le diamètre CF : démontrer que OE représente le côté du décagone régulier et AE celui du pentagone régulier inscrit.

318. Calculer les rayons des cercles inscrit et circonscrit au triangle équilatéral, au carré, au pentagone, à l'hexagone, au décagone et au dodécagone, en prenant pour unité le côté du polygone régulier considéré.

319. Calculer l'apothème du pentagone, de l'hexagone, du décagone et du dodécagone régulier, en prenant pour unité le rayon du cercle circonscrit.

320. Connaissant le rapport du périmètre d'un polygone régulier inscrit au périmètre du polygone régulier circonscrit semblable, calculer les périmètres de ces deux polygones en prenant pour unité le diamètre du cercle donné.

321. m étant le rapport des périmètres des polygones réguliers inscrit et circonscrit d'un même nombre de côtés, et m' le rapport des périmètres des polygones réguliers inscrit et circonscrit d'un nombre de côtés double, démontrer la relation

$$m' = \sqrt{\frac{m+1}{2}}.$$

322. Inscrire dans un triangle équilatéral donné trois cercles égaux tangents entre eux, et déterminer leur rayon en fonction du côté du triangle.

323. Inscrire dans un carré donné quatre cercles égaux tangents entre eux, et déterminer leur rayon en fonction du côté du carré.

324. Inscrire dans un cercle donné m cercles égaux tangents entre eux, et déterminer leur rayon en fonction du rayon du cercle donné et de la corde qui sous-tend la $m^{ième}$ partie de sa circonférence.

§ VIII. — Mesure de la circonférence.

325. Dans deux circonférences de rayons différents, le rapport des angles au centre qui interceptent des arcs de même longueur est égal au rapport inverse des rayons.

326. Si deux circonférences sont tangentes intérieurement à une troisième circonférence, et si la somme de leurs rayons est égale à celui de cette troisième circonférence, l'arc compris entre leurs points de contact sur la grande circonférence est égal à la somme des arcs respectivement compris sur les circonférences intérieures entre leur point de rencontre le plus rapproché de la grande circonférence et les mêmes points de contact.

327. Démontrer que π est compris entre 3 et 4, par la considération des périmètres de l'hexagone régulier inscrit et du carré circonscrit.

328. Quelle erreur commet-on en remplaçant la demi-circonférence d'un cercle par la somme des côtés du triangle équilatéral et du carré inscrit dans ce cercle?

329. Soient dans un cercle O le diamètre AB et la corde AC égale au rayon; menons le rayon OD perpendiculaire sur AC, et prolongeons-le jusqu'à son point de rencontre en E avec la tangente en A; portons à partir du point E sur cette tangente, et dans le sens EA, une longueur EF égale à trois fois le rayon OA; puis menons la droite FB. Quelle erreur commet-on en remplaçant par cette droite la demi-circonférence OA?

330. Si l'on décrit deux demi-cercles égaux sur le diamètre d'un demi-cercle donné, si l'on inscrit un cercle dans l'espace compris entre les trois demi-circonférences, le diamètre de ce cercle est à celui des cercles égaux dans le rapport de 2 à 3.

331. Connaissant les longueurs a, b, c, des cordes de trois arcs formant ensemble la demi-circonférence, chercher de quelle équation dépend le diamètre x du cercle considéré.

332. Évaluer le périmètre du polygone régulier de vingt côtés formé par les intersections successives des côtés du décagone régulier étoilé.

333. Démontrer les formules

$$\frac{\pi}{2} = \frac{2}{\sqrt{2}} \cdot \frac{2}{\sqrt{2+\sqrt{2}}} \cdot \frac{2}{\sqrt{2+\sqrt{2+\sqrt{2}}}} \cdots \text{(indéfiniment)};$$

$$\pi = \lim . 2^m \sqrt{2 - \sqrt{2 + \sqrt{2 + \sqrt{2 + \sqrt{2 + \sqrt{2 + \ldots}}}}}}$$

Dans la dernière formule, le nombre m, qu'il faut faire croître indéfiniment, est égal au nombre des radicaux placés sous le premier radical.

334. Soient p et p' les *demi-périmètres* de deux polygones réguliers inscrits dans le cercle de rayon 1, le second polygone ayant deux fois plus de côtés que le premier. — Démontrer que l'expression

$$p' + \frac{1}{3}(p' - p)$$

est une valeur de π approchée par défaut, et que l'erreur correspondante est moindre que

$$\frac{2(p'-p)^2}{3(2p+p')}.$$

APPENDICE DU TROISIÈME LIVRE.

335. A, B, C, D, étant quatre points en ligne droite, on a, en grandeur et en signe, la relation

$$AB.CD + AC.DB + AD.BC = 0.$$

336. Si l'on désigne par ρ le premier des six rapports anharmoniques distincts

$$(ABCD),\quad (ACBD),\quad (ADBC),\quad (ABDC),\quad (ACDB),\quad (ADCB),$$

auxquels donnent lieu quatre points, A, B, C, D, en ligne droite, les cinq autres ont respectivement pour valeurs

$$1-\rho,\quad \frac{\rho-1}{\rho},\quad \frac{1}{\rho},\quad \frac{1}{1-\rho},\quad \frac{\rho}{\rho-1}.$$

337. Si les points P et P' divisent harmoniquement la droite AB, O étant le milieu de AB, I le milieu de PP', et M un point pris arbitrairement sur AB, on a

$$MP.MP' + MA.MB = 2MI.MO.$$

338. La moyenne proportionnelle de deux droites est aussi la moyenne proportionnelle de leur moyenne arithmétique et de leur moyenne harmonique.

339. Si A, B, C, D et A′, B′, C′, D′, sont deux systèmes de quatre points correspondants, situés sur deux droites distinctes L et L′ et ayant même rapport anharmonique, les trois droites PB, PC, PD, issues d'un point quelconque P de AA′, coupent respectivement les trois droites P′B′, P′C′, P′D′, issues d'un autre point quelconque P′ de AA′, en trois points β, γ, δ, situés en ligne droite.

340. A, B, C, D et A′, B′, C′, D′, étant deux systèmes de quatre points correspondants, situés sur deux droites L et L′ qui se coupent en A, si l'on prend dans leur plan deux points quelconques O et O′, les droites OB, OC, OD, coupent respectivement les droites correspondantes O′B′, O′C′, O′D′, en trois points β, γ, δ, situés en ligne droite.

341. A, B, C, étant trois points d'une droite L, et A′, B′, C′, trois points correspondants d'une autre droite L′, prouver que les trois couples de droites AB′ et A′B, AC′ et A′C, BC′ et B′C, se coupent en trois points λ, μ, ν, situés en ligne droite.

342. Si les trois côtés d'un triangle tournent autour de trois points fixes situés en ligne droite, et si deux sommets glissent sur deux droites fixes, le troisième sommet décrit une ligne droite.

343. Si les côtés d'un polygone tournent autour d'autant de points fixes situés en ligne droite, et si tous les sommets moins un glissent sur des droites fixes, le dernier sommet décrit une ligne droite; et il en est de même du point de rencontre de deux côtés quelconques non contigus.

344. Si les trois sommets d'un triangle glissent sur trois droites fixes qui se coupent en un même point, et si deux de ses côtés tournent autour de deux points fixes, le troisième côté passe par un point fixe en ligne droite avec les deux premiers.

345. Si les sommets d'un polygone glissent sur autant de droites fixes qui concourent en un même point, et si tous les côtés moins un tournent autour d'autant de points fixes arbitraires, le dernier côté passe par un point fixe; et il en est de même d'une diagonale quelconque.

346. Lorsque trois triangles homologiques deux à deux ont le même axe d'homologie, les trois centres d'homologie sont en ligne droite; et lorsque trois triangles homologiques deux à deux ont le même centre d'homologie, les trois axes d'homologie cencourent en un même point.

347. Lorsqu'une corde d'un cercle tourne autour d'un point fixe O, la somme des deux quotients qu'on obtient en divisant la distance de chaque extrémité de la corde à une droite donnée L, par la distance de cette corde à la polaire du point O, est constante.

348. Lorsque le sommet d'un angle circonscrit à un cercle décrit une droite L, la somme des deux quotients qu'on obtient en divisant les distances de chaque côté de l'angle à un point fixe et au pôle de L est constante.

349. Les polaires des différents points de l'axe radical de deux cercles se coupent sur cet axe; et réciproquement, si les polaires de chaque point d'une droite par rapport à deux cercles se coupent sur cette droite, elle est l'axe radical des deux cercles.

350. Les pôles de l'axe radical de deux cercles, pris par rapport à ces cercles, divisent harmoniquement la droite qui joint leurs centres de similitude.

351. Si du centre de similitude de deux circonférences on leur mène deux sécantes, les cordes qui joignent dans les deux circonférences les points d'intersection correspondants sont parallèles; et des huit points d'intersection obtenus, quatre quelconques (non situés sur la même sécante) se trouvent sur une même circonférence, pourvu que parmi les quatre points choisis il n'y en ait pas deux homologues.

352. Un cercle O inscrit dans un quadrilatère ABCD, touchant ses côtés aux points E, F, G, H, si l'on joint le point d'intersection K des droites EH et FG au centre O, la droite KO est perpendiculaire sur la diagonale AC.

353. Quand un quadrilatère est circonscrit à deux cercles, chaque diagonale coupe la ligne des centres en un point qui a la même polaire par rapport aux deux cercles.

354. Si l'on divise un quadrilatère en deux autres par une sécante quelconque, les points de rencontre des diagonales des trois quadrilatères sont trois points en ligne droite.

355. Le rapport anharmonique de quatre points d'un cercle est égal au rapport des produits des côtés opposés du quadrilatère inscrit déterminé par ces quatre points.

356. Trois cercles O, O', O'', étant donnés, en décrivant un quatrième cercle quelconque ω et en prenant les axes radicaux du cercle ω et de chacun des cercles donnés, on forme un triangle ABC; en décrivant un autre cercle ω', on obtient d'une manière analogue un second triangle A'B'C': démontrer que les triangles ABC, A'B'C', sont homologiques.

357. Lorsqu'une série de cercles ayant leurs centres sur une droite donnée coupent orthogonalement un cercle donné, leur axe radical commun est la perpendiculaire abaissée du centre du cercle donné sur la droite donnée.

358. Les trois cercles décrits sur les trois diagonales d'un quadrilatère complet, comme diamètres, ont deux à deux le même axe radical et coupent orthogonalement le cercle circonscrit au triangle formé par les trois diagonales.

359. Lorsque deux triangles sont polaires réciproques par rapport à un cercle situé dans leur plan, ils sont homologiques.

360. Si la base d'un triangle est fixe, la somme ou la différence des deux autres côtés restant constante, la polaire du sommet par rapport à un cercle quelconque, ayant pour centre l'une des extrémités de la base donnée, touche constamment un cercle fixe.

361. ABC étant un triangle donné, et a, b, c, les projections des sommets A, B, C, sur les côtés opposés, les trois couples de droite ab et AB, bc et BC, ca et CA, se coupent en trois points γ, α, β, situés sur l'axe radical des cercles circonscrits aux triangles ABC et abc.

362. Toute tangente commune à deux cercles donnés est divisée harmoniquement par tout cercle dont les axes radicaux avec chacun des cercles donnés se confondent.

363. Dans un cercle donné, inscrire un quadrilatère dont on connaît les trois diagonales.

364. Un triangle étant donné, construire un cercle tel, que chaque sommet du triangle soit, par rapport à ce cercle, le pôle du côté opposé.

365. Décrire un cercle passant par un point donné et coupant orthogonalement deux cercles donnés.

366. Étant donnés trois cercles, en décrire un quatrième tel, que les trois axes radicaux de ce cercle, comparé successivement à chacun des trois premiers, passent par trois points donnés.

367. Étant donnés six points A, B, C, D, E, F, sur une circonférence, marquer sur cette ligne un septième point X tel, que les rapports anharmoniques (XAEC), (XDBF), soient égaux. — Même question en supposant les six points sur une droite donnée.

368. Étant donnés un polygone de n côtés et n points placés arbitrairement, inscrire dans ce polygone un autre polygone dont les n côtés passent respectivement par les n points donnés.

369. Étant donné un triangle coupé par une transversale, si sur chaque côté on prend le conjugué harmonique du point de rencontre de la transversale par rapport aux extrémités de ce côté, les droites qui joignent les trois points ainsi obtenus aux sommets opposés passent par un même

point. — En déduire le théorème du n° 312, relatif aux médianes d'un triangle.

370. Étant donné un triangle coupé par une transversale, si sur deux côtés on prend le conjugué harmonique du point de rencontre de la transversale par rapport aux extrémités du côté considéré, les deux points ainsi obtenus et le point où la transversale coupe le troisième côté sont en ligne droite.

371. Un triangle ABC inscrit dans un cercle O, étant coupé aux points a, b, c, par une transversale, si α, β, γ, représentent les longueurs des tangentes menées des points a, b, c, au cercle O, démontrer la relation

$$\alpha.\beta.\gamma = Ab.Bc.Ca = Ac.Ba.Cb.$$

372. Quatre droites dans un même plan, prises trois à trois, forment quatre triangles, dans chacun desquels existe un point de rencontre des hauteurs; démontrer que ces quatre points sont en ligne droite.

LIVRE IV

LES AIRES.

§ I. — Mesure des aires des polygones.

373. Chercher l'expression de l'aire d'un trapèze, en le considérant comme la différence des deux triangles obtenus en prolongeant jusqu'à leur point de rencontre ses deux côtés non parallèles.

374. Étant données les bases et la hauteur d'un trapèze, calculer les aires des deux triangles dont il est la différence.

375. L'aire d'un trapèze est égale au produit d'un de ses côtés non parallèles par la perpendiculaire abaissée du milieu de l'autre côté sur le premier.

376. Par un point pris sur la bissectrice d'un angle, mener une droite telle, que la partie interceptée par les côtés de l'angle soit minimum ou qu'il en soit de même de l'aire du triangle déterminé.

377. Dans un angle donné, mener une droite minimum qui intercepte un triangle dont l'aire soit équivalente à un carré donné.

378. Si, dans un triangle rectangle, l'un des angles aigus est égal à $\frac{2}{3}$ d'angle droit, l'aire du triangle équilatéral construit sur l'hypoténuse est égale à la somme des aires des triangles équilatéraux respectivement construits sur les côtés.

379. On donne un triangle ABC ; aux points B et C, et d'un même côté de BC, on mène à cette droite des perpendiculaires BD et CE qu'on prend égales à deux fois la hauteur du triangle ABC. Les points F et G étant les milieux des côtés AB et AC, démontrer que le triangle ABC est équivalent à la somme ou à la différence des triangles BDF, CEG, suivant que ses angles en B et en C sont ou non tous les deux aigus.

380. Les deux triangles opposés, qu'on forme en joignant un point quelconque pris dans l'intérieur d'un parallélogramme à ses quatre sommets, équivalent ensemble à la moitié du parallélogramme.

381. On donne un rectangle ABCD; on prend un point quelconque E sur BC, un point quelconque F sur CD. Démontrer que le rectangle ABCD équivaut au double du triangle AEF, augmenté du rectangle ayant pour dimensions les segments BE et DF.

382. Tout rectangle est moitié du rectangle qui a pour dimensions les diagonales des carrés construits sur ses côtés adjacents.

383. Si, par le milieu E de la diagonale BD d'un quadrilatère ABCD, on mène la parallèle FEG à la seconde diagonale AC, démontrer que la droite AG divise le quadrilatère en deux parties équivalentes.

384. ABCD étant un rectangle, on inscrit dans le triangle ABC un cercle qui touche AB en E et BC en F; on mène ensuite EH parallèle à AD et FK parallèle à CD. Démontrer que le rectangle KH est la moitié du rectangle ABCD.

385. Dans un quadrilatère, les perpendiculaires abaissées sur une diagonale des sommets opposés sont égales : on demande de le diviser en quatre triangles équivalents par des droites menées d'un point intérieur aux quatre sommets.

386. Si, des sommets d'un triangle jusqu'aux côtés opposés ou à leurs prolongements, on mène trois droites égales à une longueur donnée et si, d'un point intérieur, des parallèles sont menées à ces droites jusqu'aux mêmes côtés, la somme de ces parallèles est égale à la longueur donnée.

387. Si les diagonales d'un quadrilatère inscrit se coupent à angle droit, la somme des produits des côtés opposés représente une aire double de celle du quadrilatère donné.

388. P étant un point quelconque pris dans le plan d'un parallélogramme ABCD, démontrer que le triangle PBD est équivalent à la somme des triangles PAB, PBC.

389. ABCD étant un quadrilatère inscrit, démontrer par les propriétés des aires la relation connue

$$\frac{AC}{BD} = \frac{BA.AD + BC.CD}{AB.BC + AD.DC}.$$

390. D'un point O pris dans l'intérieur d'un triangle ABC, on mène jusqu'aux côtés BC, AC, AB, les droites Oa, Ob, Oc; puis, par les sommets A, B, C, jusqu'aux mêmes côtés, les parallèles Aa', Bb', Cc', aux premières droites; démontrer la relation

$$\frac{Oa}{Aa'} + \frac{Ob}{Bb'} + \frac{Oc}{Cc'} = 1.$$

391. Démontrer par les propriétés des aires que, si l'on mène la parallèle cb à la base BC d'un triangle ABC, les droites Bb, Cc, se croisent sur la médiane qui correspond au sommet A.

392. Si l'on inscrit un cercle dans un triangle rectangle, ce triangle est équivalent au rectangle qui a pour dimensions les segments déterminés sur l'hypoténuse par le point de contact du cercle inscrit.

393. Démontrer que l'aire d'un triangle en fonction de ses médianes α, β, γ, est exprimée par la formule

$$S = \frac{1}{3}\sqrt{2\alpha^2\beta^2 + 2\beta^2\gamma^2 + 2\gamma^2\alpha^2 - \alpha^4 - \beta^4 - \gamma^4}.$$

394. La droite qui contient les trois projections d'un point A d'une circonférence O sur les côtés d'un triangle équilatéral inscrit passe par le milieu du rayon OA.

395. Dans tout quadrilatère circonscrit à un cercle, la droite qui joint les milieux des diagonales passe par le centre du cercle.

396. Étant données les trois hauteurs h, h', h'', d'un triangle, trouver ses trois côtés et sa surface.

397. L'aire d'un triangle est égale au rayon du cercle circonscrit, multiplié par le demi-périmètre du triangle formé en joignant les pieds des hauteurs.

398. Deux triangles ont un sommet commun : quel est le lieu décrit par ce sommet lorsque, les deux bases restant fixes, la somme ou la différence des aires des deux triangles demeure constante? — Discussion. — Déduire du résultat obtenu que les milieux des trois diagonales d'un quadrilatère complet sont en ligne droite.

399. Les côtés consécutifs d'un quadrilatère quelconque étant représentés par a, b, c, d, et ses diagonales par m et n, l'aire de ce quadrilatère est exprimée par la formule

$$S = \frac{1}{4}\sqrt{(2mn + a^2 - b^2 + c^2 - d^2)(2mn - a^2 + b^2 - c^2 + d^2)}.$$

Si le quadrilatère est inscriptible et si p désigne son demi-périmètre, cette formule devient

$$S = \sqrt{(p-a)(p-b)(p-c)(p-d)}.$$

Si le quadrilatère est un trapèze ayant a et c pour bases, on a

$$S = \frac{1}{4}\cdot\frac{a+c}{a-c}\sqrt{(b+d+a-c)(b+d+c-a)(a-c+b-d)(a-c+d-b)}.$$

400. Trouver l'aire d'un quadrilatère quelconque en fonction des deux diagonales et des deux droites qui joignent les milieux des côtés opposés.

401. Démontrer que l'aire d'un quadrilatère, à la fois inscriptible et circonscriptible, est égale à la racine carrée du produit de ses quatre côtés.

§ II. — Comparaison des aires.

402. On donne un triangle rectangle sur les côtés duquel on construit trois carrés; on joint les sommets consécutifs de ces carrés, et l'on demande l'expression de l'aire de la figure totale ainsi formée.

403. Un triangle étant donné, partager sa surface en moyenne et extrême raison par une parallèle à sa base.

404. Sur les côtés AB, AC, d'un triangle ABC, on construit des parallélogrammes quelconques ABDE, ACFG, dont on prolonge les côtés DE et FG jusqu'à leur rencontre au point H; démontrer que la somme des aires de ces deux parallélogrammes équivaut à l'aire du parallélogramme qui a pour côtés adjacents BC et une droite égale et parallèle à AH. — Déduire de ce théorème celui du carré de l'hypoténuse.

405. On donne un quadrant AOB et un point P quelconque sur l'arc AB; par ce point P, on mène à cet arc la tangente STP : S est son point d'intersection avec le rayon OA, T avec le rayon OB. On mène PM perpendiculaire sur OA, et l'on demande de prouver que le triangle AOB est la moyenne proportionnelle des triangles SOT et OMP.

406. Sur les côtés AB, AC, d'un triangle ABC, on marque deux points M et N, et sur la droite MN un point P, tels qu'on ait

$$\frac{BM}{AM} = \frac{AN}{CN} = \frac{PM}{PN};$$

démontrer que le triangle BPC équivaut au double du triangle AMN.

407. Soit un triangle quelconque ABC; on mène BD perpendiculaire et égale à AB, CE perpendiculaire et égale à AC, et l'on tire DE. Démontrer que la somme des carrés construits sur BC et sur DE équivaut à deux fois la somme des carrés construits sur les côtés AB et AC.

408. Par le milieu de chacune des deux diagonales d'un quadrilatère, on mène une parallèle à l'autre, et l'on joint le point d'intersection de ces deux parallèles aux milieux des quatre côtés; démontrer que le quadrilatère est ainsi partagé en quatre parties équivalentes.

409. Deux polygones d'un nombre pair de côtés sont équivalents, lorsque leurs côtés ont les mêmes points milieux.

410. L'aire d'un polygone d'un nombre pair de côtés ne varie pas, lorsque tous les sommets de rangs pairs ou tous les sommets de rangs impairs décrivent des droites égales, parallèles et de même sens.

411. Si deux polygones semblables et intérieurs l'un à l'autre ont leurs côtés homologues parallèles, tout polygone à la fois inscrit dans l'un et circonscrit à l'autre a une aire moyenne proportionnelle entre les aires de ces deux polygones.

412. Démontrer que la surface du triangle formé avec les médianes d'un triangle donné est les trois quarts de la surface de ce triangle. — En déduire : 1° qu'entre tous les triangles qui ont la somme de leurs médianes constante, le triangle équilatéral est maximum ; 2° que de tous les triangles équivalents, le triangle équilatéral est celui dans lequel la somme des médianes est minimum.

§ III. — Aires du polygone régulier et du cercle.

413. Trouver en fonction du rayon du cercle circonscrit l'aire du dodécagone régulier.

414. L'aire de l'octogone régulier inscrit dans un cercle équivaut à celle du rectangle qui a pour côtés adjacents les côtés des carrés inscrit et circonscrit.

415. L'aire de l'hexagone régulier inscrit dans un cercle est les trois quarts de celle de l'hexagone régulier circonscrit.

416. L'aire de l'hexagone régulier inscrit est la moyenne proportionnelle de celles des triangles équilatéraux inscrit et circonscrit.

417. Étant donné un polygone régulier, on mène les diagonales qui sous-tendent successivement deux côtés ; ces diagonales déterminent par leurs intersections un autre polygone dont on demande la nature, et l'aire en fonction de celle du premier polygone.

418. On prend les points B et D à égale distance des extrémités de l'arc d'un quadrant AOC, et l'on mène sur OC les perpendiculaires BG et DH ; démontrer que la figure mixtiligne BGHD est équivalente au secteur OBD.

419. Si l'on prend un point C sur le diamètre AB d'un cercle, l'aire comprise entre ce cercle et les cercles décrits sur les segments AC et CB comme diamètres équivaut au cercle qui a pour diamètre la moyenne proportionnelle des segments AC et CB.

420. Dans des cercles différents, les secteurs dont les angles sont en raison inverse des carrés des rayons sont équivalents.

421. La différence de deux secteurs semblables a pour mesure de son aire le produit de la différence des rayons par l'arc concentrique mené à égale distance des arcs considérés.

422. Si des demi-cercles sont décrits sur les trois côtés d'un triangle rectangle comme diamètres, et si l'on tourne vers l'intérieur du triangle ceux décrits sur les côtés de l'angle droit, la somme des segments extérieurs correspondant aux côtés de l'angle droit, moins la somme des segments déterminés par l'hypoténuse, équivaut à l'aire commune aux demi-cercles décrits sur les côtés.

423. Des demi-cercles OEDA, OFDB, étant décrits sur les rayons OA, OB, d'un quadrant OACB, démontrer : 1° que les trois points A, B, D, sont en ligne droite; 2° que les aires ACBD, OEDF, sont équivalentes; 3° que les aires OFDA, OEDB, équivalent chacune au quart du carré construit sur le rayon OA.

424. Si AB et CD sont deux diamètres perpendiculaires d'un cercle O, et si, du point D comme centre avec DA pour rayon, on décrit un arc de cercle AEB, démontrer que l'aire de la *lune* AEB équivaut à celle du triangle DAB.

425. Dans un triangle rectangle ABC, AD étant la perpendiculaire abaissée du sommet sur l'hypoténuse, démontrer que les cercles inscrits dans les triangles ABD, ACD, sont proportionnels à ces triangles.

426. On donne deux droites qui se coupent en A, et l'on décrit une série de cercles tous tangents à ces deux droites et successivement tangents entre eux; OA étant la distance du centre du cercle le plus éloigné au point A, et OB son rayon, la somme des aires de tous les cercles est à l'aire du plus éloigné dans un rapport exprimé par $\frac{(OA+OB)^2}{4OA.OB}$.

427. Si le diamètre d'un cercle est divisé en n parties égales aux points P_1, $P_2, \ldots$, et si l'on décrit des demi-cercles au-dessus de AB sur les diamètres AP_1, $AP_2, \ldots$, et au-dessous de AB sur les diamètres BP_1, $BP_2, \ldots$, le contour de chaque figure telle que $AP_{m-1}\,BP_m$ est égal à la circonférence du cercle donné, et l'aire de la même figure à la $n^{\text{ième}}$ partie de celle du cercle donné.

428. A étant l'aire d'un polygone régulier inscrit et B l'aire du polygone circonscrit semblable, démontrer que la différence B — A équivaut à l'aire du polygone régulier semblable inscrit dans la circonférence qui a pour diamètre le côté du polygone B, ou encore à l'aire du polygone régulier semblable circonscrit à la circonférence qui a pour diamètre le côté du polygone A.

429. CBD étant un triangle rectangle en B dans lequel BD est le double de BC, on prolonge BD d'une longueur $Da = \frac{BC}{4}$, puis encore d'une longueur $ab = \frac{2BC}{5}$; on mène les droites Ca, Cb, et l'on prolonge BC de telle sorte que $BA = Ca$; enfin, par A, on mène à la droite Cb une parallèle qui coupe en E le prolongement de BD. Démontrer que la longueur BE diffère très-peu de la demi-circonférence dont BC est le rayon, et que le triangle BCE diffère très-peu du cercle correspondant; évaluer les deux différences.

430. A et B désignant les surfaces de deux polygones réguliers semblables inscrit et circonscrit à un cercle, et A′ et B′ celles des deux polygones réguliers inscrit et circonscrit d'un nombre de côtés double, démontrer les formules

$$\frac{1}{A'} = \sqrt{\frac{1}{A} \cdot \frac{1}{B}} \quad \text{et} \quad \frac{1}{B'} = \frac{1}{2}\left(\frac{1}{B} + \frac{1}{A'}\right);$$

prouver en outre que $B' - A'$ est $< \frac{B - A}{4}$. — Déduire des formules obtenues une nouvelle démonstration du théorème de Schwab (300).

431. r et a désignant le rayon et l'apothème d'un polygone régulier, r' et a' le rayon et l'apothème du polygone régulier de même aire et d'un nombre de côtés double, démontrer les formules

$$r' = \sqrt{r.a}, \quad a' = \sqrt{a \cdot \frac{r + a}{2}}.$$

— Déduire de ces formules, en partant du carré dont l'aire est égale à 2, un théorème analogue à celui de Schwab, c'est-à-dire le moyen d'obtenir une série de nombres tendant vers $\sqrt{\frac{2}{\pi}}$.

§ IV. — Problèmes sur les aires.

432. Partager un triangle en parties proportionnelles à des droites données par des parallèles à sa base.

433 Partager un trapèze en parties proportionnelles à des droites données par des parallèles aux bases.

434. Partager un polygone en parties proportionnelles à des nombres donnés par une série de droites parallèles à une droite donnée.

435. Partager un triangle en trois triangles équivalents par trois droites menées d'un même point intérieur à ses trois sommets.

436. Par un point pris dans le plan d'un angle donné, mener une droite telle, que le triangle qu'elle détermine par sa rencontre avec les côtés de l'angle soit équivalent à un carré donné.

437. Partager un quadrilatère quelconque en deux parties qui soient dans le rapport de deux droites données, par une parallèle ou une perpendiculaire à l'un de ses côtés.

438. Étant donnés trois points A, B, C, en trouver un quatrième O tel, que les surfaces AOC, AOB, BOC, présentent des rapports donnés.

439. Par un point pris sur l'un des côtés d'un polygone, mener une série de droites qui partagent sa surface en un nombre donné de parties équivalentes.

440. Inscrire dans un triangle donné un parallélogramme ayant une aire donnée. — Discussion.

441. Partager un polygone en n parties équivalentes par une série de droites issues d'un point intérieur.

442. Inscrire dans un cercle donné un trapèze, connaissant son aire et la longueur commune des deux côtés non parallèles.

443. Inscrire dans un cercle donné un rectangle de surface donnée.

444. Construire un triangle, connaissant ses angles et sa surface.

445. Après avoir inscrit un carré dans un carré donné, on en inscrit un troisième dans le second obtenu, et ainsi de suite indéfiniment, en adoptant toujours la même loi d'inscription.

On demande : 1° la limite vers laquelle tend la somme des carrés inscrits; 2° combien il faut construire de carrés inscrits pour que leur somme soit équivalente à une surface donnée.

446. Étant donné un triangle, on en forme un second en joignant les milieux de ses trois côtés, un troisième en joignant les milieux des trois côtés du second, et ainsi de suite indéfiniment. On demande la limite de la somme de tous les triangles inscrits de cette manière.

447. Construire un triangle équivalent à un triangle donné et tel, que ses sommets soient respectivement situés sur trois droites données.

448. Partager un trapèze en parties proportionnelles à des droites données, par des sécantes coupant les deux bases.

449. Partager un cercle en parties proportionnelles à des nombres donnés, par des rayons.

450. Partager un cercle en parties proportionnelles à des nombres donnés, par des circonférences concentriques.

451. Partager un triangle en deux parties proportionnelles à des droites données, par une perpendiculaire à l'un des côtés.

452. Partager un triangle en deux parties proportionnelles à des droites données, par une sécante minimum.

453. Partager un triangle quelconque en quatre parties équivalentes, par deux droites perpendiculaires entre elles.

454. Étant donné un cercle, trouver quatre autres cercles dont les rayons soient proportionnels à des droites données et dont la somme des aires soit équivalente au cercle donné.

455. On donne trois droites en grandeur et en position; trouver un point tel, qu'en le prenant pour sommet commun de trois triangles ayant ces droites pour bases respectives, ces trois triangles soient équivalents.

456. Inscrire dans un carré un rectangle d'aire donnée.

457. Trouver sur l'hypoténuse d'un triangle rectangle un point tel, que le carré construit sur la perpendiculaire abaissée de ce point sur l'un des côtés de l'angle droit, soit équivalent au rectangle qui a pour dimensions les deux segments correspondants de l'hypoténuse.

458. Décrire quatre circonférences qui soient en proportion, dont la plus grande soit égale à la somme des trois autres, et telles, que leur somme et la somme des cercles correspondants soient respectivement égales à une circonférence et à un cercle donnés.

459. Trouver sur la diagonale prolongée d'un carré donné un point tel, que si l'on mène de ce point une parallèle à l'un des côtés du carré jusqu'à la rencontre du côté adjacent prolongé, on forme ainsi, avec la diagonale prolongée elle-même, un triangle équivalent au carré donné.

460. Construire un triangle isocèle équivalent à un triangle donné.

461. D'un point donné sur l'un des côtés égaux d'un triangle isocèle, mener une droite jusqu'à la rencontre de l'autre côté prolongé, de manière à déterminer un triangle équivalent au triangle donné.

462. On donne un triangle ABC et un point D sur AB; construire un triangle équivalent au triangle ABC, qui ait l'un de ses sommets en D et l'angle A commun avec le triangle ABC.

463. Construire un triangle, connaissant son aire, un de ses angles et la médiane qui correspond à l'un des deux autres angles.

464. Transformer un triangle quelconque en un triangle isocèle qui ait même angle au sommet.

465. Construire un parallélogramme équivalent à un carré donné et qui ait un angle donné. — Cas du losange.

APPENDICE DU QUATRIÈME LIVRE.

466. De tous les triangles qui ont même angle au sommet et même somme des côtés de cet angle, le triangle isocèle est maximum et sa base est minimum.

467. De tous les triangles satisfaisant aux conditions de l'énoncé précédent, le triangle minimum est celui dans lequel la différence des côtés de l'angle donné est maximum, et sa base est maximum. — Réciproque.

468. De tous les triangles équivalents qui ont même angle au sommet, c'est le triangle isocèle qui a le périmètre minimum.

469. De tous les triangles qui ont pour angle au sommet un angle donné et dont la base est astreinte à passer par un point donné, le triangle minimum est celui dont le point donné est le milieu de la base.

470. De tous les triangles ayant même base et même hauteur, le triangle isocèle a le plus grand angle au sommet.

471. De tous les triangles qui ont même angle au sommet et même périmètre, le triangle isocèle a l'aire maximum et la base minimum. — Il en est de même de tous les triangles qui ont même angle au sommet et même différence entre la somme des côtés de cet angle et la base.

472. De tous les triangles qui ont même angle au sommet et des bases égales, le triangle isocèle a l'aire maximum et le périmètre maximum.

473. De tous les triangles qui ont même angle au sommet et même hauteur, le triangle isocèle est minimum.

474. Étant donnés dans un quadrilatère un angle et les deux côtés opposés à cet angle, l'aire du quadrilatère est maximum lorsque le sommet de l'angle donné est à égale distance des trois autres sommets.

475. De tous les triangles dont deux côtés ont des grandeurs données, le triangle maximum est celui dans lequel les trois sommets sont à égale distance du milieu du troisième côté.

476. L'aire d'un quadrilatère, dans lequel on donne un angle et la

somme des deux côtés opposés, est maximum lorsque ces deux côtés sont égaux.

477. Étant donnés un angle d'un polygone et les côtés non adjacents à cet angle, l'aire du polygone est maximum lorsque le sommet de l'angle donné est également distant de tous les autres sommets.

478. Étant donnés tous les côtés d'un polygone à l'exception d'un seul, son aire est maximum lorsque tous ses sommets sont à égale distance du milieu de ce dernier côté.

479. De tous les polygones d'un même nombre de côtés, circonscrits à un même cercle, le polygone régulier a l'aire minimum et le périmètre minimum; et, de tous les polygones réguliers circonscrits à un même cercle, celui qui a le plus grand nombre de côtés a l'aire minimum et le périmètre minimum.

480. Étant donnés n points situés comme on voudra dans un plan, décrire le plus petit cercle qui les contienne tous.

481. Les bases de deux triangles et la somme des quatre autres côtés étant données, trouver les conditions du maximum de la somme des aires de ces deux triangles.

QUESTIONS DIVERSES

DE GÉOMÉTRIE PLANE.

482. Étant donnés les milieux des côtés d'un polygone convexe d'un nombre impair de côtés, déterminer ses sommets en employant seulement le compas.

483. Construire un triangle rectangle tel, qu'un de ses côtés soit la moyenne proportionnelle de l'hypoténuse et de l'autre côté.

484. Construire un triangle égal à un triangle donné et dont les trois côtés passent respectivement par trois points donnés.

485. On donne un demi-cercle de diamètre AB; soit C un point quelconque de ce diamètre. On décrit deux autres demi-cercles sur AC et CB comme diamètres, et l'on mène à AB une perpendiculaire par le point C. Démontrer que les deux cercles inscrits de part et d'autre de cette perpendiculaire sont égaux entre eux.

486. Si deux cercles de rayons égaux se coupent en A et en B et si, par le point A, on mène la droite AEC qui rencontre respectivement les deux cercles en E et en C, le triangle EBC est équivalent à l'aire comprise entre les deux arcs BE et BC et le côté EC.

487. Trouver, sur la droite qui joint les centres de deux triangles équilatéraux donnés, un point tel, que les sommes respectives des carrés de ses distances aux côtés des deux triangles soient dans un rapport donné.

488. Inscrire dans un cercle donné un triangle isocèle dont la somme de la base et de la hauteur soit égale à une droite donnée.

489. Étant donnés une circonférence et un triangle, trouver sur la circonférence un point tel, que la somme des carrés de ses distances aux trois sommets du triangle soit égale à un carré donné.

490. Étant donnés un cercle et une tangente à ce cercle, trouver sur sa circonférence un point dont la somme des distances à la tangente et à son point de contact soit égale à une droite donnée.

491. On partage une droite donnée en moyenne et extrême raison; puis le plus grand segment trouvé en moyenne et extrême raison, et ainsi de suite indéfiniment. Vers quelle limite tend la somme des plus grands segments ainsi obtenus?

492. Étant données la hauteur d'un triangle et les différences de chacun des segments qu'elle détermine sur la base avec le côté adjacent, construire le triangle.

493. Si, du sommet de l'angle droit d'un triangle rectangle, on mène des droites aux sommets opposés du carré construit sur l'hypoténuse, la différence des carrés de ces droites est égale à la différence des carrés des côtés du triangle.

494. Étant donnés sur une droite trois segments $AB = a$, $BC = b$, $DC = c$, déterminer le point P d'où ces trois segments sont vus sous le même angle; discussion. — Application aux valeurs $a = 1$, $b = 2$, $c = 3$.

495. Soient six points pris dans un plan, les trois premiers A, C, E, sur une même droite, les trois autres, B, D, F, sur une autre droite. Démontrer que les trois intersections de AB et de DE, de BC et de EF, de CD et de AF sont en ligne droite.

496. Un cercle et un quadrilatère inscrit étant donnés, démontrer que, si l'on *complète* le quadrilatère :

1° Le carré de la troisième diagonale est égal à la somme des carrés des tangentes issues de ses extrémités; 2° Cette diagonale est égale à la somme des deux tangentes issues de son milieu; 3° Le cercle décrit sur cette diagonale comme diamètre coupe orthogonalement le cercle donné.

497. Dans un triangle ABC, on mène la bissectrice AK de l'angle au sommet et la hauteur AF correspondante; des extrémités B et C de la base, on abaisse sur la bissectrice AK les perpendiculaires BD et CE; démontrer que le cercle déterminé par les trois points F, D, E, passe par le milieu G de la base BC, et que l'aire du triangle équivaut au rectangle BD.AE ou CE.AD.

498. La courbe plane dont toutes les normales concourent en un même point, est une circonférence.

499. Démontrer que D étant un point quelconque de la base BC d'un triangle ABC, et AD la droite qui le joint au sommet du triangle, on a

$$\overline{AB}^2.CD + \overline{AC}^2.BD = \overline{AD}^2.BC + BC.BD.CD.$$

500. On donne un point C quelconque sur une droite AB; trouver sur CB et sur CB prolongée les points D et D' tels, que CD soit la moyenne

proportionnelle de AD et de BD, et CD′ la moyenne proportionnelle de AD′ et de BD′.

501. AB est divisée au point C en moyenne et extrême raison; sur le plus grand segment CA prolongé, on prend AD = CA, et sur CA on prend AE = BC; démontrer que les droites BD et BE sont aussi divisées en moyenne et extrême raison aux points A et C.

502. AB, AC, DE, DF, étant quatre droites qui, par leurs intersections trois à trois, forment quatre triangles, démontrer que les cercles circonscrits à ces triangles passent par un même point.

503. Si l'on prolonge la base d'un triangle de part et d'autre, de manière que chaque prolongement soit égal au côté adjacent, et si l'on fait passer un cercle par les extrémités obtenues et le sommet du triangle, la droite qui joindra ce sommet au centre du cercle sera la bissectrice de l'angle au sommet.

504. Trouver le lieu des points dont les puissances par rapport à deux cercles donnés sont égales et de signes contraires.

505. Si l'on partage un losange en losanges égaux par deux séries de parallèles aux côtés, la somme des cercles inscrits dans les losanges partiels équivaut au cercle inscrit dans le losange total.

506. Les côtés d'un triangle étant en progression arithmétique, a et a' étant le plus petit et le plus grand côté, R et r les rayons des cercles circonscrit et inscrit au triangle, on a

$$6Rr = aa'.$$

507. Construire un triangle rectangle, connaissant la somme des deux côtés de l'angle droit et la somme formée par l'un d'eux et l'hypoténuse.

508. Du sommet A de l'angle droit d'un triangle rectangle ABC, on abaisse Ap perpendiculaire sur l'hypoténuse BC, pq perpendiculaire sur AB, qr perpendiculaire sur BC, rs perpendiculaire sur AB, et ainsi de suite indéfiniment; démontrer que le rapport de la somme de ces perpendiculaires à AB est égal au rapport de AB + BC à AC.

509. On a dans un cercle une corde CD parallèle à une droite de longueur donnée AB; la droite AC coupant le cercle une seconde fois en E, et la droite BE une seconde fois en F, démontrer que la droite DF coupe AB en un point fixe, quand la corde CD se déplace parallèlement à elle-même.

510. Dans un triangle inscrit ABC, on mène par le sommet A jusqu'à

la base BC des parallèles AD et AE aux tangentes en C et en B; démontrer la relation

$$\frac{BE}{CD} = \frac{\overline{AB}^2}{\overline{AC}^2}.$$

511. Le côté d'un polygone est divisé en n parties; sur chacune de ces parties, on construit par rapport au polygone donné un polygone semblable et semblablement placé; démontrer que la somme des périmètres de tous ces polygones est égale au périmètre du polygone donné, et que la somme de leurs aires (si le côté du polygone donné a été divisé en n parties égales) est égale à la $n^{ième}$ partie de ce polygone.

512. Si l'on désigne par a, b, c, les trois côtés d'un triangle ABC, et si Aa', Bb', Cc', sont les bissectrices de ses angles, on a la relation

$$Ab'.Ca'.Bc' = \frac{a^2b^2c^2}{(a+b)(b+c)(c+a)}.$$

513. Si Aa, Bb, Cc, sont les droites menées des sommets d'un triangle aux points de contact des côtés opposés avec le cercle inscrit, on a

$$Ab.Ca.Bc = Ac.Ba.Cb.$$

514. Si l'on prolonge le côté AB d'un triangle ABC jusqu'en D, et si l'on prend CF = BD sur le côté CA, la base BC divise la droite DF dans le rapport des côtés AC et AB; de même, la droite DF divise BC dans le rapport des segments AF et AD.

515. Soient deux cercles extérieurs l'un à l'autre dont les deux tangentes communes intérieures, qui correspondent aux rayons AC et BD, se rencontrent en O et coupent aux points K et H l'une des tangentes communes extérieures; démontrer la relation

$$OC.OD + AC.BD = OK.OH.$$

516. ABCD étant un quadrilatère quelconque et T le point de concours des perpendiculaires menées par les extrémités du côté AB aux côtés adjacents AD et BC, démontrer que la perpendiculaire menée par le point T sur la droite qui joint les milieux des diagonales du quadrilatère, divise le côté AB en deux segments proportionnels aux projections des côtés BC et AD sur AB.

517. La somme algébrique des perpendiculaires abaissées des sommets d'un polygone régulier sur une droite menée par son centre, est nulle quelle que soit la direction de cette droite.

518. Étant donnés un triangle ABC et des droites Aa, Bb, Cc, qui allant des sommets aux côtés opposés se rencontrent en un même point, on fait passer un cercle par les trois points a, b, c, lequel coupe les mêmes côtés du triangle en trois autres points a', b', c'; démontrer que les droites Aa', Bb', Cc', se rencontrent aussi en un même point.

519. D'un point pris dans l'intérieur d'un triangle ABC, on mène des sommets aux côtés opposés les droites AH, BE, CF, puis on joint deux à deux les points H, E, F; démontrer que les droites AH, BE, CF, sont alors divisées harmoniquement. — Inversement, si une droite AH est divisée harmoniquement en G et D, et si F est un point d'une autre droite AB, les intersections E et C des droites FG et BD, FD et BH, sont en ligne droite avec le point A.

520. Par le sommet A d'un triangle ABC, mener une droite telle, que les perpendiculaires BB', CC', abaissées sur elle des extrémités de la base, forment des triangles rectangles ABB', ACC', équivalents.

521. L'aire d'un quadrilatère quelconque ABCD est égale à l'aire du triangle ayant pour base l'un des côtés AB et pour sommet le point de concours des deux diagonales, plus trois fois le triangle ayant pour base le côté CD et pour sommet le point de concours des deux droites qui joignent les centres de gravité des triangles ABC et CDA et des triangles BCD et DAB.

522. Inscrire un carré dans un parallélogramme. — Discussion.

523. Étant donné un quadrilatère ABCD, si l'on prend à volonté un point M sur AB et un point N sur CD, et que l'on mène les droites AN et DM qui se coupent en P, puis les droites CM et BN qui se coupent en Q, la droite PQ passe par un point fixe.

524. Décrire un cercle tangent à deux cercles donnés et qui passe par un point donné de leur axe radical.

525. Étant donnés deux points A et B et deux circonférences passant, l'une par A, l'autre par B, trouver sur l'axe radical de ces circonférences un point C tel, que la droite qui unit les secondes extrémités des cordes déterminées par les sécantes CA et CB soit perpendiculaire à cet axe radical.

526. Un triangle PQR étant circonscrit à un cercle O, on forme un second triangle ABC ayant pour sommets les milieux des côtés du premier; des points A, B, C, on mène au cercle O des tangentes qui rencontrent en a, b, c, les côtés opposés du triangle ABC; démontrer que les points a, b, c, sont en ligne droite.

527. Deux triangles circonscrits à un cercle donné de rayon R et ayant leurs côtés parallèles deux à deux, déterminent en s'entrecoupant six triangles partiels; démontrer que le produit des surfaces de ces six triangles et des deux triangles donnés est égal à la seizième puissance du rayon R.

528. Les droites, qui joignent les milieux des diagonales de tous les quadrilatères formés en prenant quatre côtés consécutifs d'un pentagone, concourent en un même point.

529. Inscrire dans un cercle un polygone régulier de 17 côtés; montrer que le côté de ce polygone est sensiblement égal à la moitié de l'excès du côté du triangle équilatéral inscrit sur le côté de l'hexagone régulier inscrit, et trouver une limite de l'erreur que comporte cette valeur approchée.

530. Étant donnés deux triangles ABC, $\alpha\beta\gamma$, tels que les côtés $\alpha\beta$, $\beta\gamma$, $\gamma\alpha$, du second passent respectivement par les sommets C, A, B, du premier, on demande d'évaluer l'aire du triangle $\alpha\beta\gamma$ en fonction de l'aire du triangle ABC et des rapports des segments que les côtés du triangle $\alpha\beta\gamma$ déterminent sur ceux du triangle ABC. — Déduire, de la formule obtenue, le théorème de Céva (311).

NOTES.

NOTES.

NOTE I.

MESURE DES GRANDEURS.

La mesure de l'étendue étant l'un des objets principaux de la Géométrie, nous avons cru, pour éviter les répétitions et pour fixer les idées, devoir réunir les questions relatives à la mesure et à la proportionnalité des grandeurs, en les traitant d'une manière succincte, mais méthodique. Tel est l'objet de cette Note; les commençants pourront omettre les parties marquées d'un astérisque.

Mesure d'une grandeur commensurable avec l'unité.

1. On acquiert la notion du nombre entier en considérant des objets distincts et semblables. Nous allons expliquer comment le problème de la mesure des grandeurs conduit à étendre cette première idée.

On ne considère, en Mathématiques, que les grandeurs dont on peut définir d'une manière précise *l'égalité et l'addition;* tels sont, par exemple, les angles : nous avons dit en effet ce qu'on entend par angles égaux et par somme de deux angles. Une grandeur est *plus grande* qu'une autre quand elle est la somme de cette autre et d'une troisième de même nature.

Lorsqu'une grandeur est la somme de 2, 3, 4, ... parties, égales à une autre grandeur de même espèce, on dit que la première est un multiple de la seconde, et que la seconde est une *partie aliquote* de la première.

Deux grandeurs sont dites *commensurables* entre elles lorsqu'elles sont des multiples d'une troisième grandeur qu'on appelle alors leur *commune mesure;* dans le cas contraire, elles sont *incommensurables* entre elles.

Pour *mesurer* une grandeur, on cherche une commune mesure entre cette grandeur et une autre de même espèce, arbitraire, mais bien connue, et qui reçoit le nom d'*unité*.

Si cette commune mesure est l'unité elle-même, et que la grandeur proposée la contienne, par exemple, 3 fois sans reste, on dit que la grandeur est mesurée par le *nombre entier* 3.

Si cette commune mesure est une partie aliquote de l'unité, par exemple, si, l'unité étant partagée en cinq parties égales, la grandeur proposée est la somme de trois de ces parties, on dit que cette grandeur est les trois-cinquièmes de l'unité et qu'elle est mesurée par le nombre *trois-cinquièmes*, que l'on écrit $\frac{3}{5}$. On qualifie d'ailleurs un tel nombre de *fractionnaire* pour le distinguer des nombres entiers seuls considérés jusque-là.

En résumé, *mesurer une grandeur commensurable avec l'unité, c'est chercher combien cette grandeur renferme d'unités ou de parties aliquotes de l'unité.* Suivant que la grandeur est un multiple de l'unité ou un multiple d'une partie aliquote de l'unité, *le nombre qui exprime sa mesure est entier ou fractionnaire.* Réciproquement, toute grandeur mesurée par un nombre entier ou fractionnaire est commensurable avec l'unité, car elle est un multiple de l'unité ou d'une partie aliquote de l'unité.

Deux nombres entiers ou fractionnaires sont égaux s'ils expriment les mesures de deux grandeurs égales, l'unité étant la même.

La somme de deux nombres entiers ou fractionnaires est le nombre qui mesure une grandeur égale à la somme des grandeurs mesurées par les deux autres, l'unité étant la même.

Un nombre est plus grand qu'un autre quand il est la somme de cet autre et d'un troisième nombre.

C'est dans les Traités d'Arithmétique qu'il faut voir les conséquences de ces principes fondamentaux ; nous regarderons ici comme acquises toutes les règles du calcul des nombres entiers ou fractionnaires.

* *Mesure d'une grandeur incommensurable avec l'unité.*

2. Considérons maintenant une grandeur A incommensurable avec l'unité U.

On appelle ***valeur approchée de*** **A** *par défaut à moins de* $\frac{1}{n}$, n étant entier ou fractionnaire, le nombre qui mesure le plus grand multiple de la grandeur $\frac{U}{n}$ contenu dans A. Ainsi, A contenant $\frac{U}{n}$ un nombre entier de fois m, avec un reste moindre que $\frac{U}{n}$,

$$\frac{m}{n}$$

est la valeur approchée de A à moins de $\frac{1}{n}$ *par défaut*, et

$$\frac{m+1}{n}$$

est la valeur approchée de A à moins de $\frac{1}{n}$ *par excès*.

Cela posé, le nombre qui mesure une grandeur A incommensurable avec l'unité est *par définition* la limite vers laquelle tendent les valeurs approchées de A à moins de $\frac{1}{n}$, lorsque n croît indéfiniment.

Pour justifier cette définition, il faut montrer que cette limite existe et qu'elle est unique, c'est-à-dire indépendante de la loi suivant laquelle on fait croître n indéfiniment.

A cet effet, nous désignerons par a_n la valeur approchée de A par défaut et par a'_n la valeur approchée par excès à moins de $\frac{1}{n}$.

a_n n'augmente pas toujours avec n (¹); désignons par α_n et appelons *valeur principale de A à moins de $\frac{1}{n}$ par défaut* la plus grande des valeurs de a_ν pour toutes les valeurs de ν non supérieures à n. Alors, lorsque n croîtra, la valeur principale α_n croîtra aussi ou du moins ne décroîtra jamais, et comme α_n, mesurant une grandeur moindre que A, reste inférieur à l'une quelconque des valeurs a'_n approchées par excès, α_n aura une certaine limite a quand n croîtra indéfiniment.

De même a'_n ne décroît pas toujours quand n augmente; désignons par α'_n et appelons *valeur principale de A à moins de $\frac{1}{n}$ par excès* la plus petite des valeurs de a'_ν pour toutes les valeurs de ν non supérieures à n. Alors, lorsque n croîtra, la valeur principale α'_n décroîtra ou du moins ne croîtra jamais; et comme α'_n, mesurant une grandeur supérieure à A, reste supérieur à l'une quelconque des valeurs a_n approchées par défaut, α'_n tend vers une certaine limite quand n croît indéfiniment.

Or, on voit de suite que cette limite n'est autre que a et que les valeurs approchées a_n, a'_n tendent aussi vers a lorsque n croît indéfiniment suivant une loi quelconque. En effet, α_n et α'_n étant, d'après leur définition même, compris l'un et l'autre entre a_n et a'_n, la différence entre α_n et chacune des quantités α'_n, a_n, a'_n est moindre en valeur absolue que $a'_n - a_n$, et par suite moindre que la fraction $\frac{1}{n}$, qui tend vers zéro quand n augmente indéfiniment.

* *Calcul des nombres incommensurables.*

5. Un nombre est dit *commensurable* ou *incommensurable* suivant que

---

(¹) Par exemple, si A est la diagonale du carré dont le côté est égal à l'unité, on a $a_{10} = \frac{14}{10}$ et $a_{11} = \frac{15}{11}$, et par conséquent $a_{11} < a_{10}$.

la grandeur dont il exprime la mesure est commensurable ou incommensurable avec l'unité adoptée. Les nombres commensurables sont les entiers et les fractions.

Par définition, *le résultat d'une opération sur des nombres incommensurables est la limite du résultat de la même opération sur leurs valeurs approchées à moins de $\frac{1}{n}$, lorsque n croît indéfiniment.*

Il faut démontrer que cette limite existe et est unique, c'est-à-dire indépendante de la loi suivant laquelle n croît indéfiniment : c'est ce que nous allons faire en considérant successivement chacune des opérations élémentaires.

Pour employer des notations uniformes, nous désignerons tout nombre incommensurable par une lettre minuscule, a par exemple ; alors a_n et a'_n seront ses valeurs approchées par défaut et par excès à moins de $\frac{1}{n}$, α_n et α'_n ses valeurs principales à moins de $\frac{1}{n}$; enfin, nous emploierons le symbole A_n pour désigner indifféremment l'une quelconque des valeurs a_n et a'_n, sans spécifier l'une d'elles.

Addition. — Soient les deux nombres incommensurables a et b. Lorsque n augmente, la somme $\alpha_n + \beta_n$ croît ou du moins ne diminue pas, et, comme elle reste inférieure à l'une quelconque des valeurs de $\alpha'_n + \beta'_n$, on voit qu'elle a une limite. D'ailleurs, $A_n + B_n$ a la même limite, car la différence entre les quantités

$$\alpha_n + \beta_n \quad \text{et} \quad A_n + B_n$$

est moindre en valeur absolue que la somme des différences $a'_n - a_n$, $b'_n - b_n$, c'est-à-dire moindre que la quantité $\frac{2}{n}$ qui tend vers zéro quand n augmente indéfiniment suivant une loi quelconque.

C'est cette limite qu'on appelle $a + b$.

Soustraction. — On dit que a est plus grand que b si pour toute valeur de n on a $a_n > b'_n$. Cela posé, la différence $\alpha_n - \beta'_n$ croît avec n en restant moindre que l'une quelconque des valeurs de $\alpha'_n - \beta_n$; elle a donc une limite. D'ailleurs, $A_n - B_n$ a la même limite, car la différence entre les quantités

$$\alpha_n - \beta'_n \quad \text{et} \quad A_n - B_n$$

est moindre en valeur absolue que la somme des différences $a'_n - a_n$, $b'_n - b_n$, c'est-à-dire moindre que la quantité $\frac{2}{n}$, qui s'annule pour $n = \infty$.

C'est cette limite qu'on nomme $a - b$.

Comme on a, quel que soit n,

$$\alpha_n = \beta'_n + (\alpha_n - \beta'_n),$$

on aura à la limite

$$a = b + (a - b).$$

Donc *la différence* $a - b$, définie comme nous venons de le faire, *est* bien *le nombre qui, ajouté à* b, *reproduit* a.

Multiplication. — Le produit $\alpha_n\beta_n$ croît avec n en restant inférieur à l'une quelconque des valeurs de $\alpha'_n\beta'_n$; il a donc une limite. D'ailleurs, $A_n B_n$ tend vers la même limite, car le quotient

$$\frac{A_n B_n}{\alpha_n \beta_n} = \frac{A_n}{\alpha_n}\frac{B_n}{\beta_n},$$

étant le produit de deux facteurs qui tendent vers 1, a pour limite l'unité.

C'est cette limite qu'on appelle ab.

Comme on a, quel que soit n,

$$\alpha_n\beta_n = \beta_n\alpha_n,$$

on a à la limite

$$ab = ba.$$

La valeur du produit ab, tel que nous venons de le définir, *est* donc *indépendante de l'ordre des facteurs*.

Le produit de plusieurs facteurs incommensurables, dans le cas où le nombre des facteurs est supérieur à deux, se définit comme dans le cas où les facteurs sont commensurables.

Division. — Le quotient $\frac{\alpha_n}{\beta'_n}$ croît avec n en restant inférieur à l'une quelconque des valeurs du quotient $\frac{\alpha'_n}{\beta_n}$; il a donc une limite. D'ailleurs, $\frac{A_n}{B_n}$ tend vers la même limite, car l'expression

$$\frac{A_n}{B_n} : \frac{\alpha_n}{\beta'_n} = \frac{A_n}{\alpha_n}\frac{\beta'_n}{B_n},$$

étant le produit de deux facteurs qui tendent vers 1, a pour limite l'unité.

C'est cette limite que l'on représente par $\frac{a}{b}$.

Comme on a, quel que soit n,

$$\alpha_n = \beta'_n \frac{\alpha_n}{\beta'_n},$$

on a à la limite

$$a = b\frac{a}{b}.$$

Le dividende est donc bien *égal au produit du diviseur par le quotient* tel que nous venons de le définir.

Rapport de deux grandeurs.

6. On nomme *rapport* d'une grandeur A à une grandeur B de même espèce le nombre par lequel il faut multiplier la seconde pour avoir la première. On désigne ce rapport par $\frac{A}{B}$.

Le rapport de deux grandeurs A *et* B *de même espèce est égal au nombre qui mesure la première lorsqu'on prend la seconde pour unité.*

En effet, si le rapport donné est, par exemple, $\frac{3}{5}$, la première grandeur est le produit de la seconde par $\frac{3}{5}$ (15); mais multiplier une grandeur par $\frac{3}{5}$, c'est en prendre les $\frac{3}{5}$. La première grandeur est donc les $\frac{3}{5}$ de la seconde, et, par suite, $\frac{3}{5}$ est le nombre qui mesure la première grandeur lorsqu'on prend la seconde pour unité.

* Si le rapport de A à B, c'est-à-dire le nombre par lequel il faut multiplier B pour avoir A, est incommensurable, désignons-le par r, et appelons m le nombre qui mesure A, B étant pris pour unité. Soient d'ailleurs $\frac{k}{n}$ et $\frac{k+1}{n}$ deux valeurs approchées à moins de $\frac{1}{n}$, l'une par défaut, l'autre par excès, du rapport r. On aura alors

$$B\frac{k}{n} < A < B\frac{k+1}{n}.$$

Le nombre m qui mesure A sera donc compris entre les nombres $\frac{k}{n}$ et $\frac{k+1}{n}$ qui mesurent les deux grandeurs $B\frac{k}{n}$, $B\frac{k+1}{n}$, B étant l'unité. Donc les nombres m et r, étant compris l'un et l'autre entre deux nombres $\frac{k}{n}$ et $\frac{k}{n}+\frac{1}{n}$, qui diffèrent aussi peu qu'on veut pour n assez grand, ne sauraient avoir une différence assignable.

7. Il résulte de là que, *lorsque deux grandeurs* A *et* B *ont été me-*

Appelons a, b, c, S les côtés et l'aire de ABC Si le point M est situé dans l'intérieur du triangle, S est la somme des aires des triangles MBC, MCA, MAB ; d'où

$$ax + by + cz = 2S.$$

Cette équation subsiste dans toutes les positions de M.

Le point M est déjà déterminé, quand on donne, soit deux des coordonnées x, y, z; soit trois quantités, l, m, n proportionnelles à x, y, z; car, si l'on connaît les rapports $\frac{y}{z} = \frac{m}{n}$, $\frac{z}{x} = \frac{n}{l}$, on peut construire (217) les droites AM, BM. Les quantités l, m, n, prennent également le nom de *coordonnées normales* de M ; x, y, z sont alors les *coordonnées normales absolues*.

2. Soient α, β, γ trois nombres proportionnels aux aires des triangles MBC, MCA, MAB, ces aires étant considérées comme positives ou négatives, suivant que le triangle correspondant et le triangle fondamental sont situés du même côté de leur base commune ou de part et d'autre. Désignons par M_1, M_2, M_3 les points de rencontre des droites AM, BM, CM avec BC, CA, AB. Les triangles ABM, ACM ont même base AM, et les distances de B et C à cette droite sont proportionnelles aux segments BM_1 et CM_1. Par conséquent,

$$\frac{M_1B}{M_1C} = -\frac{\gamma}{\beta}, \quad \frac{M_2C}{M_2A} = -\frac{\alpha}{\gamma}, \quad \frac{M_3A}{M_3B} = -\frac{\beta}{\alpha};$$

d'où un moyen de déterminer M, quand on connaît α, β, γ

Les quantités α, β, γ ont reçu le nom de *coordonnées barycentriques* (¹) de M Le lecteur familiarisé avec les premières notions de Mécanique voit facilement que M est le centre de gravité de trois masses proportionnelles à α, β, γ et placées respectivement en A, B, C

Les relations suivantes sont souvent utiles :

$$\frac{MM_1}{AM_1} = \frac{\alpha}{\alpha+\beta+\gamma}, \quad \frac{MM_2}{BM_2} = \frac{\beta}{\alpha+\beta+\gamma}, \quad \frac{MM_3}{CM_3} = \frac{\gamma}{\alpha+\beta+\gamma};$$

$$\frac{\alpha}{ax} = \frac{\beta}{by} = \frac{\gamma}{cz}.$$

Les dernières formules permettent de passer des coordonnées barycentriques aux coordonnées normales et *vice versa*

3. Des sommets du triangle de référence, abaissons les perpendicu-

(¹) MM. J. Neuberg et G de Longchamps ont fait un heureux usage de ces coordonnées dans la nouvelle Géométrie du triangle.

laires AL, BM, CN (*fig.* 2), sur une droite quelconque m du plan, et désignons par λ, μ, ν, des nombres proportionnels aux mesures de ces perpendiculaires et précédés du signe + ou du signe — d'après la convention suivante : les perpendiculaires abaissées de deux points sur une même droite sont de même signe ou de signes contraires, suivant que ces points sont du même côté de la droite ou de part et d'autre.

Fig 2

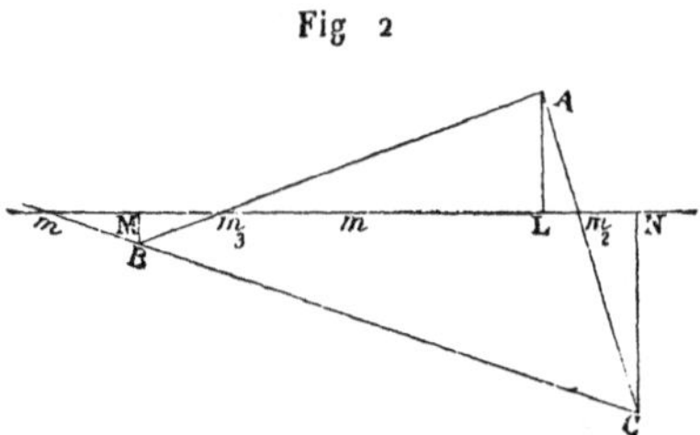

Si m_1, m_2, m_3 sont les points d'intersection de m avec BC, CA, AB, on a

$$\frac{m_1 B}{m_1 C} = \frac{\mu}{\nu}, \quad \frac{m_2 C}{m_2 A} = \frac{\nu}{\lambda}, \quad \frac{m_3 A}{m_3 B} = \frac{\lambda}{\mu}.$$

Les quantités λ, μ, ν déterminent donc complètement la droite m ; ce sont les *coordonnées* de cette ligne. Les distances AL, BM, CN, sont les *coordonnées absolues* de m

POINTS COMPLÉMENTAIRES (1).

4 Soient A', B', C' (*fig* 3), les milieux des côtés du triangle fondamental ABC Les triangles ABC, A'B'C', sont homothétiques (361); le rapport de similitude est égal à 2, et le centre d'homothétie est le point de concours G des médianes AA', BB', CC' Si M, M', sont deux points homologues de ces triangles, les droites MA et M'A', MB et M'B', MC et M'C' sont parallèles et dans le rapport 2 : 1 ; G divise la droite MM' dans le même rapport

M' est appelé le *point complémentaire* de M ; M, le point *anticomplémentaire* de M' ; A'B'C', le *triangle complémentaire* de ABC

L'anticomplémentaire M'' de M se construit en prolongeant MG de GM'' = 2MG. Il est facile de voir que M' est le milieu du segment MM'' et que les points G, M'' divisent harmoniquement le segment MM' Les

(1) L'idée de ces points est due à M E. Hain (*Archives de Grunert*, 1885) : elle a été généralisée par M de Longchamps (*Journal de Mathématiques élémentaires*, 1886).

surées avec une même unité C, *on obtient leur rapport en divisant le nombre* α *qui mesure la première par le nombre* β *qui mesure la seconde.*

En effet, on a, d'après le théorème précédent, les deux relations

$$A = C.\alpha, \quad B = C.\beta, \quad \text{d'où} \quad A = B\frac{\alpha}{\beta}.$$

Le quotient $\frac{\alpha}{\beta}$ exprime donc le rapport de A à B.

On est ainsi conduit à appeler rapport de deux nombres quelconques α et β le quotient de leur division, et l'on démontre en Arithmétique que les règles de calcul des fractions à termes entiers sont applicables à ces rapports ou fractions générales $\frac{\alpha}{\beta}$. Par exemple, on n'altère pas ces rapports en multipliant leurs deux termes par un même nombre : on obtient leur produit en les multipliant terme à terme, etc.

Conditions pour que deux grandeurs varient proportionnellement.

8. Lorsque deux grandeurs de nature différente ont une dépendance telle que le rapport de deux valeurs quelconques de la première soit égal au rapport des valeurs correspondantes de la seconde, on dit que ces deux grandeurs sont *proportionnelles*.

Deux grandeurs sont proportionnelles l'une à l'autre si, à deux valeurs quelconques, mais égales, de la première grandeur, répondent deux valeurs égales de la seconde, et si, de plus, à la somme de deux valeurs quelconques de la première répond une valeur qui soit la somme des deux valeurs correspondantes de la seconde.

En effet, soient a et a' deux valeurs quelconques de la première grandeur, et b et b' les deux valeurs correspondantes de la seconde. Supposons que le rapport $\frac{a}{a'}$ soit, par exemple, $\frac{3}{5}$, c'est-à-dire que a soit les $\frac{3}{5}$ de a'. En désignant par α le cinquième de a', on aura alors

$$a = 3\alpha \quad \text{et} \quad a' = 5\alpha.$$

Mais, si l'on appelle β la valeur de la seconde grandeur qui répond à la valeur α de la première, aux valeurs

$$\alpha + \alpha \text{ ou } 2\alpha, \quad 2\alpha + \alpha \text{ ou } 3\alpha, \quad 3\alpha + \alpha \text{ ou } 4\alpha, \quad 4\alpha + \alpha \text{ ou } 5\alpha$$

de la première grandeur répondent respectivement, en vertu de la loi de correspondance admise, les valeurs

$$\beta + \beta \text{ ou } 2\beta, \quad 2\beta + \beta \text{ ou } 3\beta, \quad 3\beta + \beta \text{ ou } 4\beta, \quad 4\beta + \beta \text{ ou } 5\beta$$

de la seconde grandeur. Or, par hypothèse, les valeurs de la seconde grandeur qui répondent aux valeurs 3α ou a et 5α ou a' de la première sont b et b'; on aura donc

$$b = 3\beta,\quad b' = 5\beta,$$

d'où

$$\frac{b}{b'} = \frac{3}{5} = \frac{a}{a'}.$$

* Si le rapport $\frac{a}{a'}$ est incommensurable, soient $\frac{k}{n}$ et $\frac{k+1}{n}$ deux valeurs approchées de ce rapport à $\frac{1}{n}$ près, l'une par défaut, l'autre par excès. On aura

$$\frac{k}{n}a' < a < \frac{k+1}{n}a',$$

d'où, en désignant par α la $n^{\text{ièm}}$ partie de a',

$$k\alpha < a < (k+1)\alpha \quad \text{et} \quad a' = n\alpha.$$

Mais, si β est la valeur de B qui correspond à la valeur α de A, aux valeurs $k\alpha$, $(k+1)\alpha$, $n\alpha$ de A correspondront respectivement les valeurs $k\beta$, $(k+1)\beta$, $n\beta$ de B. On aura donc, puisque, d'après l'énoncé, à une plus grande valeur de A correspond nécessairement une plus grande valeur de B,

$$k\beta < b < (k+1)\beta \quad \text{et} \quad b' = n\beta,$$

c'est-à-dire

$$\frac{k}{n}b' < b < \frac{k+1}{n}b' \quad \text{ou} \quad \frac{k}{n} < \frac{b}{b'} < \frac{k+1}{n}.$$

Par suite, les deux rapports $\frac{a}{a'}$, $\frac{b}{b'}$, étant compris entre deux nombres $\frac{k}{n}$ et $\frac{k}{n} + \frac{1}{n}$ qui, pour n assez grand, diffèrent aussi peu qu'on veut, ne sauraient avoir aucune différence assignable.

Réciproquement, *si deux grandeurs sont proportionnelles :* 1° la relation

$$\frac{a}{a'} = \frac{b}{b'}$$

montre que pour $a = a'$ on a $b = b'$, c'est-à-dire qu'*à des valeurs égales de la première grandeur correspondent des valeurs égales de la seconde ;* 2° la même relation donne

$$\frac{a+a'}{a'} = \frac{b+b'}{b'},$$

c'est-à-dire qu'*à la somme de deux valeurs quelconques de la première grandeur correspond la somme des deux valeurs correspondantes de la seconde.*

Ainsi, *correspondance dans l'égalité et correspondance dans la somme,* telles sont les deux conditions nécessaires et suffisantes de la proportionnalité de deux grandeurs. Si l'une des deux conditions est seule remplie, *il n'y a pas proportionnalité;* c'est ce qui arrive pour un arc et sa corde : à des arcs égaux d'un même cercle correspondent des cordes égales; mais la corde BC de la somme de deux arcs est moindre que la somme AB + AC des cordes de ces arcs.

9. On dit qu'une grandeur M est à la fois proportionnelle à plusieurs autres grandeurs A, B, C, lorsque, ces dernières grandeurs, sauf une, restant constantes, la grandeur M est proportionnelle à celle qui varie. *Lorsqu'une grandeur* M *est proportionnelle à plusieurs autres grandeurs* A, B, C, *le rapport de deux valeurs quelconques de la grandeur* M *est égal au produit des rapports des valeurs correspondantes des autres grandeurs.*

Ainsi, soient

$$m,\quad a,\quad b,\quad c,$$
$$m',\quad a',\quad b',\quad c',$$

deux séries de valeurs correspondantes des grandeurs M, A, B, C, obtenues en rapportant chaque grandeur à une unité de son espèce. On aura

$$\frac{m}{m'} = \frac{a}{a'}\,\frac{b}{b'}\,\frac{c}{c'}.$$

En effet, soient m_1 la valeur de M qui correspond aux valeurs a', b, c de A, B, C, et m_2 celle qui répond à a', b', c; on aura, d'après la définition ci-dessus,

$$\frac{m}{m_1} = \frac{a}{a'},\quad \frac{m_1}{m_2} = \frac{b}{b'},\quad \frac{m_2}{m'} = \frac{c}{c'}.$$

En multipliant ces trois égalités membre à membre et simplifiant, on trouve

$$\frac{m}{m'} = \frac{a}{a'}\,\frac{b}{b'}\,\frac{c}{c'}.$$

NOTE II.

SUR L'IMPOSSIBILITÉ DE LA QUADRATURE DU CERCLE.

Il n'est guère de problème qui ait donné lieu à plus de tentatives que celui de la quadrature du cercle : on entend par là, comme on sait, la construction avec la règle et le compas, c'est-à-dire à l'aide d'un nombre limité de droites et de cercles, du carré équivalent à un cercle donné quelconque. L'insuccès de tant d'efforts avait fait regarder ce problème comme impossible, bien qu'il n'existât, à vrai dire, aucune démonstration rigoureuse de cette impossibilité; on avait seulement prouvé jusqu'ici que le rapport de la circonférence au diamètre est incommensurable (Lambert, 1761), et qu'il en est de même de son carré (Legendre, Note IV de sa *Géométrie;* Hermite, *Journal de Crelle,* 1873).

Dans tout problème susceptible d'être résolu avec la règle et le compas, chaque point de la figure s'obtient par l'intersection de deux droites ou d'une droite et d'un cercle, ou de deux cercles; si l'on imagine qu'on traduise algébriquement les constructions au fur et à mesure, à l'aide des formules de la Géométrie analytique, on aperçoit qu'on n'aura jamais à résoudre que des équations linéaires ou quadratiques, en sorte que l'équation finale pourra, par un nombre suffisant d'élévations au carré successives, être ramenée à une équation de degré pair à coefficients rationnels. On aura donc démontré l'impossibilité de la quadrature du cercle, si l'on prouve que *le nombre π ne saurait être racine d'une équation de degré quelconque à coefficients rationnels.*

M. Lindemann a annoncé (*Comptes rendus,* t. XCV, et *Mathematische Annalen,* t. XX; 1882) qu'il était parvenu à déduire cette proposition de certaines formules de M. Hermite (*Mémoire sur la fonction exponentielle,* 1874); sa méthode n'est qu'une généralisation, mais fort habile, de celle qu'avait employée l'illustre géomètre pour démontrer que le nombre e, base des logarithmes népériens, jouit de la propriété similaire.

Nous allons exposer, en simplifiant quelques détails, les formules de M. Hermite et les recherches de M. Lindemann; ce dernier travail, si remarquable, appelle d'autant plus l'attention qu'il ne semble pas devoir être le dernier mot sur ce sujet, au moins sous le rapport de la simplicité.

Formules de M. Hermite.

1. Remarquons d'abord que, si l'on désigne par m un nombre entier et positif quelconque, par $z_1, z_2, \ldots, z_n$ les racines d'une équation en-

tière de la forme

$$(\alpha)\qquad f(z) = z^n + a_1 z^{n-1} + \ldots + a_n = 0,$$

on peut toujours déterminer un polynôme entier et de degré n en z

$$(1)\qquad \Phi(z, z_i) = z^n + \theta_1(z_i) z^{n-1} + \ldots + \theta_n(z_i),$$

tel qu'on ait identiquement

$$(2)\quad \begin{cases} \dfrac{z f(z)}{z - z_i} = \Phi(z, z_i) - \dfrac{d\Phi(z, z_i)}{dz} \\ \qquad - m\left[\dfrac{\Phi(z, z_i) - \Phi(z_0, z_i)}{z - z_0} + \ldots + \dfrac{\Phi(z, z_i) - \Phi(z_n, z_i)}{z - z_n}\right], \end{cases}$$

i désignant l'un quelconque des nombres $0, 1, 2, \ldots, n$, à condition de remplacer z_0 par zéro.

Car, en égalant les coefficients des mêmes puissances de z dans les deux membres, on trouve, puisque le premier terme est z^n de part et d'autre, n relations qui permettent de déterminer les n coefficients

$$\theta_1(z_i), \ldots, \theta_n(z_i);$$

ces relations, qu'on déduit de

$$\begin{aligned} & z_i^k + a z_i^{k-1} + \ldots + a_k \\ & = \theta_k(z_i) - (n + k - 1)\theta_{k-1}(z_i) \\ & \quad - m[S_0\theta_{k-1}(z_i) + S_1\theta_{k-2}(z_i) + \ldots + S_{k-2}\theta_1(z_i) + S_{k-1}], \end{aligned}$$

en faisant successivement k égal à $1, 2, \ldots, n$ et où $S_0, S_1, \ldots$ désignent les sommes des puissances semblables des racines de $f(z) = 0$, montrent que $\theta_k(z_i)$ est un polynôme de la forme

$$\theta_k(z_i) = z_i^k + b_1 z_i^{k-1} + \ldots + b_k,$$

$b_1, \ldots, b_k$ étant des fonctions entières symétriques et à coefficients entiers des racines de $f(z) = 0$.

L'expression (1) fait voir en outre que, si l'on pose

$$\delta = \begin{vmatrix} 1 & \ldots & 1 \\ z_0 & \ldots & z_n \\ \ldots & \ldots & \ldots \\ z_0^n & \ldots & z_n^n \end{vmatrix},$$

on a

$$\delta \times \begin{vmatrix} 1 & \ldots & 1 \\ \theta_1(z_0) & \ldots & \theta_1(z_n) \\ \ldots & \ldots & \ldots \\ \theta_n(z_0) & \ldots & \theta_n(z_n) \end{vmatrix} = \begin{vmatrix} \Phi(z_0, z_0) & \ldots & \Phi(z_n, z_0) \\ \Phi(z_0, z_1) & \ldots & \Phi(z_n, z_1) \\ \ldots & \ldots & \ldots \\ \Phi(z_0, z_n) & \ldots & \Phi(z_n, z_n) \end{vmatrix};$$

et comme, en vertu de l'expression de $\theta_k(z_i)$, le second déterminant se réduit par des transformations bien connues à δ, on voit que le dernier déterminant est égal à δ^2.

Enfin, si l'on désigne par $\varphi(z, z_i)$ ce que devient $\Phi(z, z_i)$ lorsqu'on y remplace m par zéro, on a

$$(2') \qquad \frac{z f(z)}{z - z_i} = \varphi(z, z_i) - \frac{d\varphi(z, z_i)}{dz},$$

et

$$(3) \qquad \begin{vmatrix} \varphi(z_0, z_0) & \dots & \varphi(z_n, z_0) \\ \varphi(z_0, z_1) & \dots & \varphi(z_n, z_1) \\ \dots\dots & \dots & \dots\dots \\ \varphi(z_0, z_n) & \dots & \varphi(z_n, z_n) \end{vmatrix} = \delta^2.$$

2. Cela posé, considérons l'intégrale.

$$\frac{1}{1.2\dots(m-1)} \int_0^{z_k} \frac{e^{-z} z^m f^m(z)}{z - z_i} dz,$$

le chemin d'intégration pouvant être choisi à volonté, à condition toutefois de ne pas passer par l'infini; nous désignerons cette intégrale par le symbole m_k^i.

En multipliant les deux membres de la relation (2) par $e^{-z} z^m f^m(z)$, on a

$$\frac{e^{-z} z^{m+1} f^{m+1}(z)}{z - z_i} = \frac{d}{dz}[e^{-z} z^m f^m(z) \Phi(z, z_i)] \\ + m e^{-z} z^m f^m(z) \left[\frac{\Phi(z_0, z_i)}{z - z_0} + \dots + \frac{\Phi(z_n, z_i)}{z - z_i} \right];$$

d'où, en multipliant par dz et intégrant entre les limites o et z_k,

$$(m+1)_k^i = \Phi(z_0, z_i) m_k^0 + \dots + \Phi(z_n, z_i) m_k^i.$$

La recherche des intégrales $(m+1)_k^i$ se trouve ainsi ramenée à celle des intégrales m_k^i. Par le même procédé, on ramènera à leur tour celles-ci aux intégrales $(m-1)_k^i$ et, en continuant de la sorte, on arrivera à la formule

$$m_k^i = U_0^i (1)_k^0 + \dots + U_n^i (1)_k^n,$$

avec la relation.

$$(4) \qquad \begin{vmatrix} U_0^0 & \dots & U_n^0 \\ \dots & \dots & \dots \\ U_0^i & \dots & U_n^n \end{vmatrix} = \delta^{2(m-1)}.$$

Mais, en multipliant par e^{-z} les deux membres de la relation (2'), on a

$$\frac{e^{-z} z f(z)}{z - z_i} = \frac{d}{dz}[e^{-z} \varphi(z, z_i)],$$

d'où, en multipliant par dz et intégrant entre o et z_k,

$$(1)_k^i = \varphi(z_0, z_i) - e^{z_k}\varphi(z_k, z_i).$$

Il suffit dès lors de poser

$$(5) \qquad u_h^i = U_h^i \varphi(z_h, z_0) + \ldots + U_h^n \varphi(z_h, z_n),$$

pour obtenir la formule

$$(6) \qquad m_k^i = u_0^i - e^{-z_k} u_k^i,$$

due à M. Hermite et dont dépend toute la suite de cette étude.

Les quantités u_h^i sont des fonctions entières et à coefficients entiers des racines de $f(z) = 0$; leur expression (5) montre en outre que leur déterminant

$$\Delta = \begin{vmatrix} u_0^0 & \ldots & u_n^0 \\ u_0^1 & \ldots & u_n^1 \\ \ldots & \ldots & \ldots \\ u_0^n & \ldots & u_n^n \end{vmatrix}$$

est égal au produit des déterminants (3) et (4); d'où résulte l'égalité

$$\Delta = \delta^{2m}.$$

3. Enfin, pour terminer ce travail préparatoire, nous allons montrer que l'*intégrale* m_k^i *tend vers zéro lorsque* m *croît indéfiniment.*

Si l'on désigne, en effet, par λ' la longueur du chemin d'intégration adopté pour le calcul de m_k^i, et par μ' et ν' les modules maximum de $zf(z)$ et de $e^{-z}(z - z_i)^{-1}$ le long de ce chemin, on a évidemment

$$\operatorname{mod} m_k^i < \frac{\mu'^m . \nu' . \lambda'}{1.2\ldots(m-1)}.$$

Par suite, si λ, μ, ν sont les plus grandes valeurs de λ', μ', ν' pour toutes les valeurs de k et de i, toutes les intégrales m_k^i auront un module inférieur à

$$\left[\frac{\mu^{m-1}}{1.2\ldots(m-1)}\right]\mu\nu\lambda;$$

or λ, μ, ν sont des nombres finis et indépendants de m, et l'on sait d'ailleurs que la fraction mise entre parenthèses peut, pour une valeur assez grande de l'entier m, devenir inférieure à toute quantité donnée.

Théorèmes de M. Lindemann.

4. Supposons : 1° que n soit de la forme pq, p et q étant deux entiers positifs quelconques; 2° que $z_1, \ldots, z_p$ soient les racines d'une équation

irréductible de la forme

$$(\beta)\qquad \psi(z) = z^p + b_1 z^{p-1} + \ldots + b_p = 0,$$

$b_1, b_2, \ldots, b_p$ étant des nombres entiers réels ou imaginaires; 3° que l'on ait pour toutes les valeurs 1, 2, ... p de l'indice ν

$$(7)\qquad z_{p+\nu} = 2z_\nu,\quad z_{2p+\nu} = 3z_\nu,\quad \ldots,\quad z_{(q-1)p+\nu} = qz_\nu.$$

On aura, par la formule (6),

$$e^{z_\nu} m_\nu^i = e^{z_\nu} u_0^i - u_\nu^i,$$
$$e^{z_{p+\nu}} m_{p+\nu}^i = e^{z_{p+\nu}} u_0^i - u_{p+\nu}^i,$$
$$\ldots\ldots\ldots\ldots\ldots\ldots\ldots\ldots,$$
$$e^{z_{(q-1)p+\nu}} m_{(q-1)p+\nu}^i = e^{z_{(q-1)p+\nu}} u_0^i - u_{(q-1)p+\nu}^i,$$

d'où, en multipliant respectivement par des nombres $N_1, N_2, \ldots, N_q$, supposés entiers réels ou imaginaires, mais différents de zéro, puis ajoutant et ayant égard aux relations (7),

$$\begin{aligned} N_1 \Sigma e^{z_\nu} m_\nu^i + N_2 \Sigma e^{z_{p+\nu}} m_{p+\nu}^i + \ldots + N_q \Sigma e^{z_{(q-1)p+\nu}} m_{(q-1)p+\nu}^i \\ = u_0^i (N_1 \Sigma e^{z_\nu} + N_2 \Sigma e^{2z_\nu} + \ldots + N_q \Sigma e^{qz_\nu}) \\ - N_1 \Sigma u_\nu^i - N_2 \Sigma u_{p+\nu}^i - \ldots - N_q \Sigma u_{(q-1)p+\nu}^i, \end{aligned}$$

toutes les sommes Σ étant prises de $\nu = 1$ à $\nu = p$.

L'existence d'une relation telle que

$$(\mathrm{I})\qquad N_0 + N_1 \Sigma e^{z_\nu} + N_2 \Sigma e^{2z_\nu} + \ldots + N_q \Sigma e^{qz_\nu} = 0$$

entraînerait donc les $n+1$ relations que l'on déduit de

$$(8)\qquad \left\{ \begin{aligned} N_1 \Sigma e^{z_\nu} m_\nu^i + N_2 \Sigma e^{z_{p+\nu}} m_{p+\nu}^i + \ldots + N_q \Sigma e^{z_{(q-1)p+\nu}} m_{(q-1)p+\nu}^i \\ = -[N_0 u_0^i + N_1 \Sigma u_\nu^i + N_2 \Sigma u_{p+\nu}^i + \ldots + N_q \Sigma u_{(q-1)p+\nu}^i], \end{aligned} \right.$$

en y faisant $i = 0, 1, 2, \ldots, n$. L'impossibilité de la relation (I) sera donc démontrée, si l'on prouve l'impossibilité du système des $(n+1)$ équations (8).

A cet effet, nous ferons d'abord les remarques suivantes, qui résultent de la composition des u_h^i et de la forme entière des coefficients de l'équation qui a les z_k pour racines.

1° Le second membre de la première des équations (8) (relative à $i = 0$) est un nombre entier; car ce second membre, qui est une fonction entière et à coefficients entiers de z_k, est en outre une fonction symétrique de ces racines, vu que, si l'on échange les indices x et y qu'on suppose choisis parmi $1, 2, \ldots, p$, u_x^0 s'échange avec u_y^0, $z_{x+\lambda p}$ avec $z_{y+\lambda p}$, et $u_{x+\lambda p}^0$ avec $u_{y+\lambda p}^0$;

2° Les seconds membres des autres équations (8) ne font que s'échanger entre eux par l'effet de l'échange mutuel des z_k; car, si l'on échange z_x et z_y, $u^x_{l+\lambda p}$ s'échange avec $u^y_{l+\lambda p}$ tant que l diffère de x et de y, et en outre $u^x_{y+\lambda p}$ s'échange avec $u^y_{x+\lambda p}$ et $u^x_{x+\lambda p}$ avec $u^y_{y+\lambda p}$. Ces seconds membres sont d'ailleurs des fonctions entières et à coefficients entiers des z_i; si donc on considère l'équation

$$\omega^{n+1} + A_1 \omega^n + \ldots + A_n = 0,$$

qui aurait les seconds membres des équations (8) pour racines, les coefficients $A_1, \ldots, A_n$ étant des fonctions entières et symétriques de ces seconds membres seront des nombres entiers.

Mais les premiers membres des équations (8) tendent vers zéro quand m croît indéfiniment; donc il en est de même alors de $A_1, A_2, \ldots, A_n$, et comme ce sont des nombres entiers, il faut que, à partir de certaines valeurs de m et pour toutes les valeurs plus grandes de m, on ait rigoureusement $A_1 = 0$, $A_2 = 0, \ldots, A_n = 0$. Donc, pour ces mêmes valeurs de m, les seconds membres des équations (8) devraient s'évanouir, et, par suite, tous les déterminants d'ordre $(q+1)$ déduits du tableau des coefficients $N_0, N_1, \ldots, N_q$ dans les seconds membres des équations (8) devraient être nuls; il en serait donc de même du déterminant Δ, et par conséquent aussi de δ, puisque $\Delta = \delta^{2m}$.

Mais le déterminant δ est, comme on sait, égal au produit de toutes les différences $\pm(\alpha z_i - \beta z_h)$, lorsqu'on donne à i et h toutes les valeurs $1, 2, \ldots, p$, et à α et β toutes les valeurs $0, 1, 2, \ldots, q$ (à condition cependant de ne pas faire à la fois α et β nuls); δ ne pourrait donc être nul que s'il y avait entre deux racines z_i et z_h une relation de la forme $\alpha z_i - \beta z_h = 0$; mais alors l'équation $\psi(z) = 0$ et l'équation

$$z^p + \frac{\beta}{\alpha} b_1 z^{n-1} + \left(\frac{\beta}{\alpha}\right)^2 b^2 z^{n-2} + \ldots + \left(\frac{\beta}{\alpha}\right)^p b_p = 0$$

auraient une racine commune, tandis que $\psi(z)$ a été supposé irréductible.

On a donc le théorème suivant :

Si $z_1, z_2, \ldots, z_p$ sont les racines d'une équation irréductible de la forme (β) à coefficients entiers $b_1, \ldots, b_n$ réels ou imaginaires, il ne peut exister, entre les fonctions symétriques

$$(9)\qquad \left\{\begin{aligned} \Sigma e^{z_\nu} &= e^{z_1} + e^{z_2} + \ldots + e^{z_p}, \\ \Sigma e^{2z_\nu} &= e^{2z_1} + e^{2z_2} + \ldots + e^{2z_p}, \\ &\ldots\ldots\ldots\ldots\ldots\ldots, \\ \Sigma e^{qz_\nu} &= e^{qz_1} + e^{qz_2} + \ldots + e^{qz_p}, \end{aligned}\right.$$

où q désigne un nombre entier et positif quelconque, aucune relation telle que (I), *c'est-à-dire aucune relation linéaire dont les coefficients* N_0, $N_1, \ldots, N_q$ *soient entiers réels ou imaginaires et différents de zéro.*

En particulier, on ne saurait avoir

$$N_0 + N_1 + (e^{rz_1} + e^{rz_2} + \ldots + e^{rz_n}) = 0,$$

r étant un entier positif quelconque; et par conséquent, *sous les conditions admises, aucune des fonctions symétriques*

$$e^{rz_1} + e^{rz_2} + \ldots + e^{rz_n}$$

ne saurait être égale à un nombre rationnel.

5. Les propositions précédentes peuvent s'étendre aux fonctions symétriques

$$(10)\quad \begin{cases} \Sigma e^{z_1}, & \Sigma e^{z_1+z_2}, & \Sigma e^{z_1+z_2+z_3}, & \ldots, & \Sigma e^{z_1+z_2+\ldots+z_p}, \\ \Sigma e^{rz_1}, & \Sigma e^{r(z_1+z_2)}, & \Sigma e^{r(z_1+z_2+z_3)}, & \ldots, & \Sigma e^{r(z_1+z_2+\ldots+z_p)}. \end{cases}$$

En effet, supposons d'abord que les nombres qui figurent comme exposants de e soient tous différents les uns des autres et différents de zéro. L'existence d'une relation linéaire à coefficients entiers N_0, N_1, N_2, ... entre les quantités (10) conduirait alors à un système d'équations entièrement analogue au système (8) et dont on mettrait l'impossibilité en évidence par un raisonnement pareil à celui du n° 4.

Si l'hypothèse ci-dessus n'est pas remplie, admettons d'abord que dans l'une des fonctions (10) que nous désignons par Σe^{Z}, plusieurs des exposants Z soient égaux entre eux, et considérons une relation de la forme

$$\text{(II)}\qquad 0 = N_0 + N_1 \Sigma e^{Z}.$$

Toutes les quantités Z peuvent alors être réparties en plusieurs groupes

$$Z_1,\ Z'_1,\ Z''_1,\ \ldots;\ Z_2,\ Z'_2,\ Z''_2,\ \ldots;\ \ldots,$$

tels que les quantités qui forment un même groupe soient racines d'une équation irréductible à coefficients rationnels et ne fassent que s'échanger entre elles quand on échange les racines z_k. Or le succès du raisonnement appliqué dans le n° 4 à la relation (I) était dû précisément à ce qu'il n'intervenait dans chaque somme séparée que des exposants de e s'échangeant entre eux par suite de l'échange des z_k. Nous pouvons donc ici conclure immédiatement à l'impossibilité d'une équation de la forme

$$0 = N_0 + N_1 \Sigma e^{Z_1} + N_2 \Sigma e^{Z_2} + \ldots,$$

et par suite de la relation (II) qui en est un cas particulier. Si, de plus, une des quantités Z était nulle, cela équivaudrait à un changement dans la valeur de N_0; mais alors le raisonnement serait en défaut, à moins que tous les exposants du second membre de (II) ne s'évanouissent en même temps. Si l'équation qui a les z_k pour racines est irréductible, le cas d'exception que nous signalons ne peut se présenter que pour l'exposant de la fonction

$$e^{Z} = e^{r(z_1+z_2+\dots+z_p)}, \tag{11}$$

lorsque le coefficient b_1 de z^{p-1} dans l'équation $\psi(z) = 0$ est nul. Considérons maintenant au lieu de (II) une équation linéaire dans laquelle figurent plusieurs des fonctions (10); on pourra encore grouper les exposants de telle sorte que chacun des nombres N multiplie une somme telle que les exposants de e qui appartiennent aux termes de cette somme soient les racines d'une équation irréductible, et l'on répétera ce qui a été dit ci-dessus à propos de l'équation (II).

Donc : *Aucune des fonctions symétriques* (10) *ne peut être égale à un nombre rationnel*; et, plus généralement, *entre les fonctions* (10) *il ne peut exister aucune relation linéaire à coefficients rationnels, à moins que l'équation* $\psi(z) = 0$ *ne soit privée de second terme, auquel cas une fonction symétrique des quantités* (11) *peut être égale à un nombre rationnel.*

6. La première série des quantités (10) n'est autre que la suite des coefficients $M_1, M_2, \dots, M_p$ de l'équation

$$V^p - M_1 V^{p-1} + M_2 V^{p-2} - \dots \pm M_p = 0, \tag{12}$$

qui a pour racines $e^{z_1}, e^{z_2}, \dots, e^{z_p}$.

D'après ce qui vient d'être dit, ces coefficients ne peuvent être rationnels, sauf M_p pour $b_1 = 0$, et il ne saurait exister entre eux aucune relation linéaire à coefficients rationnels. Mais si l'une des racines de (12), c'est-à-dire l'une des quantités $e^{z_1}, e^{z_2}, \dots, e^{z_p}$ était rationnelle, sa substitution à la place de V dans (12) établirait précisément une relation à coefficients rationnels entre $M_1, M_2, \dots, M_p$. Donc : *Si z est racine d'une équation irréductible de la forme* (β), *e^z ne peut être un nombre rationnel.*

Or on a $e^{\pi\sqrt{-1}} = -1$; donc $\pi\sqrt{-1}$ ne saurait être racine d'une équation irréductible de la forme (β). D'ailleurs, on peut ramener toute équation à coefficients rationnels à la forme (β), en prenant pour inconnue pz, au lieu de z, p étant un nombre entier convenablement choisi. Donc, enfin :

Le nombre π ne saurait être racine d'une équation algébrique à coefficients rationnels (réels ou imaginaires).

NOTE III (¹).

SUR LA GÉOMÉTRIE RÉCENTE DU TRIANGLE.

Définition des coordonnées.

1. Soit ABC (*fig.* 1) le triangle *fondamental, primitif* ou *de référence*. On fixe la position d'un point M ou d'une droite m par rapport au triangle ABC au moyen de certaines quantités qu'on appelle les *coordonnées* de ce point ou de cette droite.

Menons les perpendiculaires MX, MY, MZ sur BC, CA, AB, et désignons par x, y, z, les nombres qui mesurent les longueurs MX, MY, MZ, précédées du signe + ou du signe —, suivant que le point M est, par rapport à la droite sur laquelle on a abaissé la perpendiculaire, du même côté que le sommet opposé du triangle ABC ou d'un côté différent.

Fig. 1.

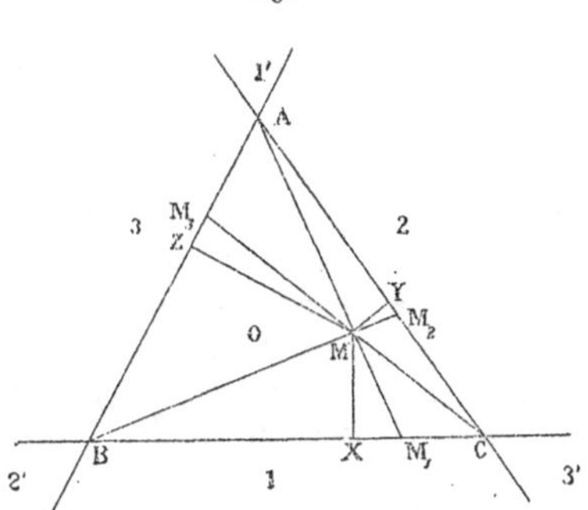

Les quantités x, y, z sont les *coordonnées normales* de M. Les côtés de ABC indéfiniment prolongés partagent le plan en sept régions, que nous avons numérotées 0, 1, 2, 3, 1', 2', 3'; les signes des coordonnées d'un point appartenant à l'une de ces régions sont respectivement

$$(+++),\quad (-++),\quad (+-+),\quad (++-),$$
$$(+--),\quad (-+-),\quad (--+).$$

(¹) Dans cette Note, les *renvois* se rapportent au texte du *Traité* et à celui de la Note elle-même; pour éviter toute ambiguïté, nous ferons précéder ceux qui visent les numéros de cette dernière de la lettre N.

Appelons a, b, c, S les côtés et l'aire de ABC. Si le point M est situé dans l'intérieur du triangle, S est la somme des aires des triangles MBC, MCA, MAB ; d'où

$$ax + by + cz = 2S.$$

Cette équation subsiste dans toutes les positions de M.

Le point M est déjà déterminé, quand on donne, soit deux des coordonnées x, y, z ; soit trois quantités, l, m, n proportionnelles à x, y, z ; car, si l'on connaît les rapports $\frac{y}{z} = \frac{m}{n}$, $\frac{z}{x} = \frac{n}{l}$, on peut construire (217) les droites AM, BM. Les quantités l, m, n, prennent également le nom de *coordonnées normales* de M ; x, y, z sont alors les *coordonnées normales absolues*.

2. Soient α, β, γ trois nombres proportionnels aux aires des triangles MBC, MCA, MAB, ces aires étant considérées comme positives ou négatives, suivant que le triangle correspondant et le triangle fondamental sont situés du même côté de leur base commune ou de part et d'autre. Désignons par M_1, M_2, M_3 les points de rencontre des droites AM, BM, CM avec BC, CA, AB. Les triangles ABM, ACM ont même base AM, et les distances de B et C à cette droite sont proportionnelles aux segments BM_1 et CM_1. Par conséquent,

$$\frac{M_1B}{M_1C} = -\frac{\gamma}{\beta}, \quad \frac{M_2C}{M_2A} = -\frac{\alpha}{\gamma}, \quad \frac{M_3A}{M_3B} = -\frac{\beta}{\alpha};$$

d'où un moyen de déterminer M, quand on connaît α, β, γ.

Les quantités α, β, γ ont reçu le nom de *coordonnées barycentriques* (¹) de M. Le lecteur familiarisé avec les premières notions de Mécanique voit facilement que M est le centre de gravité de trois masses proportionnelles à α, β, γ et placées respectivement en A, B, C.

Les relations suivantes sont souvent utiles :

$$\frac{MM_1}{AM_1} = \frac{\alpha}{\alpha + \beta + \gamma}, \quad \frac{MM_2}{BM_2} = \frac{\beta}{\alpha + \beta + \gamma}, \quad \frac{MM_3}{CM_3} = \frac{\gamma}{\alpha + \beta + \gamma};$$

$$\frac{\alpha}{ax} = \frac{\beta}{by} = \frac{\gamma}{cz}.$$

Les dernières formules permettent de passer des coordonnées barycentriques aux coordonnées normales et *vice versa*.

3. Des sommets du triangle de référence, abaissons les perpendicu-

---

(¹) MM. J. Neuberg et G. de Longchamps ont fait un heureux usage de ces coordonnées dans la nouvelle Géométrie du triangle.

laires AL, BM, CN (*fig.* 2), sur une droite quelconque m du plan, et désignons par λ, μ, ν, des nombres proportionnels aux mesures de ces perpendiculaires et précédés du signe + ou du signe — d'après la convention suivante : les perpendiculaires abaissées de deux points sur une même droite sont de même signe ou de signes contraires, suivant que ces points sont du même côté de la droite ou de part et d'autre.

Fig. 2.

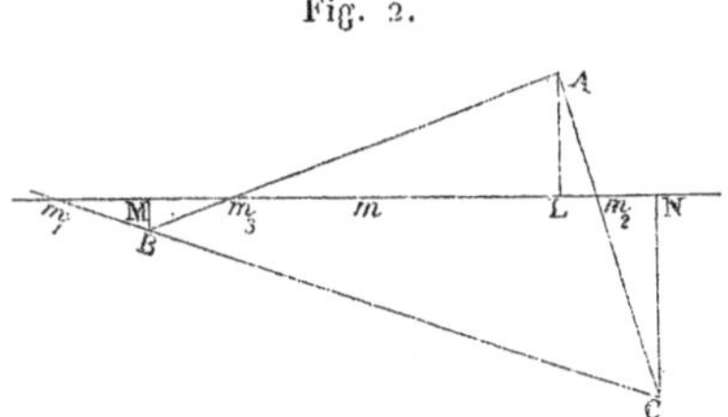

Si m_1, m_2, m_3 sont les points d'intersection de m avec BC, CA, AB, on a

$$\frac{m_1 B}{m_1 C} = \frac{\mu}{\nu}, \quad \frac{m_2 C}{m_2 A} = \frac{\nu}{\lambda}, \quad \frac{m_3 A}{m_3 B} = \frac{\lambda}{\mu}.$$

Les quantités λ, μ, ν déterminent donc complètement la droite m; ce sont les *coordonnées* de cette ligne. Les distances AL, BM, CN, sont les *coordonnées absolues* de m.

POINTS COMPLÉMENTAIRES [1].

4. Soient A′, B′, C′ (*fig.* 3), les milieux des côtés du triangle fondamental ABC. Les triangles ABC, A′B′C′, sont homothétiques (361); le rapport de similitude est égal à 2, et le centre d'homothétie est le point de concours G des médianes AA′, BB′, CC′. Si M, M′, sont deux points homologues de ces triangles, les droites MA et M′A′, MB et M′B′, MC et M′C′ sont parallèles et dans le rapport 2 : 1 ; G divise la droite MM′ dans le même rapport.

M′ est appelé le *point complémentaire* de M; M, le point *anticomplémentaire* de M′; A′B′C′, le *triangle complémentaire* de ABC.

L'anticomplémentaire M″ de M se construit en prolongeant MG de GM″ = 2 MG. Il est facile de voir que M′ est le milieu du segment MM″ et que les points G, M″ divisent harmoniquement le segment MM′. Les

(1) L'idée de ces points est due à M. E. Hain (*Archives de Grunert*, 1885) : elle a été généralisée par M. de Longchamps (*Journal de Mathématiques élémentaires*, 1886).

parallèles menées par les sommets du triangle ABC aux côtés opposés forment un triangle A″B″C″, anticomplémentaire de ABC.

Appelons α, β, γ, les coordonnées barycentriques de M dans le triangle ABC ; ce sont aussi celles de M′ dans le triangle A′B′C′. Soient F, J, les points de rencontre de AM′ avec BC, B′C′, et soit F′ celui de A′M′ avec B′C′ ; on a (N., 2)

$$\frac{M'F'}{A'F'} = \frac{\alpha}{\alpha+\beta+\gamma},$$

d'où

$$\frac{M'F}{AF} = \frac{M'F}{2JF} = \frac{M'A'}{2F'A'} = \frac{\beta+\gamma}{2(\alpha+\beta+\gamma)}.$$

Donc, si α', β', γ', désignent les coordonnées de M′ dans le triangle ABC,

$$\frac{\alpha'}{\beta+\gamma} = \frac{\beta'}{\gamma+\alpha} = \frac{\gamma'}{\alpha+\beta},$$

et inversement

$$\frac{\alpha}{-\alpha'+\beta'+\gamma'} = \frac{\beta}{\alpha'-\beta'+\gamma'} = \frac{\gamma}{\alpha'+\beta'-\gamma'}.$$

Ainsi, les coordonnées barycentriques du complémentaire et de l'anticomplémentaire d'un point ayant pour coordonnées α, β, γ, sont

$$\beta+\gamma,\quad \gamma+\alpha,\quad \alpha+\beta;\quad -\alpha+\beta+\gamma,\quad \alpha-\beta+\gamma,\quad \alpha+\beta-\gamma.$$

5. Nous désignons par O le centre du cercle circonscrit au triangle ABC ; par AH_1, BH_2, CH_3, les hauteurs ; par H le point de concours de

Fig. 3.

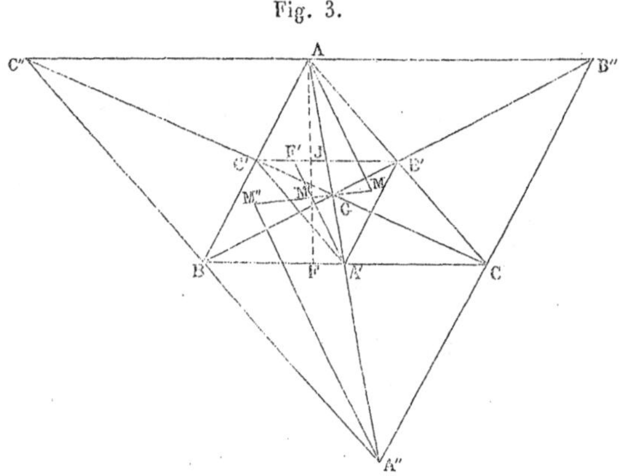

ces droites. H est l'*orthocentre* de ABC ; le triangle $H_1H_2H_3$ est le *triangle orthique* de ABC.

O est le complémentaire de H ; par conséquent, G divise la droite HO dans le rapport 2:1, et l'on a AH = 2OA', BH = 2OB', CH = 2OC'. Le complémentaire de O est le centre O_9 du cercle des neuf points de ABC (404). La droite HO est la *droite d'Euler* de ABC (*fig.* 5).

Les centres des cercles tangents aux trois côtés de ABC sont désignés par I, I_a, I_b, I_c. Le complémentaire et l'anticomplémentaire de I sont, respectivement, le centre du cercle inscrit au triangle A'B'C', et le centre du cercle inscrit à A"B"C".

DROITE ET POINTS HARMONIQUEMENT ASSOCIÉS A UN POINT DONNÉ (1).

6. Soit M un point quelconque du plan ABC (*fig.* 4). Les droites AM, BM, CM rencontrent BC, CA, AB aux points M_1, M_2, M_3; désignons par

Fig. 4.

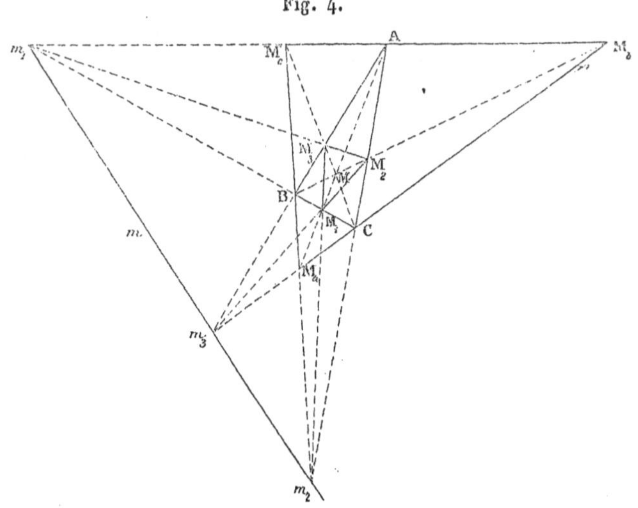

m_1, m_2, m_3 les conjugués harmoniques de ces points par rapport aux extrémités des côtés correspondants du triangle ABC. On a les égalités (311 et 331)

$$\frac{M_1B}{M_1C}\,\frac{M_2C}{M_2A}\,\frac{M_3A}{M_3B} = -1,$$

$$\frac{M_1B}{M_1C} = -\frac{m_1B}{m_1C},\quad \frac{M_2C}{M_2A} = -\frac{m_2C}{m_2A},\quad \frac{M_3A}{M_3B} = -\frac{m_3A}{m_3B};$$

(1) Emile Lemoine, *Association française pour l'avancement des Sciences*, Congrès de Blois (1884).

d'où l'on déduit

$$\frac{m_1B}{m_1C}\frac{m_2C}{m_2A}\frac{m_3A}{m_3B} = 1,$$

$$\frac{m_1B}{m_1C}\frac{M_2C}{M_2A}\frac{M_3A}{M_3B} = 1,$$

$$\frac{M_1B}{M_1C}\frac{m_2C}{m_2A}\frac{m_3A}{m_3B} = -1.$$

Par conséquent (310, 326) : 1° *Les points* m_1, m_2, m_3 *sont situés sur une même droite* m, *axe d'homologie du triangle fondamental* ABC *et du triangle* $M_1M_2M_3$ (*triangle pédal de* M);

2° *Les droites* Am_1, Bm_2, Cm_3 *forment un triangle* $M_aM_bM_c$, *dont les sommets sont situés sur les droites* AM, BM, CM. (Comparer avec le n° 315.)

La droite m est dite *harmoniquement associée* au point M; on l'appelle également *polaire trilinéaire de* M. M est le point *harmoniquement associé* à la droite m ou le *pôle trilinéaire* de m. Les points M_a, M_b, M_c,

Fig. 5.

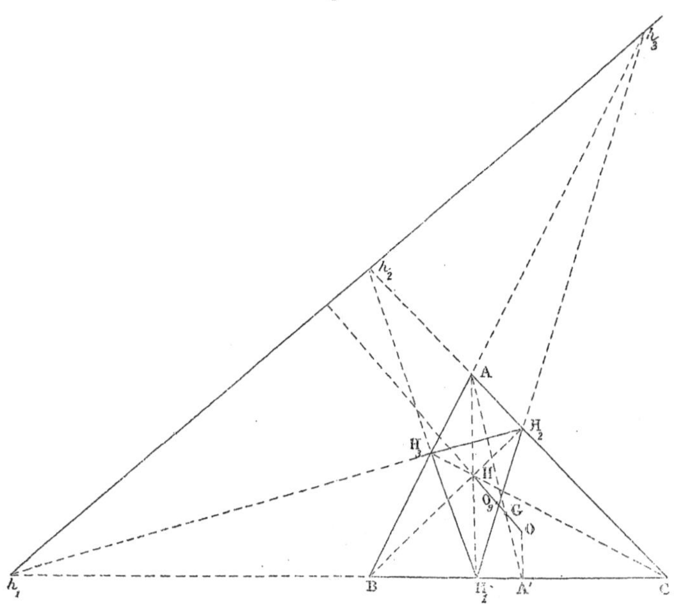

sont *harmoniquement associés* à M; ce sont les conjugués harmoniques de M par rapport aux segments AM_1, BM_2, CM_3. Enfin, les polaires trilinéaires des points M_a, M_b, M_c, ou les droites $m_1 M_2 M_3$, $M_1 m_2 M_3$, $M_1 M_2 m_3$, sont *harmoniquement associées* à la droite $m_1 m_2 m_3$.

Si M_a est le point donné, les associés sont M, M_c, M_b.

Pour construire le pôle trilinéaire M d'une droite m, qui coupe les côtés du triangle fondamental en m_1, m_2, m_3, on trace les droites Am_1, Bm_2, Cm_3, qui forment un triangle $M_a M_b M_c$; les droites AM_a, BM_b, CM_c concourent au point cherché M.

Les coordonnées d'une droite sont inversement proportionnelles aux coordonnées barycentriques de son pôle trilinéaire. Si α, β, γ sont les coordonnées barycentriques ou normales d'un point, celles des points associés sont

$$(-\alpha, \beta, \gamma), \quad (\alpha, -\beta, \gamma), \quad (\alpha, \beta, -\gamma).$$

SCOLIE.

7 1° Les associés du centre de gravité G sont les sommets du tri-

Fig. 6.

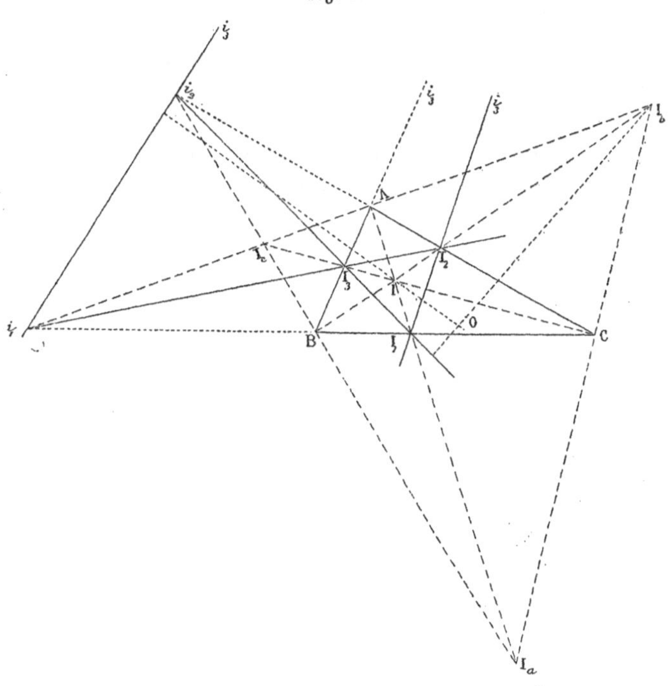

angle anticomplémentaire A″B″C″ (*fig.* 3); la polaire trilinéaire de G est la droite de l'infini.

2° La polaire trilinéaire $h_1 h_2 h_3$ de l'orthocentre H est l'axe d'homologie du triangle fondamental ABC et du triangle orthique $H_1 H_2 H_3$ (*fig.* 5); on l'appelle *axe orthique* de ABC.

L'axe orthique d'un triangle est l'axe radical du cercle circonscrit et du cercle des neuf points; il est perpendiculaire à la droite d'Euler.

En effet, les quadrilatères inscriptibles $A'H_1H_2H_3$, BCH_2H_3 donnent

$$h_1H_1.h_1A' = h_1H_2.h_1H_3, \quad h_1B.h_1C = h_1H_2.h_1H_3,$$

d'où $h_1H_1.h_1A' = h_1B.h_1C$; par suite, h_1 appartient à l'axe radical des cercles O, O_9.

3° Les associés du centre I du cercle inscrit à ABC sont les centres I_a, I_b, I_c des cercles exinscrits; la polaire trilinéaire de I joint les pieds i_1, i_2, i_3 des bissectrices extérieures (*fig.* 6).

La droite $i_1 i_2 i_3$ est perpendiculaire à IO. En effet, ABC est le triangle orthique, et le cercle circonscrit O est le cercle des neuf points du triangle $I_aI_bI_c$; donc IO est la droite d'Euler du dernier triangle.

Soient I_1, I_2, I_3 les pieds des bissectrices intérieures de ABC. ABC étant le triangle orthique de chacun des triangles II_cI_b, I_cII_a, I_bI_aI, on démontre facilement que *les droites* I_2I_3, I_3I_1, I_1I_2 *sont respectivement perpendiculaires aux droites* OI_a, OI_b, OI_c.

POINTS ET TRANSVERSALES RÉCIPROQUES [1].

8. Lorsque deux segments AB, CD appartenant à la même droite ont même milieu, nous dirons que C et D sont des *points isotomiques* par

Fig. 7.

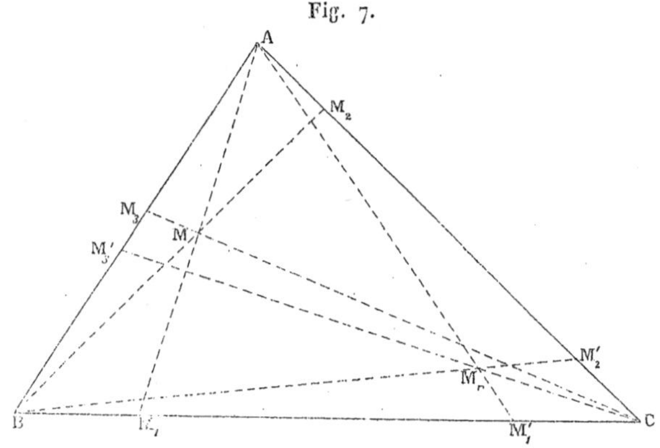

rapport à A et B; que D est l'isotomique de C. L'isotomique d'un point

[1] G. de Longchamps, *Nouvelles Annales de Mathématiques*, 1866.

pris sur un côté du triangle de référence est le symétrique de ce point par rapport au milieu du côté.

THÉORÈME.

1° *Soient* M_1, M_2, M_3 (*fig.* 7) *les points de rencontre des côtés* BC, CA, AB *d'un triangle avec les droites joignant les sommets opposés à un même point* M *du plan, et soient* M'_1, M'_2, M'_3 *les isotomiques de* M_1, M_2, M_3 : *les droites* AM'_1, BM'_2, CM'_3 *concourent en un même point* M_r.

2° *Soient* m_1, m_2, m_3 (*fig.* 8) *les points de rencontre des côtés* BC, CA, AB *d'un triangle avec une transversale quelconque* m, *et soient* m'_1, m'_2, m'_3, *les isotomiques de* m_1, m_2, m_3; *les points* m'_1, m'_2, m'_3 *sont situés sur une seconde transversale* m_r.

Fig. 8.

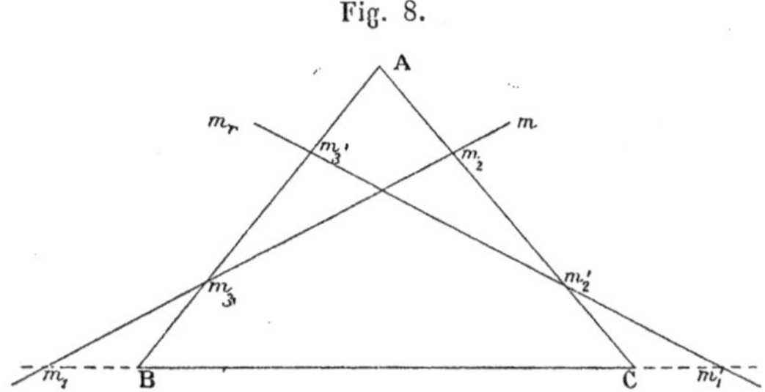

Ces propositions résultent immédiatement des n°s 313 et 310.

Les points M, M_r ont reçu le nom de *points réciproques*. Les coordonnées barycentriques de l'un sont inverses de celles de l'autre point.

Les droites m, m_r sont des *transversales réciproques;* les coordonnées de m_r sont égales aux inverses de celles de m.

POINTS INVERSES (1).

9. Lorsque deux angles de même sommet ont même bissectrice, nous dirons que les deux côtés de l'un des angles sont des *droites isogonales* par rapport à l'autre angle. L'*isogonale* d'une droite menée par un sommet du triangle de référence est la symétrique de cette droite par rapport à la bissectrice de l'angle correspondant du triangle.

LEMME.

Soient P, Q *deux points quelconques pris sur deux droites isogonales par rapport à l'angle* BAC (*fig.* 9).

(1) E. Vigarié, *Journal de Mathématiques élémentaires*, 1885.

1° *Les distances de* P *aux côtés de l'angle* BAC *sont inversement proportionnelles à celles de* Q *aux mêmes côtés;*

2° *Les projections des points* P, Q *sur les deux côtés de l'angle* BAC *sont quatre points d'une même circonférence;*

3° *La droite qui joint les projections de l'un des points* P, Q *sur les côtés de l'angle* BAC *est perpendiculaire à celle qui unit l'autre point au sommet de l'angle.*

Fig. 9.

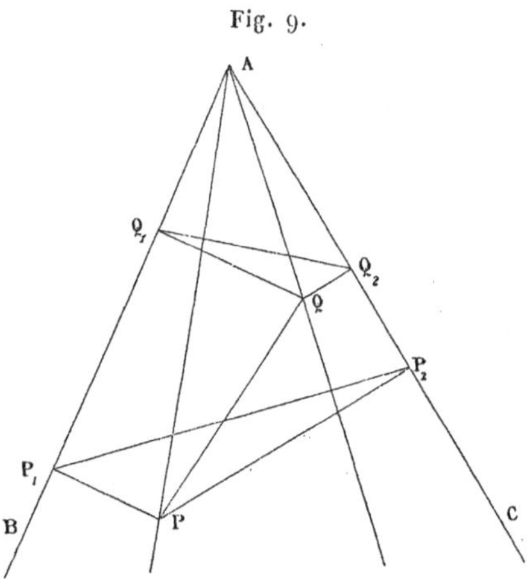

1° Soient P_1, Q_1 les projections des points P, Q sur AB, et soient P_2, Q_2 leurs projections sur AC. Si l'on retourne le quadrilatère AQ_2QQ_1 autour de la bissectrice de l'angle BAC, il devient homothétique au quadrilatère AP_1PP_2. Il en résulte que

$$\frac{QQ_2}{QQ_1} = \frac{PP_1}{PP_2}, \quad \text{ou} \quad PP_1.QQ_1 = PP_2.QQ_2.$$

2° Les droites P_1P_2, Q_1Q_2 sont antiparallèles par rapport à l'angle BAC; car leurs directions sont symétriques par rapport à la bissectrice de cet angle. Le quadrilatère $P_1P_2Q_1Q_2$ est donc inscriptible; le centre de la circonférence circonscrite est au milieu de la droite PQ, à la rencontre des perpendiculaires élevées aux milieux des cordes P_1Q_1, P_2Q_2.

3° Le quadrilatère AP_1PP_2 étant inscriptible, on a angulairement

$$AP_2P_1 = APP_1 = 90° - PAP_2 = 90° - P_2AQ;$$

donc les droites AQ, P_1P_2 sont rectangulaires.

THÉORÈME.

10. *Soit* M *un point quelconque du plan du triangle* ABC (*fig.* 10) :

1° *Les isogonales des droites* AM, BM, CM *concourent en un même point* M_i;

2° *Les projections des points* M, M_i *sur les côtés du triangle* ABC *sont six points d'une même circonférence ;*

3° *Les côtés du triangle podaire* ([1]) *de l'un des points* M, M_i *sont, respectivement, perpendiculaires aux droites joignant l'autre point à* A, B, C ;

4° *Les coordonnées normales de* M_i *sont inversement proportionnelles à celles de* M.

1° et 2°. La première partie du théorème résulte du n° 313. On peut également l'établir, en même temps que la seconde partie, en s'appuyant sur le lemme qui précède.

En effet, soit M_i le point où se coupent les isogonales des droites AM, BM, et soient X, Y, Z, X_i, Y_i, Z_i les projections des points M, M_i sur les côtés du triangle ABC. La circonférence décrite du milieu de la droite MM_i comme centre et passant par Z et Z_i contient les points Y, Y_i, X, X_i (N., 9, 2°). Comme elle est complètement déterminée par les trois points X, Y, Z, le point M_i est aussi situé sur l'isogonale de CM.

3° et 4°. Ces propriétés résultent immédiatement de (N., 9, 1° et 3°).

Scolie.

11. Les points M, M_i sont dits *inverses* ou *conjugués isogonaux par rapport au triangle* ABC.

Les centres I, I_a, I_b, I_c des cercles tangents aux trois côtés de ABC sont, chacun leurs propres inverses.

L'orthocentre H et le centre O du cercle circonscrit (*fig.* 5) sont des points inverses; car, la tangente en A à ce cercle et le côté BC étant antiparallèles par rapport à l'angle BAC, la hauteur AH et le rayon AO sont des lignes isogonales. Il suit de là que les milieux des côtés et les pieds des hauteurs de ABC sont sur une même circonférence.

L'inverse d'un point M *de la circonférence circonscrite à un triangle est à l'infini sur la direction perpendiculaire à la droite de Simson* (169, 11°) *de ce point.* En effet, cette droite est perpendiculaire à l'isogonale de chacune des droites AM, BM, CM.

([1]) Nous appelons *triangle podaire* d'un point M, par rapport à un triangle ABC, le triangle XYZ qui a pour sommets les projections de M sur les côtés de ABC; inversement, le triangle ABC est appelé le *triangle antipodaire* de M par rapport au triangle XYZ.

TRIANGLES ORTHOLOGIQUES.

THÉORÈME.

12. *Si les perpendiculaires menées des sommets d'un triangle* ABC *sur les côtés correspondants d'un triangle* $A_1B_1C_1$ *se coupent en un même point* D, *les perpendiculaires menées des sommets du triangle* $A_1B_1C_1$ *sur les côtés correspondants de* ABC *concourent aussi en un même point* D_1.

Il suffit d'établir cette proposition pour un triangle homothétique à $A_1B_1C_1$. Voici trois figures où elle s'aperçoit immédiatement.

1° Soient, par rapport au triangle ABC, D_i l'inverse de D, et $X_iY_iZ_i$ le triangle podaire de D_i (*fig.* 10). Les droites AD, BD, CD sont per-

Fig. 10.

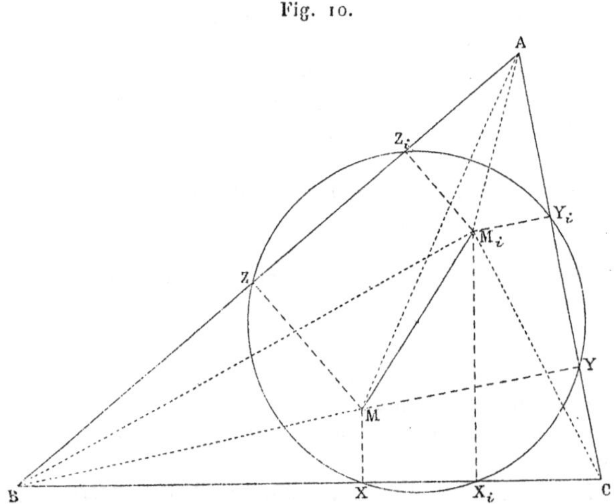

pendiculaires aux côtés du triangle XYZ, et les droites D_iX_i, D_iY_i, D_iZ_i sont perpendiculaires aux côtés du triangle ABC.

2° Soient A_2, B_2, C_2, D_2 les centres des cercles circonscrits aux triangles BCD, CDA, DAB, ABC (*fig.* 11). Les côtés du triangle $A_2B_2C_2$ sont perpendiculaires aux milieux des droites DA, DB, DC, et les droites D_2A_2, D_2B_2, D_2C_2 sont perpendiculaires aux milieux des côtés du triangle ABC.

3° Construisons le triangle polaire de ABC par rapport à une circonférence décrite de D comme centre avec un rayon quelconque d (*fig.* 12). A cet effet, nous déterminons sur les droites DA, DB, DC les points X′, Y′, Z′ satisfaisant aux égalités

$$DA.DX' = DB.DY' = DC.DZ' = d^2, \tag{1}$$

et nous menons en X', Y', Z' des perpendiculaires sur DA, DB, DC; ces perpendiculaires sont les côtés du triangle cherché A'B'C'. Ou bien, nous abaissons de D des perpendiculaires DX, DY, DZ sur BC, CA, AB

Fig. 11.

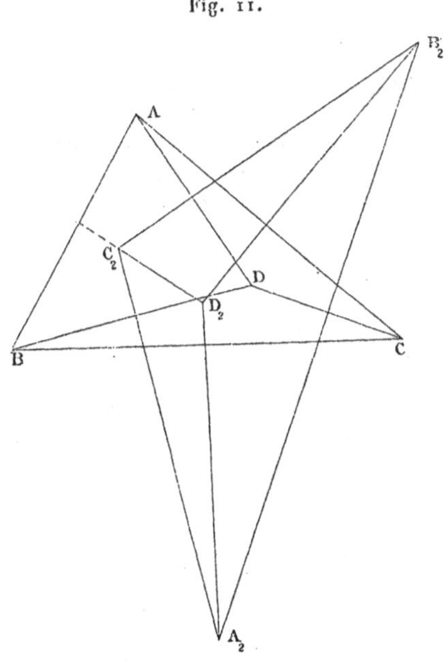

et nous déterminons sur ces droites les points A', B', C' par les conditions

$$\text{(2)} \qquad DX.DA' = DY.DB' = DZ.DC' = d^2.$$

SCOLIE.

13. Les triangles ABC, $A_1B_1C_1$ sont dits *orthologiques*.

Le théorème (N., 12) est susceptible de l'énoncé suivant qui en fait mieux ressortir le véritable caractère :

Si l'on considère une figure composée d'un triangle ABC *et de trois rayons vecteurs* AD, BD, CD, *on peut toujours construire une seconde figure composée d'un triangle* $A_1B_1C_1$ *dont les côtés sont perpendiculaires aux rayons vecteurs* AD, BD, CD, *et de trois rayons vecteurs* A_1D_1, B_1D_1, C_1D_1 *perpendiculaires aux côtés du triangle* ABC.

Faisons tourner la figure $A_1B_1C_1D_1$ d'un angle quelconque dans son plan ou retournons-la dans son plan; nous aurons le théorème suivant:

Étant donnés dans un même plan deux quadrangles complets (¹) ABCD, $A_1B_1C_1D_1$, *si cinq côtés du premier font avec les côtés opposés du second le même angle* α, *ou si leurs directions sont symétriques, par rapport à un même axe, des directions des côtés opposés du second, il existe la même relation entre les sixièmes côtés.*

Les quadrangles ABCD, $A_1B_1C_1D_1$ considérés ici, sont dits *métapolaires. Si on les place dans un même plan de manière que deux sommets de même nom, par exemple* A *et* A_1, *coïncident et que les côtés opposés soient perpendiculaires, les triangles formés par les sommets restants,* BCD *et* $B_1C_1D_1$, *deviennent polaires réciproques par rapport à un certain cercle décrit du sommet commun* A *comme centre.*

Fig. 12.

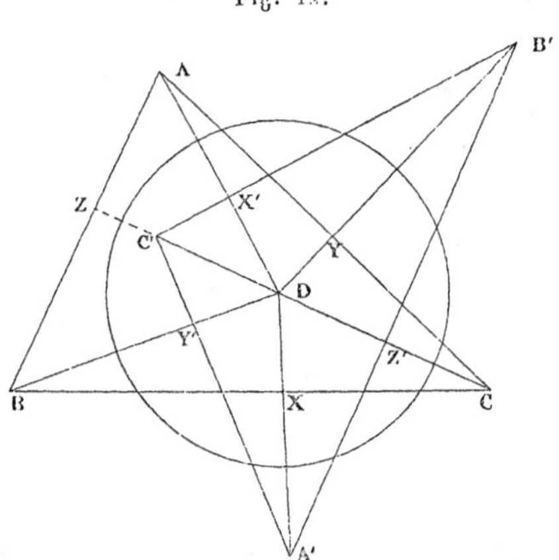

Les égalités (1) et (2) (N., 12) donnent la propriété suivante : *Les distances d'un sommet* A *du premier quadrangle aux sommets et aux côtés du triangle* BCD *sont inversement proportionnelles aux distances du sommet* A_1 *de même nom du second quadrangle aux côtés et aux sommets du triangle* $B_1C_1D_1$.

MÉTAPÔLES DE DEUX TRIANGLES. — POINTS JUMEAUX.

14. Nous appelons *métapôle* d'un triangle ABC par rapport à un

(¹) Un *quadrangle complet* est la figure déterminée par quatre points A, B, C, D. Ces points sont les *sommets*, et les droites qui les joignent deux à deux sont les *côtés* du quadrangle. Les côtés se partagent en trois couples de *côtés opposés*, à savoir AB et CD, AC et BD, AD et BC.

Les côtés opposés de deux quadrangles désignés par ABCD, A'B'C'D' sont AB et C'D', AC et B'D', etc.

autre triangle $A_1B_1C_1$, un point D du plan ABC duquel on voit les côtés du triangle ABC sous des angles égaux aux angles ou aux suppléments des angles du triangle $A_1B_1C_1$.

Pour voir comment le point D se déplace lorsque la forme du triangle $A_1B_1C_1$ varie, nous renversons la question. A cet effet, nous supposons le point D successivement dans les différentes régions dans lesquelles le plan ABC est partagé par les côtés du triangle ABC (N., 1), et nous construisons un triangle A′B′C′ ayant ses côtés parallèles aux droites DA, DB, DC.

Lorsque le point D est intérieur au triangle ABC (*fig.* 13), on peut mener les côtés B′C′, C′A′, A′B′ du triangle auxiliaire parallèles à DA, DB, DC et dirigés dans le même sens; les triangles ABC, A′B′C′ ont donc même orientation. D est à l'intersection des arcs de trois segments capables des angles $180° - A'$, $180° - B'$, $180° - C'$, construits sur BC, CA, AB

Fig. 13

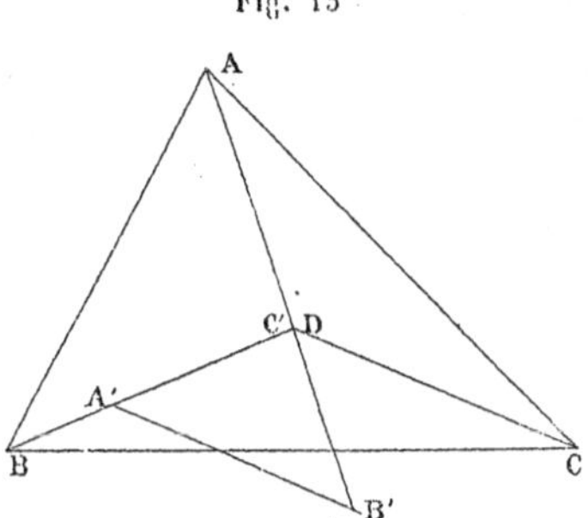

et tournés vers l'intérieur du triangle ABC. L'angle BDC étant plus grand que BAC, on a $180° - A' > A$, ou $A + A' < 180°$; de même, $B + B' < 180°$, $C + C' < 180°$.

Soit D un point de la région 1′, et soit Dα le prolongement de AD (*fig.* 14). Le triangle A′B′C′ peut être construit de manière que ses côtés B′C′, C′A′, A′B′ soient dirigés dans le même sens que les droites Dα, DB, DC; les sens de rotation ABC, αBC étant identiques, les triangles A′B′C′, ABC ont encore même orientation. Les angles BDC, CDA, ADB étant égaux à $180° - A'$, B′, C′, on peut encore dire que les circonférences des segments capables des angles $180° - A'$, $180° - B'$, $180° - C'$, construits sur BC, CA, AB et tournés vers l'intérieur du triangle ABC, se coupent en D. L'angle BDC est plus petit que BAC, d'où $A + A' > 180°$. On trouve, de la même manière, que pour un point de la région 2′ ou 3′, on a respectivement $B + B' > 180°$, $C + C' > 180°$. D'ailleurs, une seule des sommes $A + A'$, $B + B'$, $C + C'$ peut surpasser 180°.

Enfin, considérons un point D situé dans la région 1 (*fig.* 15); appelons

$D\alpha$ le prolongement de AD. Le triangle auxiliaire $A'B'C'$ peut avoir ses côtés $B'C'$, $C'A'$, $A'B'$ dirigés dans le même sens que les droites $D\alpha$, DB, DC. Les sens de rotation ABC, αBC étant différents, les triangles ABC, $A'B'C'$ sont de sens contraires. Les circonférences DBC, DCA, DAB appartiennent aux segments capables des angles A', B', C' construits sur les côtés du triangle ABC vers l'intérieur. Suivant que le point D est intérieur ou extérieur au cercle ABC, on a $A - A' > 0$, $B - B' < 0$, $C - C' < 0$, ou $A - A' < 0$, $B - B' > 0$, $C - C' > 0$. Des inégalités analogues s'appliquent aux points des régions 2 et 3.

De cette analyse, on tire les conclusions suivantes :

1° Étant donnés deux triangles ABC, $A_1B_1C_1$, les circonférences des segments capables des angles $180° - A_1$, $180° - B_1$, $180° - C_1$, construits sur BC, CA, AB vers l'intérieur de ABC, se coupent en un même point D tel, que le triangle ayant ses côtés parallèles à DA, DB, DC est semblable à $A_1B_1C_1$ et de même sens que ABC. Ce point est intérieur au triangle ABC, si les trois sommes $A + A_1$, $B + B_1$, $C + C_1$ sont inférieures à 180°; il tombe, respectivement, dans les régions 1′, 2′, 3′, si l'une des sommes $A + A_1$, $B + B_1$, $C + C_1$ est supérieure à 180°.

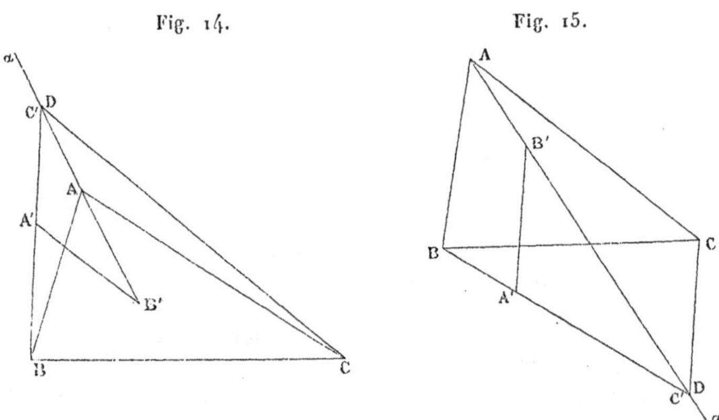

Fig. 14. Fig. 15.

2° Les circonférences des segments capables des angles A_1, B_1, C_1 construits sur BC, CA, AB vers l'intérieur de ABC, se coupent en un même point E tel, que le triangle ayant ses côtés parallèles à DA, DB, DC est semblable à $A_1B_1C_1$ et de sens opposé à ABC. Ce point appartient à la région 1, si la différence $A - A_1$ a un signe contraire à celui des différences $B - B_1$, $C - C_1$; et alors il est intérieur ou extérieur au cercle ABC suivant que le signe de $A - A_1$ est + ou —, etc.

15. Un triangle ABC a donc, par rapport à un autre triangle $A_1B_1C_1$, deux métapôles D, E; pour les distinguer, nous dirons que D est le *premier métapôle*, E le *second métapôle*. Toutefois, lorsque les triangles sont semblables, le premier métapôle est l'orthocentre de ABC, et le second est un point quelconque de la circonférence ABC ; il résulte de là qu'*un triangle* A'B'C' *dont les côtés sont parallèles aux droites joignant les sommets d'un triangle* ABC *à un point quelconque de la circonférence* ABC, *est inversement semblable au triangle* ABC.

Soient (*fig.* 16) α, β, γ les secondes rencontres des droites AD, BD, CD avec les circonférences BDC, CDA, ADB. D'après la dernière remarque,

Fig. 16.

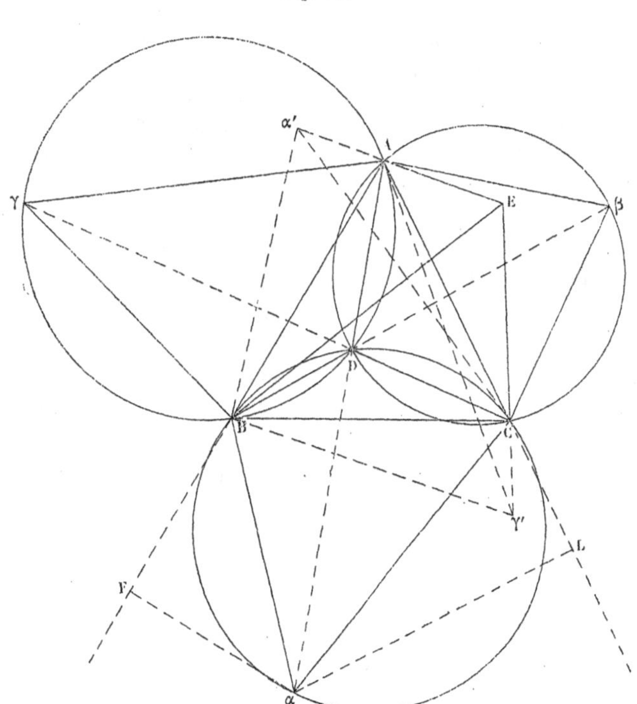

les triangles αBC, AβC, ABγ sont inversement semblables au triangle dont les côtés sont parallèles à DA, DB, DC. D'où ce théorème :

Si, sur les côtés d'un triangle ABC, *on construit vers l'extérieur les triangles* αBC, AβC, ABγ *semblables à un triangle donné* $A_1B_1C_1$, *les droites* Aα, Bβ, Cγ *se coupent au premier métapôle* D *des triangles* ABC, $A_1B_1C_1$. *Si l'on construit les triangles* α'BC, Aβ'C, ABγ' *sem-*

donnent angulairement

$$(2)\quad \begin{cases} DXY = DCY = C_1CA = C_1A_1A, \\ DXZ = DBZ = B_1BA = B_1A_1A. \end{cases}$$

En soustrayant la première égalité de la seconde et observant que

$$DXZ - DXY = YXZ, \quad B_1A_1A - C_1A_1A = B_1A_1C_1,$$

on trouve

$$YXZ = B_1A_1C_1;$$

par analogie,

$$ZYX = C_1B_1A_1 \quad \text{et} \quad XZY = A_1C_1B_1.$$

Les triangles $A_1B_1C_1$, XYZ sont donc directement semblables.

On peut encore conclure, des égalités (2), que le point D rapporté à l'un des triangles semblables XYZ, $A_1B_1C_1$, a pour homologue dans l'autre triangle son inverse pris par rapport à ce dernier.

2° Désignons par μ le produit $DA.DA_1$, par a, b, c les côtés de ABC, par α, β, γ les distances DA, DB, DC. Nous aurons (386)

$$B_1C_1 = \frac{BC}{DB.DC}\mu = \frac{\mu}{\alpha\beta\gamma}a\alpha, \quad C_1A_1 = \frac{\mu}{\alpha\beta\gamma}b\beta, \quad A_1B_1 = \frac{\mu}{\alpha\beta\gamma}\cdot c\gamma;$$

par conséquent

$$\frac{B_1C_1}{a\alpha} = \frac{C_1A_1}{b\beta} = \frac{A_1B_1}{c\gamma} = \frac{\mu}{\alpha\beta\gamma}.$$

Soient O le centre et R le rayon du cercle ABC. Le milieu O′ de AD étant le centre d'une circonférence passant par les points A, Y, Z, D, les triangles YO′Z, BOC sont semblables; d'où

$$\frac{YZ}{BC} = \frac{YO'}{CO},$$

de sorte que

$$\frac{YZ}{a\alpha} = \frac{ZX}{b\beta} = \frac{XY}{c\gamma} = \frac{1}{2R}.$$

3° Des égalités (2), on déduit

$$(3)\quad DXZ - DXY = DBZ - DCY.$$

Or, si a, b, c, d désignent quatre semi-droites (408), on a l'identité

$$\text{angle } ab - \text{angle } cd = \text{angle } ac - \text{angle } bd,$$

qu'on vérifie aisément en rapportant les angles à une même droite-origine. En l'appliquant au second membre de la relation (3), on obtient

$$YXZ = BDC - BAC.$$

SCOLIE.

20. 1° Le théorème précédent renferme cette propriété importante du quadrangle complet, dont nous ne pouvons donner ici que l'énoncé :

A, B, C, D *étant quatre points d'un même plan, on a l'équipollence*

$$AB.CD + AD.BC + AC.DB = 0;$$

autrement dit, *les produits* AB.CD, AD.BC, AC.DB *sont équipollents aux trois côtés d'un triangle.*

2° Appelons *triangle associé à un quadrangle complet* le triangle dont les côtés ont pour valeurs numériques les produits des côtés opposés du quadrangle. On voit que ce triangle est semblable à chacun des triangles podaires ou métaharmoniques de l'un des sommets du quadrangle par rapport au triangle des trois autres sommets. Au n° 240, il a été donné une autre construction d'un triangle semblable au triangle associé.

Nous laissons au lecteur le soin de démontrer le théorème suivant :

La forme du triangle associé à un quadrangle complet ne change pas, si l'on soumet les sommets de ce quadrangle à une transformation par rayons vecteurs réciproques.

3° Soient S_a, S_b, S_c, S_d les aires des triangles BCD, CDA, DAB, ABC, et soient μ_a, μ_b, μ_c, μ_d les puissances des cercles circonscrits à ces triangles, respectivement par rapport aux points A, B, C, D; enfin, désignons par T l'aire du triangle associé au quadrangle ABCD, c'est-à-dire la quantité (428)

$$\frac{1}{4}\sqrt{(a\alpha+b\beta+c\gamma)(-a\alpha+b\beta+c\gamma)(a\alpha-b\beta+c\gamma)(a\alpha+b\beta-c\gamma)}.$$

Nous avons trouvé ci-dessus (N., 19) les relations

$$(4)\qquad \frac{B_1C_1}{a\alpha}=\frac{C_1A_1}{b\beta}=\frac{A_1B_1}{c\gamma}=\frac{\mu_d}{\alpha\beta\gamma}.$$

Il en résulte que

$$\frac{B_1C_1.C_1A_1.A_1B_1}{abc}=\frac{\mu^3_d}{\alpha^2\beta^2\gamma^2}.$$

Les triangles ABC, $A_1B_1C_1$ étant inscrits dans le même cercle, la proposition du n° 428 (1°) donne

$$(5)\qquad \frac{\text{aire } A_1B_1C_1}{S_d}=\frac{\mu^3_d}{\alpha^2\beta^2\gamma^2}.$$

Les relations (4) donnent encore

$$(6)\qquad \frac{\text{aire } A_1B_1C_1}{T}=\left(\frac{B_1C_1}{a\alpha}\right)^2=\frac{\mu^2_d}{\alpha^2\beta^2\gamma^2}.$$

En combinant les égalités (5) et (6), on voit que

$$(7) \qquad T = \mu_a S_a = \mu_b S_b = \mu_c S_c = \mu_d S_d.$$

Les équations (7) sont dues à von Staudt (*J. de Crelle*, t. 57, p. 88.)

21. Nous appelons *centre métaharmonique* de deux triangles ABC, A′B′C′, un point D du plan ABC, tel que le triangle métaharmonique ou podaire de ABC par rapport à ce point soit semblable à A′B′C′.

Soit D_i l'inverse (N., 9 et *suiv.*) du point D dans le triangle ABC; les côtés du triangle podaire de D étant perpendiculaires aux droites AD_i, BD_i, CD_i, D_i est le métapôle (N., 14 et *suiv.*) de ABC, A′B′C′.

Désignons par D_i, E_i les deux métapôles des triangles donnés; les inverses D, E de ces points dans le triangle ABC sont les centres métaharmoniques de ABC, A′B′C′.

Le *premier centre métaharmonique* D est à l'intérieur du cercle ABC; on peut le déterminer par l'intersection des circonférences des segments capables des angles A + A′, B + B′, C + C′ décrits sur BC, CA, AB vers l'intérieur du triangle ABC (N., 19, 3°). Si la somme A + A′ est supérieure à 180°, le point D se trouve dans la région 1 (N., 1) et le segment décrit sur BC est capable de l'angle A + A′ — 180°.

Fig. 17.

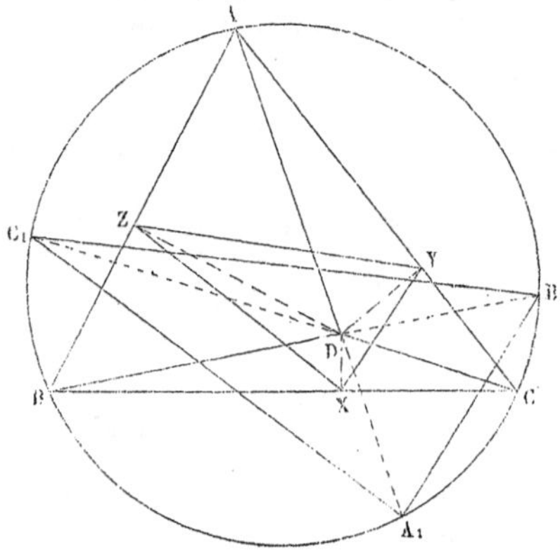

Le *second centre métaharmonique* E est à l'extérieur du cercle ABC. Il appartient aux circonférences des segments capables des angles A — A′, B — B′, C — C′ décrits sur BC, CA, AB vers l'intérieur du triangle ABC. Si la différence A — A′ est négative, on décrit sur BC, vers l'extérieur du triangle ABC, un segment capable de l'angle A′ — A.

Le triangle métaharmonique et le triangle podaire du premier centre D par rapport au triangle ABC sont de même sens que ce dernier; ceux du second centre E ont une orientation différente.

THÉORÈME.

22. *Soient* D, E *les deux centres métaharmoniques du triangle* ABC *par rapport au triangle* A'B'C' (*fig.* 17) : 1° *Les rayons vecteurs de* D *sont proportionnels à ceux de* E; 2° *Les points* D, E *divisent harmoniquement un même diamètre de la circonférence* ABC.

1° Soient XYZ, X'Y'Z' les triangles podaires des points D, E. On a (N., 19)

$$YZ = \frac{a.AD}{2R}, \quad Y'Z' = \frac{a.AE}{2R},$$

d'où

$$\frac{YZ}{Y'Z'} = \frac{AD}{AE} = \frac{BD}{BE} = \frac{CD}{CE}.$$

2° Soient P, Q (*fig.* 18) les points qui divisent le segment DE harmoniquement dans le rapport $\frac{YZ}{Y'Z'}$. La circonférence décrite sur PQ comme diamètre passe par A, B, C (187).

SCOLIE.

23. 1° Les droites de Simson, X''Y''Z'' et X'''Y'''Z''' (*fig.* 18), des points P

Fig. 18.

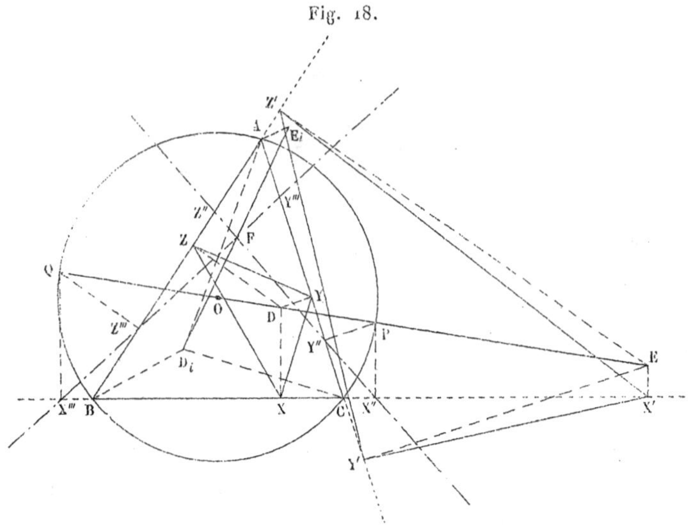

et Q par rapport au triangle ABC divisent les segments XX', YY', ZZ', additivement et soustractivement, dans le rapport $\frac{DP}{EP} = \frac{ZY}{Y'Z'}$; donc ce sont les droites doubles des triangles inversement semblables XYZ, X'Y'Z'; leur intersection F est le point double de ces triangles. On peut démontrer que F est au milieu de la distance des points D_i, E_i, inverses de D, E par rapport au triangle ABC, et qu'il appartient à la circonférence des neuf points.

2° *Trouver, dans le plan du triangle* ABC, *un point dont les distances aux sommets soient proportionnelles aux nombres donnés l, m, n.*

Ce problème, d'après ce qui précède, admet pour solutions deux points qui divisent harmoniquement un diamètre du cercle ABC ; on parvient au même résultat en appliquant le lieu géométrique du n° 187.

En effet, soient (*fig.* 19) L, L' les points qui divisent le côté BC harmoniquement dans le rapport $m : n$, et soient N, N' les points qui divisent AB harmoniquement dans le rapport $l : m$. Les circonférences décrites sur LL' et sur NN' comme diamètres se coupent en deux points D et E (réels ou imaginaires), qui résolvent le problème proposé.

Fig. 19.

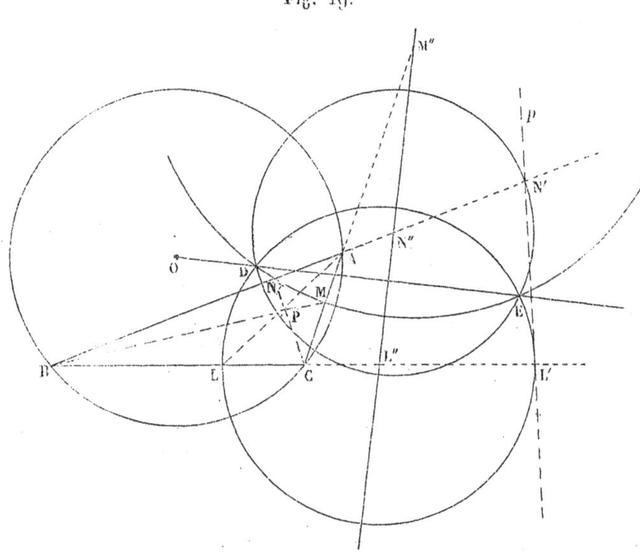

Comme elles sont orthogonales à la circonférence ABC (383), leur corde commune passe par le centre de cette courbe et est divisée harmoniquement par cette ligne.

Soient M, M' les points qui partagent CA dans le rapport $n : l$. Les droites AL, BM, CN se coupent en un même point P qui a pour coordonnées barycentriques $\frac{1}{l}, \frac{1}{m}, \frac{1}{n}$; les points L', M', N' sont situés sur une même droite p, polaire trilinéaire de P. Les cercles qui ont pour diamètres respectivement LL', MM', NN' ont même axe radical DE; leurs centres L'', M'', N'', d'après une propriété des divisions harmoniques, divisent BC, CA, AB dans les rapports $m^2 : n^2$, $n^2 : l^2$, $l^2 : m^2$; la droite L''M''N'' est perpendiculaire au milieu du segment DE, et a pour coordonnées l^2, m^2, n^2.

24. Deux points D, E dont les distances aux sommets du triangle fondamental sont proportionnelles aux mêmes nombres, l, m, n, sont dits *tripolairement associés* par rapport à ce triangle.

SYMÉDIANES (¹).

25. Soient A', B', C' les milieux des côtés du triangle fondamental ABC. Les isogonales des médianes AA', BB', CC' sont appelées *symédianes* du triangle ABC; elles concourent en un même point K, inverse du centre de gravité G (N., 10); K est le *centre des symédianes*, ou le *point de Lemoine* (²) de ABC.

La symédiane AK *est le lieu des milieux des transversales antiparallèles à* BC *par rapport à l'angle* BAC (*fig.* 20). Car, si l'on retourne le triangle BAC autour de la bissectrice AI, BC devient antiparallèle à sa direction primitive, et AA' coïncide avec AK.

Les conjuguées harmoniques des symédianes AK, BK, CK *par rapport aux angles* A, B, C *du triangle fondamental coïncident avec les tangentes menées par* A, B, C *au cercle circonscrit*. Cette propriété résulte de la précédente; car les tangentes sont parallèles aux transversales antiparallèles (338).

Désignons par $K_aK_bK_c$ le triangle formé par les tangentes, par K_1, K_2, K_3 les points de rencontre des symédianes AK, BK, CK avec BC, CA, AB. Les points K_a, K_b, K_c, pôles des cordes BC, CA, AB du cercle ABC, sont les associés de K (N., 6); les triangles ABC, $K_aK_bK_c$, $K_1K_2K_3$ ont, deux à deux, le même axe d'homologie $k_1k_2k_3$. Cet axe est la polaire trilinéaire de K; on l'appelle souvent *droite de Lemoine* de ABC.

(¹) Maurice d'Ocagne, *Nouvelles Annales de Mathématiques*, 1884.

(²) Emile Lemoine, *Association française pour l'Avancement des Sciences*, Congrès de Lyon, 1873, et *Nouvelles Annales de Mathématiques*, 1873.

Les nombreux travaux de M. E. Lemoine permettent de le regarder comme l'initiateur de la nouvelle Géométrie du triangle. Il n'est que juste de citer, à côté de lui, MM. H. Brocard et J. Neuberg.

La polaire trilinéaire de K *est aussi la polaire de ce point par rapport à la circonférence* O. Car le pôle de la droite AK, par exemple, étant à l'intersection des polaires des points A, K_a, les points k_1, k_2, k_3 sont les pôles des symédianes, et la droite $k_1k_2k_3$ est la polaire du centre des symédianes.

On conclut de cette propriété que *la polaire de* K *est perpendiculaire à la droite* OK *et que sa distance au centre* O *est égale à* $\frac{R^2}{OK}$.

26. Les coordonnées normales de G étant égales au tiers des hauteurs du triangle ABC, *les coordonnées normales absolues de* K *sont* $\frac{1}{2}\lambda a, \frac{1}{2}\lambda b, \frac{1}{2}\lambda c$ (N., 10), λ *ayant la valeur* $\frac{4S}{a^2+b^2+c^2}$.

Pour déterminer le facteur λ, nous avons remplacé, dans l'identité $ax+by+cz=2S$, les quantités x, y, z par $\frac{1}{2}\lambda a$, $\frac{1}{2}\lambda b$, $\frac{1}{2}\lambda c$.

On peut observer que

$$\frac{1}{\lambda}=\frac{a^2}{4S}+\frac{b^2}{4S}+\frac{c^2}{4S}=\frac{1}{2}\left(\frac{a}{h_a}+\frac{b}{h_b}+\frac{c}{h_c}\right),$$

h_a, h_b, h_c désignant les hauteurs de ABC.

Les coordonnées normales de K étant proportionnelles aux côtés de ABC, K *est le centre d'homothétie de* ABC *et du triangle formé par les côtés extérieurs des carrés construits sur* BC, CA, AB *en dehors du triangle* ABC.

Des expressions de ces coordonnées, on conclut encore que *les coordonnées barycentriques de* K *sont proportionnelles à* a^2, b^2, c^2 ; donc *une symédiane d'un triangle partage le côté correspondant dans le rapport des carrés des côtés adjacents.*

K *est le centre de gravité de son triangle podaire* XYZ. En effet, les triangles KYZ, ABC, dont les angles YKZ, BAC sont supplémentaires, sont entre eux comme les produits des côtés qui comprennent ces angles (437); d'où

$$\textit{aire}\ KYZ=\frac{1}{4}\lambda^2 S \text{ et, par analogie, } KZX=KXY=\frac{1}{4}\lambda^2 S.$$

La démonstration de ce théorème résulte également de la remarque suivante, souvent utile : *Étant donné un triangle quelconque* ABC, *on peut toujours construire un second triangle dont les côtés et les médianes sont, respectivement, parallèles aux médianes et aux côtés du premier triangle;* si G′ est le centre de gravité du triangle A″BC (*fig.* 3), le second triangle est CGG′. Il suffit maintenant d'observer que les côtés du triangle XYZ sont perpendiculaires aux médianes de ABC, et que les droites KX, KY, KZ sont perpendiculaires aux côtés de ABC.

PROBLÈME.

27. *Trouver dans le plan d'un triangle* ABC *un point* P (*fig.* 19) *dont la somme des carrés des distances x, y, z, aux côtés du triangle soit minimum.*

Menons par le point cherché P une parallèle B'C' à BC; P doit être le point de cette parallèle qui rend minimum la somme $y^2 + z^2$. Or, on a l'identité

$$\left(\overline{AB'}^2 + \overline{AC'}^2\right)(y^2 + z^2) = (AB'.z + AC'.y)^2 + (AB'.y - AC'.z)^2,$$

et comme la quantité $AB'.z + AC'.y$ a une valeur constante, égale au double de l'aire AB'C', le minimum de $y^2 + z^2$ correspond à la relation $AB'.y - AC'.z = 0$; d'où

$$\frac{y}{z} = \frac{AC'}{AB'} = \frac{b}{c}.$$

Donc AP est une symédiane du triangle ABC. On verrait de la même manière que le point cherché se trouve sur les deux autres symédianes; il se confond donc avec le centre K des symédianes.

28. *Le point* K *est à l'intersection des droites joignant les milieux des côtés du triangle* ABC *aux milieux des hauteurs correspondantes* (*fig.* 20).

En effet, en joignant le milieu A' de BC aux points A, K_1, K, K_a, on obtient un faisceau harmonique; les trois premiers rayons interceptent sur une parallèle AH_1 au quatrième rayon $A'K_a$ des segments égaux (338).

29. *Soient* X', Y', Z' *les symétriques, par rapport à* K, *des projections de* K *sur les côtés du triangle* ABC. *Ces points sont les centres des symédianes des triangles* AH_2H_3, BH_3H_1, CH_1H_2, *en designant par* $H_1H_2H_3$ *le triangle orthique de* ABC (*fig.* 20).

Puisque A'K passe au milieu de AH_1, X' est situé sur la médiane AA'. La symédiane AK_1 de ABC passe au milieu V de l'antiparallèle H_2H_3; de même, la médiane AA' de ABC est une symédiane du triangle AH_2H_3; soit U le point où AA' coupe H_2H_3. Les droites BC, H_2H_3, antiparallèles par rapport à l'angle BAC, sont aussi antiparallèles par rapport à l'angle K_1AA' qui a la même bissectrice; le quadrilatère K_1UVA' est donc inscriptible, et comme A'V est perpendiculaire à H_2H_3 (A' est le centre de la circonférence BH_3H_2C), K_1U est perpendiculaire à BC. Il en résulte que les points K, X' divisent dans le même rapport les symédianes AK_1, AU des triangles semblables ABC, AH_2H_3; donc X' est le centre des symédianes de AH_2H_3.

SCOLIE.

Le point K *a les mêmes coordonnées barycentriques dans les deux triangles* ABC, $H_1H_2H_3$ (*fig.* 20). En effet, dans le trapèze AH_1K_1U, K est le milieu de la parallèle XX′ aux deux bases, et, comme il est situé sur la diagonale AK_1, la seconde diagonale passe par K. Donc H_1K passe par le pied U de la symédiane AX′ du triangle AH_2H_3.

30. Appelons α, β, γ les secondes intersections des symédianes AK, BK, CK avec la circonférence ABC.

Le faisceau harmonique $A(BCKK_b)$ rencontre la circonférence ABC en quatre points B, C, α, A, dont le rapport anharmonique $= -1$ (321). A cause de cette propriété, le quadrilatère $AB\alpha C$ est dit *harmonique*. De même, $BC\beta A$ et $CA\gamma B$ sont des quadrilatères harmoniques.

Fig. 20.

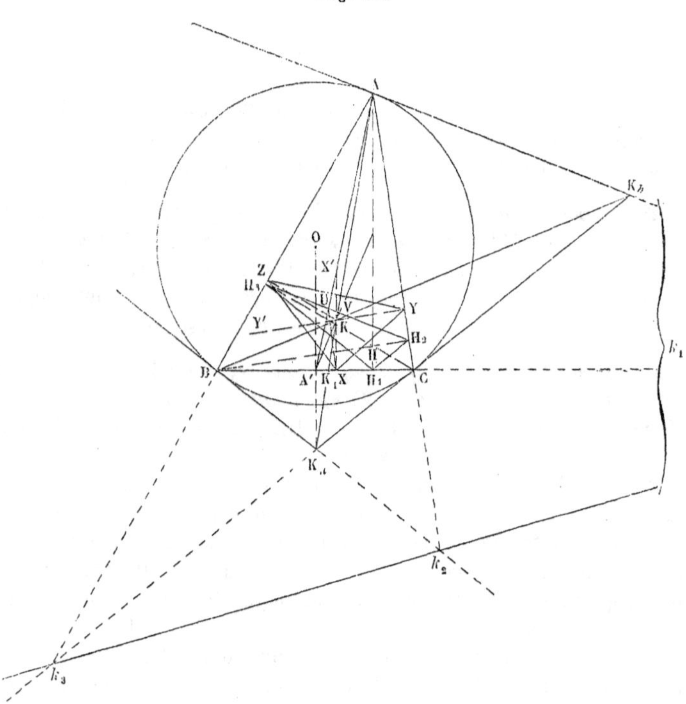

Les perpendiculaires abaissées de α sur AC, AB sont proportionnelles à AC, AB; comme elles forment des triangles semblables avec αC, αB, on trouve aisément

$$AB.\alpha C = AC.\alpha B = \tfrac{1}{2} A\alpha.BC.$$

$A\alpha$ est une symédiane des triangles ABC, αBC; BC est une symédiane des triangles B$A\alpha$, C$A\alpha$. Il suit de là que les distances de l'intersection des diagonales d'un quadrilatère harmonique aux quatre côtés sont proportionnelles aux longueurs de ces côtés.

31. $\alpha\beta\gamma$ est le triangle métaharmonique de ABC par rapport à K; donc il est semblable au triangle podaire XYZ de K, et ses côtés sont proportionnels aux médianes de ABC. K étant le centre de gravité de XYZ est le centre des symédianes de $\alpha\beta\gamma$ (N., 26), ce que l'on peut aussi démontrer directement.

CENTRES ISOGONES ET CENTRES ISODYNAMIQUES.

32. Il existe, dans le plan d'un triangle quelconque ABC, deux points U, U', d'où l'on voit les trois côtés sous des angles de 120° ou 60°; ce sont les métapôles du triangle ABC par rapport à un triangle équilatéral (N., 14). Nous appelons ces points *centres isogones* de ABC.

Construisons (*fig.* 21) sur les côtés de ABC, vers l'extérieur, les triangles

Fig. 21.

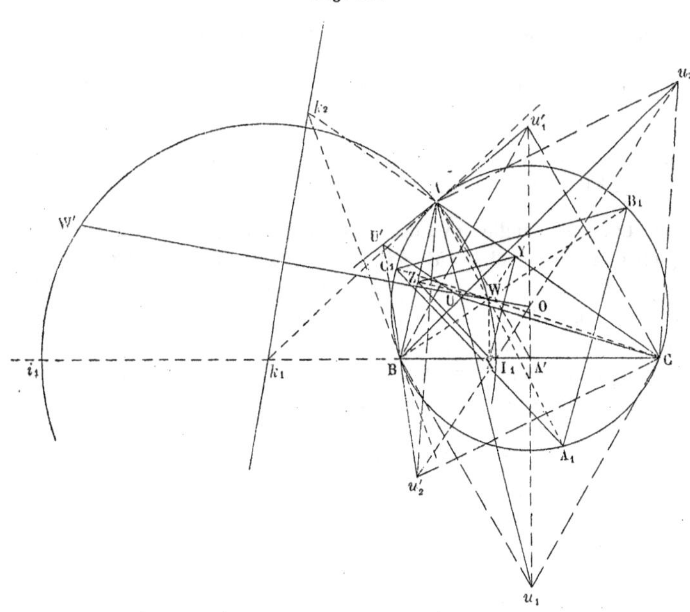

équilatéraux BCu_1, CAu_2, ABu_3; et, vers l'intérieur, les triangles équilatéraux BCu'_1, CAu'_2, ABu'_3. Les droites Au_1, Bu_2, Cu_3 concourent en U; les droites Au'_1, Bu'_2, Cu'_3 en U'.

Les coordonnées barycentriques de U et U' sont

$$\frac{1}{\cot A \pm \sqrt{3}}, \quad \frac{1}{\cot B \pm \sqrt{3}}, \quad \frac{1}{\cot C \pm \sqrt{3}}.$$

33. Lorsqu'aucun des angles A, B, C ne surpasse 120°, le point U tombe à l'intérieur du triangle ABC (*fig.* 21). Dans ce cas, *il jouit de la propriété de rendre minimum la somme des distances d'un même point aux sommets du triangle de référence*. En effet, désignons par $N_1N_2N_3$ le triangle antipodaire de U par rapport à ABC; ce triangle est équilatéral et ses sommets appartiennent aux circonférences BCu_1, CAu_2, ABu_3. L'angle UCN_1 étant droit, UN_1 est un diamètre du cercle BCu_1; par suite, l'angle Uu_1N_1 est droit et la droite N_1u_1 est parallèle à N_2N_3. Ainsi, les *droites* Au_1, Bu_2, Cu_3 *sont égales à la hauteur du triangle* $N_1N_2N_3$. Soient VV_1, VV_2, VV_3 les perpendiculaires abaissées d'un point intérieur V sur les côtés de $N_1N_2N_3$. La somme $VV_1 + VV_2 + VV_3$ est toujours égale à la hauteur de $N_1N_2N_3$; par conséquent

$$UA + UB + UC = VV_1 + VV_2 + VV_3 < VA + VB + VC.$$

Si le point V est à l'extérieur, on a, par exemple,

$$UA + UB + UC = VV_1 - VV_2 - VV_3 < VA + VB + VC.$$

La propriété énoncée est donc démontrée.

La discussion complète du problème de trouver le minimum de $\pm VA \pm VB \pm VC$ ne saurait trouver place ici ([1]).

34. Lorsque l'angle BAC est plus grand que 120°, U tombe dans la région 1', et l'on a $UB + UC - UA = Au_1$. Lorsque les angles B et C du triangle ABC sont tous deux inférieurs à 60° ou tous deux supérieurs à 60°, le point U' tombe dans la région 1 et l'on a, respectivement, $UB + UC - UA = \pm Au'_1$.

Calculons les longueurs $Au_1 = s$, $Au'_1 = s'$. En appliquant au triangle $Au_1u'_1$ les théorèmes 230 et 234, nous aurons

$$s^2 + s'^2 = 2\overline{AA'}^2 + 2\overline{A'u_1}^2, \quad s^2 - s'^2 = 4A'u_1.AH_1,$$

ou, à cause de $b^2 + c^2 = 2\overline{AA'}^2 + \frac{1}{2}a^2$, $A'u_1 = \frac{1}{2}a\sqrt{3}$,

$$s^2 + s'^2 = a^2 + b^2 + c^2, \quad s^2 - s'^2 = 4S\sqrt{3};$$

([1]) *Voir* J. Bertrand, *Journal de Liouville*, t. VIII.

par conséquent

$$2s^2 = a^2 + b^2 + c^2 + 4S\sqrt{3}, \quad 2s'^2 = a^2 + b^2 + c^2 - 4S\sqrt{3}.$$

35. Soient (*fig.* 21) W, W' les inverses des centres isogones U, U' dans le triangle ABC. Ces points sont les centres métaharmoniques de ABC par rapport à un triangle équilatéral, c'est-à-dire que les triangles podaires et les triangles métaharmoniques de W et W' sont équilatéraux. Il résulte de là que

$$a.AW = b.BW = c.CW, \quad a.AW' = b.BW' = c.CW'.$$

A cause de ces relations, les quadrangles ABCW, ABCW' sont dits *isodynamiques,* et les points W, W' sont appelés *centres isodynamiques* du triangle ABC.

Comme on a

$$\frac{BW}{CW} = \frac{BA}{CA} = \frac{BW'}{CW'},$$

les points W, W' appartiennent à la circonférence qui a pour diamètre la distance $I_1 i_1$ des pieds des bissectrices, intérieure et extérieure, de l'angle opposé; cette circonférence coupant orthogonalement celle qui est circonscrite au triangle ABC, son centre est au point k_1 (383, 332). Donc *les trois circonférences qui ont pour diamètres les segments* $i_1 I_1$, $i_2 I_2$, $i_3 I_3$ *compris entre les pieds des bissectrices se coupent aux centres isodynamiques* W, W'; *leurs centres sont sur la polaire de* K. On en conclut que W, W' sont sur le diamètre OK, que le milieu du segment WW' appartient à la droite OK, et que $OW.OW' = R^2$.

Scolie.

Les cercles $AI_1 i_1$, $BI_2 i_2$, $CI_3 i_3$ ont reçu le nom de *cercles d'Apollonius* du triangle ABC. Leurs cordes communes avec le cercle ABC sont dirigées suivant les symédianes AK, BK, CK, polaires de leurs centres k_1, k_2, k_3 par rapport au cercle ABC.

POINTS, CERCLE ET TRIANGLES DE BROCARD [1].

36. Soient A', B', C' les milieux des côtés du triangle fondamental ABC; O, le centre du cercle circonscrit; K, le centre des symédianes.

[1] H. Brocard, *Nouvelles Annales de Mathématiques*, 1875; *Nouvelle correspondance mathématique*, 1877, 1879, 1880; *Association française pour l'Avancement des Sciences*, Congrès d'Alger, 1881.

J. Neuberg, *Mathesis*, 1881.

Le cercle décrit sur la droite OK comme diamètre a reçu le nom de *cercle de Brocard;* nous le désignons par *cercle* (OK). Soient A_1, B_1, C_1 les points où il rencontre les *médiatrices* OA′, OB′, OC′, et soient A_2, B_2, C_2, ses points d'intersection avec les symédianes AK, BK, CK. Les triangles $A_1B_1C_1$, $A_2B_2C_2$ sont dits, respectivement, le *premier* et le *second triangle de Brocard* de ABC (*fig.* 22).

Fig. 22.

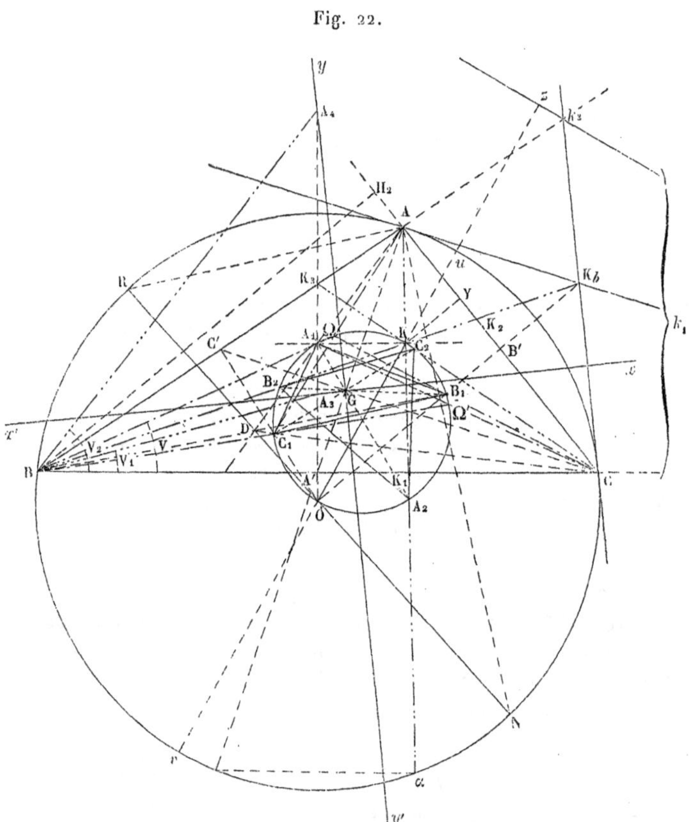

Les droites KA_1, KB_1, KC_1 étant perpendiculaires à OA′, OB′, OC′, les segments A_1A', B_1B', C_1C' sont égaux aux coordonnées normales absolues de K, et par suite proportionnels à BC, CA, AB. Donc *les triangles isocèles* A_1BC, B_1CA, C_1AB *sont semblables*. L'angle à la base de ces triangles, que nous désignons par V, est l'*angle de Brocard de* ABC.

Le triangle $A_1A'B$ donne $A_1A' = \frac{1}{2} a \operatorname{tang} V$; d'où (N., 26)

$$\cot V = \frac{1}{\lambda} = \frac{a^2 + b^2 + c^2}{4S} = \frac{1}{2}\left(\frac{a}{h_a} + \frac{b}{h_b} + \frac{c}{h_c}\right),$$

h_a, h_b, h_c représentant les hauteurs de ABC. Mais

$$a = BH_1 + H_1C = h_a(\cot B + \cot C), \quad \ldots;$$

conséquemment,

$$\cot V = \cot A + \cot B + \cot C.$$

37. *Le triangle* $A_1B_1C_1$ *est inversement semblable à* ABC; car les droites KA_1, KB_2, KC_2 sont menées par un même point de la circonférence (OK) parallèlement aux côtés du triangle ABC (N., 15).

Cherchons le rapport de similitude. En tenant compte des signes des aires ([1]), on peut écrire

$$A_1B_1C_1 = OA_1B_1 + OB_1C_1 + OC_1A_1.$$

Les angles A_1OB_1, ACB ayant leurs côtés perpendiculaires, on a

$$\frac{OA_1B_1}{S} = \frac{OA_1 . OB_1}{ab} = \frac{(OA' - A_1A')(OB' - B_1B')}{ab};$$

comme $OA' = \frac{1}{2} a \cot BOA' = \frac{1}{2} a \cot A$, $A_1A' = \frac{1}{2} a \operatorname{tang} V, \ldots$, cette relation prend la forme

$$\frac{OA_1B_1}{S} = \frac{1}{4}(\cot A - \operatorname{tang} V)(\cot B - \operatorname{tang} V).$$

Additionnant l'égalité précédente avec les deux autres analogues, et observant que

$$\cot A \cot B + \cot B \cot C + \cot C \cot A = 1, \quad \cot A + \cot B + \cot C = \cot V,$$

on trouve

$$\frac{A_1B_1C_1}{ABC} = \frac{3 \operatorname{tang}^2 V - 1}{4}.$$

L'aire $A_1B_1C_1$ étant négative, le rapport de similitude des deux tri-

---

([1]) Les aires de deux triangles, désignées par ABC, A'B'C', sont de même signe ou de signes contraires suivant que les sens de rotation ABC, A'B'C' sont les mêmes ou diffèrent. Si O est un point quelconque du plan ABC, on a

$$ABC = OAB + OBC + OCA.$$

angles $A_1B_1C_1$, ABC est égal à $\frac{1}{2}\sqrt{1-3\tang^2 V}$, et

$$B_1C_1 = \frac{1}{2} a \sqrt{1-3\tang^2 V}, \quad \ldots, \quad OK = R\sqrt{1-3\tang^2 V}.$$

LEMME.

38. *Sur les côtés d'un triangle* ABC, *on construit trois triangles directement semblables* ABc, BCa, CAb : *les triangles abc,* ABC *ont même centre de gravité.*

Supposons d'abord les points a, b, c quelconques (*fig.* 23) et soient G, G′, G″, G‴ les centres de gravité des triangles ABC, aBC, abC, abc. Les médianes AA′, aA′ étant divisées en G, G′ dans le même rapport 2 : 1, la droite GG′ est parallèle à Aa et égale à $\frac{1}{3}$ Aa. On en conclut aisément qu'on passe du centre de gravité du triangle ABC à celui de abc, en construisant une ligne brisée GG′G″G‴ dont les côtés sont parallèles aux droites Aa, Bb, Cc et égaux aux tiers de ces droites. G‴

Fig. 23.

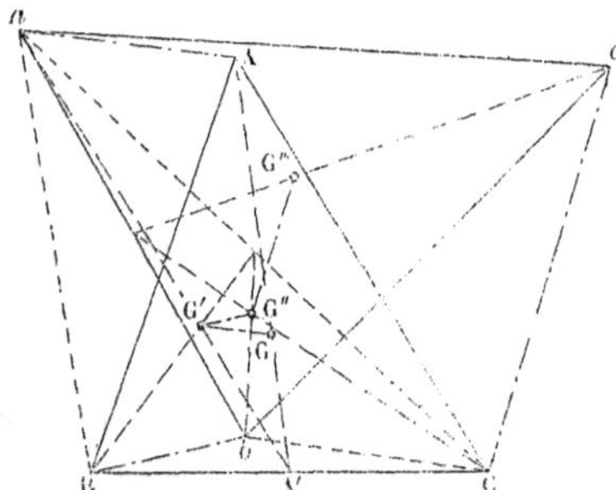

coïncidera avec G, si les droites Aa, Bb, Cc sont égales et parallèles aux côtés d'un même triangle (*fig.* 24).

Dans le lemme énoncé ci-dessus, les droites Ac, Ba, Cb sont proportionnelles aux côtés AB, BC, CA du triangle ABC et également inclinées sur ces côtés; donc elles représentent en grandeur et en direction les côtés d'un triangle semblable à ABC. Les triangles ABC, *cab* ont donc même centre de gravité.

39. D'après le lemme précédent, G *est le point double des triangles semblables* $A_1B_1C_1$, ABC (*fig.* 22).

Désignons par xx', yy' les bissectrices des angles $A'GA_1$, A_1GA, et par A_3, B_3, C_3, A_4, B_4, C_4 les points où elles rencontrent les médiatrices OA′, OB′, OC′. xx', yy' sont les droites doubles des triangles semblables $A_1B_1C_1$, ABC ; on les appelle *les axes de Steiner* de ABC. Comme GA_1 et GA' sont deux lignes homologues, on a

$$\sqrt{1-3\tan^2 V} = \frac{GA_1}{GA'} = \frac{A_1A_3}{A_3A'} = \frac{A_1A' - A_3A'}{A_3A'} = \frac{\frac{1}{2}a \tan V - A_3A'}{A_3A'},$$

d'où

$$A_3A' = \frac{a \tan V}{2(1+\sqrt{1-3\tan^2 V})}.$$

On voit que *les triangles isocèles* A_3BC, B_3CA, C_3AB *sont semblables* leur angle à la base, que nous représentons par V_1 et qui a reçu le

Fig. 24.

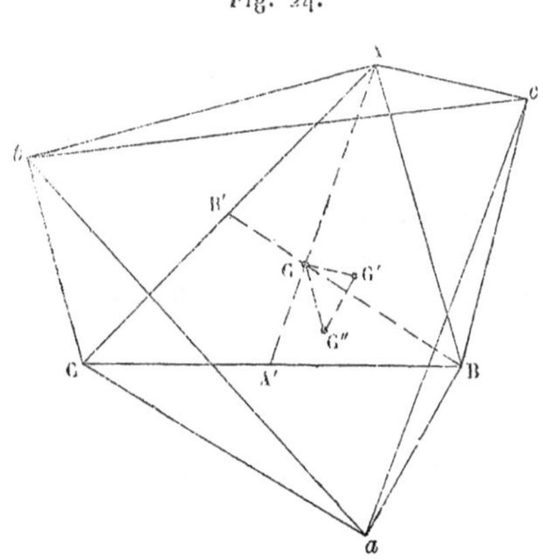

nom de *premier angle de Steiner* de ABC, est donné par la formule

$$\cot V_1 = \frac{A'B}{A_3A'} = \cot V + \sqrt{\cot^2 V - 3}.$$

De même, les triangles A_4BC, B_4CA, C_4AB sont semblables, et leur angle à la base (*second angle de Steiner*) vérifie l'égalité

$$\cot V_2 = \cot V - \sqrt{\cot^2 V - 3}.$$

THÉORÈMES.

40. *Les perpendiculaires abaissées des sommets de* ABC *sur les côtés opposés de* $A_1B_1C_1$ *concourent en un même point* N ; *les parallèles menées par les sommets de* ABC *aux côtés correspondants de* $A_1B_1C_1$ *concourent en un même point* R. *Les points* N *et* R *sont les extrémités d'un même diamètre du cercle* ABC ; *ce sont, par rapport au triangle*

ABC, *les homologues des points* O, K *considérés dans le plan* $A_1B_1C_1$.

En effet (*fig.* 22), deux droites homologues des plans $A_1B_1C_1$, ABC ayant des directions symétriques par rapport à xx', les perpendiculaires abaissées de A_1, B_1, C_1 sur les côtés de ABC ont pour lignes correspondantes les perpendiculaires abaissées de A, B, C sur les côtés de $A_1B_1C_1$.

On démontre facilement, par la considération de triangles semblables, que les coordonnées normales d'un point M de la circonférence circonscrite au triangle de référence ABC sont inversement proportionnelles aux rayons vecteurs MA, MB, MC. Par conséquent, les coordonnées normales de O dans le triangle $A_1B_1C_1$ et celles de N dans le triangle ABC sont inversement proportionnelles à $OA_1 = \frac{1}{2}(\cot A - \operatorname{tang} V)$, OB_1, OC_1; d'où l'on déduit qu'elles sont entre elles comme

$$\text{séc}(A - V) : \text{séc}(B - V) : \text{séc}(C - V).$$

Celles de K dans le triangle $A_1B_1C_1$ sont inversement proportionnelles à $A'X = KA_1$, $B'Y$, $C'Z$, en désignant par XYZ le triangle podaire de K par rapport à ABC. Soient K_2, K_b les points de rencontre de AK avec CA, OB'; BK_2KK_b étant une division harmonique, le segment B'Y est divisé harmoniquement par K_2H_2. Par conséquent (332),

$$\frac{1}{B'Y} = \frac{1}{2}\left(\frac{1}{B'K_2} + \frac{1}{B'H_2}\right);$$

si l'on calcule $B'K_2$, $B'H_2$ en fonction de a, b, c, on trouve que les coordonnées normales de K dans $A_1B_1C_1$, et celles de R dans ABC, sont

$$\frac{1}{a(b^2-c^2)},\quad \frac{1}{b(c^2-a^2)},\quad \frac{1}{c(a^2-b^2)}.$$

41. *Les perpendiculaires menées des milieux des côtés du triangle* $A_1B_1C_1$ *sur les côtés correspondants du triangle* ABC *concourent au centre du cercle des neuf points de* ABC. Car ces droites, parallèles à OA_1, OB_1, OC_1 passent par le complémentaire O' de O par rapport à $A_1B_1C_1$, de sorte que $GO' = \frac{1}{2}$ OG.

42. *Les droites* AA_1, BB_1, CC_1 *concourent en un même point* D, *qui est le réciproque de* K *par rapport à* ABC.

Si l'on coupe le faisceau harmonique $A'(AK_1KK_a)$ par la droite KA_1 parallèle au rayon $A'K_1$, on voit que AA' passe au milieu de KA_1; donc AK et AA_1 rencontrent BC en des points isotomiques.

Nous mentionnons, sans démonstration, les propriétés suivantes : *Le point* D *est situé sur la droite* NR ; *l'axe d'homologie des triangles* ABC, $A_1B_1C_1$ *est perpendiculaire à la droite* OD.

43. *Les droites* AC_1, BA_1, CB_1 *concourent en un même point* Ω *du cercle* (OK); *les droites* BC_1, CA_1, AB_1 *concourent en un second point* Ω' *du même cercle.*

En effet, les droites AC_1, BA_1 faisant le même angle avec les droites C_1O, A_1O se rencontrent sur la circonférence A_1C_1O; de même, les droites BA_1, CB_1 se coupent sur la circonférence A_1B_1O. Donc les trois lignes AC_1, BA_1, CB_1 passent par un même point de la circonférence (OK).

Scolie.

44. 1° Les angles $A\Omega B$, $B\Omega C$, $C\Omega A$ sont égaux à $\pi - B$, $\pi - C$, $\pi - A$. Par conséquent, pour déterminer le point Ω, on peut décrire une circonférence passant par les sommets A, B, et tangente à BC;

» B, C, » CA;

» C, A, » AB.

Ces circonférences sont appelées les *circonférences adjointes* (AB), (BC), (CA).

Le point Ω' est à l'intersection des circonférences adjointes (BA), (BC), (AC).

Ω, Ω' sont les *points de Brocard* du triangle ABC.

2° Ω est le premier métapôle des triangles ABC, CAB; Ω', celui des triangles ABC, BCA (N., 14, 15).

Soient (*fig.* 25) Ω_1, α les points de rencontre de la droite $A\Omega$ avec le côté BC et avec le cercle adjoint $B\Omega C$. Le triangle αBC étant inversement semblable à CAB, la droite αC est parallèle à AB, et la droite αB touche le cercle ABC. Il résulte de là

$$\frac{\alpha C}{BC} = \frac{BC}{AB}, \quad \frac{B\Omega_1}{\Omega_1 C} = \frac{BA}{\alpha C};$$

en éliminant αC, on trouve

$$\frac{B\Omega_1}{\Omega_1 C} = \frac{c^2}{a^2}.$$

Par analogie,

$$\frac{C\Omega_2}{\Omega_2 A} = \frac{a^2}{b^2}, \quad \frac{A\Omega_3}{\Omega_3 B} = \frac{b^2}{c^2}, \quad \frac{B\Omega'_1}{\Omega'_1 C} = \frac{a^2}{b_2}, \quad \ldots.$$

Ainsi, *les coordonnées barycentriques des points* Ω, Ω' *sont*

$$\left(\frac{1}{b^2}, \frac{1}{c^2}, \frac{1}{a^2}\right), \left(\frac{1}{c^2}, \frac{1}{a^2}, \frac{1}{b^2}\right);$$

leurs coordonnées normales ont pour expressions

$$\left(\frac{c}{b}, \frac{a}{c}, \frac{b}{a}\right), \left(\frac{b}{c}, \frac{c}{a}, \frac{a}{b}\right).$$

3° En comparant les coordonnées barycentriques des points K, Ω, Ω', on a une construction très simple pour déduire les deux derniers points du premier : les droites $K_1\Omega_3$, $K_2\Omega_1$, $K_3\Omega_2$ sont parallèles à CA, AB, BC ; les droites $K_1\Omega'_2$, $K_2\Omega'_3$, $K_3\Omega'_1$ sont parallèles à CA, AB, BC.

Fig. 25.

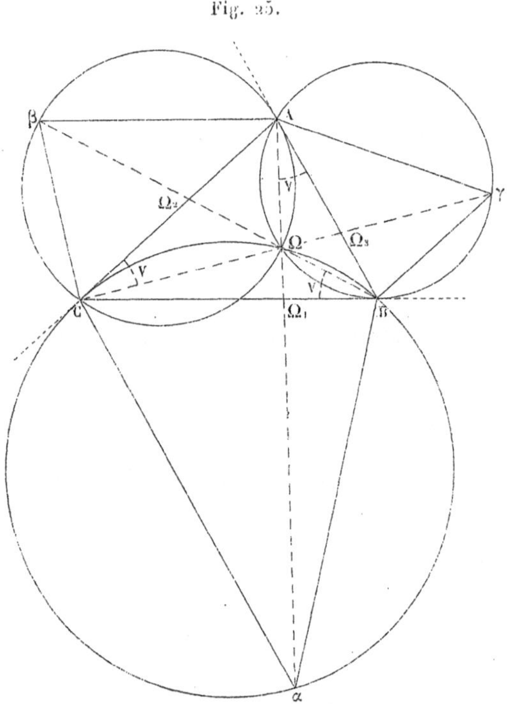

4° *La corde* $\Omega\Omega'$ *du cercle* (OK) *est perpendiculaire sur le diamètre* OK *et est vue du point* O *sous l'angle* 2V. En effet, les angles $\Omega A_1 K$, $K A_1 \Omega'$ sont égaux à V.

THÉORÈME.

45. *Soient* F_a, F_b, F_c *trois figures directement semblables, construites sur les côtés* BC, CA, AB *du triangle* ABC *comme segments homologues. Les points* A_2, B_2, C_2 *du cercle* (OK) *sont les centres de similitude de* F_b *et* F_c, F_c *et* F_a, F_a *et* F_b (*fig.* 22).

Soit α la seconde extrémité de la corde symédiane AK. OA_2 étant perpendiculaire à AK, A_2 est le milieu de $A\alpha$; BA_2 et BK_1 sont donc la médiane et la symédiane du triangle $BA\alpha$; d'où *angle* $ABA_2 = CB\alpha = CA\alpha$, et, par analogie, *angle* $ACA_2 = BC\alpha = BA\alpha$. Les triangles CAA_2, ABA_2 sont donc directement semblables, et A_2 est le point double (368) de F_b, F_c.

COROLLAIRES.

1° *Le point* A_2 *appartient aux circonférences adjointes* (BA), (CA) *et à la circonférence* BOC. Car l'angle

$$AA_2G = \pi - A_2AC - ACA_2 = \pi - A_2AC - BAA_2 = \pi - A.$$

2° On a $\overline{A_2A}^2 = A_2B.\,A_2C$, $\dfrac{A_2B}{A_2C} = \dfrac{c^2}{b^2}$.

THÉORÈME.

46. *Les triangles* $A_1B_1C_1$, $A_2B_2C_2$ *ont pour centre d'homologie le centre de gravité* G *de* $A_1B_1C_1$; *pour axe d'homologie, la polaire de* G *par rapport au cercle* (OK) (*fig.* 22).

En effet, B_1 et C_1 étant des points homologues de F_b et F_c, les droites homologues A_2B_1, A_2C_1 font entre elles un angle égal à celui des lignes homologues CA, AB ou égal à $\pi - A$; de plus, elles sont proportionnelles à CA, AB ou à C_1A_1, A_1B_1. Par conséquent, les points A_1, A_2 sont situés de part et d'autre de B_1C_1, et $A_2B_1.\,A_1B_1 = A_1C_1.\,A_2C_1$; les triangles $A_1A_2B_1$, $A_1A_2B_2$ sont donc équivalents, et A_1A_2 passe au milieu de B_1C_1.

Comme les cordes A_1A_2, B_1B_2 se coupent en G, le point d'intersection des cordes A_1B_1, A_2B_2 appartient à la polaire de G (344), etc.

COROLLAIRE.

Le triangle $A_2B_2C_2$ *est semblable au triangle podaire de* G *par rapport à* ABC.

THÉORÈMES.

47. *La polaire de* K *par rapport au triangle* ABC *est l'axe radical du cercle circonscrit et du cercle* (OK) (*fig.* 22).

Soient u, v, z les points de rencontre de la droite OK avec la circonférence ABC, et avec la polaire $k_1k_2k_3$ de K. La division harmonique $uvzK$ donne (332)

$$\frac{1}{zK} = \frac{1}{2}\left(\frac{1}{zu} + \frac{1}{zv}\right) = \frac{zO}{zu.zv};$$

donc $zK.zO = zu.zv$, ce qui démontre le théorème.

48. *La circonférence* (OK) *et la polaire* $k_1k_2k_3$ *de* K *sont des figures inverses par rapport à la circonférence* ABC (*fig.* 22).

Ce théorème résulte immédiatement de la relation $OK.O\varepsilon = R^2$ (388). On en conclut que les points tripolairement associés à A_1, B_1, C_1, A_2, B_2, C_2, Ω, Ω' appartiennent à la droite $k_1k_2k_3$.

Les points Ω, Ω' étant des points inverses par rapport au triangle ABC, leurs triangles podaires (N., 9) sont directement semblables à BCA, CAB. Les droites $O\Omega$, $O\Omega'$ rencontrent la polaire de K en des points dont les triangles podaires sont inversement semblables à BCA, CAB. Le triangle podaire de ε est inversement semblable au triangle dont les côtés sont parallèles aux médianes de ABC.

CERCLES TANGENTS AUX TROIS COTÉS D'UN TRIANGLE.

49. Soient (*fig.* 26) I, I_a, I_b, I_c les centres du cercle inscrit et des cercles exinscrits au triangle fondamental ABC. Les points de contact de ces cercles avec les côtés BC, CA, AB sont désignés par les lettres (α, β, γ), $(\alpha_1, \beta_1, \gamma_1)$, $(\alpha_2, \beta_2, \gamma_2)$, $(\alpha_3, \beta_3, \gamma_3)$.

On sait que ABC est le triangle orthique de chacun des quatre triangles $I_aI_bI_c$, II_cI_b, I_cII_a, I_bI_aI. Cette remarque conduit à quelques théorèmes qu'il suffit d'énoncer.

1° *Les droites* $I_a\alpha_1$, $I_b\beta_2$, $I_c\gamma_3$, *concourent au centre* V *du cercle* $I_aI_bI_c$; *les droites* $I\alpha$, $I_c\beta_3$, $I_b\gamma_2$ *se coupent au centre* V_a *du cercle* II_cI_b, etc. *Les deux quadrangles* $VV_aV_bV_c$, $II_aI_bI_c$ *sont symétriques par rapport au point* O; *les côtés du premier sont perpendiculaires aux milieux des côtés opposés du second.*

2° *Les droites qui joignent* I_a, I_b, I_c *aux milieux* A', B', C' *des côtés de* ABC *concourent au centre des symédianes du triangle* $I_aI_bI_c$; *les droites* A'I, B'I_c, C'I_b *sont les symédianes du triangle* II_cI_b, etc.

50. *Les droites* $A\alpha$, $B\beta$, $C\gamma$ *concourent en un point* Γ *ayant pour coordonnées barycentriques*

$$\frac{1}{-a+b+c},\quad \frac{1}{a-b+c},\quad \frac{1}{a+b-c}.$$

Les droites $A\alpha_1$, $B\beta_1$, $C\gamma_1$ *concourent en un point* Γ_a *dont les coordonnées barycentriques sont*

$$\frac{1}{a+b+c},\quad \frac{1}{-a-b+c},\quad \frac{1}{-a+b-c},\quad \dots$$

Ces propositions se déduisent immédiatement des valeurs des segments $B\alpha$, $C\alpha$, ...

Le point Γ est appelé quelquefois *point de Gergonne* du triangle ABC; Γ_a, Γ_b, Γ_c sont les *adjoints de* Γ.

51. *Les droites* $A\alpha_1$, $B\beta_2$, $C\gamma_3$ *concourent en un même point* ν, *réciproque du point* Γ *et anticomplémentaire de* I.

Les droites $A\alpha$, $B\beta_3$, $C\gamma_2$ *concourent en un même point* ν_a, *réciproque de* Γ_a *et anticomplémentaire de* I_a, etc.

Les points α et α_1, β et β_2, γ et γ_3 étant isotomiques (N., 7), les droites $A\alpha_1$, $B\beta_2$, $C\gamma_3$ concourent en un point ν, réciproque de Γ. Les coordonnées barycentriques de ν sont égales à $-a+b+c$, $a-b+c$, $a+b-c$.

Fig. 26.

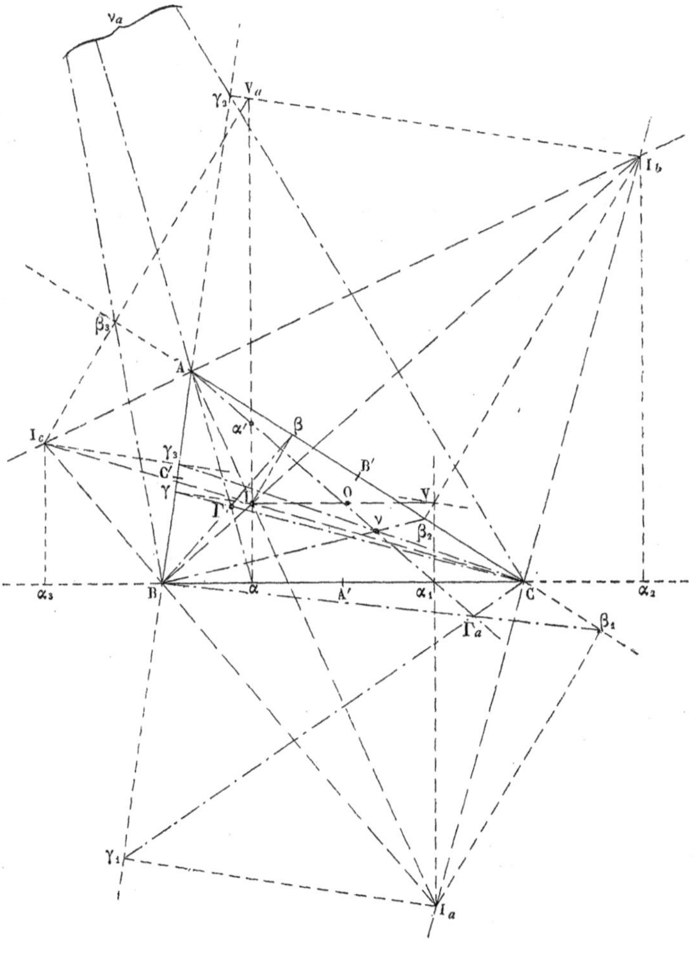

Ces expressions montrent que ν est l'anticomplémentaire du point I, dont les coordonnées sont a, b, c. Pour établir directement cette propriété, désignons par α' la seconde extrémité du diamètre αI du cercle I. A étant un centre de similitude des cercles I, I_a, la droite $\alpha_1\alpha'$, qui joint les extrémités de deux rayons parallèles, passe par A; par conséquent, la droite A'I joignant les milieux de $\alpha\alpha_1$ et $\alpha\alpha'$ est parallèle à $A\alpha_1$, B'I et C'I sont parallèles à $B\beta_2$, $C\gamma_3$, et les points I, ν sont des points complémentaires (N., 9).

Les autres parties de la proposition peuvent être établies par un procédé analogue.

ν est appelé quelquefois le *point de Nagel* de ABC; ν_a, ν_b, ν_c sont les *adjoints de* ν.

SUR LES FIGURES SEMBLABLEMENT VARIABLES (1).

52. Une figure est dite *semblablement variable* lorsqu'elle se modifie d'une manière continue en restant semblable à une figure fixe.

THÉORÈME.

Lorsque trois droites a_1, b_1, c_1 *d'une figure semblablement variable* φ_1 *passent par trois points fixes* A, B, C, *il existe un point* D *de cette figure qui reste fixe. Tous les points de la figure décrivent des circonférences passant par* D; *une droite quelconque passe par un point fixe* (*fig.* 27).

Fig. 27.

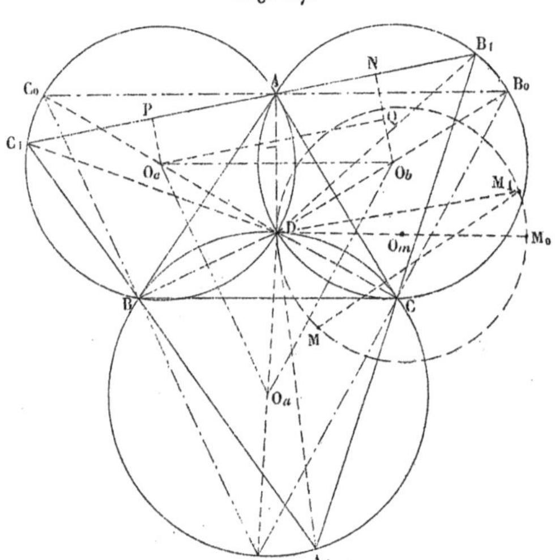

Chaque position de φ_1 est déterminée par les positions de trois de ses

(1) J. Neuberg, *Proceedings of the London Mathematical Society*, 1885.

droites, pourvu que celles-ci ne soient pas concourantes. Soit $A_1B_1C_1$ le triangle formé par a_1, b_1, c_1; comme il est toujours semblable à lui-même, ses côtés tournent autour de A, B, C, dans un même sens, de quantités égales, et ses sommets parcourent trois circonférences O_a, O_b, O_c, passant par deux des points A, B, C et se coupant en un même point D, métapôle du triangle ABC par rapport au triangle $A_1B_1C_1$. Les angles DB_1C_1, DC_1B_1 étant constants, D est son propre homologue dans toutes les positions de φ_1 : c'est un *centre permanent de similitude*.

Les perpendiculaires menées en A, B, C sur DA, DB, DC forment un triangle $A_0B_0C_0$, que nous pouvons considérer comme étant la *position initiale* de $A_1B_1C_1$. Soient O_bN, O_cP des perpendiculaires, et O_cQ une parallèle à B_1C_1; comme $B_1C_1 = 2NP = 2QO_c$, $B_0C_0 = 2O_bO_c$, $QO_c < O_bO_c$, les dimensions les plus grandes de la figure variable correspondent à la position initiale φ_0. Le rapport de similitude de φ_1 et φ_0 a pour expression O_cQ; $O_cO_b = \cos\alpha$, α désignant l'angle C_0AC_1.

Soient M_0, M_1 deux points homologues de φ_0, φ_1. Les triangles DM_0B_0, DM_1B_1 étant semblables, les triangles DM_0M_1, DB_0B_1 le sont également, et le lieu de M_1 est la circonférence O_m qui a pour diamètre DM_0.

Soit M_1M une droite quelconque de φ_1. Un point M_1 de cette ligne décrit une circonférence O_m et l'angle DM_1M est constant; par suite, la droite passe par un point fixe M de la circonférence O_m. Ce point est la projection du centre permanent D sur la position initiale M_0M de la droite.

SCOLIE.

53. 1° Les droites a_1, b_1, c_1, à un certain moment, coïncident avec AD, BD, CD; dans cette position, tous les points de la figure variable sont confondus en D, et toutes les droites passent par D.

La figure passe deux fois par les mêmes états de grandeur : elle a les mêmes dimensions lorsque a_1 prend deux positions symétriques par rapport à B_0C_0.

2° Le centre permanent D est, dans le triangle variable $A_1B_1C_1$, l'inverse du métapôle ou le centre métaharmonique de ce triangle par rapport au triangle ABC. Ce rôle de D s'aperçoit immédiatement dans le triangle $A_0B_0C_0$, dont ABC est le triangle podaire par rapport à D.

3° Considérons une seconde figure φ'_1 qui varie en restant symétriquement semblable à la figure φ_1, avec la condition que les homologues des droites a_1, b_1, c_1 passent aussi par les points A, B, C. Le centre permanent de similitude de φ'_1 est le jumeau D' de D (N., 17), dans le triangle ABC. Il existe entre les triangles antipodaires de ABC par rapport aux deux points D, D' cette relation assez curieuse que nous ne faisons qu'énoncer ici : *La différence des valeurs absolues de leurs aires est égale à quatre fois l'aire* ABC.

54. Les cas où les droites a_1, b_1, c_1, dans une position particulière, coïncident, soit avec AB, BC, CA, soit avec CA, AB, BC, présentent un grand intérêt.

1° Dans le premier cas (*fig.* 28), les droites a_1, b_1, c_1 font avec AB, BC, CA un même angle λ. Nous désignons maintenant par A_1, B_1, C_1 les points d'intersection des droites c_1 et a_1, a_1 et b_1, b_1 et c_1, de sorte que le triangle $A_1B_1C_1$ est semblable à ABC ; ces points se meuvent sur les circonférences adjointes (CA), (AB), (BC), dont les centres sont représentés par α, β, γ. Le centre permanent de similitude est le point Ω de Brocard, tel que $\Omega AB = \Omega BC = \Omega CA = V$.

Fig. 28.

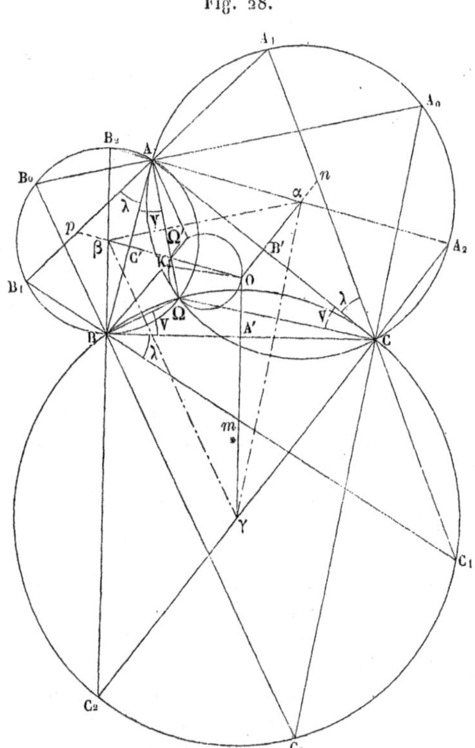

Soient O le centre du cercle ABC ; $A_0B_0C_0$ le triangle antipodaire de Ω par rapport à ABC. Les angles $\alpha O \beta$, $\beta O \gamma$, $\gamma O \alpha$ étant les suppléments des angles de ABC, O *est le point direct de Brocard du triangle* $\alpha\beta\gamma$, et son homologue dans le triangle $A_0B_0C_0$ s'obtient en prenant sur ΩO une longueur $\Omega\Omega'_0 = 2\Omega O$. Il résulte de là que *les points directs de Brocard des triangles* $A_1B_1C_1$ *ont pour lieu géométrique la circonférence décrite de* O *comme centre avec le rayon* $O\Omega$.

Appelons $A_2B_2C_2$ le triangle formé par les droites $A\alpha$, $B\beta$, $C\gamma$; c'est une position particulière de $A_1B_1C_1$. Les distances de O aux côtés du triangle $A_2B_2C_2$ sont égales à C'A, A'B, B'C; elles sont donc proportionnelles à ces côtés, et O *est le centre des symédianes de* $A_2B_2C_2$. On déduit, de cette propriété, que *le centre des symédianes du triangle* $A_1B_1C_1$ *parcourt le cercle* (OK) *du triangle* ABC.

Le rapport de similitude des triangles $A_1B_1C_1$, ABC est égal à celui des lignes homologues ΩA_1, ΩA; il a donc pour expression

$$\sin(V+\lambda) : \sin V.$$

Il se réduit à coséc V ou cot V, lorsqu'on compare $A_0B_0C_0$ ou $A_2B_2C_2$ à ABC.

2° Lorsque les droites a_1, b_1, c_1 font avec AC, BA, CB un même angle λ, elles forment (*fig.* 29) un triangle $A'_1B'_1C'_1$ semblable à ABC

Fig. 29.

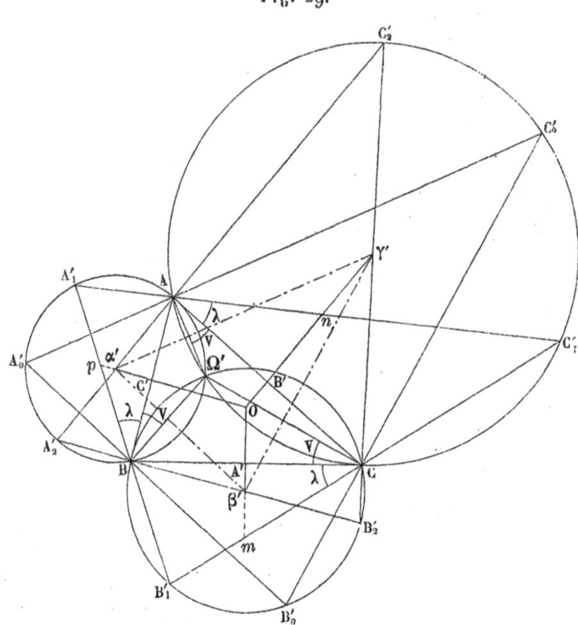

et dont les sommets décrivent les circonférences adjointes (BA), (CB),

(AC). Soient α', β', γ' les centres de ces cercles; O *est le point rétrograde de Brocard du triangle* $\alpha'\beta'\gamma'$. *Le centre permanent de similitude des triangles* $A'_1 B'_1 C'_1$ *est le point direct de Brocard de chacun d'eux; leur point rétrograde de Brocard décrit la circonférence qui a pour centre* O *et pour rayon* $O\Omega$.

Deux triangles $A_1 B_1 C_1$, $A'_1 B'_1 C'_1$ (*fig.* 28 *et* 29), *qui correspondent à la même valeur de* λ, *sont égaux, et ont pour point double le centre* O *du cercle* ABC.

En effet, les côtés homologues se coupent sur les médiatrices OA', OB', OC' de ABC et font un angle constant 2λ; par conséquent, une rotation autour de O amène l'un des triangles sur l'autre.

53. Le cas (*fig.* 30) où trois droites a_1, b_1, c_1 d'une figure semblablement variable tournent autour de trois points A, B, C situés en

Fig. 30.

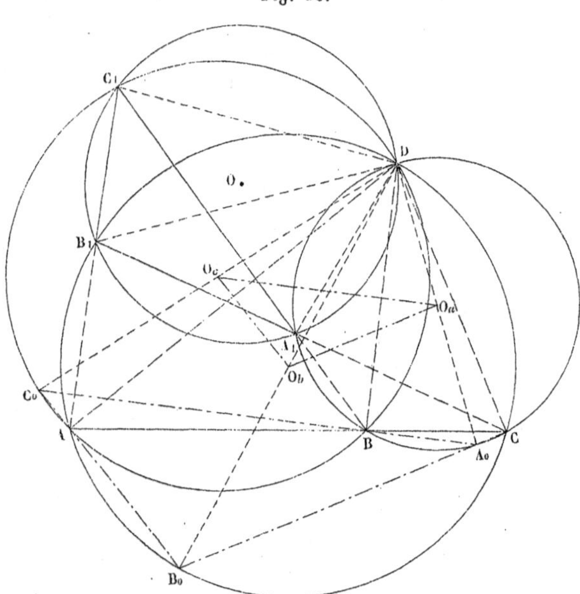

ligne droite se traite de la même manière que le cas général. Les points A_1, B_1, C_1 se meuvent sur trois circonférences O_a, O_b, O_c passant par le point D, d'où l'on voit les longueurs AB, BC, CA sous des angles égaux à ceux du triangle $A_1 B_1 C_1$ ou à leurs suppléments; ce point est un métapôle du *triangle aplati* ABC et du triangle $A_1 B_1 C_1$. Les triangles $DA_1 B_1$, $DB_1 C_1$, $DC_1 A_1$ sont équiangles à DBA, DCB, DAC;

donc le point D est fixe dans le plan $A_1B_1C_1$, et *la circonférence* $A_1B_1C_1$ *passe constamment par* D. De plus, la droite ABC peut être placée de telle façon que les points A et A_1, B et B_1, C et C_1 se correspondent dans une transformation par rayons vecteurs réciproques, effectuée du pôle D ; par suite, D est un centre métaharmonique des triangles $A_1B_1C_1$, ABC.

Le triangle $A_1B_1C_1$ devient maximum quand ses côtés sont perpendiculaires à DA, DB, DC. Tout point de la figure variable décrit une circonférence passant par D. En particulier, le centre du cercle $A_1B_1C_1$ se meut sur la circonférence $O_aO_bO_c$; car, si la tangente menée en A au cercle O_c rencontre le cercle O_b en β, le triangle $C\beta A$ est une position particulière de $A_1B_1C_1$ et le point O se trouve en O_b, etc.

THÉORÈME.

56. *Si trois points* A_1, B_1, C_1 *d'une figure semblablement variable* φ_1 *parcourent les côtés* BC, CA, AB *d'un triangle donné* ABC, *il existe un point* F *de cette figure qui reste fixe. Tout autre point décrit une droite* (*fig.* 31).

Fig. 31.

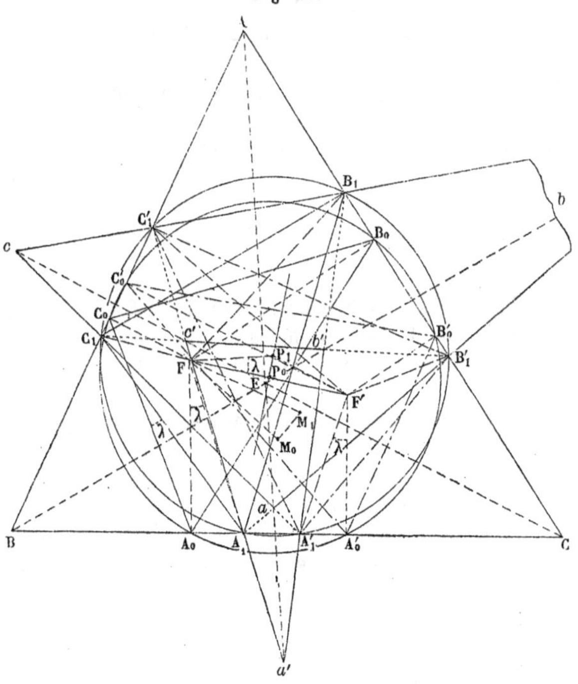

Les circonférences AB_1C_1, BC_1A_1, CA_1B_1 se coupent en un même point F, métapôle des triangles $A_1B_1C_1$, ABC. Ce point est donc fixe dans le plan $A_1B_1C_1$; il l'est également dans le plan ABC, car les angles FBC, FCB sont égaux à FC_1A_1, FB_1A_1. F est donc un *centre permanent de similitude* de φ_1.

Menons FA_0, FB_0, FC_0 perpendiculaires sur BC, CA, AB. Le faisceau $F(A_0B_0C_0)$ peut être considéré comme étant la *position initiale* du faisceau $F(A_1B_1C_1)$. Le minimum du triangle $A_1B_1C_1$ est le triangle podaire de F par rapport à ABC, et le rapport de similitude de φ_1 et φ_0 est exprimé par $\frac{FA_1}{FA_0} = \text{séc}\,\lambda$, λ désignant A_0FA_1.

Soient M_0, M_1 des points homologues de φ_0, φ_1; les triangles FM_0M_1, FA_0A_1 étant semblables, le lieu géométrique de M_1 est la perpendiculaire menée en M_0 sur la droite FM_0.

SCOLIE.

57. 1° Si l'on fait tourner le faisceau $F(A_0B_0C_0)$ du même angle λ dans un sens ou l'autre, ses rayons coupent les côtés de ABC aux sommets de deux triangles égaux. Donc la figure φ_1, dans ses variations, passe deux fois par les mêmes états de grandeur.

2° On peut imaginer une seconde figure φ'_1 qui varie en restant symétriquement semblable à φ_1, avec la condition que les points homologues de A_1, B_1, C_1 parcourent également les droites BC, CA, AB. Le centre permanent de similitude de φ'_1 est le point f, tripolairement associé à F dans le triangle ABC. Nous laissons au lecteur le soin de démontrer que *les inverses des aires des triangles podaires des points* F, f *ont une différence constante, égale à quatre fois l'inverse de l'aire* ABC.

58. Soit F' l'inverse de F dans le triangle ABC, et soit $A'_0B'_0C'_0$ le triangle podaire de F'. Les triangles $A_0B_0C_0$, $A'_0B'_0C'_0$ sont inscrits dans la même circonférence ayant pour centre le milieu P_0 du segment FF' (*fig.* 31).

Faisons tourner les deux faisceaux $F(A_0B_0C_0)$, $F'(A'_0B'_0C'_0)$ autour de leurs centres d'un même angle λ, mais dans des sens contraires. Leurs rayons rencontrent BC, CA, AB aux sommets de deux triangles $A_1B_1C_1$, $A'_1B'_1C'_1$, qui sont respectivement semblables à $A_0B_0C_0$, $A'_0B'_0C'_0$. Soit P_1 le centre de la circonférence A_1B_1;C_1 les triangles FP_0P_1 et FA_0A_1 étant directement semblables, il en est de même des triangles $F'P_0P_1$ et $F'A'_0A'_1$. Il résulte de là que *les deux triangles* $A_1B_1C_1$, $A'_1B'_1C'_1$ *sont inscrits dans une même circonférence*.

On peut donner deux autres modes de génération des groupes de six points, tels que $A_1B_1C_1A'_1B'_1C'_1$, situés sur le périmètre d'un triangle fixe ABC et appartenant à une même circonférence. Soit *abc* le triangle formé par les droites $B_1C'_1$, $C_1A'_1$, $A_1B'_1$, et soit $a'b'c'$ le triangle qui a pour côtés les droites B'_1C_1, C'_1A_1, A'_1B_1. *Les côtés des triangles abc, a'b'c' ont des directions invariables, et leurs sommets parcourent trois droites fixes* AE, BE, CE. En effet : 1° Le quadrilatère $B_1C'_1A'_1B'_1$ étant inscrit, l'angle $AB_1C'_1 = C'_1A'_1B'_1$; donc les côtés du triangle abc font avec CA, AB, BC des angles égaux aux angles A'_1, B'_1, C'_1 du triangle $A'_1B'_1C'_1$, etc. 2° Les côtés du triangle $C_1B'_1a$ ont des directions fixes et deux sommets décrivent des droites ; par suite, le point a se meut sur une droite passant par A. 3° Les côtés opposés de l'hexagone inscrit $A_1B'_1B_1A'_1C_1C'_1$ se coupent en trois points a, A, a' situés en ligne droite. 4° Enfin, les côtés opposés de l'hexagone inscrit $A_1A'_1B_1B'_1C_1C'_1$ se coupant sur une même droite, les côtés de rang pair et ceux de rang impair forment deux triangles ABC, abc qui ont un centre d'homologie.

Cherchons les coordonnées normales x, y, z de E dans le triangle ABC. Le rapport $y:z$ est égal à celui des perpendiculaires menées du point a sur AC et AB ; d'où

$$\frac{y}{z} = \frac{aB'_1 \sin A_1B'_1B_1}{aC_1 \sin A'_1C_1C'_1} = \frac{aB'_1}{aC_1}\,\frac{\sin A_1C_1B_1}{\sin A'_1B'_1C'_1}.$$

Dans le triangle $aC_1B'_1$,

$$\frac{aB'_1}{aC_1} = \frac{\sin A'_1C_1B'_1}{\sin A_1B'_1C_1} = \frac{\sin A'_1C'_1B'_1}{\sin A_1B_1C_1}.$$

On déduit, de ces égalités,

$$\frac{x}{\operatorname{cos\acute{e}c} A_1 \operatorname{cos\acute{e}c} A'_1} = \frac{y}{\operatorname{cos\acute{e}c} B_1 \operatorname{cos\acute{e}c} B'_1} = \frac{z}{\operatorname{cos\acute{e}c} C_1 \operatorname{cos\acute{e}c} C'_1}.$$

59. Examinons encore le cas (*fig.* 32) où trois points A_1, B_1, C_1 d'une figure semblablement variable sont assujettis à se mouvoir sur trois

Fig. 32.

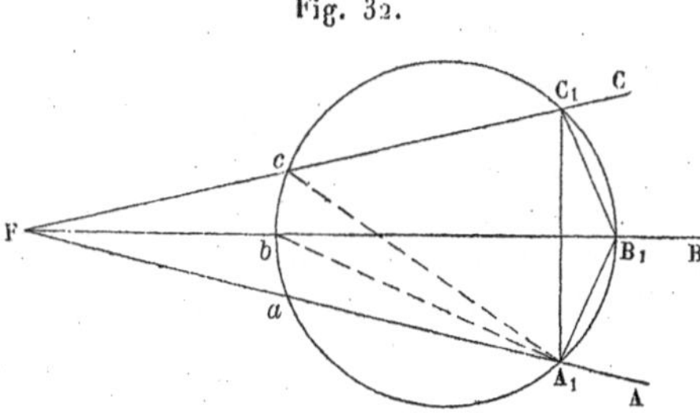

droites concourantes FA, FB, FC. Si l'on donne le point A_1 sur FA et que la circonférence $A_1B_1C_1$ rencontre les droites FA, FB, FC en a, b, c, on peut déterminer les points b, c par la condition que les angles A_1bB, A_1cF soient égaux à $A_1C_1B_1$, $A_1B_1C_1$, et, par suite, décrire la circonférence A_1bc. Cette construction montre que les côtés du triangle $A_1B_1C_1$ se déplacent parallèlement à eux-mêmes, lorsque A_1 se meut sur FA. F est donc un *centre permanent d'homothétie*.

Il peut arriver que la circonférence $A_1B_1C_1$ passe par F. Alors toute circonférence passant par F rencontre FA, FB, FC en trois points qui sont les sommets d'un triangle de forme constante; et F n'est plus un centre permanent de similitude.

SUR QUELQUES CERCLES REMARQUABLES.

60. Les résultats des n°s 56, 57, 58 prennent une forme très simple, lorsque le triangle $A_1B_1C_1$ est directement semblable à BCA. Dans ce cas, F, F′ sont les points de Brocard Ω, Ω'; le triangle $A'_1B'_1C'_1$ est semblable à CBA; le centre de la circonférence $A_1B_1C_1$ est situé sur la droite OK; les côtés du triangle abc sont parallèles à ceux de ABC; les côtés du triangle $a'b'c'$ sont parallèles aux tangentes menées par A, B, C au cercle ABC; enfin, le centre d'homologie E des triangles ABC, abc, $a'b'c'$ coïncide avec K.

Nous allons établir ces propriétés par une seconde méthode, qui a l'avantage de s'adapter aux polygones dits *harmoniques*.

PROBLÈME.

61. *Étant donné un triangle* ABC, *on propose d'en construire un second* abc *qui soit homothétique à* ABC, *et tel que les six points de rencontre des côtés non homologues des deux triangles soient situés sur une même circonférence* (*fig.* 33).

Soient α, α', β, β', γ, γ' ces points. Les points γ, β', β, γ' appartenant à une même circonférence, $\gamma\beta'$ est une transversale antiparallèle de l'angle BAC. Mais la figure $A\gamma a\beta'$ est un parallélogramme; donc la droite Aa passe par le milieu de $\gamma\beta'$ et, par suite, est une symédiane de ABC. On conclut de là que le centre d'homothétie des triangles ABC, abc est le centre des symédianes de chacun d'eux.

Cette condition est suffisante. En effet, soient m, n, p les centres des parallélogrammes $A\gamma a\beta'$, $B\alpha b\gamma'$, $C\beta c\alpha'$, et soit ω le centre du cercle mnp. Puisque les symédianes AK, BK, CK passent aux milieux des transversales $\beta'\gamma$, $\gamma'\alpha$, $\alpha'\beta$, celles-ci sont parallèles aux côtés du triangle $K_aK_bK_c$ formé par les tangentes au cercle ABC. Les angles $A\gamma\beta'$, $B\gamma'\alpha$ sont égaux comme étant égaux à ACB; d'où

$$\gamma\beta' = \gamma'\alpha.$$

Par conséquent, les triangles rectangles $\omega m\gamma$, $\omega n\alpha$, $\omega p\beta$ sont égaux, et ω est le centre d'un cercle passant par les six points α, α', β, β', γ, γ'.

Les triangles ABC, mnp étant homothétiques par rapport à K, ω est situé sur la droite OK.

SCOLIE.

62. 1° Les droites $\gamma\beta'$, $\alpha\gamma'$, $\beta\alpha'$ sont parallèles aux côtés du triangle $K_aK_bK_c$ et divisent les droites KA, KB, KC en parties proportionnelles; elles forment donc un triangle $a'b'c'$, homothétique à $K_aK_bK_c$ par rapport à K.

Fig. 33.

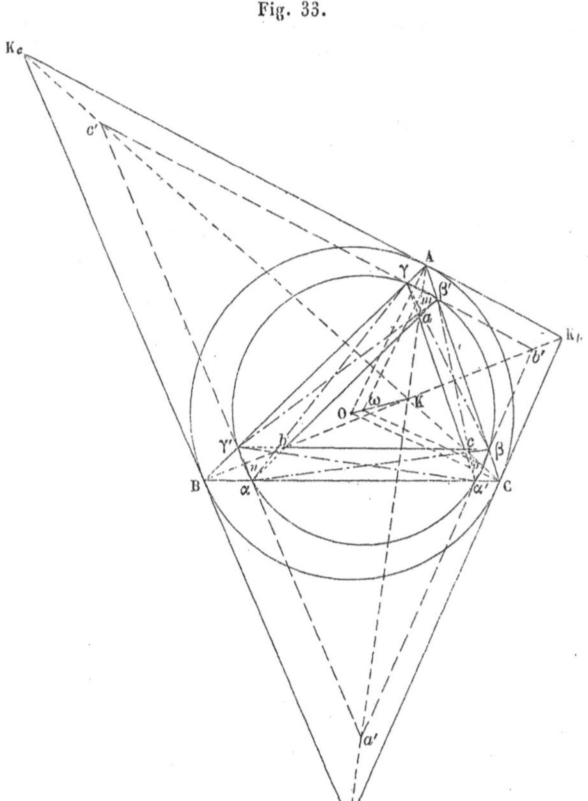

2° De l'égalité des arcs $\beta'\gamma$, $\gamma'\alpha$, $\alpha'\beta$, on conclut aisément que les triangles $\gamma\alpha\beta$, $\beta'\gamma'\alpha'$ sont égaux entre eux et semblables à ABC.

3° Soient Ω, Ω' les points de Brocard du triangle ABC. Si l'on fait tourner le faisceau Ω(ABC) autour de Ω d'un angle quelconque, ses rayons rencontrent AB, BC, CA aux sommets d'un triangle $\gamma\alpha\beta$ semblable à ABC; car les triangles $\Omega A\gamma$, $\Omega B\alpha$, $\Omega C\beta$ sont directement semblables, d'où l'on conclut la similitude des triangles ΩAB et $\Omega\gamma\alpha$, ΩBC et $\Omega\alpha\beta$, ΩCA et $\Omega\beta\gamma$. On voit que Ω et Ω' sont les centres permanents de similitude des triangles variables $\gamma\alpha\beta$, $\beta'\gamma'\alpha'$ de la *fig.* 33.

4° Le lecteur trouvera facilement la démonstration des théorèmes suivants :

Soient $\beta'\gamma$, $\gamma'\alpha$, $\alpha'\beta$ *trois arcs égaux, de même sens, d'une circonférence. Les cordes* $\beta'\gamma$, $\gamma'\alpha$, $\alpha'\beta$ *forment un triangle* $a'b'c'$; *les cordes* $\alpha\alpha'$, $\beta\beta'$, $\gamma\gamma'$, *un second triangle* ABC; *les cordes* $\beta\gamma'$, $\gamma\alpha'$, $\alpha\beta'$, *un troisième triangle abc. Ces trois triangles ont pour centre d'homologie commun le centre des symédianes des triangles* ABC, *abc.*

On inscrit à une circonférence ω *un hexagone* $\alpha\alpha'\gamma\gamma'\beta\beta'$ *dont les côtés opposés sont parallèles. Le triangle formé par les côtés de rang impair et celui qui est déterminé par les côtés de rang pair, ont mêmes symédianes.*

63. Si le triangle *abc* de la *fig.* 33 se réduit au point K, on a le théorème suivant :

Les parallèles aux côtés d'un triangle ABC, *menées par le point* K, *coupent les côtés en six points* α, α', β, β', γ, γ' *d'une même circonférence ayant son centre au milieu de* OK (*fig.* 34).

Fig. 34.

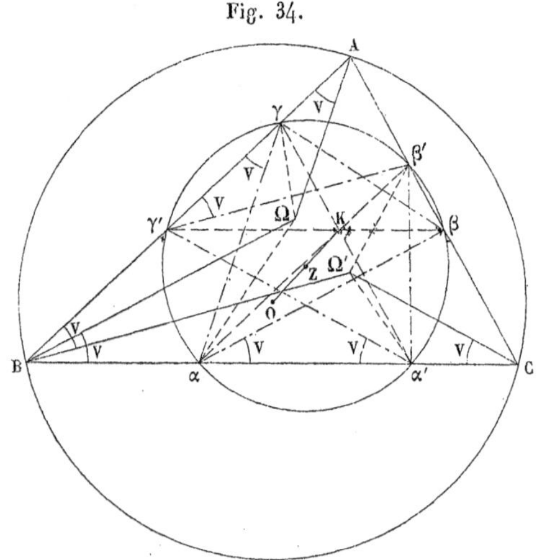

Les angles $K\alpha\gamma$, $K\gamma\beta$, $K\beta\alpha$ ont pour mesures les moitiés des arcs égaux $\beta'\gamma$, $\alpha'\beta$, $\gamma'\alpha$. Donc K *est le point direct de Brocard du triangle* $\alpha\beta\gamma$; *il est le point rétrograde de Brocard du triangle* $\alpha'\beta'\gamma'$. *Les*

côtés de ces triangles sont parallèles aux rayons des faisceaux Ω(ABC), Ω'(ABC).

Les côtés homologues des triangles ABC, $\gamma\alpha\beta$ et les rayons homologues des faisceaux Ω(ABC), $\Omega(\gamma\alpha\beta)$ font entre eux l'angle V; par suite, *les triangles* $\gamma A\Omega$, $\alpha B\Omega$, $\beta C\Omega$ *sont isocèles, et les points* γ, α, β *sont à l'intersection de* AB, BC, CA *avec les perpendiculaires menées aux milieux des rayons* ΩA, ΩB, ΩC.

Le rapport de similitude des triangles $\gamma\alpha\beta$, ABC a pour expression

$$\frac{\Omega\gamma}{\Omega A} = \frac{\sin \Omega A\gamma}{\sin \Omega\gamma A} = \frac{\sin V}{\sin 2V} = \frac{1}{2\cos V}.$$

64. Le triangle $a'b'c'$ de la *fig.* 33 peut se réduire au point K; ce qui donne la proposition suivante : *Les parallèles aux côtés du triangle orthique de* ABC, *menées par le point* K, *rencontrent les côtés des angles* BAC, CBA, ACB *en six points* α, α', β, β', γ, γ' *d'une circonférence ayant pour centre le point* K (*fig.* 35).

Fig. 35.

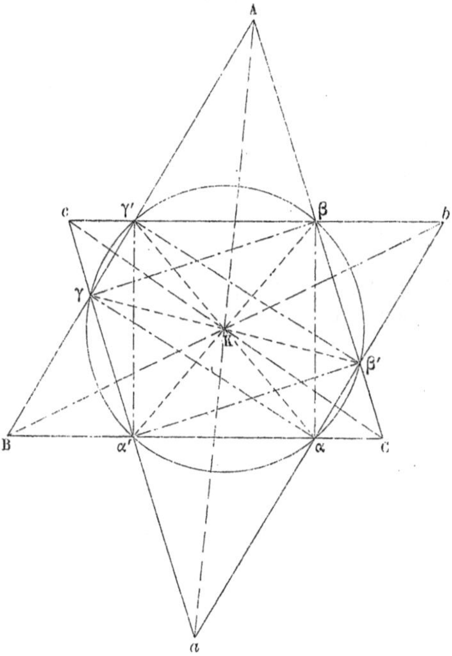

Cette figure donne lieu à plusieurs remarques intéressantes.

A un triangle donné ABC, *on peut inscrire deux triangles* $\alpha\beta\gamma$, $\alpha'\beta'\gamma'$ *ayant leurs côtés perpendiculaires à ceux de* ABC. *Ces triangles sont inscrits dans une même circonférence ayant pour centre le point* K.

Si un hexagone inscrit $\alpha\beta'\beta\gamma'\gamma\alpha'$ *a ses côtés opposés égaux et parallèles, le centre de la circonférence circonscrite est le centre des symédianes de chacun des triangles* ABC, *abc formés avec des côtés alternants de l'hexagone.*

Ω étant le centre de similitude des triangles $\gamma\alpha\beta$, ABC, dont les côtés homologues sont perpendiculaires, les angles $A\Omega\gamma$, $B\Omega\alpha$, $C\Omega\beta$ sont droits; donc le rapport de similitude de ces triangles a pour expression

$$\frac{\Omega\gamma}{\Omega A} = \text{tang}\, V.$$

THÉORÈME.

65. *Soient* H_1, H_2, H_3 *les pieds des hauteurs du triangle* ABC; a', b', c' *les milieux des droites* H_2H_3, H_3H_1, H_1H_2; β' *et* γ *les projections de* H_1 *sur* AC *et* AB, γ' *et* α *celles de* H_2 *sur* BA *et* BC, α' *et* β *celles de* H_3 *sur* CB *et* CA.

Cela posé :

1° *Les six points* α, α', β, β', γ, γ' *sont situés sur une même circonférence* T.

2° *Les droites* $\beta'\gamma$, $\gamma'\alpha$, $\alpha'\beta$ *passent par deux des points* a', b', c' *et ont pour longueur commune le demi-périmètre du triangle* $H_1H_2H_3$.

3° *Le centre du cercle* T *est le centre du cercle inscrit au triangle* $a'b'c'$; *il est situé au milieu de chacune des droites* H_1A_h, H_2B_h, H_3C_h *joignant les pieds des hauteurs de* ABC *aux orthocentres des triangles* AH_2H_3, BH_3H_1, CH_1H_2 (*fig.* 36).

Nous rattachons cette proposition aux n°s 61 et 62.

On sait que les droites Aa', Bb', Cc' concourent au centre K des symédianes de ABC (N., 29). Par conséquent, le triangle $a'b'c'$ est homothétique à $K_aK_bK_c$ par rapport à K, et ses côtés rencontrent ceux de ABC en six points α, α', β, β', γ, γ' d'une même circonférence, dont le centre T est situé sur la droite OK.

Le triangle $c'\beta'H_2$ est isocèle, car

$$\textit{angle}\ A\beta'\gamma = AH_2H_3 = ABC = CH_2H_1;$$

d'où

$$c'\beta' = c'H_2 = c'H_1,$$

et l'angle $H_2\beta'H_1$ est droit. Ainsi, les points α, α', β, β', γ, γ' sont les pieds des hauteurs des triangles AH_2H_3, BH_3H_1, CH_1H_2.

Nous venons de trouver

$$c'\beta' = c'H_2 = a'b';$$

par analogie,

$$b'\gamma = b'H_3 = c'a'.$$

Donc la droite $\beta'\gamma$ est égale au périmètre du triangle $a'b'c'$.

Les cordes égales $\beta'\gamma$, $\gamma'\alpha$, $\alpha'\beta$ sont à égale distance du centre; donc T est le centre du cercle inscrit au triangle $a'b'c'$.

Nous avons trois parallélogrammes $A_hH_3HH_2$, $B_hH_3HH_1$, $C_hH_1HH_2$; donc les côtés opposés de l'hexagone $A_hH_2C_hH_1B_hH_3$ sont égaux et parallèles, et les diagonales A_hH_1, B_hH_2, C_hH_3 se coupent mutuellement en parties égales. La droite $a'T$, bissectrice de l'angle $c'a'b'$, est parallèle à H_3B_h et passe par le milieu de H_2H_3; donc elle passe également par le milieu de H_2B_h. On conclut de là que T est le milieu de chacune des droites A_hH_1, B_hH_2, C_hH_3.

Fig. 36.

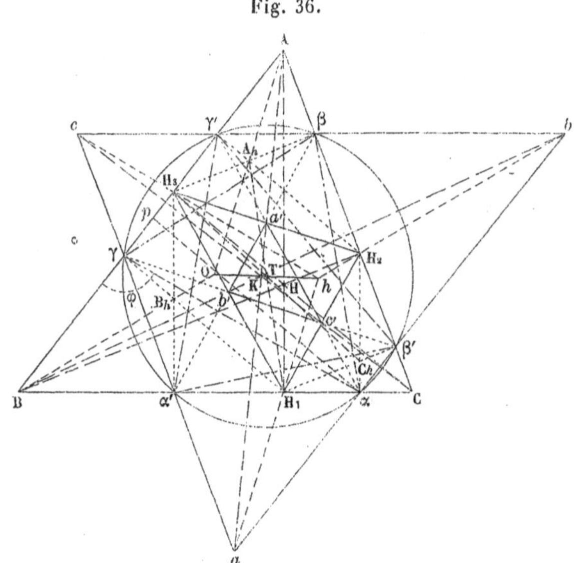

SCOLIE.

66. 1° Les droites AA_h, BB_h, CC_h étant perpendiculaires à H_2H_3, H_3H_1, H_1H_2 concourent au centre O du cercle ABC. Les triangles $A_hB_hC_h$, $H_1H_2H_3$ sont symétriques par rapport à T; donc leurs côtés homologues sont égaux et parallèles, et O est aussi l'orthocentre de $A_hB_hC_h$. Soit h l'orthocentre de $H_1H_2H_3$; ce point est le symétrique de O par rapport à T, donc il est situé sur la droite OK.

2° Les droites $\beta\gamma'$, $\gamma\alpha'$, $\alpha\beta'$ forment un triangle abc homothétique à ABC par rapport à K (N., 62), propriété qu'on peut démontrer directement.

La droite $Aa'K$ passe donc au milieu m de $b'c'$. Mais $b'm$ est égal au demi-périmètre γm du triangle $a'b'c'$ diminué de $b'\gamma = a'c'$; donc m est le point de contact de $b'c'$ avec le cercle inscrit au triangle $a'b'c'$. Autrement dit, K *est le point de Gergonne du triangle* $a'b'c'$.

3° Les droites γH_1, $\beta' H_1$ étant perpendiculaires à $a\beta'$, $a\gamma$, la droite aH_1 est perpendiculaire à $\beta'\gamma$ et H_2H_3. Donc les lignes aH_1, bH_2, cH_3 sont les hauteurs du triangle $H_1H_2H_3$; il est facile de voir que leur point de concours h est aussi le centre du cercle circonscrit au triangle abc.

4° On sait que les triangles $\gamma\alpha\beta$, ABC sont semblables et ont même point de Brocard Ω.

Leurs côtés homologues font un angle constant φ, que l'on peut calculer par la formule

$$\operatorname{tang}\varphi = -(\operatorname{tang}A + \operatorname{tang}B + \operatorname{tang}C) = -\operatorname{tang}A\operatorname{tang}B\operatorname{tang}C.$$

Pour démontrer celle-ci, menons αp perpendiculaire à AB; nous aurons (*fig.* 36)

$$\operatorname{tang}\varphi = \operatorname{tang}\alpha\gamma B = -\frac{\alpha p}{\gamma p}, \quad \frac{\alpha p}{CH_3} = \frac{B\alpha}{BC}, \quad \frac{\gamma p}{BH_3} = \frac{H_1\alpha}{BC}.$$

D'où, en éliminant αp et γp,

$$\operatorname{tang}\varphi = -\frac{CH_3 . B\alpha}{BH_3 . H_1\alpha} = -\frac{CH_3}{BH_3}\cdot\frac{B\alpha}{\alpha H_2}\cdot\frac{\alpha H_2}{H_1\alpha};$$

puis, en observant que

$$\frac{CH_3}{BH_3} = \operatorname{tang}B, \quad \frac{B\alpha}{\alpha H_2} = \operatorname{tang}BH_2\alpha = \operatorname{tang}C, \quad \frac{\alpha H_2}{H_1\alpha} = \operatorname{tang}\alpha H_1H_2 = \operatorname{tang}A,$$

on trouve la formule indiquée.

Soient ρ le rayon du cercle T et R celui du cercle ABC. Le triangle $\alpha\gamma\gamma'$ donne

$$\alpha\gamma' = 2\rho\sin\varphi.$$

Mais les quadrilatères OH_2AH_3, OH_3BH_1, OH_1CH_2 ont pour mesures $\frac{1}{2}H_2H_3 . AO$, $\frac{1}{2}H_3H_1 . BO$, $\frac{1}{2}H_1H_2 . CO$; par suite, l'aire du triangle ABC est

$$S = \frac{1}{2}R(H_2H_3 + H_3H_1 + H_1H_2) = R . \alpha\gamma',$$

et comme on a

$$\rho = \frac{\alpha\gamma'}{2\sin\varphi} = \frac{S}{2R\sin\varphi} = R\frac{\sin A\sin B\sin C}{\sin\varphi},$$

le rapport de similitude des triangles $\alpha\beta\gamma$, ABC a pour valeur

$$\frac{\rho}{R} = \frac{\sin A\sin B\sin C}{\sin\varphi} = -\frac{\cos A\cos B\cos C}{\cos\varphi}.$$

QUESTIONS PROPOSÉES

SUR LA GÉOMÉTRIE DU TRIANGLE.

1. Les coordonnées normales absolues d'une droite vérifient la relation (N., 1, 3)

$$\sqrt{a^2-(\mu-\nu)^2}\pm\sqrt{b^2-(\nu-\lambda)^2}\pm\sqrt{c^2-(\lambda-\mu)^2}=0,$$

que l'on peut mettre sous la forme

$$\begin{aligned}a^2\lambda^2+b^2\mu^2+c^2\nu^2-(b^2+c^2-a^2)\mu\nu\\-(c^2+a^2-b^2)\nu\lambda-(a^2+b^2-c^2)\lambda\mu=4S^2.\end{aligned}$$

2. La perpendiculaire menée du centre O du cercle circonscrit à un triangle ABC, sur l'axe orthique (N., 7), a pour expression $\dfrac{3R^2+\overline{OH}^2}{4OH}$.

3. Du centre O du cercle circonscrit au triangle ABC on abaisse des perpendiculaires sur les droites passant par les pieds des trois bissectrices extérieures ou par ceux de deux bissectrices intérieures. Ces perpendiculaires ont pour mesures

$$(R+r)\sqrt{\frac{R}{R+2r}},\quad (R-r_a)\sqrt{\frac{R}{R+2r_a}},\quad \cdots.$$

4. Le centre radical des trois cercles exinscrits à un triangle ABC coïncide avec le centre du cercle inscrit au triangle complémentaire de ABC. — Proposition analogue pour le centre radical du cercle inscrit à ABC, combiné avec deux cercles exinscrits.

5. Si deux triangles sont symétriques par rapport à un point, les transversales réciproques (N., 8) des côtés de l'un par rapport à l'autre triangle sont concourantes.

6. Une transversale m rencontre les côtés d'un triangle ABC aux points m_1, m_2, m_3. Les isogonales (N., 9) des droites Am_1, Bm_2, Cm_3 rencontrent les côtés aux points m'_1, m'_2, m'_3. Démontrer que les

points m'_1, m'_2, m'_3 sont situés sur une droite m_i. Les droites m, m_i sont appelées *transversales inverses*.

7. Soient M, N, P trois points quelconques pris sur les côtés BC, CA, AB du triangle ABC. Démontrer la formule

$$\frac{\text{MNP}}{\text{ABC}} = \frac{\text{BM.CN.AP} + \text{MC.NA.PB}}{\text{AB.BC.CA}}.$$

En conclure que 1° si M', N', P' sont les isotomiques des points M, N, P, les triangles MNP, M'N'P' sont équivalents; 2° si ABCDEF est un hexagone dont les côtés opposés soient parallèles, les triangles ACE, BDF sont équivalents.

8. Calculer en fonction des côtés d'un triangle ABC : 1° l'aire du triangle orthique; 2° celle du triangle qui a pour sommets les pieds des trois bissectrices intérieures; 3° celle du triangle qui a pour sommets les points de contact des côtés du triangle ABC avec le cercle inscrit.

9. Soit P un point quelconque du plan d'un triangle ABC, et soient H_1, H_2, H_3 les orthocentres (N., 5) des triangles BCP, CAP, ABP. Démontrer que les triangles ABC, $H_1H_2H_3$ sont équivalents.

10. Soient α, β, γ les points où les médianes m, m', m'' du triangle ABC rencontrent la circonférence circonscrite. Démontrer que

$$\frac{\alpha\beta\gamma}{\text{ABC}} = \frac{(m^2 + m'^2 + m''^2)^3}{27 m^2 m'^2 m''^2}.$$

11. Trois droites menées par les sommets d'un triangle ABC et par un même point P rencontrent les côtés aux points A', B', C'. On les prolonge, dans les deux sens, des quantités

$$\text{A}'\alpha = \text{A}\alpha' = \text{AA}', \quad \text{B}'\beta = \text{B}\beta' = \text{BB}', \quad \text{C}'\gamma = \text{C}\gamma' = \text{CC}'.$$

Démontrer que

$$\alpha\beta\gamma = 4\,\text{A}'\text{B}'\text{C}' + 3\,\text{ABC}, \quad \alpha'\beta'\gamma' = \text{A}'\text{B}'\text{C}' + 6\,\text{ABC}.$$

12. Sur les côtés du triangle ABC, on construit, vers l'extérieur, les carrés BCDE, CAFK, ABLM; soient x, y, z les centres de ces carrés, et soient X, Y, Z les quatrièmes sommets des parallélogrammes construits sur AF et AM, BL et BE, CD et CK. Démontrer les propriétés suivantes :

1° Les droites FM, LE, DK sont égales et perpendiculaires aux médianes de ABC.

2° Les droites AX, BY, CZ sont égales et perpendiculaires aux côtés de ABC.

3° Les droites Ax, By, Cz sont égales et perpendiculaires aux côtés du triangle xyz.

4° Les milieux des côtés du triangle ABC sont les centres des carrés construits intérieurement sur les côtés du triangle xyz.

5° Les points x, y, z sont les milieux des côtés du triangle XYZ.

6° Les triangles ABC, xyz, XYZ, EKM, DFL ont même centre de gravité.

7° Les quadrilatères BCFM, FKBL, MLCK sont équivalents au carré construit sur yz.

8° L'hexagone EDKFMLE a pour mesure chacune des sommes $\overline{BC}^2 + 2\overline{yz}^2$, $\overline{CA}^2 + 2\overline{zx}^2$, $\overline{AB}^2 + 2\overline{xy}^2$.

9° Les droites Ax, BF, CM, KL concourent en un même point.

10° Les quadrilatères EDFM, KFLE, MLDK sont égaux à quatre fois le triangle xyz.

13. Les notations étant celles de l'exercice précédent, on demande de construire le triangle ABC, connaissant :

1° Les points x, y, z;

2° Les points X, Y, Z;

3° Le triangle formé par les droites DE, KF, ML suffisamment prolongées;

4° Le triangle formé par les droites FM, LE, DK suffisamment prolongées.

14. Par un point P, pris dans le plan d'un triangle ABC, on mène une parallèle à BC, rencontrant CA en β, AB en γ'; une parallèle à CA, rencontrant AB en γ, BC en α'; enfin, une parallèle à AB, rencontrant BC en α, CA en β'. Démontrer :

1° Que

$$\frac{\alpha\alpha'}{a} + \frac{\beta\beta'}{b} + \frac{\gamma\gamma'}{c} = 2;$$

2° Que les triangles $\alpha\beta\gamma$, $\alpha'\beta'\gamma'$ sont maximums, lorsque P est le centre de gravité de ABC;

3° Que la somme $\overline{\alpha\alpha'}^2 + \overline{\beta\beta'}^2 + \overline{\gamma\gamma'}^2$ est minimum, lorsque

$$a.\alpha\alpha' = b.\beta\beta' = c.\gamma\gamma';$$

les coordonnées barycentriques (N., 2) de P sont alors

$$-\frac{1}{a^2} + \frac{1}{b^2} + \frac{1}{c^2}, \quad \frac{1}{a^2} - \frac{1}{b^2} + \frac{1}{c^2}, \quad \frac{1}{a^2} + \frac{1}{b^2} - \frac{1}{c^2}.$$

15. Les notations étant celles de l'exercice précédent, démontrer :
1° Que

$$\frac{P\alpha}{c} + \frac{P\beta}{a} + \frac{P\gamma}{b} = \frac{P\alpha'}{b} + \frac{P\beta'}{c} + \frac{P\gamma'}{a} = 1;$$

2° Que la somme $\overline{P\alpha}^2 + \overline{P\beta}^2 + \overline{P\gamma}^2$ est minimum, lorsque P est le point de Brocard Ω.

16. Étant donné un triangle ABC, déterminer un point J_1 tel que, si l'on mène les droites $J_1\alpha_1$, $J_1\beta_1$, $J_1\gamma_1$ parallèles à AB, BC, CA et rencontrant en α_1, β_1, γ_1 les côtés BC, CA, AB, on ait

$$J_1\alpha_1 = J_1\beta_1 = J_1\gamma_1.$$

De même, déterminer un point J_2 tel, que les droites $J_2\alpha_2$, $J_2\beta_2$, $J_2\gamma_2$ parallèles à CA, AB, BC et limitées à BC, CA, AB, soient égales entre elles.

Les coordonnées normales des points J_1, J_2 sont

$$\left(\frac{1}{b}, \frac{1}{c}, \frac{1}{a}\right), \quad \left(\frac{1}{c}, \frac{1}{a}, \frac{1}{b}\right);$$

l'inverse de $J_1\alpha_1$ et $J_2\alpha_2$ est égal à la somme des inverses de a, b, c; l'orthocentre de l'un des triangles $\alpha_1\beta_1\gamma_1$, $\alpha_2\beta_2\gamma_2$ est le centre du cercle circonscrit à l'autre; enfin, ces deux triangles ont même cercle des neuf points.

17. Étant donné un triangle ABC, déterminer un point J tel, que les parallèles menées par ce point aux côtés de ABC et terminées aux autres côtés soient égales.

Démontrer que l'inverse de l'une de ces parallèles égale la demi-somme des inverses des côtés de ABC, et que J est le complémentaire du réciproque du centre du cercle inscrit au triangle ABC.

Les associés harmoniques des points J, J_1, J_2 (voir l'énoncé précédent) jouissent de propriétés analogues.

18. Soient AM, AN deux droites symétriques par rapport à la bissectrice de l'angle A du triangle ABC; soient M, N leurs points de rencontre avec BC, et M', N' leurs points de rencontre avec la circonférence ABC. On a

$$AM.AN' = AM'.AN = AB.AC,$$

$$\frac{\overline{AM}^2}{\overline{AN}^2} = \frac{BM.CM}{BN.CN}.$$

19. La symédiane AK et la tangente menée par A au cercle circonscrit au triangle ABC rencontrent le côté BC en K_1, k_1; si A′ est le milieu de BC, on a

$$AK_1 = \frac{2bc}{b^2+c^2} AA', \quad Ak_1 = \frac{abc}{b^2-c^2}.$$

20. Dans tout triangle, au plus grand côté est opposée la plus petite symédiane, et réciproquement. Un triangle est isocèle, si deux symédianes sont égales.

21. Sur les côtés d'un triangle ABC, on construit les triangles directement semblables A′BC, B′CA, C′AB. Démontrer que les droites AA′, BB′, CC′ sont égales et parallèles aux côtés d'un même triangle.

22. Soient M, N, P trois points pris sur les côtés du triangle ABC; soient M′, N′, P′ leurs isotomiques. Démontrer que les centres de gravité des triangles MNP, M′N′P′ sont symétriques par rapport au centre de gravité de ABC.

23. Soient A′, B′, C′ des points divisant les côtés BC, CA, AB du triangle ABC dans le même rapport $p:q$.

1° Les triangles A′B′C′, ABC ont même centre de gravité.

2° Les droites AA′, BB′, CC′ sont égales et parallèles aux côtés d'un même triangle A″B″C″.

3° Si a, b, c, a', b', c', S, S′ sont les côtés et les aires des triangles ABC, A″B″C″, on a

$$\frac{a'^2+b'^2+c'^2}{a^2+b^2+c^2} = \frac{\sqrt{a'^4+b'^4+c'^4}}{\sqrt{a^4+b^4+c^4}} = \frac{S'}{S} = \frac{p^2+pq+q^2}{(p+q)^2}.$$

4° Soient A‴, B‴, C‴ les intersections mutuelles des droites AA′, BB′, CC′; on a

$$\frac{AB'''}{AC'''} = \frac{p}{q}, \quad \frac{A'B'''}{A'C'''} = \frac{q^2}{p^2}, \quad \frac{B'''C'''}{a'} = \frac{q^2-p^2}{p^2+pq+q^2},$$

$$\frac{A'''B'''C'''}{ABC} = \frac{(q-p)^2}{p^2+pq+q^2}.$$

5° Les triangles ABC, A′B′C, A″B″C″ ont même angle de Brocard.

24. Le centre des symédianes d'un triangle ABC et le centre du cercle circonscrit sont des points réciproques par rapport au triangle complémentaire de ABC.

Le réciproque de l'orthocentre de ABC est l'anticomplémentaire du centre des symédianes.

25. Soient G, H le centre de gravité et l'orthocentre du triangle ABC

et soient α_1, β_1, γ_1, α_2, β_2, γ_2 les points de rencontre des hauteurs et des médianes de ABC avec la circonférence décrite sur GH comme diamètre. Démontrer que :

1° Le triangle $\alpha_1\beta_1\gamma_1$ est inversement semblable à ABC, et que le triangle $\alpha_2\beta_2\gamma_2$ est inversement semblable au triangle podaire du centre K des symédianes de ABC.

2° Les droites $\alpha_1\alpha_2$, $\beta_1\beta_2$, $\gamma_1\gamma_2$ sont les symédianes des triangles $\alpha_1\beta_1\gamma_1$, $\alpha_2\beta_2\gamma_2$ et se coupent en K.

26. Les tangentes menées par les sommets d'un triangle ABC au cercle circonscrit formant le triangle $K_aK_bK_c$:

1° Les coordonnées normales absolues de K_a sont $-\frac{1}{2}a\,\text{tang}\,A$, $\frac{1}{2}b\,\text{tang}\,A$, $\frac{1}{2}\,\text{tang}\,A$.

2° K_a et ses projections sur les côtés de ABC sont les sommets d'un parallélogramme.

3° Les droites joignant K_a, K_b, K_c aux pieds H_1, H_2, H_3 des hauteurs de ABC se coupent en un point de la droite OH, qui est l'inverse de l'anticomplémentaire de K.

4° Les droites joignant A, B, C aux milieux des segments OK_a, OK_b, OK_c concourent au point inverse du centre du cercle des neuf points de ABC.

5° Le centre du cercle circonscrit au triangle $K_aK_bK_c$ est sur la droite OH.

27. Parmi les triangles inscrits à ABC, celui dont la somme des carrés des côtés est minimum a pour sommets les projections de K sur BC, CA, AB.

28. Soient I le centre du cercle inscrit (r) au triangle ABC; α, β, γ les points de contact de ce cercle avec les côtés de ABC; O le centre du cercle ABC de rayon R; G′ le centre de gravité du triangle $\alpha\beta\gamma$. Démontrer que G′ est sur la droite OI, que $IG' = \frac{OI.r}{3R}$ et que la polaire de G′ par rapport au cercle I passe par les pieds des bissectrices extérieures du triangle ABC.

29. Sur les côtés BA, CA d'un triangle ABC, on prend les longueurs $BD = CE = BC$. Démontrer que la droite joignant les centres O, I du cercle circonscrit et du cercle inscrit au triangle ABC est perpendiculaire à la droite DE et égale au diamètre du cercle circonscrit au triangle ADE.

Quel est le théorème analogue sur les cercles exinscrits?

30. Si la droite OK du triangle ABC est parallèle à BC, on a les propriétés suivantes :

1° $b^4 + c^4 = a^2(b^2 + c^2)$;

2° $V = \frac{1}{2}\pi - A$;

3° Ω est sur la hauteur BH_2, Ω' sur la hauteur CH_3;

4° La médiane CC′ et la hauteur BH_2 se coupent sur la symédiane AK; il en est de même de BB′ et CH_3;

5° AA′ passe par le milieu de OK.

31. La droite $\Omega\Omega'$ est parallèle ou perpendiculaire à AA′ ou parallèle à OA, lorsque, respectivement,

$$\frac{1}{a^2} = \frac{1}{2}\left(\frac{1}{b^2} + \frac{1}{c^2}\right), \quad a^4 = 2b^2c^2 + a^2(b^2 + c^2),$$

$$a^2(b^2 + c^2 - 2a^2) = (b^2 - c^2)^2.$$

32. Si l'on a $c^2 = ab$:

1° La droite $\Omega\Omega'$ coïncide avec la bissectrice CI;

2° Les points Ω, Ω' se confondent avec les projections A_1, B_1 de K sur les médiatrices OA′, OB′;

3° Le cercle (OK) touche $A\Omega$ en Ω, $B\Omega'$ en Ω';

4° La médiane AA′ et la symédiane BK se coupent sur CI; il en est de même de BB′ et AK.

33. Si $a^2 = \frac{1}{2}(b^2 + c^2)$:

1° Le triangle podaire XYZ de K est semblable à ACB;

2° La circonférence AB′C′ passe par G; les circonférences AGB, AGC touchent le côté BC; la circonférence BGC passe par H;

3° OK est perpendiculaire à AK, GK est parallèle à BC;

4° $\overline{AK}^2 = BK.CK$, $2\overline{AH}^2 = \overline{BH}^2 + \overline{CH}^2$;

5° Le triangle podaire de G est isocèle;

6° Le cercle qui passe par A et les pieds des bissectrices intérieure et extérieure de l'angle ABC passe par G;

7° Lorsque deux sommets du triangle ABC restent fixes, le troisième décrit une circonférence.

34. Soient X, Y, Z les projections du centre de gravité G du triangle ABC sur les côtés BC, CA, AB. La droite GX rencontre CA en X_1, AB en X_2; la droite GY coupe AB en Y_1, BC en Y_2; enfin, la droite GZ

coupe BC en Z_1, CA en Z_2. Démontrer les formules

$$XYZ = \frac{4}{9}\,\frac{a^2+b^2+c^2}{a^2b^2c^2}\,S^3,$$

$$X_1Y_1Z_1 = X_2Y_2Z_2 = \frac{16}{9}\,\frac{a^2+b^2+c^2}{(-a^2+b^2+c^2)(a^2-b^2+c^2)(a^2+b^2-c^2)}\,S^3.$$

35. Soient A_1, B_1, C_1 les projections du centre K des symédianes du triangle ABC sur les perpendiculaires élevées aux milieux des côtés. Soit D le point de concours des droites AA_1, BB_1, CC_1. Démontrer que les droites joignant les milieux des côtés homologues des triangles ABC, $A_1B_1C_1$ concourent en un même point S, qui est, à la fois, le complémentaire de D, le milieu de la distance $\Omega\Omega'$ et l'inverse du pôle de la corde $\Omega\Omega'$ du cercle (OK).

36. H étant l'orthocentre du triangle ABC, on porte, sur les droites HA, HB, HC, des longueurs HA', HB', HC' égales aux hauteurs correspondantes de ABC. Les parallèles menées par A', B', C' aux côtés BC, CA, AB forment un nouveau triangle A″B″C″. Démontrer que H est le centre de gravité de A″B″C″, et que le centre d'homothétie des triangles ABC, A″B″C″ est le centre du cercle des neuf points de chacun d'eux.

37. A un triangle donné ABC, on circonscrit deux triangles $A_1B_1C_1$ et $A_2B_2C_2$, semblables à un triangle donné $\alpha\beta\gamma$, et ayant leurs côtés homologues perpendiculaires entre eux. Démontrer que la somme des aires des triangles $A_1B_1C_1$, $A_2B_2C_2$ est constante.

38. On mène, par les sommets d'un triangle ABC, des droites faisant un même angle λ, dans le même sens, avec les côtés opposés; soit A'B'C' le triangle formé par ces droites. On demande de démontrer que :

1° Le centre du cercle circonscrit à A'B'C' est l'orthocentre de ABC;

2° Les projections de BC, CA, AB sur B'C' C'A', A'B' sont égales à $\frac{1}{2}$B'C', $\frac{1}{2}$C'A', $\frac{1}{2}$A'B';

3° Il existe une valeur de λ telle, que le triangle A'B'C' soit égal à ABC.

39. Étant donnés les sommets B, C d'un triangle ABC et la symédiane indéfinie BK, le sommet A décrit une circonférence.

40. Construire un triangle ABC, connaissant :

1° Les longueurs AB, AC, AK_1;

2° Les longueurs BC, AA', AK_1;

3° Les points B, C, K;

4° Les points B, C, Ω;

5° Les points A, G, K;
6° Les points A, O, K;
7° Les points A, O, Ω.

41. Sur une droite fixe OX, on porte trois longueurs OA′, OB′, OC′ égales aux côtés d'un triangle ABC; puis on forme les angles XA′M, XB′N, XC′P, respectivement égaux aux moitiés des angles opposés de ABC. Démontrer que :

1° Les droites A′M, B′N, C′P se rencontrent en un même point T;

2° Les longueurs A′T, B′T, C′T sont égales aux distances AI, BI, CI, I désignant le centre du cercle inscrit à ABC;

3° La perpendiculaire TQ abaissée sur OX est égale au rayon de ce cercle;

4° OQ est égale au demi-périmètre de ABC.

42. On construit trois angles XOA′, XOB′, XOC′ égaux aux angles A, B, C d'un triangle ABC, et l'on prend OA′ = BC, OB′ = CA, OC′ = AB. Démontrer que :

1° Les points O, A′, B′, C′ sont situés sur une circonférence égale à la circonférence ABC;

2° Les côtés du triangle A′B′C′ sont doubles des distances comprises entre les milieux des côtés de ABC et les pieds des hauteurs correspondantes;

3° Les distances de O aux points de rencontre de OX avec B′C′, C′A′, A′B′ sont égales à $\frac{bc}{a}, \frac{ca}{b}, \frac{ab}{c}$;

4° La droite joignant O au centre de gravité du triangle A′B′C′ fait avec OX un angle égal à $\frac{\pi}{2} - V$, V étant l'angle de Brocard de ABC.

43. Sur une droite fixe OX, on porte trois longueurs OA′, OB′, OC′ proportionnelles aux carrés des côtés d'un triangle ABC; puis on forme les angles XA′M, XB′N, XC′P égaux aux angles opposés A, B, C. Démontrer que :

1° Les droites A′M, B′N, C′P se rencontrent en un même point T;

2° Les longueurs A′T, B′T, C′T sont proportionnelles aux rectangles bc, ca, ab des côtés;

3° La perpendiculaire TQ abaissée sur OX est proportionnelle au double de l'aire ABC;

4° OQ est proportionnelle à $\frac{1}{2}(a^2 + b^2 + c^2)$;

5° OT est proportionnelle à $\sqrt{a^2b^2 + b^2c^2 + c^2a^2}$;

6° L'angle XOT est égal à l'angle V de Brocard du triangle ABC.

44. Soient A, B, C, D quatre points d'une circonférence. Démontrer que les centres des cercles inscrits aux triangles ABC, ACD, BCD, ABD sont les sommets d'un rectangle. Considérer également les centres des cercles exinscrits.

45. Une transversale m coupe les côtés d'un triangle ABC aux points m_1, m_2, m_3; les perpendiculaires élevées en ces points sur les côtés correspondants de ABC forment un nouveau triangle A'B'C'. Démontrer que :

1° Les droites AA', BB', CC' se coupent en un même point M, commun aux deux circonférences ABC, A'B'C';

2° Ces circonférences sont orthogonales (383);

3° Les droites de Simson (169, 11°) de M par rapport aux triangles ABC, A'B'C' sont parallèles à m;

4° Les points A', B', C' parcourent des circonférences, lorsque m se déplace de manière que l'aire du triangle A'B'C' soit constante.

46. Soient AH_1, BH_2, CH_3 les hauteurs du triangle ABC, et H leur point de concours; A', B', C' les milieux de BC, CA, AB; A'', B'', C'' les milieux des segments AH, BH, CH; A''', B''', C''' les milieux de H_2H_3, H_3H_1, H_1H_2. Démontrer que :

1° Les droites de Simson des sommets de l'un des triangles $H_1H_2H_3$, A'B'C' par rapport à l'autre triangle, concourent au centre T du cercle inscrit au triangle A'''B'''C''';

2° Les droites de Simson des points A'', B'', C'' par rapport au triangle A'B'C', forment un triangle qui est homologique avec le triangle ABC par rapport au centre de gravité du triangle $H_1H_2H_3$ et qui a pour orthocentre le point T.

47. Soient O, I les centres du cercle circonscrit et du cercle inscrit à un triangle ABC; $K_aK_bK_c$ le triangle que forment les tangentes menées en A, B, C au cercle O; α, β, γ les centres des cercles inscrits dans les triangles K_aBC, K_bCA, K_cAB; enfin, $\alpha'\beta'\gamma'$ le triangle formé par les cordes communes aux cercles O et α, O et β, O et γ. Démontrer que :

1° Les diagonales de l'hexagone formé par les côtés des triangles ABC, $\alpha\beta\gamma$ sont parallèles aux côtés de ABC, passent par I et touchent, chacune, deux des cercles α, β, γ;

2° Le centre radical des cercles α, β, γ coïncide avec le centre du cercle inscrit au triangle $\alpha'\beta'\gamma'$;

3° Les droites $A\alpha'$, $B\beta'$, $C\gamma'$ se coupent en un même point dont les coordonnées normales sont a^2, b^2, c^2.

48. Soit A'B'C' le triangle formé par les symétriques d'une droite m

par rapport aux trois côtés d'un triangle donné ABC. Démontrer que :

1° Le triangle A'B'C' est de forme constante;

2° Le centre du cercle inscrit à A'B'C' (d'un cercle exinscrit, lorsque le triangle ABC est obtusangle) est sur la circonférence ABC;

3° Quand la droite m se déplace parallèlement à elle-même, les points A', B', C' décrivent des droites;

4° Quand la droite m roule sur une circonférence ayant pour centre l'orthocentre du triangle ABC, l'aire A'B'C' reste invariable.

49. Un triangle ABC étant inscrit dans un cercle S, on considère sur la circonférence deux points P et P'. Les projections de ces points sur les côtés du triangle sont situés sur deux droites qui se coupent en M. Cela posé :

1° Démontrer que ce point M décrit une circonférence S' quand le sommet C se meut sur le cercle S, les points A, B, P, P' restant fixes;

2° Trouver le lieu des centres des cercles S' lorsque les points P et P' se déplacent sur la circonférence S, de façon que l'arc PP' ait une longueur constante. (*Agrégation*, 1879.)

50. Un triangle ABC tourne autour d'un point fixe X de son plan. Soient A', B', C' les intersections des côtés homologues dans deux positions quelconques du triangle. Démontrer que le quadrilatère XA'B'C est toujours semblable à lui-même.

Comment faut-il choisir le point X pour qu'il soit le centre du cercle circonscrit ou inscrit au triangle A'B'C', ou l'orthocentre de A'B'C', ou son centre de gravité?

51. On considère les cercles exinscrits à un triangle ABC et l'on joint les points de contact de ces cercles avec les deux côtés qui ont été prolongés; on forme ainsi un nouveau triangle A'B'C'.

Soient O, I, I_a, I_b, I_c les centres, et R, r, r_a, r_b, r_c les rayons des cercles circonscrit, inscrit et exinscrits à ABC. Démontrer que :

1° Les côtés des triangles A'B'C', $I_aI_bI_c$ se coupent, deux à deux, aux pieds des hauteurs des triangles I_aBC, I_bCA, I_cAB ;

2° Les droites AA', BB', CC' sont les hauteurs de ABC, et leur point de concours H est le centre du cercle circonscrit à A'B'C';

3° $AA' = r_a$, $BB' = r_b$, $CC' = r_c$, $HA' = 2R + r = \dfrac{r + r_a + r_b + r_c}{2}$;

4° Les droites A'I_a, B'I_b, C'I_c sont les symédianes des deux triangles A'B'C', $I_aI_bI_c$ (1).

(1) Les propriétés de cette figure ont fait l'objet du concours d'agrégation en 1873.

52. Sur les côtés d'un triangle ABC, on construit extérieurement les triangles $A'BC$, $AB'C$, ABC' semblables à un triangle donné $\alpha\beta\gamma$; de même, on construit extérieurement les triangles $A''B'C'$, $A'B''C'$, $A'B'C''$ semblables à $\alpha\beta\gamma$. Démontrer que :

1° Les circonférences circonscrites aux six triangles $A'BC$, ..., $A''B'C'$, ... passent par un même point;

2° Les points A, A', A'', O sont en ligne droite et $AA' = AA''$;

3° Les droites BC' et $B'C$, CA' et $C'A$, AB' et $A'B$ se coupent en trois nouveaux points A''', B''', C''' tels, que les droites AA''', BB''', CC''' concourent en un même point O';

4° Les droites $A'A'''$, $B'B'''$, $C'C'''$, OO' sont parallèles entre elles.

53. Étant donné un triangle ABC, on peut construire sur BC, du même côté que ABC, cinq triangles BCA_1, CA_2B, CBA_3, A_4CB, BA_5C semblables à ABC. Démontrer que les six points A, A_1, A_2, A_3, A_4, A_5 sont sur une même circonférence, et que les triangles AA_1A_2, $A_4A_5A_3$ sont semblables à ABC.

54. Sur le côté BC d'un triangle ABC, on construit tous les triangles ayant même angle de Brocard V que le triangle ABC. Le lieu des sommets est une circonférence, dont le centre N_a est situé sur la perpendiculaire menée au milieu de BC; l'angle $BN_aC = 2V$, et les tangentes menées de B et C à cette circonférence sont égales à BC.

55. Trois points A_1, B_1, C_1 se meuvent sur les côtés BC, CA, AB d'un triangle ABC, de manière que le triangle $A_1B_1C_1$ soit toujours semblable à ABC. Soient A'_1, B'_1, C'_1 les seconds points de rencontre des côtés de ABC avec la circonférence $A_1B_1C_1$.

Démontrer les théorèmes suivants :

1° Les triangles $A_1B_1C_1$ ont pour centre permanent de similitude le centre O du cercle ABC; les triangles $A'_1B'_1C'_1$ sont semblables au triangle orthique de ABC et ont pour centre permanent de similitude l'orthocentre H du triangle ABC.

2° Les droites $B_1C'_1$, $C_1A'_1$, $A_1B'_1$ forment un triangle abc, et les droites B'_1C_1, C'_1A_1, A'_1B_1 forment un triangle $a'b'c'$; les côtés de ces triangles ont des directions invariables, et leurs sommets parcourent trois droites fixes AE, BE, CE passant par le réciproque de O par rapport au triangle ABC.

3° Les orthocentres des triangles AB_1C_1, BC_1A_1, CA_1B_1 sont à l'intersection de la circonférence $A_1B_1C_1$ avec les perpendiculaires menées aux milieux des droites HA, HB, HC; ces points sont, en même temps, les centres des cercles circonscrits aux triangles $AB'_1C'_1$, $BC'_1A'_1$, $CA'_1B'_1$.

Les deux triangles $A_1B_1C_1$, $A'_1B'_1C'_1$ peuvent être homologiques par rapport au point E : les droites AA'_1, BB'_1, CC'_1 ont alors des directions connues; quel est le rapport de similitude de $A_1B_1C_1$, ABC?

56. Les bissectrices intérieures du triangle ABC rencontrent la circonférence circonscrite aux points A', B', C'; celles du triangle A'B'C' rencontrent la circonférence aux points A'', B'', C''; et ainsi de suite.

Démontrer que les triangles ainsi obtenus ont pour limites deux triangles équilatéraux symétriques par rapport au centre du cercle ABC.

FIN DE LA PREMIÈRE PARTIE.

15712 Paris. — Imprimerie GAUTHIER-VILLARS ET FILS, quai des Grands-Augustins, 55

www.ingramcontent.com/pod-product-compliance
Lightning Source LLC
LaVergne TN
LVHW010830120826
845149LV00016B/126